Geologia Geral

O GEN | Grupo Editorial Nacional – maior plataforma editorial brasileira no segmento científico, técnico e profissional – publica conteúdos nas áreas de ciências exatas, humanas, jurídicas, da saúde e sociais aplicadas, além de prover serviços direcionados à educação continuada e à preparação para concursos.

As editoras que integram o GEN, das mais respeitadas no mercado editorial, construíram catálogos inigualáveis, com obras decisivas para a formação acadêmica e o aperfeiçoamento de várias gerações de profissionais e estudantes, tendo se tornado sinônimo de qualidade e seriedade.

A missão do GEN e dos núcleos de conteúdo que o compõem é prover a melhor informação científica e distribuí-la de maneira flexível e conveniente, a preços justos, gerando benefícios e servindo a autores, docentes, livreiros, funcionários, colaboradores e acionistas.

Nosso comportamento ético incondicional e nossa responsabilidade social e ambiental são reforçados pela natureza educacional de nossa atividade e dão sustentabilidade ao crescimento contínuo e à rentabilidade do grupo.

Geologia Geral

7ª Edição

José Henrique Popp

O autor e a editora empenharam-se para citar adequadamente e dar o devido crédito a todos os detentores dos direitos autorais de qualquer material utilizado neste livro, dispondo-se a possíveis acertos caso, inadvertidamente, a identificação de algum deles tenha sido omitida.

Não é responsabilidade da editora nem do autor a ocorrência de eventuais perdas ou danos a pessoas ou bens que tenham origem no uso desta publicação.

Apesar dos melhores esforços do autor, do editor e dos revisores, é inevitável que surjam erros no texto. Assim, são bem-vindas as comunicações de usuários sobre correções ou sugestões referentes ao conteúdo ou ao nível pedagógico que auxiliem o aprimoramento de edições futuras. Os comentários dos leitores podem ser encaminhados à **LTC — Livros Técnicos e Científicos Editora** pelo e-mail ltc@grupogen.com.br.

Direitos exclusivos para a língua portuguesa
Copyright © 2017 by
LTC — Livros Técnicos e Científicos Editora Ltda.
Uma editora integrante do GEN | Grupo Editorial Nacional

Reservados todos os direitos. É proibida a duplicação ou reprodução deste volume, no todo ou em parte, sob quaisquer formas ou por quaisquer meios (eletrônico, mecânico, gravação, fotocópia, distribuição na internet ou outros), sem permissão expressa da editora.

Travessa do Ouvidor, 11
Rio de Janeiro, RJ — CEP 20040-040
Tels.: 21-3543-0770 / 11-5080-0770
Fax: 21-3543-0896
ltc@grupogen.com.br
www.ltceditora.com.br

Capa: Christian Monnerat
Imagem: Quebrada de las Conchas, Cafayate, Argentina. © Antonio Liccardo.
Editoração Eletrônica: Design Monnerat

CIP-BRASIL. CATALOGAÇÃO NA PUBLICAÇÃO
SINDICATO NACIONAL DOS EDITORES DE LIVROS, RJ

P866g
7. ed.

Popp, José Henrique, 1939-
Geologia geral / José Henrique Popp. - 7. ed. - Rio de Janeiro : LTC, 2017.
 il. ; 28 cm.

Inclui bibliografia e índice
ISBN 978-85-216-3122-4

1. Geologia. I. Título.

16-32353	CDD: 550
	CDU: 551

Para meus netos, Luísa, Eduardo e João Guilherme.

ESSÊNCIA

Como as estrelas, viemos de um escuro abismo e vamos
acabar em um escuro abismo. O espaço iluminado entre
estes dois extremos, denominamos vida.

No momento em que algo nasce, começa a morrer,
mas neste exato momento tem início também o esforço
supremo da criação, sintetizando o que se tornará eterno.

Estas duas forças contrárias, encontradas em todos os
momentos, que leva à vida e à morte, provém de uma
mesma fonte, a suprema força criadora do universo, que
se estende do inexistente ao existente.

É na visão da harmonia destas duas forças que se
encontram os alicerces da vida plena,
com a aceitação definitiva de nós mesmo, de nossa
condição de seres vivos, humanos, logo, mortais.

Baseado em "Ascence", de Nikos Kazantzakis
(1883-1957)

Apresentação

Este livro, que tenho a honra de apresentar, desempenha um papel fundamental na evolução da ciência geológica no Brasil. *Geologia Geral*, de José Henrique Popp, tornou-se um clássico, não somente em nosso país, mas também em outros de língua portuguesa, por vários motivos. O mais importante deles certamente é o esforço e o entusiasmo do autor em transmitir o conhecimento acumulado e a cultura que pode advir de uma ciência tão formidável como é a geologia. Este é o livro introdutório de geologia mais antigo ainda em edição do Brasil – desde 1979 –, o que parece mostrar, além de um fôlego excepcional para os padrões editoriais brasileiros, um crescente interesse do público pelos assuntos abordados e um ótimo espírito de adaptação do autor aos novos tempos.

As primeiras edições deste livro vieram numa época em que praticamente não havia bibliografia sobre geologia em português no Brasil. Até os anos 1990, época em que completei meus estudos no curso de geologia da UFPR e tive aulas com o professor Popp, em se tratando de ensino de geologia, havia somente o livro de *Geologia Geral* dos saudosos Viktor Leinz e Sérgio Amaral, da Universidade de São Paulo, e o livro de José Henrique Popp, da Universidade Federal do Paraná. Ambos cumpriram o magnífico papel de alfabetizar os primeiros geólogos brasileiros nas universidades brasileiras, mas com características de linguagem um pouco diversas.

Diferentemente de outros livros (tão bons quanto) disponíveis atualmente em nosso mercado, o "livro do Popp" – como é mais conhecido – apresenta características especiais que o aproximam dos documentários científicos, tão populares em canais fechados, em decorrência da linguagem e da amplitude temática que o autor utilizou. Das teorias cosmogônicas aos elementos formadores dos minerais, o texto e as ilustrações oferecem um panorama realmente abrangente para que o leitor possa dimensionar o alcance do pensamento geológico. Esse raciocínio, que muitas vezes se aproxima da filosofia e da astronomia, utiliza a racionalidade da química, matemática ou física para desenvolver suas metodologias. Não obstante os desafios da linguagem, certamente a procura pela compreensão da geodiversidade é uma questão de cultura e educação, como o são a arte e a música na formação de um cidadão.

Os novos temas introduzidos nesta edição aproximam a geologia clássica das novas ciências ou ciências interdisciplinares, como aquelas que procuram entender o meio ambiente, o clima e outras interfaces do mundo moderno. Outra característica desta obra é ser fruto da experiência e da capacidade de atualização do autor, que foi um dos fundadores do curso de geologia da UFPR e também chefiou o Serviço Geológico do Paraná (Mineropar) na década de 1980, e assim vem assistindo de perto à assombrosa evolução que essa ciência sofreu nas últimas décadas.

Nestes novos tempos de sustentabilidade ambiental, crises energéticas e de recursos minerais, de petróleo a partir de rochas do "pré-sal", a edição atualizada do *Geologia Geral* é mais do que bem-vinda. É necessária, assim como a publicação de tantos outros livros que venham a contribuir para melhorar a educação geológica no Brasil do século XXI. Somente com conhecimento a sociedade pode conquistar a real consciência sobre o meio em que vive e a verdadeira cidadania.

Antonio Liccardo

Geólogo, doutor em Ciências Naturais pela Universidade Federal de Ouro Preto, professor da Universidade Estadual de Ponta Grossa, pesquisador e autor de diversos trabalhos científicos, livros e ensaios fotográficos ligados à natureza.

Prefácio

Pesquisas nas áreas do conhecimento humano, particularmente na ciência, tecnologia e informática, têm produzido resultados crescentes de novas informações divulgadas em profusão por meio de notas, artigos em revistas especializadas e outros veículos, em parte também na internet.

Para acompanhar todo esse processo de descobertas e inovações que estão ocorrendo, cada vez mais tempo é requerido em estudos e consultas bibliográficas.

No que se refere ao ensino, cabe ao corpo docente a tarefa de selecionar qualitativa e quantitativamente os assuntos julgados necessários aos objetivos que se pretende atingir em cada programa de ensino, de acordo com as especificidades requeridas, adequando as matérias ao tempo regulamentar dos cursos.

Observados os limites da carga horária e o conteúdo programático, importantes assuntos ainda certamente ficarão de fora, e somente serão oferecidos opcionalmente em disciplinas paralelas, entre as quais algumas em caráter eletivo, caso contrário, tornariam os cursos excessivamente extensos.

Como é sabido, ainda assim o descompasso permanece e muito restará a ser conhecido e estudado, porém em outras modalidades de programas desenvolvidos em cursos de aperfeiçoamento e pós-graduação, entre outros.

Tais considerações servem para mostrar que dificuldades semelhantes surgem na estruturação e configuração de um livro com as características deste, que, por princípio, se propõe a reunir os mais importantes campos de estudos das geociências.

Não seria exagero dizer também que este espaço deve conter, de maneira abrangente e concisa, mais de 4 bilhões de anos da incrível história dos acontecimentos mais marcantes do planeta, situado na margem de um gigantesco Universo mais antigo e complexo ainda. Em busca dessa tentativa, encontram-se aqui reunidos, em 21 capítulos inter-relacionados, os aspectos julgados mais importantes do conhecimento das ciências geológicas, integrados às mais recentes pesquisas relativas a cada área de estudo.

Cabe lembrar que o conteúdo de qualquer um dos capítulos aqui tratados é objeto de compêndios com abordagem abrangente e mais completa possível de espessos tratados, contendo centenas de páginas, destinados aos estudos de áreas específicas da geologia. Os trabalhos de pesquisas sobre a literatura geológica, assim como aqueles de outras áreas do conhecimento, encontram-se publicados em revistas especializadas que envolvem temas de grande especificidade relacionados com os inúmeros campos da geologia, como, por exemplo, as áreas de geoquímica, geocronologia, geofísica, geologia do petróleo, bioestratigrafia, sedimentologia, entre outras. Nesta 7ª edição, o leitor encontrará, no final de cada capítulo, uma relação bibliográfica relacionada com os temas abordados, em publicações diversas, que servem de orientação e busca de trabalhos mais específicos sobre o assunto. Como ideia básica, propõe-se aqui, inicialmente, disponibilizar e explicitar os conhecimentos atuais necessários à compreensão em dimensões globais ou espaciais da posição do planeta Terra, integrado ao sistema solar, como parte do Universo, e, em razão disso, como ele é afetado por forças gravitacionais e outras de explosiva energia encontrada dispersa em todo o Cosmos. Particularizando um pouco mais, chega-se aos muitos aspectos resultantes da inteiração de diversos fenômenos relacionados com as radiações solares, a influência da posição e atração da Lua e do Sol, bem como seus efeitos sobre as correntes marinhas que, alterando as temperaturas nos mares e na terra, produzem mudanças na velocidade dos ventos, na intensidade das chuvas e secas, derretem o gelo e provocam tempestades e furacões.

O estudo da Terra propriamente dito tem necessariamente início com o entendimento dos intrincados movimentos das placas tectônicas, inerente à dinâmica interna do planeta, que é contínua, desde que se formou há 4,6 bilhões de anos, sendo a responsável pela disposição e deriva dos continentes que repartem os mares, formam montanhas e produzem violentas explosões vulcânicas, temíveis terremotos, tsunamis etc. Se a dinâmica interna, também conhecida como forças endógenas, é responsável pelo crescimento da superfície terrestre produzindo elevações e cones vulcânicos, as forças exógenas são aquelas produzidas pelos ventos (decorrentes dos movimentos da Terra), pelo ciclo das águas, chuvas, neve, rios e que acabam exercendo uma ação contrária, destrutiva, desgastando e rebaixando o relevo. Os grandes batólitos de granitos, formados e alojados a centenas de metros abaixo do solo, entretanto, acabam surgindo na superfície, inicialmente graças às forças exógenas que provocam a erosão das rochas sobrejacentes, aliviando a pressão sobre os blocos que, por movimentos isostáticos, sobem e afloram, onde então também sob a ação intempérica são desgastados, triturados, transportados e soterrados em algum lugar. Essas ações contrárias entre forças de elevação e rebaixamento, para construir uma terra de altas montanhas ou de extensas planícies, nada mais é do que o delicado equilíbrio entre as duas grandes forças que conferem ao nosso planeta suas características geomórficas desse curto intervalo de tempo geológico que presenciamos. Hoje muito se sabe sobre os mecanismos que regem essas forças, como atuam e vêm transformando e moldando a Terra através dos tempos geológicos, assunto que será sempre abordado e relacionado com os temas tratados. A formação e a transformação das rochas, com o passar dos tempos, estão relacionadas com as forças internas e a seu calor, responsável pela expulsão das rochas magmáticas da crosta em direção à superfície, onde ficam expostas e passam por contínuos processos de alteração; fragmentadas ou dissolvidas são transportadas e depositadas em bacias, depois levantadas por forças internas que movem as placas tectônicas que terão efeitos múltiplos, provocando metamorfismo, elevações e, mais uma vez, poderão ser recicladas como sedimentos em processos cíclicos infinitos.

Ao longo de toda a história e juntamente com todos esses conturbados episódios, surge, nessa imensidão do Universo, a vida no planeta Terra. Originada e desenvolvida por singulares processos biológicos, resiste a todos os efeitos catastróficos produzidos por vulcões, com lavas incandescentes, gases tóxicos e ardentes, queda e explosão de meteoritos, variações climáticas da ordem de dezenas de graus positivos ou negativos, sob as condições aparentemente inóspitas, sobrevive, adapta-se, evolui, diversifica-se, ramifica-se e dispersa-se por todos os *habitats* dos continentes e mares, sem exceção, não obstante inúmeras espécies não tenham conseguido resistir aos severos processos de transformações ecológicas e sucumbiram, desaparecendo para sempre.

O gênero *Homo*, como sabemos, apareceu recentemente na África e, impelido por condicionantes climáticas e ambientais, partiu em jornadas, 1,7 milhão de anos atrás, em direções aleatórias, alcançando a Ásia, a Europa, a América do Norte, sofrendo mutações progressivas e finalmente chegando à América do Sul há menos de 14 milhões de anos. O aparecimento do *Homo sapiens* causou, ao longo do tempo, uma mudança incomum e única na paisagem, por vezes tanto quanto aquelas produzidas pelas forças da Terra que lhe deu origem, guardadas as devidas proporções, no que se refere a seus feitos e efeitos construtivos e destrutivos.

A compreensão das relações do homem com o planeta e suas complexidades cada vez maiores exigem profundos estudos e reflexões sobre a dinâmica terrestre como um todo para alcançar o difícil caminho da sustentabilidade. A utilização dos recursos naturais e minerais, muitos imprescindíveis e vitais, provenientes do solo, do mar, da água e do ar, necessários à sobrevivência de todas as espécies de vida, depende cada vez mais de estudos e avançada tecnologia para os suprimentos das necessidades de uma Terra cada vez mais degradada. A geologia tem muito a contribuir sob muitos aspectos desse vasto campo. A mineração e seus produtos, o petróleo e outras fontes de energia, as rochas e os minerais, bem como sua utilização, a água subterrânea e potável, a formação e a conservação dos solos e as causas e os tipos de desmoronamento e destruição das encostas e enchentes que acarretam prejuízos e mortes, constituem alguns dos assuntos do vasto campo das ciências geológicas.

Nesta nova edição foram adicionadas mais de 120 novas imagens, entre fotos e desenhos esquemáticos para melhor ilustrar os 21 capítulos ampliados e atualizados.

Neste espaço reitero meus agradecimentos a todos que de um modo ou de outro se dispuseram a auxiliar-me nessa jornada ao longo de todas as edições e reimpressões: Dr. André Virmound Bittencourt, Dr. Donizeti Giusti, os acadêmicos de geologia Gustavo Alexis Hinz e Patricia Ribas, Dr. Rodolfo Ângulo, Dr. Riad Salamuni, Dra. Cristine Carola Fay, Dra. Rosemary Dora Becker, Prof. Roberto Veiga, Dulcineya Dellatre (bibliotecária), Dr. João José Biggarella, Dr. Osvaldo Bordonaro, Dr. Nelson Chodur, Prof. Dr. Mark A. Wilson, professor do Departamento de Geologia do College of Wooster, Ohio, EUA, pela permissão da reprodução das imagens, Prof. Fernando Mancini e minha esposa, Dra. Marlene B. Popp, e minhas filhas, Caroline e Gabriele. Nesta edição, devo meus agradecimentos ao geólogo Dr. Antonio Liccardo, que mais uma vez gentilmente nos brindou com belas fotografias e também revisou os novos textos, o que não me exime de nenhuma falha ou incorreção.

O Autor

Sobre o autor

Como professor titular do Departamento de Geologia da Universidade Federal do Paraná (UFPR), lecionou nas cadeiras de Geologia Geral e Estratigrafia. Pesquisador, publicou dezenas de trabalhos científicos em revistas especializadas, artigos e dois livros didáticos. Mestre e doutor em Geociências pela Universidade Federal do Rio Grande do Sul, foi coordenador do curso de Geologia e pró-reitor de Pesquisas e Pós-graduação da UFPR. Foi diretor de pesquisas da Fundação da UFPR e vice-presidente e presidente da Sociedade Brasileira de Geologia – Núcleo Paraná, além de diretor-presidente da Mineropar (Minerais do Paraná S.A.), empresa de mineração do Estado do Paraná. Como membro do IGCP (International Geological Correlation Programme), patrocinado pela Unesco, elaborou e apresentou trabalhos de correlação geológica, organizou e conduziu excursões por diversos países da América do Sul.

Sumário

Apresentação vii

Prefácio ix

Introdução 1

Capítulo 1   O Planeta Terra e o Universo 4
- 1.1   A Terra Habitada 4
- 1.2   O Universo das Galáxias 6
  - 1.2.1   Tipos de Galáxias 6
  - 1.2.2   Os Planetas 9
- 1.3   O Planeta Terra 9
  - 1.3.1   Precessão do Eixo de Rotação da Terra 10
  - 1.3.2   Estrutura 12
  - 1.3.3   Composição 12
  - 1.3.4   Relevo 14
  - 1.3.5   Crosta Terrestre 15

Capítulo 2   Tectônica Global 17
- 2.1   Magnetismo e Calor 17
- 2.2   Tectônica de Placas 17
  - 2.2.1   Deriva Continental 18
  - 2.2.2   Mosaico de Placas 19
  - 2.2.3   Resumo 23
- 2.3   Orogênese e Cráton 24

Capítulo 3   Vulcanismo e Terremotos –
A Origem das Rochas Ígneas 26
- 3.1   Vulcanismo 26
  - 3.1.1   Estrutura Vulcânica 26
  - 3.1.2   Atividades Vulcânicas 27
  - 3.1.3   Produtos Vulcânicos 27
  - 3.1.4   Cones Vulcânicos 29
  - 3.1.5   Vulcões Submarinos 30
  - 3.1.6   Gêiseres 30
  - 3.1.7   Vulcanismo no Brasil 31
  - 3.1.8   Distribuição Mundial dos Vulcões 32
- 3.2   Terremotos 33
  - 3.2.1   Distribuição dos Terremotos 35
- 3.3   Origens e Tipos de Montanhas 35

Capítulo 4   O Movimento das Placas e a Formação
das Bacias Sedimentares 37
- 4.1   Generalidades 37
- 4.2   Classificação das Bacias Sedimentares 38
  - 4.2.1   Bacias Continentais em Áreas de Movimentos Divergentes ... 38
  - 4.2.2   Bacias Continentais em Áreas de Movimentos Convergentes ... 40
  - 4.2.3   Bacias Oceânicas em Áreas de Placas Convergentes 41
  - 4.2.4   Áreas de Movimentos de Placas Divergentes 42

- 4.3   Tectônica de Placas e Composição dos Sedimentos 42
  - 4.3.1   Província do Bloco Continental 42
  - 4.3.2   Província dos Arcos Magmáticos 42
  - 4.3.3   Províncias Orogenéticas Recicladas 43
- 4.4   Bacias Sedimentares Brasileiras 44
  - 4.4.1   Plataforma 44
  - 4.4.2   Bacias Intracratônicas 45
  - 4.4.3   Bacias Costeiras Brasileiras 46

Capítulo 5   Minerais e Gemas 51
- 5.1   Conceito de Mineral 51
- 5.2   Os Elementos e os Cristais 51
- 5.3   A Forma Cristalina 51
- 5.4   Sistemas Cristalinos 51
- 5.5   Propriedades Físicas dos Minerais 52
- 5.6   Propriedades Elétricas dos Minerais 53
- 5.7   Propriedades Químicas dos Minerais 53
- 5.8   Descrição dos Minerais Mais Comuns 53
- 5.9   Reconhecimento dos Minerais 58
- 5.10   Prática de Identificação 58
- 5.11   Tabelas para Classificação dos Minerais 59
- 5.12   Gemas 59

Capítulo 6   Clima, Intemperismo e Solos 69
- 6.1   Considerações Climáticas e Paleoclimáticas 69
- 6.2   Sistemas de Circulação Atmosférica na América do Sul e o Clima ... 69
- 6.3   Mudanças Climáticas 70
- 6.4   Zonas Climáticas 72
- 6.5   Clima e Intemperismo 72
- 6.6   Intemperismo 73
  - 6.6.1   Processos Físicos 73
  - 6.6.2   Processos Químicos 74
  - 6.6.3   Processos Biológicos 76
- 6.7   Manto de Intemperismo 76
- 6.8   Movimentos de Massas 77
  - 6.8.1   Tipos de Movimentos 77
- 6.9   Os Solos 79
  - 6.9.1   Formação do Solo 80
  - 6.9.2   Classificação dos Solos 81
- 6.10   Intemperismo, Geomorfologia e Tipos de Solos 81
- 6.11   Solos e Clima 81
  - 6.11.1   Solos de Regiões Tropicais, Subtropicais e Mediterrâneas ... 82
  - 6.11.2   Solos de Regiões Tropicais Secas 84
  - 6.11.3   Solos de Regiões Tropicais Úmidas 84
  - 6.11.4   Solos de Regiões Frias e Temperadas Úmidas ... 84

Capítulo 7   Sedimentos: Processos e Estruturas Deposicionais 86
- 7.1   Nascimento do Sedimento 86
- 7.2   Transporte das Partículas Sedimentares 86

xii Sumário

7.3 Textura dos Grãos 87
7.4 Os Sedimentos e o Meio 89
7.5 Sedimentos Clásticos e os Precipitados Químicos 90
7.6 A Disposição das Partículas, a Formação das Estruturas Sedimentares e Seu Significado 92

Capítulo 8 Rochas Sedimentares: Ambientes e Sistemas Deposicionais 99
8.1 Rochas Sedimentares Clásticas 100
8.2 Rochas Carbonáticas 103
8.3 Rochas de Origem Química 103
8.4 Tectônica de Placas, Fonte dos Sedimentos e Bacias Sedimentares 104
    8.4.1 Província Continental 104
    8.4.2 Província dos Arcos (Orogênicos) Magmáticos 104
    8.4.3 Província Orogenética Mista ou Reciclados ... 105
8.5 Ambientes e Sistemas Deposicionais 105
    8.5.1 Ambientes de Sedimentação 105
    8.5.2 Sistemas Deposicionais 105
    8.5.3 Princípio do Uniformitarismo e Reconstrução de Ambientes Antigos 105
    8.5.4 Classificação dos Ambientes Deposicionais ... 106
    8.5.5 Caracteres Diferenciais entre Ambientes Continental e Marinho 107
    8.5.6 Principais Caracteres Sedimentológicos e Paleontológicos dos Ambientes 107
    8.5.7 Registros da Perfilagem e Interpretação dos Ambientes .. 109
    8.5.8 Perfil de Raios Gama 109
8.6 Métodos Sísmicos 109

Capítulo 9 A Vida e o Meio: Restos e Vestígios Fósseis 111
9.1 Formas de Vida 111
9.2 A Utilização dos Registros das Atividades de Vidas do Passado 115
9.3 Ichnologia 118
9.4 O Estabelecimento dos Sistemas Geológicos 121
9.5 A Coleta de Informações e as Formas de Representação 124

Capítulo 10 Rochas Ígneas ou Magmáticas 127
10.1 Generalidades 127
10.2 Origens e Tipos de Magmas 127
10.3 Tipos de Atividades Magmáticas 128
10.4 Classificação das Rochas Ígneas 131
    10.4.1 Modo de Ocorrência 131
    10.4.2 Textura 131
    10.4.3 Estruturas 131
    10.4.4 Composição Mineralógica e Química ... 132
10.5 Principais Rochas Ígneas 133

Capítulo 11 Rochas Metamórficas 136
11.1 Conceito de Rochas Metamórficas e Metamorfismo ... 136
11.2 Tipos de Metamorfismo 136
11.3 Estrutura e Textura das Rochas Metamórficas ... 138
11.4 Graus de Metamorfismo 138
11.5 Principais Tipos de Rochas Metamórficas ... 138
11.6 A Importância das Rochas e Minerais 139

Capítulo 12 Deformações Estruturais nas Rochas: Falhamentos e Dobramentos 146
12.1 Generalidades 146
12.2 Falhamentos 146
    12.2.1 Elementos das Falhas 147
    12.2.2 Classificação das Falhas 147
    12.2.3 Sistemas de Falhas 148
    12.2.4 Efeitos de Falhamentos na Topografia ... 149
    12.2.5 Feições Geológicas Decorrentes dos Falhamentos ... 149
12.3 Dobramentos 150
    12.3.1 Componentes das Dobras 151
    12.3.2 Classificação das Dobras 151
12.4 Medindo a Atitude das Camadas 153

Capítulo 13 Distribuição das Águas e Recursos Hídricos 155
13.1 Considerações Gerais 155
13.2 A Água Subterrânea 156
13.3 Carste 157
13.4 Poços Artesianos 158
13.5 A Água nas Regiões Litorâneas 159
13.6 Fontes 159

Capítulo 14 Rios: Processos Fluviais e Aluviais 160
14.1 Rios 160
    14.1.1 O Transporte de Materiais 161
14.2 Padrões de Drenagem e Depósitos 161
    14.2.1 Rios Entrelaçados 162
    14.2.2 Rios Meandrantes 165
14.3 Deltas 168
    14.3.1 Deltas Antigos Brasileiros 170
14.4 Leques 172
    14.4.1 Leques Aluviais 172
    14.4.2 Leques Deltaicos 173
    14.4.3 Inunditos 173
    14.4.4 Lagos 174

Capítulo 15 Ação Geológica do Gelo – Ambientes e Depósitos 177
15.1 Neve e Gelo 177
15.2 Geleiras 177
15.3 A Erosão Glacial 178
15.4 Depósitos Glaciais 180
15.5 Glaciações 182

Capítulo 16 Regiões Desérticas – Ambientes e Depósitos 187
16.1 O Vento 187
16.2 Regiões Áridas e Semiáridas 187
16.3 Regiões do Deserto 187
16.4 Transportes e Erosão Eólica 189
16.5 Caracteres dos Depósitos e Ambientes Sedimentares ... 189
16.6 O Deserto Mesozoico do Sul do Brasil 193
16.7 A Importância Econômica dos Depósitos Eólicos ... 193

Capítulo 17 Oceanos – Ambientes Marinhos e Costeiros 195
17.1 Dinâmica dos Oceanos 195
17.2 Regiões Marinhas: Ambientes Costeiros ... 197

17.3 Praias 198

17.4 Bacias de Circulação Restrita, Lagoas e Lagunas 205

17.5 Plataforma Continental 208

17.6 A Plataforma Continental Brasileira 209

17.7 Recifes 212

17.8 Talude 214

17.9 Região Abissal 218

Capítulo 18   Princípios de Estratigrafia **223**

18.1 Processos de Datação 224

18.2 Sequências Deposicionais 226

18.3 O Caráter Episódico do Registro Sedimentar 227

18.4 A Organização dos Estratos nas Sequências 230

18.5 Interrupção de Sequências (Discordância) 232

18.6 Classificações Estratigráficas 234

18.7 Fácies 244

18.8 Correlação Geológica 247

Capítulo 19   Mapas **254**

Capítulo 20   Recursos Energéticos **265**

20.1 O Carvão 265

20.2 O Xisto Betuminoso 268

20.3 O Petróleo 269

20.4 O Urânio e a Energia Nuclear 276

20.5 Energia Geotérmica 277

20.6 Energia Eólica 277

Capítulo 21   Breve História da Terra **279**

21.1 Pré-Cambriano (4.600 m.a.–542 m.a.) 280

21.2 Éon Fanerozoico (542 m.a.–2.000 anos) 281

    21.2.1 Era Paleozoica 281

    21.2.2 Era Mesozoica 285

    21.2.3 Era Cenozoica (65 m.a.-1.800.000 Anos) 288

Glossário Geológico **293**

Índice **325**

Material Suplementar

Este livro conta com o seguinte material suplementar

- Ilustrações da obra em formato de apresentação (restrito a docentes).

O acesso ao material suplementar é gratuito. Basta que o leitor se cadastre em nosso *site* (www.grupogen.com.br), faça seu *login* e clique em GEN-IO, no menu superior do lado direito. É rápido e fácil.
Caso haja alguma mudança no sistema ou dificuldade de acesso, entre em contato conosco (sac@grupogen.com.br).

GEN-IO (GEN | Informação Online) é o repositório de materiais suplementares e de serviços relacionados com livros publicados pelo GEN | Grupo Editorial Nacional, maior conglomerado brasileiro de editoras do ramo científico-técnico-profissional, composto por Guanabara Koogan, Santos, Roca, AC Farmacêutica, Forense, Método, Atlas, LTC, E.P.U. e Forense Universitária. Os materiais suplementares ficam disponíveis para acesso durante a vigência das edições atuais dos livros a que eles correspondem.

Geologia Geral

Introdução

Geologia e Suas Esferas de Influência

A Geociência, ou Ciência da Terra, inclui todos os estudos científicos dedicados a entender e explicar os processos geológicos inter-relacionados de nosso planeta. A Geologia é uma dessas ciências da Terra que se ocupa do estudo da composição, das propriedades físicas, forças, estrutura geral e história. Entretanto, outras disciplinas estão estreitamente relacionadas com a Geologia, como Astronomia, Biologia, Química, Climatologia, Oceanografia, Física etc.

Mais especificamente, é objeto da Geologia Geral o estudo dos agentes de formação e transformação das rochas e da composição e disposição das rochas na crosta terrestre.

A Petrologia é a ciência das rochas no sentido estrito, constituindo a base das ciências geológicas. A Paleontologia descreve e classifica os antigos seres viventes que se encontram nas rochas. A Geologia Histórica descreve os eventos biológicos e estruturais dentro de uma cronologia. A Estratigrafia ordena as rochas estratificadas, sistematizando-as a partir das mais antigas.

A Geografia, cujos campos de ação estão na superfície da Terra e em seus habitantes, quando se ocupa da conformação da crosta e de sua evolução (Geografia Física) passa a ser um campo especial da Geologia. Essas são algumas das ramificações da Geologia entre inúmeras outras, notadamente no sentido prático e aplicado à pesquisa de minerais ou às obras de engenharia.

Nosso planeta consiste em um ecossistema complexo e de precário equilíbrio, sujeito à influência de diversas forças da natureza. A atmosfera, a biosfera, a hidrosfera e a geosfera constituem, na verdade, um sistema único e inseparável, pois resultam da ação combinada da energia do Sol e do calor, da radiação e das forças que emanam do interior da Terra. Esse delicado equilíbrio mantém a qualidade do ar, da água, a produção de alimentos, enfim, o bem-estar de todas as formas de vida do planeta e a sobrevivência de todas as espécies.

Histórico da Geologia

Conceitos primitivos

Até meados do século XVIII persistiu um "obscurantismo" com relação ao interesse pelos fenômenos geológicos naturais. É provável que esse desinteresse tenha sido influenciado pelas ideias dominantes na época, provenientes de uma observância do livro do Gênesis, o qual considera que todo o tempo geológico não ultrapassou alguns poucos milhares de anos. Segundo tais ideias, as rochas sedimentares tiveram origem na ação do dilúvio bíblico, e os fósseis eram interpretados como uma evidência de seres de invenções diabólicas afogados pelo dilúvio.

Não havia até então estímulos à especulação pela crosta terrestre, exceto na busca de minerais úteis. Naquela época, além das observações esparsas de filósofos gregos, haviam surgido publicações de manuais de Mineralogia que tratavam de métodos de mineração e metalurgia escritos por Agrícola (1494-1555).

Na segunda metade do século XVIII, as observações científicas de Steno, na Itália, e Hooke, na Inglaterra, produziram interpretações corretas do significado cronológico da sucessão de rochas estratificadas.

Arduíno, em 1760, classificou rochas de uma região da Itália em: primárias, rochas cristalinas; secundárias, rochas estratificadas com fósseis; e terciárias, rochas pouco consolidadas com conchas.

James Hutton (1726-1797) recusou-se a imaginar a criação da Terra a partir de um dilúvio – um evento repentino e único. Examinando as rochas estratificadas, encontrou vestígios de repetidas perturbações nas rochas em alternância com longos e calmos períodos de sedimentação. Em muitos lugares, constatou que uma sequência de estratos assenta sobre camadas revolvidas, enquanto, em outros, corta camadas inclinadas. Explicou que inicialmente ambas as camadas eram horizontais, porém a inferior foi erguida e erodida antes da deposição da camada seguinte. Dessa maneira, a história da crosta terrestre era a da "sucessão de mundos anteriores". Suas contestações foram resumidas na célebre frase "não encontramos nenhum sinal de um começo, nenhuma perspectiva de um fim".

O ponto de vista de Hutton veio a ser chamado "uniformitarismo", pois seus argumentos baseavam-se nas observações da erosão nos rios, vales e encostas, concluindo que todas as rochas se formaram de material levado de outras rochas mais antigas e explicando a formação de todas as rochas com base nos processos que estão agora operando, não se exigindo, para isso, outro requisito senão o tempo.

Abraham G. Werner (1749-1815), um dos mais persuasivos e influentes mestres europeus, defendia ardorosamente uma doutrina denominada "netunista", a qual se coadunava melhor com a história bíblica. Tal doutrina sustentava que todas as rochas haviam sido formadas a partir de um oceano primitivo único que no passado cobriu toda a Terra. As rochas calcárias, graníticas e basálticas formavam-se a partir de precipitados químicos. Quando a água recuou, ficaram expostas todas as rochas com a configuração que hoje se encontra por sobre toda a superfície terrestre.

A tese de Hutton sobre o uniformitarismo, embora muito popular, não conseguiu suplantar a de Werner naquela época, só logrando liderança efetiva com Charles Lyell (1797-1875).

William Smith (1769-1839), modesto engenheiro inglês, prestou pouca atenção às controvérsias existentes na época entre os "netunistas" e os "uniformitaristas", se é que realmente teve notícias da existência de tais discussões.

Trabalhando com movimentação de terras, escavações de canais e construção de estradas, foi incorporado a uma equipe envolvida na construção do canal de Somerset. Para isso, havia sido enviado inicialmente para o norte da Inglaterra a fim de estudar métodos de construção de canais. Aproveitando a viagem para examinar as rochas expostas, cada vez mais se confirmavam suas suspeitas: as mesmas formações que conhecia no sul da Inglaterra se estendiam pelo norte, e dentro da mesma ordem. Smith trabalhou cinco anos no canal de Somerset, quando descobriu que, entre diversas formações já conhecidas, à primeira vista muitas eram semelhantes, porém tinham uma característica que as diferenciava: os fósseis que continham não eram os mesmos. Descobriu, então, que os sedimentos de cada época tinham seus fósseis específicos. Smith divulga, naquela ocasião, o primeiro mapa geológico, com divisões estratigráficas baseadas nos fósseis.

Outras investigações científicas realizadas posteriormente na Europa por Cuvier e Lamark, entre outros, terminaram por afastar a doutrina do netunismo. Com a publicação da obra *Princípios de Geologia*, de Charles Lyell, os conceitos de Hutton passaram a ser a ideia dominante. Em sua obra, Lyell expôs com clareza os conhecimentos científicos da época com apoio na doutrina de que o presente é a chave do passado. As unidades geológicas foram dispostas em ordem cronológica por "grupos", e estes foram subdivididos em "períodos".

A grande obra de Lyell teve substancial influência no preparo do terreno para o florescimento das ideias de Charles Darwin, desenvolvidas no século XIX a respeito da evolução dos seres vivos.

Darwin formou-se em 1831 na Universidade de Cambridge e, ao finalizar o curso, embarcou no H.M.S. Beagle, como naturalista, retornando cinco anos mais tarde. Publicou seu diário de viagem denominado *Journal of Reaches into the Geology and Natural History of the Various Countries Visited by M.S. Beagle*, em 1839. Dos lugares que visitou, Tenerife, Brasil, Ilhas Galápagos e muitos outros, Darwin concluiu que as espécies partilharam um antepassado comum, ao contrário do que havia aprendido, que Deus criara cada uma das espécies separadamente, o que passou a ser um desafio ao cristianismo, por não estar de acordo com os registros bíblicos. Darwin possuía "status científico", obrigações sociais e partilhava sua amizade com o clero; era casado, e sua esposa era profundamente cristã. Sacerdotes provindos de moluscos, homem-macaco, eram afirmações contidas em seus textos, e, além de tudo, havia concluído que a crença em Deus era artefato do cérebro. Sabendo das implicações que suas ideias causariam em uma sociedade inglesa vitoriana e conservadora, manteve sua Teoria da Evolução guardada por 20 anos, o que lhe causou dores de cabeça e abdominais. Sua mudança de atitude ocorreu quando Wallace lhe enviou um trabalho pedindo que o encaminhasse à Lyell para publicação. Ao tomar conhecimento de seu teor, Darwin se depara com uma coincidência espantosa: o texto realmente se parecia muito com o resumo de Seleção Natural. Em consequência disso, os dois trabalhos acabaram sendo publicados simultaneamente. Depois dessa data, um grande debate público teve início sobre a Teoria da Evolução, e Darwin não escapou de piadas sobre suas ideias. Darwin formulou a teoria de que a seleção natural, ou seja, a seleção dos mais favoráveis em determinados ambientes, operava ao acaso entre espécies que se sucediam, sobrevivendo os mais aptos. A publicação do livro *A Origem das Espécies* ocorreu mais tarde, em 1859, um livro relativamente simples, mas precursor de mudança de um paradigma, uma revolução. Darwin morreu em 1882 e foi já imortalizado em seu velório na abadia de Westminster com a presença dos mais dignos representantes da comunidade científica, civil e eclesiástica. Ele não avançou sobre o tema da teoria da hereditariedade formulada em 1866 por Gregor Mendel, que fez importantes experiências com ervilhas no jardim de um mosteiro (era padre) e estudou ciências em Viena. Descobriu que duas plantas altas dão descendentes altos, e o cruzamento de duas plantas baixas produzem brotos baixos; entretanto, se cruzar uma planta alta com uma baixa primeiro nascem brotos altos, mas, na geração seguinte, três altos e um baixo. Como a planta baixa, nesse caso, só apareceu na geração seguinte, denominou o fator alto dominante e o baixo recessivo. Thomas Morgan, em 1910, foi o primeiro a identificar genes sob a forma de partículas denominadas bastonetes, os conhecidos cromossomas constituídos do Desoxirribonucleico (DNA) e Ribonucleico (RNA), e explicando essa relação com os genes. Em 1915, Morgan publicou *O Mecanismo da Hereditariedade*, no qual, trabalhando com drosófilas, a mosca-das-frutas, mostrou os diversos caminhos da hereditariedade, abertos por Mendel.

Os estudos que se seguiram das jazidas fossilíferas encontradas em ampla distribuição nos continentes demonstraram que a vida não surgiu uma única vez, contemplando todas as espécies conhecidas. Quando analisamos a tabela dos tempos geológicos, construída por décadas de estudos, e seus registros de fósseis correspondentes, constatamos que Darwin estava certo. As diferentes formas de vida encontram-se distribuídas desde seu aparecimento, no tempo e no espaço, por mais de três bilhões de anos, inicialmente de modo muito rudimentar. Os primeiros invertebrados somente apareceram nos últimos 550 milhões de anos. Os peixes surgiram no Ordoviciano; os anfíbios depois, 360 bilhões de anos atrás, seguidos dos répteis e das aves já no carbonífero superior, cerca de 200 bilhões de anos, e assim sucessivamente. O homem apareceu recentemente.

A genética hoje nos ensina, por exemplo, que, no gênero *Homo*, dois cromossomas se fundiram, e isso não ocorreu na linhagem de outros primatas que viveram na mesma época, acelerando a divergência dessa população e resultando em nova espécie por meio da redução da chance de cruzamento entre essa nova população e a outra dos primatas.

Todas as populações contêm um conjunto de genes, o chamado "pool gênico". A evolução ocorre quando há mudanças nas frequências de alelos (fração do gene) de uma população de organismos capazes de cruzar entre si. Quando uma fração de alelos em determinada população é constante, a população não está sofrendo processos evolutivos.

As mutações genéticas inicialmente são aleatórias, mas aquelas em que favorecem adaptações e aptidões, bem como implicam melhores condições de sobrevivência para determinados indivíduos, são selecionadas e perpetuadas no genoma da população.

As pesquisas pioneiras no Brasil

O primeiro trabalho científico realizado no Brasil (publicado em 1792) foi da autoria de José Bonifácio de Andrada e Silva e seu irmão, Martim Francisco Ribeiro de Andrada, sobre os diamantes no Brasil.

José Bonifácio devotou-se à mineralogia brasileira e, na Alemanha, assistiu a aulas proferidas por Werner, chegando a lecionar na Universidade de Coimbra.

Em 1833, o alemão Wilhelm L. von Eschwege, engenheiro de minas, publica *Pluto Brasiliensis*, reeditado posteriormente, sobre geologia e mineralogia brasileiras.

Von Martius publica, em 1854, um mapa geológico da América do Sul.

As primeiras pesquisas no campo da Paleontologia foram realizadas pelo dinamarquês Peter Wilhelm Lund, descrevendo as ossadas de vertebrados pleistocênicos encontradas nas cavernas de Minas Gerais. Em seguida, Agassiz estuda peixes fósseis do Ceará enviados por Gardner, botânico inglês que visitara o Brasil.

Em 1875, foi organizada a primeira Comissão Geológica do Império do Brasil, objetivando o estudo da estrutura geológica, da Paleontologia e das minas do Império, cuja direção coube ao geólogo canadense Charles Frederick Hartt, que já vinha trabalhando no Brasil desde 1865 e em 1870 havia publicado a obra *Geology and Physical Geography of Brazil*.

Em 1878, Orville A. Derby publica uma obra sobre a Geologia e a Paleontologia do Paraná. Os brasileiros João Martins da Silva Coutinho e G. S. Capanema foram os pioneiros na investigação geológica da Amazônia e da faixa atlântica.

Com a fundação da Escola de Minas de Ouro Preto, a partir de 1876 tem o Brasil iniciada a formação de geólogos que viriam a trazer grande impulso à pesquisa e ao ensino de Geologia no País.

1 O Planeta Terra e o Universo

1.1 A Terra Habitada

Quando olha para os mistérios do universo, o homem, reduzido a suas reais proporções, sente toda a humildade diante da dificuldade de compreender aquele infinito conjunto de luz e sombras. Nele, o que vê é o nada, o vácuo escuro e frio.

Em alguns pontos infinitamente pequenos do universo espalham-se, na realidade, centenas de bilhões de galáxias semelhantes à nossa, com dezenas de trilhões de planetas e estrelas (Fig. 1.1).

Figura 1.1 Aglomerados globulares compostos de estrelas de nossa Via Láctea. (Foto: NASA.)

O Sol, com 1.392.000 quilômetros de diâmetro, é apenas uma estrela entre 100 milhões existentes na espiral conhecida como nossa galáxia, e esta, por sua vez, é apenas uma entre milhares de milhões de outras que formam o universo visível. Em escala cósmica, o conhecimento humano é extremamente limitado e fragmentado. Tão grande é o universo visível que se torna geometricamente impossível ligá-lo por meio de diagramas a um objeto familiar, a menos que se introduzam aumentos crescentes em escala.

Com tantas possibilidades, seria a vida inteligente um privilégio somente desse ponto azul que gira em torno de uma estrela de quinta categoria que constitui uma parcela muito pequena da Via Láctea?

Há séculos o homem procura responder a essa pergunta. O homem faz parte de uma civilização altamente técnica há apenas algumas dezenas de anos.

A vida na Terra começou há mais de 4 bilhões de anos, e o homem surgiu há menos de 1 milhão de anos.

Para que se possa compreender o quanto é pouca a existência do homem na Terra, podemos utilizar um calendário muito comum aos estudantes de Geologia e Paleontologia.

Se considerarmos que o tempo transcorrido desde o início da vida até hoje (4 bilhões de anos) seja o equivalente ao de um ano pelo nosso calendário, o homem, em sua forma como é conhecida hoje, surgiu na Terra apenas nas primeiras horas da noite do dia 31 de dezembro.

Assim, o homem ocupa um pequeno período de tempo na vida de um planeta que, por sua vez, é um ponto reduzidíssimo num universo imenso. Respondendo à pergunta formulada anteriormente, de acordo com os resultados das pesquisas realizadas em apenas 50 anos de exploração espacial no diminuto sistema solar, acredita-se que podem existir algumas formas de vida fora do nosso planeta.

A espaçonave Columbia, o objeto espacial construído e tripulado pelo homem, percorre a 30.000 quilômetros por hora, mas as distâncias cósmicas são medidas com a velocidade da luz, ou seja, 300.000 quilômetros por segundo (299.792.458 quilômetros por segundos). Nessa escala, a distância da Terra ao Sol é de 8,3 minutos-luz. Para se chegar ao último planeta, Plutão, gastam-se 5 horas e 30 minutos-luz. E como no cosmo estrelas, planetas e galáxias são um nada se comparados ao tamanho da imensidão vazia, a estrela mais próxima do sistema solar, Alfa Centauro, fica a 4,3 anos-luz, uma distância até pequena. Afinal, para ir-se de uma ponta a outra da Via Láctea, são necessários 100.000 anos-luz. A outra galáxia mais próxima da nossa, Andrômeda, está a 2 milhões de anos-luz, distância que seria coberta pela nave mais rápida em 40 mil milhões de anos. Para o homem, viajar à velocidade da luz é uma abstração. Assim, se houver civilizações em outras galáxias, devido às distâncias que nos separam somente será possível o contato por audição, pois a velocidade dos sinais de rádio é também a velocidade da luz. Mesmo que as civilizações sejam diferentes, ainda é possível, pois a base sobre a qual ambas se edificam será sempre muito semelhante (Fig. 1.2).

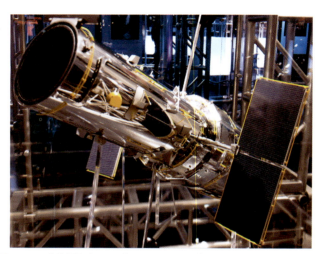

Figura 1.2 O Hubble é um satélite astronômico telescópico que permite o estudo visual da estrutura do universo além do nosso sistema solar. (Sea, Air & Space Museum, Nova York. Foto do Autor.)

As leis da ciência são universais tanto em noções elementares de geometria, como nas qualidades trigonométricas do triângulo retângulo, quanto com os princípios da física quântica.

Os elementos químicos estão espalhados nas mais incríveis combinações universo afora.

Essas considerações adquirem importância na medida em que podem espelhar, com a maior aproximação possível, a posição virtual que o homem ocupa no universo, pois é dessa posição que ele procura medir, avaliar, observar e relacionar-se com todo o meio que o cerca.

O estudo da Terra deve, portanto, levar em conta as relações desta com o resto do universo e a posição do homem neste.

Os primeiros seres vivos apareceram na Terra há cerca de 4 bilhões de anos, pois até então as condições ambientais eram impróprias. Inicialmente surgiram as bactérias unicelulares, encontradas até hoje em fontes termais e oceanos. Algumas dispensam oxigênio. Em sua maioria alimentam-se de matéria orgânica, nitrogênio e sais minerais. Entretanto, algumas metabolizam o enxofre e toleram temperaturas superiores a 150 graus centígrados. Não se sabe se alguns micro-organismos poderiam ter alcançado a Terra por meio de cometas ou meteoritos.

De qualquer maneira os primeiros micro-organismos sofreram evolução. Bactérias unicelulares com um núcleo desorganizado e um único cromossoma se ramificaram originando algas e protozoários, estes já com envoltório celular mas sem tecidos diferenciados, depois fungos com paredes celulares e plantas com clorofila.

A transição unicelular para multicelular, somente ocorreu no final do proterozoico (cerca de menos de 1 bilhão de anos atrás).

Quando se fala em vida em outros planetas geralmente se trata de micro-organismos ou o foco passa para outros extremos, Ets, seres extraterrestres mais humanos etc. Curiosamente, ninguém espera encontrar outras espécies como aves, répteis ou qualquer outro animal.

Os caminhos da evolução na Terra foram (e continuam sendo) únicos e extremamente aleatórios, com a contribuição de inúmeros fatores que surgiram no decorrer de sua história. Fatores de natureza geofísica acabaram posicionando a Terra em uma situação apropriada ou mesmo privilegiada em relação a outros planetas de nosso sistema solar e de outros sistemas conhecidos.

A Lua, depois que surgiu, veio desempenhar uma função estabilizadora no processo de rotação da Terra devido ao seu eixo inclinado, e este, por sua vez, é responsável pelas estações do ano, proporcionando uma distribuição das temperaturas suportáveis pelos seres vivos. Os movimentos da Terra e o Sol produzem ventos, calor e evaporação da água, distribuindo as chuvas pelo planeta.

As placas tectônicas, por causa do calor do interior da Terra, sofrem movimentos que, somados as atividades vulcânicas, produzem grandes mudanças na superfície da crosta, por vezes catastróficas, alterando a posição e a altitude dos terrenos, a profundidade dos mares e a qualidade do ar, entre outros. Essas alterações globais, por vezes radicais, produziram mudanças climáticas capazes de desequilibrar as condições ambientais necessárias ao pleno desenvolvimento da vida. Eventos dessa natureza, associados a quedas de meteoritos no decorrer do tempo, provocaram alterações de grande magnitude, extinguindo espécies animais e vegetais por diversas vezes no transcurso de sua história mas, paradoxalmente, também foram os fatores preponderantes nos processos que conduzem às mutações, à evolução progressiva, à dispersão e à adaptação das espécies sobreviventes por todas as variadas regiões do planeta.

Os anfíbios derivaram dos peixes no devoniano. Desses surgiram os répteis no Período Carbonífero (cerca de 320 milhões de anos); depois vieram os mamíferos. Por algum motivo, como a busca de alimentos ou a superpopulação aquática, os outros, os répteis ousaram colocar seus ovos (amnióticos) fora do ambiente aquático e, consequentemente, foram os primeiros vertebrados a colonizarem o meio terrestre. Os ancestrais do homem surgiram no Plioceno (1,8 e 3 milhões de anos).

À luz dos conhecimentos atuais não se conhecem seres inteligentes ou não que tenham surgido sem percorrer os complexos ramos dos processos evolutivos. Sabemos pelos fósseis que diversas espécies foram extintas e outras nem mesmo vestígios deixaram. Espécies extraterrestres inteligentes ou não, caso sejam encontradas, teriam também que ter surgido a partir de ancestrais que trilharam ao longo de sua história caminhos semelhantes. É muito pouco provável que algum planeta ou lua ou satélite seja habitado por um ser único ou espécie solitária. É preciso lembrar, também, que para a sobrevivência das espécies é necessário que haja uma mínima cadeia alimentar ou presas e predadores.

Como sabemos, no Cosmos se encontram trilhões de estrelas, planetas e luas, sendo plenamente possível que algumas possuam as condições conhecidas necessárias para a origem e o desenvolvimento da vida. O sistema planetário Kepler 22, de acordo com a NASA, situa-se a 600 mil anos-luz da Terra e tem em sua órbita, com 390 dias, um planeta aparentemente habitável, devido principalmente a sua posição com relação à estrela que o mantém com temperaturas que permitam a existência de água. A sonda Voyager 1 não tripulada foi lançada pela NASA em 1977. Em 2013 ela alcançou a região que limita a influência solar, passando daí a adentrar o espaço interestelar, quase 19 bilhões de quilômetros distante do Sol. Com este percurso, no ano de 40.272 estará próxima de uma estrela pequena da constelação Ursa Menor que, por sua gravidade, a colocará em órbita não mais do que em torno de nossa Via Láctea.

Dos milhares de sistemas solares conhecidos nenhum se parece com o nosso. Depois de 50 anos de exploração astrofísica os cientistas seguem em busca de água, ingrediente, como sabemos, essencial à vida. As pesquisas em Marte, nas luas de Saturno e outros corpos celestes indicaram a presença de vapor de água, além de dióxido de carbono, metano, vestígios de amônia e outros elementos, além de estruturas de areia, entre outras.

A descoberta de qualquer outra forma de vida em outros sistemas solares ou no nosso, fora da Terra, seria sem dúvida o maior dos acontecimentos de todos os tempos, mas mesmo assim ainda continuaremos sós, separados por milhões de anos-luz de outras vidas.

1.2 O Universo das Galáxias

Hoje conhecemos algo do universo visível, um espaço imensurável, o reino das galáxias. As mais distantes estão a bilhões de anos-luz, e a luz viajou por tanto tempo quanto a idade do cosmo.

O universo se expande, e as galáxias se afastam na "expansão do espaço", o que resulta em distâncias cada vez maiores. A própria Lua, inicialmente, encontrava-se muito perto da Terra. Se tudo se afasta, supõe-se que em projeção ao contrário, no início tudo estava muito próximo, ocupando um volume mínimo, no começo da nossa história cósmica, quando tudo se iniciou, há cerca de 13,7 bilhões de anos.

Todas as informações que recebemos do universo relacionam-se com a velocidade da luz. Se ele não estivesse em expansão, a distância até o final do "horizonte" do universo seria de 13,7 bilhões de anos-luz. Como o espaço cresce continuamente, calcula-se que o horizonte já esteja bem mais distante. Mas seria o Universo finito? (Fig. 1.3.)

Figura 1.4 Buraco negro no centro da galáxia com grande luminosidade. (Foto: NASA.)

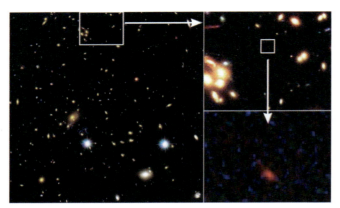

Figura 1.3 Galáxia mais distante com 13,2 bilhões de anos, vista em três planos distantes. (Foto: NASA.)

As galáxias constituem-se de um grande sistema gravitacional de matéria, remanescente de estrelas, ou de trilhões de estrelas, núcleos de gás incandescente, poeira, matéria escura, fornalhas, mantidas pela formação estelar. As galáxias variam desde anãs até imensos discos ou globos difusos com 100 trilhões de estrelas orbitando o centro da sua massa.

As galáxias contêm quantidades variadas de sistemas e aglomerados estelares e de tipos de nuvens interestelares. Entre esses objetos existe um meio interestelar esparso, no qual se encontram gás, poeira e raios cósmicos. A matéria escura parece corresponder a cerca de 90 % da massa da maioria das galáxias. Dados observacionais sugerem que podem existir buracos negros supermaciços no centro de muitas galáxias. Acredita-se que eles sejam o impulsionador principal dos núcleos galácticos ativos – região compacta no centro de algumas galáxias, a qual é dotada de uma luminosidade muito maior que a normal (Figs. 1.4 e 1.5-A e B).

Um tipo comum é a galáxia elíptica, que tem um perfil de luminosidade em forma de elipse. Galáxias espirais têm formato de disco, com braços curvos. Aquelas que são disformes ou não usuais são conhecidas como galáxias irregulares e se originam principalmente da disrupção provocada pela atração gravitacional das galáxias vizinhas.

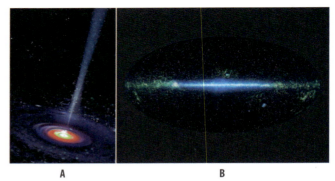

A   B

Figura 1.5-A Imagem do telescópio Wise mostrando buracos negros. (Foto: NASA.)
Figura 1.5-B Buracos negros (seta) dispersos em nuvens de poeira interestelar. (Foto: NASA.)

Existem provavelmente mais de 170 bilhões de galáxias no universo observável. Em sua maioria, elas são separadas por distâncias da ordem de milhões de anos-luz. O espaço intergaláctico é preenchido com um gás tênue com densidade média de menos de um átomo por metro cúbico. A maior parte das galáxias está organizada em uma hierarquia de associações conhecidas como grupos e aglomerados, os quais, por sua vez, formam superaglomerados maiores. Em uma escala maior, essas associações são geralmente organizadas em filamentos e muralhas, que são circundados por vazios imensos.

1.2.1 Tipos de Galáxias

Elípticas

Têm forma elipsoidal, o que lhes confere uma aparência elíptica independentemente do ângulo de visão. A sua aparência mostra pouca estrutura, e elas têm tipicamente pouca matéria interestelar. Tais galáxias também possuem uma porção pequena de aglomerados abertos e uma taxa reduzida de formação de novas estrelas (Fig. 1.6). Elas são dominadas por estrelas mais velhas e alaranjadas, que orbitam o centro comum de gravidade em direções aleatórias. Nesse sentido, elas têm alguma similaridade com os muito menores aglomerados globulares.

Figura 1.6 Exemplo de galáxia elíptica. (Foto: NASA.)

As maiores galáxias são elípticas gigantes. Acredita-se que muitas galáxias se formam devido à interação de galáxias, resultando em colisões e junções. Elas podem crescer a tamanhos enormes (comparados com os das galáxias espirais, por exemplo).

Espirais

Consistem em um disco giratório de estrelas e meio interestelar, juntamente com um bulbo central destacado, composto geralmente de estrelas mais velhas. Estendendo-se para fora desse bulbo, existem braços brilhantes (Fig. 1.7).

Figura 1.7 Galáxia em espiral (Spider Web, AM-83) típica, onde uma barra atravessa o núcleo galáctico. (Foto: NASA.)

A Via Láctea é uma grande galáxia espiral barrada em forma de disco. Contendo cerca de 200 bilhões de estrelas, sua massa total é 600 bilhões de vezes a massa do Sol (Fig. 1.8).

Figura 1.8 Nossa Via Láctea e a localização do Sistema Solar. (Foto: NASA.)

Anãs

Apesar da proeminência das grandes galáxias elípticas e espirais, a maioria das galáxias no universo parece ser anã. Elas são relativamente pequenas quando comparadas com outras formações galácticas, tendo cerca de um centésimo do tamanho da Via Láctea e contendo apenas alguns bilhões de estrelas.

Colisões ocorrem quando duas galáxias passam diretamente uma através da outra e têm suficiente momento relativo para não se aglomerarem. As estrelas dentro dessas anãs interagem passando direto sem colidirem, entretanto, o gás e a poeira dentro das duas vão interagir. Isso pode aumentar a taxa de formação de estrelas, na medida em que o meio interestelar é rompido e comprimido. Uma colisão pode distorcer severamente a forma de uma ou de ambas as galáxias, formando barras, anéis ou estruturas similares a caudas.

Estrelas

As estrelas são criadas no interior de galáxias a partir de uma reserva de gás frio que se transforma em nuvens moleculares gigantes. Observou-se que estrelas se formam em uma taxa excepcional em algumas galáxias, as quais são chamadas *starbursts* (berçários).

Quando uma das galáxias tem massa muito grande, o resultado é o canibalismo. Neste caso, ocorre a junção das duas e a galáxia maior permanece relativamente inalterada, enquanto a menor é rasgada em pedaços. A Via Láctea está atualmente no processo de canibalizar a Galáxia Anã Elíptica de Sagitário e a Galáxia Anã do Cão Maior.

A Via Láctea possui cerca de 200 bilhões de estrelas, entre elas o Sol (Fig. 1.9). Trata-se de uma galáxia em espiral que nasceu há 4,6 bilhões de anos e se parece com um cata-vento, com as estrelas brilhando, e formando o desenho de uma espiral, em cujo centro há um buraco negro, um núcleo de alta densidade que circunda um halo esférico com cerca de 200 aglomerados globulares emersos em matéria escura.

O sistema solar está localizado em uma das regiões menos densas do Braço de Órion de nossa Via Láctea (Fig. 1.10). O Sol está no interior de uma "bolha" quente de hidrogênio ionizado, delimitada por uma parede de hidrogênio atômico mais denso e mais frio. A Bolha Local é parte de um sistema de cavidades que se estendem através do disco até o halo galáctico. O Sol está deslocando-se através do material ejetado por estrelas jovens da Associação Scorpius-Centaurus, rumo à Nuvem Interestelar Local, uma massa densa de gás interestelar.

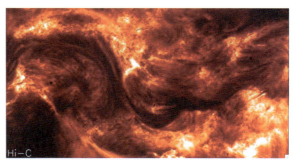

Figura 1.9 Imagem de uma parte ativa do Sol. (Foto: NASA.)

Figura 1.10 Via Láctea mostrando o Sistema Solar no braço de Órion. (Foto: NASA.)

Formações estelares ocorrem em toda a Via Láctea, embora sejam mais evidentes nos braços espirais e em direção ao centro galáctico, onde gás e poeira, matéria-prima que forma as estrelas, são abundantes. Nessas regiões, o meio interestelar é denso o suficiente para que surjam nuvens moleculares. Essas nuvens são escuras e visíveis apenas de silhueta contra um fundo mais brilhante (Fig. 1.11). Quando as estrelas nascem, essas nuvens são iluminadas desde o interior e tornam-se nebulosas de emissão, uns dos mais belos objetos da Via Láctea.

Entre as estrelas há hidrogênio e grãos de poeira. Há, ainda, regiões de formações estelares e outras de remanescentes estelares. As estrelas podem ser classificadas por idades e abundâncias químicas. As mais jovens são mais ricas em elementos pesados. As mais antigas formam aglomerados globulares onde não mais há material para formação de estrelas. Uma nuvem que ocorre no meio interestelar em colapso transforma-se em estrela quando a densidade do núcleo, devido às altas temperaturas, produz reação nuclear, convertendo hidrogênio em hélio e, consequentemente, em energia que se irradia pelo espaço. Estudos revelam que 75 % das estrelas já nasceram.

Figura 1.11 Galáxia espiral com poeira cósmica e estrelas na extremidade. (Foto: ESA_Hubble & NASA.)

Durante a maior parte da sua vida, elas transformam hidrogênio em hélio lentamente, conseguindo muita energia de cada núcleo de hidrogênio consumido. Depois desse processo, passam a consumir elementos mais pesados, e esse combustível é queimado muito rápido. O último elemento que elas acabam queimando é o ferro; depois disso, não há mais geração de energia e calor em seu núcleo, mas a gravidade permanece agindo e, como não há nada produzindo pressão para mantê-la, ela vai entrar em colapso e haverá uma onda de choque, que acabará explodindo a estrela inteira. Esse é o fenômeno denominado Supernova (Fig. 1.12).

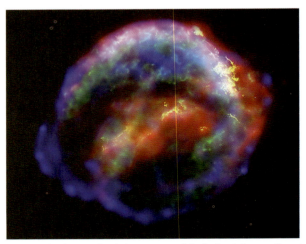

Figura 1.12 Combinação de três imagens com visão desde o infravermelho até os raios X mostrando a explosão de uma supernova. (Foto: NASA.)

As convulsões de morte de estrelas gigantes são eventos dramáticos. Observadores chineses viram uma explodir em 1054. O brilho era tão forte que podia ser visto durante o dia. Outras duas explodiram há aproximadamente 400 anos.

Essas colossais explosões deixam campos de destroços de gás e poeira em um raio de centenas de anos-luz ainda visíveis e se expandindo hoje. Mas o que interessa aos pesquisadores de buracos negros não é a explosão, mas o que ocorre no centro de uma estrela que está morrendo. Astrônomos modernos nunca viram a explosão de uma estrela em nossa galáxia, mas físicos teóricos preveem que, se uma estrela for maior que o dobro da massa do Sol, seu colapso será ainda mais extenso. Não há tipo de pressão que possa resistir a esse colapso, e o núcleo da estrela continuará se contraindo até formar um buraco negro. Basicamente, tudo acaba afundando para o interior de um buraco negro, e a estrela vai desaparecendo lentamente, o que ocorrerá também com o Sol, e outras modalidades, como as anãs brancas supernovas, pulsares etc.

Buracos negros

Eles podem sugar estrelas devido à sua imensa gravidade e são capazes de destruir o próprio espaço e o tempo. Por décadas, eles ficaram completamente desconhecidos, mas agora são detectados pela radiação que emitem. Os buracos negros governam a esfera das estrelas e galáxias (Fig. 1.5-A).

Se pudéssemos reduzir o tamanho da Terra à dimensão de uma bola de futebol, teríamos criado um objeto tão denso que nem mesmo a luz viajando a 300.000 quilômetros por segundo conseguiria escapar da sua extraordinária força gravitacional, mas se curvaria ao passar em torno dela. Assim é um buraco negro, que atua como uma lente gravitacional afetando objetos e matéria devido a seu campo gravitacional.

Energia escura e expansão do universo

Quando se fala sobre energia escura, deve-se relacioná-la à expansão do universo. Se imaginarmos uma parte dele disposto juntamente com quatro galáxias espirais sobre um grande papel quadriculado para localizar esses corpos, descobriríamos que, a cada bilhão de anos ocorrido, a distância entre essas galáxias aumentou. Tal ocorrência não se deve porque as galáxias se moveram afastando-se uma das outras, mas, sim, porque o espaço entre elas aumentou; isso é o que se denomina expansão do universo.

Contudo, após o Big Bang, o espaço se expandiu rapidamente. Mas, como a matéria existente e que exerce forte atração gravitacional está envolvida nesse espaço, ela deveria, com o tempo, retardar a expansão. No entanto, não é exatamente isso que ocorre.

Muitos debates em torno desse tema foram feitos ultimamente. A expansão após o Big Bang prosseguirá eternamente ou diminuirá até parar e se contrair? Há algum tempo atrás, quando astrônomos tentaram medir a taxa para verificar como o universo estava se desacelerando, surpreenderam-se ao constatar que o universo está se expandindo cada vez mais, contrariando os modelos teóricos existentes até então.

Como tentativa de explicar esse mistério, os cientistas sugeriram a hipótese da energia escura, um tipo de energia totalmente diferente daquela que se conhece. Ela seria capaz de fazer o espaço se expandir, dotada de uma força que ainda não se pode dizer exatamente o que é, mas que age diretamente sobre a expansão do universo.

Portanto, matéria escura e energia escura são coisas completamente diferentes entre si. A matéria escura atrai gravitacionalmente e tende a impedir a dispersão de estruturas e evitar, por exemplo, que as galáxias se desintegrem. Assim, aglomerados de galáxias tenderão a se manter unidos em razão dessa atração gravitacional. A energia escura, por outro lado, está colocando mais espaço entre as galáxias, reduzindo a atração gravitacional entre elas e constituindo duas forças opostas.

1.2.2 Os Planetas

Os planetas nascem a partir de discos rotativos contendo gás e poeira cósmica, com uma protoestrela central, que começa a tomar forma quando parte do disco sofre um colapso gravitacional. A maior parte do disco origina estrelas jovens, e o restante pode produzir planetas, luas e asteroides (Fig. 1.13).

O nosso sistema solar retém 99,86 % da massa total no Sol; o restante, uma minúscula fração de 0,14 %-90 %, está em Júpiter, Saturno, Urano e Netuno, planetas gasosos que se formaram antes dos rochosos, como a Terra e Marte, os quais ficaram com o resto da massa. O Sol não é a única estrela com um sistema de planetas girando em torno de si. Planetas extrassolares, como são chamados, que giram em torno de outras estrelas, têm sido confirmados e já ultrapassam de 1.000, de modo que são muitos os sistemas planetários além do nosso. A Lua é o único satélite da Terra e teria surgido da colisão de um objeto aproximadamente do tamanho de Marte com a Terra.

Figura 1.13 Parte de um asteroide que colidiu com a Terra. Museu de História Natural, Nova York. (Foto: João Viana.)

A galáxia Andrômeda é a mais próxima da nossa, e seu disco tem o dobro do diâmetro da Via Láctea, a qual é cercada por vários satélites menores. O buraco negro central de Andrômeda contém 30 milhões de massas solares, quase dez vezes maior que o buraco negro localizado no centro da Via Láctea. A Andrômeda e a Via Láctea viajam no espaço em direções opostas e caminham para um encontro explosivo, colidindo e coalescendo em aproximadamente 4 bilhões de anos, quando, se ainda houver "alguém" aqui, desaparecerá para sempre (Fig. 1.14).

Figura 1.14 Galáxias Andrômeda e Via Láctea em colisão em cenário divulgado pela NASA.

1.3 O Planeta Terra

Muitos dos aspectos físicos da Terra são afetados pela ação mútua do Sol, da Lua e das forças contidas na própria Terra. Todos os planetas, satélites ou luas e os asteroides do nosso sistema solar movimentam-se aproximadamente ao mesmo plano e na mesma direção, com a velocidade

Figura 1.15 Todos os planetas, satélites e luas do nosso sistema solar movimentam-se aproximadamente no mesmo plano e na mesma direção. A Terra gira ao redor do Sol a uma velocidade média de 29,8 km/s. (Foto: NASA.)

média de 21 km/segundo. A Terra está a uma distância de 150.000 km do Sol, e a cada ano completa uma volta ao redor dele a uma velocidade média de 29,8 km/segundo (Fig. 1.15). A luz e a sombra escura que se abatem diariamente sobre a Terra são efeitos da rotação da Terra ao redor do seu eixo. Se pudéssemos observar a Terra do alto do polo norte para baixo, veríamos que a rotação tem sentido contrário à dos ponteiros de um relógio. Esse sentido é também oposto ao do "movimento" aparente do Sol, bem como da Lua e das estrelas.

A rotação da Terra é demonstrada por meio do pêndulo de Foucault. Deixando-se um pêndulo oscilar várias horas sem tocá-lo, observar-se-á que o plano descrito mudou em relação à sua direção primitiva, acabando por dar uma volta completa, donde se conclui que foi a Terra que girou.

A velocidade de rotação da Terra é tal que um ponto na superfície do equador se move a aproximadamente 1.666 km/hora e completa 40.000 km em 24 horas. No paralelo 60, a velocidade é a metade, ou seja, 833 km/hora. Nos polos, a velocidade é nula.

Durante parte do ano o polo norte está inclinado e mais próximo do Sol, e durante o resto do ano se afasta dele.

Como os raios verticais do Sol incidem sobre a zona norte do equador durante meio ano e sobre a zona sul do equador durante a outra metade, a intensidade máxima da energia solar muda de uma parte para outra da Terra, dando origem às estações (Fig. 1.17).

A Lua é o satélite natural da Terra. Tem aproximadamente 3.475 km de diâmetro e gira ao redor da Terra a uma distância de aproximadamente 385.000 km. A diferença do movimento da Terra e da Lua é unicamente ao redor da Terra, de modo que a Lua gira completamente apenas uma única vez durante todo o circuito terrestre. Por isso, vista da Terra, mostra sempre a mesma face, permanecendo a outra sempre oculta (Fig. 1.16).

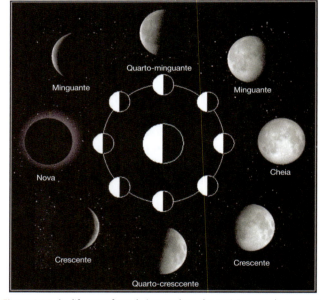

Figura 1.16 As diferentes fases da Lua resultam das posições que ela ocupa em relação à Terra e ao Sol.

1.3.1 Precessão do Eixo de Rotação da Terra

Juntamente com os dois movimentos periódicos de rotação e de translação, a Terra exibe também um sutil movimento de precessão do seu eixo de rotação, com uma periodicidade de 26.000 anos. Esse processo foi detectado pela primeira vez há mais de 2000 anos, no século II a.C., por Hiparco. Nesse estranho movimento, a orientação do eixo da Terra muda em relação à esfera celeste, o que faz mudar também as referências para o Norte e o Sul geográficos, ou seja, os polos celestes norte e sul. Por exemplo, no século XVI, a estrela polar (Polaris) encontrava-se três graus desviada do verdadeiro polo norte. Essa diferença tinha de ser levada em consideração em quaisquer cálculos utilizados pelos viajantes. Naquela época, Polaris foi por muito tempo considerada a estrela mais importante do céu no Norte, porque ela situase diretamente acima; e por isso, funcionava como uma bússola, uma vez que o ângulo entre Polaris e o horizonte permitia que se conhecesse a latitude do local. Hoje, Polaris tem uma discrepância de apenas um grau e, por essa razão, é utilizada como uma referência confiável indicadora do polo norte, embora tenha ainda o desvio de um grau.

Sabemos que, devido a efeitos centrífugos, o nosso planeta não é perfeitamente esférico, mas ligeiramente achatado nos polos (o diâmetro equatorial é 43 km maior que o diâmetro de polo a polo). Em decorrência da sua obliquidade, as forças gravitacionais que o Sol e a Lua exercem sobre a Terra são mais intensas sobre a parte mais próxima do que sobre a mais afastada da deformação equatorial, e, por isso, essas forças tendem a "endireitar" o eixo de rotação. O plano do equador terrestre está inclinado 23 graus e 26 segundos em relação ao plano da elíptica (Fig. 1.17), e este inclina-se 5 graus e 8 segundos em relação ao plano orbital da Lua. Essas forças diferenciais gravitacionais produzem um torque que tende a alinhar o eixo de rotação da Terra com o eixo da elíptica, mas, como esse torque é perpendicular ao momento angular de rotação da Terra, seu efeito atua no sentido de mudar a direção do eixo de rotação sem alterar sua inclinação. Por essa razão, os polos não são fixos e se movem em torno do respectivo polo da elíptica, descrevendo uma circunferência em torno dele com um raio de 23,5 graus (em números redondos), girando como um peão (Fig. 1.18).

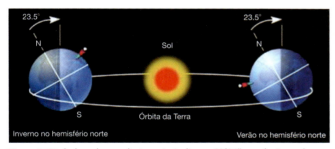

Figura 1.17 O plano do equador terrestre inclina-se 23°26" em relação ao plano da elíptica.

Alterações no ambiente terrestre

A Lua é o resultado da colisão de um objeto aproximadamente do tamanho de Marte com a Terra primitiva, o que permite explicar a maior parte das características que observamos hoje. A interação gravitacional com a Terra afasta-a de nós 3,8 cm por ano. Por sua vez, as marés que ela provoca na Terra tendem a diminuir a velocidade de rotação do nosso planeta e, portanto, aumentar a duração do dia em 0,002 segundo por século. A Lua tem um papel fundamental na estabilização do eixo da Terra. Se não existisse, a Terra estaria sujeita a fortes oscilações na sua obliquidade, que teriam certamente impossibilitado o desenvolvimento da vida no nosso planeta. Boa parte das informações que temos sobre a Lua foi obtida pela nave Apolo na década de 1970 e, pelas datações, o impacto teria ocorrido 400 mil anos depois da consolidação da Terra.

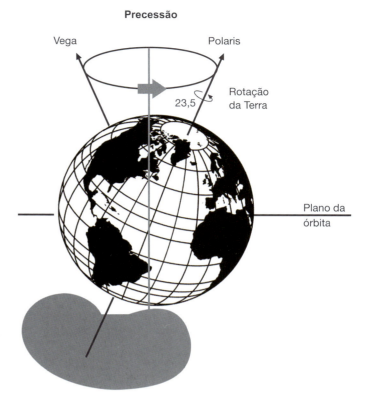

Figura 1.18 A terra ao girar em torno de seu eixo não se alinha em torno do eixo da elíptica e precessiona ao redor de seu eixo, girando como um peão.

Quaisquer alterações nas velocidades, distâncias entre os corpos celestes ou emissão da energia trariam reflexos incalculáveis sobre a superfície do planeta e seus habitantes. Assim, uma variação significativa no Sol que trouxesse como consequência, por exemplo, um aumento da emissão de calor faria com que parte da água acumulada nos polos sob a forma de gelo voltasse ao estado líquido. Isso resultaria em um aumento do nível do mar, com a destruição de muitas cidades, como Rio de Janeiro, Londres e Nova York, entre outras. Haveria a invasão de novas áreas pelos rios, ocasionando grandes enchentes. Muitas terras seriam ocupadas, com a destruição de lavouras. O clima se modificaria em muitos locais. Chuvas concentradas em determinadas regiões provocariam deslizamentos de encostas e taludes, destruição de estradas, pontes e casas. A produção de alimentos se reduziria. Haveria a migração de muitos grupos de animais e a extinção de outros.

Por outro lado, a modificação das condições ecológicas na Terra está começando a produzir consequências danosas para o futuro da humanidade.

Hoje, mais do que nunca, o homem deve compreender o planeta em que vive. A Terra é viva, os rios são vivos, a atmosfera é viva. O ar alcança em muitas cidades brasileiras graus de toxicidade alarmantes, e os mares transformam-se nos depósitos de lixo do mundo.

Onde buscar no futuro a água imprescindível à sobrevivência? Onde e como obter ar respirável? Onde plantar alimentos se os solos são rapidamente erodidos, simplesmente porque não existem árvores que possam atenuar o impacto das chuvas, dificultar o arraste dos minerais com suas raízes e manter o lençol de água subterrânea mais próximo do solo? A desertificação da China ocorre há décadas. Um dos principais motivos é o uso intensivo da terra e dos recursos hídricos. Cerca de 1,7 milhão de quilômetros quadrados do país está desertificado, o equivalente a 18 % do território. Segundo o governo chinês, 530 mil quilômetros quadrados podem ser recuperados, mas, no ritmo atual, a reversão será concluída daqui a 300 anos. As esperanças de que nossa alimentação estaria nos mares pouco a pouco vão sendo desfeitas. Aos poucos, as praias mais importantes estão se tornando impróprias ao banho, como revelam análises feitas pelos órgãos públicos. O lixo atômico, os acidentes com os petroleiros e os poluentes químicos despejados diariamente no mar não asseguram um bom futuro para aquela fonte de riquezas. A pesca no mundo está chegando ao limite, e a tendência, segundo os especialistas, é de que, sem controle da produção e do consumo, o cenário fique cada vez pior. Segundo um relatório publicado pela Organização das Nações Unidas para Agricultura e Alimentação (FAO), 30 % dos peixes do mundo são superexplorados (e podem desaparecer), e outros 57 % estão próximos do limite de extração sustentável.

No Brasil, a situação é bem parecida. "A tendência é achar que se pode pescar como se os recursos nunca fossem acabar. Sem racionalizar a pesca e o consumo, a situação entrará em colapso."

Esse esgotamento das reservas se deve a um conjunto de fatores, principalmente à própria atividade pesqueira.

Com equipamentos mais eficientes e muitas pessoas vivendo da atividade, os pescadores apanham espécies menores ou peixes muito novos, que ainda nem se reproduziram, não havendo tempo para que os estoques sejam repostos, e o número de peixes diminui. "No Brasil, temos uma produção que, em números, está estável e até cresceu em volume, em comparação com a década passada, mas os peixes são cada vez menores."

Outra grande vilã é a pesca industrial descontrolada. "Na pesca do atum, é comum o barco pegar tubarões, golfinhos e tartarugas. Além disso, os barcos que passam redes pelo fundo do mar para pegar camarão destroem todos os ecossistemas e matam pequenos peixes que ficam presos às redes." Nos rios, o impacto é causado pela alteração dos ambientes, principalmente devido à instalação de barragens, hidrelétricas e ao uso de poluentes (Fig. 1.19).

É importante que todos os profissionais que atuam no campo das Engenharias, da Biologia, da Geologia, Ciências Naturais, Geografia etc. conheçam as leis naturais que regem o nosso planeta, a fim de trabalhar em harmonia com elas.

Cada geração tem sua concepção e sua postura perante a vida e perante o nosso universo. O que legará nossa geração aos nossos descendentes?

1.3.2 Estrutura

A Terra é um esferoide achatado nos polos e dilatado no equador.

Considerando que um círculo tem 360 graus, e cada grau ao longo de seu meridiano equivale a uma distância de 111 km, conclui-se que a circunferência da Terra é 360 vezes 111 km, ou seja, 40.075 km.

O achatamento dos polos e o crescimento do equador devem-se ao movimento de rotação terrestre. Esse achatamento é tão pequeno que a diferença entre os diâmetros polares e equatoriais é de apenas 42,5 km (diferença entre 12.756 e 12.713,5 km).

Por outro lado, ignorando o achatamento e supondo que a Terra é esférica, com um diâmetro de cerca de 12.700 km, seu volume corresponderá a aproximadamente 1,08 bilhão de km^3, com área equivalente a 510 milhões de km^2.

A massa (ou peso) da Terra é calculada mediante a lei da gravitação de Newton. Com um par de escalas sensíveis e a balança de Eätvos, os físicos podem comparar a atração da Terra à de uma bola de chumbo ou de quartzo de massa (peso) previamente conhecida(o). O peso da Terra por esse método é de aproximadamente 5,6 sextilhões (ou $5,6 \times 10^{21}$ toneladas).

A massa específica (peso específico), conhecidos o volume e a massa (peso), é determinada dividindo-se a massa (peso) pelo volume. A relação entre massas específicas (pesos específicos) traduz a densidade. Esse cálculo, tomando a água como referência, indica que a Terra tem densidade de 5,52, ou seja, ela é 5,5 vezes mais pesada que a água. Visto que as rochas que ocorrem na superfície têm uma densidade média entre 2,7 e 3,0, o interior da Terra deve ser bem mais denso.

1.3.3 Composição

A maior parte dos conhecimentos que se tem sobre o interior da Terra provém de meios indiretos. Na realidade, dos 6.300 km que separam a superfície terrestre do seu núcleo, conseguiu-se perfurar pouco mais que 12.000 m. As rochas mais profundas de que se tem conhecimento provêm das erupções vulcânicas, sem que no entanto se possa afirmar sua profundidade exata. Os bolsões magmáticos de onde se originam as lavas não se encontram em profundidades superiores a 30 km.

Figura 1.19 Leito de rio inundado por lama e rejeito de minerais pesados após rompimento de barragem em Mariana, Minas Gerais. (Foto: Corpo de Bombeiros de Minas Gerais.)

As melhores informações sobre o interior da Terra são fruto de estudos da propagação das ondas sísmicas originadas pelos terremotos. Um terremoto transmite energia através da Terra na forma de ondas sentidas como tremores mesmo a uma distância considerável da origem. As vibrações da crosta são medidas com sismógrafos. Em um terremoto são produzidos três tipos de ondas sísmicas (Fig. 1.20):

(a) Ondas primárias (P) – Ondas longitudinais, de pequena amplitude, semelhantes às ondas sonoras. Quando estas ondas passam de uma camada de menor densidade para outra de maior densidade sua velocidade aumenta. Assim, desde que a densidade da Terra aumente com a profundidade, a velocidade de propagação das ondas é mais acentuada. Porém, quando uma onda primária penetra em uma camada líquida, sua velocidade diminui abruptamente, e a onda sofre refração e reflexão. Esse fenômeno resulta em uma região sobre a Terra em que não são recebidas essas ondas (zona de sombra); tal fato foi um dos fatores determinantes da descoberta de que o núcleo da Terra está em estado de fusão. As ondas P viajam em velocidades que variam entre 5,5 e 13,8 km/s.

(b) Ondas secundárias (S) – Ondas transversais, de modo que cada partícula vibra transversalmente à propagação da onda. As ondas S não se propagam através de líquidos. Sua velocidade varia de 3,2 a 7,3 km/s.

(c) Ondas longas ou de superfície (L) – Oscilações ou ondas de grande comprimento, que se propagam na crosta da Terra somente quando as ondas P e S a atingem. São ondas lentas, com velocidade entre 4 e 4,4 km/s.

Devido às diferentes velocidades e percursos, os três tipos de ondas chegam a um sismógrafo em tempos diversos, e um simples registro, além de fornecer a localização exata do foco do terremoto, fornece dados de subsuperfície.

As velocidades mostram pronunciadas mudanças a certas profundidades no interior da Terra (Fig. 1.20). As principais estão a profundidades de: (a) 10 a 15 km, crosta: as velocidades oscilam entre 5 e 6 km; (b) 30 a 40 km: onde se situa a descontinuidade de Mohorovicic, nesta porção a velocidade das ondas atinge 8 km; (c) descontinuidade de Dahm: as ondas S não se propagam, e as ondas P atingem 13 km/s, sofrendo em seguida forte redução. Essas descontinuidades significam que a Terra é constituída por uma série de capas concêntricas de materiais diferentes e em estado físico distinto ao redor de um núcleo (Fig. 1.20). Cada uma dessas capas tem uma condutividade diferente. Como as velocidades dependem das propriedades e das densidades dos materiais através dos quais passam as ondas, as mudanças de velocidades em diferentes profundidades são atribuídas a diferentes composições e densidades e, talvez, a diferentes estados, sobretudo no núcleo.

O centro da Terra é uma bola com tamanho próximo ao de Marte, onde a pressão exerce um peso de 3,5 milhões de atmosferas, e as temperaturas atingem 5.500 graus Celsius – tão quente quanto a superfície do Sol.

O centro ajuda a decifrar o enorme quebra-cabeça das placas tectônicas que flutuam muito acima. Os movimentos do ferro no centro geram o campo magnético da Terra, que, por sua vez, bloqueia a radiação cósmica nociva, é utilizado para guiar os navegantes terrestres e ilumina os céus do hemisfério norte com os fachos das luzes da aurora boreal produzida pe-

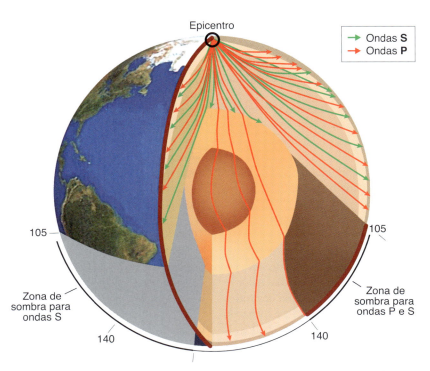

Figura 1.20 A cada mudança de velocidade das ondas sísmicas corresponde uma das subdivisões maiores na composição interior da Terra. A porção exterior do núcleo (2.900 km) não transmite as ondas S porque estas não se propagam nos líquidos. Reflexões menores se observam na crosta e no núcleo interior.

los ventos solares. Há evidências de que o ferro das camadas externas do centro da Terra está dissipando calor, por meio de um processo chamado condução térmica, porém em uma taxa duas a três vezes maior do que se estimava antes. Algum outro fato, do qual não sabemos, deve estar acontecendo nas profundezas da Terra, que está consumindo a energia térmica produzida e que não consta nos cálculos dos cientistas.

O centro pode conter uma quantidade muito maior de material radioativo do que se suspeitava até então, e que é responsável pelo decaimento radioativo que produz o calor. Também é possível que parte interna do centro esteja se solidificando em um ritmo mais rápido e produzindo o calor latente da cristalização no processo. Por outro lado, interações químicas dentro das ligas de ferro do centro e dos silicatos rochosos do manto acima podem ser muito mais ativas e energéticas do que se acreditava até então, por meio de um novo mecanismo em ação que os pesquisadores ainda não conseguiram identificar.

Há também indicações de que o interior do centro esteja em uma rotação levemente mais rápida do que o restante do planeta, e não se sabe o tamanho dessa diferença rotacional e como exatamente o centro consegue reagir, pois está acoplado gravitacionalmente pelo manto ao redor. Provavelmente não há apenas uma camada de ferro líquido que envolve o centro interior do núcleo de ferro solidificado; talvez dentro desse centro interior haja ainda mais camadas. A maior parte do que se sabe do centro da Terra vem do estudo de ondas sísmicas geradas por terremotos. A maioria dos terremotos se origina nos primeiros 50 km da crosta terrestre (como também a maioria dos vulcões), e nenhuma fonte sísmica foi detectada a mais de 800 km. Mas as ondas de energia dos terremotos se irradiam pelo planeta inteiro, passando pelo centro, e provavelmente no futuro saberemos mais sobre ele.

Embora em nossos estudos se devam levar em consideração os fenômenos provenientes da estrutura interna da Terra (vulcanismos, terremotos, falhas, dobras etc.), deter-nosemos mais no estudo da crosta terrestre, da qual dependemos estreitamente.

Assim como não podemos abstrair a Terra do sistema solar no qual ela está contida, não se pode deixar de considerar a hidrosfera, a atmosfera e suas estreitas relações com a Terra ou a litosfera.

A hidrosfera é uma camada descontínua de água que envolve a Terra. A atmosfera é uma camada gasosa que envolve todo o planeta.

A água, em seu estado líquido ou sólido, é o agente modelador da crosta terrestre de importância fundamental. A maior parte dos depósitos sedimentares provém do transporte e da deposição pela água e pelo gelo. A atmosfera, por sua vez, está em contínuo movimento, de modo que o vento resultante desse movimento atua sobre a superfície de forma destrutiva e construtiva, ou seja, esculpindo rochas expostas e retirando material de determinadas regiões e depositando em outras.

A atmosfera e a hidrosfera permitem a vida em nosso planeta, e os seres vivos desempenham importante papel nos processos geológicos, tendo sido também os agentes formadores dos mais importantes combustíveis fósseis: o petróleo e o carvão.

O Hidrogênio (H) é o elemento mais abundante do universo, mas, devido à sua massa reduzida, facilmente escapa do campo gravitacional de pequenos planetas como a Terra. É por essa razão que, ao contrário dos planetas gigantes gasosos, a Terra não formou uma atmosfera predominantemente de hidrogênio. Contudo, o hidrogênio que restou permitiu formar moléculas mais pesadas de H_2O.

O Hélio (He) é o segundo elemento mais abundante do universo e o segundo elemento da tabela periódica. Tal como o hidrogênio, é leve demais para integrar parte predominante da atmosfera terrestre e, por ser um gás raro, dificilmente se combina com outros elementos.

O Oxigênio (O) é o terceiro elemento mais abundante do universo; combina-se com o Hidrogênio, dando origem à molécula de água (H_2O), a qual também absorve infravermelhos que podem ter contribuído para o efeito estufa, que, por sua vez, teria ajudado a retardar o arrefecimento da Terra nos seus primeiros dias de vida. Quando as temperaturas da Terra diminuíram significativamente, o vapor de água condensou e se formaram os proto-oceanos. Nessa fase, a diminuição de vapor de água na atmosfera teria reduzido significativamente o efeito estufa, provocando uma redução mais rápida da temperatura e o congelamento de parte dos oceanos.

O Carbono (C) é o quarto elemento mais comum no universo. Se não fosse por ele, a Terra seria um planeta congelado. O dióxido de carbono (CO_2) liberado na atmosfera pela atividade vulcânica permitiu compensar a diminuição de vapor de água e conservar parte do calor liberado pela Terra, o que elevou mais uma vez a temperatura. Desse modo, os oceanos descongelaram e, no estado líquido, transgrediram sobre grande parte da superfície terrestre. Provavelmente existiria então maior abundância de CO_2.

Com o aparecimento da vida no nosso planeta, a composição da atmosfera começou a mudar. Com os primeiros organismos vivos a transformarem energia solar em energia química, por meio da fotossíntese, um processo que consome CO_2 e água e libera O_2, as quantidades de CO_2 na atmosfera diminuíram significativamente, aumentando as quantidades de O_2, surgindo a biosfera (Fig. 1.21). De início, o O_2 liberado teria reagido com outras substâncias e formado óxidos. No entanto, com a proliferação de vida, a quantidade de O_2 continuou a aumentar, tendo começado, a partir de um certo tempo, a ser encontrado livre na renovada atmosfera terrestre.

Com uma abundância de O_2, desenvolveram-se outras formas de vida.

1.3.4 Relevo

Atualmente, dos 510 milhões de quilômetros quadrados da superfície do planeta, apenas 149 milhões (29,22 %) constituem terras emersas, enquanto os 361 milhões restantes constituem os mares e oceanos.

A distribuição de terras e mares no passado foi diferente da atual. Em todos os continentes de hoje, temos registro de antigos mares. As grandes cadeias de montanhas são constituídas de rochas sedimentares marinhas, nas quais são encontradas conchas e outros restos de animais marinhos. Hoje a maior elevação da Terra é o Everest, com cerca de 8.850 m.

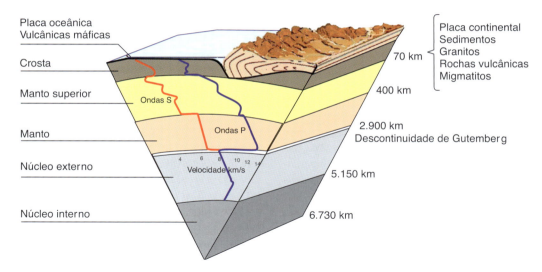

Figura 1.21 Estrutura interna da Terra obtida a partir das velocidades das ondas sísmicas.

A maior depressão ou fossa da crosta é a Fossa das Marianas, no Pacífico, com 11.033 m de profundidade. Assim, o maior desnível da crosta é superior a 20.000 m (Fig. 1.23). Enquanto a altura média dos continentes é de 825 m, a profundidade média dos mares é de 3.800 m. Caso a Terra fosse plana, toda a sua extensão estaria coberta por um oceano único com uma profundidade de 2.700 m.

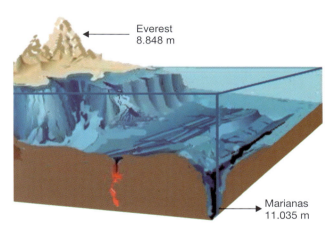

Figura 1.23 Desnível mostrando áreas relativas dos continentes e oceanos em diferentes altitudes e profundidades. O desnível entre a maior altitude e a maior profundidade alcança 20.000 metros.

Figura 1.22 Estromatólitos fósseis. Estruturas de calcário construídas por comunidades de micro-organismos desde o Arqueano. (Foto: J.J. Bigarella.)

Embora durante os seus 4,6 bilhões de anos de vida a Terra tenha sido submetida incessantemente à ação erosiva da água, do vento e do gelo, sua superfície está longe de ser uniforme.

Enquanto os mares eram preenchidos de sedimentos, forças internas semelhantes àquelas que produzem os terremotos e vulcanismos elevavam o pacote sedimentar depositado até a altura dos continentes, produzindo dobras, fraturas e metamorfismo, transformando-se em grandes cordilheiras. E, entre essas cordilheiras, outros mares surgiam.

O que parecer ser uma luta entre as forças de elevação e de erosão para formar uma terra de altas montanhas ou extensas planícies é, na realidade, o delicado equilíbrio entre as duas forças que mantêm no globo suas conhecidas características.

1.3.5 Crosta Terrestre

A crosta terrestre é uma camada relativamente fina, com 20 a 30 km de espessura em média, mais espessa sob os continentes e mais fina sob os oceanos. Ela é constituída, ao menos na porção superior, por rochas semelhantes às que afloram na superfície: granitos, migmatitos, basaltos e rochas sedimentares. Nas porções mais profundas ocorrem rochas escuras e mais pesadas: diabásios, rochas ultrabásicas etc. Nos continentes predominam os primeiros tipos de rochas, e, nas áreas oceânicas, os segundos (Figs. 1.20 e 1.21).

Essas rochas constituem blocos ou placas de maior ou menor espessura com um comportamento como o de flutuação sobre o substrato mais denso do manto, onde ficam mais ou menos mergulhados, conforme suas espessuras e densidades médias. Assim, as altas montanhas, por serem constituídas de rochas mais leves e mais espessas, estão menos imersas no manto. Os fundos dos oceanos, por sua vez, são constituídos de rochas mais densas, como os diabásios, que afundam mais no manto. Esse princípio é denominado isostasia. Dessa maneira, a crosta terrestre é composta de várias partes ou placas que sobrenadam o manto. Até uns 250 milhões de anos atrás, a maior parte dos continentes estava unida em um único. Entretanto, a partir daquela época, os continentes começaram a se romper lentamente, formando as placas ou blocos independentes, que, por sua vez, foram arrastados por correntes que movimentam o manto rígido-viscoso. Nessa movimentação, existem zonas onde as placas estão se afastando uma das outras e que são preenchidas por novo material proveniente do interior do manto. Em determinadas zonas, as placas colidem, produzindo deformações, resultando em formação de fossas tectônicas, dobramentos de espessas camadas de sedimentos, falhamentos, formação de cordilheiras etc. São os denominados movimentos tectônicos.

A migração dos continentes continua lentamente, e, hoje, por meio do raio laser e dos satélites artificiais, já está sendo possível determinar a velocidade e a direção de deslocamento dos mesmos (ver Capítulo 2, Seção 2.2 – Teoria da Tectônica de Placas).

Bibliografia

DESMOND, A.; MOORE, J. *Darwin*: a vida de um evolucionista atormentado. São Paulo: Geração Editorial, 1995.

EARTH SCIENCE CURRICULUM PROJECT. *Investigando a terra*. São Paulo: McGraw-Hill, 1973, v. 1 e 2.

ENCICLOPÉDIA BRASILEIRA. *Geologia*, 9. Brasília: Instituto Nacional do Livro, 1972.

GROUEFF, S. *O enigma da terra*. Tradução de Miecio Tati; apresentação de Raymond Cartier. Rio de Janeiro: Primor, 1976.

LAY, T.; WILLIAMS, Q. *Dynamics of earth's interior*. Geotimes. V. 43, n. 11, p. 26-30, nov. 1998.

PACCA, I. G. O interior da Terra. *Ciência hoje*. Rio de Janeiro: SBPC, 1983, v. 1, n. 5, p. 44-51.

POLLACK, H. N.; HURTER, S. J.; JOHNSON, J. R. *Heat flow from the earth's interior*: analysis of the global data set. Reviews of Geophysics, 31, 1993.

SAGAN, C. *Cosmos*. Rio de Janeiro: Francisco Alves e Universidade de Brasília, 1981.

TEIXEIRA, W. et al. *Decifrando a terra*. 2. ed. São Paulo: Companhia Editora Nacional. 623 p.

Tectônica Global 2

2.1 Magnetismo e Calor

O magnetismo da Terra é conhecido e detectado por meio da bússola, por exemplo. A Terra é um globo magnetizado da mesma maneira que um ímã cujo eixo corresponde ao eixo de rotação da Terra, mais exatamente 450 km deslocado do centro. Uma das hipóteses para explicar o magnetismo da Terra é aquela que sustenta que o núcleo da Terra atua como um dínamo autossustentável, convertendo a energia mecânica em elétrica devido ao movimento do líquido metálico do núcleo e produzindo correntes elétricas que induzem um campo magnético.

Desde sua formação, portanto, a Terra era quente e magnetizada. O calor terrestre provém da emissão de átomos radioativos, já presentes desde sua origem, formados por agregação de condensados do material original, bem como da energia cinética do impacto de fragmentos de outros corpos do Sistema Solar, tais como meteoritos.

Os movimentos da litosfera sobre a astenosfera são proporcionados pelo calor do interior da Terra, que varia com a profundidade (gradiente geotérmico). Dependendo da idade e do tipo de material da litosfera, o fluxo de calor varia de uma região para outra. Esse fluxo de calor se processa sob a forma de condução e convecção. O primeiro é um processo mais lento, transferindo a energia de uma molécula para outra, ocorrendo na crosta e na litosfera. A convecção é um processo mais rápido, ocorrendo no núcleo externo e no manto, produzindo o campo magnético terrestre e o movimento das placas tectônicas, dos terremotos e das ondas sísmicas. Acredita-se que o núcleo esteja sofrendo resfriamento, com o consequente aumento de volume do núcleo interno (ver Fig. 2.3).

Nessas condições o material mais frio desloca-se para dentro do manto, enquanto o mais quente e menos denso sobe em direção à superfície. Como resultado, a litosfera sofre movimentação lateral enquanto o interior da Terra, através das correntes de convecção, sofre movimentos verticais. Outra maneira de liberação do calor da Terra é através dos vulcões, que, por sua vez, fazem parte da dinâmica da criação e da destruição da crosta. Fissuras profundas da crosta permitem que o magma suba principalmente ao longo das cadeias de montanhas, como nas montanhas mesoatlânticas, também chamadas de *rift*, uma vez que são associadas a sistemas de falhamentos, produzindo vales submarinos profundos preenchidos por intrusões contínuas por milhões de anos de lavas basálticas. Mais de 80 % das atividades vulcânicas concentram-se nos oceanos. Quando as forças de tensão acumuladas ao longo dos falhamentos se rompem, originam-se os terremotos e, consequentemente, a emissão de ondas sísmicas.

Nas zonas de ruptura da Terra, condicionadas ao movimento das placas, concentram-se as atividades sísmicas e vulcânicas associadas (Fig. 2.1). Cerca de 60 % dos vulcões ativos situam-se no chamado "Cinturão de Fogo", no Oceano Pacífico, originando montanhas em áreas continentais e conjuntos de ilhas nos oceanos.

Figura 2.1 Rocha estratificada depositada em bacia de sedimentação marinha que hoje se encontra a mais de 3.000 metros de altitude. Cordilheira Andina, Chile. (Foto do Autor.)

2.2 Tectônica de Placas

Essa teoria unificadora demonstra que a superfície semirrígida da crosta sofre movimentos sobre uma porção inferior, quente e fluida, denominada astenosfera.

Como consequência desses movimentos, as rochas superficiais sofrem deformações, produzindo estruturas características, conhecidas como produtos do tectonismo.

O fenômeno da tectônica de placas processa-se em escala global, mas encontra-se evidenciado segundo direções preferenciais ou regionais.

Para a compreensão do modelo devemos, inicialmente, imaginar a Terra como uma superfície contínua, da qual se abstrai a água que se concentra nas bacias oceânicas. Esta superfície encontra-se dividida em 13 placas principais, cujos limites não coincidem necessariamente com o limite dos continentes (Fig. 2.2).

As placas descrevem movimentos divergentes a partir das dorsais oceânicas, como, por exemplo, a que se situa entre a África e a América, e, em consequência, se chocam com outras placas, podendo mergulhar retornando ao manto (subducção).

Essas placas são rígidas e indeformáveis por si sós, mas descrevem movimentos laterais (deriva) e periodicamente pequenos movimentos verticais.

Como consequência dos movimentos laterais, surge, nos limites externos das placas, uma série de deformações resultantes de colisões. As regiões limítrofes das placas vêm a ser a causa da distribuição das zonas de terremotos, vulcanismo e falhamentos em toda a superfície da Terra, incluindo as ilhas em regiões submarinas.

Essas zonas instáveis da crosta, em última análise, nada mais são do que os indicativos dos seccionamentos das placas.

Para melhor entendimento de como se processa esse dinamismo em escala global, vejamos inicialmente a conceituação de litosfera e astenosfera. A litosfera é a porção rígida da superfície da Terra que engloba a crosta e porções superiores do manto. Sua espessura é variável entre 15 e 160 km. As maiores espessuras são registradas nos continentes, e as menores, apenas nos fundos oceânicos.

O material que ocorre abaixo dessas rochas apresenta temperaturas mais elevadas e, portanto, grande mobilidade de fluxo, passando a ser denominado astenosfera. Seus limites atingem uma profundidade máxima de 700 km, onde se encontra o hipocentro mais profundo dos terremotos. Isso explica como a litosfera rígida, seccionada em placas, pode flutuar sobre a astenosfera (Figs. 2.3 e 3.18).

2.2.1 Deriva Continental

A teoria da tectônica de placas é recente, mas sua formulação baseia-se em mais de 100 anos de especulações, pesquisas geológicas e debates.

Diversas teorias ou modelos globais foram propostos através dos tempos, procurando explicar a geodinâmica da Terra ou dos continentes. Algumas serviram para orientar o pensamento científico por muitas décadas, outras foram aperfeiçoadas, e muitas abandonadas. Entretanto, com o passar do tempo, ficou demonstrado que cada uma delas continha equívocos suficientes para impossibilitar uma explicação satisfatória da configuração e da origem dos continentes e oceanos.

Com a formulação da teoria da tectônica de placas, surge uma nova explicação para um dos mais antigos e controvertidos temas da geologia, o da deriva continental. A ideia de

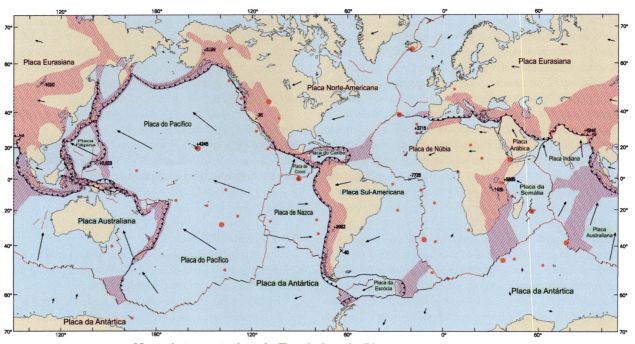

Figura 2.2 Mapa interpretativo da tectônica de placas. (Geological Survey, 2006 - Domínio público.)

que os continentes não foram fixos durante toda a história da Terra, e sim de que sofreram movimentos relativos sobre a sua superfície, só agora se torna mais compreensível e aceita com a explicação do ponto de vista da tectônica de placas.

As primeiras observações da grande similaridade entre os contornos leste da América do Sul e oeste da África foram feitas em 1620, por Bacon. Entretanto, coube a Pellegrini, em 1858, a formulação da ideia de que as costas dos dois continentes nada mais eram do que duas faces provenientes da quebra e da separação de uma massa única e contínua. A primeira contribuição importante para a explicação de como os continentes puderam separar-se surgiu há mais de 30 anos, com o desenvolvimento das técnicas de gravimetria. Esses estudos revelaram que, nas fossas dos oceanos, a gravidade é deficiente em relação aos continentes. Essa constatação levou a admitir-se que os continentes, e mais acentuadamente as montanhas, possuem profundas raízes submersas no interior do manto viscoso. Os assoalhos dos oceanos seriam, por sua vez, bem menos espessos e menos submersos. Como consequência, tanto os continentes como o fundo dos oceanos estariam flutuando e mergulhados com maior ou menor profundidade no interior do manto semissólido.

Estudos mais modernos, que partem principalmente do campo da Geofísica, radioatividade, Paleoclimatologia, Geologia Marinha e Paleontologia, entre outros, constituem as bases do modelo hoje largamente admitido da tectônica de placas.

Ocorre que não são apenas os continentes que se deslocam, mas, sim, toda a superfície da Terra através dos movimentos das placas litosféricas, juntamente com os continentes e o fundo dos mares. Essa crosta oceânica é consumida nas zonas de subducção, criando cadeias de montanhas e vulcões. O material (manto ascendente) retorna à crosta oceânica na cadeia mesoatlântica.

2.2.2 Mosaico de Placas

Há muito tempo foi constatado que as montanhas, os vulcões e os terremotos não têm uma distribuição geográfica casual, mas encontram-se dispostos segundo determinadas zonas preferenciais. O que não se conhecia exatamente era a causa desse fato.

O conceito de expansão dos assoalhos oceânicos, proposto inicialmente por Hess, explica satisfatoriamente essa questão. Verificou-se que, na porção central das bacias oceânicas, ocorrem grandes cordilheiras centradas no fundo e alinhadas segundo as costas dos continentes. Essas cordilheiras encontram-se com profundas fraturas em seu sentido longitudinal, permitindo que o material vulcânico básico, proveniente da astenosfera, suba, preenchendo-as. Esse processo efusivo repete-se periodicamente à medida que os continentes se afastam, fazendo com que os assoalhos dos oceanos sofram contínua expansão por acréscimo de novo material.

Desde os últimos 180 milhões de anos (quando se iniciou a separação entre América e África), esse processo realiza-se periodicamente, de modo que as rochas basálticas do fundo dos oceanos têm idades crescentes, a partir do centro das cordilheiras meso-oceânicas, em direção aos continentes, como revelam os dados radiométricos.

Outra evidência da expansão do fundo dos oceanos foi a constatação de que a distribuição magnética muda bruscamente segundo as faixas correspondentes dos derrames individuais (Fig. 2.6).

Amostras de material proveniente de regiões oceânicas profundas foram obtidas pela equipe do Projeto de Perfuração Marinha, no qual estão empenhados vários países. Verificou-se que as amostras datam do nascimento do Oceano Atlântico, que se formou quando as Américas se distanciaram da África.

As perfurações foram feitas a bordo do navio perfurador Glomar Challenger, cuja sonda permite atingir a profundidade-limite de dois quilômetros. A localidade escolhida para as perfurações foi a costa da Flórida, com as operações conduzidas durante dois meses a cerca de 500 quilômetros do continente. Essa escolha baseou-se em testes geofísicos de análise sísmica e análise magnética.

A análise sísmica permitiu definir a espessura e a forma dos diversos tipos de sedimentos. A análise magnética possibilitou a constatação de anomalias distribuídas na forma de longas linhas homogêneas paralelas à Cordilheira Atlântica Central, o que permitiu que as idades locais fossem determinadas. Esses primeiros estudos definiram o local de perfuração, onde a profundidade atingida foi de 1.650 metros.

Entre as conclusões desse estudo estão dois fatores importantes: o material recolhido data dos primórdios do Atlântico, e a idade foi estimada entre 145 e 155 milhões de anos (período Jurássico Superior). A velocidade de distanciamento dos continentes foi também estimada, e descobriu-se que durante alguns milhões de anos ela foi de 6 cm/ano, para depois decrescer, atingindo a taxa anual de 2 cm/ano. Mostrou-se também que, desde os seus primórdios, o Oceano Atlântico, naquela região, recebia correntes marítimas frias provenientes das regiões polares. Isso se tornou evidente a partir dos depósitos de plâncton encontrados nos sedimentos coletados no fundo.

A expansão do assoalho oceânico leva consigo os continentes que pertencem a cada placa móvel, produzindo a deriva. Como consequência desse movimento, enquanto duas placas se afastam por crescimento do assoalho, na margem oposta de uma delas poderá processar-se a colisão por aproximação com a placa adjacente. Quando duas placas colidem, uma delas poderá mergulhar por baixo da outra até penetrar na astenosfera, onde será consumida. Esse fenômeno chama-se subducção.

Todo o globo encontra-se dividido em 13 placas principais (e outras menores), que descrevem lentos movimentos segundo direções próprias, produzindo em seus contatos adjacentes vários tipos de limites, denominados divergentes, convergentes e conservativos [Figs. 2.3 (8), (9) e (10), 2.4 e 2.5]. O movimento das placas tectônicas envolve choque entre placas da crosta oceânica, onde a mais antiga e espessa mergulha sob a outra placa em direção ao manto, levando consigo parte dos sedimentos acumulados no fundo do oceano, que acabarão por se fundirem com a crosta oceânica

20 Capítulo 2

1 - Astenosfera; 2 - Litosfera; 3 - Ponto quente ou "hot spot"; 4 - Crosta oceânica; 5 - Placa de subducção; 6 - Crosta continental; 7 - Zona de *rift* continental (nova margem de placa); 8 - Placa de margem convergente; 9 - Placa de margem divergente; 10 - Placa de margem conservativa; 11 - Vulcão; 12 - Dorsal oceânica; 13 - Margem de placa convergente; 14 - Estrato vulcânico; 15 - Arco de ilhas; 16 - Placa; 17 - Astenosfera; 18 - Fossa.

Figura 2.3 Processos de colisão entre crostas oceânicas e continentais.

em subducção. Esse processo produz atividade vulcânica em forma de arquipélagos conhecidos como arcos de ilhas, junto a uma longa fossa. As ilhas do Japão formaram-se dessa maneira [Fig. 2.3 (15)].

Quando a colisão ocorre entre uma placa oceânica e uma continental, a placa oceânica mergulha por subducção sob a placa continental, produzindo a elevação de montanhas junto a um "Arco Magmático" na borda do continente, constituindo uma cadeia de vulcões ativos, como ocorre, por exemplo, na Cordilheira Andina [Figs. 2.3 (6), 2.5 e 3.18].

Entretanto, os Alpes e o Himalaia foram gerados pelo choque entre placas continentais, produzindo intenso metamorfismo das rochas preexistentes e fusão parcial com o aparecimento de granitos por magmatismo (Figs. 2.4 e 2.5).

Nas margens continentais passivas as placas são distensivas e se afastam, gerando falhamentos e estruturas do tipo *rift valley*, preenchidos por uma crosta basáltica [Fig. 2.3 (7)]. Nos limites divergentes das placas oceânicas formam-se por fraturas as dorsais mesoceânicas, devido ao afastamento e preenchimento da nova crosta oceânica por acresção de lavas básicas [Figs. 2.3 (9), 2.4, 2.5, 2.6 e Fig. 3.18].

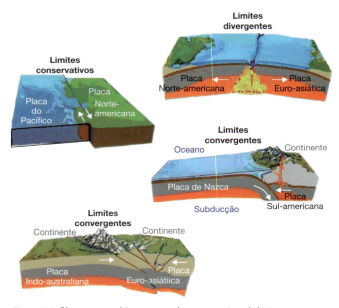

Figura 2.5 Blocos esquemáticos mostrando os quatro tipos de limites entre as placas tectônicas.

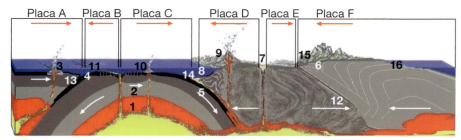

1 - Astenosfera; 2 - Litosfera; 3 - Arco de ilhas; 4 - Crosta; 5 - Placa em subdução; 6 - Crosta continental; 7 - *Rift*; 8 - Placas convergentes; 9 - Arcos vulcânicos; 10 - Ponto quente; 11 - Dorçal oceânica (placas divergentes); 12 - Placas continentais; 13 - Placas oceânicas convergentes; 14 - Fossa; 15 - Cordilheira; 16 - Margem passiva

Figura. 2.4 Processos de colisões entre as diferentes placas tectônicas.

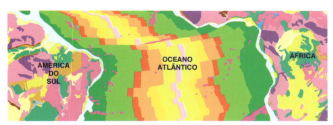

Figura 2.6 A cadeia mesoatlântica representada em várias cores. À medida que as efusões vulcânicas surgem nos centros, as mais antigas afastam-se. A idade das rochas aumenta em direção aos continentes, como indicam as variações nas cores. (Mapa Geológico da Terra, CGMW – http://portal.onegeology.org/.)

A partir de dados obtidos do fundo do Atlântico na região de expansão do assoalho, como dragagens, sondagens e estudos de sísmica, geólogos puderam conhecer e interpretar o que ocorre naquelas áreas. As lavas originam-se na astenosfera por processos de fusão e descompressão, subindo por fraturas entre as placas em grande volume de magma basáltico, rico em ferro e sílica, e derramando-se no fundo do assoalho marinho.

Sobre as lavas, ocorre a deposição lenta de sedimentos finos. As efusões de magma se dão em fluxos descontínuos, de modo que o resultado se parece com uma sucessão de empilhamentos que vão se afastando lentamente das fendas distensionais abertas onde as placas se separaram (Figs. 2.6, 2.7 e 2.8). Nessas zonas onde se processa a expansão das dorsais oceânicas, em alguns locais a água do mar penetra, percola a fratura e é aquecida pelas lavas; em seguida, é esguichada em altas temperaturas retornando ao mar. Essa atividade dissolve elementos e metais contidos no magma, bem como introduz no oceano minério de ferro, zinco e cobre sob a forma de minérios.

A velocidade de deslocamento das placas litosféricas é determinada através de medidas nos denominados *Hot Spots*, ou pontos quentes da superfície terrestre, que são as ilhas vulcânicas, platôs mesoceânicos e cordilheiras submarinas. Estes pontos são registrados na superfície por atividades magmáticas no manto quente que ascende de grandes profundidades, denominadas plumas do manto.

Quando as placas têm sentido contrário e se afastam, como na cordilheira mesoceânica, por exemplo, como vimos, é gerado simultaneamente novo material cortical, de natureza básica, originado do manto e que vai preencher o espaço criado pelo afastamento.

Cada banda de uma dada cor mostrada na Fig. 2.6 representa a mesma idade; portanto, são isócronas e foram magnetizadas na direção do campo magnético terrestre da época. Pesquisas mostraram que metade das rochas encontra-se magnetizada em uma direção oposta.

Uma reversão magnética ocorre quando o campo magnético terrestre é revertido, ou seja, o Norte e o Sul aparecem

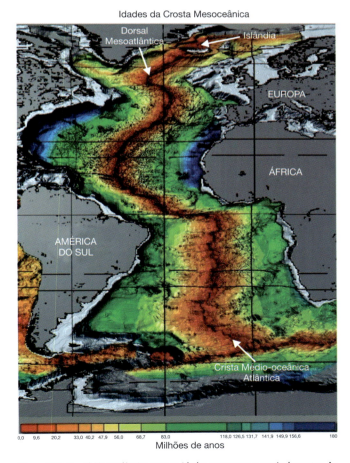

Figura 2.7 Dorsal Mesoatlântica com as idades crescentes a partir do centro. Ao norte, na Islândia, a dorsal aflora. (Fonte: Scripps Institution of Oceanography.)

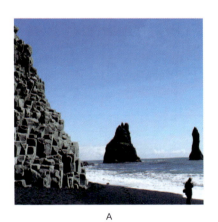

Figura 2.8-A Afloramento de rochas vulcânicas onde emerge a Dorsal Atlântica, Valahnokur, Islândia. (Foto: Islantur.)

Figura 2.8-B Dorsal Mesoatlântica aflorando na região de Thingviller, Islândia. (Foto: Islantur.)

invertidos na bússola. Esses eventos ocorrem a cada dezenas de milhares de anos.

Muitos cientistas acreditam que as inversões podem ser provocadas por uma desorganização dos metais líquidos existentes no núcleo e que este, aparentemente, é mais heterogêneo do que se pensa; logo, deve conter outras esferas internas que se deslocam devido aos movimentos da Terra.

Para outros, as inversões eletromagnéticas são desencadeadas em razão do movimento das placas tectônicas, quando estas mergulham em direção ao manto, nas zonas de subducção. Nesse caso, nos limites manto-núcleo-líquido, a proximidade da placa provoca mudança no núcleo de Fe, resultando em uma assimetria causada pelo afastamento do centro de gravidade do equador.

As lavas da cordilheira mesoatlântica, por exemplo, ricas em Fe, ao se solidificarem, permanecem magnetizadas. Quando foram tomadas medidas dos diferentes tipos de lavas que alcançaram o leito do oceano ao longo dos anos, os cientistas verificaram que o campo magnético inverteu-se inúmeras vezes em relação ao atual. Tal conclusão veio a somar-se como mais um forte argumento para a teoria da tectônica de placas, a da expansão do assoalho do atlântico, demonstrando que o movimento se processa junto a sucessivos fluxos de lava que preenchem a fratura, fornecendo uma série de bandas magnetizadas simétricas, com idades crescentes a partir do centro de expulsão das lavas. A partir daí, foi possível datar as bandas do fundo do oceano, associando à taxa de expansão e da distância das fendas distensionais abertas onde as placas se separaram (Fig. 2.9).

A idade dos sedimentos depositados sobre o leito do oceano correspondentes aos fluxos de rochas de diferentes idades também é utilizada, sendo mais um método de datação feita por meio do estudo de microfósseis.

Outro tipo de contato possível entre as placas é o de deslizamento lateral de uma em relação à outra, como se fossem falhas de rejeito horizontal. Nesse caso ocorrem as chamadas falhas de margem conservativa, onde, ao contrário dos outros casos, não há criação ou destruição de material. Constituem notáveis exemplos de zonas de falhas de transformação a falha de San Andreas (Fig. 2.10), na Califórnia, e a falha de Anatolian, na Turquia. O Brasil encontra-se sobre a placa sul-americana, cujos bordos leste encontram-se na cadeia mesoatlântica e oeste na Cordilheira do Pacífico.

Até o início do Jurássico (cerca de 180 milhões de anos), as placas encontravam-se reunidas em um único continente denominado Pangeia por Wegener, em 1912. Como vimos, dada a curiosa coincidência da configuração geográfica, principalmente entre América e África, já há muito tempo inúmeros pesquisadores tentaram explicar como os continentes se separaram ou, ao menos, tentaram ajustá-los como um quebra-cabeça.

O Pangeia constituiu no passado uma massa de terra única, rodeada por um oceano irregular, chamado Pantalassa, que foi o ancestral do Pacífico. O ancestral do Mediterrâneo, o Tétis, formava na época uma grande baía que separava parcialmente a África da Eurásia.

A reconstituição do Pangeia, tentada desde a época de Wegener, só foi conseguida recentemente, com um ajuste perfeito, com auxílio do computador, quando se tomou como referência as linhas de costa de todos os continentes, nas profundidades de 2.000 m abaixo do nível do mar, e na descoberta da dorsal mesoatlântica como limite de placas divergentes.

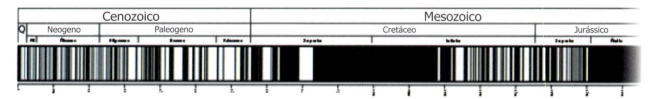

Figura 2.9 Polaridade geométrica a partir do Jurássico. As áreas escuras correspondem à polaridade atual, e as claras são inversas.

Figura 2.10 A falha de San Andreas atravessa todo o estado da Califórnia onde se observa quebra de relevo (EUA). (Foto: NASA.)

A existência do Pangeia terminou no final do Jurássico, quando, mais ou menos ao norte do equador, houve rompimento do continente, dividindo-se inicialmente em dois, formando a Laurásia e a Gondwana. Da Laurásia faziam parte a América do Norte e a Eurásia. O continente de Gondwana era constituído pelo agrupamento da América do Sul, África, Antártica, Austrália e Índia (Fig. 2.11).

As evidências geológicas de que os continentes do Hemisfério Sul formaram o continente da Gondwana são há tempo conhecidas. Entre elas, são notáveis os depósitos de tilitos, provenientes da glaciação permocarbonífera que atingiu América do Sul, África, Austrália, Índia, Madagascar e Antártica simultaneamente.

Formidáveis também são as semelhanças encontradas nos fósseis que ocorrem nesses continentes em rochas de idade devoniana até triássica, quando então os continentes se separaram.

Constituem ocorrências comuns as plantas do gênero *Glossopteris* e *Gangamopteris* e os depósitos de carvão formados a expensas do grande desenvolvimento que teve essa flora no período Permiano.

Outro dado paleontológico importante é a ocorrência do réptil *Mesossaurus* em rochas de idade permiana, restrita aos continentes sul-americano e africano. Julga-se improvável que este réptil pudesse nadar 6.000 km de um continente a outro.

Figura 2.11 Aspecto do continente de Gondwana durante o período Carbonífero

As aplicações do GPS – Global Positioning System (em português, Sistema de Posicionamento Global) em geodinâmica contribuem para os estudos das mudanças globais ocorridas no planeta. Elas possibilitam o entendimento de fenômenos geofísicos que ocorrem ao longo do tempo, como, por exemplo, o movimento das placas litosféricas e a avaliação de abalos sísmicos. Para tal, necessita-se efetuar medições com alta precisão, possibilitando a determinação das coordenadas de estações terrestres com nível adequado à geodinâmica.

O GPS utiliza-se de receptores de rádio, com ondas de alta frequência, que contém um relógio de alta precisão; para isso, são utilizados 27 satélites ou mais que funcionam como uma referência fixa. As outras referências são redes de estações geodésicas distribuídas sobre as placas tectônicas em número variável.

Os modelos de velocidade para se aferir o deslocamento das placas podem ser relativos, ou seja, uma em relação a outra ou absoluto (velocidades angulares de cada placa). Muitos trabalhos desenvolvidos pelos cientistas procuram estimar velocidades horizontais e também movimentos de subducção por meio do monitoramento das variações das coordenadas. É interessante observar que os movimentos das placas alteram as coordenadas terrestres e, por essa razão, estão sendo sempre atualizadas para atenuar seus efeitos e garantir a qualidade dos dados altimétricos, por exemplo. Os pontos conhecidos podem em alguns lugares variar em até 10 cm por ano, de modo que as coordenadas conhecidas de um ponto da superfície terrestre devem ser atreladas à época das medições, e, a partir daí, utiliza-se um modelo de velocidade das placas para ter seu valor ajustado à época do sistema geodésico escolhido.

As medidas por GPS estão mostrando, por exemplo, que a placa do Pacífico que se afasta da placa de Nasca, a qual mergulha sob a América do Sul, e também se afasta da placa Norte-americana, está se deslocando muito rapidamente atingindo mais de 10 cm por ano, enquanto a velocidade média de afastamento na dorsal mesoatlântica é de 5 cm por ano.

A Fig. 2.2 mostra as setas de diferentes tamanhos, sendo as mais longas, como as do Pacífico, equivalentes à velocidade de 10 cm por ano.

2.2.3 Resumo

- A distribuição global dos sistemas de montanhas na superfície terrestre e das fraturas oceânicas e cordilheiras vulcânicas associadas sugere que sua origem está ligada aos deslocamentos sofridos por porções da superfície (placas).
- A distribuição dos vulcões, terremotos (e falhamentos associados), que se encontram alinhados por distâncias de milhares de quilômetros, sugere movimentação em grande escala de material proveniente do interior da crosta (lavas) que se valeu das linhas de ruptura (falhas) para chegar à superfície.
- Sobre os oceanos há uma capa de sedimentos relativamente delgada, cuja deposição se iniciou quando os continentes começaram a separar-se (Cretáceo).
- Todas as ilhas oceânicas e vulcânicas são recentes, ou seja, de idade posterior ao início da migração dos continentes.
- Quando uma rocha vulcânica ou sedimentar contém partículas de ferro, este fica magnetizado segundo a direção e a polaridade do campo magnético da época (diferente do atual). Isso demonstra que a posição polar variou no tempo, ou, mais especificamente, que os continentes mudavam-se descrevendo trajetórias próprias. A interpretação é que as trajetórias de cada continente com relação ao polo são diferentes porque eles se moveram independentemente.

Outros estudos revelaram também que, no passado, o magnetismo era frequentemente invertido. Cada vez que as lavas preenchiam as fraturas da cordilheira oceânica, à medida que esfriavam eram magnetizadas na direção do campo magnético da época. Com o advento de nova efusão, esta constituía uma sequência anexa de material com magnetismo invertido.

O ajuste entre os continentes foi obtido recentemente, quando foram computadas as profundidades médias dos taludes continentais. Em muitos locais, verificou-se que as porções correspondentes dos continentes estavam destruídas ou submersas, o que explica as diferenças existentes entre as configurações das costas em muitas regiões, principalmente no Pacífico.

As margens dos crátons entre os continentes apresentam as mesmas idades. As margens do Escudo Africano têm a mesma idade das margens do Escudo do Nordeste brasileiro.

Como vimos, a partir das primeiras ideias sobre a Deriva Continental começaram a surgir diversas hipóteses e explicações para a semelhança entre os continentes americano e africano. Igualmente a localização e a concentração dos vulcões, terremotos e suas relações com as elevadas montanhas e cordilheiras (inclusive a mesoatlântica) começaram a ser fundamentadas com a constatação da existência das placas tectônicas e seus movimentos. A reunião de todos esses conceitos explica a dinâmica terrestre denominada Tectônica Global.

2.3 Orogênese e Cráton

O movimento das placas traz em sua dinâmica resultados que podem ser observados na superfície. Os terremotos, o vulcanismo, as rochas dobradas, falhadas e metamorfizadas são exemplos claros de que toda a crosta esteve submetida a tais esforços e que eles continuam atuando até os nossos dias.

Esses movimentos, denominados tectônicos, são classificados em dois tipos: orogenéticos e epirogenéticos.

O movimento orogenético é relativamente rápido e, quando se manifesta, geralmente deforma, dobrando e falhando, as camadas rochosas. Os terremotos são os movimentos orogenéticos mais rápidos de que se tem conta. Associados ao vulcanismo, correspondem a sinais anteriores ou posteriores de um tectonismo orogenético mais amplo, com o soerguimento da crosta e o metamorfismo das rochas. A orogênese propriamente dita é a elevação de uma vasta área, dando origem a grandes cadeias de montanhas. Assim, os terremotos e o vulcanismo andino são sinais posteriores ao levantamento da grande cadeia de montanhas que são os Andes. Ao contrário, o vulcanismo e os sismos da faixa que vai de Java ao Japão são sinais precursores de uma grande cadeia de montanhas que se elevará naquela área.

A orogênese acrescionária ocorre junto a processos de subducção de placas oceânicas, onde se dá a fusão parcial do manto, englobando material sedimentar. Esse processo constrói arcos magmáticos aglutinados nas margens do Pacífico, nos Alpes e no Himalaia.

Os movimentos epirogenéticos são definidos por serem lentos, abrangerem áreas continentais e não terem competência para deformar (não produzem falhas ou dobras) as estruturas rochosas.

As principais análises da epirogênese são feitas à beira-mar, porque, além de o nível do mar poder ficar fixo durante muito tempo, seus movimentos de subida e descida já são bem conhecidos.

Os movimentos do nível do mar são chamados eustáticos, podendo ser de dois tipos: de transgressão, quando o nível do mar se eleva sobre um litoral fixo invadindo os continentes, e de regressão, quando o nível das águas baixa sobre uma plataforma litorânea fixa. Em ambos os casos não houve epirogênese, porque foi o mar que se moveu. As causas de variação do nível do mar podem ser o tectonismo submarino (modificando a forma do vaso oceânico) e as modificações paleoclimáticas (retendo água no continente sob a forma de gelo ou derretendo em gelo, como ocorreu por ocasião das glaciações do Quaternário).

Conforme vimos, a Terra possui zonas que apresentam comportamento de dinâmica rigorosamente instável através do tempo geológico. Vimos também que, nessas áreas de maior mobilidade, ocorrem os choques de placas, trazendo como resultado grandes transformações e metamorfismo nas rochas, por isso chamadas áreas de orogênese. Ao contrário destas, ocorrem áreas pertencentes à plataforma, que, pelo menos desde o fim do Pré-Cambriano, não foram mais submetidas à ação de movimentos orogênicos. São áreas denominadas Cráton. Como exemplos clássicos dessas áreas temos os que ocorrem nos escudos Canadense, Báltico, nos escudos da região sul-africana e em algumas regiões do Brasil.

Seguindo esse conceito, pode-se caracterizar essas importantes feições geotectônicas como se segue:

Plataforma. Compreende uma área continental ou subcontinental, que mostra exposição de rochas cristalinas de idade pré-cambriana (escudos).

Cráton. Restringe-se ao núcleo estável localizado no interior da plataforma constituído por complexos terrenos graníticos que incorporam associações metavulcânicas e sedimentares dispersas de maneira caótica.

A essas sequências metavulcânicas (metabasaltos e metandesitos) e materiais sedimentares associados dá-se o nome de *greenstone belts*, ou cinturões. Trata-se da orogênese acrescionária.

Dispostas de maneira que tende a circundar o núcleo cratônico, são encontradas unidades metamórficas mais jovens caracterizadas por um metamorfismo de alto grau, intensa granitização e fraturamento. São relacionadas às zonas de subducção das placas.

Em resumo: uma típica plataforma é constituída por um ou mais núcleos cratônicos cuja idade é superior a 2,5 bilhões de anos, formados por uma associação de rochas graníticas e outras de baixo grau metamórfico, as quais são envolvidas (ao menos em parte) pelos cinturões móveis de idade bem menor e grau metamórfico bastante acentuado.

Os mesmos modelos da tectônica de placas explicam os cinturões, que são comparados à evolução das margens continentais e dos arcos de ilhas, situados em áreas de colisão dos continentes.

Um cráton, portanto, é constituído por porções da litosfera continental, diferenciadas desde o Arqueano e dotadas de grande resistência. Possuem ainda profundas raízes mantélicas. Os crátons sul-americanos e africanos são porções interiores e estáveis das placas que se amalgamaram por meio de uma série de colisões, formando a porção ocidental do continente de Gondwana. Suas margens são formadas por cinturões orogênicos denominados Brasilianos-Pan-Africanos (Fig. 2.12).

No Brasil, foram reconhecidas áreas de *greenstone belts*, ou cinturões, principalmente na Bahia, em Goiás e no Quadrilátero Ferrífero. Também na região nordeste de Santa Catarina os terrenos de alto grau de metamorfismo vêm sendo classificados como núcleos arqueanos. Sobre as plataformas e crátons, desenvolvem-se as bacias sedimentares.

Bibliografia

ALKMIM, F. F. O que faz de um cráton um cráton? O cráton de São Francisco e as revelações almeidianas ao delimitá-lo. In: MANTESSO NETO, V. et al. *Geologia do continente sul-americano*: evolução da obra de Fernando Flávio Marques de Almeida. São Paulo: Beca, 2004. p. 266-279.

BIZZI, L. A. et al. *Geologia, tectônica e recursos minerais do Brasil*. Brasília: CPRM, 2003.

CODIE, K. C. *Plate tectonics and crustal evolution*. Nova York: Pergamon Press, 1976.

DEWEY, I.; BIRD, J. Mountain belt and the new global tectonic. *J. Geophys. Res.* 75, p. 2.625-2.647, 1970.

GASS, I.; SMITH, P.; VILSON, R. *Understanding the earths*. Sussex: Artemis Press, 1971.

KAWAKAMI, S.; MIZUTANI, H. Geology and geochemistry of archaean crust and implications for the early history of the Earth. *The Journal of Earth Sciences*, Nagoya University, Nagoya, Japão, v. 32, p. 49-100, dez. 1984.

KRÖNER, M. A. Precambrian crustal evolution and continental drift. In: *Geologische Rundschau*, 70 (2), 1981. p. 412-428.

MAISONNEUVE, J. The composition of the precambrian ocean waters. In: *Sedimentary Geology*, 31, 1982. p. 1-11. Elsevier Scientific Publishing Company. Amsterdam, Holanda.

SEYFERT, C. K.; SIRKIN, L. A. *Earth history and plate tectonics, an introduction to historical geology*. 2. ed. Nova York: Harper & Row, 1976. p. 504.

SIMKIN, T. et al. This dynamic planet; work map of volcanoes, earthquakes, impact craters and plate tectonics: U.S. geological survey, geologic investigations series map I-2800, 1 two-sided sheet, scale 1:30.000.000.

WILSON, J. T. *Deriva continental y tectónica de placas*. 2. ed. Madri: H. Blume Ediciones, 1976.

Figura 2.12 Principais unidades tectonoestratigráficas da América do Sul oriental. Observam-se os crátons rodeados por diversos cinturões. (Modificado de Gaucher et al., 2003 e Bossi & Gaucher, 2004.)

O interesse despertado por esses estudos decorre das grandes jazidas de minérios encontradas, as quais estão associadas a esses tipos de terrenos, principalmente o ouro.

Outros minerais podem ocorrer na parte vulcânica, tais como sulfetos de cobre, zinco, chumbo e ferro. Ocorrem ainda compostos disseminados de chumbo, níquel, lítio, berilo e molibdênio, entre outros.

3 Vulcanismo e Terremotos – A Origem das Rochas Ígneas

3.1 Vulcanismo

Ao longo das zonas de ruptura da Terra, condicionadas ao movimento das placas litosféricas, concentram-se as atividades sísmicas e vulcânicas.

O estudo do vulcanismo abrange todas as manifestações de atividades internas da Terra que, em decorrência da alta temperatura e da pressão das rochas, culminam com a efusão de material fundido, o magma, rocha fluida e repleta de gases.

A ascensão do magma poderá se dar de maneira explosiva ou passiva. No primeiro caso, além do magma, fragmentos das rochas encaixantes, conhecidos como piroclastos, poderão ser lançados a centenas de metros de altura (Fig. 3.1).

Figura 3.2 Erupção vulcânica em 2006, Ilhas Aleutas, Alasca. (Foto: NASA.)

Figura 3.1 Vulcão Soufriere Hills (Caribe) em erupção de cinzas e material piroclástico (escuro). (Foto: IS – Johanson Space Center.)

No segundo caso, o magma derrama-se pela superfície, preenchendo vales e formando vastas planícies; isso é muito frequente no Havaí, e o magma pode atingir até 50 km de extensão.

O magma pode atingir a superfície através de fendas – ocasião em que, em geral, derrama-se pacificamente, estendendo-se a centenas de quilômetros – ou através de orifícios, como ocorre com a maioria dos vulcões atualmente em atividade (Fig. 3.2).

Ao atingir a superfície, o magma sofre uma brusca descompressão, logo equilibrada pela liberação de gases e substâncias voláteis, seguida de um resfriamento gradativo que aumenta a sua viscosidade; a partir desse momento, passa a denominar-se lava (Fig. 3.3).

Quando o magma não atinge a superfície, aloja-se no interior da crosta, formando as rochas plutônicas ou ígneas, corpos de forma, tamanho e constituição variável, que afloram por erosão dos terrenos superficiais.

Figura 3.3 Lavas *Pahoehoe*, Havaí. (Foto: Steve Yong.)

O estudo do comportamento dos produtos das erupções vulcânicas atuais, principalmente das lavas, é de suma importância para a compreensão e a elucidação de problemas geológicos de épocas pretéritas, quando da formação de determinadas rochas ígneas.

Desse modo, observações nos locais onde ocorrem as erupções vulcânicas nos indicam, por exemplo, a temperatura do magma, o ponto de solidificação de diversos cristais que o constituem, as relações de texturas e estruturas, a importância dos gases durante a formação dos cristais etc.

3.1.1 Estrutura Vulcânica

Atualmente todos os vulcões em atividade possuem o aspecto mais ou menos perfeito de uma montanha cônica cuja altitude varia de algumas dezenas de metros até aproximadamente 7.500 m (Aconcágua).

O cone é formado graças à acumulação de materiais magmáticos e piroclásticos provenientes de rochas preexistentes, aglomeradas ao redor do orifício central denominado chaminé, conduto que permite a saída do material de ejeção (Fig. 3.4).

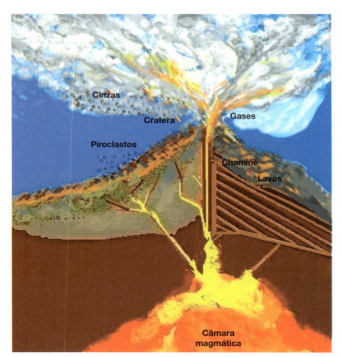

Figura 3.4 Estrutura do cone vulcânico e produtos da erupção.

A cratera é a porção superior da chaminé que sofre um alargamento, geralmente provocado por explosões, tomando a forma de um funil.

O diâmetro das crateras é geralmente inferior a 1.000 m, e a profundidade é variável, na maioria das vezes inferior ao diâmetro. A cratera do Vesúvio tem 700 m de diâmetro por 300 m de profundidade. As crateras podem conter em seu interior lavas em fusão ou semissolidificadas.

Nos vulcões extintos ou inativos as crateras podem conter água, constituindo um lago. Quando um vulcão nessas condições volta à atividade, pode ocasionar verdadeiras catástrofes, principalmente se for do tipo explosivo, provocando chuvas e corrida de lama. Além da cratera central, podem ocorrer outras laterais denominadas parasitas ou adventícias. O Vesúvio possui mais de 30 crateras laterais.

Caldeira. O volume de material expelido por um vulcão pode atingir dezenas de quilômetros cúbicos. Tal fato acarretará uma diferença de massa no interior do cone, provocando o abatimento das paredes circundantes. Uma caldeira pode também se formar por explosão, caso em que o vulcão destrói e arremessa sua parte de cima. O Monte Somma originou-se do abatimento e da pulverização do cone do Vesúvio.

É comum a ocorrência de um sistema de fraturas anelares circundando a caldeira externamente; tais fraturas, quando preenchidas por lavas, constituem os *ring-dykes* (diques em anéis) [Fig. 10.10].

Em Oregon, nos Estados Unidos, existe uma caldeira de 9,5 km de diâmetro, constituindo um imenso lago (*crater lake*) com uma ilha central formada a partir de um novo cone do mesmo vulcão (atualmente extinto).

Do vulcão Krakatoa (Indonésia), depois de sua espetacular explosão em 1883, restou uma caldeira de 6,5 km de diâmetro e 300 m de profundidade abaixo do nível do mar.

3.1.2 Atividades Vulcânicas

O nascimento de um vulcão pôde ser observado e estudado detalhadamente em fevereiro de 1943 quando, no México, surgiu o Paricutín. Durante 18 dias as localidades de Paricutín e San Juan de Parangaricutiro sofreram tremores de terra que culminaram com a abertura de fissuras na crosta da Terra.

Observou-se que através das fissuras subia gás com grande quantidade de vapor d'água. Durante quatro dias desprenderam-se das fendas imensas nuvens negras de fumaça, acompanhadas depois de violentas explosões, lançando a uma altitude de 1.000 m rochas, pó e fragmentos incandescentes. Estes, durante a noite, proporcionavam um "belo" espetáculo: quando eram lançados ao ar, após atingirem dezenas de metros, recaíam sobre o vulcão, rolando cone abaixo como cascatas em chamas. O primeiro derrame de lavas verificou-se numa fissura distante 300 m do cone. No sexto dia, o cone alcançou uma altitude de 170 m. No terceiro mês, o cone subiu a 350 m de altitude, com a diminuição gradativa das atividades; após quatro anos, atingiu 600 m.

As atividades tiveram como produto principalmente lavas, que no segundo ano de atividade atingiram grandes extensões, com uma espessura de 10 m, suficiente para sepultar a cidade de San Juan de Parangaricutiro.

3.1.3 Produtos Vulcânicos

Um vulcão em erupção produz matéria nos três estados físicos: gasoso, sólido e líquido.

Os gases, inclusive vapor d'água, são exalados a expensas de condições físico-químicas do vulcão, tais como temperatura, pressão, composição da lava, estado de senilidade das atividades etc.

A matéria líquida é representada pelas lavas, cujo comportamento após o derrame decorre principalmente da composição química e, como consequência, da viscosidade e da quantidade de gases.

Os sólidos são fragmentos originados das rochas encaixantes que formam o cone vulcânico, e geralmente são lançados durante as explosões vulcânicas ou do próprio magma semissolidificado ou consolidado.

Gases vulcânicos. O vapor d'água desprendido, que oscila entre 60 e 90 %, pode ser proveniente de três zonas: da água subterrânea, do próprio magma primário ou, ainda, formar-se a partir do hidrogênio exalado pelo vulcão combinado com o oxigênio do ar. Outros gases, como H, O, CO_2, HCl, H_2S, NH_4 etc., cloretos voláteis de ferro, potássio ou ainda sulfetos, são libertados do magma antes, durante ou após as erupções.

Fumarolas. Constituem as fendas ou fissuras, bem como os gases que delas escapam. Classificam-se segundo a temperatura e os tipos de gases exalados, os quais estão, em última análise, na dependência da temperatura. A temperatura das fumarolas é superior a 500 °C e sua constituição gasosa é semelhante à dos vulcões. Próximo ao vulcão Katmai, no Alasca, está o denominado *The Thousand Smoke Valley* (vale com centenas de fumarolas).

Solfataras. São exalações cuja temperatura está entre 100 e 200 °C, compostas principalmente de vapor d'água, H_2S e CO_2.

Mofetas. São exalações líquidas ou gasosas com temperatura próxima a 40 °C constituídas de CO_2, vapor d'água ou fontes de águas acidificadas pela presença do CO_2.

Lavas. Os produtos sob a forma líquida ou fluida são representados pelas lavas provenientes de grandes profundidades que atingem a superfície com temperaturas entre 600 e 1.200 °C, mais altas nas básicas. A viscosidade das lavas depende não só da composição química, mas também da quantidade de gases que vai influir na velocidade da corrida de lavas, que é maior em terrenos cuja topografia apresenta maior declividade. A lava ácida de composição semelhante ao granito é viscosa, com derrames pouco extensos e frentes abruptas.

As lavas fluidas que ocorrem em vulcões havaianos têm composição semelhante ao basalto e atingem extensões consideráveis. Durante uma erupção do Mauna Loa, em 1850, a lava teve uma velocidade inicial de 30 km/h, estendendo-se por 54 km. Em casos excepcionais, a lava atinge mais de 1 km de largura durante o derrame. A espessura máxima de cada derrame constatado parece não exceder 10 m.

Tipos de lava. As lavas formam-se em decorrência do movimento, do constante desprendimento de gases e da constituição química.

Como a parte superior em contato com o ar esfria mais rápido, a lava fluida prossegue sob a couraça, formando túneis. Outras vezes, a couraça superior semissolidificada rompe-se em fragmentos, caindo sobre a corrente líquida inferior, que prossegue constituindo uma estrutura de vértices pontiagudos e adquire a designação de lavas em bloco ou "aa" (designação havaiana).

Quando a lava é pobre em gases e forma uma fina couraça, com a continuidade de movimento das lavas de baixo, a couraça se enruga com aspecto de corda; é então denominada lava cordada ou *pahoehoe* (Fig. 3.5). Outra estrutura, formada no interior da água, é conhecida com o nome de almofadas ou *pillow-lava*. Quando as lavas entram em contato com a água, sofrem um rápido resfriamento externo, enquanto internamente continuam em fusão. A pressão interna aumenta, e então rompe-se uma abertura, permitindo a saída de parte do material do interior. Esse material, em contato com a água novamente, sofre um resfriamento externo muito rápido, com aumento interno da pressão e rompimento, originando outra porção de lava. Essas porções internamente ocas acumulam-se, constituindo uma série de montículos uns sobre os outros. Tais estruturas formam-se em mares e outros corpos d'água.

Piroclastos. Os componentes sólidos são denominados piroclásticos. São fragmentos consolidados provenientes do subsolo retirados das rochas encaixantes do próprio cone ou de profundidades maiores; com isso, fornecem-nos uma ideia de constituição do subsolo. Como componente desses fragmentos inclui-se também o magma solidificado ou semissolidificado. O tamanho varia desde a poeira vulcânica (tufos) até blocos de 1 m³. Quando o diâmetro dos piroclastos é próximo de 2 a 3 cm, denomina-se *lapilli* (do italiano, que significa de conformação semelhante a uma noz).

Figura 3.5 Lavas em corda. Big Island, Havaí. (Foto: J. J. Bigarella.)

Os constituintes mais finos resultantes de atividades explosivas que pulverizam as rochas denominam-se cinza (Fig. 3.6). O Krakatoa (ilha vulcânica no Estreito do Sonda) pulverizou em 1883, após 200 anos de inatividade, 18 km³, ou seja, 2/3 da ilha; suas cinzas deram a volta ao mundo várias vezes. Como resultado da explosão, formou-se uma onda de 30 m, matando 36.000 pessoas que habitavam as costas do Pacífico.

Figura 3.6 Cinzas do vulcão Santa Helena, Washington, EUA. (Foto: Mark A. Wilson.)

Bombas. São fragmentos semissólidos que, lançados a grandes alturas, giram sobre si próprios, ao mesmo tempo em que os gases são expulsos e adquirem uma forma típica de pão, alongados, contorcidos com vários centímetros de diâmetro (Fig. 3.7).

Quando os fragmentos sólidos provenientes das rochas encaixantes são envolvidos e compactados por lavas, constituem as brechas vulcânicas ou aglomerados.

A pedra-pomes resulta do magma rico em gases que sofre um rápido resfriamento e uma brusca descompressão pela perda de gases; é uma rocha muito leve e porosa, cheia de pequenos orifícios.

A obsidiana é uma rocha vulcânica vítrea com estrutura conchoidal rica em sílex, formada por um rápido resfriamento (Fig. 3.8).

Figura 3.7 Bomba vulcânica. (Foto: Antonio Liccardo.)

Figura 3.8 Obsidiana. (Foto: Mark Wilson.)

3.1.4 Cones Vulcânicos

Cones de escória. O edifício vulcânico é constituído de fragmentos piroclásticos provenientes de atividades explosivas. Em geral as cinzas são levadas pelo vento para partes mais distantes. As ladeiras, quando constituídas de fragmentos mais grosseiros, têm uma inclinação entre 30 e 40°. Quando o material é mais fino e inclui as cinzas, as ladeiras são mais suaves. O Krakatoa e o Monte Pelado são exemplos, uma vez que seus tipos de atividade são explosivos, com a expulsão de fragmentos, cinzas e gases.

Cones de lava. Os cones de lava têm frequentemente a forma de cúpula, composta de sucessivos derrames de lavas a alta temperatura. A declividade das pendentes do cone depende da maior ou menor fluidez ou viscosidade das lavas. O Mauna Loa, no Havaí, cujas lavas são básicas e fluidas, tem pouca declividade se considerada a área que abrange (95 km de comprimento por 50 km de largura). As lavas são expulsas através de fissuras (fendas) que se abrem ao seu redor.

Cones compostos. São constituídos de camadas intercaladas, estratificadas, de fragmentos com diâmetro variado alternados com derrames de lavas. Produzem, portanto, dois tipos de atividades. Esses vulcões são também denominados estratovulcão.

Kimberlitos. Sua estrutura é a de uma chaminé formada por erupções vulcânicas de grandes profundidades. O nome deriva da região de Kimberley, África do Sul, onde se encontram as ricas minas de diamantes.

O kimberlito é uma rocha ultramáfica, constituído de olivina, piroxênio e anfibólio, e possui cor esverdeada. Os produtos ígneos provêm do manto cuja erupção incorpora fragmentos diversos que, após percorrerem o magma superior, chegam à superfície de maneira explosiva. Em sua composição, encontram-se cristais bem desenvolvidos, incluindo diopsídeo, granada, ilmenita, cromita e diamantes formados pela transformação do carbono, sob grande pressão devida às grandes profundidades e às altas temperaturas.

Uma jazida gigante de diamantes na Sibéria foi formada pelo impacto de um asteroide há 35 milhões de anos (Fig. 3.9). A cratera Popigai, no leste da Sibéria, contém "muitos trilhões de quilates" dos chamados "diamantes de impacto", ideais para uso industrial. A quantidade de material seria dez vezes maior que as reservas mundiais de diamante e suficiente para abastecer o mercado global por mais de 3.000 anos.

Eles foram formados pela colisão de um meteorito, que atingiu uma extensa área de ocorrência de grafite (Fig. 3.9). Por ser impuro e escuro, esse tipo de diamante não é usado em joias e sim em indústrias e também em brocas de perfuração em rochas, principalmente na pesquisa de poços petrolíferos.

Figura 3.9 Cratera de 100 km de diâmetro produzida por impacto de um meteorito sobre rochas contendo grafite, transformando em gigantescas jazidas de diamantes. (Foto: NASA.)

Uma pequena parte da área foi analisada e já foi avaliada em 147 bilhões de quilates de diamantes industriais. Os diamantes são dotados de uma dureza incomparável por serem formados a uma enorme pressão e a altas temperaturas no momento da explosão causada pelo impacto do meteorito, o qual abriu uma cratera de 100 km.

No Brasil existem fontes primárias e secundárias de diamantes. Os depósitos primários estão relacionados com kimberlitos (rochas portadoras de diamantes).

As mineralizações primárias mais significativas de diamantes em kimberlitos, no Brasil, estão localizadas nas Províncias de Paranatinga e Aripuanã, sobretudo nesta última. A Província Kimberlítica do Alto Paranaíba, em Minas Gerais, apresenta centenas de kimberlitos, mas pouco mineralizados em diamantes. No Triângulo Mineiro ocorrem depósitos secundários, mais especificamente na região dos rios Santo Antônio e Douradinhos, próximos a Coromandel, onde foram encontrados grandes diamantes (com mais de 50 ct), incluindo o Presidente Vargas, maior diamante brasileiro com 726,6 quilates, encontrado em 1938 (Fig. 5.12). Todas as demais províncias kimberlíticas brasileiras apresentam kimberlitos estéreis e/ou com teores insignificantes do ponto de vista econômico.

As fontes secundárias de diamantes, encontram-se relacionadas, de um modo geral, a rochas conglomeráticas, aluviões, coluviões e eluviões, como o Metaconglomerado Sopa-Brumadinho e aluviões da Serra do Espinhaço, em Diamantina, Minas Gerais.

Não são conhecidos depósitos primários de diamantes na Serra do Espinhaço.

O cascalho diamantífero é proveniente da desagregação dos níveis conglomeráticos e encontra-se depositado em fraturas ou fendas, ou ainda, transportado pelos agentes erosivos através das drenagens da região, que acaba se concentrando em outros locais.

A espessura do nível do cascalho diamantífero varia de 0,10 a 0,50 m, e os diamantes originam-se em diversas cores.

Aluvião de Poxoréo em Mato Grosso

Os depósitos diamantíferos na região de Poxoréo podem ser classificados como depósitos recentes que ocorrem nas planícies de inundação dos rios São João, Coité, Poxoréo e Depósitos de Terraços e Cascalheiras, localizados nas encostas dos vales dos principais rios.

Os diamantes de fontes secundárias no Brasil são explorados ainda principalmente em Goiás (Serra Dourada), Amapá (Rio Vila Nova) e Roraima, entre outros estados.

3.1.5 Vulcões Submarinos

As atividades vulcânicas no interior do mar passam em geral despercebidas por nem sempre atingirem a superfície ou por serem rapidamente destruídas pelas ondas. Em julho de 1831 emergiu no Mediterrâneo, após um pequeno maremoto seguido de vapores superaquecidos com um forte cheiro de enxofre, uma formação rochosa. Em 30 dias alcançou a altura de 70 m acima do nível do mar, com um perímetro de 3 km. A ilha foi considerada suficientemente importante para ser incorporada à possessão inglesa, que só gozou de seus direitos até o fim das erupções, em dezembro do mesmo ano, quando a ilha foi rapidamente demolida pelas ondas, restando um depósito de cinzas e escória 5 m abaixo do nível do mar. Normalmente esses vulcões ocorrem como ilhas alinhadas e são produzidos por atividades de *hot spots*, pontos quentes que ocorrem em algumas regiões junto ao limite núcleo-manto. Essas porções quentes do manto, denominadas plumas mantélicas, sobem em direção à crosta oceânica sob a forma de magmas basálticos, originando ilhas vulcânicas que podem permanecer submersas. Como essas erupções não são contínuas, o vulcão acaba sendo destruído pela erosão causada pelas ondas e correntes marinhas.

3.1.6 Gêiseres

As zonas de elevado valor geotérmico acompanham alinhamentos que correspondem aos principais limites que separam as placas tectônicas. Os cinturões geotérmicos principais da Terra encontram-se ao longo das dorsais oceânicas e dos vales em *rift*, onde a crosta terrestre é jovem e fina, permitindo assim que o calor escape facilmente de seu interior. Nessas zonas, a água subterrânea que se infiltra através de fraturas, canais ou falhas é aquecida até o ponto de ebulição, produzindo os gêiseres. Essas regiões coincidem com as principais zonas terrestres de subducção, onde ocorrem com mais frequência atividades vulcânicas e também com as margens de colisão das placas, onde o calor é gerado por dobramentos intensos.

Desse modo, os gêiseres caracterizam-se pela expulsão em esguichos a grandes alturas de vapor d'água contendo sais dissolvidos (Fig. 3.10). Alguns gêiseres da Nova Zelândia atingem 500 m de altura. Os gêiseres são encontrados ainda na Islândia e no Parque de Yellowstone, Estados Unidos, onde existem mais de 200. Os jatos d'água se verificam a intervalos regulares e perduram desde segundos até semanas. Cada gêiser possui o seu período próprio de atividade, e o fenômeno se origina da seguinte maneira: a grandes profundidades situam-se rochas em altas tempera-

Figura 3.10 Gêiser no deserto de Atacama. (Foto: Mark A. Wilson.)

turas que aquecem a água, produzindo vapores que procuram subir pelas fissuras preenchidas por água superficial. O peso da coluna de água superficial provoca um aumento do ponto de ebulição da água mais profunda, de sorte que esta atinge temperatura superior ao seu ponto de ebulição em condições normais. Em dado momento é rompido o equilíbrio entre água e vapor, quando a água superaquecida passa bruscamente para o estado de vapor e este se expande explosivamente, forçando toda a coluna d'água contida nas fissuras a jorrar verticalmente a vários metros de altura. Esgotadas as fissuras, cessa o jato, que só recomeçará quando as fissuras estiverem novamente cheias e aquecidas. É frequente a água conter sais dissolvidos que se precipitam na superfície com a queda da temperatura e se acumulam ao redor do orifício, formando depósitos consolidados, denominados geiserita; tais depósitos são constituídos principalmente de sílica.

3.1.7 Vulcanismo no Brasil

Os últimas tipos de atividades vulcânicas no Brasil remontam ao Cenozoico, cujo vulcanismo foi o responsável pela formação de nossas ilhas oceânicas: Fernando de Noronha, São Pedro e São Paulo, Abrolhos, Trindade e outras no interior do Nordeste (Figs. 3.11, 3.12 e 3.13).

Figura 3.11 Vulcanismo Cenozoico no Brasil. Ilha de Fernando de Noronha. (Foto do Autor.)

Figura 3.12 Parte do conduto vulcânico (*neck*) de vulcão do Terciário. Pico Cabugi, RN. (Foto do Autor.)

Fernando de Noronha e Trindade

Constituem a parte emersa de uma estrutura alinhada, vulcânica, com cerca de 4.000 m de profundidade e 70 km de diâmetro. Diversos eventos vulcânicos separados por erosão e deposição foram responsáveis pela construção das ilhas, resultando em várias unidades vulcânicas e sedimentares.

A ilha oceânica de Fernando de Noronha tem idade entre 1,2 e 1,5 Ma, e Trindade tem idade máxima de cerca de 3,7 milhões de anos. Ambas são constituídas por rochas alcalinas ultrabásicas a intermediárias resultantes de eventos vulcânicos de idades distintas. Os mais antigos são representados por depósitos piroclásticos e corpos vulcânicos (domos, diques). Em Fernando de Noronha, as rochas apresentam grande variedade litológica, incluindo numerosos diques. Nessa formação, identificaram-se rochas de composição sódicas e outra potássica que varia de basaltos alcalinos até traquitos, que podem conter fragmentos de rochas dos corpos adjacentes (xenólitos).

O vulcanismo mais novo (em Fernando de Noronha) é semelhante ao de Trindade e caracteriza-se pela abundância de derrames de lavas e depósitos piroclásticos. Em Fernando de Noronha, ocorrem também derrames mais restritos de basanitos, contendo xenólitos mantélicos. Entretanto, existem variações e diferenças nas rochas das duas ilhas, e podem ter origem a partir de magmas parentais diferentes, originados em fontes mantélicas distintas ou resultantes de diferentes graus de fusão da mesma fonte.

Em Trindade, o relevo é mais acidentado, os domos e *necks* são feições topográficas típicas, tanto nos fonólitos como nos diques de rochas básicas que contêm numerosos xenólitos de rochas alcalinas. Derrames de fonólitos, intercalados com rochas piroclásticas, constituem a parte mais central da ilha.

O Mesozoico teve também fases vulcânicas alcalinas, principalmente nos períodos Cretáceo e Jurássico; algumas se prolongaram até o início do Cenozoico. Os principais derrames são os de Jacupiranga (São Paulo), Anitápolis (Santa Catarina), Serra Negra (Minas Gerais), Itatiaia (Rio de Janeiro), Poços de Caldas (Minas Gerais), Cabo Frio (Rio de Janeiro), Cananeia (São Paulo) e Lajes (Santa Catarina).

Vulcanismo de fissura de lavas básicas, toleíticas, ocorreu na bacia do Paraná, no fim do Jurássico e principalmente no período Cretáceo (120-130 milhões de anos). Esses derrames atingem cerca de 1.200.000 km^3, cobrindo o sul de Goiás, parte dos estados de Mato Grosso, Minas Gerais, São Paulo, Paraná e Santa Catarina, e ainda porções do Uruguai, Argentina e Paraguai. A espessura média é de 650 m, e a maior, de 1.529 m (Poço PE-1-SP da Petrobras), situa-se em Presidente Epitácio (São Paulo). Consiste em derrames de basaltos individuais, ultrapassando o número de 30, espalhando-se sobre extensas áreas com espessuras desde poucos metros até 100 m cada um (Fig. 3.14).

Ocorreram juntamente numerosas intrusões hipabissais que hoje afloram à superfície sob a forma de *sills* e diques de diabásicos (Fig. 3.16).

Nas bacias do Amazonas e do Parnaíba, também ocorreu vulcanismo básico no Mesozoico, principalmente sob a forma de soleiras, *sills* e diques.

Figura 3.13 Aspecto das rochas vulcânicas do pico Cabugi, RN. (Foto do Autor.)

Figura 3.14 Vulcanismo de fissura produziu lavas basálticas da Formação Serra Geral na Bacia do Paraná. Aparados da Serra, SC. (Foto: Antonio Liccardo.)

Figura 3.15 Afloramento de granito que faz parte das rochas elevadas da Serra do Mar, Quatro Barras, Paraná. (Foto: Antonio Liccardo.)

No Paleozoico Inferior, o vulcanismo ácido predominou no Sul do Brasil sob a forma de riolitos, andesitos e piroclastos. São característicos aqueles encontrados no grupo Itajaí (Santa Catarina), em Castro (Paraná) e nas formações Maricá e Santa Bárbara (Rio Grande do Sul).

Figura 3.16 *Sill* de diabásio com estrutura colunar entre sedimentos permocarboníferos da Bacia do Paraná. Rodovia SC-470, Rio do Sul, SC. (Foto do Autor.)

3.1.8 Distribuição Mundial dos Vulcões

A principal área vulcânica constitui os "assoalhos" do oceano, com espessura entre 2.000 e 6.000 m. Capas de sedimentos marinhos alternam-se com derrames de lavas, e os cones vulcânicos atingem grandes altitudes. As ilhas oceânicas brasileiras são exemplos de tais erupções. Em torno da Califórnia, onde o Oceano Pacífico foi explorado completamente, pôde ser constatado um vulcão submarino, de cerca de 1.000 m de altura para cada 40 km de superfície. Sobre o globo, considerado como um todo, há provavelmente mais de 10 mil vulcões. A área mais importante é a marginal entre o continente e o oceano, mais precisamente o cinturão do fogo que rodeia o Pacífico e a porção que se estende das Antilhas até a Indonésia através do Mediterrâneo. No interior do continente, alguns enormes maciços vulcânicos marcam uma série de linhas de fraturas desde o Líbano até o Mar Vermelho, na África Oriental, e outras no centro da África e da Ásia. O vulcanismo é acentuado também ao longo dos cinturões ou de cadeias de montanhas dobradas, como os Andes, a Antártica e a Indonésia. Assim, vê-se que os vulcões se distribuem nas áreas tectonicamente instáveis da crosta, onde ocorrem terremotos e falhamentos, estando a eles associados os limites das placas.

O magma e a formação das rochas ígneas

O resfriamento do magma resulta na formação das rochas ígneas ou magmáticas, as quais, de acordo com os caracteres texturais, constituem dois grupos principais: cristalinas, quando os minerais (ou cristais) podem ser vistos a olho nu porque foram bem desenvolvidos devido aos processos de lento resfriamento, como os granitos, por exemplo (Fig. 3.15); e aquelas em que os cristais não podem ser individualizados, são microcristalinos e formaram-se por resfriamento rápido.

Estes últimos tipos de rocha têm origem, em princípio, em magmas de altas temperaturas provenientes do manto. Um exemplo típico dessas rochas é o basalto, cujo magma extravasa por fraturas como aquelas da Cordilheira Mesoatlântica, onde as placas sofrem afastamento (Figs. 2.6 e 3.14). O basalto é classificado como uma rocha máfica, ou seja, tem uma composição mineral com pouquíssimo quartzo e, por isso, tem coloração escura. O diabásio é encontrado em diques preenchendo fraturas ou soleiras (*sills*), e sua textura cristalina varia de acordo com a velocidade de resfriamento, que, por sua vez, depende também das proximidades com a superfície terrestre (Fig. 3.16).

São também encontrados basaltos em vastas regiões continentais do planeta, distante dos limites das placas, como, por exemplo, derrames da Bacia do Paraná de idade Cretácea.

Esse tipo de vulcanismo em que as lavas são expelidas por fissuras atinge milhões de quilômetros cúbicos de derrames por extensas superfícies dos terrenos continentais. As causas desse tipo de vulcanismo ainda não são bem claras. Entretanto, muitos pesquisadores acreditam que o processo se dá devido a fusão e descompressão do magma proveniente da parte superior do manto que sobe em zonas de fraqueza da crosta, possivelmente pelas plumas do manto. Certas ilhas nos oceanos também são formadas por basaltos, como as do Havaí, provenientes dos pontos quentes, regiões do manto mais profundo de onde o calor ascende à litosfera como "plumas do manto", subindo sob a forma de magma, que alcança a superfície do mar formando ilhas. Esse tipo de vulcanismo pontual é descontínuo e único no local, pelo fato de as placas tectônicas, ao se deslocarem sobre a astenofera, deixarem para trás os pontos quentes, estabilizados em determinados pontos do manto.

Outras regiões de ocorrências dos basaltos situam-se próximo às zonas de subducção, onde estão a maioria dos cones vulcânicos, como, por exemplo, a Cordilheira dos Andes, na América do Sul.

A subducção propriamente dita situa-se onde a placa oceânica mergulha sob a continental, carregando consigo os sedimentos depositados no fundo do oceano juntamente com certa quantidade de água. Essa mistura de água, sedimentos arenosos e lavas segue afundando acompanhada de um aumento da pressão e das temperaturas, e termina com uma fusão de todo o material, resultando em rochas mais ácidas. À medida que a placa afunda, ocorrem diversas reações químicas juntamente com a expulsão da água e o aumento da temperatura, resultando na formação de variados tipos de rochas com composição mineralógica própria, sendo uma delas o andesito – nome derivado de Andes –, que tem origem no interior das câmaras magmáticas de onde sobe à superfície e extravasa de maneira eruptiva. Rochas provenientes desses processos, quando contêm na mistura com os sedimentos certo teor de sílica decorrente dos grãos de quartzo, são de coloração mais clara e podem ser intermediárias como o andesito ou as félsicas.

As rochas félsicas caracterizam-se por um alto teor em sílica e são mais ácidas; são constituídas de quartzo, feldspato e também plagioclásios, que podem ser sódicos ou de potássio. O granito é um típico representante de rocha félsica, de textura cristalina, coloração clara e de grande ocorrência na crosta terrestre. São, porém, classificados como plutônicas e não vulcânicas por constituírem enormes corpos ígneos formados e resfriados em determinadas profundidades da crosta (cerca de 10 km); por isso, somente serão encontrados na superfície após a erosão das camadas superiores. Um alívio da pressão, por erosão, também pode fazer a rocha subir, aflorar e expandir-se, quebrando-se em diaclases concêntricas que se desprendem e deslizam em direção ao solo (Fig. 3.17). Por causa dos movimentos tectônicos que ocorrem em determinadas áreas orogenéticas, as rochas ígneas intrusivas como o granito, em sua origem, inicialmente penetram pela crosta em altas temperaturas fragmentando as rochas encaixantes, preenchem as fraturas, deslocam as camadas superiores e alojam-se no espaço aberto, onde sofrem lento resfriamento.

Figura 3.17 Granito preenchido por um dique de diabásio na fratura. Litoral de Santa Catarina. (Foto do Autor.)

Além das rochas máficas e félsicas, caracterizadas por sua composição, há também as rochas denominadas intermediárias, pois seu conteúdo é um meio-termo em quantidade de sílica.

Como exemplo desse tipo de rocha temos o diorito (Fig. 10.24), o qual é cristalino e forma-se lentamente a partir da solidificação do magma no interior da crosta.

Durante o resfriamento, lentamente, os minerais cristalizam-se independentemente uns dos outros, pois cada qual possui uma temperatura específica em que alcança seu estado sólido, desenvolvendo cristais que são corpos com coloração e forma cristalina própria, de acordo com a natureza de cada um. Esse processo chama-se diferenciação magmática e, por ser lento, pode produzir tipos variados de constituintes minerais nas rochas ígneas, pois a "assimilação" dos elementos químicos dispersos no magma são gradativamente incorporados e combinados de acordo com a velocidade em que se dá o resfriamento até sua total solidificação. Esse processo como um todo é denominado cristalização fracionada, responsável pelas diferenças na composição, textura, estrutura etc. das rochas ígneas.

3.2 Terremotos

A energia dos terremotos é liberada quando a tensão acumulada na crosta terrestre supera as forças de fricção ao longo de uma falha preexistente ou uma grande fratura nas rochas. Essa tensão acumulada é o resultado do lento movimento das placas litosféricas, que produzem esforços em vários pontos de suas bordas de contato até atingirem os limites de resistência da rocha, produzindo então o deslizamento ou o movimento dos blocos, resultando em uma falha geológica (Fig. 3.18).

Figura 3.18 Terremoto no Chile, em 2010, produz fratura em estrada. (Foto: D. Pires.)

Figura 3.19-A Serra do Corvo Branco, Santa Catarina. (Foto: Antonio Liccardo.)

Figura 3.19-B Pico do Marumbi, Serra do Mar, Paraná. (Foto do Autor.)

O local de ruptura vem a ser o foco dos terremotos, de onde se irradia toda a energia em forma de ondas. O ponto sobre a superfície vertical ao foco é o epicentro. Os terremotos de grande intensidade são produzidos pela ruptura de grandes massas de rocha situadas a profundidades que vão desde 50 até 900 km.

Vibrações menores da superfície da Terra são ocasionadas por desmoronamento do teto de cavernas, especialmente nas regiões calcárias. Pequenas vibrações são sentidas também nas regiões situadas nas proximidades de barragens que sofreram represamento recente das águas. O peso da massa de água provoca uma retomada do equilíbrio isostático perdido através de acomodações dos blocos que foram submetidos às novas pressões.

A exploração da água subterrânea em regiões sedimentares e cársticas também tem provocado novas acomodações superficiais, notadamente nas regiões onde se processa um abaixamento do lençol freático.

A energia liberada por ocasião da ruptura de blocos no interior da crosta é transmitida a partir do foco, através de movimento de ondas, por todas as rochas (ver Capítulo 1).

As ondas são recebidas e registradas nos sismógrafos que se encontram em contato com outras estações, possibilitando a determinação da intensidade, do foco etc. A intensidade dos terremotos é medida na escala de Mercalli Modificada, com graus de I a XII. Cada grau da escala corresponde ao dobro da aceleração do movimento do solo.

A intensidade de medida nessa escala é proporcional aos danos e prejuízos causados pelo terremoto, por exemplo, em estradas e edificações. Quanto mais próximo do epicentro, maiores serão as destruições, pois estão diretamente relacionadas com a quantidade de energia liberada, intensidade, profundidade do terremoto, duração do sismo e caracteres geológicos da região, entre outros.

A escala de Richter mede, por meio do sismógrafo, a quantidade total de energia liberada. Ela mede o ponto mais alto de um sismo no momento do terremoto, mas não tem precisão quando ocorre um grande terremoto com sua energia liberada por mais tempo e por longas distâncias. Deve-se observar que uma variação de um ponto, por exemplo, de 6 para 7, representa cerca de 30 vezes a quantidade de energia que foi liberada.

Um terremoto com epicentro no mar pode produzir ondas gigantescas, denominadas *tsunamis*. Essas ondas propagam-se em todas as direções em alta velocidade. Embora de amplitude pequena, quando chegam à praia diminuem sua velocidade em virtude da menor profundidade do mar, acumulando uma energia altamente destrutiva, podendo atingir até 30 metros de altura. A escala de Mercalli é usada em situações em que a insuficiência de sismógrafos não permite um estudo mais analítico das determinações.

Os *tsunamis*, diferentemente das ondas, que, permanentemente se quebram nas praias, são produzidos por eventos como terremotos, erupções de vulcões ou grandes deslizamentos de terras. Quando ocorre um *tsunami*, há o deslocamento da água sob a forma de gigantescas ondas. Nas regiões profundas do oceano estas ondas não revelam suas verdadeiras dimensões; entretanto, à medida que se aproximam da costa, gradativamente mais rasas, vão sofrendo um retardamento em sua velocidade – que inicialmente pode atingir 700 km/h e alcançar alturas de até 30 m – quebrando-se e espalhando-se por extensas áreas litorâneas das ilhas ou dos continentes, com alto poder destrutivo (Figs. 3.20 e 3.21).

Os *tsunamis* são mais comuns no Oceano Pacífico e com menos frequência no Atlântico. Em sua maioria, são resultados de grandes terremotos com epicentro profundo sob o leito oceânico. Nas ilhas havaianas, deslizamentos de terras nas encostas do mar podem ter provocado gigantescos *tsunamis* no passado. A maioria dos terremotos tanto continentais como oceânicos ocorre próximo ao limite das placas, e nas zonas de subducção, eles provêm de maiores profundidades da crosta oceânica (cerca de 600 km).

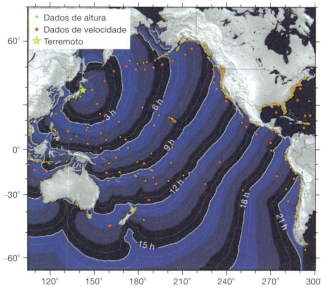

Figura 3.20 Terremoto ocorrido no Japão em 2011 produziu ondas com 10 metros de altura. A imagem mostra o *tsunami*, o tempo de percurso das ondas e as distâncias percorridas. (Foto: NOAA.)

Figura 3.21 Imagens da chegada das ondas na costa do Japão. (Foto: Sonda I – NOAA. Cortesia de Totallycoolpix.com.)

3.2.1 Distribuição dos Terremotos

Os terremotos estão concentrados em faixas ao redor da Terra, distribuídos nas mesmas regiões onde ocorrem vulcanismos, particularmente no círculo do Pacífico, nas cadeias montanhosas dos Alpes, no Himalaia, em cadeias oceânicas e na África. Teoricamente, nenhuma região da superfície da Terra está inteiramente livre dos efeitos dos terremotos. No Brasil, vibrações têm sido produzidas principalmente por acomodações superficiais; entretanto, terremotos de grande intensidade, com o epicentro nas regiões andinas, são sentidos em regiões do Brasil sob a forma de vibrações, particularmente por pessoas que se encontram em prédios altos. Alguns chegam a produzir rachaduras em casas.

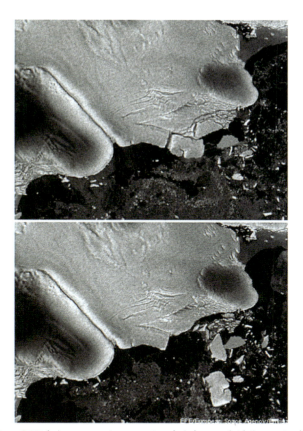

Figura 3.22 As imagens mostram a ruptura do *iceberg*, na Antártica, quatro dias após o terremoto no Japão. (Foto: NASA.)

3.3 Origens e Tipos de Montanhas

Montanhas de origem vulcânica

Essas montanhas são originadas pela acumulação de material proveniente das porções internas da crosta. Têm forma cônica, e o material acumula-se em torno da cratera, mas a constituição desse material varia conforme o tipo de vulcão. Por exemplo, a montanha formada pelo FujiYama é de lavas, e o Paracutin forma uma montanha de material piroclástico. Outro tipo de montanha vulcânica é misto, intercalando lavas e material piroclástico, como o Etna, na Itália (Fig. 3.23).

Figura 3.23 Montanha do vulcão Etna. (Foto: Mark A. Wilson.)

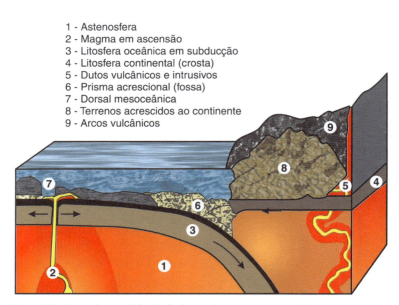

1 - Astenosfera
2 - Magma em ascensão
3 - Litosfera oceânica em subducção
4 - Litosfera continental (crosta)
5 - Dutos vulcânicos e intrusivos
6 - Prisma acrescional (fossa)
7 - Dorsal mesoceânica
8 - Terrenos acrescidos ao continente
9 - Arcos vulcânicos

Figura 3.24 Convergência e subducção da placa oceânica com a continental. Expansão do assoalho oceânico por movimentos divergentes, produzindo a cordilheira mesoceânica.

Figura 3.25 Cordilheira dos Andes (parte do Chile e Peru). Ao norte, observa-se o lago Titicaca. (Foto: NASA.)

Montanhas resultantes da erosão e falhamentos

Muitas regiões da Terra foram aplainadas pela erosão. Depois de alcançarem um aplainamento final, podem ser atingidas por nova fase erosiva, a qual pode estar relacionada ou a uma modificação climática ou a levantamentos espirogenéticos que alteram o perfil dos rios. Nesse caso, novos talvegues são esculpidos, fazendo com que, de plana, a região passe a ter relevo acentuado, ou seja, montanhoso.

Muitas regiões, depois de aplainadas, são atingidas por tectonismo que fragmenta a área em blocos, os quais se deslocam uns em relação aos outros, criando grandes escarpas tectônicas com desníveis topográficos que geram um aspecto de montanha.

O exemplo mais notável está na região do Rio Grande do Sul formada pelas lavas da Serra Geral. A Serra do Mar também se originou por levantamentos e falhamentos (Figs. 3.19-A e 3-19-B).

Cordilheiras

Quando ocorre a colisão de placas em que as bordas de ambos os continentes se chocam, são produzidos dobramentos dentro de um conjunto ascendente de rochas. O Himalaia teve início nessas condições, há 250 milhões de anos, e segue elevando-se 2,5 cm por ano, atingindo hoje 8.850 m de altitude. A cordilheira Andina continua a elevação pelo processo de subducção, ocasionado pela placa oceânica que mergulha sob a margem continental ativa, onde ocorre o desenvolvimento de atividades tectônicas, formando a cordilheira pelo processo orogenético. A cadeia Andina encontra-se em desenvolvimento que pode ser verificado pelas rochas de idade Quaternária que já se encontram em posição inclinada (Figs. 3.24 e 3.25).

Bibliografia

BIZZI, L. A. et al. *Geologia, tectônica e recursos minerais do Brasil*. Brasília: CPRM, 2003.

BONATTI, E. O manto da Terra sob os oceanos. *Scientific American Brasil*. Edição Especial, n. 20. p. 66-75, 2007.

GURNIS, M. Processos que esculpem a Terra. *Scientific American Brasil*. Edição Especial, n. 20. p. 58-65, 2007.

SIAL, A. N.; MCREATH, I. *Petrologia ígnea*. 20. ed. Salvador: SBG/CNPq/Bureau Gráfica e Editora, 1984. 180 p.

SIMKIN, T. This dynamic planet; work map of vulcanoes, earthquakes, impact craters and plate tectonics: U.S. geological survey, geologic investigations series map I-2800, 1 two-sided sheet, scale 1:30.000.000.

STEIN, R. S. Interações de sismos refinam previsões. *Scientific American Brasil*. Edição Especial, n. 20. p. 84-91, 2007.

TAYLOR, S. R.; MCLENNAN, S. M. A complexa evolução da crosta continental. *Scientific American Brasil*. Edição Especial, n. 20. p. 46-51, 2007.

O Movimento das Placas e a Formação das Bacias Sedimentares

4

4.1 Generalidades

A tectônica global é a responsável pela instabilidade da crosta e, consequentemente, pela forma de distribuição dos continentes e bacias oceânicas. No decorrer do tempo geológico, a posição das massas continentais e, em consequência, da distribuição das bacias se diferenciou, alterando também a circulação oceânica.

Responsável pela erosão e pelos processos deposicionais, igualmente o relevo do fundo dos oceanos mudava de acordo com os diversos tipos de movimento das placas. A movimentação superficial das águas dos oceanos resulta da combinação de processos atmosféricos, posicionamento dos continentes e do movimento de rotação da Terra, comandando a distribuição das partículas sedimentares, seus processos e produtos deposicionais. Um movimento isostático nas placas pode provocar também mudanças no nível do mar, como, por exemplo, a elevação que ocorreu em algumas partes da costa da Escandinávia, onde se encontra uma elevação em consequência do degelo da última época glacial. Nesses locais as praias e plataformas rochosas estão situadas bastante acima do atual nível do mar.

As mudanças climáticas provocam elevação e diminuição do nível do mar em todo o mundo. Essas mudanças globais, ou eustáticas, devem-se à quantidade de gelo acumulada nos polos. O último período de glaciação, que alcançou o apogeu durante o Pleistoceno, teve um efeito contrário ao que está ocorrendo hoje, ou seja, degelo devido ao aumento de temperaturas, com a consequente elevação do nível do mar. Há cerca de 18.000 anos o nível do mar estava 115 m abaixo do atual. As atividades sísmicas e vulcânicas associadas podem criar novos acidentes geográficos costeiros; os *tsunamis* gerados por atividades sísmicas produzem invasões e destruição na costa. Os processos de subducção das placas alteram o relevo oceânico, produzindo zonas de fraturas e dorsais que, por sua vez, influenciam na circulação das águas e nos processos deposicionais.

A forma e a estrutura das bacias sedimentares não são iguais às existentes durante os períodos de preenchimento. A geometria de cada sequência depositada num dado período de tempo é diferente das demais, de modo que a forma não pode ser extrapolada para toda a bacia.

As bacias com sequências dobradas sofrem modificações em sua estrutura original provocadas por esforços tectônicos.

A forma de uma bacia sedimentar intracratônica, por exemplo, está relacionada à estrutura original e à configuração do embasamento no qual a bacia se desenvolveu. Quando a deformação do embasamento é penecontemporânea com o desenvolvimento da bacia, a configuração desta pode mudar sensivelmente.

Os mapas geológicos regionais geralmente mostram apenas partes das áreas que restaram da bacia, porque na realidade elas foram muito mais extensas.

Os levantamentos locais seguidos da erosão produzem a remoção, às vezes de unidades estratigráficas inteiras, caso elas sejam pouco espessas. A orogenia também é responsável pela erosão das margens. Os movimentos de placas produziram em muitos casos a divisão da bacia em duas partes, de modo que hoje muitas fazem parte de dois continentes separados e distintos.

Uma bacia sedimentar é composta por uma sucessão de estratos, compreendendo diversas sequências, onde cada uma delas tem espessura máxima situada num determinado ponto da bacia chamado depocentro. O local de maior aporte de sedimentos numa bacia pode ser, por exemplo, a desembocadura de um sistema fluvial que periodicamente migra de modo lateral sobre uma sequência progradacional, construindo sequências coalescentes (deltas), cada qual com seus próprios limites e seu depocentro.

São comuns as ocorrências de discordâncias nas bacias. Elas podem ocorrer devido a levantamentos locais, produzidos por esforços crustais, ou por hiatos produzidos pela não deposição.

Os três parâmetros utilizados na identificação das bacias são:

(1) a composição da crosta subjacente da bacia, que poderá ser o Cráton continental ou a crosta oceânica;

(2) a identificação do tipo de movimento de placa que ocorreu durante a formação dos ciclos ou da bacia.

Fundamentalmente, ocorrem dois tipos de movimentos de placas que afetam a formação da bacia:

(a) divergente;

(b) convergente.

Os movimentos convergentes normalmente afetam as margens ativas das placas em colisão convergenciais e, quando muito fortes, podem ser transmitidos para o interior das placas cratônicas, afetando as áreas maiores, produzindo fraturamentos e deformando as bacias interiores. As margens convergentes ou divergentes encontram-se tanto em costas continentais como oceânicas.

(3) Posição da bacia em relação às placas. Este parâmetro é baseado na posição que a bacia ocupa na placa (continental interna ou marginal) e nas estruturas primárias que ocorrem com os movimentos tectônicos (basculamentos, afundamentos, falhas normais ou de torção por esforços laterais).

4.2 Classificação das Bacias Sedimentares

A classificação das bacias sedimentares baseada no arcabouço estrutural é até certo ponto arbitrária, principalmente quando o tipo proposto depende da interpretação das feições estruturais observadas ou inferidas na bacia.

Bacias Continentais e Adjacentes
- Áreas de Movimentos de Placas Divergentes
  - Interior da Placa
    - Bacias Interiores de Subsidências (IS)
    - Bacias Interiores de Fraturas (IF)
  - Margem da Placa
    - Bacias Marginais (MS)
- Áreas de Movimentos de Placas Convergentes
  - Interior da Placa (Próximo à Margem)
    - Calhas Aulacógenas (FI)
  - Adjacente à Margem de Subducção
    - Fossas Adjacentes Associadas (FA)

Bacias Oceânicas
- Áreas de Movimentos de Placas Convergentes
  - Na Margem da Placa
    - Fossas Oceânicas (FO)
- Áreas de Movimentos de Placas Divergentes
  - Fraturas Oceânicas (FR)

Os parâmetros utilizados na classificação imprimem ciclos bem definidos dentro da história geológica das bacias que se desenvolvem em áreas continentais, marginais ou oceânicas.

Um ciclo sedimentar consiste num pacote de sedimentos depositados durante um episódio tectônico. Muitas bacias têm apenas um ciclo sedimentar ou tectônico, constituindo as bacias simples. Outras, entretanto, contêm mais que um ciclo tectônico sedimentar, e são chamadas de bacias complexas.

Diversos autores propuseram tipos de classificação de bacias: Perrodon (1971); Klemme (1971, 1975 e 1980); Olenin (1967); Bally e Snelson (1970); Bois *et al.* (1982) e Kingston *et al.* (1983). Estes últimos propuseram uma classificação baseada no princípio da tectônica de placas.

Inúmeros pesquisadores, principalmente aqueles que trabalham na exploração do petróleo, vêm, nas últimas décadas, concentrando seus trabalhos na reconstrução dos movimentos das placas litosféricas (ver Capítulo 2 – Tectônica Global) com o objetivo de determinar os efeitos desses movimentos na estrutura, na estratigrafia e, evidentemente, na ocorrência de hidrocarbonetos.

4.2.1 Bacias Continentais em Áreas de Movimentos Divergentes

Áreas substanciais das placas litosféricas (áreas continentais) são caracterizadas por movimentos verticais de longa duração e de baixa intensidade. Essas áreas constituem os Crátons ou plataformas. Em seu interior encontram-se os escudos, áreas com predominância de movimentos positivos, onde a denudação traz o embasamento à superfície. Em contraste, temos as bacias sedimentares (Artyoshkov *et al.*, 1980. In: Fulfaro *et al.*, 1982). A origem das áreas negativas que acumulam sedimentos possui, por definição, tênue caráter tectônico. As linhas de fraqueza preexistentes no embasamento de uma bacia constituem elementos importantes em sua evolução, controlando e determinando os falhamentos subsequentes. Frost *et al.* (1981) afirmam que as maiores influências no desenvolvimento de uma bacia sedimentar, em seu aspecto estrutural, são as forças residuais preexistentes, a heterogeneidade ou anisotropia e as zonas de fraqueza de seu embasamento.

Bacias interiores de subsidências (IS)

São encontradas no interior de massas continentais. São aproximadamente circulares ou ovais, e geralmente não acumulam grandes espessuras de sedimentos, como as marginais. São formadas pela simples subsidência da crosta continental (sinéclise). Em sua maioria originam-se no Paleozoico, como, por exemplo, a Bacia do Paraná. Algumas possuem apenas um ciclo sedimentar; outras apresentam diversos ciclos.

A Bacia do Paraná constitui uma extensa depressão deposicional, intracratônica, cobrindo uma área de 1.600.000 km^2, sendo cerca de 1.000.000 no Brasil e o restante em territórios da Argentina, Paraguai e Uruguai, alcançando mais de 5.000 m em espessura. Constitui diversas unidades separadas por grandes lapsos de tempo e representa um sítio de acumulação de sedimentos em áreas negativas da plataforma formada de blocos cratônicos separados por faixas móveis brasileiras.

Ocorreram em sua fase evolutiva quatro ciclos de subsidências que correspondem às quatros superseqüências sedimentares e vulcânicas. Tem início por uma fase de rifteamento passando posteriormente por uma bacia tipo sinéclise (Millani, 2004).

A Fig. 4.1 mostra uma representação esquemática das principais bacias brasileiras.

A Fig. 4.11 apresenta os diversos estágios da evolução tectônica e sedimentar da bacia e suas unidades estratigráficas correspondentes.

Bacias interiores de fratura (IF)

São encontradas na crosta continental, no interior das placas atuais ou nas margens crustais de antigas placas continentais.

As fraturas interiores são causadas por esforços divergentes e tensões dentro do bloco continental. As feições dominantes são os falhamentos, *horst* e *grabens* associados à subsidência. As bacias marginais brasileiras em sua fase de desenvolvimento inicial constituem bacias desse tipo (Fig. 4.4-A).

A evolução do arcabouço estrutural das bacias marginais brasileiras está intimamente relacionada à evolução tectônica das placas africana e sul-americana, ou seja, à fase de fraturamento (tafrogênica) do continente Gondwana, no Eocretáceo (Ponte e Asmus, 1976).

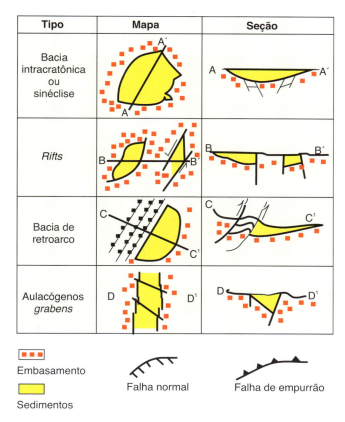

Figura 4.1 Representação esquemática dos principais tipos de bacias fanerozoicas interiores do Brasil. (Modificado de Silva, A.J.P. et al., 2003.)

A Bacia Recôncavo-Tucano consiste num *graben* assimétrico, alongado norte-sul, mergulhando para leste, constituindo uma ramificação tafrogênica do arcabouço estrutural da margem continental brasileira.

Esse arcabouço desenvolveu-se mediante intenso falhamento e sedimentação sincrônica de espessa cunha de depósitos flúvio-deltaicos-lacustrinos dos grupos Santo Amaro, Ilhas e Massacará (Fig. 4.2).

Outro exemplo de bacia formada por *grabens* é a Bacia do Tacutu, situada na região norte brasileira e Guiana, onde é denominada North Savannas Rift Valley.

O *graben* com 300 km de extensão por 50 km de largura é limitado por falhas, e sua base contém granitos e rochas vulcânicas seguidas de siltitos lacustres, evaporitos, folhelhos, arenitos e conglomerados.

Bacia marginal subsidente (MS)

Localiza-se nas margens dos blocos da crosta continental, em áreas de movimentos divergentes. Os eixos da bacia dispõem-se paralelamente aos limites da crosta oceânica continental, e a sedimentação pode se processar em *overlap* sobre a crosta oceânica (Fig. 4.13-Tipo V).

Todas essas bacias têm origem tectônica, com vários ciclos de sedimentação. Exemplos destas são as bacias da costa atlântica brasileira, originalmente do tipo interior, evoluindo para costeiras à medida que as placas se separaram. A Bacia de Campos é um exemplo típico dessa evolução.

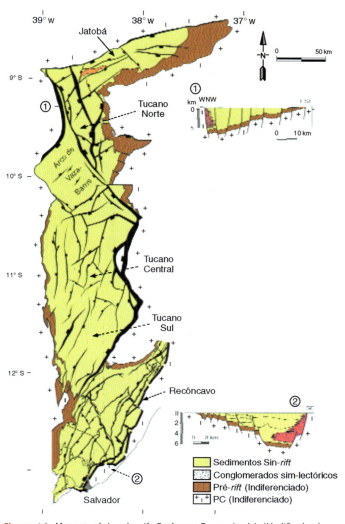

Figura 4.2 Mapa tectônico do *rift* Recôncavo-Tucano-Jatobá (Modificado de Destro, 2002.)

O arcabouço estrutural da Bacia de Campos é constituído por falhas normais que originaram *horsts* e *grabens* e degraus escalonados.

Esses falhamentos correspondentes à primeira fase tectônica da bacia (*rift*) desenvolveram-se durante o Neocomiano, depositando sedimentos fluviolacustrinos, passando a transicionais, depositados na fase de alargamento e consistindo principalmente em evaporitos de idade Aptiana, Formação Lagoa Feia.

Com o contínuo afastamento das placas, os sedimentos assumem características marinhas (Formação Macaé) de idade Albiana, estendendo-se até o Cenomaniano com depósitos de calcilutitos, margas, folhelhos e intercalações de areias turbidíticas formadas no talude. Seguem-se sedimentos de águas profundas da Formação Campos, do Cretáceo Superior, Eoceno e Oligoceno.

As Formações Emboré e Campos com deposição sincrônica e que se estendem até o Quaternário compõem um sistema deposicional completo do tipo plataforma-talude característico das bacias marginais (Fig. 4.3).

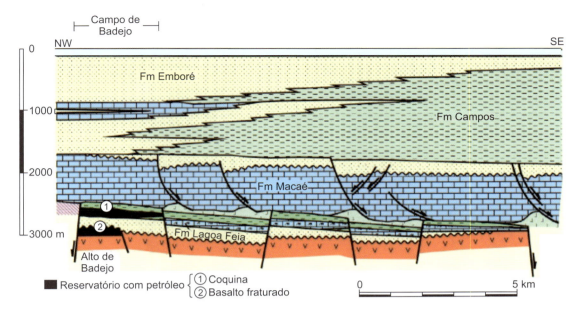

Figura 4.3 Bacia costeira. Seção transversal esquemática da Bacia de Campos (Campo Badejo). (Fonte: PETROBRAS.)

4.2.2 Bacias Continentais em Áreas de Movimentos Convergentes

As bacias classificadas nessa categoria são formadas nas margens de duas placas convergentes ou no interior das mesmas (Fig. 4.4-A).

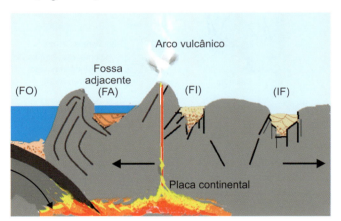

Figura 4.4-A A fossa oceânica situa-se sobre a placa em subducção. A bacia IF encontra-se no interior da placa continental divergente. A bacia FI (calha) encontra-se entre as placas divergentes, enquanto a fossa FA (adjacente) situa-se sobre a margem da placa.

Calhas aulacógenas (FI)

Formam-se por afundamentos entre blocos falhados que se afastam. Geralmente ocorrem entre dois sistemas principais de falhas. Muitas dessas bacias encontradas atualmente são de idade terciária.

Esta categoria, também denominada aulacógena, segundo alguns autores, é um caso especial e caracteriza-se por uma bacia sedimentar disposta em uma longa e estreita depressão, formada por inúmeras falhas desenvolvidas em uma plataforma instável, situada junto à placa convergente.

As sequências sedimentares nessas bacias podem ser bastante espessas e fortemente dobradas (Fig. 4.4-B).

Muitas dessas bacias têm início com esforços divergentes locais produzindo falhas de tensão e blocos, depositando sedimentos continentais. Após esse estágio, ocorrem esforços de deformação. Estruturas de torção formam-se ao longo dos flancos ou dentro da bacia. Caso esta se encontre muito próxima ao oceano, podem depositar-se sedimentos marinhos. No último estágio da bacia ocorrem levantamentos e erosão subaérea, podendo ocasionar a destruição das estruturas e de parte da bacia. A bacia geralmente evolui para um cinturão dobrado, e, caso continue a convergência das placas, pode resultar em uma orogênese.

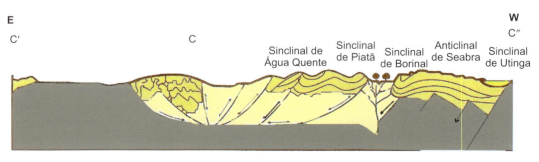

Figura 4.4-B Seção geológica esquemática do Aulacógeno do Paramirim. (Reproduzido de Cruz & Alkmim, 2004.)

Fossas adjacentes (FA)

Estão localizadas sobre a margem da placa continental convergente, entre arcos vulcânicos e/ou não vulcânicos (Fig. 4.4-A). Desenvolvem-se sobre sedimentos dobrados, e não sobre a crosta, resultando de um simples afundamento. Frequentemente encontram-se deformadas por esforços contemporâneos à sedimentação. São também conhecidas como bacias intermontanas ou de antearco.

São preenchidas com alta porcentagem de sedimentos clásticos vulcânicos; entretanto, podem conter também areias quartzosas ou arcosianas, uma vez que a fonte natural dos sedimentos encontra-se muito próxima. Os sedimentos dessas bacias geralmente são marinhos; contudo, muitas vezes foram encontrados, em seu estágio inferior, sedimentos não marinhos.

Outras bacias associadas a fossas parecem ter sofrido uma subsidência muito rápida e foram preenchidas com sedimentos imaturos e de águas profundas.

Klemme (1980) designou essa categoria subducção (tipo 6) e subdividiu-a em três tipos, de acordo com a localização com referência aos Arcos de Ilhas. Estes são formados em regiões de subducção durante a tectônica de placas. Os três tipos foram denominados antearco, retroarco e sem arco, ou seja, ausência de vulcões (Figs. 4.4-A, 4.5 e 4.7).

Bacias de retroarco

Constituem-se de grandes estruturas com extensões de milhares de quilômetros por centenas de quilômetros de largura e com espessa camada de sedimentos não marinhos ou marinhos rasos. Situam-se flanqueando a margem continental em região de orogênese (Fig. 4.7). Como exemplo, uma parte da Bacia do Acre formou-se próximo à região de subducção junto à cordilheira andina, no noroeste do Brasil. A idade vai do Cretáceo ao Plioceno, e contém cerca de 6.000 m de sedimentos. Sua estrutura é formada por diversas falhas de direção norte-sul, limitando-se com a Bacia de Solimões pelo Arco de Macarena. Os ambientes de sedimentação são de natureza aluvial, nerítico, continental e fluviolacustre. A Bacia do Acre é parte da Bacia Marañón-Ucayali-Acre, cuja área total atinge 505.000 km (Fig. 4.5).

4.2.3 Bacias Oceânicas em Áreas de Placas Convergentes

Fossas oceânicas (FO)

As fossas estão localizadas sobre a crosta oceânica e também nas margens de duas ou mais placas convergentes. Uma zona de subducção é formada na porção terminal da placa encurvada que "mergulha" sob a placa adjacente, formando uma fossa e carregando com ela sedimentos acumulados.

Atualmente, as fossas são relativamente estreitas e localizam-se nas curvaturas das zonas de subducção.

As fossas ativas são de idade terciária e estão em áreas onde a circulação do calor interno é baixa. As fossas mais antigas encontram-se convertidas em cadeias dobradas. São reconhecidos dois tipos de fossas tectônicas oceânicas:

O primeiro envolve duas placas oceânicas que se superpõem uma à outra, formando uma fossa do tipo mesooceânica como da Mariana, Atlântica, Aleutiana ou as fossas das Filipinas. Essas depressões normalmente têm um preenchimento pouco espesso e são constituídas primeiramente por sedimentos vulcanogênicos e subsidiariamente pelo tipo pelágico de águas profundas.

O segundo tipo envolve uma placa oceânica sobreposta por uma placa continental (Fig. 4.4-A). A fossa formada nessa conjunção pode receber sedimentos marinhos pelágicos e vulcânicos, bem como finos clásticos terrígenos. Essa fossa oceânica marginal acumula sequências espessas de águas profundas. Como a convergência das placas é contínua, ocorrem compressão, subsidência, dobramentos e orogênese, constituindo o prisma de acreção, melanges e ofiolitos.

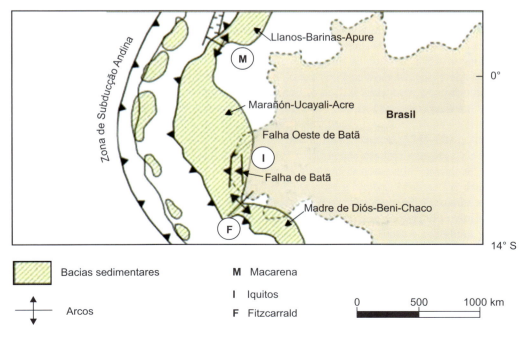

Figura 4.5 Localização da Bacia do Acre em relação à Cordilheira dos Andes e ao território brasileiro. (Segundo Milani e Thomaz Filho, 2000.)

4.2.4 Áreas de Movimentos de Placas Divergentes

Fraturas oceânicas (FR)

As fraturas oceânicas são áreas onde a crosta oceânica está sendo afetada por movimentos distensivos dos continentes e, consequentemente, há uma expansão do assoalho. Nessas áreas acumulam-se expressivas sequências de sedimentos, constituindo uma bacia à parte, que pode conter sedimentos pelágicos, material vulcânico clástico e turbiditos distais, dependendo da proximidade de blocos continentais ou arcos vulcânicos. Esse processo ocorre atualmente no Oceano Atlântico [Fig. 2.3 (12)].

4.3 Tectônica de Placas e Composição dos Sedimentos

A composição e a distribuição dos grãos detríticos que constituem as sequências dos diferentes tipos de bacias sedimentares dependem também da tectônica de placa que atua na área. Crook (1974) e Schwab (1975) demonstraram que os sedimentos ricos em quartzo estão associados a áreas passivas da margem continental, enquanto as rochas pobres em quartzo são de natureza vulcanogênica, pois derivam dos arcos de ilhas magmáticas; as rochas com um conteúdo de quartzo intermediário estão associadas às margens continentais ativas ou a outros cinturões orogenéticos.

Dickinson e Suczek (1978), estudando arenitos modernos, marinhos e continentais provenientes de sítios tectônicos bem definidos, puderam correlacionar os processos sedimentares com tipos específicos de áreas-fontes e bacias sedimentares associadas à influência da tectônica de placas.

4.3.1 Província do Bloco Continental

Essa província é subdividida em embasamento interior (escudo) e embasamento instável (Cráton).

Embasamento interior

Produz arenitos que têm sua origem em extensas áreas positivas do embasamento, onde ocorrem zonas de estabilidade tectônica (escudo), e também em zonas localizadas no bordo oposto, onde ocorre orogênese (Fig. 4.6-A).

Os arenitos são tipicamente quartzosos, com poucos feldspatos, e acumulam-se nas bordas do miogeossinclinal, nas margens continentais e nas planícies abissais do fundo oceânico.

Os arenitos com muito quartzo têm elevada razão feldspato potássico/plagioclásio e refletem intensa alteração nas porções de baixo-relevo do escudo, sofrendo prolongado transporte sobre a superfície de pouco gradiente do continente.

Os arenitos essencialmente quartzosos são maduros e podem acumular-se em eugeossinclinais oceânicas, constituindo as sequências de plataforma. Parte destes deposita-se em bacias interiores.

Embasamento instável

Os metarenitos derivados das províncias elevadas e instáveis do embasamento (Cráton) acumulam-se em *grabens* ou fossas tectônicas continentais ou em bacias de plataforma ativa junto à área-fonte, sofrendo muito pouco transporte (Fig. 4.6-B). Os elementos tectônicos da fonte incluem rupturas em blocos do continente (falhas de transformação) e incipientes cinturões elevados por falhamentos. A rápida erosão dessas áreas produz arenitos tipicamente arcosianos. Alguns arenitos com grãos líticos são derivados de coberturas sedimentares e de gnaisses e granitos plutônicos do embasamento.

4.3.2 Província dos Arcos Magmáticos

Esses sedimentos provêm dos arcos magmáticos propriamente ditos e dos arcos mais antigos já dissecados. No primeiro caso eles provêm dos arcos orogênicos e formam um tipo de sedimento que varia desde fragmentos líticos predominantemente vulcânicos até detritos com quartzo e feldspato provenientes de áreas de rochas vulcânicas recobertas. Estes depositam-se em fossas marginais (bacias de retroarco) e pequenas bacias locais (Fig. 4.7).

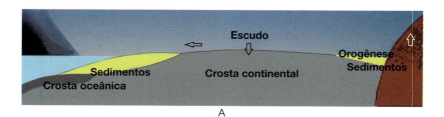

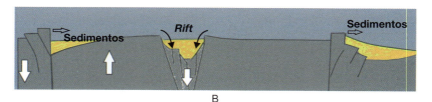

Figuras 4.6-A e B Província do bloco continental e tipos de bacias associadas. A Figura A mostra os sedimentos provenientes do bloco continental transportados para as margens adjacentes ao geossinclinal. A Figura B mostra o embasamento com províncias elevadas que fornecem sedimentos para fossas tectônicas adjacentes. (Modificado de Dickinson e Suczek, 1987.)

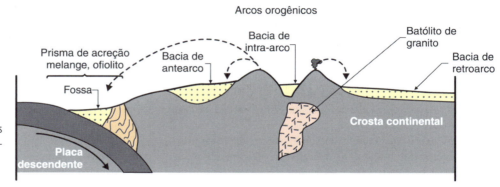

Figura 4.7 Sedimentos provenientes dos arcos magmáticos e dissecados são depositados nas bacias adjacentes.

Os grãos de plagioclásio e fragmentos líticos vulcânicos, às vezes com fenocristais de plagioclásio, são característicos dos arenitos derivados dos arcos vulcânicos. O quartzo, se presente, encontra-se em pequenas proporções e é de natureza vulcânica, faltando vacúolos ou inclusões.

No segundo caso, os arcos dissecados e expostos por erosão situam-se ao longo da margem continental, produzem detritos de natureza plutônica e, em menor proporção, vulcânica.

A composição dos arenitos é menos lítica do que a dos derivados das ilhas vulcânicas. Esses sedimentos vão depositar-se nas bacias frontais (antearco) e também nas fossas oceânicas da região de subducção.

4.3.3 Províncias Orogenéticas Recicladas

As características das fontes dessas rochas estão nas diferentes províncias orogenéticas onde se encontram os terrenos elevados, dobrados e falhados, constituídos de rochas sedimentares e metassedimentares.

Essas províncias incluem: a) zonas de subducção, onde há deformações dos sedimentos oceânicos e lavas; b) zonas de colisões formadas ao longo das suturas crustais; c) a região marginal do embasamento, onde ocorrem as faixas de dobramentos (Fig. 4.8).

(a) No primeiro caso, em muitos locais a área-fonte consiste em melanges, falhas de cavalgamento e isoclinais que são formadas por deformações dentro da zona de subducção, produzindo *chert*, argilitos, grauvacas e calcários que se depositam nas bacias intermontanas (antearco), nesse caso passando a incorporar novamente o processo de subducção. Uma característica marcante nessas áreas é a presença de grãos de *chert*, cuja quantidade excede o quartzo e o feldspato (Figs. 4.7 e 4.8-B).

(b) As áreas de orogênese por colisão são constituídas de napes e falhas cavalgantes em rochas sedimentares e metassedimentares, que representam sequências situadas no continente onde ocorrem suturas por justaposição de placas. Áreas menores pertencentes a esses terrenos incluem melanges ofiolíticas, junto aos limites conservativos e terrenos plutônicos estruturalmente deslocados, blocos falhados do embasamento etc. (Fig. 4.8-A).

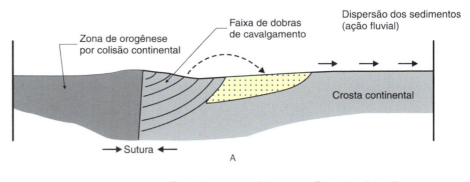

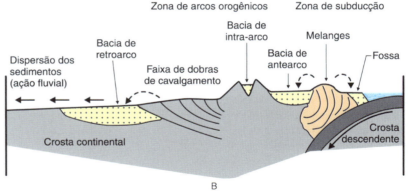

Figuras 4.8-A e B Província orogenética de sedimentos reciclados e bacias associadas. A figura (a) mostra a zona de colisão (continental), as elevações e a bacia flanqueando esta zona. A figura mostra ainda levantamentos (dobras de cavalgamentos) e a bacia flanqueando os arcos orogenéticos. Abaixo, figura (b), as setas indicam a distribuição dos sedimentos reciclados provenientes das elevações de subducção e dobramentos marginais. (Modificado de Dickinson e Suczek, 1978.)

Sedimentos derivados das colisões conservativas distribuem-se longitudinalmente ao longo da área orogenética, em bacias oceânicas residuais, sob a forma de turbiditos e flanqueando também a bacia frontal adjacente formada ao longo das suturas. Os arenitos típicos são compostos de material reciclado com um conteúdo intermediário de quartzo, razão quartzo/feldspato elevada e abundantes fragmentos líticos metassedimentares.

Os arenitos com elevada taxa de feldspato receberam contribuições dos terrenos ígneos levantados, próximo à sutura crustal.

(c) As áreas continentais dobradas, nas bordas das placas que flanqueiam os arcos e as zonas de colisão, constituem regiões levantadas por dobramentos e, consequentemente, áreas-fontes de sedimentos (Fig. 4.8-A).

Constituem também áreas-fontes as áreas positivas do Cráton. As bacias ligadas ao embasamento podem franquear os arcos ou as zonas de colisão, mas as elevações produzidas por dobramentos geralmente impedem que estas recebam sedimentos dos arcos magmáticos e das regiões de sutura. Por isso as areias são recicladas de sequências sedimentares que compõem as cadeias elevadas por dobramentos cavalgantes. Muitas areias quartzosas mostram associações provenientes do bloco continental, enquanto outras, ricas em *chert*, não podem ser distinguidas daquelas recicladas das zonas orogenéticas de colisão.

4.4 Bacias Sedimentares Brasileiras

4.4.1 Plataforma

A plataforma constitui parte da crosta continental estável de uma placa litosférica circundada por cinturões móveis distensionais (margens passivas), compressionais (margens ativas) e transformantes. No Brasil é representada por rochas pré-cambrianas (ígneas e metamórficas) ao longo de diversos ciclos orogenéticos arqueanos e proterozoicos (Fig. 4.9).

As rochas da plataforma afloram em três grandes porções: ao norte, constituindo o Escudo das Guianas, no centro formando o Escudo Brasileiro e, ao sul, constituindo o Escudo Uruguaio ou Rio-Grandense. A grande estrutura conhecida do Escudo Brasileiro é o geossinclínio do Espinhaço, que se estende desde Ouro Preto, Minas Gerais, até a Bacia do Maranhão. Ocorrem ainda áreas de rochas pré-cambrianas no Pará, Maranhão e ao longo da orla atlântica. O Escudo

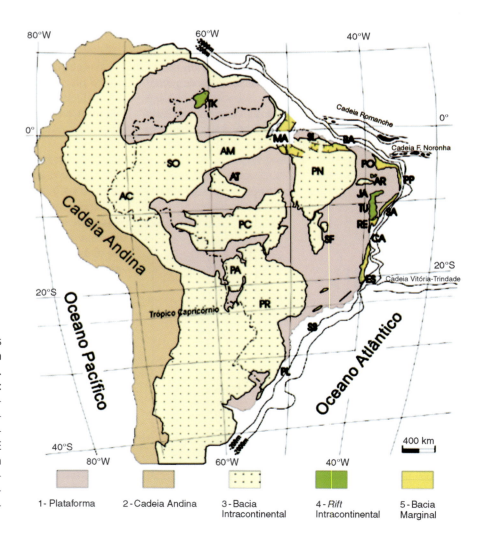

Figura 4.9 Plataforma, coberturas fanerozoicas intracontinentais do Brasil e bacias da margem continental (emersa ou submersa). 1 – Plataforma. 2 – Cadeia Andina. 3 – Bacia intracontinental: AC – Acre; AM – Amazonas; AR – Araripe; AT – Alto Tapajós; PC – Parecis; PA – Pantanal; PN – Parnaíba; PR – Paraná; SF – Sanfranciscana; SO – Solimões; 4 – *Rift* intracontinental: JA – Jatobá; RE – Recôncavo; TK – Takutu; TU – Tucano; 5 – Bacia marginal: BA – Barreirinhas; CA – Camamu; ES – Espírito Santo; MA – Marajó; PL – Pelotas; PO – Potiguar; PP – Pernambuco-Paraíba; SA – Sergipe-Alagoas; SL – São Luís; SS – Santos.

das Guianas abrange o norte do Amazonas, Pará, Roraima e Amapá. É constituído por gnaisses, quartzitos e granitos, onde, no território do Amapá, encontram-se importantes depósitos de manganês, ferro e ouro.

No Espinhaço, as rochas mais antigas atingem a idade de 3 bilhões de anos. São do Grupo Pré-Rio das Velhas e constituem-se de anatexitos, gnaisses, granodioritos e migmatitos.

O Grupo Minas, na mesma região, é constituído principalmente de quartzitos, filitos e conglomerados, estes últimos diamantíferos.

As rochas do Grupo Minas são cortadas por possantes veios mineralizados; é o grupo mais importante do ponto de vista econômico. As principais jazidas minerais são minérios de ferro e manganês, filões de ouro, minério de chumbo, prata, zinco, além de alumínio, mármores e minerais radioativos.

Na Bacia do São Francisco, que se estende desde Minas Gerais até a Bahia, ocorrem calcários, dolomitos e tilitos.

Ao longo da costa brasileira, desde o sul da Bahia até o Uruguai, ocorrem rochas pré-cambrianas e eopaleozoicas. São rochas pertencentes ao embasamento, como os migmatitos e as rochas dos grupos Açungui, Brusque e Porongos na região sul do Brasil, representadas por xistos, filitos, quartzitos e mármores, entre outras. Granitos intrusivos de várias idades cortam a sequência.

Em discordância sobre os referidos grupos, ocorrem sequências deposicionais originadas em bacias restritas. Os sedimentos destas correspondem a arcósios, arenitos arcosianos, siltitos e conglomerados de idade duvidosa atribuídos genericamente ao Pré-devoniano.

Em sua maioria, aparentam ser depósitos do tipo molássico, por vezes associados a vulcanitos ácidos depositados em calhas aulacógenas ou *rifts*.

4.4.2 Bacias Intracratônicas

A plataforma ou embasamento encontra-se coberta por sinéclises ou bacias sedimentares pouco deformadas de idades predominantemente paleozoicas (Figs. 4.9 e 4.10) e localmente calhas aulacógenas. As sinéclises ou bacias intracratônicas são preenchidas por diversas sequências sedimentares separadas por discordâncias inter-regionais.

A Bacia do Paraná registra quase 400 milhões de anos de história geológica com vários ciclos transgressivos-regressivos constituídos por diversas sequências deposicionais.

Bacia do Paraná

A Bacia do Paraná é reconhecida e descrita no estado que lhe deu o nome como formada e desenvolvida em diversos eventos, separados e caracterizados por discordâncias.

Tem início a partir da deposição de arenitos transgressivos fluviais da Formação Furnas, contendo conglomerados basais de grande porte, passando a neríticos que assentam sobre rochas mais antigas, os quais afloram na região de

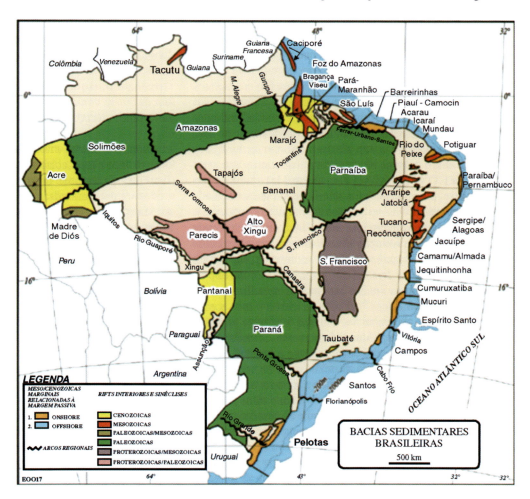

Figura 4.10 Mapa-índice das bacias sedimentares brasileiras. As bacias estão discriminadas segundo o tipo e as idades geológicas predominantes de seu preenchimento sedimentar. Os arcos regionais principais, delimitadores das bacias, também estão indicados. (Segundo Zalán, 2004.)

Campo Largo, tais como gnaisses, filitos, do Grupo Açungui, de idade Pré-cambriana, arenitos e conglomerados da Formação Camarinha (Ordoviciano), que contêm seixos de riolito do Grupo Castro e também sobre diamictitos com seixos estriados da Formação Iapó, na localidade de São Luiz do Purunã, fazendo parte da fase *rift* inicial (Milani e Thomaz Filho, 2000).

O arenito Furnas passa transicionalmente a folhelhos marinhos fossilíferos, regressivos no topo, pertencentes à Formação Ponta Grossa, encerrando a sequência do Grupo Paraná.

Separado por uma grande discordância, tem início uma supersequência com depósitos inicialmente continentais do Grupo Itararé (Carbonífero Superior), glaciais, glaciomarinhos, marinhos, deltaicos, litorâneos, encerrando o ciclo com ambientes transicionais e fluviais (o Grupo Rio do Rasto, Guatá e Passa Dois) do Permiano Superior, já em clima árido e semiárido.

A sequência seguinte da sinéclise ocorre no Jurássico, com extensos depósitos de arenitos eólicos e fluviolacustres (na região Sul, formados pelo arenito Piramboia do Grupo Rosário do Sul). Na última fase, já com a abertura dos continentes sul-americano e africano, a bacia é preenchida por extenso derrame de basaltos, por vezes interditados por arenitos eólicos da Formação Botucatu, sobre superfície discordante da idade jurássico-cretáceo.

A Formação Serra Geral constitui uma das grandes províncias ígneas do mundo de derrames basálticos e em menor proporção de andesitos e riolitos.

Sobre as rochas vulcânicas da Formação Serra Geral assentam-se discordantemente rochas dos grupos Caiuá e Bauru, em sua maioria como depósitos eólicos, fluviais, leques e lagos, restritos hoje à região do noroeste do Paraná e São Paulo.

Na Fig. 4.11, observam-se, em toda sua abrangência, sete ciclos descontínuos de preenchimento sedimentar na bacia. Após o primeiro, depositado em bacia tipo *rift*, seguem-se a sequência Rio Ivaí e Grupo Paraná em Margem de placa passiva aberta para o nascimento do Oceano Pacífico. Quando a sinéclise tem início no final do Carbonífero, seguem-se mais três ciclos deposicionais a partir de diversos *rifts* após uma intumescência produzindo extensos derrames de lavas no fim do Jurássico, recobertos por sedimentos do Grupo Bauru, já na fase pré-*rift*, (Milani *et al*., 1994). A carta mostra ainda as unidades litológicas de cada ciclo e os principais ambientes da época.

A Fig. 4.12 mostra as bacias inundadas durante parte do Devoniano, bem como as direções e fontes de sedimentos Deve-se observar que essas bacias até hoje têm continuidade nos países vizinhos sul-americanos.

As ideias a respeito do desenvolvimento tectossedimentar da Bacia do Paraná são baseadas em poços, dados sísmicos, gravimétrico, isópacas de unidades litoestratigráficas, entre outros (veja bibliografia complementar no final deste capítulo). Assim, durante o processo de cratonização do embasamento (cambriano e ordoviciano) formaram-se zonas de fraquezas onde se desenvolveu um *rift* central. A partir

dessas linhas estruturais originaram-se subsidências, muitas de natureza regional, documentadas em diversas sequências, muitas delimitadas por contatos discordantes também regionais. O registro sedimentar da Bacia do Paraná cobre amplo intervalo de tempo Fanerozoico, constituído por pelo menos seis sequências sedimentares associadas a magmatismos gerados por discordâncias, algumas de caráter regional.

Sedimentos das Bacias Intracratônicas fanerozoicas do Brasil afloram em uma área superior a $3.500.000$ km^2.

Formam-se a partir de sinéclises e evoluíram por subsidência térmica e movimentos isostáticos. Muitos estão superpostos a *rifts*, como o caso da Bacia do Amazonas e Paraná.

4.4.3 Bacias Costeiras Brasileiras

A configuração estrutural e estratigráfica da margem continental brasileira é relativamente bem conhecida hoje em dia por meio de investigações geofísicas (reflexão sísmica) e pelos perfis dos poços perfurados pela Petrobras.

A evolução geológica da costa, que teve início e prosseguiu com o rompimento e o afastamento dos continentes sul-americano e africano, ocorreu em quatro estágios caracterizados por estilos tectônicos próprios e sistemas deposicionais distintos.

Como se observa na Fig. 4.13, todas as bacias, exceto Amazonas e Recôncavo, tiveram o mesmo ciclo evolutivo e hoje encontram-se parcialmente separadas por altos estruturais, como, por exemplo, a plataforma de Florianópolis, que separa as bacias de Santos e de Pelotas.

A evolução das bacias da margem continental pode ser dividida nos quatro estágios (Figs. 4.14, 4.15 e 4.16), apresentados mais adiante.

Estágio I: arqueamento e *rift*. Antes que se desse a ruptura que originaria o Oceano Atlântico, a crosta foi soerguida naquela faixa, constituindo um geoanticlinal que teve o seu início no Permiano, prolongando-se até o Jurássico.

Essa região representou, na época, área-fonte de sedimentos para as Bacias do Paraná, Parnaíba e do Congo, na África (Estrella, 1972). Uma subsidência local no fim do Jurássico produziu uma depressão desde o sul da Bahia até a Chapada do Araripe (Ceará), preenchida, posteriormente, por clásticos de natureza continental.

Estágio II: *sin-rift*. Toda a faixa soerguida rompe-se a partir do sul, resultando em fossas tectônicas em forma de *rift valley* (Fig. 4.15).

O preenchimento das fossas processou-se com sedimentação do tipo lacustre, deltaica e marinho restrito, representada por sedimentos conglomeráticos, arenosos, pelíticos e sais. Extrusivas básicas, relacionadas com as mesmas ocorrências das bacias intracratônicas, ocorreram entremeadas à sedimentação das bacias marginais (entre 120 e 130 milhões de anos).

Estágio III: marinho restrito. No Cretáceo Médio (Aptiano) o progressivo alargamento do sistema *rift* permite as primeiras ingressões marinhas pelo sul da Bacia de Pelotas, prolongando-se até a Bacia Sergipe-Alagoas (Asmus e Ponte, 1973). A sedimentação desse golfo é representada pela sequência evaporítica, em sua maior parte restrita, passando

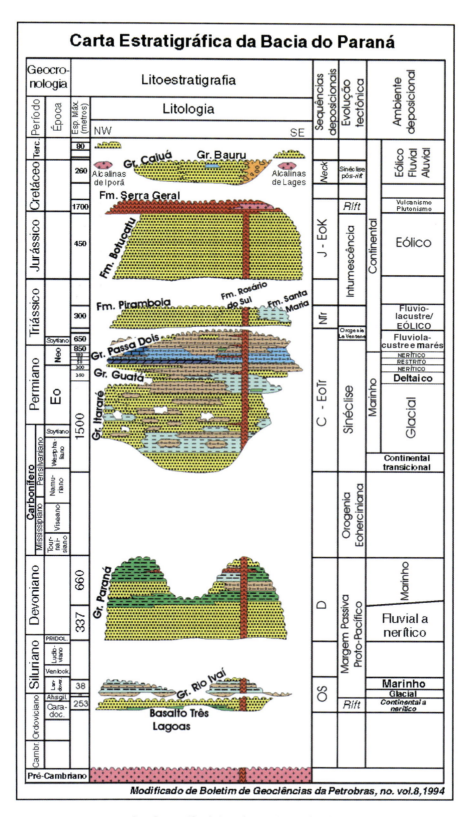

Figura 4.11 Carta Estratigráfica da Bacia do Paraná, segundo Milani *et al.*, 1994.

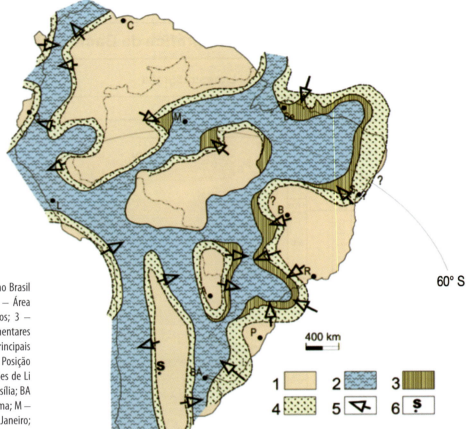

Figura 4.12 Inundação neoemsiana/eifeliana no Brasil (aprox. 390 Ma), baseada em Melo (1989). 1 – Área emersa; 2 – Ambientes sedimentares marinhos; 3 – Ambientes transicionais; 4 – Ambientes sedimentares não marinhos; 5 – Setas indicativas das principais direções de suprimento sedimentar; 6 – Posição estimada do Polo Sul, com base em reconstruções de Li & Powell (2001). Cidades: A – Assunção; B – Brasília; BA – Buenos Aires; Be – Belém; C – Caracas; L – Lima; M – Manaus; P – Porto Alegre; Q – Quito; R – Rio de Janeiro; S – Salvador.

Bacias	Perfil estrutural	Exemplos	Placa
Deltas		Bacia da Foz do Amazonas	Margem continental atlântica
Costeiras		Santos, Pelotas, Barreirinha, etc.	
Graben ou *Rift*	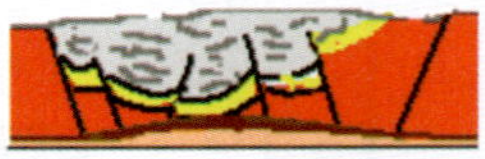	Recôncavo, Tucano e Jatobá	
Interior ou Antepaís		Bacia do Acre	Intracratônicas
Sinéclise ou Intracratônica	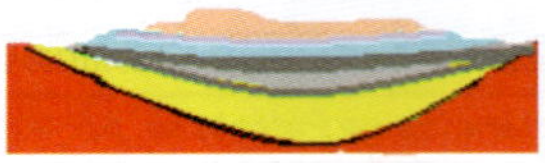	Bacias do Amazonas, Parnaíba e Paraná	

Figura 4.13 Classificação de alguns tipos de bacias sedimentares brasileiras. (Modificado de Ponte e Porto, 1972.)

O Movimento das Placas e a Formação das Bacias Sedimentares

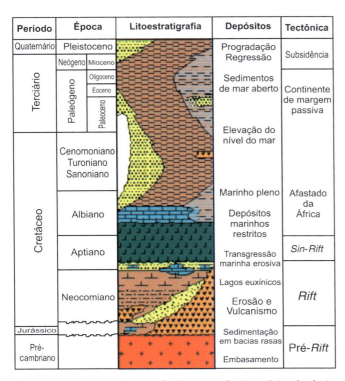

Figura 4.14 Sequência deposicional típica na evolução tectônica das bacias brasileiras costeiras. (Modificado de: <http://acd.ufrj.br/multimin/mmp/textos/cap5p/fig_7.htm>.)

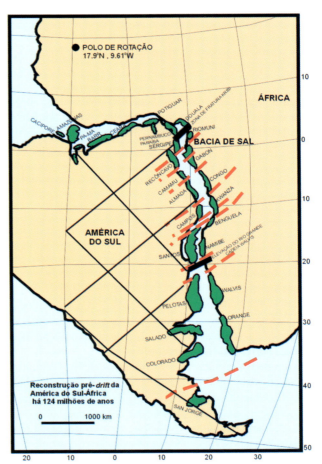

Figura 4.15 Situação das bacias sedimentares costeiras brasileiras e suas correspondentes na costa africana. (Segundo Bizzi et al., 2003.)

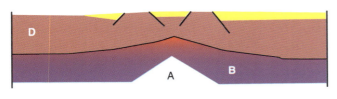

I
Fase *rift*: Soerguimento da astenosfera (A), afinamento da litosfera (B), falhamentos e fina deposição de sedimentos na crosta continental (D).

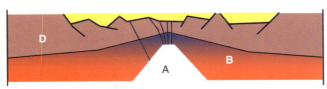

II
Fase *sin-rift*: Grandes falhamentos, derrames de lavas basálticas e sedimentação continental e lacustre depositadas em semigrabens (Neocominiano-Aptiano).

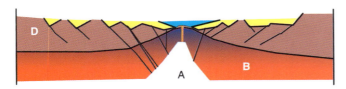

III
Sedimentação marinha em plataforma rasa evaporítica e grandes falhamentos (Albiano). A ruptura continental e o afastamento das placas causam aumento da batimetria com acumulação de sedimentos marinhos e soerguimento da Serra do Mar e da Mantiqueira, com magmatismo no mar e no continente, no final do Cretáceo.

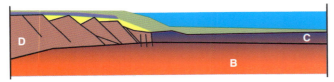

IV
Com a separação dos continentes americano e africano, desenvolvem-se a plataforma continental e a crosta oceânica (c) em margem passiva. A regressão marinha iniciada no Terciário expôs a região litorânea.

Figura 4.16 Evolução tectônica e sedimentar das bacias costeiras, em margem continental divergente do atlântico brasileiro. (Fonte: PETROBRAS, modificado.)

lateralmente para folhelhos marinhos de mar aberto na Bacia de Pelotas.

Estágio IV: margem continental brasileira. Neste estágio distinguem-se duas fases: (a) fase de mar estreito; (b) fase de mar aberto.

Na primeira fase, com o afastamento das placas, surge um mar comparável ao atual Mar Vermelho. Nesse ambiente de circulação livre das águas deposita-se, sobre plataforma rasa, uma sequência de rochas carbonáticas, prolongando-se desde o Cretáceo Médio até o início do Cretáceo Superior (Santoniano). Essa sedimentação carbonática não se processou nas Bacias de Pelotas, Recôncavo e Foz do Amazonas.

O progressivo alargamento do Oceano Atlântico é acompanhado de lenta subsidência, que coloca a plataforma carbonática em plano inclinado mergulhante para leste, ocasionando uma fase transgressiva, ocasião em que os carbonatos são recobertos por folhelhos depositados sob as novas condições de águas mais profundas (Porto e Dauzacker, 1978). Na ocasião formaram-se também inúmeras lentes de arenitos turbidíticos.

Essas foram as condições dominantes até o início do Terciário (Paleoceno), quando parte das áreas próximas à costa começou a sofrer um soerguimento.

A nova área soerguida persistiu durante todo o Terciário e passou a fornecer grande quantidade de detritos terrígenos que constituiriam uma nova sequência de sedimentação marinha regressiva. São contemporâneos dessa época (30 a 60 milhões de anos) os intensos vulcanismos da margem continental brasileira, responsáveis pela formação dos arquipélagos oceânicos, como os de Fernando de Noronha e Trindade.

Bibliografia

ALMEIDA, F. F. M. Inundações marinhas fanerozoicas no Brasil e recursos minerais associados. In: MANTESSO NETO, V. et al. *Geologia do continente sul-americano*: evolução da obra de Fernando Flávio Marques de Almeida. São Paulo: Beca, 2004. p. 266-279.

ARTYUSHKOV, E. V.; SHLESINGER, A. E.; YANSHIN, A. L. The origin of vertical movements within lithospheric plates. In: BALLY, A. W. *Dynamics of plates interiors*. Am. Geophysical Union. Geol. Soc. Am. 1980. p. 37-51. Geodinamics series, v.s.

BALLY, A. W.; SNELSON, S. Realms of subsidence. In: MIALL, A. D. *Facts and principles of world petroleum occurrence*. Canadian Society of Petroleum Geologists Memoir, 1980. 6, v. 9-75.

BOIS, C.; BOUCHE, P.; PELET, R. *Global geologic history and distribution of hidrocarbon reserves*. A. A. P. G. Bulletin, 1982. v. 66, p. 1248-1270.

FÚLFARO, V. J. et al. Compartimentação e evolução tectônica da bacia do Paraná. *Revista Brasileira de Geociências*, São Paulo, 12 (4):590-611, 1982.

KINGSTON, D. R.; DISHROON, C. P.; WILLIAMS, P. A. *Global basin classification system*. The American Association of Petroleum Geologists Bulletin, 1983. 67 (12): 2175-93.

KLEMME, H. D. To find a giant, find the right basin. *Oil and Gas Journal*, 69 (10): 103-110, 1971.

_____. What giants and their basins have in common. *Oil and Gas Journal*, 69 (9): 85-90, 1971.

_____. *Giant oil fields related to their geologic sitting*: a possible guide to exploration. Bulletin of Canadian Petroleum Geology, v. 23, p. 30-66. 1971.

MARQUES, A. et al. *Compartimentação e tectônica da bacia sedimentar do Paraná*. Curitiba: Petrobras/NEXPAR, 1993. 87 p.

MILANI, E. D. Comentários sobre a origem e a evolução tectônica da bacia do Paraná. In: MANTESSO NETO, V. et al. *Geologia do continente sul-americano*: evolução da obra de Fernando Flávio Marques de Almeida. São Paulo: Beca, 2004. p. 266-279.

MILANI, E. J.; FRANÇA, A. B.; SCHNEIDER, R. L. *Bacia do Paraná*. Boletim de Geociências da Petrobras, 8: 69-82, 1994.

MULMANN, H. et al. Revisão estratigráfica da bacia do Paraná. In: Congresso Brasileiro de Geologia, 28, 1974. Porto Alegre. Anais. Porto Alegre, SBG, 1974. v. 1, p. 41-65, il.

NORTHFLEET, A.; MEDEIROS, R. A.; MUHLMANN, H. *Reavaliação dos dados geológicos da bacia do Paraná*. B. Téc. Petrobras. Rio de Janeiro, 12: 294-346.

PERRODON, A. *Essai de classification des bassins sédimentaires*. Nancy, France, Sciences de la Terre, 1971. v. 16, p. 195-227.

PONTE, F. C.; ASMUS, H. E. *The brazilian marginal basin*: current state of knowledge. Acad. Bras. Cienc, 1976. 48 (suplemento).

QUINTAS, M. C. L. *O embasamento da bacia do Paraná*: reconstrução geofísica de seu arcabouço. 1995. 213 f. Tese (Doutorado em Geofísica) – Instituto Astronômico e Geofísico da Universidade de São Paulo, São Paulo.

SILVA, J. P.; LOPES, R. C.; VASCONCELOS, A. M. et al. *Geologia tectônica e recursos minerais do Brasil*: bacias sedimentadas paleozoicas e mesocenozoicas interiores. CPRM, 2003.

ZALÁN, P. V. Evolução fanerozoica da bacias sedimentares brasileiras. In: MANTESSO NETO, V. et al. *Geologia do continente sul-americano*: evolução da obra de Fernando Flávio Marques de Almeida. São Paulo: Beca, 2004. p. 266-279.

ZALÁN, P. V. et al. Tectônica e sedimentação da bacia do Paraná. In: SBG, Simpósio Sul-brasileiro de Geologia, 3, 1987, Curitiba. *Atas*. Curitiba, 1987. v. 1, p. 441-477.

Minerais e Gemas 5

5.1 Conceito de Mineral

São elementos ou compostos encontrados naturalmente na crosta terrestre. São inorgânicos, em contraste com os químicos orgânicos (constituídos principalmente de carbono, hidrogênio e oxigênio, típicos de matéria viva).

Muitos minerais têm composição química definida. Outros têm uma série de compostos onde um elemento metálico pode ser total ou parcialmente substituído por outro. Neste caso, temos dois minerais muito similares quimicamente e em muitas de suas propriedades físicas, mas na maioria das vezes muito diferentes na cor e em outras propriedades físicas. Raramente uma propriedade física ou química identifica um mineral; em geral, são necessários muitos caracteres.

A identificação de alguns minerais raros requer equipamentos de laboratório, análises químicas e estudos de ótica ao microscópio petrográfico.

5.2 Os Elementos e os Cristais

Os elementos são os tijolos do edifício de todos os materiais, incluindo os minerais e as rochas.

Os átomos que constituem os elementos podem juntar-se constituindo moléculas – as menores partículas produzidas em reações químicas. Quando as temperaturas são altas, as moléculas quebram-se em grupos de átomos. Com o lento aquecimento, estes podem juntar-se em uma maneira ordenada para formar cristais. Muitos minerais cristalinos são formados a partir de misturas líquidas ou gasosas no interior da crosta terrestre, principalmente junto de lavas vulcânicas ou próximo de zonas que sofreram dobramentos e falhamentos (Tabela 5.1).

Tabela 5.1 Proporção dos elementos na composição da crosta terrestre

Elementos		Óxidos	
O	– 46,71 %	SiO_2	– 59,07 %
Si	– 27,69 %	Al_2O_3	– 15,33 %
Al	– 8,07 %	Fe_2O_3	– 3,10 %
Fe	– 5,05 %	FeO_2	– 3,71 %
Ca	– 3,65 %	MgO	– 3,45 %
Na	– 2,75 %	CaO	– 5,10 %
K	– 2,58 %	Na_2O	– 3,71 %
Mg	– 2,08 %	K_2O	– 3,11 %
Ti	– 0,62 %	H_2O	– 1,30 %
H	– 0,14 %	CO_2	– 0,35 %
P	– 0,13 %	TiO_2	– 1,03 %
C	– 0,09 %	P_2O_5	– 0,30 %
Mn	– 0,09 %	Mn	– 0,11 %
S	– 0,05 %		
Ba	– 0,05 %		
Outros	– 0,25 %		

Assim, os minerais formam-se a partir de determinados arranjos entre átomos de diferentes elementos em proporções adequadas.

As condições físicas também são responsáveis pelos padrões de minerais que se formam a partir dos compostos químicos.

5.3 A Forma Cristalina

A forma do cristal, ou hábito, é muito importante na identificação do mineral. Ela reflete a estrutura das muitas moléculas dos minerais. Algumas vezes, o cristal é tão simétrico e perfeito em suas faces que se coloca em dúvida a sua origem natural. Na maioria das vezes, cristais perfeitos são muito raros. Em geral, eles desenvolvem apenas algumas de suas faces (Fig. 5.1).

Figura 5.1 A granada apresenta 12 a 24 lados. (Foto: Antonio Liccardo.)

5.4 Sistemas Cristalinos

Os minerais, como já se observou, podem desenvolver-se segundo formas geométricas definidas e, nesse caso, segundo um sistema cristalino. Seis são os sistemas cristalinos conhecidos. Cada um deles comporta inúmeras formas, mas sempre dentro de determinadas leis que caracterizam os eixos e os ângulos formadores da figura geométrica. Cada cristal se desenvolve sempre segundo um dos sistemas cristalinos; essa é uma propriedade física inerente ao cristal.

Cúbico (isométrico). Inclui cristais em que os três eixos têm o mesmo comprimento com ângulos retos (90°) entres eles, como um cubo. Exemplos: galena, pirita, halita (sal de cozinha) (Fig. 5.2-A).

Tetragonal. Tem dois eixos de igual comprimento e um desigual. O ângulo formado entre os três eixos é de 90°. Exemplos: zircônio, rutílio e cassiterita (Fig. 5.2-B).

Hexagonal. Tem três eixos com ângulos de 120° arranjados num plano e um quarto eixo formando ângulo reto (90°) com aqueles. Exemplos: quartzo, berílio, calcita, turmalina (Fig. 5.2-C).

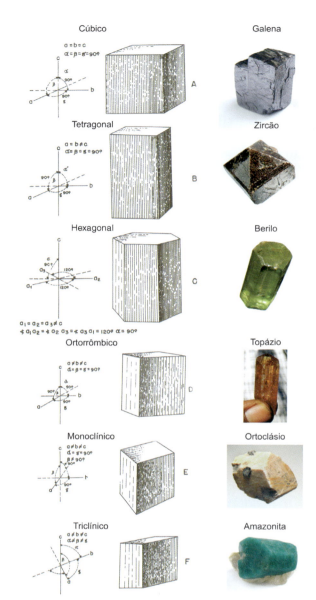

Figura 5.2 Proporção dos comprimentos de eixos e ângulos formados nos sistemas: A, cúbico ou isométrico; B, tetragonal; C, hexagonal. a, b e c correspondem aos comprimentos dos ângulos. α, β e γ correspondem aos ângulos formados entre os eixos. À direita encontram-se exemplos de minerais correspondentes aos seis sistemas. (Fotos: Antonio Liccardo.)

O sistema trigonal difere do hexagonal apenas pela simetria do eixo vertical, o qual é ternário (repete três vezes a mesma face), sendo, portanto, uma divisão de classe do sistema hexagonal.

Ortorrômbico. São cristais com três eixos, todos com ângulo de 90°, porém todos de diferentes comprimentos. Exemplos: enxofre, topázio, barita, olivina (Fig. 5.2-D).

Monoclínico. Tem três eixos diferentes, dois dos quais formam ângulos de 90° entre si, e o terceiro tem um ângulo diferente de 90° com o plano dos outros dois. Exemplos: ortoclásio, gipsita, micas (Fig. 5.2-E).

Triclínico. Tem três eixos de comprimento diferente e nenhum forma ângulos de 90° com outros. Exemplos: plagioclásio, feldspato, rodonita (Fig. 5.2-F).

5.5 Propriedades Físicas dos Minerais

Peso específico

É a relação do peso de um mineral comparado com o peso de igual volume de água. Para isso o mineral deve ser pesado imerso e fora da água. O processo utiliza a balança de Jolly, aplicando a seguinte fórmula:

$$G = \frac{b - a}{b - c}$$

em que:

b = peso do mineral fora da água
a = referência inicial da balança ou calibragem em zero
c = peso do mineral dentro da água.

Assim, por exemplo, se um mineral tem densidade 3,0, significa que ele pesa três vezes mais que um igual volume de água.

Clivagem

É a forma com que muitos minerais se quebram segundo planos relacionados com a estrutura molecular interna e paralelos às possíveis faces do cristal. A clivagem é descrita em cinco modalidades: desde pobre, como na bornita, moderada, boa, perfeita até proeminente, como nas micas.

Figura 5.3 Direções de clivagem. (Fonte: http://academic.brooklyn.cuny.edu/geology/grocha/mineral/cleavage.html.)

Os tipos de clivagem são descritos pelo número e pela direção dos planos de clivagem (Fig. 5.3). A clivagem auxilia na identificação dos minerais.

Fratura

É a forma com que um determinado mineral se quebra além daqueles planos dados pela clivagem. Além disso, nem todos os minerais revelam planos de clivagem. Muitos mostram apenas fratura. As fraturas frescas revelam a verdadeira cor do mineral. Os principais tipos de fratura são: conchoidal, plana, irregular.

Cor

É um caráter muito importante do mineral. Em muitos metais ela auxilia bastante na identificação. Em outros minerais, como no quartzo, coríndon, calcita, fluorita, turmalina e outros, ela pode variar devido a impurezas. Em alguns casos a superfície do mineral pode estar alterada e não mostrar sua verdadeira cor.

Risco

A cor do risco do mineral é vista quando uma louça ou porcelana é riscada. Assim, por exemplo, o mineral de ferro limonita, quando usado para riscar uma placa de porcelana, deixa um traço amarelo-ocre; outro mineral de ferro, a hematita, deixa um traço vermelho, e a magnetita produz um traço de cor preta. Tais caracteres auxiliam na identificação do mineral.

Brilho

Depende da absorção, reflexão ou refração da luz pela superfície do mineral. Ele pode auxiliar na identificação do mineral. O brilho de um mineral pode ser adamantino (como o diamante); vítreo (como o quartzo); e metálico (como a galena). Outros, como graxo, sedoso, resinoso, nacarado etc., também são usados.

Magnetismo

Ocorre em poucos minerais atraídos pelo ímã. São exemplos a magnetita, a pirrotita e outros que podem vir a ser magnéticos, como o manganês, o níquel e o titânio, quando aquecidos com um maçarico (Fig. 5.4).

Figura 5.4 A magnetita é atraída pelo ímã. (Foto: Antonio Liccardo.)

Dureza

Expressa a resistência de um mineral à abrasão ou ao risco. Ela reflete a força de ligação dos átomos, íons ou moléculas da estrutura entre si.

A escala de dureza comumente utilizada é a escala de Mohs, que consta dos seguintes minerais (dureza crescente):

Dureza		Dureza	
1	Talco	6	Ortoclásio
2	Gipsita	7	Quartzo
3	Calcita	8	Topázio
4	Fluorita	9	Coríndon
5	Apatita	10	Diamante

Obs.: A variação da dureza desta escala não é gradativa ou proporcional.

Os seguintes materiais podem ser usados correntemente na verificação da dureza dos minerais.

Unha 2,5
Vidro 5,0-5,5
Canivete 6,0-6,5

Assim, por exemplo, o quartzo risca o vidro comum.

5.6 Propriedades Elétricas dos Minerais

Finas lâminas de cristal de quartzo controlam a frequência dos rádios. Cristais de enxofre, topázio e outros minerais, quando friccionados, desenvolvem uma carga elétrica.

5.7 Propriedades Químicas dos Minerais

Muitos minerais são constituídos de um único elemento químico, como o enxofre, a grafita, o ouro, o diamante. Outros são constituídos de dois ou mais elementos químicos e, por isso, podem ser expressos por sua fórmula química, como a pirita, FeS_2, em que cada unidade compõe-se de um átomo de ferro e dois de enxofre; o quartzo é constituído de SiO_2, ou seja, um átomo de sílica para dois de oxigênio; o talco tem uma fórmula mais complexa, $Si_6 O_{20} (OH)_4 Mg_6$.

Principais minerais formadores de rochas. Ao todo são conhecidos mais de quatro mil minerais. A seguir damos uma descrição resumida, principalmente daqueles que entram mais comumente na formação das rochas. Uma classificação dos principais grupos de minerais segundo sua composição química é encontrada na Tabela 5.2.

A tabela a seguir mostra os principais constituintes mineralógicos das rochas que integram a crosta:

Feldspato	59,5 %
Quartzo	12,0 %
Piroxênios e anfibólios	16,8 %
Micas	3,8 %
Outros	7,0 %

5.8 Descrição dos Minerais Mais Comuns

Quartzo

Por ser um dos últimos minerais a se formar no decurso da consolidação de um magma, geralmente é irregular, disforme (anédrico), adaptando-se aos interstícios deixados entre os demais minerais. Só forma cristais bem desenvolvidos quando tem oportunidade de crescer em cavidades ou fraturas. Geralmente incolor, translúcido ou leitoso, ocasionalmente com outras cores (roxo, rosa, verde etc.). Brilho vítreo. Sem clivagem, com fratura irregular. De dureza = 7, risca o vidro com facilidade e não é riscado pelo aço comum. Não se decompõe, só entra em solução em meio alcalino. Por essa razão, dos minerais mais comuns em uma rocha é o único a resistir ao intemperismo (Figs. 5.5 e 5.6).

Figura 5.5 Cristal de quartzo. (Foto: Antonio Liccardo.)

Variedades:

(a) Ametista – roxa.
(b) Citrino – amarelo.
(c) Cristal de rocha – hialino (transparente).

Belos cristais ocorrem em cavidades: drusas e geodos. Muito comuns nas rochas basálticas do Sul do Brasil.

Feldspatos

São os constituintes mais importantes na formação de rochas ígneas e os minerais mais abundantes na crosta terrestre. Apresentam como caracteres comuns um bom sistema de clivagem e um outro apenas regular. Na terceira direção, somente apresentam fratura.

Essas superfícies de clivagem são brilhantes quando os feldspatos estão sãos. À medida que avança o estado de alteração do mineral, elas vão se tornando foscas.

A coloração dos feldspatos é sempre clara: branca, cinza, rosa ou levemente avermelhada. De dureza = 6, não riscam o vidro. Muito suscetíveis à alteração, perdem gradualmente a cor e o brilho, tornando-se foscos e menos duros, acentuando a facilidade de clivagem para dar lugar inicialmente a um produto pulverulento, friável e, depois, a uma massa argilosa. A distinção entre feldspatos alcalinos (K) e plagioclásios (Na/Ca) por via macroscópica nem sempre é fácil.

Como critério geral, vale dizer que os alcalinos normalmente formam prismas curtos quadráticos, têm dimensões normalmente maiores que os plagioclásios (até 2,3 cm) e coloração cinza ou rósea, como o ortoclásio (ver Fig. 5.2-E).

Piroxênios, anfibólios, peridotos (olivinas). A distinção macroscópica dessas famílias e, principalmente, das várias espécies que integram não é tarefa fácil.

Normalmente, constituem a maior parte dos *componentes escuros* (= *máficos*) das rochas (minerais pretos, verde-escuros, verdes, azuis etc.). Pela presença de cátions como Fe, Mg etc., *também são mais densos* que os minerais anteriormente descritos.

São muito *suscetíveis à alteração* em clima úmido, com a formação de minerais argilosos, micas, cloritas, talco, serpentinas e liberação de hidróxidos de ferro e manganês. A liberação de hidróxidos de ferro confere imediatamente uma coloração avermelhada ao mineral ou à rocha em alteração (ou aos solos deles derivados). Esse processo acaba por pigmentar por contaminação outros minerais (como feldspatos e argilas) que, de outro modo, seriam claros.

Piroxênios. Geralmente formam *prismas curtos*, de tonalidade verde-escura, quase preta, hábito não acicular, e não apresentam estriações segundo o prisma. Clivagem em dois sistemas, quase formando ângulos retos (90°) entre si.

Anfibólios. Geralmente formam prismas alongados, com frequente desenvolvimento de hábito acicular, cores de tonalidades claras: verde-claro, cinza, azulado-claro, branco etc. Clivagem em dois sistemas, formando ângulos perto de 120° entre si. Frequentemente apresentam arranjo paralelo ou radial nas rochas, o qual aparece sobretudo nas rochas metamórficas.

Peridotos (olivinas). Sua distinção dos piroxênios e anfibólios é difícil. Apresentam aspecto vítreo, não possuem clivagem e, por isso, apresentam fratura, a qual é conchoidal. Parecem-se com vidro de garrafa comum (verde-garrafa). Quando se alteram, perdem a limpidez e se transformam em serpentinas. Os minerais são normalmente equidimensionais, mas dificilmente mostram boas formas cristalinas.

Carbonatos

São minerais de *baixa dureza* (3), com *clivagem romboédrica* perfeita e sempre bem desenvolvida.

As cores são muito variadas:

(a) Calcita – branca, translúcida, amarela.
(b) Dolomita – escura.
(c) Rodocrosita – rosa, avermelhada.
(d) Siderita – avermelhada.

Como caráter comum e peculiar dos carbonatos aparece a capacidade de produzir *efervescência em contato com ácidos*.

Os carbonatos não se decompõem, isto é, não se alteram. Eles só se solubilizam quando em contato com ácidos ou águas aciduladas (pH ácido).

Calcita e dolomita são minerais importantes na formação de muitas rochas sedimentares e metamórficas.

A distinção entre as espécies minerais não é simples.

Fosfatos

Todos os fosfatos agrupam-se em torno do íon PO_4. O mineral mais comum é a apatita $Ca_5 (F, Cl, OH) (PO_4)_3$. É um mineral que geralmente forma cristais hexagonais. Os fosfatos têm grande emprego como fertilizantes.

Sulfatos

A estrutura fundamental é o SO_4. O mineral mais comum é a barita ($BaSO_4$), que se caracteriza sobretudo por sua alta densidade (4,0 a 4,5). Outro mineral comum do grupo é a gipsita ($CaSO_4 \cdot 2H_2O$). Enquanto a barita é empregada na indústria do vidro e da cerâmica, a gipsita é industrializada como gesso e tem múltiplas aplicações.

Sulfetos

Nesse grupo estão reunidos os minerais compostos de metais e metaloides combinados com enxofre, bismuto, telúrio e outros. São metálicos, com densidade elevada, opacos e economicamente muito importantes. Os minerais mais comuns são a blenda (SZn), a arsenita (SAg_2), a niquelita ($AsNi$), a calcopirita (S_2FeCu) e a galena (SPb) (ver Fig. 5.2-A).

Óxidos

Os minerais desse grupo apresentam cores do risco característicos. Comumente, a cor do mineral, aliada a outras propriedades físicas como o magnetismo e a dureza, pode servir para sua identificação numa primeira aproximação (ver Tabela 5.2 e Fig. 5.4).

Hidróxidos

A cor natural, aliada à densidade, constitui aspecto marcante para a identificação. Entre os minerais mais importantes estão:

(a) limonita – cor: marrom e avermelhada; cor do traço: amarelada.

(b) psilomelano – cor: negra; cor do traço: preta.

(c) bauxitas – cor: clara; amarela e avermelhada, tendo como principal caráter a baixa densidade.

Argilominerais

Esse grupo de minerais compreende um bom número de espécies com características físicas e químicas diferentes.

Provém, normalmente, da alteração dos feldspatos, piroxênios e anfibólios.

Por definição, argila é toda partícula mineral com diâmetro inferior a 0,0004 mm. Como dificilmente a maioria dos minerais consegue ser reduzida a esse tamanho, a maior parte das denominadas argilas é constituída por argilominerais – silicatos hidratados de alumínio com vários tipos de cátions ($K, Mg, Fe, Na, Ca, NH_4, H$) ou ânions ($SO_4 - Cl - P_2O_4 - N_2O_3$) possíveis em sua estrutura.

Contudo, o material em geral designado genericamente por argila ou barro raramente é composto apenas por minerais argilosos. De modo geral, é constituído de misturas, em proporções variadas, de argilominerais, hidróxidos (de Fe, Al, Mn etc.), partículas coloidais orgânicas e inorgânicas, areias e silte. É difícil encontrar uma argila pura.

Tabela 5.2 Classificação dos principais minerais baseada na composição química

ELEMENTOS			
Metais nativos		**Semimetais nativos**	
Ouro	Au	Arsênico	As
Prata	Ag	Bismuto	Bi
Cobre	Cu	**Não metais nativos**	
Platina	Pt		
Ferro	Fe	Enxofre	S
		Diamante	C
		Grafita	C

ÓXIDOS			
Óxidos anídricos		**Óxidos hidratados**	
Cuprita	Cu_2O	Diásporo	$AlO(OH)$
Gelo	H_2O	Goetita	$FeO(OH)$
Zincita	ZnO	Manganita	$MnO(OH)$
Coríndon	Al_2O_3	Limonita	$Fe(OH) \cdot NH_2O$
Hematita	Fe_2O_3	Bauxita	Hidratados de alumínio
Ilmenita	$TiFeO_3$	Psilomelano	$BaMnMn_8 O_{16} (OH)_4$
Espinélio	$MgAl_2O_3$		
Magnetita	Fe_3O_4		
Franklinita	$(Fe, Zn, Mn) (Fe, Mg)_2 O_3$		
Cromita	$FeCr_2O_4$		
Crisoberilo	$BeAl_2O_4$		

(Continua)

Tabela 5.2 Classificação dos principais minerais baseada na composição química (*Continuação*)

Óxidos anídricos

Cassiterita	SnO_2
Rutilo	TiO_2
Pirolusita	MnO_2
Columbita	$(Fe, Mn)(Nb, Ta)_2O_6$
Uraninita	UO_2

SULFETOS

Argentita	Ag_2S	Covelina	CuS
Calcocita	Cu_2S	Cinábrio	HgS
Bornita	Cu_5FeS_4	Estibnita	Sb_2S_3
Galena	PbS	Pirita	FeS_2
Blenda	ZnS	Marcasita	FeS_2
Calcopirita	$CuFeS_2$	Arsenopirita	$AsFeS$
Pirrotita	$Fe_{1-X}S$	Molibdenita	MoS_2
Niquelita	$NiAs$		

SULFOSSAIS

Polibasita	$S_{11}Sb_2Ag_{16}$

SAIS HALÓGENOS

São compostos dos halogenos flúor, cloro, bromo e iodo com metais.

Halita	$NaCl$
Silvita	KCl
Fluorita	CaF_2

CARBONATOS

Grupo da calcita		Grupo da aragonita	
Calcita	$CaCO_3$	Aragonita	$CaCO_3$
Dolomita	$CaMg(CO_3)_2$	Witherita	$BaCO_3$
Magnesita	$MgCO_3$	Estroncianita	$SrCO_3$
Siderita	$FeCO_3$	Cerusita	$PbCO_3$
Rodocrosita	$MnCO_3$	**Carbonatos básicos de cobre**	
Smithsonita	$ZnCO_3$	Malaquita	$Cu_2CO_3(OH)_2$
		Azurita	$Cu_3(CO_3)_2(OH)_2$

NITRATOS

Nitro de sódio	$NaNO_3$
Nitro	KNO_3

BORATOS

Boracita	$Mg_3B_7O_{13}Cl$
Bórax	$Na_2B_4O_7 \cdot IOH_2O$

SULFATOS E CROMATOS

Sulfatos anídricos		Sulfatos básicos e hidratados	
Glauberita	$Na_2Ca(SO_4)_2$	Gipsita	$CaSO_4 \cdot 2H_2O$
Barita	$BaSO_4$		
Celestita	$SrSO_4$		
Anglesita	$PbSO_4$		
Anidrita	$CaSO_4$		
Crocoíta	$PbCrO_4$		

(Continua)

Tabela 5.2 Classificação dos principais minerais baseada na composição química (*Continuação*)

FOSTATOS ARSENIATOS E VANADATOS		TUNGSTATOS E MOLIBDATOS	
Monazita	$(Ce, La, Y, Th) PO_4$	Wolframita	$(Fe, Mn) WO_4$
Apatita	$Ca (F, Cl, OH) (PO_4)_3$	Scheelita	$CaWO_4$
Piromorfita	$Pb_c Cl(PO_4)_3$	Wulfenita	$PbMoO_4$
Turquesa	$CuAl_6 (PO_4)_4 (OH)_8 \cdot 2H_2O$		

SILICATOS (Tectossilicatos) Grupo do quartzo

Quartzo	SiO_2
Tridimita	SiO_2
Cristobalita	SiO_2
Opala	$SiO_2 \cdot NH_2O$

Grupo dos feldspatos

Ortoclásio	$KAlSi_3O_8$	
Microclínio	$KAlSi_3O_8$	
Albita	$NaAlSi_3O_8$	
Oligoclásio	$(Na, Ca) (Al, Si)_4O_8$	
Andesina	$(Na, Ca) (Al, Si)_4O_8$	
Labradorita	$(Na, Ca) (Al, Si)_4O_8$	Série dos plagioclásios
Bytownita	$(Na, Ca) (Al, Si)_4O_8$	
Anortita	$CaAl_2Si_2O_8$	

Grupo dos feldspatoides

Leucita	$KAlSi_2O_6$
Nefelina	$(K, Na) (AlSiO_4)$
Sodalita	$Na_4 (AlSiO_4)_3 Cl$

Família das zeolitas

Heulandita	$Ca (Al_2 Si_7 O_{18}) \cdot 6H_2O$
Estilbita	$Ca (Al_2 Si_7 O_{18}) \cdot 7H_2O$
Natrolita	$Na_2 (Al_2 Si_2 O_{10}) \cdot 2H_2O$
Analcima	$Na (AlSi_2 O_6) \cdot H_2O$

Filossilicatos

Caolinita	$Al_4 Si_4 O_{10} (OH)_8$	
Talco	$Mg_3 Si_4 O_{10} (OH)_2$	
Serpentinita	$Mg_6 Si_4 O_{10} (OH)_8$	
Clorita	$Mg_3 Si_6 O_{10} (OH)_8 \cdot Mg_3 (OH)_6$	
Muscovita	$KAl_2 AlSi_3 O_{10} (OH)_8$	
Biotita	$K (Mg, Fe)_3 AlSi_3 O_{10} (OH)_2$	Micas
Lepidolita	$K_2 Li_3 Al_3 (AlSi_3 O_{10})_2 (OH, F)_4$	

Inossilicatos
Anfibólios

Tremolita	$Ca_2 Mg_5 Si_8 O_{22}$
Actinolita	$Ca_2 (Fe, Mg)_5 SiO_8 O_{22}$
Hornblenda	$Ca_2 Na (Mg, Fe)_4 (Al, Fe, Ti) (Al, Si)_8 O_{22} (O, OH)_2$

Piroxênios

Diopsídio	$(Mg, Ca) Si_2 O_6$
Augita	$(Mg, Fe, Ca) Si_2 O_6$
Enstatita	$MgSiO_3$
Hiperstênio	$(Mg, Fe) SiO_3$

(Continua)

58 Capítulo 5

Tabela 5.2 Classificação dos principais minerais baseada na composição química (*Continuação*)

CICLOSSILICATOS	
Berilo	$Be_3 Al_2 (Si_6 O_{18})$
Turmalina	$(Na, Ca) (Al, Fe, Li, Mg)_3 Al_{16} (BO_3)_3 (Si_6 O_{16}) (OH)_4$
SOROSSILICATOS	
Epídoto	$Ca_2 (Al, Fe) Al_2 O(SiO_4) (Si_2 O_7) (OH)$
Idiocrásio	$Ca_{10} (Mg, Fe)_2 Al_2 (SiO_4) (Si_2 O_7) (OH)_4$
NESOSSILICATOS	
Grupo da olivina	$(Mg, Fe)_2 (SiO_4)$
Grupo da granada	$(Mg, Fe, Mn, Ca)_3 (Al, Fe, Cr)_2 (SiO_4)_3$

Por outro lado, também é raro encontrar-se um depósito argiloso constituído de uma só espécie de argilomineral. Normalmente ocorrem misturas de várias espécies, onde uma pode predominar sobre as demais.

O estudo dos minerais argilosos é da máxima importância técnica e econômica. Devido à finura do grão e a uma série de caracteres semelhantes que apresentam, foram desenvolvidas técnicas especiais de estudo desses minerais. O comportamento técnico e químico pode variar de uma espécie para outra, de modo que é, muitas vezes, de extrema utilidade a sua identificação.

A importância das argilas pode ser medida pelo fato de que os solos são, em sua maior parte, constituídos por esses minerais. São eles que permitem a fixação de vida vegetal no planeta e propiciam as trocas de nutrientes de que as plantas necessitam.

Os campos interessados no estudo do comportamento das argilas são, em resumo, os seguintes:

Agronomia – determinadas espécies de argilominerais não são reativas, agindo como elementos inertes nos solos. Outras já permitem a fixação ou liberação de uma série de elementos (cátions e ânions), favorecendo trocas iônicas com fertilizantes e cedendo elementos nutrientes às plantas; algumas armazenam água, outras não.

Engenharia – o comportamento geotécnico das diversas espécies é substancialmente diferente. Esse aspecto interessa ao estudo da estabilidade de taludes, de fundações para aterros, pavimentos de estradas, pontes e edificações etc. A expansão de algumas argilas quando molhadas requer precauções.

Cerâmica – o comportamento térmico (desidratação, refração, surgimento de trincas, temperatura de queima etc.), a coloração do produto final, a plasticidade natural, a fixotropia etc. mudam de uma espécie para outra. Assim, determinadas espécies não se prestam para cerâmica branca.

Geologia – interessam as condicionantes da formação das diversas espécies, devido à sua importância econômica.

Engenharia do petróleo – nas lamas de perfuração é utilizada apenas uma espécie de argilomineral, devido a uma série de caracteres físico-químicos que lhes são particulares.

5.9 Reconhecimento dos Minerais

Precauções

Torna-se importante notar que algumas propriedades físicas dos minerais, embora em parte reflitam a estrutura interna, apresentam variações muito amplas em uma mesma espécie mineral; por isso, não podem ser utilizadas como critérios fixos na identificação dos minerais.

Outras propriedades, por seu turno, são específicas para determinada espécie mineral, mas a maioria constitui caráter comum a mais de uma espécie.

Normalmente, a observação e a conjugação de várias propriedades podem fornecer elementos suficientes para a sua identificação quando comparadas às tabelas da Seção 5.11.

Nada, contudo, substitui a *familiarização* ou a *prática constante no manuseio e no contato com minerais ou rochas* para fixação dos critérios de reconhecimento.

Vale ressaltar também que a variação em algumas propriedades simplesmente caracteriza a existência de *variedades* em uma espécie mineral.

5.10 Prática de Identificação

Macroscópica

Na observação das formas geométricas (em casos de cristais bem formados), dos sistemas de cristalização e das propriedades físicas dos minerais, é conveniente acompanhar suas descrições a partir de um desenho esquemático, procurando representar todas as particularidades do mineral a ser estudado.

Essas observações, via de regra, seguem o seguinte esquema:

1. Cristalização: sistema cristalino em que se enquadra o espécime, desde que seja possível efetuar tal observação.
2. Forma: cubo, tetraedro, prisma hexagonal com terminação em pirâmide, octaedro, dodecaedro etc., acrescentando se é euédrico, subédrico ou anédrico.
3. Hábito: se é cúbico (equidimensional), prismático, acicular, fibroso, mamelonado etc.
4. Cor: descrevê-la em suas nuanças.
5. Brilho: observar com detalhes.

6. Cor do risco: sempre sobre placa de porcelana não brilhante (fosca).
7. Clivagem: descrever o tipo (cúbica, octaédrica, rômbica, prismática etc.), se basal ou de secção de prisma, e se é boa, nítida, fácil ou regular, ruim etc., existente ou não. Relação entre as linhas de clivagem.
8. Fratura: existente ou não, e descrever o tipo.
9. Dureza relativa.
10. Diafaneidade: mineral transparente, translúcido ou opaco (metálico).
11. Alteração: suscetibilidade à alteração, descrição da forma de alteração e, se possível, com identificação dos produtos de alteração.
12. Avaliação comparativa da densidade.
13. Inclusões, intercrescimentos e associação com outros minerais.
14. Diagnóstico.

Exemplo Prático Estaurolita

1. Cristalização: ortorrômbica.
2. Forma: prisma alongado, dipiramidal.
3. Hábito: cristais prismáticos, bem cristalizados (faces bem distintas).
4. Cor: marrom-escura.
5. Brilho: fosco.
6. Cor do risco: nenhuma.
7. Clivagem: uma direção, paralela à base do prisma, boa.
8. Fratura: irregular.
9. Dureza: riscado pelo quartzo.
10. Diafaneidade: translúcido em arestas finas.
11. Alteração: não observada.
12. Densidade: não observável.
13. Associação: com quartzo, muscovita e biotita.
14. Diagnóstico: estaurolita.

5.11 Tabelas para Classificação dos Minerais

Veja as Tabelas 5.3, 5.4, 5.5, 5.6 e 5.7 adiante.
(Solicitar ao professor instruções para usá-las corretamente.)

5.12 Gemas

As gemas sempre despertaram um fascínio nos seres humanos pela sua beleza, brilho, cor, dureza e durabilidade. Na história da humanidade esses materiais foram utilizados com fins decorativos, artísticos, religiosos, simbólicos e até mesmo terapêuticos. As gemas e o seu simbolismo estão presentes em quase todas as culturas e civilizações, tendo como característica própria um grande valor material agregado. Esses materiais sempre fizeram parte de tesouros e fortunas, e poderiam concentrar enormes somas em pouco volume, o que os tornava ideais para transporte pessoal em caso de fugas ou catástrofes. São fortunas portáteis que foram utilizadas, muitas vezes, para a reconstrução de economias, pois superaram as crises financeiras em todos os tempos.

Gemologia é a ciência que estuda as gemas ou os materiais gemológicos, incluindo descrição, identificação, classificação e avaliação. Em termos de mercado envolve uma subdivisão em gemas coloridas e diamantes (Figs. 5.5, 5.6 e 5.7).

Figura 5.6 Gemas coloridas, ametistas e citrinos. (Foto: Antonio Liccardo.)

Figura 5.7 Diamantes do Rio Tibagi, PR. (Foto: Antonio Liccardo.)

Gema. Todo material gemológico usado como adorno pessoal ou ornamentação de ambientes, possuindo características de beleza, durabilidade e raridade. Este termo substitui as expressões "pedras preciosas e semipreciosas", em desuso por não existirem limites claros entre uma e outra.

Gema natural. Materiais encontrados naturalmente na crosta terrestre: minerais, substâncias amorfas, vidros naturais, rochas e substâncias orgânicas.

Gema sintética. Substâncias produzidas pelo homem com correspondente na natureza: esmeralda sintética, diamante sintético etc.

Gema artificial. Produtos fabricados sem correspondente na natureza:

zircônia cúbica – ZrO_2, YAG – $\{Al_5(YO_4)_3\}$, GGG – $Gd_3(GaO_3)$.

Imitação. São gemas naturais, sintéticas, artificiais ou outros materiais utilizados para simular uma pedra: zircônia para imitar diamante, citrino para topázio, plástico para pérola, vidro azul para água-marinha.

Gemas tratadas. São gemas que recebem tratamentos que modificam suas características ópticas, como tingimento, aquecimento, impregnação, irradiação ou recobrimentos.

Tabela 5.3 Minerais com brilho não metálico (relativamente moles)

Dureza	Traço	Cor	Propriedade (diagnóstico)	Mineral
Riscado por unha, moeda ou canivete (dureza 3 ou menos)	2,5	Preto	Maciço ou flocos mostram boa clivagem basal, resultando em lâminas finas, flexíveis e elásticas.	Biotita
	2,5	Branco		Muscovita
	1	Branco a verde pálido (ocasionalmente mais escuro)	Massas fibrosas das quais resultam lâminas finas e flexíveis, mas não elásticas. Tato sedoso, brilho nacarado.	Talco
	2	Esverdeado	Similar ao talco, mas meio duro e de brilho vítreo.	Clorita
	2	Branco ou incolor quando puro (muitas vezes tingido, dando colorações amarelas, vermelhas ou cinza) [COM CLIVAGEM]	Ocorre como cristais, fibroso ou maciço, 3 clivagens imperfeitas, resultando em lâminas finas, flexíveis e não elásticas.	Gipsita
	2,5 (Branco)		Cristais maciços ou cúbicos com clivagem cúbica. Gosto salgado e solúvel em água.	Halita
	2		Cristais maciços ou cúbicos com clivagem cúbica. Gosto amargo e solúvel em água.	Silvita
[ÀS VEZES POR MOEDA]	2	Branco (tingido a vermelho-amarelado) [SEM CLIVAGEM]	Massas terrosas, adere à língua seca, plástico quando molhado. Odor terroso e tato oleoso.	Caolinita
	2		Massas terrosas (em forma de ovo).	Bauxita*
	2	Amarelo	Maciço ou incrustado, cor característica, brilho graxo, atrai papel quando esfregado na roupa.	Enxofre nativo
	2	Vermelho-amarelado / Laranja a vermelho	Maciço com brilho graxo. Cor característica.	Realgar

Micas – hábito lamelar ou tabular

Talco

Enxofre

Fotos: Antonio Liccardo.   *Não é considerado mineral.

Tabela 5.4 Minerais com brilho não metálico (dureza moderada)

Dureza	Traço	Cor	Propriedade (diagnóstico)	Mineral
Riscado por canivete (dureza 3 a 5)		Incolor ou branco (ocasionalmente colorido)	Cristais ou maciços com clivagem romboédrica. Efervescente em ácido diluído a frio. Dupla refração.	Calcita
3			Comumente em lâminas, clivagem romboédrica. Bastante pesado (d. 4,5).	Barita
4		Roxo, amarelo	Cristais cúbicos, muitas vezes geminados. Forma cristalina e brilho são característicos.	Fluorita
4	Cinza-amarelado (marrom-claro ou escuro, se alterado)	Cinza (marrom quando alterado)	Maciço ou granular. Efervescente em ácido concentrado, é magnético quando aquecido. Pesado (d. 4), clivagem romboédrica.	Siderita
4	Marrom pálido a amarelo pálido	Na maioria, marrom (cinza, amarelo, verde)	Massas granulares grosseiras. Cristais com clivagem dodecaedral, brilho resinoso.	Esfalerita
3	Vermelho vivo	Vermelho vivo	Geralmente maciço. Traço e peso (d. 8) são característicos.	Cinábrio
3,5	Azul	Azul	Associados, geralmente maciços com superfícies externas bulbosas. São raros os cristais. Cor e traço característicos. Efervescente em ácido diluído.	Azurita
3,5	Verde	Verde		Malaquita
3	Verde pálido	Verde-amarelado e avermelhado	Maciço ou fibroso (asbesto). Tato sedoso, brilho graxo.	Serpentinita (asbesto)

Fluorita cúbica agregado

Azurita

Geodo ametista

Turmalina melânica e ametista

Tabela 5.5 Minerais com brilho não metálico duros

Dureza	Traço	Cor	Propriedade (diagnóstico)	Mineral
Riscado por quartzo (dureza 5 a 7)	5,5	Muitas cores em matriz escura ou clara	Variação de cores. Leve (d. 2), brilho resinoso, fratura conchoidal.	Opala*
	6	Branca	Cristais em rochas reconhecidas pela clivagem prismática a 90° e pela dureza. Plagioclásio tem estrias devido à geminação.	Plagioclásio (Feldspato)
	6	Verde-arroxeado e branco		Ortoclásio (Feldspato)
	5,5	Azul-escuro (mosqueado)	Maciço e leve (d. 2).	Lápis-lazúli
	6	Verde-azulado	Maciços granulares, às vezes bulboso, cor característica.	Turquesa
	4 a 6,5	Branco	Azul pálido	Massas fibrosas ou cristais em lâminas longas. Dureza varia de 4 a 6.	Cianita
	6,5		Amarelo-acinzentado, marrom	Massas fibrosas ou cristais longos (em forma de agulha).	Silimanita
	5,5		Verde-amarelado, marrom	Maciço ou em forma de losango com brilho brilhante e clivagem prismática.	Esfeno Titanita
	6,5		Esverdeado	Massas compactas.	Jade
	6,5		Esverdeado	Massas granulares (verde-oliva).	Olivina (peridoto)
	6,5	Cinza	Verde-amarelado	Maciço e granular. Cristais pequenos e a cor única é característica.	Epidoto
	6	Verde-acinzentado	De verde-escuro a preto	Cristais curtos e espessos de 4 ou 8 lados. Clivagem prismática a 90°.	Augita
	6	De verde-acinzentado a marrom	Preto	Cristais longos de 6 lados. Clivagem prismática a 124° e 56°.	Hornblenda
	6,5	Cinza	De preto a marrom	Maciço e granular com grãos escuros e brilhantes. Às vezes bulboso ou como cristais. Brilho brilhante e pesado (d. 7). Traço de cor clara, peso e brilho característicos.	Cassiterita

*Não é considerado mineral.

Opala na encaixante 1

Ortoclásio monoclínico

Safira-hábito piramidal

Tabela 5.6 Minerais com brilho não metálico (extremamente duros)

Dureza e traço		Cor	Propriedade (diagnóstico)	Mineral e variedades de pedras preciosas
Sem traço, não é riscado pelo quartzo, mas risca o vidro (dureza 7 ou mais)	7	Incolor a tingido em diferentes cores	Cristais de 6 lados, muitas vezes com estrias horizontais, fratura conchoidal.	Quartzo roxo-ametista rosa-quartzo róseo vermelho-citrino amarelo-carnelian bandeado-ágata verde-anyx
	10		Cristais. Frio ao tato. Atrai papel quando esfregado sobre seda.	Diamante
	8		Atrai papel quando esfregado sobre roupa. Clivagem única.	Topázio
	8		Cristais de 6 lados.	Berilo verde-esmeralda azul-esverdeado água-marinha roxo-morganita
	9	Cinza (tingido)	Dureza e cristais em forma de barril característicos. Brilho brilhante.	Coríndon azul-safira vermelho-rubi
	8	Marrom-avermelhado (azul-preto)	Cristais em forma de diamante com 8 lados.	Spinelo: vermelho-escuro espinélio-rubi vermelho-blas rubi amarelo-rubicelle
	7,5	Marrom-avermelhado	Cristais de 4 lados com brilho brilhante.	Zircão
	7	Marrom-avermelhado (verde, preto)	Cristais com 12 ou 24 lados, fratura conchoidal.	Granada
	7,5	Marrom-avermelhado	Cristais na forma de cruz, superfície áspera.	Estaurolita
	7	Preto a verde-escuro ou tingido de várias cores	Cristais com 3, 6 ou 9 lados com estrias verticais. Atrai papel quando esfregado.	Turmalina
	8,5	Verde (amarelo-amarronzado)	Cristais chatos e estriados.	Crisoberílio
	7,5	Azulado (cinza-amarelado)	Muda de cor (pleocroísmo).	Cordierita

Diamante

Topázio imperial ortorrômbico

Zircão TO tetragonal

Granada

Solonópole – água-marinha e turmalina

Tabela 5.7 Minerais comuns com brilho metálico

Dureza		Traço	Cor	Propriedades (diagnóstico)	Mineral
Riscado por unha e canivete (dureza 2 ou menos)	1	Preto brilhante	Cinza-preto	Desenha no papel, suja o dedo, frio e gorduroso ao tato. É um mineral metálico leve (d. 2), geralmente maciço.	Grafita
	1	**Algumas hematitas e limonitas alteradas**			
	2,5	Ferrugem	Cinza-prateado	Cristais cúbicos com clivagem cúbica. Muito pesado (d. 7,5). Cor e traço característicos.	Galena
Riscado por canivete (dureza 2 a 4)	3	preto Acinzentado	Marrom-avermelhado	Maciço, mancha para roxo iridescente.	Bornita
	3,5 6,5	Esverdeado	Amarelo-ouro	Maciço, mancha iridescente. Desintegra quando cortado com faca, quebradiço.	Calcopirita
	2,5	Amarelo-ouro / Branco-prateado / Vermelho-cobre		Maciço, em lâminas ou grânulos. Muito pesado (d. maior que 8), maleável, manchas prateadas e de cobre.	Ouro Prata Cobre
	6,5	preto Esverdeado	Amarelo-ouro	Cristais cúbicos com estrias. Maciço ou nodular, sem clivagem. Cor mais escura quando alterado. Emite faíscas quando batido com aço. Cheiroso.	Pirita
Não pode ser riscado por canivete, mas é riscado por quartzo (dureza 5,5-7)	6		Preto (ferrífero)	Fortemente magnético. Pode ter superfícies enferrujadas.	Magnetita
	6	Vermelho-escuro	Marrom-avermelhado, de marrom-escuro a preto, vermelho-acinzentado	Maciço, muitas vezes bulboso no exterior. Traço característico.	Hematita
	5,5	Marrom-amarelado	Marrom-amarelado, ocre	Maciço, ocasionalmente bulboso no exterior ou massas terrosas.	Limonita*

*Não é considerado mineral.

Galena cúbico

Cobre nativo

Pirita agregado

Gema reconstituída. Gema artificial elaborada a partir de fragmentos de gemas naturais, como âmbar prensado ou pó de turquesa com cola.

Efeitos ópticos especiais. São efeitos que algumas gemas apresentam, como acatassolamento ou olho de gato, asterismo ou reflexos em forma de estrela, opalescência ou aspecto típico da opala, labradorescência ou reflexos em tons coloridos, entre outros.

Quilate. Unidade de peso para gemas lapidadas. O quilate tem como origem a palavra *keration*, do grego, que é a fruta da *carob*, uma árvore da região do Mediterrâneo, e foi adotado como medida de peso para gemas em 1907. Um quilate corresponde a 0,2 grama e pode ser subdividido em 100 pontos, utilizando-se principalmente em material lapidado. Para gemas brutas, à exceção do diamante, normalmente o peso é expresso em gramas ou quilos. Essa unidade é representada como "ct". Pode ser confundida com o quilate utilizado em joalheria na composição de ligas de ouro, cuja unidade é simbolizada por "K".

Identificação de gemas. Na identificação de gemas lapidadas, são utilizadas somente técnicas específicas que não danifiquem a pedra, chamadas testes não destrutivos, principalmente densidade e propriedades ligadas à luz, como a cor, o caráter óptico e índices de refração. Para exames rotineiros são utilizados instrumentos como lupa, pinça, balança, paquímetro, discroscópio, polariscópio, refratômetro e microscópio gemológico.

Valor de uma gema. No mercado de gemas, fatores como raridade, procedência, tradição e moda exercem profunda influência. Na classificação para valoração e composição final do preço (que é dado em US$/ct), os critérios verificados são cor, limpidez, lapidação e peso. A cor equivale a 50 % do valor da gema e diz respeito ao matiz, ao tom e à saturação. A limpidez corresponde a 30 % do valor da gema e refere-se à presença de inclusões e/ou imperfeições internas no material. No critério lapidação são analisadas as proporções, a simetria e o acabamento (ver Fig. 5.11), que pode influenciar em até 20 % do valor final (Fig. 5.8-A e B). Esses dados compõem tabelas específicas que apresentam variação exponencial do preço com o aumento do tamanho da gema. Uma gema de 2 ct nunca terá o mesmo preço de 2 gemas de 1 ct. Gemas maiores são mais raras (Figs. 5.9-A e B e 5.10).

Figura 5.8 Exemplo de gemas naturais. Esmeralda bruta (A) e lapidada (B). (Fotos: Antonio Liccardo.)

Figura 5.10 Topázio imperial lapidado. (Foto: Antonio Liccardo.)

Figura 5.9 Turmalina Paraíba lapidada (A) e Turmalina bicolor bruta (B). (Fotos: Antonio Liccardo.)

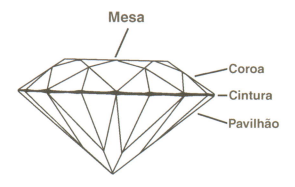

Figura 5.11 As gemas sofrem, normalmente, um processo de polimento em facetas para sua utilização na joalheria. A mais conhecida e sofisticada das formas de polimento é denominada *brilhante,* como é vista acima em perfil. Possui 57 facetas e foi desenvolvida e aplicada especialmente em diamantes. A maior faceta denomina-se *mesa*. A parte superior chama-se *coroa*, e a inferior, *pavilhão*. A linha de contato entre essas duas partes é denominada *cintura* ou rondiz.

Diamante

O diamante recebeu esse nome devido à sua dureza (do grego *adamas* = indomável); é considerado perdurável justamente por não haver nada comparável à sua dureza. É o mineral mais duro atualmente conhecido, com uma dureza de 10 (valor máximo de escala de Mohs). Isso significa que não pode ser riscado por nenhum outro mineral ou substância que possua dureza inferior a 10 (Fig. 5.12).

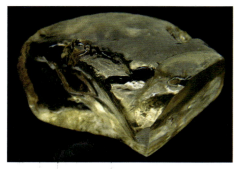

Figura 5.12 Diamante Getúlio Vargas (réplica). Encontrado em Minas Gerais, com 726,6 quilates, foi desdobrado em 29 diamantes menores. (Foto: Antonio Liccardo, Museu da USP.)

- Grupo: gema
- Fórmula química: C
- Composição: C (Carbono puro)
- Cristalografia: cúbico ou isométrico – Classe: hexocta-hedral
- Propriedades ópticas: isotrópico
- Hábito: geralmente dodecaedro, octaedro, tetraédrico, granular, rombododecaedro ou outras formas, podendo mostrar faces e arestas curvas.
- Clivagem: {111} perfeita
- Dureza: 10
- Densidade: 3,51
- Fratura: conchoidal
- Brilho: adamantino
- Cor: transparente
- Traço: incolor

Variações. Apresenta algumas variedades não gemológicas – *bort* (exibe formas arredondadas e exterior áspero, resultante de um agregado radiado, aplica-se também aos diamantes mal coloridos ou com jaça, sem valor como gema preciosa); carbonado ou carvão é um *bort* preto acinzentado, opaco e menos frágil que os cristais, as balas (uma variedade de carbonado). A lonsdaleíta é um polimorfo encontrado em meteoritos.

Propriedades diagnósticas. Alta condutibilidade térmica, dureza extrema, brilho adamantino; dispersão muito forte, formas cristalográficas características, insolubilidade e alto índice de refração. É importante ressaltar que raramente são encontrados em seções delgadas, mesmo de rochas diamantíferas, por não ser polido por processos comuns.

Considerações gerais. Poucas gemas chegam à superfície da terra límpida ou pura ou sem inclusões. Dessas, a quantidade em condições de ser lapidada é ainda bem menor. Dos diamantes gemológicos, dentre as gemas que podem ser utilizadas na joalheria, menos de 5 % têm mais de um quilate. Em média, nas minas de diamante é necessário remover 250 toneladas de minério para se encontrar um quilate de diamante de boa qualidade.

(Fonte: Ministério das Minas e Energia)

Principais Gemas com Suas Características

Gema	Fórmula química	Hábito mais comum	Cores mais importantes	Principais variedades
Diamante	C	Octaedro	Incolor	Diamante
			Colorida	Fantasia
Coríndon	Al_2O_3	Barrilete	Vermelha	Rubi
			Outras cores	Safira
Berilo	$Be_3Al_2(SiO_3)_6$	Prisma hexagonal	Verde	Esmeralda
			Azul	Água-marinha
			Amarela	Heliodoro
			Rósea	Morganita
			Incolor	Goschevita
Crisoberilo	Al_2BeO_4	Tabular	Amarela Verde	Olho de gato Crisólita
			Verde Vermelha	Alexandrita

(*Continua*)

Principais Gemas com Suas Características (Continuação)

Gema	Fórmula química	Hábito mais comum	Cores mais importantes	Principais variedades
Grupo da Turmalina	Silicato complexo de B e Al	Prisma ditrigonal	Verde	Verdelita
			Vermelha Rósea	Rubelita
			Azul	Indicolita
			Incolor	Acroíta
			Azul-claro	Paraíba
			Preta	Schorlita
			Verde e Vermelha	Melancia
Topázio	$Al_2[(F,OH)_2SiO_4]$	Prisma rômbico	Incolor	Topázio
			Azul	Topázio azul
			Amarela, laranja	Topázio imperial
Grupo da Granada	$A_3B_2(SiO_4)_3$	Dodecaedro		Piropo
			Vermelha	
			Marrom Vermelha Verde	Grossulária
			Vermelha	Almandina
			Verde	Uvarovita
Quartzo Cristalino	SiO_2	Prisma hexagonal piramidado	Incolor	Cristal de rocha
			Roxa	Ametista
			Amarela	Citrino
			Rósea	Quartzo rosa
			Com inclusões	Quartzo com inclusões
Calcedônias	SiO_2 Sílica Microcristalina	Maciço	Cinza	Ágata
			Várias cores	Jaspe
			Verde	Crisoprásio
			Preta	Ônix
			Vermelha	Cornalina
			Várias cores	Opala
Gemas Translúcidas e Opacas	$CuCO_3$	Maciço	Verde	Malaquita
	$MnCO_3$		Rósea	Rodocrosita
	Rocha com lazurita			Lápis-lazúli
	Fosfato de Al e Cu			Turquesa
	$Na_4(SiAlO_4)Cl$		Azul	Sodalita

(Continua)

Principais Gemas com Suas Características (Continuação)				
Gema	Fórmula química	Hábito mais comum	Cores mais importantes	Principais variedades
Principais Gemas Orgânicas			Pérola – natural e cultivada	
			Marfim – presas de elefantes	
			Coral – esqueletos de $CaCO_3$	
			Âmbar – resina fóssil de pinheiro	
			Azeviche – carvão mineral compacto	
			Madeiras – ébano, pau-brasil	
			Sementes – coco, jarina, tucum	
			Conchas, espinhos, ossos e carapaças de animais	

Bibliografia

BERRY, L. G. *Mineralogy:* concepts, descriptions, determinations, San Francisco: W. H. Freeman, 1959.

BRANCO, P. M. *Dicionário de mineralogia.* 3. ed. Porto Alegre: Sagra Editora, 1987. p. 362.

CASTAÑEDA, C.; ADDAD, J. E.; LICCARDO, A. (Orgs.) *Gemas de Minas Gerais:* esmeralda, turmalina, safira, topázio, quartzo, água-marinha, alexandrita. Belo Horizonte: SBG-MG, 2001. 280 p.

CHVÁTAL, M. *Mineralogia para principiantes:* cristalografia. Rio de Janeiro: Sociedade Brasileira de Geologia, 2007. 232 p.

DANA, J. D. *Manual de mineralogia.* Rio de Janeiro: Ao Livro Técnico; São Paulo: Edusp, 1969.

DANA, J. D.; HURLBUT, C. S. *Manual de mineralogia.* Rio de Janeiro: LTC, 1974. v. 1 e 2.

DEER, W. A. *Rock forming minerals.* Londres: Longman, 1963.

ERNST, W G. *Minerais e rochas.* São Paulo: Edgard Blücher, 1971. 162 p.

KLEIN, C.; DUTROW, B. *Manual of mineral science.* 2. ed. New York: Wiley, 2007. 704 p.

LICCARDO, A.; CAVA, L. T. *Minas do Paraná.* Curitiba: Sesquicentenário, 2006.

MOTTANA, A.; CRESPI, R.; LIBORIO, G. *Simon and Schuster's guide to rocks and minerals.* New York: Simon & Schuster, Inc., 1978.

WADE, F. A. *Elementos de cristalografía y mineralogía.* Barcelona: Omega, 1963.

WAHLSTROM, E. E. *Cristalografia ótica.* Rio de Janeiro: Ao Livro Técnico; São Paulo: Edusp, 1969.

Clima, Intemperismo e Solos

6

6.1 Considerações Climáticas e Paleoclimáticas

A mudança na posição dos continentes em toda a história da Terra influenciou decisivamente as condições climáticas e biológicas, e, nesse sentido, quando se fala em clima, devem-se observar as tendências globais no decorrer do tempo.

Por meio da paleoclimatologia pode-se compreender os ciclos glaciais, por exemplo, e encontrar evidências de mudanças climáticas no registro geológico.

O clima do passado geológico não foi uniforme, tendo sofrido mudanças profundas de natureza cíclica, provavelmente comandadas pelas variações seculares das taxas de radiação recebidas em função da mecânica celeste. A órbita da Terra ao redor do Sol, bem como a orientação do seu eixo de rotação, sofreu variações espaciais seculares em relação a um plano de referência fixo. Essas variações são devidas a perturbações gravitacionais inerentes ao próprio sistema planetário. Entre os elementos a se considerar estão: excentricidade da órbita, longitude do periélio e obliquidade da eclíptica.

Os principais elementos da órbita terrestre deslocam-se no espaço de acordo com ciclos mais ou menos definidos. O Sol ora se aproxima, ora se afasta do centro da elipse, fazendo com que os valores da excentricidade variem. O ângulo da obliquidade da eclíptica varia dentro de certos limites. O plano que contém esse ângulo gira no espaço no sentido dos ponteiros do relógio. Os equinócios e solstícios deslocam-se com o tempo no sentido horário, enquanto o periélio e o afélio movimentam-se no sentido anti-horário.

6.2 Sistemas de Circulação Atmosférica na América do Sul e o Clima

A parte oriental da América do Sul sofre ações principalmente da circulação das massas de ar do Sul, que são: os anticiclones subtropicais do Atlântico e do Pacífico; o anticiclone migratório polar; e o centro de baixa pressão do Chaco (Fig. 6.1).

O anticiclone do Pacífico, durante o inverno, aproxima-se do Sul reforçando a frente polar. O anticiclone do Atlântico Sul dá origem aos ventos alísios, que sobem e incidem sobre o litoral do Brasil, avançando até o Norte durante o inverno (Fig. 6.2). O anticiclone migratório polar surge do acúmulo do ar polar propagando-se em direção ao norte sobre os oceanos e, ao adentrar o continente sul-americano, separa-se em dois grandes ramos a partir da cordilheira andina orientada em uma faixa norte-sul. O ramo que sobe pelo Atlântico estende-se por quase todo o Brasil. O outro ramo, ao passar pela depressão do Chaco, superaquecida no verão, leva calor para NW. A depressão subpolar do Mar de Weddell exerce influência na circulação regional da porção meridional do Brasil, e quando é forçada pela Frente Polar Atlântica, atrai sistemas intertropicais para a Região Sul.

Esses centros de ação atmosférica mudam de posição e variam de intensidade durante o ano. No inverno os anticiclones possuem pressão mais elevada e mantêm uma posição mais setentrional. Nessa estação, o anticiclone do Atlântico Sul é, muitas vezes, reativado por anticiclones frios migratórios, que se originam na região subantártica e que estacionam no Sul do Brasil e no Uruguai. A baixa térmica do Chaco é mais desenvolvida no verão, diminuindo consideravelmente no inverno.

Além do anticiclone subtropical do Atlântico Sul existem outros centros móveis de alta pressão na região tropical continental, que participam diretamente do quadro de circulação atmosférica do Brasil. As altas tropicais são representadas por pequenas dorsais originadas nas baixas latitudes ao sul do Equador, principalmente em meados da primavera até meados do outono, quando invadem o Sul do Brasil, vindas de NW.

As altas tropicais são muito móveis e trazem consigo correntes perturbadas provenientes da massa equatorial continental, que tem seu centro de ação na Amazônia e importante papel nas precipitações pluviométricas.

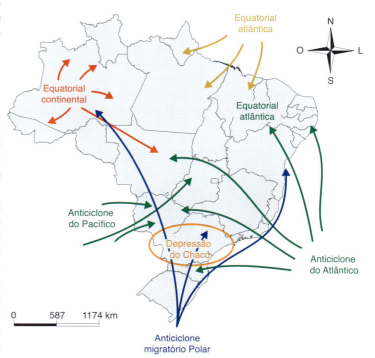

Figura 6.1 Circulação das massas de ar que atuam na América do Sul.

Os centros de alta pressão geram massas de ar, cujos ventos de natureza anticiclônica ou divergentes normalmente asseguram condições de tempo estável, ensolarado. Entre duas ou mais massas de alta pressão encontram-se zonas de baixa pressão, designadas "descontinuidades", para onde convergem os ventos das massas de ar de alta pressão. Nessas descontinuidades, são por naturezas muito móveis e referidas como correntes de circulação perturbada.

O anticiclone Polar origina-se na região polar da Antártica e imediações, da qual divergem os ventos que se dirigem para a zona depressionária subantártica. Ali se formam as massas de ar polar, de onde partem os anticiclones migratórios polares que periodicamente invadem o continente.

As "correntes perturbadas do Sul" são consequências da invasão do anticiclone Polar com sua descontinuidade frontal. As propriedades de massa de ar dependem da origem e trajetória dos anticiclones migratórios polares. Estes, em sua origem, possuem subsidência e forte inversão de temperatura, sendo o ar muito seco, frio e estável. Em seu deslocamento para o Norte, absorvem progressivamente mais calor e umidade da superfície do mar, cada vez mais aquecida. Nas latitudes médias desaparece a inversão de pressão subtropical do Pacífico e do Atlântico Sul, onde seguem duas trajetórias, uma a oeste e outra a leste dos Andes. No inverno, o ramo ocidental com maior energia transpõe a cordilheira andina, avançando para NE e invadindo o Brasil, sem, contudo, ultrapassar o paralelo 15°, para depois dissipar-se no Oceano Atlântico. Por sua vez, o anticiclone subtropical do Atlântico Sul restringe-se ao oceano, produzindo expressivas chuvas.

O anticiclone do Atlântico Sul incide sobre o litoral brasileiro dentro do sistema de baixa pressão do núcleo frio, produzindo ventos e chuvas fortes sobre o oceano. Em 2004, os estados do Rio Grande do Sul e de Santa Catarina entraram em estado de emergência por causa da formação de um furacão, o Catarina, como foi chamado. Movendo-se no sentido horário, produziu ventos que atingiram 180 km/h, causando enormes estragos. Foi um acontecimento inédito, pois não há registros de fenômenos semelhantes no passado (Fig. 6.2). A trajetória do ramo oriental traz fortes aguaceiros na Serra do Mar.

Figura 6.2 Ciclone extratropical "Catarina" no litoral de Santa Catarina. (Foto: NASA.)

El Niño pode ocorrer na primavera e persistir por quase todo o ano quando as correntes frias do Peru se movem no oceano em direção ao Equador, juntando-se com a corrente Sul Equatorial, que tem seu fluxo para oeste. Desenvolve-se quando as correntes marinhas de superfície se espalham pelo Pacífico Oriental no hemisfério sul. Como as pressões mais elevadas dominam o Pacífico Ocidental e as menos elevadas dominam sobre a porção oriental, os ventos alísios acabam se enfraquecendo e até mudando de direção, alterando a pressão e produzindo a denominada "oscilação sul".

Em consequência dessas alterações, as temperaturas da superfície do mar podem chegar a 8 °C acima do normal, invertendo as temperaturas das águas normalmente frias e constituindo uma grande área superficial quente, conhecida como El Niño.

Esses episódios, por vezes com ventos fortes, alteram o clima local e, por extensão, da Terra. Pesquisas revelam que tais alterações podem ter certa ciclicidade e estar relacionadas com mudanças climáticas globais.

Por outro lado, quando as águas superficiais no leste do Pacífico resfriam mais que o normal (cerca de 0,4 °C), são denominadas La Niña. Não há uma relação entre esses dois fenômenos.

6.3 Mudanças Climáticas

As variações seculares da insolação são mais pronunciadas nas regiões equatoriais; enquanto nas altas latitudes a insolação sazonal é essencialmente influenciada pela obliquidade da eclíptica, nos trópicos depende fundamentalmente da excentricidade da órbita e da longitude do periélio. Nos trópicos a insolação pode variar em até 20 %, o que ocasiona importantes alterações nos regimes pluvial e termal (Bernard, 1967). As oscilações regulares da obliquidade não só controlam o estado termal das altas latitudes como também influenciam as flutuações da temperatura global da atmosfera.

Nas épocas interglaciais do Quaternário, quando a evaporação é maior em virtude de os oceanos serem mais quentes, o ciclo geral do vapor de água (oceano – continente) é mais ativo. Consequentemente, o ciclo local das chuvas de convecção (precipitação e reevaporação) é também mais ativo em virtude da maior insolação. As latitudes com insolação equatorial possuem regime com fase pluvial bem distribuída (isopluvial). As latitudes com insolação tropical e subtropical, por sua vez, apresentam regime pluvial com chuvas pesadas no verão e inverno seco (displuvial).

Ao contrário, nas épocas glaciais a evaporação é menor nos oceanos (já mais frios), e as latitudes tropicais tornam-se semiáridas. As glaciações coincidem com períodos de maior excentricidade, associados com períodos de invernos longos no hemisfério norte. Desse modo, as glaciações alternar-se-iam em cada hemisfério a cada 20.000 anos (Bernard, 1967). Contudo, ao que parece, não existem evidências seguras a propósito das alternâncias dos avanços de geleiras nos dois hemisférios.

As mudanças climáticas cíclicas do Quaternário brasileiro foram documentadas por Bigarella & Ab'Saber (1964) e Bigarella & Andrade (1965), com base nos aspectos erosivos e sedimentares encontrados nas sequências das diversas formas e níveis topográficos. Os autores citados concluíram que longas fases semiáridas alternaram-se com fases úmidas, bem como que nelas ocorreram flutuações menores. As fases semiáridas, com formação de pedimentos, corresponderam a nível marinho baixo, conforme atestam os depósitos correlativos atualmente situados abaixo do nível do mar. Com esse critério, as fases semiáridas foram correlacionadas aos eventos glaciais pleistocênicos. Durante os episódios de semiaridez, as florestas ficaram restritas aos refúgios onde as condições ambientais permitiram sua sobrevivência. Nas fases úmidas, o intemperismo químico tornou-se generalizado e a floresta atingiu sua máxima expansão. O manto de intemperismo formado sob condições climáticas úmidas é grandemente removido pela erosão mecânica das fases semiáridas (Figs. 6.3 e 6.4).

Permafrost

Os solos que permanecem congelados nas regiões muito frias são denominados *permafrost* e representam cerca de um quarto da superfície da Terra no hemisfério norte. Além do próprio solo, o *permafrost* é formado por cristais de gelo irregulares em proporções variáveis. Alasca, Rússia, Canadá e China possuem as maiores espessuras de *permafrost*. No Alasca, a espessura varia de 300 a 500 m; entretanto, o solo abaixo da camada de *permafrost*, devido às profundidades e ao calor da Terra, permanece descongelado.

O *permafrost* tem uma reserva de 1,7 trilhão de CO_2, mais ou menos o dobro de CO_2 presente na atmosfera, e, caso essa matéria orgânica seja liberada pelo descongelamento, esse carbono passará lentamente a fazer parte da atmosfera. O processo de derretimento do *permafrost* vem sendo acelerado em decorrência do aumento das temperaturas nas regiões árticas e não está sendo levado em consideração nos modelos climáticos. Se o processo de derretimento prosseguir, torna-se irreversível e não há como capturar o carbono liberado da matéria orgânica que se decompõe lentamente. Pesquisas indicam que o derretimento do gelo pode produzir entre 35 e 135 bilhões de toneladas de CO_2 adicionais até 2020, o que representa 39 % das emissões totais. Atualmente a camada de gelo que cobre o solo vem sendo reduzida, expondo a matéria orgânica em diversos lugares. O derretimento, além do impacto na atmosfera, pode afetar os ecossistemas e também a infraestrutura construída sobre o gelo. O *permafrost* é um material difícil de se trabalhar em projetos de engenharia, e essas mudanças, caso prossigam, causarão forte impacto, com instabilidade sobre estradas, edifícios, oleodutos etc.

Pelas leis da física, sob condições estáveis de insolação o aumento das taxas de CO_2 na atmosfera resulta em temperaturas mais elevadas na Terra. O aumento de CO_2 se dá pela queima de petróleo, carvão e gás, entre outros processos. Por muito tempo a taxa de CO_2 na atmosfera foi de 280 partes por milhão. Agora esse número atinge 385 partes por milhão, os maiores registros nos últimos dois milhões de anos. O CO_2 é relativamente transparente à luz solar durante o dia, entretanto os raios ultravioletas que são irradiados para o espaço não atravessam o CO_2, concentrando-se na atmosfera.

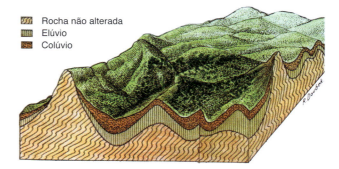

Figura 6.3 Bloco-diagrama esquemático representativo de uma paisagem acidentada, em clima úmido. Nela aparecem os pontões de rocha nua, ao lado de uma topografia recoberta pelo manto de intemperismo formado por elúvio e colúvio. (Segundo Bigarella *et al.*, 1985.)

Figura 6.4 Colúvio sobre elúvio. Manto de intemperismo dos granitos da Ilha de Santa Catarina (SC). O colúvio contém seixos e blocos de granito alterado. Estes foram incluídos na massa coluvial durante sua movimentação vertente abaixo. (Foto: J. J. Bigarella.)

Contudo, na Terra as condições não são estáveis como em uma esfera hipotética. Ela apresenta características particulares, como vegetação, calotas polares, montanhas, oceanos etc., de modo que o aumento da temperatura não é constante. Nesse sistema geofísico incomum e complexo, com inúmeras variáveis, os oceanos absorvem grande quantidade de calor e também o excesso de CO_2, retardando o aquecimento da atmosfera. A vegetação também absorve CO_2, mas libera esse gás após sua decomposição. Temperaturas mais elevadas provocam maiores evaporações dos oceanos, e esse vapor de água também retém calor, o qual por sua vez, forma nuvens que bloqueiam parte dos raios solares. Os vulcões também produzem CO_2, mas exalam "nuvens" de partículas que difundem a luz. A relação entre temperatura do ar e CO_2 é conhecida por meio de estudos das variações climáticas nos últimos 800 mil anos.

As variações entre climas glaciais e interglaciais são conhecidas pelas bolhas de ar aprisionadas em amostras de gelo, extraídas em perfurações na Groenlândia e na Antártica. A concentração de CO_2 dentro das amostras pode ser medida diretamente, e a temperatura média global é calculada por meio da abundância relativa de dois isótopos de oxigênio que variam com o aquecimento. Essas variações são acompanhadas de estudos das mudanças do nível do mar nos mesmos períodos. Dados de satélites da Antártica revelam que o continente inteiro se encontra em fase de aquecimento nos últimos 50 anos, e suas temperaturas elevaram-se entre 0,62 °C e 0,85 °C desde 1957. O manto de gelo no continente antártico flui em várias direções com velocidades que variam de 1 m a 3,5 km em um ano. Em vários pontos do continente formam-se sob o manto de gelo lagos subglaciais conectados por todo um sistema de drenagem, constituindo rios encapsulados que exercem efeitos sobre o deslocamento das geleiras. Na região de Vostok o lago subglacial do continente tem 14.000 m² de espelho d'água e profundidade de 500 m.

Os estudos atuais indicam que a manutenção dos atuais níveis de CO_2 na atmosfera (385 ppm) levará a um aumento de calor sobre a Terra e, consequentemente, a um aumento do nível do mar. A Groenlândia, considerada uma massa de gelo estável em 1990, tem sofrido crescente perda de gelo. Na região oeste da Antártica também se tem verificado um constante derretimento de suas capas de gelo. No último período interglacial, estima-se que os níveis de CO_2 estavam em 425 ppm, com uma margem de erro de 75 ppm. Naquela época o Círculo Ártico continha exuberantes florestas de sequoias e águas mornas habitadas por crocodilos. As elevações nas taxas de CO_2 estão fortemente relacionadas com as emissões produzidas por termoelétricas a carvão, que teriam que se adaptar para capturar o CO_2 produzido e injetá-lo em aquíferos, poços de petróleo esgotados ou veios de carvão, embora essas tecnologias estejam em estágio experimental. Outras medidas, segundo pesquisas, envolvem esforços maciços para reflorestamento em áreas devastadas.

Essas propostas e outras exigirão com certeza décadas para serem implementadas, quando talvez as taxas de CO_2 já estiverem perto de 450 ppm, e só então poderá ser possível avaliar a extensão dos efeitos das alterações climáticas para a humanidade.

6.4 Zonas Climáticas

Possivelmente sob influência da Lua, do Sol, de marés, correntes marinhas, manifestações vulcânicas e quantidades de CO_2 na atmosfera, as variações climáticas sucedem-se em ritmos e intensidades que variaram de ano para ano. O comportamento médio do clima numa região (normalmente climatológica) é estabelecido após um período de 30 a 40 anos de observações. Assim, é possível dividir a superfície da Terra em zonas climáticas que coincidem até certo ponto com os tipos de solos e vegetação:

- Climas tropicais: caracterizam-se por elevadas temperaturas e precipitações pluviométricas. Nessas regiões desenvolvem-se florestas perenes com folhagens abundantes e savanas.
- Climas áridos e semiáridos: a chuva é escassa, com grandes oscilações de temperatura, como nas estepes das regiões desérticas.
- Climas úmidos de latitudes médias: caracterizam-se pela estação de verão quente e seco alternado por inverno chuvoso e frio. Incluem-se aqui o clima mediterrâneo, climas continentais e quentes a moderados.
- Climas temperados úmidos: são característicos de regiões interiores de grandes territórios continentais. As precipi-

tações são escassas, com ampla oscilação das temperaturas durante as estações.
- Climas polares: determinam regiões permanentemente cobertas pelo gelo ou por tundra. As temperaturas não se elevam acima do ponto de congelamento mais que quatro meses por ano.

6.5 Clima e Intemperismo

O clima é um fator predominante sobre o intemperismo. Os efeitos do intemperismo (desintegração mecânica e decomposição química) sobre as rochas em contato com agentes atmosféricos variam potencialmente de acordo com as diferentes zonas e elementos climáticos.

Em latitudes equatoriais, onde tanto a umidade como a temperatura são bastante altas, o intemperismo químico é intenso e continuamente efetivo, atingindo grandes profundidades. Nas regiões tropicais, sujeitas à alternância de estações secas e úmidas, originam-se espessas camadas de lateritos. A estação seca é bem marcada e acompanhada de evaporação intensa. A estação úmida, por sua vez, caracteriza-se por forte lixiviação no manto de intemperismo.

Nas regiões desérticas o intemperismo químico é pouco efetivo, porém a desintegração mecânica é considerável devido ao contraste térmico. A decomposição química restringe-se à ação capilar das soluções ascendentes em direção à superfície.

Nas regiões temperadas, além dos processos químicos moderados, o congelamento constitui um dos agentes mais acentuados na desagregação das rochas. Nas áreas calcárias, os efeitos de solubilização são altamente significativos na elaboração da paisagem de carste.

Nas regiões polares cobertas por geleiras, as rochas encontram-se protegidas dos processos comuns do intemperismo. Nos locais onde as elevações rochosas se sobressaem acima das geleiras, a ação do congelamento é bastante pronunciada na desintegração das rochas. Nessas regiões, os efeitos dos agentes químicos e orgânicos do intemperismo são desprezíveis.

A decomposição química predomina nas regiões úmidas e quentes, enquanto a desintegração mecânica é característica das regiões semiáridas a áridas. A ação do congelamento é mais efetiva nas latitudes temperadas ou nas altas montanhas, onde ocorrem processos repetitivos de congelamento e degelo durante parte considerável do ano. O efeito desses processos é menor nas regiões polares; nestas, as baixas temperaturas não permitem a repetição frequente de episódios de congelamento e degelo.

O clima controla o intemperismo diretamente por meio da temperatura e da precipitação e, indiretamente, pela vegetação que recobre a paisagem. Os tipos de solos refletem as características climáticas regionais. Em lugares com precipitação elevada, o manto de alteração é marcadamente espesso e o grau de decomposição dos seus constituintes é bastante avançado. Os solos são igualmente espessos. Em lugares com mesma latitude e precipitação mais escassa, os solos são menos espessos e pedregosos, ou mesmo ausentes. Nas regiões áridas, a rocha aflora em grandes áreas. Nelas praticamente não existe um solo verdadeiro.

Pode-se definir o intemperismo como um conjunto de modificações mecânicas, físicas e químicas que uma rocha sofre quando em contato com os agentes atmosféricos. Nos processos de pedogênese ou de formação de solo a partir dos detritos do intemperismo, intervêm não apenas a atmosfera, mas também, quase sempre, os seres vivos, animais ou plantas (bactérias, fungos, insetos, vermes, entre muitos outros organismos). Essa intervenção é responsável pela introdução de matéria orgânica que dá origem aos processos bioquímicos mais complexos, necessários à formação do solo.

A influência direta do clima não age apenas nos processos intempéricos. Ela intervém, também, nas diversas etapas dos processos morfogenéticos: erosão, transporte e deposição. Manifesta-se de duas maneiras distintas, seja pela natureza ou pela intensidade dos processos, tanto qualitativa como quantitativamente.

No domínio das várias formas comuns de erosão, entre elas das formas glaciais, bem como das formas desérticas, há regiões em que predomina a erosão e outras onde prevalecem os processos de deposição. Dependendo do tipo de clima, predomina a decomposição química ou a desintegração mecânica. Os materiais liberados são transportados a distâncias maiores ou menores, conforme o agente de erosão que prevalece. Muitas vezes o material acumula-se *in situ*.

O grau de efetividade dos processos intempéricos depende do tipo de rocha, das condições climáticas, do revestimento vegetal, da topografia e da duração da ação química. A maior rapidez do intemperismo químico também depende, por sua vez, da intensidade do diaclasamento das rochas e da atuação dos agentes responsáveis pela desintegração mecânica.

Os processos de intemperismo, tanto químico como físico, são governados pelo mesmo princípio, isto é, aquele do restabelecimento de novo equilíbrio sob mudanças das condições ambientais.

No Brasil, o clima úmido favorece a ação da decomposição química. As temperaturas elevadas propiciam a aceleração das reações químicas. O processo é acentuado nas regiões equatoriais recobertas de florestas exuberantes, nas quais o aumento dos teores de gás carbônico e de ácidos húmicos no solo desempenha papel importante nas reações químicas.

A textura das rochas também exerce influência nos processos de intemperismo. Sob certas condições, em rochas de igual composição, porém de granulações diferentes, as mais grosseiras alteram-se mais rapidamente do que aquelas mais finamente granuladas. Durante o processo de intemperismo é raro encontrar todos os constituintes da rocha com igual taxa de alteração. Em geral, a intemperização de um mineral particular enfraquece a resistência da textura de toda porção superficial da rocha. Além disso, às vezes as rochas mais finamente granuladas têm sua alteração reduzida.

As rochas também variam muito quanto a sua suscetibilidade ao intemperismo nos diversos tipos de climas. Em climas úmidos, os feldspatos decompõem-se para formar caulinita, e nas regiões semiáridas os grãos de quartzo e de feldspatos são desagregados provavelmente por esforços devidos a uma fraca hidratação dos feldspatos.

6.6 Intemperismo

A porção externa e superficial da crosta é formada por vários tipos de corpos rochosos que constituem o manto rochoso. Estas rochas estão, como vimos, sujeitas a condições que alteram a sua forma física e a composição química.

Esses fatores que produzem as alterações são chamados agentes de intemperismo. O processo se dá em duas fases, física e química, que são a desintegração e a decomposição, respectivamente. A desintegração é a ruptura das rochas inicialmente em fendas, progredindo para partículas de tamanhos menores, sem, no entanto, haver mudança na composição. Exceto nos climas áridos, a desintegração e a decomposição atuam juntas, uma vez que a ruptura física da rocha permite a circulação da água e de agentes químicos. Os organismos vivos concorrem também na desagregação puramente física e na decomposição química das rochas.

6.6.1 Processos Físicos

Congelamento da água

O congelamento por ocasião das grandes quedas de temperatura faz os poros, orifícios e pequenas fraturas que estavam preenchidos de água se desintegrarem, visto que há um aumento de um décimo de volume na passagem para o estado sólido, exercendo grande pressão.

Variação de temperatura

A variação de temperatura, tanto diurna como noturna, bem como a variação nas estações, produz contínuas dilatações e contrações nas rochas (Fig. 6.5-A).

Esfoliação

As rochas expostas aos agentes atmosféricos dividem-se geralmente em lâminas ou escamas concêntricas com a superfície. Esse processo chama-se esfoliação e tem origem nas mudanças de volume da rocha.

Figura 6.5-A As variações de temperatura em regiões áridas provocam contrações e dilatações nas rochas, produzindo fraturas.

Decomposição esferoidal

Os blocos derivados de um sistema de fraturamento sofrem, progressivamente, a partir de seus bordos, alteração, passando a argila, enquanto seu núcleo permanece inalterado. A expansão diferencial dos extremos alterados produz esfoliações concêntricas. O arredondamento é por meteorização *in situ*, e não porque foi rolado. Esse tipo é muito comum nas rochas basálticas do Sul do Brasil. Geralmente, processos químicos também atuam (Fig. 6.5-B).

Figura 6.5-B Alteração esferoidal em diabásio. (Foto: Antonio Liccardo.)

Destruição orgânica

As plantas e animais também desempenham papel importante na alteração das rochas. Nas cavidades e fraturas desenvolvem-se raízes que separam e removem fragmentos dos mais diferentes tamanhos. Os vermes, formigas e roedores, bem como os mamíferos, também contribuem com a destruição e a desintegração das rochas (Fig. 6.6).

Figura 6.6 Processos biológicos agem na decomposição da rocha. (Foto: J. J. Bigarella.)

6.6.2 Processos Químicos

Esses processos realizam-se com a presença da água e dependem da ação de decomposição da água juntamente com o CO_2 dissolvido e, em alguns casos, dos ácidos orgânicos formados pela decomposição de resíduos vegetais. O ácido sulfúrico formado pela oxidação de compostos orgânicos de enxofre ou sulfeto de ferro também atua. Em virtude de a decomposição química se processar na superfície dos minerais, ela será tanto mais intensa quanto maior for a fragmentação da rocha por processos físicos (Figs. 6.7-A e 6.14).

Os processos químicos compreendem duas fases: (a) o aparecimento de certos minerais secundários, originado por alteração *in situ* dos minerais originais, e (b) a formação de outros produtos a partir de precipitação de soluções que contêm produtos solúveis de meteorização. Tal precipitação pode acontecer no local ou fora dele, depois do transporte pela água (Fig. 6.7-B).

O intemperismo químico das rochas afeta principalmente silicatos, tais como os feldspatos, micas e minerais ferromagnesianos, e depende de sua instabilidade em temperaturas normais na presença da água e do gás carbônico.

Dissolução simples. O carbonato de cálcio é solúvel em água, principalmente quando esta contém gás carbônico dissolvido, originado da presença das raízes das plantas e da decomposição dos resíduos orgânicos do solo. Os efeitos maiores da dissolução são a formação de cavernas nas regiões de rochas calcárias.

Toda água em contato com o ar contém gás carbônico dissolvido.

$$CO_2 \; H_2O \leftrightarrow H_2CO_3$$

O CO_2 é mais solúvel na água fria que na quente. O grau de dissolução aumenta com o incremento da pressão.

No intemperismo, a ação das águas superficiais faz com que a carbonatação seja um dos fenômenos mais comuns na natureza. A água das chuvas é levemente ácida. A acidez pode aumentar durante a percolação no solo, ao passar através das raízes ou da matéria orgânica em decomposição, onde o teor de CO_2 pode ser até cem vezes maior do que na atmosfera.

Figura 6.7-A Decomposição química (dissolução) sobre rochas. (Foto: J. J. Bigarella.)

Figura 6.7-B Decomposição química das rochas com o aparecimento de produtos solúveis tais como cobre, ferro, carbonatos e outros. Ponte de los Incas, Cordilheira Andina, Argentina. (Foto do Autor.)

Os minerais mais facilmente atacáveis pela ação do "ácido carbônico" são aqueles que contêm um ou dois dos seguintes elementos principais: Fe, Ca, Mg, Na ou K. Nas reações geralmente formam-se carbonatos desses elementos. Em geral, a carbonatação é incrementada pela ocorrência de rochas calcárias.

A calcita e a dolomita são pouco solúveis em água pura. Entretanto, sua solubilidade aumenta consideravelmente na água com CO_2 dissolvido. Forma-se então bicarbonato. O bicarbonato de cálcio, por exemplo, é muito mais solúvel em água do que em carbonato de cálcio. Na solução encontram-se íons de cálcio e íons de bicarbonato.

$$CaCO_3 + H_2CO_3 \rightarrow Ca^{++} + 2HCO_3^+$$

Com a diminuição da temperatura, aumentam o teor de CO_2 dissolvido na água e, consequentemente, sua atividade química. O bicarbonato só se mantém dissolvido enquanto existir CO_2 livre na água. Se a temperatura aumentar, haverá escape de CO_2 e precipitação de carbonato de cálcio.

A água é designada "dura" ou saturada quando possui alto valor de bicarbonato de cálcio. Quando fervida perde CO_2, sobrevindo a precipitação de $CaCO_3$ no fundo do recipiente. Entre os fatores que favorecem a deposição do $CaCO_3$ na natureza, citam-se:

(a) rebaixamento da pressão nas áreas de surgência das fontes;
(b) aquecimento das águas na superfície do terreno;
(c) acreção das águas nas corredeiras e cascatas com posssibilidade de perda de CO_2;
(d) assimilação do CO_2 pelos vegetais.

Os aspectos típicos de dissolução das rochas calcárias são encontrados nas regiões cársticas (ver Capítulo 13, Seção 13.3). A dissolução inicia-se no diaclasamento e na fratura das rochas, alargando-se em formas mais arredondadas. O trabalho lateral da dissolução se origina nas cavernas, cujo comprimento pode atingir vários quilômetros. Seu estudo constitui o objeto da Espeleologia. O aspecto irregular ou ramificado das grutas evidencia que a dissolução depende e segue os padrões da estrutura e do fraturamento das rochas. Com a abertura das grutas origina-se uma drenagem subterrânea na qual entra em jogo a ação mecânica das águas.

Os feldspatos (por exemplo, ortoclásio) em presença de CO_2 e de H_2O (H_2CO_3 – ácido carbônico) dão origem à formação de carbonato de potássio e de um mineral argiloso, de acordo com a seguinte equação:

$$2KAlSi_2O_3 + H_2CO_3 + nH_2O \rightarrow K_2CO_3 + Al_2(OH)_2SiO\ nH_2O$$

Os produtos finais dessa reação têm importância em Pedologia. A argila é um produto mineral bastante comum nos solos. O K_2CO_3 solúvel é em parte lixiviado e em parte adsorvido pela argila.

Hidratação

A hidratação constitui a adição de água em um mineral e sua adsorção dentro do retículo cristalino. Certos minerais são passíveis de receber moléculas de água em sua estrutura, transformando-se física e quimicamente. Na hidratação, os minerais expandem-se. A desidratação representa o fenômeno inverso, no qual o mineral perde água e tem seu volume reduzido.

A expansão dos minerais por hidratação é capaz de exercer pressões com efeitos similares àqueles verificados durante o congelamento da água. A eficácia dessas pressões é reduzida em virtude do amolecimento dos minerais.

Uma das reações de hidratações mais conhecidas é aquela da transformação de anidrita em gipso:

$$CaSO_4 + 2H_2O \rightarrow CaSO_4\ H_2O$$

A anidrita forma-se em climas bastante áridos, que favorecem a intensa evaporação das soluções nas diáclases das rochas ou no solo. Uma eventual umidificação resulta numa hidratação subsequente, a qual provoca uma expansão que contribui para a desintegração da hematita em "limonita":

$$Fe_2O_3 + 3H_2O \rightarrow Fe_2(OH)_4$$

A ação da água na presença de gás carbônico conduz a reações de hidratação mais complexas com lixiviação de certos elementos. Por exemplo, no intemperismo, os feldspatos (silicatos anidros) podem transformar-se em sericita ou caulinita, dependendo das condições físico-químicas do ambiente de alteração.

Nos casos de sericita:

$$3(K_2O, Al_2O_3, 6SiO_3) + 2H_2O + 2CO_3 \rightarrow$$
ortoclásio
$$(K_2O, 3Al_3O_3, 6SiO_3, 2H_2O) + 12SiO_3 + 2K_2CO_3$$
sericita

Nos casos da caulinita:

$$(K_2O, Al_2O_3, 6SiO_2) + 2H_2O + CO_2 \rightarrow$$

ortoclásio

$$(Al_3O_3, 2SiO_2, 2H_2O) + 4SiO_2 + K_2CO_3$$

caulinita

Nas reações de decomposição de ortoclásio, nota-se que o teor de Al_2O_3 permanece inalterado no produto final, enquanto grande parte da SiO_3 e do K_2O é lixiviada. De forma análoga, a albita $(Na_2O, Al_2O_3, 6SiO_2)$ transforma-se em aragonita $(Na_2O, 3Al_2O_3, 6SiO_2, 2H_2O)$ ou caulinita.

Se na decomposição química dos granitos não houvesse lixiviação dos produtos solúveis, a rocha sofreria um aumento de volume extremamente grande. Com a lixiviação, esse aumento é menor, entretanto, provoca tensões entre os grãos minerais facilitando a desintegração dos maciços rochosos. As rochas ígneas são mais suscetíveis a esse fenômeno. Nas rochas sedimentares, a ação da hidratação é menos efetiva. Arenitos que possuem grãos de minerais hidratáveis (feldspato ou muscovita) são facilmente desintegrados durante o intemperismo.

Hidrólise

A hidrólise consiste na reação química entre o mineral e a água, isto é, entre os íons H ou OH da água e os íons do mineral.

A decomposição dos silicatos (feldspatos, micas, hornblenda, augita etc.) processa-se através da hidrólise, ou seja, da ação da água dissociada.

Na hidrólise, a água não constitui apenas o solvente dos reagentes, mas é igualmente um deles. Quando pura, em condições normais de pressão e temperatura, apresenta pequeno grau de dissociação. Entretanto, o aumento de temperatura contribui para incrementar a dissolução da água. Por outro lado, qualquer reação que favoreça o aumento da concentração de íons H na solução contribui para aumentar a eficiência da hidrólise. Como sabemos, na dissolução da água formam-se íons positivos (H^+) e íons negativos (OH^-).

O gás carbônico (CO_2) dissolvido na água é altamente eficiente na produção de íons H.

$$CO_3 + H \leftrightarrow H_3CO_3 \leftrightarrow H^+ + HCO_3^-$$

Dessa forma, o gás carbônico contribui de modo mais acentuado do que a água para o processo de hidrólise. Os *processos* de hidrólise são solúveis e facilmente removidos.

A hidrólise de um feldspato alcalino (ortoclásio) segue aproximadamente a seguinte reação:

$$KAlSi_2O_4 + 4H_2O \rightarrow K^+ + OH^- + Al^{3+} + 3OH^- + 4H^+ + Si_2O_3^+$$

Os metais alcalinos e os alcalinoterrosos, bem como parte da sílica, migram em solução. A sílica e o alumínio reagem entre si formando novos compostos insolúveis (minerais do grupo das argilas), especialmente na forma de caulinita ($Al_2O_3, SiO_2, 2H_2O$) (Brickman, 1964).

A reação completa, porém simplificada, entre o ortoclásio e a água com CO_2 originando a caulita é a seguinte (Bloom, 1970):

$$2KAlSi_2O_3 + AH_2CO_3 + 9H_2O \rightarrow Al_2Si_2O_3(OH)_4 +$$

ortoclásio   caulinita

$$4H_4SiO_4 + 2K^+ + AHCO_3^-$$

Entre os minerais argilosos encontram-se silicatos hidratados de alumínio (caulita, halloysita, montmorillonita e illita) e de magnésio, ferro e alumínio (vermiculita e clorita).

Os minerais do grupo das argilas constituem resíduos sólidos estáveis em quase todas as condições climáticas, exceto nas regiões tropicais excessivamente úmidas.

A caulinita é o constituinte principal do material porcelânico branco designado comumente de caulim. Este pode conter impurezas, como ferro, que lhe confere coloração amarela, castanha até avermelhada. A caulinita forma os depósitos dos barreiros utilizados na fabricação de tijolos e telhas.

A montmorillonita e a vermiculita possuem a propriedade de expandirem-se e de absorverem outras substâncias. A bentonita (montmorillonita sódica) origina-se do intemperismo das lavas vulcânicas.

6.6.3 Processos Biológicos

Os organismos vivos também participam da desagregação mecânica e da decomposição química. As raízes das plantas penetram nas fraturas das rochas e, durante seu crescimento, desenvolvem uma força tal que ultrapassa a resistência da própria rocha, rompendo-a. Além da ação dos restos vegetais decompostos que fornecem substâncias húmicas, outros seres vivos, em sua maioria de pequenas dimensões, constituem agentes que desenvolvem atividades químicas destrutivas para as rochas. Algas unicelulares, bactérias, fungos filiformes vegetam inseridos em finas diáclases. A porção superficial da rocha comumente é habitada por algas, musgos e liquens. A atuação desses organismos é exercida pela secreção de produtos químicos ativos. Outras plantas de ordem superior atacam as rochas pela necessidade de extraírem elementos como K, Ca, P, S etc., indispensáveis à sua subsistência.

As rochas submetidas a esses fenômenos desenvolvem uma área de alteração cuja manifestação mais conspícua é sua descoloração, destruição de certos minerais, perda da coesão estrutural e consequente desagregação.

6.7 Manto de Intemperismo

O manto de alteração das rochas, que recobre grandes extensões da superfície, notadamente nas regiões de clima úmido, é também designado *regolito*. O processo de intemperismo de natureza química e mecânica sobre a rocha resulta num material detrítico de espessura variada, fazendo parte da estrutura subsuperficial da paisagem. Esse manto de intemperismo consiste em uma mistura de fragmentos de rocha e minerais, areias, argilas etc., substâncias orgânicas, soluções e suspensões coloidais. Em geral, nas encostas bastante inclinadas a espessura do manto é bem menor do que nas áreas menos acidentadas.

Os produtos detríticos podem permanecer *in situ* como material residual, sem movimentação, denominado elúvio, ou mais comumente sofrer deslocamento pelas vertentes, constituindo depósitos soltos, incoerentes, encontrados no sopé de uma vertente ou escarpa, constituindo os colúvios, onde incluem-se também os depósitos de tálus.

Os deslocamentos podem dar-se por movimentos individuais de partículas ou fragmentos de tamanhos diversos ou por movimento de massa induzido pela ação da gravidade e pelas águas superficiais. Resultam daí os processos de transporte como rastejamento, solifluxão, deslizamentos e escorregamentos, entre outros. A velocidade de movimentação é variável conforme a ação dos agentes envolvidos, principalmente da ação climática e do recobrimento vegetal.

6.8 Movimentos de Massas

São também conhecidos sob o nome genérico de escorregamentos, e referem-se a todo e qualquer movimento que envolva materiais terrosos e/ou rochosos que, por qualquer causa, processos ou velocidades, sofram deslocamentos movidos sempre pelo agente da gravidade (Fig. 6.10). Desse modo, não se enquadram nesse fenômeno os transportes sedimentares por partículas que têm como agentes, por exemplo, a água, o vento etc., originando as rochas sedimentares estratificadas.

Segundo Guidecine e Nieble (1976), "incluem-se como movimentos de massa os desabamentos de margens fluviais ou lacustres e de encostas marítimas, a queda de falésias, as avalanches, os deslocamentos de solos ou rochas por fluidização ou plastificação (desde o rastejo de rochas, solos ou detritos), as correntes de lavas ou de lama, até as geleiras, o destacamento ou desgarramento de massas terrosas ou rochosas, a solifluxão, incluindo (recalques, depressões, afundamentos, desabamentos) e, como caso-limite e sob certas condições, o próprio transporte fluvial". A alta pluviosidade constitui um dos principais fatores para desencadear um movimento de massa em ladeiras com declives elevados que têm condições críticas de equilíbrio. Um exemplo desse evento ocorreu em 1995, em La Conchita, Califórnia, EUA (Fig. 6.8).

6.8.1 Tipos de Movimentos

Escoamentos

Podem ser rápidos, constituindo um escoamento fluido-viscoso, denominado corrida, que pode ser corrida de lama ou de detritos.

Quando o escoamento é lento denomina-se rastejo ou reptação; nesse caso, geralmente a porção superior dos terrenos se move lentamente em direção às encostas mais baixas.

Esse movimento se processa com velocidades entre milímetros por ano a alguns metros.

O rastejo tem diversas causas:

- peso do material e da água contida;
- ação da infiltração de águas;

Figura 6.8 Escorregamento circular ocorrido em La Conchita, Califórnia, EUA, em 1995. (Foto: Robert L. Schuster, USGS, retirado de http://landslides.usgs.gov.)

- pisoteio de animais;
- lixiviação pela infiltração de águas.

As áreas em que se processa o rastejo mostram características incomuns, tais como:

- forma arredondada ou abaulada de perfil dos terrenos;
- inclinação de postes, árvores e cercas;
- sulcos no solo;
- modificação do alinhamento de cercas, árvores etc.

Escorregamentos

A particularidade principal dos escorregamentos é o deslocamento por resvalamento ou deslizamento de blocos de rochas. As condições fundamentais para a separação dos blocos do maciço rochoso e seu deslocamento em direção à pendente são:

(1) enfraquecimento das forças de resistência de todo o maciço rochoso durante processos de meteorização pela tração da água e lixiviação por infiltração;

(2) o aumento do gradiente hidráulico e da velocidade de infiltração das águas subterrâneas que ocorre durante a diminuição do nível de um rio ou, ao contrário, ao aumentar o nível do lençol freático por ocasião de chuvas persistentes;

(3) o corte da base de uma pendente que pode se dar por diversos fatores, tais como: erosão fluvial, correntes marítimas, ondas ou mesmo pela ação do homem. Essa intervenção resulta numa quebra do equilíbrio das condições do talude por perda do apoio na base deste (Fig. 6.10);

(4) sobrecarga do talude por acumulações pluviais, principalmente em áreas desmatadas.

Os escorregamentos de terras provocam mudanças significativas no relevo e na estrutura geológica da ladeira, suavizando e complicando consideravelmente a estrutura da superfície. Exemplos desse tipo ocorreram nas proximidades de Lontras, Santa Catarina.

Na ladeira aparecem uma ou mais superfícies rebaixadas em forma de semicírculo limitadas acima por uma parede mais ou menos vertical, denominada cicatriz de escorregamento (2), e nos bordos por fraturas de deslocamentos escalonados (3). O bordo da frente da massa escorregada, o pé, (5) geralmente representa, em si, uma cadeia de ondulações que surgem devido ao levantamento das rochas que constituíam a base do talude, ocasionado pela penetração por baixo de terras deslocadas (Fig. 6.9).

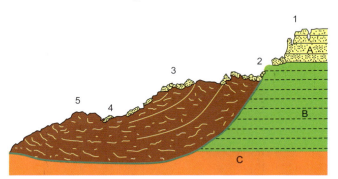

Figura 6.9 Esquema de estrutura de escorregamento vista em corte. A – Formação Rio Bonito. B – Grupo Itararé. C – Embasamento cristalino.

Podem ocorrer fendas em todos os blocos, inclusive na porção superior que permanece em sito. Nesta, os sulcos formam-se geralmente por tração (1). Esses sulcos geralmente encontram-se dispostos em semicírculos concêntricos.

Nas porções mais inferiores do talude formam-se sulcos. Na parte central do escorregamento os sulcos são muito próximos uns dos outros devido ao enrugamento, mas podem estar abertos em razão da tração resultante dos deslocamentos da porção mais inferior (4).

O aspecto geral da superfície de escorregamento é representado por montículos e depressões. As árvores depois do fenômeno permanecem em posição inclinada.

As rochas que tomam parte do escorregamento formam o corpo e limitam-se com as inferiores pela superfície de deslizamento identificada pelos espelhos ou cicatrizes de deslizamento. As ocorrências nas proximidades da cidade de Lontras, Santa Catarina, em outubro de 1982, deram-se onde o embasamento cristalino está recoberto por uma sequência predominantemente argilosa de rochas do Grupo Itararé, que por sua vez estão recobertas por arenitos duros da Formação Rio Bonito. O conjunto sedimentar constitui uma escarpa de aproximadamente 500 m de altura.

Entre as causas para o local podemos mencionar:

- substituição da floresta original por cultivos de feijão e milho;
- encostas com declives muito elevados;
- constituição predominantemente argilosa das rochas do Grupo Itararé;
- posição estratigráfica destas últimas, que na área encontram-se assentadas sobre rochas cristalinas do embasamento;
- alta incidência de chuvas na região.

Avalanche

Consiste em uma das formas mais violentas e catastróficas de movimentos de massas.

Envolve geralmente uma mistura de solo e rocha proveniente do manto alterado. São movimentos rápidos e de grande velocidade e extensão. Como exemplo citamos as ocorrências da área de Tubarão (Santa Catarina), em março de 1974. Diversos movimentos de massas ocorreram nos terrenos montanhosos constituídos de granitos porfiríticos cobertos por mantos de intemperismo (elúvio e/ou colúvio). Os granitos Pré-cambrianos na área têm um sistema irregular de fraturas tectônicas que controlam intenso processo de intemperismo, produzindo diversos planos de esfoliação.

Na área de Tubarão, os movimentos de massa afetaram tanto as porções mais altas e mais íngremes, onde ocorre um manto fino de regolito (geralmente menor que 1 m), como as porções mais baixas e menos íngremes.

Após a avalanche, permanece nas partes mais altas uma grande face exposta de rocha fresca (Fig. 6.11).

O movimento se inicia com uma lasca grande e espessa (cerca de 2 m) de granito que começa a escorregar para baixo, quebrando-se em pedaços durante o percurso e dando origem a grandes matacões que vão se acumular no sopé. Nas elevações menos íngremes o manto de alteração é mais espesso, originando depósitos de blocos que incluem grandes quantidades de material areno-argiloso. Nessas condições, as águas posteriormente removem a matriz, formando depósitos estratificados em forma de leques aluvionares.

As causas dos movimentos de massa na área de Tubarão são as seguintes:

- existência de fatias e diáclases tectônicas que facilitam a desagregação das rochas em grandes blocos e matacões;
- intensa alteração nas elevações que apresentam ladeiras com declives médios e baixos;
- retirada da cobertura florestal original;
- alta pluviosidade.

Figura 6.10 Deslizamento de rocha alterada. Litoral do Paraná. (Foto: Arquivo Mineropar).

Os fenômenos de movimento de massa ocorreram em várias localidades do município de Tubarão, ocasionando

Figura 6.11 Avalanche produzida a partir de um sistema de fraturas tectônicas em diversos planos de esfoliação por ocasião de fortes chuvas em Tubarão, SC. (Foto: J. J. Bigarella.)

Figura 6.12-A Alteração do manto de intemperismo e a formação do solo.

perdas materiais e inúmeras vítimas. Na localidade de São Gabriel, foi destruída uma casa e morreram 15 pessoas; em Caruru, uma grande avalanche destruiu 10 casas e matou 25 pessoas.

6.9 Os Solos

Conceito de pedogênese: em sentido amplo, o termo pedogênese abrange todos os processos de desenvolvimento do solo, caracterizado como um sistema natural aberto em constante evolução, consequente de fenômenos de decomposição, migração e acumulação de substâncias de natureza diversa. Os fenômenos são decorrentes da ação de fatores geológicos (rocha-mãe, hidrologia, tempo), geográficos (clima, relevo, erosão) e biológicos (vegetação, organismos vivos, animais, incluindo o homem), os quais caracterizam a pedogênese como de "formação contínua" ao longo do tempo geológico.

O termo solo é, às vezes, aplicado erroneamente a qualquer tipo de alteração. Entretanto, refere-se apenas à parte do manto de intemperismo que sofreu decomposição e modificação intensas, tornando-o capaz de comportar o desenvolvimento de vegetais superiores. O solo é constituído direta ou indiretamente de produtos de intemperização das rochas. Em menor escala resulta da ação de organismos e de detritos orgânicos decompostos da cobertura vegetal (Fig. 6.12-A).

No sentido mais restrito, solo é um material mineral e/ou orgânico inconsolidado, poroso, finamente granulado, com natureza e propriedades particulares, herdadas da interação de processos pedogenéticos com fatores ambientais envolvendo as variáveis: material de origem, clima, organismos vivos, relevo e tempo. Desse modo, os solos são capazes de dar sustento à vida de vegetais terrestres superiores.

O desenvolvimento pleno do solo (pedogênese) constitui um processo muito lento. Inicialmente, a parte superior do manto, seja residual, seja transportada, decompõe-se o suficiente para liberar alguns nutrientes às plantas, possibilitando o crescimento de vegetais pioneiros e de pequeno porte. Nesse estágio o solo é incipiente e de má qualidade agrícola, contendo grande quantidade de rocha desagregada e pouco alterada. Trata-se de um solo imaturo. À medida que são incorporados detritos orgânicos e organismos mortos parcialmente decompostos o solo passa a fornecer nutrientes, ou seja, húmus (coloides orgânicos), os quais contêm carbono extraído do ar durante o desenvolvimento das plantas.

A matéria vegetal em decomposição produz ácidos húmicos que auxiliam na alteração das partículas minerais do manto, bem como na lixiviação de algumas substâncias, translocando-as para níveis inferiores. Com a continuidade do processo a composição do solo muda de maneira progressiva, embora muito lentamente.

No caso de a erosão não perturbar a formação do solo e haver pluviosidade suficiente para manter a decomposição química e a vegetação, o seu desenvolvimento é acelerado durante certo tempo. Gradualmente o solo torna-se mais profundo, atingindo o estágio de maturidade ao perder grande parte do material mineral (Fig. 6.12-B).

Quando um solo inicia sua evolução sobre o manto residual ele é considerado incipiente, esquelético ou imaturo (predominam partículas grosseiras), refletindo o caráter da rocha subjacente. Por exemplo: na alteração de um granito, um solo imaturo é rico em argila formada pela intemperização do feldspato, além de conter ainda numerosos fragmentos de quartzo e de outros grãos minerais constituintes dessa rocha, os quais se encontram desintegrados, porém não alterados. O ferro derivado da biotita ou da hornblenda foi oxidado e confere à argila uma coloração amarelada. A argila contém adsorvidas ainda certas substâncias bastante solúveis (p. ex., compostos de potássio).

Figura 6.12-B Fases de alteração da rocha (embaixo) e solo com vegetação (acima). (Foto do Autor.)

As influências externas, no entanto, modificam o caráter original do solo e podem ser tão acentuadas que imprimem características mais marcantes do que aquelas herdadas da rocha ou do material original. Como fatores externos mais importantes destacam-se o clima e a vegetação a ele relacionados. A pluviosidade é um fator de grande importância na determinação do tipo de solo.

Um exame superficial do solo revelará uma variedade na composição e estrutura. Genericamente, os solos são assim constituídos:

(a) matéria mineral;
(b) matéria orgânica;
(c) umidade;
(d) ar do solo.

Para muitos fins, o estudo do solo é sinônimo de estudo das matérias mineral e orgânica em amostras de laboratório. Quando se quer relacionar o estudo do solo com o crescimento das plantas é preciso um conhecimento mais completo.

Vimos então que o solo é uma mistura de (a) matéria mineral, formada por produtos físicos e químicos de meteorização das rochas, e (b) matéria orgânica, formada por resíduos mais ou menos decompostos de vegetais e, em menor proporção, por restos e secreções de animais.

A matéria mineral do solo é formada por partículas de vários tamanhos, desde fragmentos de rocha, passando por grânulos de areias, até argilas. A matéria coloidal do solo é formada por teores variáveis de argila e matéria orgânica, formando o complexo argila-húmus. As soluções dos solos têm, entre outros, os seguintes componentes:

$$SO_4, N_2O_5, CaO, SiO_2, K_2O \text{ e } CO_2.$$

6.9.1 Formação do Solo

O desenvolvimento do perfil pode realizar-se simultaneamente com a meteorização da rocha.

O perfil compõe-se de horizontes definidos desde a superfície até a rocha original.

Um solo maduro apresenta um perfil onde podem ser identificados quatro horizontes que são designados por A, B, C e D, a partir da superfície do terreno (Fig. 6.13). A porção A contém infiltração de húmus na matéria mineral com intensa vida bacteriana, é fofa e está sujeita à ação direta do clima. O material argiloso é transportado para o horizonte inferior, enriquecendo-o, constituindo o fenômeno da iluviação. Se o clima for úmido, processa-se no horizonte B a precipitação do sesquióxido. O horizonte B é mais compacto devido à acumulação. O horizonte C é aquele que conserva a estrutura original da rocha e, nos sedimentos, nem sempre é diferenciado do horizonte B. Geralmente, enquanto o horizonte C consiste na rocha alterada com sua estrutura original visível, o horizonte D é a própria rocha que deu origem ao solo. Nas regiões úmidas e frias, o horizonte A é rico em húmus e matéria orgânica, rico em sílica e bastante lixiviado. Tem cor cinza. O horizonte B é rico em sesquióxido de ferro. Tal solo é designado Podsol.

O solo apresenta a característica importante de permitir o desenvolvimento da vida vegetal na superfície da Terra; assim, seu estudo é fundamental para a agricultura. A ciência que estuda o solo sob esse aspecto denomina-se Pedologia. Cabe ao pedólogo alertar para as atuais cifras de erosão, as quais atingirão o índice de 2.500 milhões de toneladas métricas ao ano até o final do século, enquanto a população superará mais de 6 bilhões no mesmo período.

Para o engenheiro, o solo é todo material incoerente ou muito pouco resistente (10 kg/cm^2) encontrado recobrindo as rochas não alteradas do substrato. O geólogo usa o termo regolito para toda porção superficial decomposta e constituída de material inconsolidado que cobre a rocha sã. Essa cobertura pode ser de material residual ou transportado.

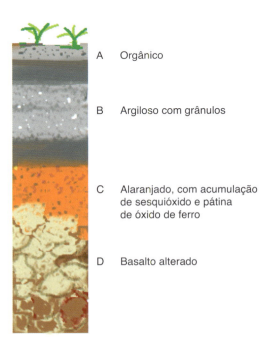

Figura 6.13 Perfil de um solo típico de rochas basálticas.

6.9.2 Classificação dos Solos

De acordo com o desenvolvimento do perfil, a natureza da evolução e o tipo de húmus, os solos podem ser classificados em não desenvolvidos, pouco desenvolvidos e desenvolvidos.

(a) Solos não desenvolvidos – São solos que possuem características próximas daquelas do material-mãe, constituídos por material detrítico sem aporte significativo de matéria orgânica. Não existe uma diferenciação adequada dos horizontes. Encontram-se em regiões desérticas. Em geral, os solos desse tipo resultam de fenômenos erosivos, com formação de regossolos sobre material-mãe brando ou de litossolo sobre rocha-mãe dura. Podem resultar também de fenômenos de aporte representados pelos aluviões fluviais recentes ou pelos depósitos arenosos de dunas ou restingas.

(b) Solos pouco desenvolvidos – São solos com pequeno desenvolvimento do perfil. O horizonte A assenta diretamente sobre a rocha inalterada. O seu pequeno desenvolvimento indica serem solos jovens, ainda em fase inicial de formação, predominando as características do material originário. Apresentam um perfil humífero único bem diferenciado. Podem ser classificados de acordo com o coeficiente de saturação de seu complexo adsorvente, seja ele saturado ou insaturado (Lacoste & Salomon, 1973).

(c) Solos desenvolvidos – Caracterizam-se por um perfil com horizontes eluviais e iluviais bem diferenciados. Classificam-se segundo a natureza do húmus, o modo de alteração dos minerais primários ou de acordo com certos aspectos particulares da pedogênese. Os solos desenvolvidos compreendem: solos com *mull*; solos com *mor*; solos ferruginosos e ferralíticos; solos hidromorfos e solos halomorfos. Nos três últimos o tipo de húmus pode ser *mull, molou* ou *moder*. Os solos desenvolvidos possuem húmus do tipo floresta, ligeiramente ácido e de decomposição rápida. Sua formação deve-se a um processo de lixiviação mais ou menos pronunciada dos carbonatos e dos óxidos de ferro e das argilas, sem que estas últimas sofram qualquer alteração química. De acordo com a importância da lixiviação formam-se solos pardos e solos lixiviados. Nos solos pardos, formados principalmente sob condições de climas temperados continentais, com predominância de chuvas de verão, a movimentação dos coloides é pouco acentuada ou mesmo nula.

6.10 Intemperismo, Geomorfologia e Tipos de Solos

O papel desempenhado pelos processos intempéricos e pedogenéticos é fundamental na compreensão da problemática geomorfológica das regiões tropicais e subtropicais. A alteração química profunda das rochas constitui um pré-requisito importante para a atuação de determinados processos no desenvolvimento das diferentes formas do terreno.

Mantos de intemperismo de espessuras consideráveis são mantidos em equilíbrio dinâmico pela cobertura da vegetação. Os processos erosivos atuam normalmente no manto em vez de operarem no substrato. A decomposição contrabalança os possíveis efeitos da abrasão pelos rios ou pelo escoamento superficial (Bigarella *et al.*, 1996).

A espessura do manto, sua natureza argilosa impermeável e o pequeno conteúdo de matéria orgânica da maioria dos solos tropicais tornam-no excepcionalmente suscetível à erosão, por exemplo, pelos movimentos de massa nas vertentes.

No ambiente tropical as ações do intemperismo e da erosão diferenciais são mais importantes do que em qualquer outro ambiente. Os substratos rochosos menos resistentes, os planos de diaclasamento, as intrusões básicas e os minerais instáveis (biotita, plagioclásios e minerais ferromagnesianos em geral) são seletivamente decompostos a maiores profundidades. Outras rochas, como granito de granulação fina, intrusões não básicas, veios de quartzo, quartzito, entre outras, são bem mais resistentes à alteração. Desse modo a espessura do manto de intemperismo é muito irregular de um lugar a outro, dependendo frequentemente das variações litológicas. No caso da remoção do manto de alteração pela erosão resulta uma paisagem bizarra de rochas expostas, onde ao lado de áreas diaclasadas deprimidas encontram-se grandes matacões rochosos arredondados, entre outras formas (Fig. 6.14).

Figura 6.14 Rochas graníticas em erosão preferencial sobre o diaclasamento. (Foto: J. J. Bigarella.)

6.11 Solos e Clima

Em ambientes distintos, são várias as sequências de processos que atuam na pedogênese e no desenvolvimento de determinadas características específicas a cada tipo de solo.

Os processos pedogenéticos fundamentais de adição, remoção, translocação e transformações de caráter físico, químico e biológico originam o *solum* e seus respectivos horizontes, os quais apresentam variações para um mesmo tipo de material de origem; tal variabilidade decorre de diferenças ambientais. Em função de fatores ambientais, tais processos pedogenéticos sofrem variações em sua ação isolada e/ou combinada, em consequência da atuação de cinco processos complexos de pedogênese conhecidos como: laterização, podzolização, calcificação, gleização e salinização, os quais decorrem especialmente pela ação diferenciada do clima. Os três primeiros tipos têm lugar em solos de drenagem moderada ou boa.

Dentre os componentes do clima, segundo Primavesi (1980), a água destaca-se como o principal agente no desenvolvimento dos diferentes tipos de perfis pedogenéticos, sobressaindo-se aqueles originados pelos processos de podzolização, laterização e salinização. A podzolização ocorre especialmente em solos arenosos, em regiões sem estação seca ou sob florestas.

O processo de laterização é característico das regiões de clima tropical e subtropical com estação seca pronunciada, capaz de provocar a movimentação de nitratos e do potássio em direção à superfície, enquanto em períodos de chuva as bases, e especialmente a sílica, são lixiviadas pela água que percola o perfil do solo. Com a evolução do processo, tem lugar a acumulação do ferro e do alumínio nos horizontes superficiais do solo.

Em ambientes de clima semiárido ou subúmido, e em regiões áridas com concentrações de chuvas em períodos muito curtos — bem como ainda, eventualmente, em regiões úmidas com dificuldade muito grande de infiltração da água, em subsuperfície ou mesmo na superfície —, a evaporação permite a concentração de sais na superfície, ocorrendo o processo de salinização.

Os solos desenvolvidos sob condições úmidas são conhecidos como *pedalfers*, isto é, solos com alumínio e ferro. Formam-se onde a pluviosidade é superior a 635 mm anuais ou mais. Nessas condições, o solo e o material-mãe abaixo encontram-se continuamente úmidos até o nível freático. A cobertura vegetal é predominantemente de floresta. Sob essas circunstâncias, os materiais solúveis dos quais depende a fertilidade dos solos são em maior ou menor grau lixiviados e perdidos na drenagem. Essa remoção tem lugar durante o processo de formação do solo, e, consequentemente, os *pedalfers* constituem solos relativamente empobrecidos, sendo os conteúdos de potássio, cálcio e fósforo baixos. São deficientes nos principais elementos nutrientes, tanto inorgânicos como orgânicos, embora o material-mãe fosse rico nos inorgânicos. A fertilidade dos *pedalfers* é relativamente baixa e muito pobre nos solos lateríticos tropicais.

Os solos que se desenvolvem sob condições mais secas e áridas são designados de *pedocals*, isto é, contêm cálcio. Formam-se nas regiões onde a pluviosidade é menor do que 635 mm anuais e insuficiente para manter no solo um fluxo descendente contínuo. A cobertura vegetal natural é aberta. Quimicamente, os *pedocals* retiveram, do ponto de vista prático, todas as substâncias solúveis das quais depende a fertilidade, embora tenha havido alguma transferência de material entre horizontes. Possuem todas as características de que um bom solo necessita; entretanto, a falta de água constitui o grande óbice de sua utilização.

A natureza dos solos *pedocals* varia desde as terras pretas ou *chernozens*, as quais contêm matéria orgânica abundante, até solos desérticos com pouca ou sem matéria orgânica. As terras pretas se originam do acúmulo de matéria orgânica produzida ao longo do tempo nas estepes e transformada no húmus que mantém a alta fertilidade desses solos, característicos das regiões de grande produção de grãos no mundo.

Nas regiões úmidas ou semiúmidas tropicais ou subtropicais, em vez da alteração sialítica das regiões frias (formação de argila) predomina a decomposição alítica (formação de óxidos e hidróxidos). O húmus decompõe-se rapidamente, a sílica coloidal é lixiviada, enquanto o ferro e o alumínio permanecem no solo.

Os solos lateríticos representam os produtos do intemperismo tropical das rochas. A laterização, de modo idêntico à podzolização, constitui um processo destrutivo no qual o CO_2 desempenha o papel principal, e não o húmus ácido. A laterização requer temperaturas médias anuais > 20 °C, que incrementam a ação das águas na decomposição do material mineral, como também da matéria orgânica. Sendo sua alteração tão rápida, quase não se forma húmus.

6.11.1 Solos de Regiões Tropicais, Subtropicais e Mediterrâneas

Solos avermelhados, amarelados, encontram-se em grandes extensões quentes e úmidas do globo nas regiões equatoriais, tropicais, subtropicais e mediterrâneas. Não ocorrem nas regiões desérticas nem naquelas de clima frio. Quando encontrados nessas regiões, representam heranças de condições climáticas pretéritas mais quentes e úmidas.

Solos *ferruginosos* e *ferralíticos* ou lateríticos formam-se sob condições climáticas quentes suficientemente úmidas (pluviosidade anual > 500 mm), em regiões equatoriais, tropicais ou mediterrâneas onde a alteração intempérica é rápida e intensa, com liberação de grandes quantidades de óxidos metálicos, principalmente óxidos de ferro (solos ferruginosos) e óxidos de ferro e óxidos de alumínio (solos ferralíticos). A coloração é característica, com cores vivas, que de acordo com o grau de umidade vão do ocre ao vermelho. Frequentemente apresentam horizontes endurecidos e mesmo couraças.

Os solos ferralíticos são conhecidos como solos *lateríticos*. Geralmente representam um solo tropical com um horizonte de óxido de ferro concrecionário, normalmente vermelho. Outras partes do perfil podem estar ausentes, porém incluem um horizonte superior, uma zona mosqueada ou vesicular e uma zona pálida. São comuns nas savanas, onde o clima apresenta alternâncias marcantes das estações úmida e seca.

Alguns tipos de solos que possuem um perfil laterítico com zona pálida (entre outras) apresentam um horizonte superficial descorado de onde o ferro foi lixiviado em direção a uma camada endurecida. Esse tipo de perfil possui algumas características do podzol, sendo o solo referido na Austrália como podzólico laterítico (Fig. 6.15).

Os solos ferruginosos desenvolvem-se em regiões de climas sazonais quentes com estação seca bem marcada (pluviosidade anual < 1.200 mm). A alteração da rocha-mãe no período úmido promove principalmente a individualização dos óxidos de ferro, embora também origine sílica e alumina. Em virtude de a lixiviação ser insuficiente para a remoção da sílica, esta recombina-se com a alumina para formar em grande parte caulinita, sem haver formação de alumina livre. Durante o período seco, os óxidos hidratados de ferro desidratam-se, precipitando e colorindo o solo de vermelho (rubefação).

Figura 6.15 Solo com formação laterítica. (Foto: Mark A. Wilson.)

Os solos ferralíticos desenvolvem-se em regiões de clima equatorial, subequatorial ou tropical úmido, com precipitações anuais > 1.200 mm e intensa alteração da rocha-mãe (alteração ferralítica ou laterítica), a qual se caracteriza pela liberação de óxidos de ferro, óxidos de alumínio e de sílica. A lixiviação mais ou menos intensa sofrida pela sílica liberada pelo intemperismo limita a formação de argila pela sua recombinação com a alumina.

Os solos fracamente ferralíticos formam-se sobre rocha-mãe rica em sílica e pobre em bases (p. ex., granito ou gnaisse). A sílica liberada pelo intemperismo não é eliminada completamente pela lixiviação, recombinando-se com a alumina para dar origem a uma quantidade apreciável de caulinita.

Como exemplos citam-se os solos ferralíticos florestais vermelhos, bastante espessos (até 10 m), desenvolvidos sob florestas equatoriais densas.

Os solos ferralíticos típicos desenvolvem-se em locais bem drenados e suficientemente permeáveis, sobre rocha-mãe pobre em sílica, rica em bases. A sílica é quase ou totalmente eliminada por lixiviação, o mesmo acontecendo com as bases. A formação de argila é nula ou fraca. A liberação de alumina é importante.

A formação de solos ferralíticos com carapaças pode se dar em razão da erosão dos solos ferralíticos vermelhos florestais pelo desmatamento e da migração ascendente ou oblíqua de compostos de ferro, seguida da precipitação de óxidos férricos. A erosão pela lavagem dos horizontes superficiais e a exposição do horizonte B contribuem para o desenvolvimento e a formação de uma carapaça.

No Brasil os depósitos lateríticos residuais de ferro ocorrem no Quadrilátero Ferrífero (MG) (Fig. 6.16). O minério resultante dos processos por concentração de origem sedimentar química é o itabirito (hematita). Ocorrem ainda depósitos lateríticos de níquel, manganês, nióbio e fosfatos.

Depósitos bauxíticos

São um produto do intemperismo de certos tipos de rochas aluminosas, compostas principalmente de hidróxido de alumínio. São formados como compostos residuais sobre o manto de intemperismo ou da redeposição de seus produtos em meio aquoso, e então classificados como depósitos sedimentares. Desenvolvem-se pela alteração de minerais argiloferruginosos das rochas alcalinas, básicas e ácidas, bem como rochas sedimentares argilosas situadas a certa profundidade ou próximas à superfície. A grande maioria dos solos lateríticos desenvolveu-se no passado, ou seja, são feições fósseis, não refletindo, portanto, as condições atuais em que se encontram.

Ocorrem dois tipos distintos de bauxita: cárstico e laterítico. No primeiro caso, os depósitos são encontrados originalmente sobre rochas calcárias provenientes de sedimentos areno-argilosos, e, no segundo, o material é formado a partir de rochas cristalinas silicatadas aluminosas.

Os hidróxidos de alumínio com estrutura cristalina identificados nos materiais bauxíticos diferem entre si principalmente pelo tipo de estrutura e pelos conteúdos variáveis de água de constituição.

A composição mineral das bauxitas é determinada essencialmente pela presença de alumínio tri-hidratado (gibbsita ou hidroargilita) e mono-hidratado (boehmita e diásporo), associados com caulinita, halloysita, montmorillonita, beidellita, hidróxidos de ferro e de manganês, além de outros minerais menos frequentes (calcita, siderita, dolomita, quartzo, opala, rutilo, apatita, vivianita, barita, entre outros). As bauxitas, particularmente as do tipo cárstico, contêm minerais acessórios das rochas originais (ilmenita, turmalina, zircão, braunita, tremolita etc.).

As bauxitas formam massas friáveis, cavernosas, compactas, clásticas ou oolíticas de cores branca, rosa e vermelha, dependendo do conteúdo de hidróxido de ferro.

As análises de bauxita revelam também que elas contêm cerca de seis vezes mais alumina do que a rocha original. A alumina contida nas bauxitas de alto grau excede 50 %, sendo a razão SiO_2/Al_2O_3 entre 12:1 e 10:1. O teor de titânio (TiO_2) aumenta cerca de duas vezes, e o de água, cerca de vinte vezes, enquanto aquele de alcalinoterrosos diminui.

Os depósitos de bauxita ocorrem no Brasil em Minas Gerais, Santa Catarina, Amazonas e Rio de Janeiro, entre outros. As reservas desse depósito de alumínio no Amazonas superam 4.500 milhões de toneladas, seguidas do Quadrilátero Ferrífero, com 90 milhões de toneladas, e Santa Catarina, com 5 milhões de toneladas.

Figura 6.16 Formações ferríferas de Lavra Nova, MG. (Foto: Antonio Liccardo.)

6.11.2 Solos de Regiões Tropicais Secas

Solos vermelhos tropicais

Caracterizam-se pela ausência de lixiviação e de concrecionamento, rubefação intensa; microclima seco. São aqueles formados sobre rocha cristalina aluminosa, nas regiões tropicais de clima sazonal muito contrastado, com pluviosidade elevada (cerca de 1.000 mm anuais) e temperatura média anual em torno de 20 °C, seguida de uma estação seca mais ou menos longa e mais ou menos árida (Erhart, 1973).

São de coloração vermelha, similar à maioria dos solos lateríticos, diferenciando-se destes pela ausência de hidróxidos de alumínio livres. O alumínio presente encontra-se na argila, na qual predomina a caulinita. A argilização efetua-se na estação úmida, assim como a formação de hidróxido de ferro, que produz a coloração vermelha do solo.

Os solos vermelhos tropicais foram considerados como formações pedológicas de transição entre os solos de estepe (chernozêmicos) e os solos florestais lateríticos do tipo equatorial. Sobre eles encontra-se uma "floresta" seca, mais ou menos xerófila, que constitui um aspecto fitogeográfico degradado pela influência antrópica que incrementou o rigor climático (aridificação) nas regiões sudanesas e saarianas da África.

6.11.3 Solos de Regiões Tropicais Úmidas

Latossolos vermelhos.

Os latossolos vermelhos (*roterde, ferrallitic soils*) resultam de um processo de "latolização" prolongado. Encontram-se em superfícies bem drenadas, erosivas ou aluviais, expostas ao desenvolvimento de solos desde o mioceno ou mesmo antes, pelo menos há 5 milhões de anos (Butzer, 1976). O conceito de tal antiguidade requer revisão, principalmente considerando-se que as condições ambientais têm variado no tempo, contribuindo para o reafeiçoamento contínuo da paisagem por meio da alternância de fases de biostasia e resistasia.

Os latossolos vermelhos apresentam-se mais bem desenvolvidos e mais amplamente distribuídos nos ambientes úmidos das florestas pluviais. O horizonte B atinge espessuras de 1 a 7,5 m ou mesmo mais; nele ocorrem algumas concentrações de ferro. A argila é principalmente caulinítica. Esta não contrai ou expande com a umidificação e o ressecamento do solo; sua capacidade de troca é baixa. A remoção da maior parte da sílica coloidal torna o solo friável, não plástico e altamente permeável. A alta capacidade de infiltração protege-o até certo ponto da erosão.

A fertilidade notavelmente baixa é devida à fraca capacidade de troca e à suposta grande antiguidade do solo, com todos os minerais intemperizáveis decompostos em resíduos inertes. A baixa fertilidade é igualmente causada pela ação das bactérias que destroem a matéria orgânica, transformando-a em ácidos inertes, proteínas, cera e resinas.

Loams vermelhos e amarelos

Em toda região tropical úmida, em superfícies erosivas ou aluviais mais recentes, encontram-se solos (conhecidos como loams vermelhos e amarelos) que liberam continuamente nutrientes ou sofrem uma intemperização lenta. São característicos das regiões de clima sazonal, cobertas por savanas, onde a hidrólise dos minerais primários é retardada.

O aspecto geral dos perfis dos loams tropicais vermelhos e amarelos, no Brasil denominados terra roxa e arenolatossolos, compara-se ao dos podzólicos vermelho-amarelos, havendo passagem gradacional entre eles. Por um lado existe pouca ou nenhuma evidência de podzolização, e, por outro, a latolização é incompleta. A eluviação da sílica coloidal é insuficiente para afetar a plasticidade dos solos, de sorte que são densos, impermeáveis e pegajosos quando úmidos. Diferentes tipos de minerais argilosos coexistem lado a lado, devido ao fato de o intemperismo ter sido menos prolongado. Alguns deles possuem melhor capacidade de troca.

6.11.4 Solos de Regiões Frias e Temperadas Úmidas

Podzol – o termo podzol, do russo (*pod* = como; *zola* = cinza) refere-se a solos que possuem a cor e a consistência de cinzas; foi empregado por Dokoutchaev em 1879 ao descrever os solos florestais que apresentassem um esbranquiçamento ou uma descoloração mais ou menos acentuada nos horizontes superiores.

Esse grupo de solos provavelmente recebeu atenção mais detalhada do que qualquer outro grupo. Na Europa ocorrem em regiões úmidas, onde o excesso de precipitação sobre a evaporação conduz à eluviação e à lixiviação. Encontram-se ao sul da região de tundra, tipicamente sob floresta de coníferas, embora também sejam encontrados sob urze (*heath*). Ambos os tipos de vegetação têm pequena demanda de nutrientes. Existe considerável evidência de que a vegetação seja responsável pela podzolização realizada grandemente pelos agentes quelatantes produzidos pela decomposição das folhas.

Do pondo de vista morfológico, os podzóis caracterizam-se por um perfil A-B-C. Sob a serapilheira encontra-se um horizonte mais ou menos humífero (A_1), seguido por um horizonte esbraquiçado eluvial (A_2). Abaixo ocorre um horizonte iluvial (B), que pode ser ferruginoso, húmico ou ferro-húmico, designado como B_1, B_2 etc. O material de origem é referido como horizonte C.

Os horizontes típicos de um podzol são:

- horizonte A descorado, pobre em húmus, argila e sesquióxidos, recoberto por uma camada de húmus cru;
- horizonte B rico em argila, húmus e sesquióxidos.

Entre os principais caracteres dos solos podzólicos destacam-se: a acidez e a natureza particular do húmus cru responsável pela desferrificação, descoloração do horizonte subjacente e iluviação no horizonte B.

A podzolização é um tipo comum de pedogênese em solos altamente permeáveis, que se encontram em climas úmidos e frios, em substratos muito pobres de nutrientes ou em áreas com vegetação acidificante (floresta de pinheiros).

Bibliografia

BERNARD, E. A. Climatic zonation theory. In: FAIRBRIDGE, R. W. *The encyclopedia of atmospheric*. New York: Reinald Publishing, 1967.

BERNER, E. K.; BERNER, R. A. *The global water cycle, geochemistry and environment*. Englewood Cliffs, N. J.: Prentice-Hall, 1987. 397 p.

BIGARELLA J. J.; AB'SABER, 1964. *Paläogeographische und Paläoklimatische Aspekte des Känozoikulms in Südbrasilien*. Zeit. für Geomorph., Berlin, 8 (3): 286-312, 1964.

_____.; ANDRADE G. O. Contribution to the Study of the Brazilian Quaternary. In: WRIGHT JR., H. E.; FREY D. G. *International studies on the quaternary*. Geol. Amer. Soc., Spec. Papers, 84: 433-452, 1965.

_____.; BECKER, R. D.; PASSOS, E. *Estrutura e origem das paisagens tropicais e subtropicais*. Florianópolis: EFSC, 1996. v. 2.

BRADY, N. C.; WEIL, R. R. *The nature and properties of soils*. 12. ed. Upper Saddle River, N. J.: Prentice-Hall, 1999. 881 p.

BRANNER, J. C. Decompositions of rocks in Brazil. *Bulletin Geol. Soc. of America*. New York, 7: 1891-96.

BUTZER, R. W. Geomorfology from the Earth. New York: Harper & Row, 1976. 463 p.

EMBRAPA. *Sistema brasileiro de classificação de solos*. 2. ed. Rio de Janeiro: Embrapa Solos, 2006. 306 p.

FAO (Roma, Itália). Soil map of the world. Paris: UNESCO, 1974. Escala 1: 5.000.000.

HAMBLIN, W. K.; CHRISTIANSEN, E. H. *Earth's dynamic systems*. 7. ed. Englewood Cliffs, N. J.: Prentice-Hall, 1995. 710 p.

LACOSTE, A.; SALANON, R. Biogeografia. Barcelona: Oikos-Tau, 1973. 271 p.

LEPSCH, I. F. *Formação e conservação dos solos*. São Paulo: Oficina de Textos, 2002. 178 p.

LOUGHNAN, F. C. *Chemical weathering of silicate minerals*. New York: American Elsevier, 1969. 154 p.

MASON, B.; MOORE, C. B. *Principles of geochemistry*. 4. ed. New York: John Wiley, 1982. 344 p.

MELFI, A. J. et al. The lateritic ore deposits of Brazil. *Soc. Geol. Bull.*, Strasburrg, 41: 5-36, 1988.

MILLOT, G. Géologie des argiles. Altération, sédimentologie, géochimie. Paris: Masson, 1964. 499 p.

MURCK, B. W.; SKINNER, B. J.; PORTER, S. C. *Environmental geology*. New York: John Wiley, 1996. 535 p.

NIMER, E. *Climatologia do Brasil*. Rio de Janeiro: IBGE, 1979. 422 p.

PRESS, F.; SIEVER, R. *Understanding Earth*. Nova York: W. H. Freeman, 1997. 682 p.

PRIMAVESI, A. *O manejo ecológico dos solos*: a agricultura em regiões tropicais. 7. ed. São Paulo: Nobel, 1984. 549 p.

ROBERT, M. *Le sol*: interface dans l'environnement, ressource pour le développement. Paris: Masson, 1996. 244 p.

ROBINSON, G. W. *Los suelos*. Barcelona, Omega, 1960, 511 p.

SKINNER, B. J.; PORTER S. C. *The dynamic earth*. New York: John Wiley, 1995. 567 p.

TARBUK, E. J.; LUTGENS, F. K.; TASA, D. *Earth*: an introduction to physical geology. 5. ed. Upper Saddle River, N. J.: Prentice-Hall, 1996. 605 p.

THOMAS, M. F. *Geomorphology in the tropics*: a study of weathering and denudation in low latitudes. New York: John Wiley, 1994.

7 Sedimentos: Processos e Estruturas Deposicionais

7.1 Nascimento do Sedimento

Os sedimentos têm origem em locais geográficos nos quais, sob a ação de variáveis químicas, físicas e biológicas, se desenvolvem os processos de intemperismo sobre as rochas que, então erodidas, são transportadas por diversos processos até os sítios onde serão depositadas (bacias).

Área-fonte. É o local geográfico onde as rochas ígneas sedimentares ou metamórficas sofrem a ação dos fatores acima mencionados.

Clima. A temperatura e a umidade condicionam o tipo de intemperismo que vai predominar na área-fonte e influem durante o transporte e também na própria bacia, determinando características próprias aos produtos resultantes.

Tectonismo. A composição e distribuição dos produtos do intemperismo que são transportados e depositados dependem também da tectônica de placas que atua na província, bem como do tipo de bacia que se desenvolve associada ao tectonismo (ver Capítulo 4, Seção 4.1).

Relevos suaves em embasamentos graníticos, por exemplo, resultam em longo transporte com depósitos maturos, como areias e também argilas, típicos de bacias intracratônicas. Relevos íngremes em áreas de orogênese, junto a regiões de subducção, produzem clastos angulares que, devido às condições geomórficas, serão depositados próximo da área-fonte, sofrendo, portanto, pouco transporte e produzindo materiais mal selecionados e imaturos, como, por exemplo, depósitos de leques aluviares. Portanto, o estilo dos padrões detríticos nas rochas encontradas nas diferentes bacias depende da tectônica de placas, dos agentes de transporte, do meio ambiente atuante, e, finalmente, esses sedimentos sofrem alterações no próprio depósito (diagênese).

Ambientes deposicionais. A forma e a evolução de uma bacia sedimentar está relacionada à estrutura tectônica (cráton continental ou crosta oceânica), bem como ao tipo de movimento das placas atuantes. Em consequência desses fenômenos, podemos ter bacias de subsidência continentais, com ambiente deposicional, fluvial, desértico, glacial, por exemplo, bacias marinhas com ambientes de deposição de plataforma, talude etc., ou ambientes costeiros, onde se desenvolvem lagunas, praias, planícies de marés, entre outros.

Um ambiente deposicional pode ser definido como um lugar geográfico onde ocorrem processos geológicos diversos, sob condições ambientais específicas. Os processos geológicos são de natureza tectônica, vulcânica e incluem os agentes que atuam no transporte e na deposição dos sedimentos, por exemplo. As condições ambientais são a água, o gelo, o relevo, o clima e as atividades biológicas, entre outros.

7.2 Transporte das Partículas Sedimentares

Desde o momento em que a rocha-mãe é submetida aos processos de alteração na fonte, Folk define quatro etapas de transformações sofridas pelos sedimentos:

(1) Um estágio de imaturidade caracterizado por um sedimento rico em argilas, com finas lâminas de micas, contendo partículas grossas, angulares e mal selecionadas.

(2) Um estágio de submaturidade em que a fração de argila tenha sido em grande parte escoada, restando fragmentos de rochas ainda angulosos e mal selecionados.

(3) Um estado de maturidade atingido logo que as argilas tenham sido inteiramente eliminadas, permanecendo partículas sedimentares bem selecionadas, porém subangulosas.

(4) Um estágio de supermaturidade, alcançado no fim da evolução do sedimento, no qual os grãos são bem selecionados, bem arredondados e isentos de argilas.

Os termos utilizados para os produtos detríticos e químicos provenientes do intemperismo são:

(a) resíduos insolúveis: matacães, seixos e areias provenientes de uma erosão mecânica que atua intensamente nos relevos;

(b) hidrolisatos: correspondem à fração fina composta de aluminossilicatos hidratados (argilosa), incorporada às águas de rios de baixa velocidade, que percorrem superfícies de relevos aplainados;

(c) oxidatos: caracterizados por minerais de ferro e manganês. Esses elementos surgem com a crescente peneplanização do relevo;

(d) carbonatos de cálcio e de magnésio: estes formarão os calcários e dolomitos;

(e) depósitos salinos: são os que vão se precipitar nos ambientes de circulação restrita. Estes correspondem aos produtos formados na última fase de aplainamento do relevo.

Processos

Os sedimentos são transportados pela água, pelo vento, pelo gelo e por outros agentes da seguinte forma: **tração**, **suspensão** e **saltação** (e solução).

Cada mecanismo imprime no depósito estruturas típicas. A tração se processa por rolamento e deslizamento, produzindo seixos imbricados e de arredondamento variável. As areias transportadas por esse processo apresentam boa seleção granulométrica, estratificação cruzada, bem como gradacional, porém sem matriz. Já as areias transportadas por saltação, por via de regra, apresentam marcas de ondas.

O transporte por suspensão, ao contrário do anterior, resultará em depósitos de baixa seleção granulométrica e pouco trabalhamento nos clastos e grãos. A matriz é predominantemente pelítica. As estruturas sedimentares características são a laminação plano-paralela e as marcas substratais. Exemplos desses tipos de transporte são os depósitos turbidíticos e de enxurradas.

Movimento dos fluidos

Os fluidos na natureza, constituídos de água e sedimento, são movidos pela energia proveniente do Sol, da Lua e da gravidade. Os tipos de movimentos conhecidos são: fluxos laminar e turbulento.

Fluxo laminar. As "camadas" de fluidos deslizam umas em relação às outras sem que haja mistura de material. Nesse caso, a velocidade do fluido é relativamente lenta ao longo de superfícies planas. Com o aumento da velocidade, o fluxo laminar passará a turbulento.

Fluxo turbulento. A velocidade das linhas de fluxo aumenta e sofre flutuações ao passar por irregularidades do fundo.

Camada-limite. Dentro de uma corrente existem diversas faixas de fluxo. Nas proximidades da parede de um canal, por exemplo, o fluido é retardado pela fricção contra o limite de fluxo. Nesse caso existe uma pressão de cisalhamento no contato.

Separação de fluxos. Ocorre pela separação de camadas de cisalhamento livre. Por exemplo, em um fluxo sobre um leito irregular ocorrem aceleração e retardamento do movimento, formando um novo fluxo turbulento na base em sentido contrário.

Arraste e erosão. A velocidade crítica para iniciar o movimento de uma partícula livre depende da densidade e da velocidade do fluido, bem como da inércia do sólido. A erosão depende da pressão de cisalhamento para a camada-limite e da coesão dos sedimentos.

Uma vez colocadas em movimento, as partículas somente serão depositadas após atingirem a velocidade crítica, ou seja, dois terços inferior à velocidade crítica de erosão para a mesma partícula.

O movimento dos sedimentos está direta ou indiretamente relacionado com a gravidade.

Os fluidos carregados de sedimentos ou sólidos (gelo) deslocam-se sobre a ação da gravidade, constituindo o fluxo aquoso. Neste caso a gravidade atua sobre o fluxo aquoso que, por sua vez, transporta o sedimento. Entretanto, ocorrem fenômenos inversos quando a gravidade atua sobre o sedimento que se encontra depositado em planos instáveis. Nesse caso, os sedimentos depositados em taludes, sob a ação da gravidade, adquirem inicialmente um movimento laminar, transformando-se em movimentos turbulentos com velocidades elevadas e formando redemoinhos.

Esses fluxos gravitacionais sobre os sedimentos podem constituir os chamados fluxos de clastos (*debris-flow*) ou fluxo de grãos (*grain flow*).

O fluxo pode processar-se também em leques aluviais, como movimento declive abaixo de misturas de grãos sólidos e água por ação da gravidade.

O processo tem início sobre os sedimentos, em condições subaéreas, em climas semiáridos que permanecem estáveis até que ocorram chuvas torrenciais intensas que produzirão o umedecimento dos minerais de argila encontrados entre os grãos, agindo como lubrificante.

Regime de fluxos e formas de leito. O fluxo da corrente pode moldar o leito granular por onde passa, tanto por erosão como por deposição. Porém, quando isso acontece a natureza do fluxo se altera. Portanto, há uma interação mútua entre a corrente e o leito. As relações entre leito e corrente permitem classificar os regimes de fluxo em inferior e superior, com uma transição entre ambos.

As variações na velocidade do fluxo modificam as formas de leito, e as relações entre estas são influenciadas pela profundidade.

Assim, aumentos na profundidade exigem maiores velocidades para formar as mesmas ondulações.

Regime de fluxo e estruturas sedimentares. As modificações das formas de leitos dos canais contribuem para o desenvolvimento de estruturas sedimentares. O conceito de regime de fluxo desenvolvido por Simons e colaboradores a partir de pesquisas em laboratórios tem sido utilizado pelos geólogos na interpretação das estruturas sedimentares. Quando se fala no afloramento que uma ocorrência de estratos cruzados foi originada em regime de fluxo superior, significa que a interpretação foi feita a partir de um modelo de laboratório. A interpretação do regime de fluxo em rochas antigas é baseada na correlação entre o tipo de estratificação e configuração, na forma do leito, de sua migração e na forma da superfície sobre a qual se movimenta.

Assim, a estratificação cruzada simples é aquela cuja superfície limitante inferior é uma superfície de não deposição.

A estratificação cruzada acanalada é aquela cuja superfície limitante inferior é uma superfície de erosão curva.

A relação entre os regimes de fluxo, as formas de leito e as estruturas sedimentares resultantes é apresentada na Fig. 7.1.

7.3 Textura dos Grãos

Morfologia

A análise morfoscópica estuda a forma e a superfície dos grãos e seixos. Esse estudo permite avaliar a importância do desgaste produzido nos grãos durante os diferentes processos de transporte e também sobre a própria natureza destes.

Aspectos da superfície dos grãos

As observações são feitas sobre grãos secos cujos diâmetros são superiores a 0,5 mm. Distinguem-se três categorias de grãos (Fig. 7.2):

- angulares: sofrem um transporte muito pequeno ou nulo;
- desgastados e brilhantes: sofrem transporte sob a ação da água;
- arredondados e opacos: sofrem transporte pelo vento.

Quando as areias de um sedimento estão representadas por mais de 30 % de grãos desgastados e brilhantes, pode-

Classificação dos regimes de fluxo e suas características (Segundo Simon, 1965 e Southard e Boguchwal, 1973)			
Regime de Fluxo Número de Froude e Velocidade do Fluxo	Formas de Leito	Estruturas Sedimentares	Outras Características
20 cm/s	Plano	Não há transporte de grãos	
Inferior (FR < 1) 25-55 cm/s	 Pequenas ondulações	Laminação plano-paralela e laminação cruzada de pequeno porte. Marcas de ondas pequenas.	Alta resistência ao escoamento. Pouco transporte. Não há erosão. Grãos entre 0,08 e 0,1 mm de diâmetro.
	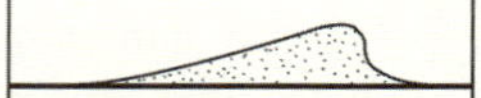 Ondas de areia	Laminação cruzada de médio a grande porte. Marcas de ondas de grande porte.	A laminação cruzada é resultado da migração de marcas de ondas.
	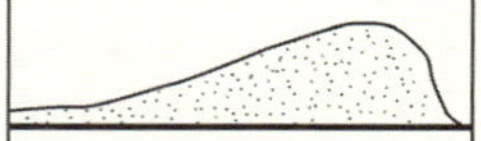 Dunas	Marcas de ondas de médio a grande porte.	Grãos entre 0,1 e 0,4 mm de diâmetro.
Transição (FR ≅ 1) 55-70 cm/s	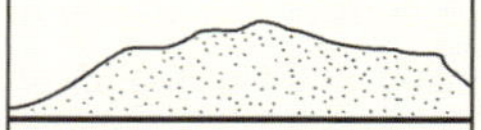 Dunas e ondas de areia desgastadas	Marcas de ondas de médio a grande porte. Estratificação cruzada desgastada.	O fluxo desgasta as marcas de ondas. Grãos entre 0,2 e 1,0 mm de diâmetro.
Superior (FR > 1) 70-150 cm/s	Leito plano	Laminação horizontal. Marcas de ondas por erosão e deposição. Lineação por partição.	Transporte intenso de grãos em forma de lençóis. Grãos com diâmetro entre 0,7 e 1,0 mm.

$$FR = \frac{V}{\sqrt{g\,h}}$$

V = velocidade
g = aceleração da gravidade
h = profundidade

Figura 7.1 Regimes de fluxos, formas de leitos e estruturas sedimentares.

mos afirmar que o trabalho foi realizado em ambiente marinho. Quando esse valor é inferior a 20 %, a natureza fluvial ou marinha do agente de transporte não pode ser precisada.

Forma e arredondamento do grão

Durante o transporte, as partículas do sedimento sofrem choques contínuos, quebrando os cantos de modo que os grãos, no decorrer do tempo, tendem para uma forma esférica.

Entretanto, esse formato é raramente alcançado. A forma do grão depende muito da natureza petrográfica e do tipo de agente de desgaste.

Nos meios marinhos os seixos são geralmente achatados, apresentando pequenas marcas de choques e mostrando-se bem mais trabalhados do que no meio fluvial.

Nos ambientes eólicos, o vento produz nos clastos faces planas, separadas por arestas agudas conhecidas por *Wind Kanters* ou *Drei Kanter*, quando possuem três faces.

Nos ambientes glaciais, os seixos são estriados e têm geralmente uma face plana, que lhe dá uma forma de "ferro de engomar" (Figs. 7.3-A e B).

Granulometria

Os tamanhos dos diâmetros das partículas sedimentares são medidos diretamente (caso dos seixos) ou por peneiras para as areias, ou ainda pela velocidade de decantação (caso dos siltes e das argilas).

O tamanho médio das partículas detríticas e o número de classes granulométricas dependem, essencialmente, da competência do agente de transporte e da natureza do sedimento.

Figura 7.2 Areia de praia contendo grãos de origem e retrabalhamento variável. (Foto: Mark A. Wilson.)

Figura 7.3-A Ventifacto com faces agudas. (Foto: Mark A. Wilson.)

Figura 7.3-B Seixo estriado encontrado em tilitos da glaciação permocarbonífera do Paraná. (Foto do Autor.)

As representações gráficas (curvas de frequência simples e curvas acumulativas) permitem uma visualização da distribuição das classes e uma comparação dos resultados provenientes de diferentes litofácies ou ambientes.

A análise das curvas de frequência nos permite concluir sobre:

- o grau de classificação dos grãos;
- a origem monogenética ou poligenética do sedimento quando a curva apresenta uma ou mais modas;
- eliminação de uma fração de material detrítico no caso da assimetria da curva. Deduzir a natureza do agente de transporte apenas pelo comportamento das curvas granulométricas é muito especulativo.

As areias das dunas são em geral mais bem classificadas do que as areias fluviais.

Por outro lado, as areias das praias são pobres em partículas finas porque estas são levadas para o interior da bacia (assimetria negativa da curva de frequência). Os sedimentos finos constituem as classes dominantes dos ambientes fluviais e eólicos (assimetria positiva da curva de frequência).

Os diversos minerais de rochas se comportam diferentemente em relação à resistência ao desgaste durante o transporte: os feldspatos quebram-se facilmente e são menos resistentes que os grãos de quartzo.

7.4 Os Sedimentos e o Meio

Como vimos, o meio ambiente é onde os processos geológicos ocorrem, onde diversos agentes atuam sob condições variáveis, entre eles o clima, o relevo, desde o tipo de transporte até a deposição dos sedimentos na bacia.

Por outro lado, quando procuramos identificar antigos ambientes de sedimentação, principalmente em busca de recursos minerais, fazemos o caminho inverso, estudando a composição dos minerais, precipitados químicos, cor e tipos, e organização deposicional das camadas, fósseis entre outros elementos, chegaremos à reconstituição das condições que deram origem aos depósitos (Fig. 7.4).

A salinidade

Existem dois minerais que têm sua formação ligada exclusivamente a ambientes marinhos: a glauconita e a berthierina.

A maioria dos jazimentos de fosfatos é também marinha.

A flora e a fauna são bons parâmetros para o grau de salinidade das águas. A halita é pouco frequente em água doce e pode ocorrer em águas salobras.

Os carbonatos são comuns em águas marinhas. Nos ambientes hipersalinos ocorrem Cl, K e Mg com precipitações dos minerais gipsita e anidrita. Com o aumento da salinidade da água, passa a se depositar a halita, seguida de sais de potássio.

Os parâmetros químicos

São valores utilizados para medir a capacidade de oxidação dos ambientes.

Os minerais de ferro são os mais sensíveis à presença do oxigênio nos ambientes. Portanto, a goethita e a hematita indicam um ambiente saturado de oxigênio, enquanto os sulfetos de ferro (pirita e marcassita) indicam deficiência de oxigênio no ambiente. Se encontrarmos a pirita associada a traços de atividades de fauna bentônica, as condições de deposição foram anaeróbias.

Alto conteúdo de matéria orgânica significa condições anaeróbias; caso contrário, a matéria orgânica teria sido oxidada. A vivianita é neutra, enquanto a glauconita é de ambiente oxidante fraco.

É importante a identificação da origem do ferro. Este pode ser proveniente diretamente da área-fonte, assim como pode ser produto de outros sedimentos vermelhos, erodidos e transportados para dentro do ambiente.

Outra possibilidade é a sua formação por diagênese. Para determinar se a cor vermelha é primária ou secundária, verificam-se ao microscópio ou na lupa agregados de grãos de quartzo. Quando o ferro é secundário, geralmente existem porções do cimento que não foram tingidas de vermelho.

Um sedimento apenas vermelho pode ser indicação de clima **temperado**. Caso esse sedimento esteja associado a evaporitos, indica clima seco. Se a cor vermelha for associada ao ferro, indica clima tropical.

O pH (potencial de oxidação de redução) é reconhecido como ácido pela presença do silício e alcalino pela presença de carbonatos. O $CaCO_3$ não se precipita em ambientes ácidos e temperaturas frias.

Os parâmetros utilizados para os estágios intermediários desde alcalinos até ácidos são os seguintes:

Potencial redutor	Substâncias naturais
> 9,0 alcalino forte	solos alcalinos (evaporitos)
8,0-9,0 alcalino	solo SO_3, água do mar
7,2-8,0 alcalino fraco	água da chuva, pirita
6,6-7,2 neutro	água dos rios
5,5-6,6 ácido fraco	pântanos
5,0-5,5 ácido	carvão
1,0-2,0 ácido forte	fontes, termas (ricas em sílica)

Os minerais de argila

Quando os depósitos são principalmente detríticos, os minerais argilosos são heranças de áreas-fontes.

As ilitas e cloritas vêm diretamente dos maciços em vias de erosão.

Ao contrário, a caolinita e, em maior parte, a montmorilonita são provenientes dos continentes erodidos, cuja cobertura de solos contém esses minerais.

Quando o depósito tem uma característica geoquímica peculiar, as argilas podem se transformar ou neoformar no próprio meio sedimentar.

Por outro lado, a glauconita, típica de ambientes marinhos, caracteriza meios onde ocorrem argilas magnesianas típicas de ambientes geoquímicos hipersaturados em sílica.

A ação da diagênese modifica as argilas por transformação e dificulta a interpretação de sua origem.

Os minerais argilosos têm a propriedade de incorporar na sua rede cristalina certos elementos presentes na água do ambiente de deposição. Esses elementos, geralmente sob a forma de traços, podem ser determinados qualitativa e quantitativamente em análises químicas. É possível também comparar as variações quantitativas e as tendências de cada tipo de ambiente.

Sabemos, por exemplo, que na água do mar os conteúdos em boro são mais elevados que na água doce. Nas argilas marinhas, ricas em ilita, o boro é mais abundante (100 a 300 g/t) que nos sedimentos de ambientes não marinhos (30-100 g/t).

Nos ambientes hipersalinos, o seu teor será ainda mais alto. O boro pode então ser utilizado como indicador de **paleossanilidade**. Da mesma maneira, podem ser usados o cromo, o estrôncio e o vanádio.

O papel da diagênese

Estudos petrográficos podem revelar diferentes reorganizações geoquímicas que ocorrem após a deposição do sedimento.

Assim, o crescimento de grãos por soluções ricas em íons forma concreções.

A diagênese é responsável pelo aspecto final de sedimento.

A importância da cor do sedimento

A coloração do sedimento pode ser de origem primária, ou seja, reflete a cor quando o sedimento foi depositado, ou secundária, que resulta de transformações posteriores.

As cores, além de úteis na caracterização dos pacotes ou camadas, são importantes elementos auxiliares na identificação de ambientes antigos. Entretanto, devem ser usadas com precauções.

Cinza e preto. Essas cores ocorrem devido à presença de matéria orgânica de acordo com a sua quantidade. Formam-se em ambientes redutores, daí sua associação também com compostos de enxofre e pirita. As rochas com esses tons são em geral de granulação fina (pelitos) e encontradas em ambientes marinhos, lacustres ou pântanos, cada qual com associações fossilíferas muito típicas.

Cinza-esverdeado ou esverdeada. Essas cores relacionam-se à presença de minerais como clorita, glauconita e motmorilonita, ou minerais de cobre. Rochas com essas cores provêm de ambiente redutor fraco, como o lacustre, ou o marinho quando há glauconita.

Azul. Essa tonalidade é dada pela celestina e ocorre também nas anidritas, gipsitas e no sal-gema. Portanto, são comuns em depósitos evaporíticos e em alguns pântanos redutores. Aparece igualmente em paleossolos devido à presença de sulfeto de ferro.

Vermelho, amarelo, laranja e castanho. Estão sempre relacionadas a hidróxido de ferro (goethita e lepidocrocita). Indicam ambiente continental e geralmente oxidantes, como, por exemplo, ambiente fluvial, leques e dunas.

Chocolate. É dada pelo óxido de ferro, juntamente com manganês.

Púrpura. É dada pelo óxido de ferro, juntamente com clorita.

Branca. Os sedimentos de cor branca são isentos de qualquer um dos compostos aqui mencionados. É ressaltada particularmente nos arenitos pelo tom esbranquiçado ou vítreo próprio do quartzo.

Igualmente os carbonatos brancos devem sua coloração à cor natural e predominantemente branca da calcita.

7.5 Sedimentos Clásticos e os Precipitados Químicos

Carbonatos

O transporte e a deposição dos carbonatos se processam sob a forma de detritos (alóctones) ou de precipitados químicos (autóctones).

No primeiro caso, incluem-se os fragmentos orgânicos, conchas, coquinas e também os clásticos (oolíticos, pisólitos e brechas, entre outros).

Os carbonatos autóctones incluem conchas, que são preservadas inteiras e não se encontram orientadas, uma vez que não sofreram transporte.

Nos carbonatos alóctones as conchas são quebradas e orientadas segundo a direção do transporte.

Os carbonatos autóctones são ainda associados a pelitos maciços que também se precipitam. Os alóctones, por via de regra, são associados a arenitos quartzosos e possuem estruturas de marcas de ondas ou laminação cruzada, apresentando como cimento uma matriz pelítica.

De acordo com o tamanho dos cristais de calcita, distinguem-se:

Micríticos

São calcários cujo diâmetro das partículas é sempre inferior a 10 mícrons. São provenientes de depósitos de lama carbonática de origem química ou clástica. Indicam condições deposicionais em um meio calmo, desprovido de correntes. Os micríticos são os constituintes fundamentais dos calcários litográficos.

Esparita

É formada por cristais límpidos, de tamanhos superiores a 10 mícrons, e se desenvolvem a partir de precipitados que ocupam os espaços que separam os demais elementos que figuram no depósito.

Sua presença implica uma deposição em meio agitado.

De maneira geral, os sedimentos detríticos revelam informações sobre as áreas circunvizinhas, enquanto as rochas de natureza química e orgânica indicam as características do próprio meio onde são depositadas.

Travertino

Geralmente encontra-se associado a águas termais e zonas de falhas. Os depósitos são tabulares ou inclinados, e comumente encontram-se incluídos fósseis bem preservados, principalmente vegetais.

Tufa

São calcários provenientes de águas termais e depositam-se à margem de lagos, podendo envolver caules e troncos vegetais, preservando-os.

Gutolitas

São as estalactites e estalagmites formadas em ambientes de cavernas.

Calcários algais

Formam-se à custa das algas cianofíceas, vermelhas e verdes que constituem a maioria dos calcários, denominados estromatólitos. Enquanto as *gimnoselem* encontram-se formando estruturas de recifes, as algas Collenia aparecem em corpos isolados, refletindo climas secos ou mesmo áridos.

As cianofíceas produzem estruturas de oncolitos, e as algas vermelhas constituem rodolitos, com o tamanho e a forma aproximados de um ovo de galinha. Em lâminas, pode-se observar a estrutura das algas, que ocorrem frequentemente nas margens da bacia.

As algas verdes formam filamentos irregulares que contêm uma série de orifícios. Encontram-se geralmente associadas a zonas de lagunas e lagos continentais.

Coquinas

São formadas por fragmentos diversos de restos de conchas e outras partes duras de animais. Quando se encontram conchas finas e inteiras, significa que o ambiente era de baixa energia. As conchas grossas e quebradas revelam um ambiente de alta energia.

As conchas isoladas podem ser autóctones se encontradas em posições de crescimento.

As conchas transportadas são orientadas segundo a direção das correntes.

As coquinas geralmente refletem ambientes litorâneos. Podem revelar fases transgressivas e regressivas de acordo com as intercalações de arenitos e pelitos (Fig. 7.4).

Figura 7.4 Calcário pisolítico do Terciário Inferior, Itaboraí, RJ. (Foto: J.J. Bigarella.)

Calcários oolíticos

São concrecionais. Cada oólito é uma calcita precipitada ao redor de um núcleo que pode ser um mineral, um fragmento de rocha, uma carapaça. Quando não possui um núcleo, supõe-se que poderia ter sido uma alga. Os oólitos medem no máximo 2 mm de diâmetro. Quando maiores, são chamados de pisólitos.

É possível que os oólitos apresentem interrupções no crescimento ao redor do núcleo, o que pode ser interpretado como exposição em condições subaéreas. Neste caso, poderão ainda incorporar-se de forma fragmentária a outras rochas.

As feições texturais são úteis na classificação dos carbonatos que conservam esses caracteres deposicionais.

A distinção entre sedimentos depositados em águas calmas ou agitadas é fundamental para a reconstrução paleoambiental e paleogeográfica. A energia do ambiente pode ser reconhecida pelo tamanho médio ou predominante dos grãos, pois as diversas associações granulométricas têm significado hidráulico diferente.

É importante, também, além do tamanho das partículas, o exame do estado e da abundância do material.

Alguns carbonatos exibem bandeamentos formados durante a deposição como colônias de corais, foraminíferos incrustantes, estromatólitos e recifes de corais, e por isso podem ser mais facilmente associados aos ambientes.

Outros autores associaram os calcários de acordo com a agitação das águas. Essa associação permite uma classificação de acordo com a composição mineralógica, a textura dos grãos e os fósseis associados.

Ruditos

Os ruditos são sedimentos com clastos maiores que 2 mm, e podem ser divididos em *extraformacionais* e *intraformacionais*. Nos primeiros, os seixos vêm de fora da bacia. No segundo caso, os clastos vêm do interior da própria bacia em que se processa a sedimentação.

Conglomerados intraformacionais

Os materiais provêm de rochas do interior da bacia, onde sofrem transporte, concentrando-se geralmente na base das camadas. Quando os clastos não sofrem transporte constituem as *brechas intraformacionais*. Os depósitos de conglomerados intraformacionais são pouco espessos, variando entre 5 cm e 1 m. Como os clastos originam-se da própria bacia, estes não têm muita importância paleogeográfica.

Conglomerados extraformacionais

Podem ser divididos em *ortoconglomerados* e *paraconglomerados*.

Normalmente a diferença é dada pela constituição e pela frequência da matriz em decorrência da diferença da forma de transporte entre ambos.

Ortoconglomerados: são transportados por tração. A matriz é arenosa e em menor quantidade que nos paraconglomerados. Os seixos são arredondados a subarredondados e orientados segundo a direção das correntes de tração. Os ortoconglomerados são divididos em oligomíticos e polimíticos.

(a) Polimíticos (muitos tipos de rochas) – O conglomerado tem seixos de composição variável, incluindo aqueles mais instáveis, como filitos, xistos, granitos, que perduraram em virtude de um transporte pouco efetivo do sedimento. Ocorrem em geral em forma de corpos alongados, próprios de canais.

(b) Oligomíticos (poucos tipos de rochas) – Têm uma composição mais uniforme e constituem-se de materiais que resistem a um processo mais intenso de transporte, portanto apresentam maior maturidade. Os seixos são em geral de quartzo, quartzito, sílex e calcário. Dispõem-se sob a forma de corpos tabulares, como, por exemplo, os depósitos litorâneos.

Paraconglomerados: são rochas areno-síltico-argilosas nas quais se inclui uma determinada proporção de clastos. Os componentes são imaturos e transportados por suspensão.

Entre os depósitos de paraconglomerados incluem-se aqueles depositados pelo gelo (*till*), por correntes de turbidez (turbiditos), por leques aluviais (fanglomerado) etc.

Figura 7.5 Estratos cruzados, Niágara, EUA. (Foto: Mark A. Wilson.)

Arenitos

Os sedimentos arenosos que alcançam o final da evolução do sedimento (estágio 4 de Folk) são também chamados de ortoarenitos. São quartzosos, bem selecionados, com pouca ou nenhuma matriz. São transportados por tração e geralmente apresentam estratificação cruzada e marcas de ondas (Fig. 7.5).

Sedimentos arenosos submaturos e imaturos são designados de para-arenitos ou arenitos sujos *grey wake*. Geralmente têm uma matriz síltico-argilosa, são muito mal selecionados e os grãos têm pouco ou nenhum arredondamento. São em geral transportados por suspensão. Entre as estruturas são comuns: gradacional, marcas de sola e outras estruturas de deformação.

Pelitos

Os pelitos terrígenos são formados de minerais de argila, micas, grãos de quartzo e feldspatos de diâmetros muito pequenos. Estes provêm da erosão de argilitos e folhelhos, aos quais juntam-se silicatos formados em altas pressões e temperaturas e posteriormente intemperizados. Outras origens estão no abrasão do solo produzida durante as glaciações e de cinzas vulcânicas.

7.6 A Disposição das Partículas, a Formação das Estruturas Sedimentares e Seu Significado

As observações e o reconhecimento da natureza das estruturas sedimentares produzidas por processos físicos e por organismos a partir de afloramentos ou testemunhos de sondagens são fundamentais para a interpretação dos ambientes. Entretanto, essas interpretações poderão ser incompletas ou incorretas se não forem analisadas dentro de um contexto maior, que envolve todas as estruturas sedimentares presentes numa sequência ou ciclo sedimentar e suas relações com os caracteres litológicos e paleontológicos presentes. O estudo das estruturas sedimentares primárias inclui o reconhecimento dos tipos de estratificação e as feições da superfície das camadas ou lâminas produzidas durante a deposição, que nada mais são do que uma manifestação direta dos agentes de deposição e das condições de energia que prevaleceram no ambiente.

Na identificação e na interpretação das estruturas devem ser levados em consideração ainda o tamanho, o arredondamento, a forma e a superfície dos grãos.

Todas essas características são impressas pelos processos e agentes de transporte. Assim, estes estudos fornecem mais informações sobre o meio de transporte do que das condições deposicionais e dos tipos de ambientes que, em última análise, serão inferidos.

Inúmeros livros tratam da classificação e da interpretação das estruturas sedimentares; entre eles estão Reineck e Singh (1973), Pettijohn *et al.* (1972), Selley (1978), Allen (1970), Conybeare e Crook (1968), Potter e Pettijohn (1963) e Nowatzki *et al.* 1984.

A seguir encontra-se uma relação, independente de uma sistemática, das estruturas sedimentares mais importantes e seu significado na interpretação dos ambientes.

Estratificação gradacional

Quando a energia do agente de transporte diminui progressivamente, as partículas se depositam por ordem de tamanho decrescente. Caso a energia aumente, resultará em uma estratificação gradacional inversa, com os tamanhos de grãos aumentando na vertical e também na horizontal. A estratificação gradacional é muito comum em meio aquático onde ocorre transporte por suspensão, como, por exemplo, nos turbiditos.

Lineação por partição

É observada na superfície dos planos das camadas de areia, sob a forma de escamas alongadas, onde os grandes eixos são perfeitamente paralelos entre si.

Essas lineações resultam de escoriações orientadas e das segregações das partículas logo que depositadas. Elas só aparecem em ambientes de alta energia hidrodinâmica (Fig. 7.6-C).

Orientação dos seixos

Os seixos que possuem forma alongada, sob a ação das correntes, dispõem-se orientados.

Nos ambientes fluviais, os seixos grandes tendem a se dispor paralela ou perpendicularmente à direção de escoamento, dependendo da inclinação do leito e da velocidade da corrente.

Os seixos de forma irregular assentam no sedimento por sua base maior. As partículas afiladas são orientadas no sentido da corrente, e são utilizadas para medir o sentido destas (Figs. 7.7-A e B).

A imbricação dos seixos

Quando os seixos são transportados por uma corrente unidirecional, depositam-se dispondo-se como as telhas de um telhado.

A extremidade do eixo maior fica imersa rio acima. Medições das direções de imbricamento fornecem a direção das paleocorrentes (Fig. 7.8).

A formação dos estratos

A estratificação é a disposição dos sedimentos em leitos distintos, formando bancos ou camadas. Estas são separadas umas das outras por juntas nos planos de estratificação ou por interestratos de litologias diferentes (Fig. 7.9).

Cada camada ou interestrato corresponde a um episódio da sedimentação e é caracterizado pelo tamanho das partículas, orientação, constituição, cor etc.

As lâminas são estruturas que aparecem no interior das camadas e são produzidas durante a deposição.

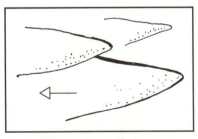

A – *Flute cast* (turboglifos)

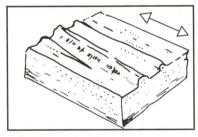

B – Marcas de sulcos (*groove marks*)

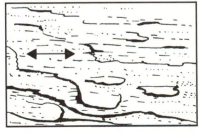

C – Lineação por partição

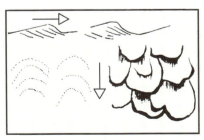

D – Marcas de ondas

Figura 7.6 Estruturas sedimentares produzidas por correntes. (Segundo Dimitrisevic *et al.*, 1967.)

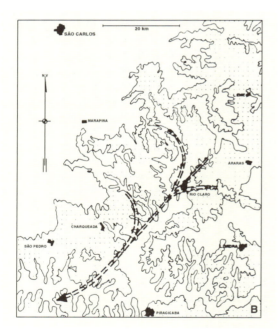

Figura 7.7-A Vetores médios encontrados a partir do eixo maior de seixos alongados da formação Rio Claro (São Paulo).

Figura 7.7-B As linhas interrompidas indicam o sentido geral de transporte. (Segundo Bjornberg e Landin, 1966.)

Figura 7.8 Disposição dos seixos quando depositados por correntes fluviais. Correntes da esquerda para a direita.

Figura 7.9 Camadas alternadas entre arenitos finos, calcíferos e folhelhos. Grupo Passa Dois, Paraná. (Foto do Autor.)

As camadas

Segundo a forma geométrica, podemos distinguir duas categorias de camadas: plano-paralelas e lenticulares.

As camadas **plana** e **paralela** são aquelas em que as superfícies que as delimitam são sensivelmente paralelas entre si por grandes distâncias.

O depósito adquire então uma grande extensão horizontal entre 1 e 10 km. Forma-se, por exemplo, em ambientes lacustres e marinhos.

Camadas lenticulares

Correspondem a lentes que medem entre alguns decímetros a dezenas de metros de largura. São provenientes de depósitos cujas extremidades são afiladas, como preenchimento de depressões ou canais, dunas, recifes etc.

Canais fluviais e canais de maré

São delimitados por uma superfície basal de erosão de forma irregular, em geral côncava. Seu preenchimento pode ser efetuado por diversas etapas. Geralmente constituem-se de clastos de rochas provenientes das regiões circunvizinhas.

Figura 7.10 Ritmitos do Grupo Itararé, Rio Negro, PR. (Foto do Autor.)

As lâminas

As camadas são constituídas por sucessões milimétricas chamadas lâminas. Estas originam-se das flutuações na velocidade da sedimentação ou da natureza do agente.

As sequências sedimentares são formadas de camadas ou estratos. Conforme a disposição das lâminas no interior das camadas ocorrem várias formas de laminação ou estratificação.

Laminação ou estratificação horizontal

A superfície das lâminas é plana e paralela ou subparalela à base e ao topo da camada. Nos sedimentos finos (pelitos ou micríticos), a laminação se processa por decantação das partículas. Isso ocorre num ambiente de deposição calmo (Fig. 7.10). Nos sedimentos mais grosseiros (areias), indica a ação de correntes, ou seja, alta energia hidrodinâmica (Fig. 7.11).

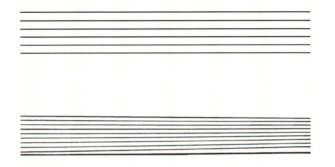

Figura 7.11 Laminação horizontal.

Laminação ou estratificação cruzada oblíqua ou cuneiforme

As lâminas formam um ângulo agudo com a superfície da camada. Esta estrutura origina-se de correntes unidirecionais. As partículas transportadas assentam-se sobre uma superfície de fundo oblíquo sobre a qual se dispõem as sucessivas lâminas. A laminação cruzada revela o sentido das paleocorrentes. Nos ambientes aquáticos, o ângulo formado entre as lâminas e a superfície da camada subjacente é inferior a 34°, geralmente da ordem de 20°. Nos depósitos eólicos são registrados valores maiores, atingindo 40° (Fig. 7.12).

A laminação cruzada oblíqua por migração e ritmicidade produz outras estruturas como marcas de ondas, dunas eólicas ou subaquáticas.

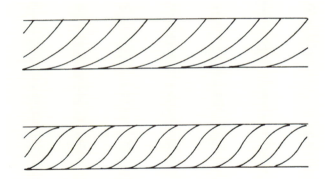

Figura 7.12 Estratificação cruzada oblíqua.

Laminação cruzada tabular

Ocorre quando os limites entre as lâminas cruzadas são uma superfície plana. Resulta da migração de barras subaquáticas, ou dunas (ver Fig. 7.13). A Fig. 7.14 mostra estratos cruzados simples em arenitos eólicos da formação Botucatu.

Laminação cruzada acanalada

Nesse caso, a superfície que separa as lâminas é côncava. Desenvolve-se a partir da progressão de grandes dunas ou canais (Fig. 7.15).

Estrutura *flaser*

Sob as mesmas condições ambientais requeridas para formarem as marcas de ondas podem formar-se também estruturas *flaser*. Assim, quando cessa a atividade de transporte das areias o material fino que resta em suspensão na água assenta-se nas depressões das marcas ondulares. Antes da deposição de nova sequência de areia fina que formará novas

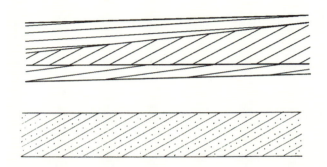

Figura 7.13 Estratificação tabular cuneiforme (acima) e cruzada tabular (abaixo).

Figura 7.14 Estratos cruzados em arenitos eólicos da formação Botucatu. (Foto do Autor.)

Figura 7.15 Laminação cruzada acanalada.

marcas de ondas, as cristas das ondas da sequência precedente são erodidas, resultando pequenas lentes côncavo-convexas de material fino no meio de deposição mais grosseira (Fig. 7.16).

Este tipo de estrutura é particularmente frequente nas zonas intermarés e nos estuários onde há uma parada entre períodos de movimentação das águas de marés.

Nesses locais, devido aos movimentos de fluxo e refluxo das correntes de maré, são produzidas também estruturas com laminação em forma de espinha de peixe (*herringbone structure*) (Fig. 7.17).

Estruturas convolutas

Logo após a deposição de ritmos formados por intercalações argilosas e sílticas sobre superfícies inclinadas podem ocorrer movimentos que produzem uma sucessão de pequenas ondulações ou microdobras mais ou menos irregulares entre dois níveis mais plásticos da sequência (Fig. 7.18).

Algumas laminações convolutas são sindeposicionais e formam-se quando sedimentos finos embebidos em água são depositados rapidamente. São reconhecidas e diferenciadas do escorregamento porque as microdobras ou dobras da laminação convoluta encontram-se sempre entre camadas superiores e inferiores paralelas entre si.

Resultam também de deformação penecontemporânea por deslocamento em áreas de declive. O escorregamento ocorre em ambiente subaquoso, produzindo dobras particularmente em sedimentos sílticos e arenosos. Ocorrem em vertentes com declive e podem também ser produzidas pelo peso das camadas depositadas acima ou sob o peso de geleiras. Pode ocorrer também o rompimento das camadas, resultando uma estrutura deformada com aspecto de pseudonódulos.

As dobras originadas por escorregamento diferenciam-se daquelas produzidas por forças tectônicas porque as camadas superiores e inferiores da sequência não são deformadas. A Fig. 7.18 mostra estruturas dobradas compostas de siltito e argilito encontradas em rochas do Grupo Itararé, na Bacia do Paraná.

Marcas de ondas

As marcas de ondas são ondulações rítmicas que se desenvolvem na superfície das camadas sob a ação de correntes ou ondas. A distância entre duas cristas varia desde poucos centímetros (marcas de ondas de pequeno porte) até algumas dezenas de metros (dunas). Podemos distinguir:

- Marcas de ondas de oscilação ou de perfil simétrico. São formadas pelo movimento oscilatório das ondas. Indicam pequenas profundidades (Fig. 7.19).
- Marcas de ondas assimétricas: produzidas por correntes. Formam-se por acreção de partículas que são transportadas. Desenvolvem-se sob a ação de correntes unidirecionais por sucessões de lâminas irregulares que resultam em cristas e depressões. O lado mais suave da crista indica a procedência da corrente (Figs. 7.20-A e B, e 7.21).

Figura 7.16 Estrutura tipo *flaser*.

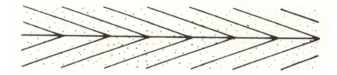

Figura 7.17 Laminação tipo espinha de peixe.

Figura 7.19 Marcas de ondas de oscilação.

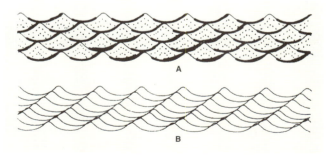

Figura 7.20 Marcas de ondas assimétricas. A – Vistas de frente; B – em perfil.

Em princípio, as marcas de ondas de origem subaquática distinguem-se das eólicas pelos seguintes critérios: nas de natureza subaquática, as partículas mais grosseiras acumulam-se nas depressões, ou seja, entre as cristas, enquanto nas de origem eólica concentram-se nas cristas; o índice das primeiras é menor.

Fig. 7.18 Estrutura convoluta em sedimentos do Grupo Itararé. Observar que as camadas inferiores encontram-se na horizontal. Rodovia Mafra-Canoinhas, SC. (Foto do Autor.)

Sedimentos: Processos e Estruturas Deposicionais   97

Figura 7.21 Marcas de ondas assimétricas do Devoniano da Pré-Cordilheira Andina. (Foto: O. Bordonaro.)

Moldes ou estruturas de recalques (*flute casts*)

Também denominadas *flute marks* ou turboglifos, formam-se a partir de deformações hidroplásticas nos sedimentos pelíticos produzidos por correntes em redemoinhos, que escavam inúmeras figuras e relevo alongado e assimétrico de alguns centímetros de comprimento que serão preenchidos por material mais grosseiro procedente da corrente seguinte, originando o contramolde da estrutura (Fig. 7.22).

Figura 7.22 Estrutura de recalque produzida por correntes. (Foto do Autor.)

A porção arredondada em forma de bulbo está voltada para a procedência da corrente (ver Fig. 7.6-A).

Outras formas são produzidas por objetos flutuantes transportados pelas correntes. Essas formas de estruturas variam de acordo com o objeto e o ângulo de impacto. Os objetos flutuantes podem ser pedaços de madeira, espinhas de peixes e conchas. As formas são as mais variadas possíveis e indicam a direção da corrente. Os objetos estacionários constituem um obstáculo à passagem das correntes, produzindo estruturas denominadas genericamente *tool marks*, ou marcas de objetos estacionários, ou ainda *obstacle scours*.

Quando os objetos transportados produzem sulcos erosivos sobre a superfície (geralmente em pelitos) constituem as estruturas chamadas marcas de sulcos, ou *groove marks* (ver Fig. 7.6-B).

Marcas de sulcos são também provocadas por fluxos laminares e ocorrem nas porções distais basais de sequências turbidíticas.

Estrutura maciça

Estudos detalhados em sedimentos demonstram que são muito raras camadas desprovidas de estruturas, e mesmo aquelas que a olho nu se mostram maciças revelam, quando analisadas em raios X, a presença de estruturas.

Outras camadas são maciças porque perderam as estruturas durante a compactação ou a diagênese.

Um exemplo de condições para que um sedimento não apresente estruturas seria a hipótese de um rio com grande carga de sedimentos que, ao entrar em um corpo d'água, diminuísse bruscamente a velocidade, produzindo um rápido assentamento da carga.

Outra possibilidade seria sob condições marinhas, onde ocorre um contínuo aumento da salinidade, que resultaria numa sequência composta de laminação paralela bem definida na base, passando para uma laminação paralela pouco definida e, finalmente, depósitos maciços no topo.

Gretas de contração

Formam-se da exposição e do ressecamento da lama (argila) depositada em condições subaéreas. Com a desidratação, a lama sofre rachaduras geralmente em formas poligonais. Ocorrem casos de gretas subaquáticas formadas por desidratação do material coloidal. São denominadas sinérise. Estas são menores e os espaços entre os polígonos são preenchidos de argila, enquanto nas gretas subaéreas estes são preenchidos por areia (Fig. 7.23).

Figura 7.23 Gretas de contração por desidratação da lama em planície fluvial contendo pegadas de dinossauros do cretáceo. Souza, PB. (Foto: Antonio Liccardo.)

O valor das estruturas para determinação de paleocorrentes

Entre as estruturas sedimentares conhecidas, algumas são unidirecionais e por isso são importantes, porque revelam o sentido do agente de deposição (vento, rio, geleira), contribuindo para o conhecimento da paleogeografia e da paleoclimatologia dos antigos ambientes.

Outras estruturas são bidirecionais, ou seja, revelam a direção e não o sentido dos agentes que atuaram, mas mesmo assim são importantes porque outros elementos podem fornecer o sentido.

Por exemplo: os canais são bidirecionais, e por si só não mostram o sentido das correntes; entretanto, podem conter seixos cujo posicionamento revela o sentido das correntes. Finalmente, ocorrem estruturas enquadradas como não direcionais que não contribuem para o estudo das paleocorrentes, mas evidentemente mostram outras informações relativas ao ambiente em que se formaram.

Estruturas unidirecionais
- estratificação cruzada
- marcas de ondas assimétricas
- marcas subestratais turboglifos (calcos de fluxo)
- marcas de objetos (*tool marks*)
- *rill marks*
- sombra de areia (*shadow* ou *crescent marks*)
- *swah marks* (ressacas)
- orientação de fósseis

Estruturas bidirecionais
- marcas de ondas simétricas
- lineação em areia
- lineação de partição (*parting lineation*)
- marcas de sulcos (*groove marks*)
- canais
- escorregamento (*slump*)

Estruturas não direcionais
- estrutura de carga
- laminação convoluta
- laminação plano-paralela
- estrutura gradacional
- pingos de chuva
- bioturbações
- estromatólitos
  (podem ter valor unidirecional)

Bibliografia

COLLINSON, J. D.; THOMPSON, D. B. *Sedimentary structures*. London: Allen & Unwin, 1982. 194 p.

FRITZ, W. J.; MOORE, J. N. *Basics of physical stratigraphy and sedimentology*. New York: John Wiley, 1988. 371 p.

LEEDER, M. R. *Sedimentology*: process and products. London: Allen & Unwin, 1982. 344 p.

NOWATZKI, C. H. et al. *Glossário de estruturas sedimentares*. Acta Geológica Leopoldensia 18/19:7-432, 1984.

PETTIJOHN, F. J.; POTTER, P. E. *Atlas and glossary of primary sedimentary structures*. Berlin: Springer-Verlag, 1964. 370 p.

REINEECK, H. E.; SINGH, I. B. *Depositional sedimentary enviroment*. New York: Springer-Verlag, 1973. 439 p.

SUGUIO, K. *Geologia sedimentar*. São Paulo: Edgard Blücher, 2003. 400 p.

TUCKER, M. E. *Sedimentary petrology*. 3. ed. Oxford: Blackwell Science, 2001. 252 p.

WALKER, R. G. (Ed.) *Facies models*. 2. ed. Ontario: Geoscience Canada, 1986. 317 p. (Reprint Series, 1).

Rochas Sedimentares: Ambientes e Sistemas Deposicionais

Origem

Ao longo do ciclo de transformações das rochas, o conjunto de fenômenos que ocorrem sob a influência dos agentes externos constitui o ciclo exógeno através do qual se formam as rochas *sedimentares* (Fig. 8.1).

Como já foi visto, este ciclo começa pelo intemperismo, que decompõe quimicamente ou desintegra mecanicamente as *rochas* mais antigas, transformando-as em *sedimentos* e *solos*.

Durante o intemperismo, os minerais sofrem transformações químicas importantes: (a) parte de seus constituintes é dissolvida e carregada pelas águas de infiltração (Ca, Mg, K, Na e Fe, principalmente), de modo que esses materiais só vão se reprecipitar sob a forma de sedimentos químicos; (b) parte dos minerais, como os feldspatos, anfibólios, micas etc. é transformada em argilominerais, ou seja, minerais moles, terrosos, formados por cristais ínfimos; (c) o quartzo e uns poucos minerais, como a ilmenita, a granada e a monazita, não se alteram e permanecem nos solos sob a forma de grânulos duros e areia; (d) quando o intemperismo é incompleto, restam ainda no solo fragmentos mais resistentes de rocha. Assim, o intemperismo transforma as rochas em solos residuais formados por uma mistura de argila, areia e fragmentos de rocha.

Esses materiais são então transportados pelas chuvas, rios, ventos etc., que finalmente os redepositam. Os depósitos formados são denominados *sedimentos clásticos* ou *detríticos*.

Durante o transporte esses materiais são separados uns dos outros pelos agentes de transporte em função do tamanho e da dureza das partículas, de sorte que os sedimentos formados são constituídos (mais ou menos separadamente) por argila, areia ou cascalho.

Dessa forma, os dois tipos principais de sedimentos que resultam do ciclo exógeno são os *sedimentos químicos* e os *sedimentos clásticos*. Ver também Capítulo 7.

Uma terceira categoria de sedimentos pode ser adicionada às duas primeiras: os *sedimentos orgânicos*, os quais, em princípio, também são sedimentos químicos ou clásticos, mas apresentam a particularidade de terem sido originados da intervenção ou da acumulação de restos de esqueletos e carcaças de seres vivos (Fig. 8.1).

Litificação

Os sedimentos recém-formados são moles e incoerentes como a areia de uma praia ou a argila de um manguezal.

Com o passar do tempo e a evolução geológica, entretanto, especialmente em zonas em que a crosta está sofrendo um afundamento lento (subsidência), novas camadas de sedimentos vão se acumulando sobre as mais antigas, e assim vão se criando espessas formações de sedimentos que podem atingir centenas e até milhares de metros de espessura.

Sob o efeito do peso das novas camadas, a água é expulsa e os sedimentos mais antigos vão endurecendo, sofrem a litificação, até voltarem à forma de rochas duras: as rochas *sedimentares*.

Este fenômeno de *litificação* ou *diagênese* se processa de várias maneiras. Os sedimentos argilosos, por exemplo,

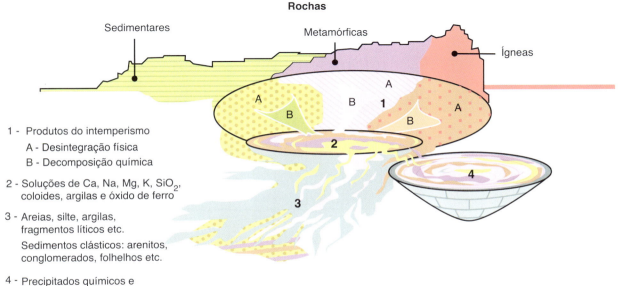

Figura 8.1 A formação de rochas sedimentares.

litificam-se por compactação, ou seja, as partículas de argila que no início da sedimentação se dispõem segundo uma estrutura cheia de vazios, sob a ação do peso das camadas superiores, são compactadas umas contra as outras, de modo a formarem uma rocha dura como o tijolo prensado. Já a areia de praia endurece principalmente pela introdução de substâncias cimentantes: carbonato de cálcio, óxidos de ferro, sílica etc.

Os sedimentos químicos, por sua vez, ao precipitarem sofrem fenômenos de cristalização que dão origem a rochas muito duras.

Consolidação dos sedimentos

Como foi visto, após a sedimentação os sedimentos passam a sofrer processos de litificação ou diagênese. Os mais importantes são os seguintes:

Compactação. Redução volumétrica causada principalmente pelo peso das camadas superpostas e relacionada com a diminuição dos vazios, expulsão de líquidos e aumento da densidade da rocha. É o fenômeno típico dos sedimentos finos, argilosos.

Cimentação. Deposição de minerais nos interstícios do sedimento, produzindo a colagem das partículas constituintes. É o processo de agregação mais comum nos sedimentos grosseiros e arenosos.

Recristalização. Mudanças na textura por interferência de fenômenos de crescimento dos cristais menores ou fragmentos de minerais até a formação de um agregado de cristais maiores. É um fenômeno mais comum nos sedimentos químicos.

8.1 Rochas Sedimentares Clásticas

As rochas clásticas podem ser classificadas de diversas maneiras. A mais comum, entretanto, é a que se baseia na granulometria. Uma classificação deste gênero, completada por outras características, é encontrada no quadro da Fig. 8.2. Ver também Capítulo 7, Seção 7.5.

Conglomerados (Psefitos). São depósitos constituídos de fragmentos de rochas de natureza diversa. Os componentes dos conglomerados recebem a denominação de clastos e têm tamanho superior a 2 mm de diâmetro. Os clastos comumente encontram-se imersos em uma matriz de composição mais fina. Quando os clastos são angulosos a rocha denomina-se brecha, podendo indicar pouco ou nenhum transporte. Quando os clastos sofrem arredondamento estão, em geral, associados a uma matriz arenosa, e o depósito constitui um ortoconglomerado.

Os ortoconglomerados são transportados por tração e, por isso, são geralmente depósitos bem maturos, como os de natureza fluvial (Fig. 8.3).

Quando a matriz é fina (pelítica) os clastos são geralmente pouco numerosos e pouco arredondados. Nesse caso, o depósito é um paraconglomerado. Estes são provenientes de transporte por suspensão em correntes de alta densidade, como as correntes de turbidez ou leques aluvionares (Fig. 8.4).

Os ortoconglomerados têm, em sua composição, clastos mais resistentes, que sobreviveram a um processo de transporte mais efetivo. Os ortoconglomerados dividem-se em oligomíticos e polimíticos. Os primeiros têm composição muito uniforme, representada por materiais mais estáveis, como o quartzo, o quartzito e o calcário. Os conglomerados

GRUPOS PRINCIPAIS	GRANULOMETRIA (Wentworth) (mm)	NOMES DOS SEDIMENTOS OU ROCHAS SEDIMENTARES		OUTRAS CARACTERÍSTICAS
		SEDIMENTOS NÃO CONSOLIDADOS	ROCHAS SEDIMENTARES CORRESPONDENTES	
SEDIMENTOS DE GRANULAÇÃO GROSSEIRA OU PSEFITOS	256	MATACÃES	Conglomerados e brechas	São geralmente formados por fragmentos de rocha ou matriz arenosa ou síltica. As variedades com partículas arredondadas são os *CONGLOMERADOS*. Quando as partículas sao irregulares, tem-se a brecha.
	64-256	Blocos ou CASCALHO GROSSO		
	4-64	Seixos ou CASCALHO FINO		
	2-4	GRÂNULOS		
SEDIMENTOS DE GRANULAÇÃO MÉDIA OU PSAMITOS	1/4-2	AREIA GROSSA	ARENITOS GROSSEIROS	As areias predominantemente formadas por quartzo. Por cimentação, formam os arenitos. Arenitos com 25 % ou mais de feldspato denominam-se arcósios.
	1/16-1/4	AREIA FINA	ARENITOS FINOS	
SEDIMENTOS DE GRANULAÇÃO FINA OU PELITOS	1/256-1/16	SILTE	SILTITOS E FOLHELHOS	Os siltes sao formados por minerais finalmente moídos (pó de rocha) e a compactação forma os siltitos.
	1/256	ARGILA	ARGILITOS E FOLHELHOS	As argilas sao predominantemente compostas por argilominerais e são plásticas. Os argilitos sao mais maciços e os folhelhos apresentam foliação.

Figura 8.2 Classificação dos principais tipos de sedimentos clásticos segundo o tamanho dos grãos.

Figura 8.3 Ortoconglomerado oligomítico em matriz arenosa. (Foto do Autor.)

Figura 8.4 Em primeiro plano, à esquerda e embaixo, depósito de encostas. Em segundo plano, leques aluvionares dissecados constituídos de arenitos e paraconglomerados. (Foto do Autor.)

Tiloides. São paraconglomerados encontrados inicialmente nos taludes submarinos, e receberam este nome por serem semelhantes aos tilitos. Mais tarde aplicou-se esse termo também para outros depósitos, criando-se confusão.

Diamictitos. Os diamictitos são também paraconglomerados, ou seja, lamitos conglomeráticos. Contêm clastos de tamanhos variáveis dispersos em abundante matriz predominantemente pelítica. O termo diamictito não implica a gênese do depósito, de modo que eles podem ser formados em ambientes glaciais, periglaciais, leques aluvionais, correntes de turbidez etc. (Fig. 8.5-B).

Os diamictitos são encontrados como corpos de diferentes espessuras e formas, na sequência relacionada com a glaciação permocarbonífera do Grupo Itararé, na Bacia do Paraná. Por isso, na literatura geológica brasileira são frequentemente associados a ambientes glaciais ou periglaciais.

Os diamictitos do Grupo Itararé são formados, por via de regra, por uma matriz fina, composta de quartzo, feldspato, micas e argilas.

Figura 8.5-A Tilito de origem glacial do Grupo Itararé, Bacia do Paraná. (Foto do Autor.)

polimíticos, por sua vez, têm uma composição mais variável de seus clastos, incluindo componentes líticos mais instáveis (granito, diabásios).

Tilitos. O termo *tilito* foi introduzido por Penck para rochas originadas por litificação do *till*, um lamito conglomerático, porém o termo tem conotação genética, pois todos têm sua origem ligada ao gelo.

Portanto, o *till*, depois de consolidado, constitui o tilito, cujo sedimento é depositado diretamente pela geleira. Por isso são desprovidos de estratificação e caracterizam-se por apresentar clastos de tamanho extremamente variável, desde poucos centímetros até vários metros de diâmetro (matacões). Estes são constituídos por tipos de rochas tão variáveis quanto são os terrenos pelas quais passa a geleira. As formas são geralmente angulosas, e muitos apresentam estriações produzidas pelo contato com o substrato rochoso (Fig. 8.5-A).

Figura 8.5-B Diamictito em afloramento do Grupo Itararé. (Foto do Autor.)

Os clastos constituem cerca de 30 % da rocha e são formados predominantemente de quartzito, gnaisses e granitos. O tamanho médio dos clastos é pequeno. Megaclastos com 2 a 3 m de diâmetro são raros. Os diamictitos podem ser maciços ou apresentar estratificação. Neste caso, podem passar transicionalmente para depósitos estratificados de arenitos, siltitos ou conglomerados. Muitos possuem deformações plásticas.

Arenitos (Psamitos). São os sedimentos mais abundantes. Podem ser definidos como toda rocha cujos constituintes tenham tamanho entre 2 e 0,062 mm de diâmetro (segundo a escala de Wentworth).

O quartzo é o componente predominante, por ser mais duro, resistente e estável quimicamente. Quando outros componentes entram na composição dos arenitos em quantidades apreciáveis, estes passam a denominar-se para-arenitos ou grauvacas, ou, ainda, arenitos sujos. Estes sedimentos, em sua composição, além de grãos de quartzo, contêm feldspato, fragmentos líticos e argilas. Esta constituição é devida ao transporte por suspensão sob vigência de climas secos. Os arenitos limpos são constituídos, predominantemente, por grãos de quartzo que sofreram um transporte bastante efetivo, suficiente para eliminar os demais constituintes de natureza instável e produzir alto grau de arredondamento nos grãos de quartzo. Estes arenitos denominam-se ortoarenitos e encontram-se frequentemente em ambientes eólicos (dunas), marinhas (praias) e canais fluviais (Fig. 8.6).

Figura 8.7 Pelitos alternados por camadas de arenitos finos e calcários. Serra do Espigão, SC. (Foto do Autor.)

Quando os pelitos possuem muita mica, esta se dispõe segundo lâminas plano-paralelas entre os grãos finos, o que confere à rocha grande fissilidade, ou seja, a propriedade de esfoliar-se segundo planos paralelos. Nesse caso, o sedimento é denominado folhelho. Os pelitos encontram-se comumente em ambientes subaquáticos de águas calmas, tais como lagos, zonas abissais marinhas, pântanos etc. Lâminas de arenitos finos alternadas por pelitos constituem uma rocha denominada ritmito ou varvito, neste caso ligada à gênese periglacial (Figs. 8.8 e 8.9).

Figura 8.6 Arenitos (ortoarenitos) com estratos cruzados. Serra da Esperança, PR. (Foto do Autor.)

Pelitos. Como pelitos são englobados todos os sedimentos cujos tamanhos dos grãos são inferiores a 0,062 mm de diâmetro (escala de Wentworth).

Sob essa denominação englobam-se os siltitos, em que os tamanhos dos grãos variam entre 0,062 e 0,004 mm de diâmetro, e os argilitos, cujas partículas têm diâmetro menor que 0,004 mm. Os siltitos têm composição muito heterogênea, com predominância de quartzo sobre finos resíduos de rocha, argilas e outros minerais de natureza variável. Os argilitos podem conter alta porcentagem de argilas de natureza diversa, provenientes, em geral, da alteração de feldspatos, piroxênios e anfibólios, conferindo grande plasticidade à rocha (Fig. 8.7).

Figura 8.8 Ritmitos constituídos de lâminas de argilitos e pelitos. Trombudo Central, SC. (Foto do Autor.)

Rochas Sedimentares: Ambientes e Sistemas Deposicionais

Figura 8.9 Afloramento de folhelho da Formação Ponta Grossa. (Foto: Antonio Liccardo.)

8.2 Rochas Carbonáticas

São sedimentos de origem clástica, orgânica ou química; neste último caso são formados por precipitação, cujo componente principal é o carbonato de cálcio (Fig. 8.10).

Figura 8.10 Calcários dobrados de idade Jurássica, Pré-Cordilheira dos Andes, Argentina. (Foto: O. Bordonaro.)

Classificação das rochas carbonáticas

Calcários bioconstruídos. São rochas resultantes da construção de colônias de corais e algas, formando os bioermas. O desenvolvimento de estruturas formadas por colônias de algas denomina-se estromatólito.

Calcários bioacumulados. Os depósitos de calcários bioacumulados são provenientes do transporte e da deposição de organismos e restos de suas carapaças. Constituem clastos de conchas, esqueletos, peloides, restos de colitos e ainda de invertebrados. A matriz ou cimento pode ser calcisiltítica ou calcilutítica.

Os calcários bioacumulados podem ser divididos macroscopicamente em:

(a) Calciruditos – São acumulações cujos fragmentos têm tamanhos superiores a 2 mm de diâmetro.
(b) Calcarenitos – Representam os calcários cujas partículas componentes são do tamanho das de areia, ou seja, situam-se entre 0,0062 e 2 mm de diâmetro.
(c) Calcipelitos – Constituem calcários cujos componentes apresentam tamanhos inferiores a 0,062 mm de diâmetro.

Calcários metassomáticos. São os dolomitos, formados pela substituição dos calcários calcíticos pelo magnésio sem que haja modificação na estrutura da rocha. A dolomitização ocorre comumente nos recifes de barreira, situados paralelamente à praia, formando uma laguna. Verificou-se que as soluções de magnésio formadas nessa laguna passam através dos recifes em direção ao mar aberto, produzindo a dolomitização dos calcários, exceto os dolomitos com precipitação de magnésio primário.

8.3 Rochas de Origem Química

São formadas de substâncias em soluções iônica ou coloidal por meio de processos químicos variados, e se depositam por evaporação e precipitação. A precipitação produz materiais finamente cristalizados ou amorfos. A evaporação pode produzir cristais maiores, como acontece com depósitos de sal ou gipsita.

De qualquer forma, as rochas químicas geralmente apresentam texturas cristalinas, às vezes até mesmo parecidas com as das rochas ígneas, porém quase sempre com a ocorrência de um único tipo de mineral.

Outras texturas comuns são as amorfas (mistura de texturas cristalinas e clásticas) e as oolíticas (cristalização em pequenas camadas concêntricas formando minúsculas esferas semelhantes a ovas de peixe).

A classificação desses sedimentos é usualmente baseada na composição química. Uma das mais simples é a apresentada a seguir:

(a) Sedimentos carbonáticos – Formados pela precipitação de carbonatos variados, principalmente carbonato de cálcio e magnésio, que dão origem aos *calcários*, *dolomitos* e a rochas similares.
(b) Sedimentos ferríferos – Formados pela deposição de hidratos férricos coloidais. Em meios oxidantes, formam-se acumulações hematíticas ou limoníticas. Em meios redutores, formam-se acumulações de pirita ou siderita. Em geral, ocorrem misturados com outras frações clásticas ou químicas, formando sedimentos mistos. Possivelmente esta é a origem dos jaspelitos-ferríferos de Urucum (Mato Grosso) e também, após metamorfismos, dos *itabiritos* de Minas Gerais.
(c) Sedimentos silicosos – São depósitos de sílica criptocristalina (calcedônia) e quartzo microcristalino sob a forma de sílex. Têm aspecto maciço ceroso e ocorrem sob a forma de camadas ou nódulos dentro de camadas de calcário ou outros sedimentos.
(d) Sedimentos salinos ou evaporitos – São depósitos de cloreto de sódio, potássio, sulfatos, carbonatos, boratos e outros sais comumente relacionados com a evaporação exagerada do solvente. Formam-se em braços de mar, mares interiores, lagos salgados etc., donde provém o nome evaporitos. É exemplo o sal em Cotiguiba, Sergipe e Nova Olinda, Amazonas.
(e) Rochas sedimentares orgânicas – São sedimentos formados pela acumulação *bioquímica* de carbonatos, sílica e outras substâncias, ou então pela deposição e transforma-

ção da própria matéria orgânica. Entre os primeiros, também chamados sedimentos acaustobiolitos, ou seja, não combustíveis, merecem destaque os calcários formados pela acumulação de conchas, corais etc. ou originados pela intervenção de certas algas, assim como os sedimentos formados pela acumulação de estruturas silicosas de foraminíferos e diatomáceas (diatomitos). Os segundos são denominados *caustobiolitos*, ou seja, biolitos combustíveis, e se formam pela acumulação de maior ou menor quantidade de matéria orgânica, juntamente com certa porção dos sedimentos argilosos ou calcários.

O tipo de material acumulado pode ser predominantemente formado por matéria carbonosa e ácidos húmicos provenientes do tecido lenhoso e vascular dos vegetais terrestres. Esses sedimentos se formam em ambientes continentais, pântanos, planícies costeiras, alagadiços etc., onde se desenvolve uma vegetação palustre que, ao morrer, acumula-se no próprio local, originando um ambiente redutor com maior ou menor teor de argila. O sedimento assim formado chama-se turfa. Com a evolução diagenética, a *turfa* passa a outras formas cada vez mais ricas em carbono chamadas *linhito*, *hulha* e *antracito* (ver Capítulo 20, Seção 20.1).

Quando a matéria orgânica que se acumula é predominantemente constituída por seres aquáticos, como algas e plâncton, e a deposição ocorre em lagunas costeiras ou mares rasos e semifechados como o Negro, por exemplo, os sedimentos que se formam são denominados sapropélicos, e de sua diagênese e evolução se formam os folhelhos betuminosos, os folhelhos orgânicos e o petróleo (ver Capítulo 20).

8.4 Tectônica de Placas, Fonte dos Sedimentos e Bacias Sedimentares

Existe relação entre a origem e o desenvolvimento das bacias sedimentares e a tectônica de placas, uma vez que a instabilidade da área ocupada pela bacia, além de definir os padrões estruturais dessa e seu desenvolvimento, é responsável pelas áreas elevadas circundantes, fonte dos sedimentos.

Por essas razões, os diferentes tipos de bacias terão características tectossedimentares próprias comandadas pela província tectônica, que inclui tipo de embasamento, crosta, área-fonte, meio de transporte, composição e distribuição dos grãos e fragmentos líticos, entre outros (Fig. 8.11).

Para esse tipo de abordagem, podemos individualizar três grandes províncias, sobre as quais falaremos a seguir.

8.4.1 Província Continental

É formada pelo embasamento interior – cujas áreas elevadas estão sujeitas a erosão, chamado de escudo, e pelas áreas do cráton propriamente ditas; e neste caso, os sedimentos são depositados em bacias intracratônicas e *grabens*, entre outros.

O embasamento interior (escudo), devido à sua constituição, sob a ação de processos erosivos, produz arenitos tipicamente quartzosos, com pouco feldspato, os quais são, via de regra, transportados para as margens litorâneas, a plataforma continental e atingindo também as regiões mais profundas da bacia oceânica. Os arenitos têm grande maturidade por sofrerem prolongado transporte sobre superfícies de pouco gradiente no continente.

Em áreas mais instáveis do embasamento de relevo mais acentuado, a região cratônica, como área-fonte, situa-se próximo das bacias de deposição, e os arenitos serão imaturos, metarenitos, que vão acumular-se em *grabens* ou *rift* continentais ou em bacias de plataforma ativa. Nessas áreas, os elementos tectônicos da fonte produzem rupturas em blocos no continente (falhas de transformação) e incipientes cinturões elevados por falhamentos. Os processos erosivos nessas regiões são muito ativos e acentuados, ocorrendo arenitos com grãos líticos derivados de gnaisses, granitos plutônicos, e também de coberturas sedimentares.

8.4.2 Província dos Arcos (Orogênicos) Magmáticos

Está próxima às áreas em subducção. Os arcos são dominantemente vulcânicos, mas também existem porções em que a dissecação e a erosão expõem rochas plutônicas e em menor proporção vulcânica, não incluindo formações sedimentares. Os sedimentos são depositados nas bordas das placas em bacia do tipo marginal. Essa área situa-se na margem continental e na região de subducção, onde ocorrem bacias oceânicas, fossas, bacias de retroarco etc.

Os sedimentos provêm de arcos vulcânicos constituídos por fragmentos líticos, e o quartzo, se presente, encontra-se em pequenas proporções.

Os sedimentos também podem ter origem em rocha plutônica (arcos dissecados) com fragmentos líticos de outras rochas ígneas.

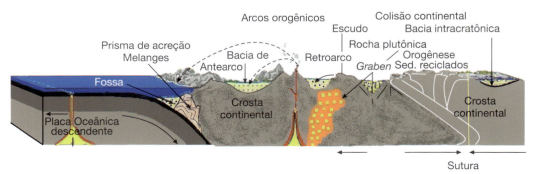

Figura 8.11 Fontes dos sedimentos e bacias associadas à tectônica de placas.

8.4.3 Província Orogenética Mista ou Reciclados

Nessas regiões, os terrenos encontram-se elevados, dobrados e falhados (falhas de cavalgamento), porém constituídos de rochas sedimentares e metassedimentares, encontradas comumente próximo a zonas de subducção ou colisões de placas continentais junto a suturas, crustais. Portanto, a área-fonte constitui-se de rochas que foram inicialmente ígneas ou metamórficas, e mesmo sedimentares, e serão novamente fonte de sedimentos (isto é, reciclada), e dada a abrangência da área, depositam-se em diversos tipos de bacias.

8.5 Ambientes e Sistemas Deposicionais

A reconstituição de ambientes sedimentares antigos utiliza as informações contidas nos sedimentos e fósseis. Esses elementos permitem uma reconstituição aproximada da infinita variedade de paisagens que se sucederam na superfície da Terra no decorrer de sua longa história.

8.5.1 Ambientes de Sedimentação

É uma porção da superfície da Terra que apresenta características físicas, químicas e biológicas próprias e que pode ser distinguida de outras porções adjacentes. Exemplos incluem desertos, bacias fluviais, deltas etc. Os parâmetros mencionados envolvem fatores batimétricos, geológicos, geomorfológicos e climáticos, bem como associações florísticas, faunísticas, sistemas de correntes, ventos, salinidade das águas etc. (Fig. 8.12). Nesta imagem, podem-se distinguir dois ambientes: 1 – continental; 2 – transicional. No primeiro, podem-se identificar um sistema de leques e um sistema continental fluvial. Ambas as fácies associadas estão representadas em perfil como, por exemplo, depósitos de canal, depósitos de barras etc. O sistema deltaico aparece no ambiente transicional com seus depósitos, que podem ser estudados como variações faciológicas.

Fácies são variações laterais na sedimentação e, quando tratada exclusivamente em seus caracteres litológicos, designam-se litofácies; quando relacionadas ao estudo das distribuições e variações dos caracteres paleontológicos, denominam-se biofácies.

As litofácies são produtos do ambiente sedimentar e constituem as unidades genéticas fundamentais no estudo dos sistemas deposicionais. São comumente identificadas a partir da litologia, geometria, estruturas sedimentares e padrões de paleocorrentes (ver Capítulo 18, Seção 18.8). Os depósitos deltaicos e fluviais de rio meandrante indicados na Fig. 8.12 podem ser tratados como fácies. Assim, temos, por exemplo, fácies de fundo de canal (conglomerados), fácies de barra, fácies de diques marginais etc.

8.5.2 Sistemas Deposicionais

Utiliza-se o conceito de sistemas deposicionais quando as rochas são analisadas como um pacote tridimensional, reconhecido por critérios litológicos e designado por um termo genético como sistema deltaico, sistema fluvial etc. Um sistema deposicional é constituído por uma associação de fácies geneticamente ligadas entre si e depositadas como se fossem unidades deposicionais simples. Os sistemas deposicionais apresentam as seguintes características importantes para sua identificação e diferenciação:

- Dimensões e geometria: obtidas por meio de seções transversais e longitudinais a partir de perfis compostos, perfis elétricos, seções sísmicas combinadas com mapas de isópacas, isolíticos, razão areia/folhelho etc.
- Relações entre fácies genéticas: obtidas pela interpretação dos caracteres litológicos, paleontológicos e geométricos dos corpos, de maneira a distingui-los de corpos adjacentes e contemporâneos. A interpretação faciológica é também obtida a partir do significado dos formatos pelos perfis de raios gama, SP, potencial espontâneo, R, resistividade, e da sísmica; neste caso, como "trato de sistemas deposicionais". A Fig. 8.12, quando analisada em seus depósitos (em subsuperfície) com a identificação dos litofácies, passa a ser tratada como sistemas deposicionais.

8.5.3 Princípio do Uniformitarismo e Reconstrução de Ambientes Antigos

O princípio do uniformitarismo, proposto por James Hutton em 1785, é uma doutrina de fundamento filosófico por meio da qual se compreende atualmente como transcorreu a história da Terra com o decorrer dos tempos geológicos.

Figura 8.12 Modelos de ambientes: 1 – Continental (leques e rio meandrante); 2 – Transicional (delta).

Este princípio declara: "os eventos do passado da Terra podem ser descritos pelos processos atuais" ou "o presente é a chave do passado".

O princípio implica uma uniformidade para as leis da natureza aplicável em todos os campos científicos. Os fenômenos físicos, químicos e biológicos permaneceram os mesmos com o decorrer dos tempos.

O uniformitarismo pode ser aplicado, estudando-se modernos ambientes de sedimentação e comparando-os com ambientes antigos.

No entanto, há limitações para o emprego da lei do uniformitarismo na reconstrução dos antigos ambientes de sedimentação, e, por essa razão, ela precisa ser aplicada com precauções. Não há dúvida de que os processos geológicos que atuaram em toda a história da Terra foram os mesmos; entretanto, a intensidade nem sempre foi a mesma. A distribuição das feições geomorfológicas e do relevo mudaram muito com o passar dos tempos. Muitos dos eventos geológicos do passado foram únicos, e não encontramos nada semelhante atualmente. Em certo tempo do passado geológico, a distribuição de terras e mares foi muito diferente. Também as zonas climáticas em alguns períodos do passado foram menos diferenciadas que as hodiernas.

A vegetação, importante fator de controle da erosão, também encontrava-se diferenciada no que diz respeito a sua quantidade e suas formas.

8.5.4 Classificação dos Ambientes Deposicionais

Para a caracterização, são consideradas as feições geomorfológicas e sedimentares encontradas comumente em porções particulares de ambientes deposicionais que se estendem desde regiões intracratônicas, ou continentais, passando por epicontinental a nerítico, batial e abissal. Nesta classificação, como em todas, ocorrem problemas de definição e terminologia por falta de uma nomenclatura precisa. Isso vem ocorrendo porque, dentro de uma mesma classificação, são utilizados diversos critérios que se referem à gênese, processos sedimentares, estruturas geomorfológicas etc. As principais divisões compreendem: fluvial, eólico, deltaico, costeiro interdeltaico, marinho raso e marinho profundo. As primeiras três divisões têm conotação com processos sedimentares; a terceira e quarta referem-se a feições geomorfológicas da costa e distribuição geográfica; e as últimas duas implicam a distribuição das regiões de acordo com a profundidade do assoalho oceânico ou espessura da lâmina da água. Os diversos critérios utilizados mostram as dificuldades de uma classificação adequada para ambientes.

O reconhecimento de ambientes deposicionais, para ser significativo, depende da boa qualidade das análises qualitativas e quantitativas dos estratos, em que devem ser incluídas seções estratigráficas, estudos de sequências sísmicas de fácies, estudos dos caracteres litológicos, estruturas sedimentares, fósseis e estudos paleoecológicos. As informações de natureza litoestratigráfica e bioestratigráfica são muito importantes para a interpretação da história geológica das unidades (Fig. 8.12).

Nessa figura, encontram-se três ambientes de sedimentação, sendo um transicional (deltaico) e dois continentais (fluvial e árido [leques]). Como se percebe, os ambientes podem ocorrer de modo contínuo, mas normalmente, para efeito de estudos, são individualizados.

Ambientes deposicionais continentais

São essencialmente não marinhos, embora os depósitos marinhos epicontinentais possam interdigitar-se com depósitos da costa marinha.

Essa categoria inclui inúmeros ambientes específicos associados com rios, lagos de água doce, geleiras, leques aluviais e desertos. Entre estes, os depósitos fluviais através dos distributários deltaicos frequentemente interdigitam-se com depósitos marinhos litorâneos.

Depósitos lacustres comumente se encontram sobrepostos ou sotopostos a depósitos litorâneos.

Depósitos glaciais em muitos casos passam lateralmente a depósitos marinhos costeiros e também encontram-se associados a depósitos glaciomarinhos originados por descargas de *icebergs*.

Leques aluviais são comumente encontrados sob a forma de depósitos continentais associados a tectonismo, mas, em alguns locais, eles se estendem em direção ao mar, provenientes de atividades erosivas nas montanhas, e podem também ser encontrados recobertos por depósitos transgressivos de natureza litorânea.

Essa relação estratigráfica é particularmente comum em regiões de orogênese ativa ao longo de estruturas de *Graben* ou *Rift*, que se abrem em direção ao mar, como no caso das bacias marginais brasileiras ou em áreas continentais.

Depósitos de regiões desérticas, quando preservados, podem ser encontrados gradando para depósitos marinhos costeiros em regiões onde o deserto se estende para a costa. Esses depósitos permanecem apenas quando o retrabalhamento pela ação das ondas sobre as areias desérticas, depositadas ao longo da costa, não é efetivo. Entre os depósitos desérticos e marinhos podem ser encontradas sequências de dunas e planície de maré localizadas entre depósitos típicos de deserto e de mar aberto.

Ambiente nerítico batial

São ambientes marinhos que se restringem aos limites da borda da bacia e do declive (talude) continental. Onde a bacia é extensa, o ambiente nerítico pode ser dividido em zonas de plataforma interna, média e externa. Os limites em direção ao mar situam-se a uma distância média de 75 km da linha de praia e a uma profundidade de 130 m. Os taludes ou quebras na plataforma podem ocorrer em alguns lugares a menos de 20 m da costa, a mais de 200 de lâmina de água ou ainda à distância de alguns quilômetros da praia, atingindo 300 m de profundidade. São típicos na plataforma das bacias marginais brasileiras.

Ambiente abissal

Neste ambiente, devem ser utilizadas técnicas de prospecção física, de boa qualidade de fotografias e observações diretas por submarinos.

Os trabalhos de sísmica que utilizam uma variedade de equipamentos determinam a topografia do fundo oceânico e também as feições internas da estrutura do fundo, bem como a espessura e estrutura de sequências de sedimentos ali depositados. As técnicas permitem a visualização de camadas que jazem a centenas de metros de profundidade ou a milhares de metros abaixo da superfície do mar, onde há leques submarinos e outras estruturas. Nessas espessas sequências de sedimentos acumuladas nas regiões batiais e abissais, a velocidade acústica tem diferentes fases de acordo com a variação das densidades das camadas, conforme observado em seções sísmicas.

Ambientes abissais vão desde declives continentais até profundidades de 12.000 m ou mais. Eles podem ser caracterizados por planícies abissais, onde a taxa normal de depósitos é muito lenta, da ordem de 2 a 3 cm em 1.000 anos, ou por fossas abissais sujeitas a periódicos fluxos de correntes de turbidez que depositam sucessivas sequências de turbiditos. Nesses locais, a proporção de acumulação pode ser rápida atingindo vários metros em 1.000 anos. A taxa de acumulação de sedimentos que inclui intercalações ou misturas de procedência vulcânica – tais como rochas basálticas, material piroclástico, cinzas etc. – é mais intensa nas áreas dos limites das placas, onde as atividades vulcânicas e os terremotos são frequentes. Essas generalizações mostram as dificuldades de uma classificação para os ambientes de sedimentação; por exemplo, nos arcos de ilhas.

8.5.5 Caracteres Diferenciais entre Ambientes Continental e Marinho

As divisões maiores de ambientes compreendem o continental e o marinho, os quais apresentam características diferenciais marcantes que se encontram impressas nos sedimentos. Segue-se uma soma de caracteres que permitem, em princípio, distinguir estes dois grandes compartimentos.

Ambientes continentais

A configuração desses ambientes é marcada por grande influência climática (temperatura e umidade). Distinguem-se dos ambientes marinhos por diversas características, a saber:

- presença de fósseis terrestres ou de água doce;
- abundantes formas de relevos dissecados;
- presença de paleossolos e depósitos de carvão ou turfa;
- frequência nas cores avermelhadas (óxido de ferro) devido às condições oxidantes reinantes na superfície da terra;
- formas resultantes de trabalhos eólicos e glaciais;
- predominância de sedimentos detríticos sobre os químicos;
- paleossalinidade fraca ou flutuante;
- corpos com formas cônica, convexa, linear ou em cunha;
- predominância de estruturas de paleocorrentes unidirecionais.

Ambientes marinhos

A diversidade de ambientes marinhos resulta de variações que afetam a profundidade e a turbulência da lâmina d'água. Diversos são os caracteres que os diferenciam dos ambientes continentais. São eles:

- presença de fauna e flora marinha diferenciada;
- ausência de superfície de exposição (exceto em zonas de intermaré);
- constância de paleossalinidade;
- predominância de sedimentos químicos e bioquímicos, sobretudo calcários, em detrimento dos sedimentos detríticos;
- corpos com estrutura tabular contendo estratos com laminação cruzada fraca;
- raridade de cores avermelhadas;
- estratos com extensa distribuição lateral.

8.5.6 Principais Caracteres Sedimentológicos e Paleontológicos dos Ambientes

As características aqui relacionadas não são necessariamente definitivas com relação à interpretação de ambientes deposicionais. Entretanto, quando consideradas dentro do contexto de suas sequências estratigráficas e relações faciológicas, servem como guia para interpretação.

A seguir, é apresentado um sumário de algumas das inúmeras feições principais que caracterizam os ambientes.

Ambiente continental
Calcários

Comumente ausentes, mas podem ocorrer gipsitas ou calcários oólitos e acumulações de restos de ostracodes, gastrópodes de água doce e algas calcárias depositadas em ambientes lacustres.

Arenitos

Abundantes. Apresentam laminação cruzada, grãos líticos, grosseiros e finos com granodecrescência, depositados em ambiente fluvial, eólico e glacial. Os conglomerados são comuns.

Folhelhos e argilitos

Geralmente abundantes, de cores variadas, incluindo o vermelho. Podem ser carbonosos. Os folhelhos e argilitos ocorrem intercalados com arenitos e localmente com camadas de carvão depositadas em planícies de inundação, pântanos e lagos.

Fósseis

Escassos, mas localmente abundantes. Incluem bivalvas de água doce, crustáceos, gastrópodes, restos de plantas, polens, esporos e vertebrados, bem como icnofósseis *Scoyenia*. Apresenta traços abundantes de insetos e outros artrópodes, além de pegadas de vertebrados.

Ambiente transicional
Calcários

Comumente ausentes.

Arenitos

Comumente abundantes, quartzosos, bem selecionados, médios a finos, granodecrescentes ou granocrescentes, fossilíferos, depositados como corpos de areia incluindo barras e ilhas de barreiras. A geometria dos corpos é de forma linear, e dispõem-se paralelos à costa, podendo ser indicados nos mapas de porcentagens de areia e de isópacas.

Folhelhos e siltitos

Não são abundantes. Frequentemente de cores escuras e carbonosos. São fossilíferos e geralmente ocorrem intercalados com arenitos depositados em baías e lagunas.

Fósseis

Comumente abundantes, incluindo foraminíferos, traços e escavações rasas e esparsas produzidas por caracóis e mariscos.

Deltaico
Calcários

Ausentes, exceto em camadas de coquina, como, por exemplo, bancos de ostras.

Arenitos

Fartos, localmente com estratificação cruzada, granodecrescentes, grãos médios a finos de constituição lítica ou quartzosa, intercalados com siltitos, argilitos e folhelhos. Forma corpos lenticulares e lineares, perpendiculares à linha da praia. São depósitos de rios ou canais distributários. Tais corpos são evidentes em mapas de isópacas, porcentagens de areia etc.

Folhelhos

Comumente abundantes. Sílticos, de cor cinza a marrom, caoliníticos; podem ser carbonáceos com intercalações de carvão depositados na planície de inundação ou planície deltaica, lagos, pântanos e pró-delta.

Fósseis

Localmente abundantes, incluindo formas de água doce e mixoalina. Bivalvas, gastrópodes, crustáceos, vertebrados e restos de plantas. Nos folhelhos podem ocorrer foraminíferos, polens e esporos, como Icnofósseis *skolitos* e glossifungites. Perfurações em forma de cilindro ou em forma de tubos em U.

Planície de maré
Calcários puros

Predominam calcilutitos, dolomitos, localmente anidríticos. Estromatólitos e gretas de contração são comuns; fósseis são raros. Depósitos de *sabkha*.

Siltitos e folhelhos

De cores variadas, camadas muito finas e laminadas com estruturas *flaser* ou com marcas de ondas que podem conter material algal. Fósseis são abundantes, e gretas de contração são localmente formadas por níveis altos da planície argilosa (lodosa). Os folhelhos e os siltitos, em geral, são puros.

Fósseis

Comumente abundantes em planícies não carbonáticas; particularmente bivalvas com conchas pesadas e gastrópodes. Bioturbações, glossifungites e perfurações de habitação. Muitas espécies deixam a habitação para se alimentarem (caranguejos).

Pró-delta
Calcários

Ausentes.

Arenitos

Não são comuns, mas pode haver arenitos muitos finos em camadas delgadas. Ocorrem marcas de ondas e laminações planas, paralelas e depositadas como lençóis de areia transportados pelas correntes em direção ao mar. Escorregamentos são comuns.

Folhelhos e siltitos

São laminados, cinza-escuro, micáceos, comumente carbonáticos, bioturbados e muito fossilíferos. Encontram-se depositados a partir da frente deltaica em direção ao pró-delta.

Fósseis

Micro e macrofósseis bentônicos e pelágicos; microfósseis localmente abundantes. É comum haver bivalvas, gastrópodes, ouriços, espículas de esponjas, dentes e escamas de peixes, cefalópodes, abundantes pistas de animais e bioturbações na superfície das camadas.

Nerítico
Calcários

Predominantemente calcarenitos e calcilutitos, bem como calciruditos e bio-hermas depositados em bancos carbonosos, em profundidades de menos de 10 m. Constitui exceção a gipsita carbonática, composta principalmente de cocolitos e foraminíferos, que podem ter sido depositados em profundidades maiores, fora do ambiente nerítico.

Arenitos

Comumente mais abundantes na plataforma interna do ambiente nerítico. São principalmente quartzosos e podem ser glauconíticos, com grãos médios a finos, bem selecionados e subarredondados. Podem ter matriz carbonática e ser fossilíferos. Em geral encontram-se dispostos ao longo da costa.

Folhelhos

Mais abundantes na plataforma externa do ambiente nerítico. Principalmente cinza-escuro a cinza-esverdeado escuro. O acamadamento ou a laminação é menos pronunciada do que nos folhelhos do pró-delta. Comumente carbonáticos, mas podem ter ilita em abundância. Fossilíferos, com abundantes restos pelágicos, depositados lentamente por precipitação da argila levada ao mar, por leques ou águas barrentas provenientes dos rios.

Fósseis

As formas pelágicas e bentônicas são abundantes em calcários e também em folhelhos. Estes podem conter polens e esporos, mas não em abundância. Há icnofósseis de associação cruziana. Existem abundantes traços de habitação. As associações de *zoophycos* vivem capeando esses ambientes.

Batial
Calcários

Incomuns, podem encontrar-se intercalados com folhelhos, gipsita compacta e abundante, foraminíferos, espículas de esponjas e restos orgânicos macerados.

Eventualmente contêm abundante macrofauna pelágica. Brechas sedimentares são raras. Contêm conglomerados depositados em taludes suaves ou em platôs marinhos, provenientes da acumulação de fragmentos pelágicos.

Arenitos

Comumente mais lítico do que quartzosos. Cinza, pobremente classificados, com finas camadas com estratificações cruzadas e marcas de ondas produzidas por correntes. Algumas camadas mostram estruturas gradacionais, esparsamente fossilíferas, intercaladas com folhelhos cinza-escuros fossilíferos, depositadas no talude continental, em vales submarinos, leques e turbiditos.

Folhelhos

É o tipo de rocha predominante. São cinza-escuros, sílticos, podendo ser micáceos, carbonáticos ou carbonosos. Geralmente fossilíferos, com formas pelágicas mais abundantes que bentônicas. Finamente acamadados e laminados, intercalados com finas lâminas de arenitos depositadas em taludes, em vales submarinos, leques, platôs e elevações continentais.

Fósseis

Fauna pelágica é mais abundante do que bentônica, incluindo dentes de tubarões, escamas de peixes, cefalópodes e numerosas formas planctônicas. Encontram-se icnofósseis das associações *zoophycos* e nereites. Os animais, em sua maioria, alimentam-se de depósitos orgânicos, deixando traços de "pastagens".

Abissal

Calcários

Ausentes.

Arenitos

Líticos, médios e muito finos, acinzentados, mal selecionados, finamente acamadado, com estratificação gradacional, não fossilíferos e esparsamente fossilíferos. Encontram-se intercalados com finas camadas de folhelhos e siltitos, com rara fauna pelágica e pistas de fósseis ou impressões. Marcas de correntes e estriações na superfície (substratais) subjacentes das camadas individuais de arenitos podem ser interpretadas como fluxos de piroclásticos ou lavas básicas, depositadas como turbiditos no fundo do talude e do assoalho das planícies abissais que flanqueiam a borda do talude. Areias são ausentes nas planícies abissais.

Folhelhos e argilitos

Cinza-escuros, avermelhados, laminados, argiláceos, comumente não sílticos. Podem ser silicosos com bandas de *chert*. Ocasionalmente intercalados com finas camadas de cinzas vulcânicas. Em geral, não são fossilíferos, com exceção de pegadas de fósseis, radiolários e dentes de tubarão depositados muito lentamente junto com partículas de argilas e restos orgânicos em artes muito profundas.

Fósseis

Com exceção dos radiolários e dentes de tubarão, poucos são preservados. Podem ocorrer pistas e outras impressões feitas por holotúrias, vermes, gastrópodes, crustáceos e outros sugerindo que a vida foi localmente abundante.

8.5.7 Registros da Perfilagem e Interpretação dos Ambientes

Os diversos processos atuantes nos ambientes imprimem nas sequências sedimentares muitas informações das condições da época, que podem ser interpretadas a partir das variações no tamanho dos grãos.

As respostas registradas nas perfilagens elétricas e outras nada mais são do que o registro dessas variações.

As sequências ou ciclos sedimentares – ou, ainda, parte destes – são formados por litofácies que podem ser identificadas por processos físicos.

Curva de potencial espontâneo

A curva de SP é um registro da diferença de potencial de um eletrodo móvel no poço e um potencial fixo de um eletrodo na superfície em função da profundidade. O SP é muito útil para identificar os limites de determinadas sequências, permitindo ao mesmo tempo que se estabeleça uma boa correlação entre elas.

Perfis de resistividade

Os perfis convencionais de resistividade são obtidos a partir de correntes emitidas nas rochas por meio de eletrodos medindo as diferenças dos potenciais elétricos entre receptores. As medições dessas potências permitem que se determinem as resistividades.

Os registros de resistência R fornecem bom detalhamento na identificação de finas camadas existentes em uma sequência litológica, notadamente nas sedimentares, em que arenitos, siltitos e folhelhos alteram-se com grande frequência.

8.5.8 Perfil de Raios Gama

O perfil de raios gama mede a radioatividade natural das rochas, sendo, portanto, muito utilizado na detecção e avaliação de minerais radioativos de potássio e urânio.

Nas rochas sedimentares, o perfil de raios gama geralmente reflete o conteúdo de pelitos, pois é neste material que os elementos radioativos tendem a se concentrar. Sedimentos limpos têm um nível abaixo de radioatividade, exceto em alguns casos em que ocorrem, por exemplo, cinzas vulcânicas, seixos de granitos radioativos ou águas de percolação contendo sais de potássio dissolvidos.

8.6 Métodos Sísmicos

Como vemos no Cap. 18, as ondas sísmicas são geradas artificialmente na superfície e refletidas nas interfácies dos estratos das rochas.

Quando uma onda passa por uma desconformidade, entre estratos, há uma quebra de energia, e parte desta é refletida enquanto a outra parte da energia é transmitida ou refratada. Os padrões finais de reflexão indicam unidades sísmicas contidas entre descontinuidades conhecidas e estudadas como tratos de sistemas deposicionais.

Sequências deposicionais são materializadas como produtos da queda e elevação do nível do mar, ou seja, transgressões e regressões. No primeiro caso, forma-se uma desconformidade por erosão e que naturalmente demarca um limite entre sequências. A transgressão marinha, que vem a seguir, abrirá espaço para o maior preenchimento de sedimentos, porque as dimensões da bacia aumentaram, originando uma nova sequência, que se estende em direção ao continente. Após a transgressão atingir o seu ponto mais elevado, de nível de mar, o próximo episódio deverá ser o início de outra regressão, que chegará ao seu final assinalado por uma discordância causada pela erosão sobre os sedimentos que ficaram expostos em condições subaéreas, delineando uma superfície discordante.

Entre as duas superfícies discordantes, formou-se uma sequência de sedimentação bem delimitada, constituída de fácies que compõem um sistema deposicional, típico de região costeira litorânea, que, em seu conjunto, é denominado trato de fácies (ver Fig. 18.33).

Bibliografia

BOGGS JR., S. *Principles of sedimentology and stratigraphy*. Englewood Cliffs: Prentice Hall, 1995. 774 p.

DICKINSON, W. R; SUCZEK, C. A. Plate Tectonic and Sandstone composition. *AAPG Bulletin*, v. 63, 2164-2182, 1979.

KINGSTON, D. R.; DISHROON, C. P. and WILLIAMS, P. A. Global Basin Classification System. *The American Association of Petroleum Geologists Bulletin*, 67(12):2175-93, 1983.

SUGUIO, K. *Dicionário de geologia sedimentar e áreas afins*. Rio de Janeiro: Bertrand Brasil, 1217 p.

_____. *Geologia sedimentar*. São Paulo: Edgard Blücher, 400 p.

A Vida e o Meio: Restos e Vestígios Fósseis

9.1 Formas de Vida

Os grupos de animais e vegetais vivem associados e adaptados sob certas condições ecológicas uniformes, constituindo os biótopos.

Partes do corpo ou vestígios dos hábitos das comunidades, tais como tipos de locomoção, de alimentação, alojamento etc., poderão, após seu desaparecimento, ficar registrados nos sedimentos.

Os restos e vestígios fósseis que podem ficar preservados são geralmente constituídos de:

- porções duras dos seres, como conchas; parte quitinosas ou carbonáticas, tais como escamas de peixes, dentes e ossos;
- estruturas de bioturbação;
- excrementos;
- matéria orgânica.

As associações de restos e vestígios de antigas comunidades constituem as biofácies que fornecerão importantes informações para a reconstituição do antigo ambiente.

Entretanto, para a interpretação desses registros é imprescindível o conhecimento das formas de vida atuais no que concerne ao hábitat, a formas de locomoção, nutrição etc., bem como às condições físico-químicas do meio, como salinidade, oxigenação, batimetria etc.

Como no estudo dos fenômenos geológicos o presente é a chave do passado, aqui também se aplica até certo ponto esse princípio.

Locomoção

O conhecimento do tipo de locomoção dos organismos é muito importante porque condiciona o modo de alimentação, os meios de proteção contra os inimigos naturais e também seu sistema de reprodução (Fig. 9.1).

De acordo com a locomoção, os organismos são classificados em:

(a) Bentônicos – Os que vivem junto ao substrato. Esses tipos podem viver fixos ou apenas pousados no fundo, locomovendo-se de maneiras diversas. Entre estes, alguns escavam ou perfuram os sedimentos do fundo, alojando-se em seu interior (Fig. 9.2). Esses grupos de animais fornecem excelentes indicações das características do ambiente no caso de ausência de restos de esqueletos. Os animais bentônicos livres deslocam-se por uma área limitada do fundo, por meio de contrações musculares, como, por exemplo, os vermes, por reptação, caso dos moluscos, ou por apêndices (artrópodes).

(b) Nectônicos – Os que vivem em plena água, movendo-se pelos órgãos de natação. Constituem grupos bastante numerosos, destacando-se os vertebrados aquáticos, que incluem peixes, répteis, mamíferos cefalópodos e aves que vivem acima da superfície.

(c) Planctônicos – Os que vivem livremente no seio da água e se deixam transportar por ela. De acordo com a origem animal ou vegetal, distinguem-se entre o zooplâncton e o fitoplâncton. São geralmente desprovidos de órgãos de locomoção e, por isso, flutuam graças a dispositivos auxiliares, como espinhos (globigerina), cauda (dinoflagelata), elementos esqueléticos (medusas) etc. Esses organismos são conhecidos como pelágicos, pois, ao contrário dos bentônicos, não estão condicionados à batimetria.

Organismos terrestres

A adaptação dos seres sobre a superfície da Terra foi um grande evento na história da vida. Inicialmente, diversos grupos de animais (artrópodes, gastrópodes e vertebrados) começaram a fazer rápidas incursões sobre os continentes. Tais mudanças de ambiente impuseram modificações morfológicas aos animais, como proteção contra a desidratação e adaptação da respiração aquática para aérea.

Figura 9.1 Classificação dos animais marinhos de acordo com seu meio de locomoção. (Ilustração: Renata Cunha.)

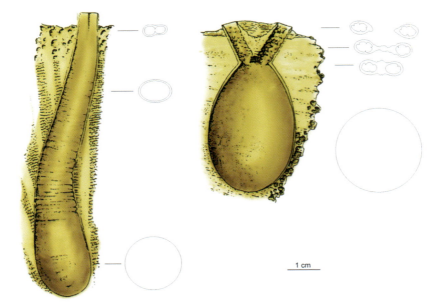

Figura 9.2 Perfurações produzidas por bivalva em recife de coral vistas em seção e em planta. A perfuração é revestida por um tubo de aragonita, exceto na porção terminal. (Ilustração: Renata Cunha.) (Modificado de Broomley, 1978.)

As formas de vida fixa pertencem aos vegetais autótrofos, que convertem em alimento as substâncias minerais retiradas do solo. No caso dos animais, a locomoção é um meio de busca dos alimentos.

A locomoção dos animais sobre a terra é feita dos seguintes modos:

(a) por contrações dos músculos do corpo, caso dos vermes, ou por órgãos especiais, caso dos moluscos;
(b) deslocamento por apêndices locomotores, caso dos artrópodos e vertebrados;
(c) voo: realizado por meio das asas, próprias dos artrópodos (insetos), desenvolvidas por expansões membranosas do tórax, e dos vertebrados, à custa de modificações dos membros anteriores.

O comportamento

A etologia trata dos traços deixados pelo comportamento ou pelas funções dos organismos fósseis.

Durante toda a sua existência, os seres vivos sofrem a influência de fatores físico-químicos próprios do ambiente em que vivem. Todas as mudanças que ocorrem no meio externo se refletem sobre os organismos. Algumas espécies desaparecem, outras se adaptam. Na maior parte dos casos, as populações são o reflexo das condições que regem o meio em que viveram. Desde que se possa assegurar que os animais ou as plantas viveram no local onde são encontrados fossilizados, dispõe-se de uma excelente fonte de informação sobre os ambientes antigos (Fig. 9.3).

A qualidade do substrato

O substrato é o suporte sobre o qual vivem os organismos. No continente, sobre o solo, eles raramente fossilizam.

Leonardi (1981) estudou pistas de dinossauros (um gigantesco saurópode) na Formação Souza, do Grupo Rio do

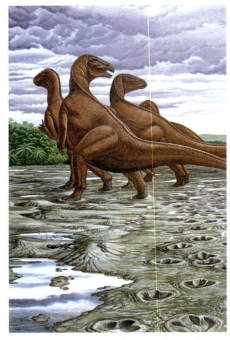

Figura 9.3 Ambiente (reconstituído) onde viviam Saurópodes. Observam-se as condições necessárias para a preservação de pegadas. Os vegetais vistos ao fundo também podem ser fossilizados. (Ilustração: Renzo Zanetti.)

Peixe, Cretáceo Inferior da Paraíba. As pistas encontram-se em argilitos vermelhos (Fig. 9.4) e são produzidas sobre sedimentos inconsolidados cobertos por fina lâmina de água em bacias de inundações que podem ser de natureza fluvial, pântanos ou margens por onde os animais circulavam em busca de água ou alimentos.

Nesses locais (sobre o continente), a subsidência e a taxa de sedimentação não são suficientes para soterrar animais de grande porte antes de sua decomposição.

Figura 9.5 Perfurações produzidas por: A – arenicolites; B – edmondia; C – terebila; D – língula; E – corophioides. (Ilustração: Renata Cunha.) (Modificado de Ager, 1963.)

Organismos marinhos

A salinidade da água provém essencialmente do seu conteúdo em cloreto de sódio.

De modo geral, os organismos que vivem no continente evitam aproximar-se dos ambientes que contêm sal. Entretanto, alguns vegetais vivem sobre solos salinos (halofitos).

Determinados organismos suportam grandes variações de salinidade (euri-halinos), enquanto outros não suportam essas flutuações (esteno-halinos) (Fig. 9.7).

Os esteno-halinos são tipicamente marinhos, e, no decorrer da história da vida sobre a terra, alguns grupos sempre viveram nesse meio. São eles: radiolários, braquiópodes, escafópodes, cefalópodes, equinodermes e, com algumas exceções, espongiários, celenterados (madraporalia), briozoários, estomocordados e protocordados. Alguns grupos de animais esteno-halinos extinguiram-se e hoje são conhecidos unicamente sob a forma fóssil. São os archaeocyathides, os trilobitas, os tentaculites e os graptolites (Fig. 9.8-A).

Os animais de águas salobras

Os organismos euri-halinos são extremamente abundantes e adaptam-se facilmente à vida em águas de mesma salinidade que a do mar. São os foraminíferos, ou anelídeos, os lamelibrânquios, gastrópodes, crustáceos (ostracodes) etc.

Entre os braquiópodes, a língula ocupa desde o Paleozoico o biótopo das águas litorâneas onde ocorrem grandes variações na salinidade. Sua presença caracteriza ambientes de águas salobras.

Também os estromatólitos, que consistem em colônias de algas, desenvolveram-se próximo às zonas intermaré, de salinidade flutuante.

Os euripterídios foram marinhos no início do Paleozoico, adaptaram-se a águas salobras a partir do Siluriano e são encontrados em água doce do Carbonífero ao Permiano. Os grupos de animais próprios de águas salobras variam de uma época geológica a outra.

Os animais, ao se adaptarem a ambientes de salinidade diferente ou inferior à da água do mar (cerca de 35 % de sal) ou superior (hipersalino, que atinge até 45 % de sal), sofrem modificações principalmente no tamanho das formas adultas e também na quantidade de indivíduos.

Figura 9.4 Pista de um iguanodontide da Formação Souza, Cretáceo da Paraíba, Brasil. Uma das mais longas do mundo. (Foto: G. Leonardi.)

Os esqueletos fósseis geralmente são preservados em canais fluviais ou lagos de rápida sedimentação, onde a lâmina de água é espessa.

No caso dos invertebrados, grande parte das galerias e pistas é produzida por animais de corpo mole, cujos restos orgânicos são destruídos (Fig. 9.5). Outros traços nem sempre podem ser associados satisfatoriamente aos animais que os produziram. No meio aquático encontram-se preservados os elementos que caracterizam a paisagem, tais como a composição da vegetação, grupos de animais, seus hábitos, alimentos etc. O meio aquático é ocupado pelos organismos de acordo com a consistência e a qualidade do fundo.

Os substratos carbonáticos tornam-se endurecidos e passam a ser colonizados por organismos incrustantes como os briozoários, lamelibrânquios e sérpulas, ou perfurantes, como esponjas, vermes, crustáceos, cirripédias etc., além da fauna recifal típica desses substratos.

Os substratos moles, constituídos de areias e pelitos, contêm outra fauna abundante e diversificada que cava galerias e tocas, as quais ficarão impressas na rocha após a litificação (Fig. 9.6). A granulometria do fundo determina a distribuição das formas escavadoras.

Os sedimentos argilosos contêm maiores teores de matéria orgânica, favorecendo a instalação de espécies limívoras e detritívoras. Os fundos arenosos com maior circulação de água e maior energia têm uma população mais pobre.

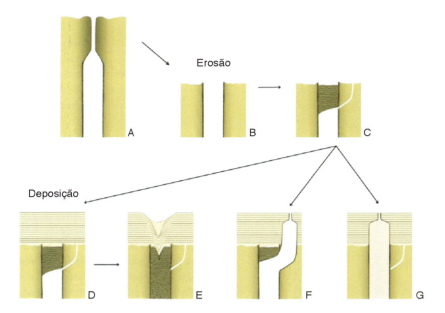

Figura 9.6 Perfuração produzida por ophiomorpha (*Callianassa major*) em fundos arenosos agitados, onde ocorrem erosão e deposição: A – toca da callianassa; B – erosão na superfície; C – produção de nova abertura lateral; D e E – deposição recobrindo a abertura que pode ser abandonada com o colapso das lâminas superpostas ou uma nova perfuração pode estender-se para fora (F e G). (Ilustração: Renata Cunha.) (Modificado de Frey *et al.*, 1978.)

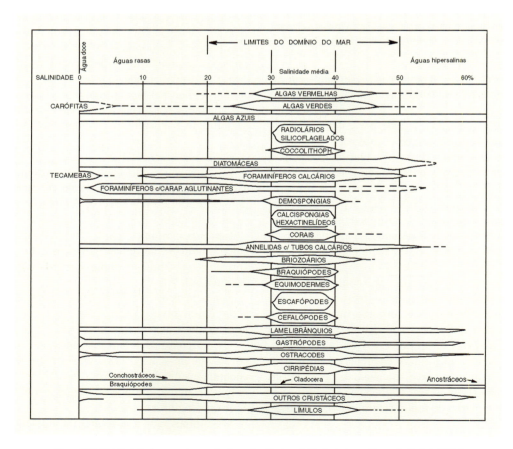

Figura 9.7 Distribuição dos organismos atuais em função da salinidade da água. (Segundo Heckel, 1972.)

Figura 9.8-A *Calmonia signifer* CLARKE, 1913, Trilobita da Formação Ponta Grossa. Col. DGM 17-1 (DNPM), 75 mm. (Foto: Sérgio F. Beck.)

Os animais de água doce

Certos animais esteno-halinos adaptam-se à vida em água doce (conteúdo de sal inferior a 5 %). São aqueles que habitam os rios e os lagos. São os anelídeos, lamelibrânquios, gastrópodes, crustáceos, insetos, peixes e anfíbios. As conchas dos moluscos de água doce são geralmente finas.

A turbulência da água

A ação das ondas e das correntes que provocam a agitação da água tem grande influência sobre os organismos aquáticos, uma vez que é responsável pela disseminação das larvas e do plâncton (que serve de alimento para os animais daquele biótopo).

Isso condiciona o desenvolvimento de animais bentônicos devido à presença das substâncias nutritivas e da boa oxigenação.

Esses animais possuem um exoesqueleto bem desenvolvido e geralmente são fixos para suportar a ação mecânica das partículas em suspensão movidas pela ação das ondas e correntes. Nesses meios, os fósseis encontram-se orientados indicando um ambiente de águas agitadas. A língula, diversos lamelibrânquios e ophiomorphas acomodam-se facilmente em meios de águas turbulentas e de taxa de sedimentação elevada. Por outro lado, as plantas que realizam a fotossíntese, os animais que vivem em suspensão e os organismos que constituem os recifes preferem outros locais onde as águas são mais limpas e menos agitadas.

O oxigênio

O oxigênio da água provém da dissolução direta do oxigênio contido na atmosfera e também da fotossíntese realizada pelos vegetais aquáticos clorofilados. A distribuição do oxigênio fica então condicionada à profundidade do alcance da luz solar e da ação das correntes. Essa dupla procedência, entretanto, não impede que a quantidade do gás diminua em direção ao fundo, acompanhada de uma diminuição da fauna.

Onde as correntes não alcançam o fundo não há oxigênio, desenvolvendo-se um ambiente redutor de águas estagnadas, hostil à vida.

A batimetria

A luz e a temperatura das águas diminuem rapidamente em direção ao fundo, restringindo as condições de habitação dos organismos. Os vegetais clorofilados e os organismos herbívoros não ultrapassarão a zona fótica (200 m). Além desses limites encontram-se formas carnívoras e cegas, como, por exemplo, os ostracodes de águas profundas.

Na plataforma continental (zona nerítica) há uma intensa atividade biológica com grande diversidade de formas. Nos limites da zona sujeita à ação das marés ocorrem associações ecológicas típicas.

Para proteger-se da ação atmosférica, durante as marés baixas, de um eventual aporte de água doce, os organismos enterram-se nos sedimentos úmidos ou fixam-se no substrato por ventosas e se retraem para o interior de suas conchas, que são hermeticamente fechadas.

Cada zona batimétrica tem seus habitantes próprios (Fig. 9.9). Entretanto, essas zonas têm valor local e, para que sejam utilizadas, é preciso precaução. Ziegler (1972) distinguiu as zonas assinaladas na Fig. 9.11 no Jurássico da Europa.

9.2 A Utilização dos Registros das Atividades de Vidas do Passado

Os traços resultantes da atividade biológica encontrados junto às rochas referem-se a todos os vestígios das manifestações de vida. Incluem-se a reprodução (esporos, polens, ovos); a excreção (coprólitos e pelotas fecais); a locomoção e a nutrição (pistas) e o hábitat (tocas, tubos etc.). A interpretação desses registros reproduz o comportamento dos indivíduos, que, por sua vez, é uma resposta às condições reinantes no ambiente em que viveram.

Evidências de atividades reprodutoras

As evidências de atividades reprodutoras que se encontram preservadas hoje são representadas pelos esporos, polens e ovos (Fig. 9.10). Os dois primeiros, por sua importância na reconstituição de paisagens e climas antigos, constituem um campo à parte denominado *palinologia*.

Corpos esféricos de pequeno tamanho e formas variadas ricas em matérias orgânicas e fosfato têm sido descritos como ovos de invertebrados, entre estes os que são conhecidos e atribuídos aos trilobitas, cefalópodes, branquiópodes e insetos.

Corpos alongados, com cerca de 4 cm de comprimento, foram descritos como ovos de peixes cartilaginosos do Carbonífero.

Ovos de répteis são muito frequentes no Jurássico, principalmente de dinossauros. Nem sempre o ovo encontrado pode ser atribuído a determinado réptil (Fig. 9.8-B).

Figura 9.8-B Raro esqueleto de dinossauro contendo ovos. Museu de História Natural, Nova York. (Foto: João Vianna.)

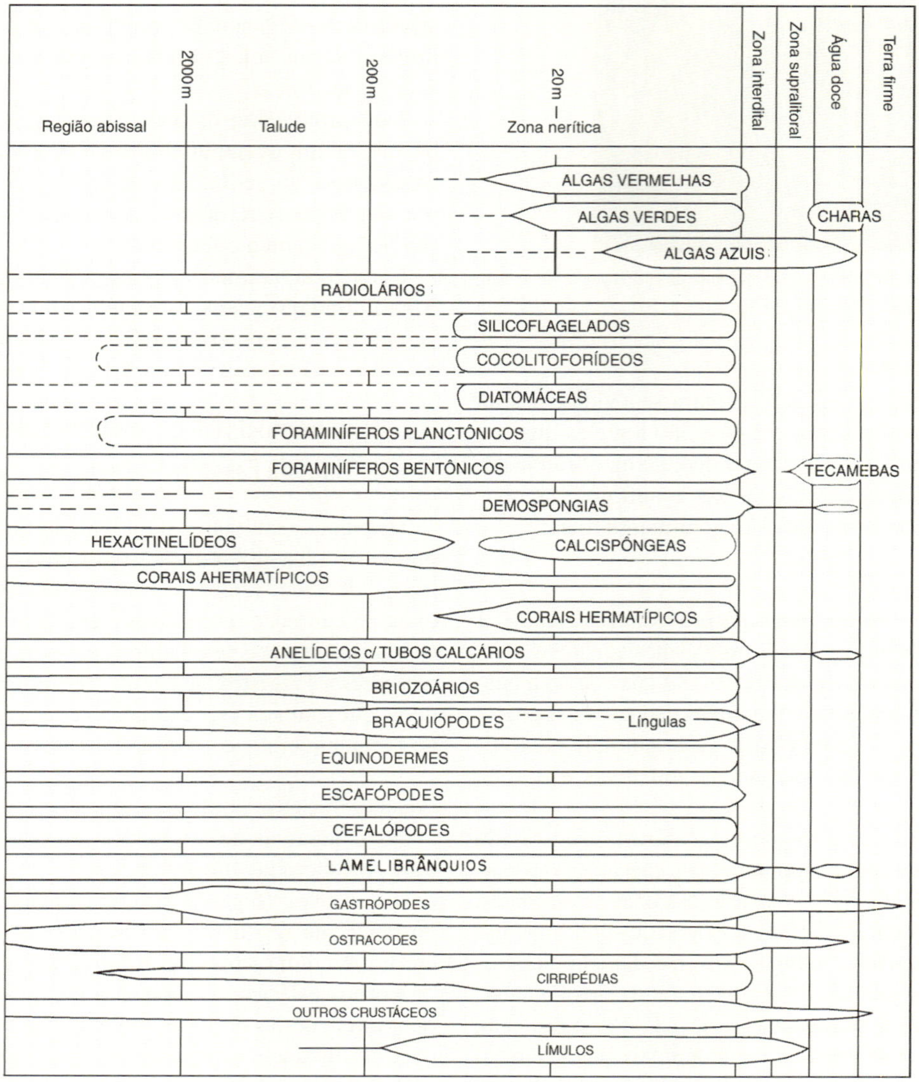

Figura 9.9 Distribuição dos organismos atuais em função da batimetria. (Segundo Heckel, 1972.)

Figura 9.10 Traços de locomoção produzidos por trilobitas, EUA. (Foto: Mark A. Wilson.)

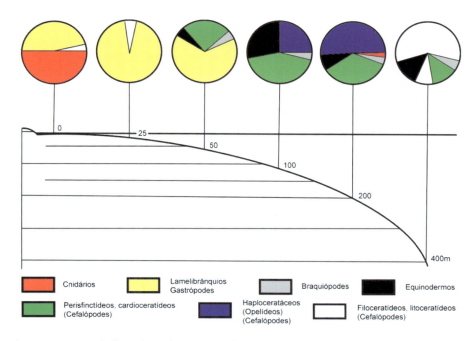

Figura 9.11 Distribuição dos principais grupos de fósseis de acordo com as zonas batimétricas (Jurássico Superior da Europa). (Segundo Ziegler, 1972; ilustração: Renata Cunha.)

A associação dos ovos com ossadas de indivíduos adultos encontrados na mesma área pode levar a atribuições incorretas. Um achado excepcional ocorreu na Argentina, quando foram encontrados fósseis de 7 indivíduos juvenis de dinossauros (Prosauropoda) em seu ninho, perto de dois ovos. Essa associação pode significar que os pais alimentavam os filhos enquanto permaneciam confinados ao ninho até certa idade.

Ovos de dinossauros foram encontrados em 35 províncias do mundo, dentre as quais se citam França, Deserto de Góbi, China, Espanha e Estados Unidos.

Um ovo de dinossauro de 15 cm de diâmetro foi descoberto no Brasil, na Formação Bauru (Minas Gerais) (Price, 1951).

Ovos de aves são encontrados em sedimentos de idade Terciária. Uma das características diferenciais entre ovos de répteis e aves está na estrutura microscópica da casca. Os ovos acima mencionados procedem de animais que habitavam os continentes. Esses animais, como os demais, não se afastavam demasiadamente da água de rios. Os ovos fossilizados são encontrados, na maioria dos casos, em bacias fluviais, onde a rápida sedimentação os preserva dos agentes de destruição e erosão.

Os excrementos

Os excrementos fósseis são extremamente abundantes nas rochas, mas é difícil a sua relação com o animal que os produziu. Os coprólitos contêm componentes orgânicos e inorgânicos ingeridos, como grãos de pólen, microrrestos de vegetais, sementes, vermes, diatomáceas, fitólitos, fragmentos ósseos, ostracodes, pelos, penas, insetos, moluscos, entre outros. A recuperação de parte dessa ingestão e sua identificação podem fornecer informações, como, por exemplo, da dieta, parasitismos, características da flora e fauna que existia na época, possibilitando a reconstituição paleoambiental. Os grãos de pólen possuem uma substância protetora, que não é digerida no sistema digestivo e, por isso, é utilizado em diversos estudos. Em coprólitos de tubarão, pertencentes ao Período Permiano, do Estado do Rio Grande do Sul, foram identificados ovos de parasita que corresponde à tênia. Quando constituem corpúsculos esféricos inferiores a 5 mm, são denominados pelotas fecais, *pellets*. A matéria orgânica desses excrementos pode transformar-se em glauconitas, pirita ou fosfatos. Os excrementos maiores são chamados de coprólitos, e presume-se que sejam próprios dos vertebrados, principalmente peixes e répteis (Fig. 9.12).

Figura 9.12 Coprólitos de vertebrado não identificado, procedentes da Formação Santa Maria, Bacia do Paraná. Sem número de coleção (DNPM), 150 mm. (Foto: Sérgio F. Beck.)

9.3 Ichnologia

A ichnologia descreve e interpreta os traços deixados nos sedimentos pela atividade animal, compreendendo as pistas, as tocas e as galerias. As primeiras são produzidas na superfície do sedimento, e as segundas, no seu interior.

Pistas de locomoção

O deslocamento de animais sobre sedimentos inconsolidados deixa sobre a superfície as marcas dos pés, no caso de vertebrados, ou dos apêndices, no caso de invertebrados.

As pistas de dinossauros permitem precisar a posição sistemática do animal, informa se ele era bípede ou tetrápoda etc.

As pistas de locomoção informam a batimetria. Os répteis e anfíbios produzem pistas quando andam sobre superfícies de águas muito rasas. As pistas de límulos e *arthrophycos* são limitadas às regiões sul-litorâneas. Berger e Ekdale (1978) reconheceram pistas de organismos em ambiente abissal moderno no litoral de Java. Pertencem a equinoides e holotúrias e foram fotografadas em profundidades de 1.625 m, juntamente com o animal que as produziu.

Traços de nutrição

Determinados helmintoides penetram nos fundos lodosos vagarosamente, alimentando-se de substâncias orgânicas neles impregnadas e produzindo tubos horizontais que podem ser de alto ou baixo-relevo. As estruturas produzidas são designadas *nereites*. Encontram-se em profundidades maiores a partir da plataforma continental. Outra forma de tubo escavado produzido em decorrência da alimentação é conhecido com o nome de *chondrites*. É muito comum no Paleozoico e Mesozoico Inferior e foi estudado detalhadamente por Simpson (1957). Consiste em um tubo inicial descendente que se ramifica em todas as direções no interior do sedimento, preferencialmente segundo os planos de estratificação (Fig. 9.13). Outro traço comum é o *Arthrophycos*. Consiste em formas tubulares simples ou ramificadas, apresentando sulcos transversais com diâmetro entre 1 e 6 cm. Foi identificado por Burjaek e Popp (1981) na Formação Vila Maria, de idade landoveriana da Bacia do Paraná (Figs. 9.13-A e 9.13-B).

Traços de habitação

São os mais comuns e consistem em tubos escavados no substrato onde o animal se aloja para se proteger das condições adversas do meio ou de seus inimigos. São produzidos por inúmeros organismos, como moluscos, artrópodes, equinodermos e vermes (Fig. 9.14-A).

Os tubos simples são retilíneos, onde o animal se aloja, ficando em contato com o meio pelo sifão (lamelibrânquios) ou por pedúnculos retráteis (língulas). Os artrópodes, crustáceos e certos trilobitas enterram-se e projetam seus apêndices anteriores para fora do hábitat. Baldwin (1977), por meio de estudos de raios X em seções de estruturas denominadas cruziana e *Rusophycos*, de idade Câmbrio-ordoviciana, mostra que a presença de estruturas sedimentares primárias e a ausência de bioturbação indicam que elas se originaram sobre superfícies expostas, e não por de escavações de tocas no interior do sedimento (Fig. 9.14-B).

Os tubos em forma de U comunicam-se com a superfície do substrato por dois orifícios e podem ser produzidos por artrópodes ou anelídeos. Essas estruturas são denominadas arenícolas por sua semelhança com os tubos escavados por vermes da família Arenicola.

Informações sobre a batimetria, fornecidas pela Ichnologia

- As pistas preservadas de vertebrados tetrápodes indicam a existência de ambientes terrestres sujeitos a inundações periódicas de pequena profundidade.

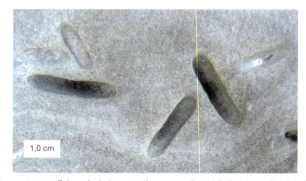

Figura 9.14-A Tubos de habitação (Petroxesto Pera). Ordoviciano dos Estados Unidos. (Foto: Mark A. Wilson.)

Figuras 9.13-A Reconstrução de um sistema de tubos em forma de chondrites. (Segundo Scott e Simpson, 1957.) **9.13-B** *Arthophycos*, traços tubulares encontrados na Formação Vila Maria, Siluriano Inferior da Bacia do Paraná. (Foto do Autor.)

Figura 9.14-B Tubos ou tocas produzidas por crustáceos do Jurássico Médio. (Foto: Mark A. Wilson.)

- Os animais que se encontram alojados em tubos simples ou em U como forma de proteção e dispostos mais ou menos perpendiculares à superfície dominam em ambientes litorâneos de águas pouco profundas. São os Skolitos e Glossifungites.
- Os animais que elaboram um sistema de galerias mais complexas geralmente oblíquas ou paralelas à superfície alimentam-se de partículas orgânicas em suspensão. Isso requer condições batimétricas mais profundas que as anteriores, onde dominam as águas mais calmas. Esses constituem as cruzianas.
- Os animais que percorrem os sedimentos argilosos como modo de nutrição deixam pistas irregulares sobre a superfície ou na interfácies sedimentar, vivem em águas profundas onde ocorrem sedimentos argilosos, ricos em matérias orgânicas, associadas a leques submarinos e depósitos turbidíticos; são os Zoophycos e Nereites (Fig. 9.15). Frey (1975) estabelece as relações entre as associações de pistas e suas implicações ambientais (Tabela 9.1).

Os equinodermes ("estrelas-do-mar"), trilobitas e moluscos encontrados nos folhelhos da Formação Ponta Grossa, no Paraná, revelam ambiente marinho para aquela área no período Devoniano (cerca de 320 milhões de anos) (Fig. 9.16).

Os peixes encontrados na Formação Jandaíra, no nordeste, indicam ambiente marinho e clima quente para as rochas daquele local pertencentes ao período Cretáceo (Fig. 9.17).

Os répteis encontrados em Santa Maria, no Rio Grande do Sul, também são do Cretáceo (cerca de 120 milhões de anos) e viviam em terra, próximo a grandes lagos.

Os mamíferos encontrados na Argentina, principalmente a preguiça gigante, atualmente extinta, viveram no Pleistoceno e foram contemporâneos do homem primitivo.

A ocorrência de fósseis nos diferentes tipos de rochas sedimentares é por vezes comum, enquanto em outros é rara. Apenas uma pequena fração do total do número de vidas tem sido preservada como fóssil, porém existem determinadas camadas constituídas quase que exclusivamente de restos de conchas, dentes, restos de plantas ou, ainda, ossos.

A preservação dos fósseis processou-se de várias maneiras. A mais comum é a preservação intacta das partes duras

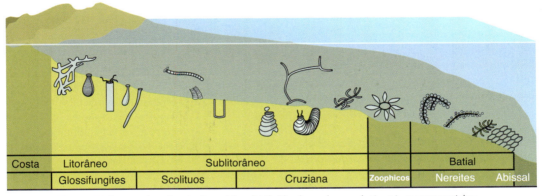

Figura 9.15 Traços e pistas de animais marinhos distribuídos de acordo com a batimetria ou zonas marinhas.

Figura 9.16 *Encrinaster pontis* (CLARKE, 1913) SCHUCHERT, 1915, asteroide da Formação Ponta Grossa, Estado do Paraná. Abaixo, uma orbiculoidea. Col. DGM 3.654-1 (DNPM), 30 mm. (Foto: Sérgio F. Beck.)

Figura 9.17 *Coelodus rosadoi* SILVA SANTOS, 1963, peixe fóssil da Formação Jandaíra. Col. DGM 669-P (DNPM), 115 mm. (Foto: Sérgio F. Beck.)

Tabela 9.1 A utilização dos registros das atividades de vidas do passado

Nome da associação	Características	Ambientes bentômicos (relações com a batimetria)
Scoyenia	Pistas de vertebrados, traços e perfurações produzidos por espécies aquáticas, semiaquáticas e de espécies terrestres que vão à água. Traços abundantes de insetos e outros artrópodes; certas formas de planolites; traços e escavações rasas dispersas de caracóis e mariscos. Abundância e diversidade, localmente menor que em ambientes marinhos.	Clásticos não marinhos representados principalmente por camadas vermelhas, depósitos de transbordamento etc.
Glossifungites	Perfurações em forma de cilindro vertical, em U, ou esparsamente ramificada destinada à habitação. Com o crescimento do animal a perfuração sofre avanços e alargamentos. Muitas espécies deixam as tocas para se alimentarem (caranguejos), outras alimentam-se de partículas em suspensão (ex.: poliquetas). Baixa diversificação, mas abudantes escavações de certos tipos.	Zona litorânea e sublitorânea excluindo a superfície. Substratos estáveis, coerentes, protegidos, em locais de baixa energia. Exemplos: mangues salgados, barras argilosas com águas calmas, baixios e bancos em áreas de energia ligeiramente alta, onde o substrato semiconsolida do resiste à erosão.
Skolitos	Perfurações de habitações em forma cilíndrica ou de U. A escavação é retrorsa em resposta ao substrato de agradação ou degradação (ex.: *Diplocraterion corophyoides*); formas de Ophyomorpha consistem principalmente em furos verticais ou fortemente inclinados. Os animais alimentam-se principalmente de substâncias em suspensão. Diversidade baixa; alguns tipos de furos são abundantes.	Zonas litorâneas e sublitorâneas muito rasas. Condições de energia relativamente alta. Sedimentos móveis e bem selecionados. Erosão abrupta ou deposição. (ex.: praias, entradas de barras, bancos de areia, planície de maré de deltas). À medida que a energia cresce, ocorre um retrabalho do sedimento obliterando as estruturas biogênicas e ficando o registro de estruturas sedimentares. Isso ocorre nas zonas sublitorâneas muito rasas (face das praias), onde os traços fósseis são escassos ou estéreis.
Cruziana	Traços de habitação abundantes epi e intraestratal. Furos em forma de U inclinados com crescimento para a frente (Rhizosoralium). As formas de Ophyomorpha e de Thalassinoides consistem em furos dispersos cilíndricos e verticais. Os animais alimentam-se por suspensão ou são carnívoros; entretanto, alguns alimentam-se de detritos orgânicos. Grande diversidade e abundância.	Sublitorâneos, raso sempre abaixo da ação das ondas e na plataforma onde ocorrem condições calmas; moderada a baixa energia; areias e siltitos bem selecionados e entre camadas de siltitos e areias limpas. Sedimentação moderada. As associações de Zoophycos vivem copiando ambientes muito típicos.
Zoophycos	Produzem traços de "pastagem" bem nítidos de formas simples a complexas, bem como estruturas rasas de alimentação. Estruturas de crescimento levemente inclinado distribuídas em folhas, costelas ou espiraladas (ex.: certas formas de Dictyodora, formas de Zoophycos achatadas). Os animais em sua maioria alimentam-se de depósitos. Baixa diversidade e abundância.	Sublitoral a batial, águas calmas, condições tipo plataforma externa; silte e areia impuras abaixo da ação das ondas de tempestade até o topo do talude. Fora as áreas onde ocorrem corrente de turbidez ou sedimentos relíquias, onde os depósitos de alimentos são escassos. Ocorrem em uma grande zona intermediária gradacional entre cruziana de um lado e nereites de outro. Esta zona intermediária ocorre em muitos lugares indistinguíveis.

(Continua)

Tabela 9.1 A utilização dos registros das atividades de vidas do passado (*Continuação*)

Nome da associação	Características	Ambientes bentômicos (relações com a batimetria)
Nereites	Traços complexos de "pastagens" refletindo alta organização e eficientes meios de alimentação (ex.: Paleodietyon). O crescimento da estrutura é do tipo planar segundo a superfície do estrato (ex.: Phycosiphon). Ocorrem numerosos traços de habitação-pastagem e moldes de estruturas fecais sinuosas (ex.: Neonereites, helminthoida, cosmorhaphe). Os animais são em sua maioria comedores de depósitos residuais e escavadores. Localmente pouco abundantes e pouco diversificados, mas às vezes abundantes, como nas associações de Zoophycos. Em virtude da baixa sedimentação, há uma rede densa de estruturas.	Batial a abissal, em geral águas quietas interrompidas por fluxos de turbiditos: lamas pelágicas com limites nítidos acima e embaixo por depósitos de turbiditos. Em termos de área ocupada nos mares atuais, é a mais importante das cinco zonas. Em termos de representação no registro das rochas, é provavelmente a segunda em importância depois da zona de cruziana.

Figura 9.18 *Stereosternum tumidum* COPE, 1885, réptil primitivo presente na Formação Irati, Bacia do Paraná. Sem número de coleção (col. partic.), 450 mm. (Foto: Sérgio F. Beck.)

de uma planta ou animal, tais como madeiras, ossos, conchas, dentes, escamas etc. (Fig. 9.18-A). Outra maneira de fossilização se processa pela decomposição da planta ou animal, deixando um filme residual de carbono. Outras vezes, o material é gradualmente substituído pela sílica, carbonato de cálcio ou pirita provenientes de soluções que permeiam a rocha. Outras formas de registro se dão pelos moldes geralmente deixados pelas conchas que desaparecem por dissolução pela ação da água percolante. Eventualmente, esses moldes podem ser preenchidos por outro material. Em muitas áreas, o registro de vida antiga está contido unicamente nas pegadas deixadas por vertebrados, geralmente répteis ou mamíferos. Exemplos disso são as pegadas de dinossauros encontradas nos arenitos eólicos da Formação Botucatu, em Araraquara, São Paulo, ou em Sousa, na Paraíba. A maior importância dos fósseis reside na datação relativa dos estratos. Os primeiros estudos deste campo foram realizados em 1769 pelo agrimensor William Smith. Trabalhando na escavação de valetas na Inglaterra, Smith descobriu que, enquanto alguns fósseis encontrados em determinada camada podiam ser iguais aos encontrados na camada de cima e de baixo, outros eram totalmente diferentes. Na realidade, cada formação de rochas tinha os fósseis peculiares a ela. Trabalhando posteriormente em outras regiões, ele verificou que, nas formações rochosas iguais, encontrava os mesmos fósseis e, nas formações diferentes, encontrava outras associações fossilíferas. Smith descobrira que cada conjunto especial de fósseis que representavam os organismos que viveram durante certo intervalo de tempo nunca se encontrava em formações anteriores, ou seja, mais velhas, nem posteriores, depositadas posteriormente. Assim, determinou a posição das camadas na sucessão de tempo a partir de seus fósseis característicos.

9.4 O Estabelecimento dos Sistemas Geológicos

As divisões do tempo geológico usadas atualmente foram propostas no século XIX com base no estudo das rochas estratificadas que ocorrem nas Ilhas Britânicas, Alemanha, Rússia, França e Estados Unidos.

Quando os sistemas foram propostos individualmente, objetivaram uma divisão conveniente das rochas baseada na estratigrafia e nas relações estruturais. Posteriormente, essas classificações começaram a ser úteis como divisões do tempo geológico e acabaram sendo incorporadas à escala de tempo usada atualmente. Evidentemente, a tabela dos tempos geológicos é arbitrária e subjetiva, mas é comprovadamente de grande utilidade (Tabela 9.2).

A origem dos sistemas geológicos não surgiu de uma concepção global, mas de contribuições fragmentadas resultantes de conflitos pessoais entre influentes geólogos da época (ver Capítulo 21).

Cambriano

O período Cambriano é a porção de tempo durante o qual o sistema Cambriano foi depositado. As rochas cambrianas, cujo

Tabela 9.2 Tabela do tempo geológico

Eras	Períodos	Épocas	História da Terra Principais eventos	Escala Absoluta em Anos
Cenozoica	Quaternário	Holoceno	Aparecimento e domínio do homem.	Hoje a 11.700
		Pleistoceno	Vegetação moderna de angiospermas; clímax do domínio de mamíferos e aves, clímax de artrópodes e moluscos; predomínio do clima glacial no hemisfério norte e seco alternado com úmido no hemisfério sul.	11.700 a 1.800.000
	Neógeno	Plioceno	Abundância de mamíferos chegando ao máximo da sua evolução; ancestrais do homem com esqueletos e dentes característicos (antropóides); domínio de angiospermas; vegetação de ambientes secos e frios; vulcões nas ilhas do Atlântico brasileiro.	1.800.000 a 5.000.000
		Mioceno	Ascendência e evolução dos mamíferos herbívoros; domínio das angiospermas; dispersão e diversificação dos mastodontes, mamíferos parecidos com os modernos; climas com estações moderadas.	5.000.000 a 23.000.000
	Paleógeno	Oligoceno	Macacos primitivos, baleias verdadeiras; grande número de foraminíferos, gastrópodes e bivalvas; tendência de vegetação de clima temperado.	23.000.000 a 34.000.000
		Eoceno	Presença de todas as ordens de mamíferos modernos, primeiros cavalos e baleias; angiospermas; florestas subtropicais com bastante pluviosidade.	34.000.000 a 56.000.000
		Paleoceno	Grande desenvolvimento dos mamíferos primitivos; angiospermas; grupos de aves modernas; grande número de foraminíferos, gastrópodes e bivalvas; clima temperado a subtropical; vulcanismo alcalino no Brasil; separação entre América e África; formação das principais cadeias de montanhas: Alpes, Andes. Montanhas Rochosas etc.	56.000.000 a 65.000.000
Mesozoica	Cretáceo		Rápida expansão das angiospermas; extinção dos répteis gigantes e ammonites; primeiros mamíferos placentários; clima suave e pouco frio; rompimento entre África e América.	65.000.000 a 145.000.000
	Jurássico		Domínio dos répteis terrestres, aquáticos, aéreos e gigantes; primeiras aves dentadas, primeiros mamíferos, coníferas e cicadáceas; climas suaves; início do vulcanismo de fissuras.	145.000.000 a 199.000.000
	Triássico		Origem dos dinossauros e répteis marinhos, coníferas gigantes; clima árido e semiárido; flora thinnfeldia; desertos no Sul do Brasil.	199.000.000 a 251.000.000
Paleozoica	Permiano		Diversificação dos répteis, extinção de muitos invertebrados marinhos (trilobitas, tetracorais), muitas coníferas; diminuição da flora carbonífera; flora *glossopteris* no hemisfério sul e clima frio.	251.000.000 a 299.000.000
	Superior		Grandes depósitos de carvão no hemisfério norte; especialização dos anfíbios, originando répteis; clímax dos fusilinídeos; clima quente úmido no hemisfério norte; glaciação no hemisfério sul (Brasil, África, Índia); orogenia herciniana.	299.000.000 a 318.000.000
	Inferior		Primeiros foraminíferos calcários; extinção dos graptolitos; muitos anfíbios; florestas extensas, pteridófitas, licopodíneas; clima quente no hemisfério norte.	318.000.000 a 359.000.000
	Denoviano		Esponjas e corais abundantes, domínio dos psilófitos e peixes, spiriferacea, declínio de trilobitas e graptolites, origem dos anfíbios; clima seco; orogenia acadiana.	359.000.000 a 416.000.000
	Siluriano		Primeiras psilófitas, muitos recifes de corais; muitos cefalópodes; climas suaves; formações de bacias intracratônicas; transgressões marinhas; orogenia caledoniana.	416.000.000 a 443.000.000
	Ordoviciano		Primeiros peixes; clímax de graptolites, foraminíferos aglutinantes; primeiros conodontes; climas suaves, depósitos marinhos na Bacia Amazônica; depósitos pós-orogênicos; erosão de rochas pré-cambrianas; orogenia taconiana.	443.000.000 a 488.000.000
	Cambriano		Clímax do trilobita; primeiros foraminíferos e graptolitos; primeiros representantes dos invertebrados, fase pós-orogênica; vulcanismo ácido.	488.000.000 a 542.000.000

(*Continua*)

Tabela 9.2 Tabela do tempo geológico (*Continuação*)

Proterozoica Pré-cambriano	Neoproterozoica	Fauna Ediacara. Restos de algas, espículas silicosas, braquiópodes e bactérias. No Brasil são representativas as rochas do ciclo brasiliano: Grupos São Roque, Açungui, Brusque, Porongos, Cuiabá e Bambuí. O Supergrupo São Francisco (Formação Jequitaí), na região Central do Brasil, registra ocorrências de glaciação neste período.		542.000.000 a 1.000.000.000
	Mesoproterozoica	Formada a Rodínia, o primeiro supercontinente. Ciclo Uruaçuano, estrutura do Espinhaço e Canastra. Grupo Andrelândia, Grupo Santo Onofre, Grupo Chapada Diamantina e o Supergrupo Espinhaço.		1.000.000.000 a 1.600.000.000
	Paleoproterozoica	Sedimentos continentais vermelhos (*red-beds*) depositados em atmosfera oxidante. Glaciação continental. Ciclo Transamazônico. Idades dos Grupos Minas, Jacobina, Setuva e Araxá. Níveis estáveis de oxigênio. Surgiram os Eucariotas. Queda de meteoritos.		1.600.000.000 a 2.500.000.000
Arqueana	Superior	No Brasil, nessa época, formaram-se rochas do Grupo Rio das Velhas; cinturões de xistos verdes e rochas do Ciclo Jequié. Encontram-se envoltórios calcários e grafíticos na Austrália e no Canadá. Rochas com 3,4 bilhões de anos formadas no Rio Grande do Norte. Início da vida com matéria orgânica. Em alguns locais da Terra viveram algas verde-azuis (estromotolitos).		2.500.000.000 a 3.600.000.000
	Inferior	Maciços ultramáficos encontram-se na porção central de Goiás e Santa Catarina (Barra Velha). Formação da Terra, frequentes impactos de meteoritos. Cristais de zircão que podem ser datados.		4.000.000.000 ao início da Terra ± 4,6 bilhões de anos

nome deriva de Cambria, nome latino de Gales, local onde afloram, servem de referência para correlação e comparação com todas as rochas da mesma idade dos demais continentes.

O estabelecimento do sistema Cambriano tem início com Sedgwick, professor da Universidade de Cambridge, em 1830, quando denominou Cambriano uma série de arenitos e grauvacas escuras aflorantes no norte de Gales.

Sedgwick iniciou o estudo da sequência pela base, onde ocorrem grauvacas, e alcançou o topo, englobando todas as camadas do sistema.

Aproximadamente na mesma época outro ilustre geólogo, *Sir* Roderick Murchison, iniciou seus estudos na mesma sequência, começando entretanto pelo topo. Murchison classificou as grauvacas da base como parte do seu sistema denominado Siluriano, nome retirado de uma antiga tribo indígena de Gales. Muitas das camadas definidas por Sedgwick e Murchison encontram-se interdigitadas, gerando bastante polêmica entre os dois geólogos.

Ordoviciano

Em 1879, Lapworth propôs a designação de sistema Ordoviciano para as camadas intermediárias comuns aos dois sistemas propostos anteriormente, resolvendo o dilema criado entre o sistema Cambriano de Sedgwick e o sistema Siluriano de Murchison. O topo e a base do novo sistema proposto foram definidos facilmente pela presença de discordâncias angulares com as rochas adjacentes, que são o resultado de dobramentos, levantamentos e erosão na área.

O nome Ordoviciano deriva de uma primitiva tribo celta, os ordovices, que habitavam Gales.

Siluriano

O sistema Siluriano foi proposto em 1835 também por Murchison para rochas expostas em Gales e no oeste da Inglaterra. A porção inferior desses estratos foi posteriormente incluída no sistema Ordoviciano.

O termo foi tomado de uma tribo que habitava Gales.

Devoniano

Denominação dada por Sedgwick e Murchison em 1839 a estratos fossilíferos marinhos que ocorrem estratigraficamente acima dos estratos Silurianos e abaixo de Carboníferos.

O nome é originário da região de ocorrência, na Inglaterra, denominada Devonshire. No Brasil, os sedimentos devonianos são extensos e ocorrem nas bacias intracratônicas do Paraná, Amazonas e Paraíba.

Carbonífero

O nome carbonífero foi aplicado pela primeira vez em 1822 para estratos contendo camadas de carvão na Inglaterra. Devido a um marcante contraste entre os sedimentos, o Carbonífero foi desde o início subdividido em Inferior e Superior. Nos Estados Unidos, o Carbonífero encontra-se subdividido em Mississippiano, aplicado à porção Inferior, e Pensilvaniano, à porção Superior. As primeiras rochas encontram-se expostas na bacia de drenagem do Mississippi e foram descritas por Winchell em 1869.

O Pensilvaniano foi proposto por Williams em 1891 para rochas expostas na Pensilvânia.

Permiano

O sistema Permiano foi designado em 1841 por Muchison para rochas que ocorrem na província de Perm, na Rússia.

A espessa sequência constitui-se de calcário que repousa sobre rochas fossilíferas do Carbonífero.

Triássico

O termo Triássico foi empregado pela primeira vez em 1834 pelo geólogo alemão Von Albert. O nome refere-se a três sequências constituídas de arenitos e folhelhos continentais, calcários e folhelhos marinhos, e novamente folhelhos e arenitos continentais.

Jurássico

Foi o primeiro sistema a ser formalmente definido. O nome Jurássico foi adaptado das Montanhas Jura, nos Alpes Suíços, por Humboldt, em 1799. Originalmente foi empregado apenas para parte do atual Jurássico; mais tarde foram incluídos outros estratos ricos em amonites que ocorrem no oeste da Europa.

Cretáceo

Nome proposto em 1822 pelo geólogo belga d'Alloy para um grupo de estratos desenvolvidos na Bacia de Paris. O nome deriva do latim, *creta*, que significa giz.

Terciário

Esse nome foi introduzido por Arduíno em sua classificação de montanhas em 1759. De sua classificação restaram apenas os termos Terciário e Quarternário.

Das rochas antigas para mais jovens, o Terciário encontra-se dividido em épocas: Paleoceno, Eoceno, Oligoceno, Mioceno e Plioceno. Três dessas subdivisões foram propostas em 1833 por Lyell, que classificou as épocas de acordo com as proporções de espécies de moluscos fósseis presentes em relação às espécies atuais. A classificação original de Lyell incluía o Eoceno, o Mioceno e o Pleistoceno. O Oligoceno foi proposto por Beyrich em 1854, e o Paleoceno, por Schimper.

Quaternário

O período Quaternário é definido geralmente em sua base como o início da "idade do gelo", com o aparecimento das geleiras continentais. Outras definições são baseadas nas sequências estratigráficas. A divisão do Quaternário em Pleistoceno e Recente é baseada na época em que desapareceu a cobertura de gelo nos hemisférios norte e sul. Entretanto, segundo alguns geólogos, a Terra ainda permanece na "idade do gelo", pois estamos apenas em um intervalo interglacial, ou seja, entre duas glaciações maiores. Contudo, deve-se ter em mente que todas as divisões do tempo geológico são arbitrárias, e não há outro método de subdivisão.

As eras geológicas

As três eras – Cenozoica, Mesozoica e Paleozoica – resultam da reunião de períodos geológicos. Sedgwick introduziu em 1838 o nome Paleozoico, cujo significado é vida antiga, para todas as rochas do Cambriano e Siluriano.

Posteriormente esse nome incluiu também as rochas do Cambriano ao Permiano com um sentido de tempo decorrido. Os nomes Mesozoico (vida média) e Cenozoico (vida recente) foram introduzidos por Phillips em 1849. O Mesozoico abrange o Triássico, o Jurássico e o Cretáceo, e o Cenozoico abrange os períodos Terciário e Quaternário.

Arqueozoico

Foi introduzido por Dana em 1872 e significa vida primitiva. Inicialmente incluía todas as rochas pré-cambrianas, mas posteriormente foi restrito apenas às mais antigas; encontra hoje grande utilização.

Proterozoico

Significa "vida antiga", e foi inicialmente usado por Emmons em 1888 para todas as rochas que se encontram entre o Arqueano e o Paleozoico.

Atualmente o termo se aplica às rochas do Pré-cambriano Inferior e Superior. A base do Cambriano é uma porção variável da crosta, onde ocorrem raros ou nenhum fóssil. A porção mais baixa, em sua grande maioria desprovida de fósseis, é geralmente conhecida como Pré-cambriano ou Pós-proterozoico.

Em 1930, Chadwick propôs os termos Criptozoico (vida oculta) e Fanerozoico (vida manifesta) para essas duas grandes divisões. Contudo, nenhum desses termos é hoje utilizado.

9.5 A Coleta de Informações e as Formas de Representação

A descrição dos afloramentos e testemunhos de sondagens

A descrição dos diversos caracteres presentes nas rochas, em escala de afloramento ou de testemunhos de sondagens, é fundamental para a execução de qualquer trabalho de geologia.

Por isso, a atenta observação e a correta descrição são essenciais, sob pena de comprometer todo o trabalho.

A descrição litológica define a estratigrafia e as condições deposicionais do sedimento, além de constituir a base para a interpretação das curvas das perfilagens elétricas e de seções sísmicas em estudos de subsuperfície.

O trabalho no campo consiste em técnicas muito simples, utilizando: olhos, dentes (para separar silte de argila), martelo, caderneta, lupa de mão, ácido clorídrico, bússola, fita métrica e tabela de cores (se for o caso). A sistematização na coleta de informações facilita o trabalho e evita a omissão de dados.

A localização da seção

O melhor afloramento da área deve ser selecionado e plotado cuidadosamente no mapa ou em fotografias aéreas, indicando a localização a partir de nomes geográficos ou zonas topográficas conhecidas.

O reconhecimento da seção

Toda a seção deve ser percorrida para estabelecer em princípio suas maiores unidades com base nas cores das rochas, principais tipos e abundância de litologias, aspectos da alteração e outras observações que se façam necessárias.

Cada uma das unidades menores ou subunidades reconhecidas será objeto de descrição detalhada, preferencialmente na seguinte ordem:

(1) litologias: caracterizar o conteúdo litológico de acordo com as classificações conhecidas, tais como arenitos finos, médios ou grosseiros, siltitos, argilitos, folhelhos;

(2) coloração em termos comuns: mencionam-se as cores usuais, como, por exemplo, cinza-claro, esverdeado, marrom, amarelado, ou utilizam-se símbolos de acordo com as convenções;

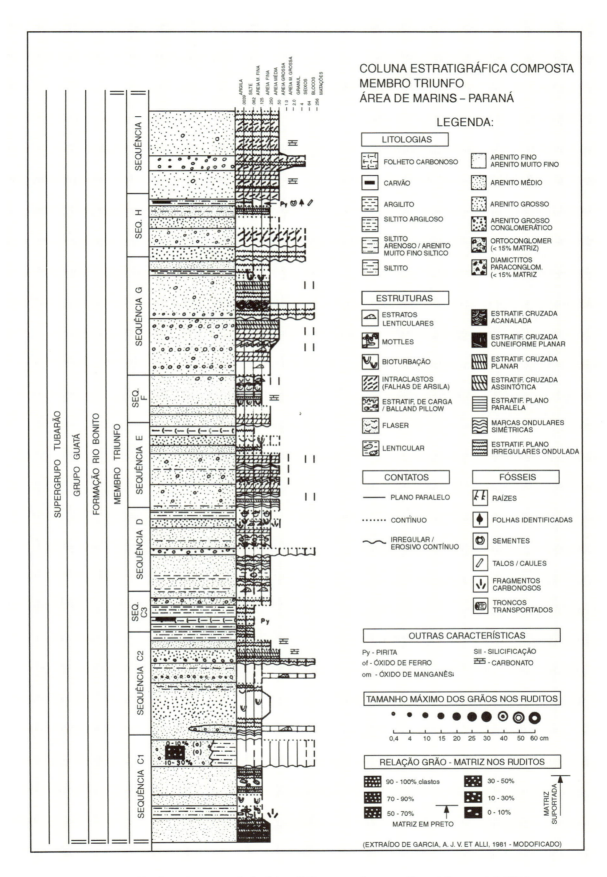

Figura 9.19 Uma forma de apresentação dos dados coligidos em um afloramento. (Segundo Sommer *et al.*, 1981.)

(3) tipos de camadas: por exemplo, estratos finos medindo 0,50 m ou camadas espessas com 5 m de espessura, em média, apresentando grande distribuição lateral;

(4) estruturas sedimentares: estas devem ser fotografadas e/ou desenhadas, descritas e classificadas. Exemplos: camadas maciças ou camadas com laminação plano-paralela, apresentando marcas de ondas na superfície, ou ainda concreções, e assim por diante;

(5) feições texturais: relacionam-se as características dos grãos, tais como grãos grosseiros angulares ou subarredondados, areias de seleção regular a boa, calcário cristalino etc.;

(6) compactação ou resistência: duras, moles, plásticas, incoerentes, friáveis etc.;

(7) fraturamento ou formas de fraturas: quebra de forma conchoidal, ou em lâminas, placas, blocos, segundo as direções de fraturamento ou xistosidade, ou fratura-se segundo os planos de estratificação;

(8) abundância e tipo de fósseis: tipos ou grupos; quantidade; distribuição e condições de preservação;

(9) bioturbação ou pistas: refere-se a todos os traços de vida deixados por animais e vegetais, como, por exemplo, tubos e raízes;

(10) constituintes orgânicos: restos de vegetais carbonizados, esporos, querogênio, odor etc.;

(11) atitude das camadas: direção e mergulho;

(12) estimativa de espessura das sequências e unidades estratigráficas;

(13) relações de contato de cada camada;

(14) coleta de amostras de rochas e fósseis para estudos mais detalhados no laboratório.

A construção de seções e a forma de apresentação

Na construção de seções e perfis estratigráficos, a primeira preocupação deverá ser a escolha da escala vertical, de modo que todos os caracteres que se deseja representar figurem em dimensões adequadas.

A seguir deve ser feita a escolha dos símbolos que representam os sedimentos e as estruturas sedimentares. A escolha desses símbolos deve recair sobre as convenções mais comumente utilizadas na literatura.

A esses perfis podem ser ainda incorporadas curvas que representem as variações na granulometria.

De acordo com a natureza e a complexidade do trabalho, podem constar dos perfis: uma representação correspondente aos fósseis associados a cada camada; o sentido das correntes obtido a partir de medidas de estruturas sedimentares direcionais, fácies associadas, ambientes, entre outros (Fig. 9.19).

Bibliografia

ANSTEY, R. L.; CHASE, T. L. *Environment manual in historical geology*. Minnesota: Burgess, 1979.

BALDWIN, C. T. Internal structures of trilobite trace fossil indicative of an open surface furrow origin. *Palaeogeography, Palaeoclimatology, Palaeoecology,* 1977, 21(4): 273-84.

BERGER, W. H.; EKDALE, A. A. Deep-sea ichnofacies: modern organism traces on and in pelagic carbonates of the Western Equatorial Pacific. *Palaeogeography, Palaeoclimatology, Palaeoecology,* 1978, 23(3/4): 263-78.

BROOMBY, R. G. Biofusion of Bermudas reefs. *Palaeogeography, Palaeoclimatology, Palaeoecology,* 1978, 23 (3/4): 169-97.

CAMACHO, H. H. *Invertebrados fósiles*. Buenos Aires: Editorial Universitaria de Buenos Aires, 1966.

CAMARGO MENDES, J. *Introdução à paleontologia*. 2. ed. São Paulo: Centro de Publicações Técnicas da Aliança – USAID, 1965.

COLBERT E. H. *Evolution of the vertebrates*. A history of backboned animals through time. New York: John Wiley, 1955.

EICHER, D. L. *Tempo geológico*. São Paulo: Edgard Blücher, 1969 (2.ª reimpressão 1978). p. 173.

HECKEL, R. H. Recognition of ancient shallow marine environments. In: *Recognition of ancient sedimentary environment*. Tulsa: Soc. Econ. Paleontol. Mineral, 1972, n.º 22686.

LANGE, F. W. *Paleontologia do Paraná*. Volume comemorativo do 1.º Centenário do Estado do Paraná. Curitiba: Comissão de Comemoração do Centenário do Paraná, 1954.

LIMA, M. R. *Fósseis do Brasil*. São Paulo: T. A. Queiroz, Editora da Universidade de São Paulo, 1989.

MENDES, J. C. *Paleontologia geral*. Rio de Janeiro: LTC; São Paulo: Edusp, 1977.

PRICE, L. I. *Um ovo de dinossauro na formação Bauru do Cretáceo do Estado de Minas Gerais*. Notas Preliminares e Estudos, DMPM, OGM (53): 1-9, 1951.

WILLIAMS, H.; TURNER, F.; GILBERT, C. *Petrologia*. São Paulo: Polígono-USP, 1967. 455 p.

ZIEGLER, B. *Allgemeine Paläontologie*. Stuttgart: Schweizerbart, 1972. 245 p.

Rochas Ígneas ou Magmáticas   10

10.1 Generalidades

Como visto anteriormente (ver Capítulo 3), o magma é um material em fusão que, ao se solidificar, dá origem às rochas ígneas.

O magma origina-se a grandes profundidades, na parte inferior da crosta ou na porção superior do manto.

Sua composição e características são discutíveis, já que ele não pode ser estudado no seu local de origem. Uma boa ideia pode ser obtida, entretanto, pelo estudo das lavas, ou seja, do magma que extravasa pelos vulcões, embora se considere que grande perda de elementos voláteis ocorra neste caso.

O magma é uma mistura física e quimicamente complexa que pode ser definida da seguinte maneira:

> O magma é um fluido natural muito quente, constituído predominantemente por uma fusão de silicatos e mostrando proporções variadas de água, elementos voláteis ou de cristais em processo de crescimento.

Do ponto de vista físico-químico, os componentes essenciais são:

- uma fase líquida, mantida em fusão pela temperatura elevada, constituída essencialmente por uma solução mútua e altamente complexa de um grande número de componentes, a maior parte dos quais de natureza silicática;
- uma fase gasosa, mantida em solução por pressão, constituída predominantemente por H_2O e quantidades menores de CO_2, HCl, HF, SO_2 etc.;
- uma fase sólida, formada por cristais de composição essencialmente silicática, em fase de crescimento ou de natureza residual, assim como de fragmentos de rocha.

A composição química essencial dos magmas é, em termos de óxidos, algo situado dentro das proporções da tabela a seguir:

	%
SiO_2	30-80
Al_2O_3	3-25
FeO-Fe_2O_3	0-13
MgO	0-25
CaO	0-16
Na_2O	0-11
K_2O	0-10

Essa taxa deve ser acrescida de traços de MnO, TiO_2 e mais proporções variadas de elementos voláteis.

As temperaturas medidas em corridas de lava são da ordem de 700 a 1.200 °C.

10.2 Origens e Tipos de Magmas

De modo geral, considera-se que existem apenas dois tipos fundamentais de magmas primários, ou seja, de magmas a partir dos quais se podem formar outros tipos, por diferenciação:

- os magmas graníticos;
- os magmas basálticos.

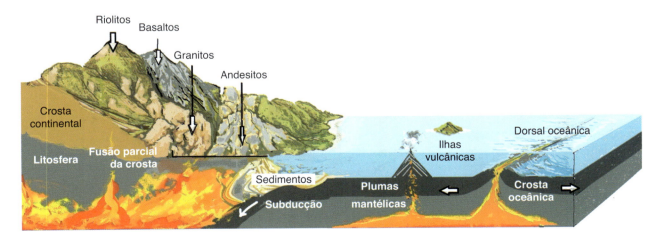

Figura 10.1 Modelo esquemático em área de subducção de placa oceânica com a continental, mostrando a formação de magmas e rochas ganíticas, andesíticas basálticas e riolíticas.

Figura 10.2 Lavas do vulcão Kilauea, Havaí. (Fonte: <http://www.yunphoto.net>.)

Os primeiros formam 95 % das rochas intrusivas, plutônicas, e os segundos constituem 98 % das rochas vulcânicas, efusivas.

A origem desses magmas e das rochas correspondentes constitui ponto de controvérsia.

Pode-se dizer, entretanto, que o magma granítico está sempre relacionado com áreas em que houve formação de extensas cadeias de montanhas, como, por exemplo, os Andes, os Alpes e o Himalaia, zonas em que a crosta sofreu processos tectônicos por esforços nos limites das placas litosféricas, com a ocorrência de magmatismo (Fig. 10.1).

Nessas regiões, as rochas originadas ocorrem sob a forma de corpos intrusivos muito grandes, intimamente relacionados com as cadeias de montanhas, e, em muitos casos, a sua formação parece não ter exigido a refusão total, associando-se a fenômenos complexos em profundidades de até 75 km.

Já o magma basáltico parece originar-se em profundidades maiores – 90 a 100 km, ou seja, na porção superior do manto –, tal como evidenciado pelos sismos associados a derrames basálticos cujas origens geralmente estão 45 a 60 km abaixo da superfície, onde o magma basáltico é originado pela fusão dos peridotitos, por meio de quedas bruscas de pressão, em regiões onde a crosta parece afetada por movimentos de afastamento de placas e o manto constitui foco de correntes convectivas ascendentes e pontos quentes (Figs. 10.1 e 10.2).

Os magmas graníticos caracterizam-se, entre outros fatores, por uma composição mais rica em SiO_2 (da ordem de 70 %), e os basálticos por uma proporção menor de SiO_2, inferior a 50 %. Os magmas graníticos são associados à fusão da crosta continental enriquecida em sílica. Os andesitos são típicos de margem continental convergente, como nos Andes.

Algumas rochas se formam a partir da solidificação de magma resultante da fusão parcial com outras rochas. O magma basáltico, que dá origem ao basalto e ao gabro, constitui cerca de 80 % dos vulcões, grande parte deles formados nos fundos oceânicos, cuja efusão se dá em *rifts* e pontos quentes e provém da fusão parcial das rochas do manto (peridotitos).

Nos pontos quentes dos oceanos o magma ascende sob a forma de plumas do manto, formando ilhas vulcânicas como as do Havaí. A velocidade de ascensão do magma depende de sua densidade, quantidade de sílica dura e da quantidade de fluidos. O gabro se forma como rocha plutônica, consolidando-se em profundidades entre 10 e 30 km. O magma basáltico é expelido em vulcões em altas temperaturas e se consolida na superfície como basalto, com o tamanho dos cristais pouco cristalinos (ou sua ausência, como no vidro vulcânico) dependendo da velocidade de arrefecimento.

O magma andesítico se origina nas zonas de subducção e em regiões vulcânicas, como nos Andes, Alasca etc. Sua composição depende dos sedimentos do fundo do oceano que são subducatados juntamente com a crosta oceânica, os minerais de argila e a água.

Este conjunto de materiais, movidos pela placa descendente e dependendo da profundidade atingida, poderá formar rochas denominadas dioritos, enquanto os andesitos são formados em profundidades menores.

Os riolitos se formam a partir da fusão parcial de rochas da crosta continental contendo elevada quantidade de água e dióxido de carbono. Elevadas pressões e temperaturas do interior da crosta e gases produzem a fusão das rochas continentais. As regiões da Terra que reúnem essas condições são as denominadas orogenéticas. Nessas regiões a crosta terrestre se encontra deformada devido ao choque de placas e, consequentemente, possui elevadas cadeias de montanhas. Os esforços tectônicos na região são os responsáveis pelo aumento de temperatura e pressão, produzindo a fusão parcial das rochas da crosta e também o metamorfismo. O magma riolítico alcança a superfície terrestre, originando os riolitos, enquanto o material consolidado em profundidade vai produzir rochas graníticas.

Viscosidade. Os magmas graníticos são mais viscosos do que os basálticos, já que a viscosidade parece aumentar com o teor de SiO_2. Isso se reflete caracteristicamente na maneira pela qual ocorrem os fenômenos de vulcanismo associados a essas rochas.

Além disso, a viscosidade depende da temperatura e da pressão, diminuindo com o aumento desses fatores.

10.3 Tipos de Atividades Magmáticas

O magma, uma vez formado, pode apresentar grande mobilidade, tendendo a ascender ao longo de fissuras da crosta, deslocando ou englobando as rochas vizinhas, podendo, eventualmente, extravasar à superfície ou então solidificar-se no interior mesmo da crosta.

De acordo com o local em que se dá a consolidação, há dois tipos básicos de atividade ígnea:

(1) o plutonismo, em que a consolidação ocorre no interior da crosta, dando origem às rochas plutônicas ou intrusivas;
(2) o vulcanismo, quando o magma irrompe e derramase à superfície para formar rochas vulcânicas ou efusivas (ver Capítulo 3).

No interior da crosta, os magmas ocupam espaços definidos denominados câmaras magmáticas. No caso dos vulcões, a câmara magmática é ligada com o exterior através do conduto vulcânico.

Rochas Ígneas ou Magmáticas 129

As rochas intrusivas podem ocorrer de maneiras muito diversas, formando corpos de formas e tamanhos variados e que apresentam relações variadas com as rochas encaixantes, ou seja, com as rochas preexistentes dentro das quais eles se solidificaram.

Pode-se dizer que alguns desses corpos têm dimensões relativamente pequenas, associando-se a fenômenos efusivos ou então ocorrendo nas bordas de corpos intrusivos maiores. Os mais comuns são os *diques*, *sills* e *lacólitos* (Fig. 10.3).

As intrusões grandes mais comuns são os *batólitos* e os *lapólitos*.

Dentre essas intrusões, algumas são concordantes, ou seja, seus bordos (contatos) são paralelos à estratificação ou xistosidade das encaixantes (*sills*, lacólitos, lopólitos), e outras são discordantes (diques, batólitos etc.).

Formas concordantes. Neste caso, a intrusão magmática intromete-se entre os planos de estratificação da rocha encaixante em concordância com eles. Entre as formas concordantes, temos:

(a) *Sill* – São corpos extensos, pouco espessos e de forma tabular quando vistos em corte. O magma deve ser pouco viscoso para poder intrometer-se entre os planos de estratificação da rocha encaixante (Figs. 10.4 e 10.5). Na bacia do Maranhão há grande ocorrência de *sills* de diabásio.

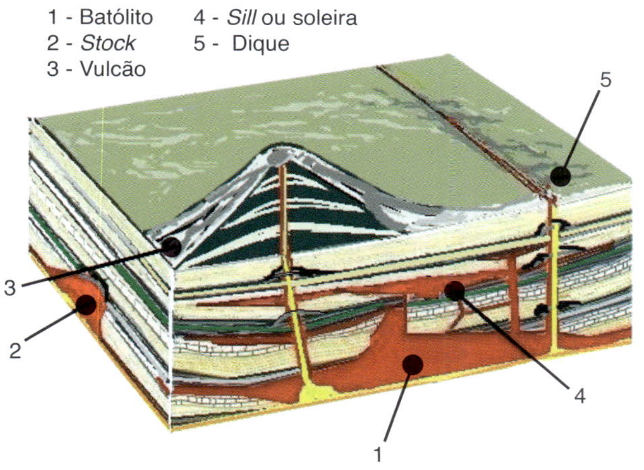

(b) Lacólito – O magma, nesse caso, é mais viscoso, formando massas intrusivas de forma lenticular, plano-convexas. A rocha situada acima do corpo intrusivo (capa) é dobrada, e as rochas situadas na parte inferior (lapa) não são afetadas. Um lacólito (Fig. 10.6) pode ter 300 m de espessura e 5 km de comprimento.

(c) Lapólito – Como o nome indica, tem a forma de uma bacia, de grandes dimensões, e ocorre sempre no fundo de dobras do tipo sinclinal (Fig. 10.7).

(d) Facólito – É o nome dado a um corpo intrusivo concordante, confinado nas cristas dos anticlinais ou no fundo de sinclinais. Tem a forma de crescente porque está comumente associado a dobras mergulhantes (Fig. 10.8).

Formas discordantes. Esses corpos intrusivos independem da estratificação da rocha encaixante, pois a cortam discordantemente. São mais frequentes perto da superfície da Terra, onde as pressões a serem vencidas são menores.

1 - Batólito
2 - *Stock*
3 - Vulcão
4 - *Sill* ou soleira
5 - Dique

Figura 10.3 Desenho esquemático mostrando diversos corpos intrusivos. As efusões ocorrem em cones e em derrames.

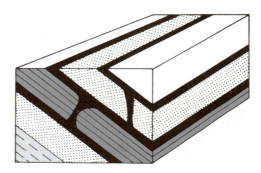

Figura 10.5 *Sill*. Formado quando o magma se aloja entre os estratos das rochas sedimentares. No exemplo, os estratos estão inclinados.

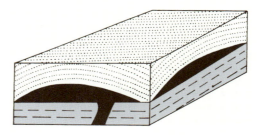

Figura 10.6 Lacólito. Forma-se quando o magma é intrudido entre as camadas, produzindo uma convexidade nas camadas superiores.

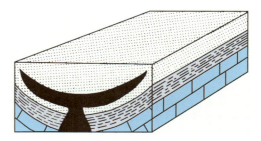

Figura 10.4 Intrusão de *sill* de diabásio com estrutura colunar entre sedimentos do Grupo Itararé. SC 470, Rio do Sul, SC. (Foto do Autor.)

Figura 10.7 Lapólito. A intrusão resulta numa bacia, geralmente preenchendo as depressões dos sinclinais.

Entre as formas discordantes, temos:

(a) Dique – É uma massa magmática que preenche uma fenda em rocha preexistente (Figs. 10.9 e 10.11). Os diques podem ser classificados em radiais, em anel (*ring dikes*) (Figs. 10.10-A e B) ou circulares, conforme se apresentem em conjunto na superfície após a erosão. Muitas vezes os diques se formam a partir de um corpo intrusivo maior. Nas bacias do Maranhão e do Paraná há grande incidência de diques de diabásio.

(b) Veios – São massas produzidas pela injeção de magma em fraturas menores e menos regulares do que diques. Medem de centímetros a metros de espessura e até centenas de metros de comprimento. Os veios podem ser mineralizados e ter valor econômico a partir da cristalização de soluções minerais aquosas de alta temperatura.

(c) Neck – São corpos discordantes, cilíndricos, verticais, que cortam as rochas preexistentes (Fig. 10.12). Pelo estudo da litologia formadora dos *necks*, vê-se que eles são condutos de antigos vulcões cuja parte superior foi erodida.

(d) Batólitos e *stocks* – Os batólitos são massas enormes de material magmático (granítico) que afloram numa extensão de, pelo menos, 100 km² na superfície terrestre. Se o afloramento tiver menos de 100 km², temos o *stock*. Os batólitos não têm, aparentemente, delimitação em profundidade, passando gradualmente à zona das rochas fundidas. Os batólitos formam grande parte dos escudos ditos Escudo Nordestino e Escudo Brasileiro, entre outros. Eles são, normalmente, de composição

Figura 10.8 Facólito. É uma intrusão concordante, com as camadas dobradas geralmente assumindo a forma crescente.

Figura 10.9 Intrusão de diabásio em migmatitos. Curitiba, PR. (Foto: J. J. Bigarella.)

Figura 10.10-A Bloco esquemático mostrando rochas vulcânicas residuais em forma de anel, um batólito e um dique normal.

Figura 10.10-B Vulcão em anel. Galápagos.

Figura 10.11 Dique de diabásio cortando gneisse. Matinhos, PR. (Foto João Vianna.)

Figura 10.12 *Neck*. Rochas básicas em migmatitos. Pico Cabugi, Rio Grande do Norte. (Foto do Autor.)

granítica, e sua origem é ainda bastante discutível. Os batólitos e *stocks* são corpos intrusivos discordantes que cortam as estruturas das rochas encaixantes. Nas proximidades desses corpos podem ocorrer fragmentos da rocha encaixante que foram englobados pelo magma, permanecendo como um corpo estranho no interior da rocha magmática, recebendo a denominação de xenólitos (Figs. 10.3 e 10.13).

Deve-se notar, com respeito aos corpos aqui referidos, sejam eles concordantes ou discordantes, o seguinte:

(1) A classificação adotada diz respeito somente à forma geométrica do corpo, e não à litologia formadora.
(2) Normalmente os corpos intrusivos são mais resistentes à erosão do que a rocha encaixante, razão pela qual estes corpos se sobressaem na topografia com respeito à rocha encaixante.

10.4 Classificação das Rochas Ígneas

As rochas ígneas exigem métodos de investigação bastante refinados para uma classificação exata, tais como análises químicas, petrografia microscópica etc.

Entretanto, uma identificação e classificação aproximadas podem ser efetuadas por meio de processos mais simples, sem análises químicas e pelo simples estudo megascópico (olho nu) das amostras. Para tanto, analisam-se as características da rocha quanto a uma série de critérios de classificação. Cada um desses critérios de classificação fornece um parâmetro mais ou menos definido, e a associação dos diversos parâmetros obtidos permite situar a rocha, com maior ou menor rigor, em uma tabela de classificação.

Alguns caracteres macroscópicos para as rochas ígneas

- São em geral duras.
- Os cristais se dispõem por justaposição.
- Não apresentam estruturas segundo faixas ou camadas.
- São maciças, quebram-se de maneira irregular.
- Apresentam uma textura cristalina, vítrea ou vesicular.
- Não apresentam fósseis.
- Apresentam alto teor em feldspatos.

Os principais critérios de classificação são os seguintes:

10.4.1 Modo de Ocorrência

O modo de ocorrência é um critério de campo e já foi visto no item referente a plutonismo e vulcanismo.

10.4.2 Textura

A textura de uma rocha é observada em escala extremamente pequena, e trata-se da relação mútua que subsiste entre os minerais que formam as rochas e as dimensões dessas partículas constituintes. Seu estudo é em geral feito com o auxílio de uma lupa ou de microscópios.

A textura é definida por, pelo menos, três parâmetros principais:

(1) O grau de cristalização, pelo qual a rocha pode ser classificada em:
 (a) totalmente cristalizada ou hocristalina;
 (b) parcialmente cristalizada ou hipocristalina;
 (c) não cristalizada ou vítrea.
(2) O tamanho dos cristais. Por esse critério, a rocha classifica-se em:
 (a) fanerítica, quando os minerais constituintes podem ser percebidos a olho nu;
 (b) afanítica, quando os minerais formam partículas tão pequenas que não podem ser percebidas a olho nu. Neste caso, a rocha apresenta um aspecto maciço (Fig. 10.14).
(3) O tamanho e a relação mútua dos cristais, que permitem classificar as rochas em:
 (a) equigranulares, quando os cristais têm aproximadamente o mesmo tamanho;
 (b) inequigranulares, quando as partículas constituintes apresentam dimensões bem diferentes, caso em que existe um tipo particular de textura bastante comum, chamada porfirítica, na qual existem cristais maiores e mais bem formados envoltos por um aglomerado, frequentemente afanítico, ou de minerais menores.

10.4.3 Estruturas

As estruturas são aspectos megascópicos que podem ser observados em amostras grandes ou no campo, não têm uma

Figura 10.13 Batólitos graníticos de Medina, MG. (Foto: Antonio Liccardo.)

Figura 10.14 Matacão de granito extraído para paralelepípedo. Cândido Sales, Bahia. (Foto: Antonio Liccardo.)

subdivisão sistemática e são mais conspícuas nas rochas efusivas. As mais comuns são as que seguem:

(a) Estruturas vesiculares e amigdaloides – Ocorrem em rochas vulcânicas que apresentam pequenas cavidades esféricas ou de outras formas originadas pela expansão dos gases quando de sua efusão. Podem se apresentar vazias (vesículas) ou preenchidas por minerais secundários (amígdalas) (Fig. 10.15).

(b) Estruturas em bloco (*block lava*) e brechas de fluxo (*flow breccias*) – Nelas, a porção superficial de derrames se apresenta com a forma de blocos envoltos por lava ou por materiais secundários (arenito, calcita etc.). Rochas com tais estruturas geralmente são chamadas brechas basálticas. Em contraposição, lavas muito fluidas se solidificam, formando superfícies e crostas mais lisas, ou então com rugas e sinais de fluxo iguais aos que se pode observar em piche derretido derramado, chamados *estruturas cordadas*.

(c) Estruturas fluidais – São estruturas bandeadas, originadas de diversas maneiras em lavas viscosas (Fig. 10.16).

(d) Estruturas de fraturação primária – São fraturas que se originam quando da solidificação de rochas ígneas e podem formar diversos sistemas de fraturas paralelas entre si, em geral dispostas normalmente às paredes de resfriamento e podendo ter formas colunares e prismáticas – quando se formam cinturas mais ou menos regulares de colunas verticais (Figs. 10.17-A e B e 10.25) ou horizontais –, fraturas em lençóis (*sheet jointing*) – quando formam pequenas camadas sub-horizontais – e assim por diante.

As texturas estão intimamente relacionadas com a forma de ocorrência e as dimensões dos corpos de rocha.

Assim, as estruturas anteriormente citadas, com exceção das fraturas, indicam rochas efusivas.

A ocorrência de matéria vítrea nas rochas é característica igualmente de rochas efusivas ou intrusões pequenas.

As formas totalmente cristalizadas ocorrem em intrusões onde o tamanho dos cristais às vezes dá certa ideia do tamanho do corpo (cristalização mais grosseira corresponde a corpos maiores, com exceção de tipos particulares de rochas, como os pegmatitos).

10.4.4 Composição Mineralógica e Química

São dois parâmetros básicos para a classificação de uma rocha, embora os limites quantitativos admitidos para as diferentes famílias de rochas sejam, em ambos os casos, um tanto flexíveis.

Os critérios químicos resultam da dosagem de um ou mais elementos tomados como parâmetros.

O principal parâmetro químico é o relacionado com a quantidade total de sílica da rocha. De acordo com tal parâmetro, as rochas podem ser divididas em:

(a) rochas ácidas – mais de 65 % de SiO_2;
(b) rochas intermediárias – 65-55 % de SiO_2;
(c) rochas básicas – 55-45 % de SiO_2;
(d) rochas ultrabásicas – menos de 45 % de SiO_2.

Evidentemente, esse critério não é de fácil aplicação; contudo, constitui um elemento descritivo amplamente em-

Figura 10.15 Basalto vesicular e amigdaloide. Formação Serra Geral, PR. (Foto: J. J. Bigarella.)

Figura 10.17-A Disjunção colunar em rocha vulcânica. Ilha Fernando de Noronha, PE. (Foto do Autor.)

Figura 10.16 Estrutura fluidal em rocha vulcânica da Formação Serra Geral, RS. (Foto: J. J. Bigarella.)

Figura 10.17-B Estrutura colunar (rara) por interação de dique ultra-alcalino com sedimentos (hidrotermal), rocha sinsedimentar. Cerro Koi, Paraguai. (Foto: Fernando Barcellos.)

pregado, podendo, além disso, ser utilizado com base em informações indiretas, sem necessidade de análises químicas, como será visto mais adiante.

A composição mineralógica é um critério fundamental para a classificação das rochas ígneas.

Os minerais mais importantes para esse fim são o quartzo, os feldspatos (alcalinos e plagioclásios), os minerais ferromagnesianos (anfibólios e piroxênios) e a biotita.

Os dois primeiros são claros, e os dois últimos, escuros. Conforme a predominância dos mesmos, a cor das rochas pode variar entre cores claras e escuras, naturalmente com todos os graus possíveis de gradação e com tonalidades particulares com tons rosados, avermelhados, acinzentados, esverdeados etc.

O quartzo é sílica livre cristalizada; por isso, rochas com quartzo tendem a ser ricas em sílica, sendo por conseguinte ácidas.

Os feldspatos contêm pouca sílica em sua composição. Assim, rochas com feldspato, mas sem quartzo, são geralmente intermediárias a básicas.

Os minerais escuros são mais pobres em sílica; consequentemente, quanto maior a sua proporção em relação aos feldspatos, mais a rocha tende a ser básica. As rochas ultrabásicas contêm quase que só minerais ferromagnesianos.

Por outro lado, embora não seja regra geral, as rochas claras tendem a ser ácidas a intermediárias, enquanto as escuras tendem a ser básicas e ultrabásicas. A Fig. 10.18 mostra uma classificação dos principais tipos de rochas ígneas segundo a composição mineralógica.

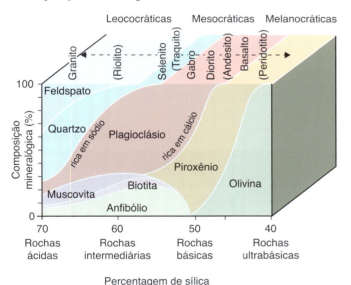

Figura 10.18 Composição mineralógica dos principais tipos de rochas ígneas. Entre parênteses estão representadas as rochas de mesma composição química, mas de caracteres texturais diferentes por serem de natureza efusiva.

10.5 Principais Rochas Ígneas

Granito. Rocha ígnea, intrusiva, encontrada em batólitos, *stocks* e outras massas muito grandes de rocha. Fanerítica, granulação média a grossa, cores rosadas, esbranquiçadas, acinzentadas, sempre com bastante quartzo e feldspato alcalino (Fig. 10.19).

No Brasil ocorre com frequência na Serra do Mar ou nas regiões dos Escudos, quase sempre formando elevações características. A densidade é baixa, da ordem de 2,6 (Figs. 10.19 e 10.20).

Figura 10.19 Ortoclásio Granito. Composição: Ortoclásio (Pertítico) 60 %; Quartzo 25 %; Plagioclásio 10 %; Apatita; Hornblenda; Epídoto; Sericita; Clorita; Esfeno; Min. Argilosos. Nome comercial: Granito Itaçu. Local de ocorrência: Tubarão, SC. [Fonte: Rochas Ornamentais de Santa Catarina. (Guedes, 1995.)]

Figura 10.20 Ortoclásio Granito. Composição: Ortoclásio (Pertítico) 61 %; Quartzo 30 %; Plagioclásio 7 %; Biotita; Zircão; Apatita; Min. Opacos; Sericita; Epídoto; Clorita. Nome comercial: Granito Caju. Local de ocorrência: Tubarão, SC. [Fonte: Rochas ornamentais de Santa Catarina. (Guedes, 1995.)]

Uma variedade muito particular de rocha granítica é a dos pegmatitos, rochas similares mineralogicamente, porém caracterizadas pelas dimensões anormalmente grandes dos minerais constituintes. Ocorrem sob a forma de veios e diques pequenos e, às vezes, têm valor econômico, permitindo a exploração de minerais como feldspato, mica, gemas preciosas, cassiterita, wolframita.

Nos limites convergentes entre placas litosféricas oceânica e continental, regiões de subducção, os magmas são gerados pela mistura de material da crosta oceânica (basáltica) juntamente com sedimentos marinhos acumulados junto à crosta continental (Fig. 10.1). Como resultado desse processo, as rochas intrusivas nessa região são ácidas a intermediárias, constituindo granitos consolidados no interior da crosta. Igualmente, quando ocorre a colisão entre duas placas continentais há intensa atividade plutônica, formando leucogranitos a partir da fusão das crostas continentais preexistentes. Esse é o exemplo do Himalaia, onde as rochas encontram-se deformadas e metamorfisadas (ver Cap. 3).

Riolito

É a variedade efusiva do magma granítico (vulcanismo ácido). Tem composição mineralógica similar, porém é afanítica, de coloração vermelho-acinzentada, frequentemente porfirítica, ocorrendo sob a forma de derrames irregulares, com textura fluidal, frequentemente associada a rochas piroclásticas (Fig. 10.22).

Sienito

Rocha ígnea, intrusiva, fanerítica, geralmente de granulação média a grosseira, sem ou com muito pouco quartzo, densidade igual a 2,8, cores eventualmente mais escuras que o granito. O mineral escuro é o anfibólio, e o feldspato é predominantemente alcalino. Ocorre em intrusões grandes, porém raramente iguais às graníticas, onde frequentemente se associa a variedades complexas de rochas ígneas denominadas rochas alcalinas (Figs. 10.21, 10.22 e 10.23).

Diorito

Rocha intrusiva, fanerítica, de cristalização média, densidade 2,8 ou mais. Cores escuras, praticamente sem quartzo e com muito feldspato plagioclásio. Ocorre sob forma de intrusões médias, tipo diques, *sills* etc. (Fig. 10.24).

Andesito

Variedade aparentada com o diorito, porém vulcânica ou de intrusões pequenas. Frequentemente escura, afanítica a porfirítica. Ocorre comumente sob a forma de diques.

Gabro

Rocha ígnea, plutônica, de intrusões médias a relativamente grandes, porém não de hábito batolítico. Cores muito escuras, densidades da ordem de 2,9-3,0. Não possui quatzo, sendo formada predominantemente por feldspato plagioclásio e piroxênio. Granulação média a grosseira.

Figura 10.23 Blocos de sienitos extraídos em Tunas. Marmoraria Água Verde. (Foto: Antonio Liccardo.)

Figura 10.21 Ortoclásio Piroxênio Sienito. Composição: Ortoclásio (Pertítico) 75 %; Clinopiroxênio 10 %; Plagioclásio 5 %; Quartzo 4 %; Min. Argilosos; Epídoto; Clorita. Nome comercial: Granito Verde-musgo. Local de ocorrência: Jaraguá do Sul, SC. [Fonte: Rochas ornamentais de Santa Catarina. (Guedes, 1995.)]

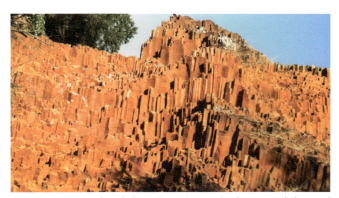

Figura 10.22 Dique ultra-alcalino, em arenitos, produzido por ação hidrotermal estruturas colunares em rocha sinsedimentar. Cerro Koi, Paraguai. (Foto: Fernando Barcellos.)

Figura 10.24 Diorito (Foliado). Composição: Plagioclásio 55 %; Hornblenda 10 %; Biotita 10 %; Clinopiroxênio 10 %; Quartzo 5 %; Microclínio 5 %; Apatita; Zircão; Sericita; Min. Opacos. Nome comercial: Diorito Preto Benedito. Local de ocorrência: Benedito Novo, SC. [Fonte: Rochas ornamentais de Santa Catarina. (Guedes, 1995.)]

Diabásio

Rocha similar ao gabro, porém de granulação média a fina, às vezes afanítica. Ocorre sob a forma de diques e *sill*, sendo muito comum a forma de diques com várias dezenas de metros de largura e muitos quilômetros de comprimento (Fig. 10.11).

Basalto

É a variedade efusiva do diabásio e recobre extensas áreas da região Sul do Brasil, onde representa a rocha ígnea mais importante. Apresenta cristalização fina a afanítica e cores escuras que podem variar do vermelho-escuro ao preto (Fig. 10.25).

Figura 10.25 Basalto com estrutura colunar. (Foto: Antonio Liccardo.)

Existem vários tipos de basalto, conforme as suas estruturas. Os mais comuns são os basaltos vesiculares e os basaltos amigdaloides. Normalmente, outras rochas se associam aos basaltos, principalmente as brechas basálticas, que são rochas formadas por fragmentos de basalto vesicular ou maciço regrudados entre si por outros materiais que podem ser basalto novamente (lava aglomerática), areias, siltes e argilas clásticas endurecidas (brechas clásticas), ou então minerais secundários do tipo da calcita, zeolita etc. (brechas calcíticas etc.).

Todas essas rochas podem coexistir dentro de um mesmo derrame.

Ultramáficas

Nome que designa um complexo grupo de rochas caracterizadas por altas densidades (3,2 a 3,3), cores escuras, ausência de quartzo e de feldspato, predominância de minerais ferromagnesianos (do tipo das olivinas e piroxênio).

São de origem complexa, geralmente com granulação grosseira a média, às vezes porfirítica. As variedades mais comuns são os piroxenitos, dunitos e serpentinitos. Ocorrem no Sul do Paraná e litoral de Santa Catarina (Fig. 10.26). Em Goiás, ocorrem associados os minérios de cromo, níquel, cobalto e platina.

Figura 10.26 Rochas ultramáficas. Barra velha, SC. (Foto do Autor.)

Bibliografia

BEST, M. G. *Igneous and metamorphic petrology*. San Francisco: Freeman, 1982. 630 p.

COUTINHO, J. M. V. *Curso de petrologia*. São Paulo: Edusp, 1969. 140 p.

FRANCO, R. R. *Curso de petrologia*. São Paulo: Edusp, 1969. v. 1. 155 p.

TYRRELL, G. W. *Princípios de petrologia*. Ciudad de México, Continental, 1960. 369 p.

11 Rochas Metamórficas

11.1 Conceito de Rochas Metamórficas e Metamorfismo

As rochas sedimentares, bem como as magmáticas (estas de modo não tão evidente), que se encontram em profundidades superiores a 3 km, em razão das pressões e temperaturas elevadas que oscilam entre 100 e 600 °C, assim como dos fluidos ativos, tornam-se instáveis. Os minerais originais transformam-se, por reações mútuas ou por modificações do sistema de cristalização, em novos minerais. A rocha passa por alterações na composição mineralógica, com o aparecimento de novas características de ordem estrutural e textural. Todas essas transformações ocorrem no estado sólido; a rocha, portanto, não passa por uma fase de fusão.

As novas rochas assim formadas são chamadas *metamórficas*, e o fenômeno que origina tais transformações é denominado *metamorfismo*.

A base de todo processo metamórfico reside no movimento das placas e no fato de que os minerais têm certas condições físico-químicas de sobrevivência. Mudando-se essas condições (pressão, temperatura etc.), o mineral passa a uma nova forma estável. A circulação do calor no interior da Terra é consequência da tectônica global, acompanhando o movimento das placas, resultando em eventos tectônicos de diversas naturezas ao longo das grandes fraturas em áreas ativas. O metamorfismo da rocha ocorre em função das temperaturas vigentes, e, em alguns casos, dependendo das variáveis térmicas, acontecem processos de fusão parcial, dando origem aos migmatitos.

Na zona de subducção a placa oceânica mergulha por baixo da placa continental, produzindo calor e, consequentemente, terrenos metamórficos formados por xistos, anfibolitos e gnaisses, dependendo da temperatura e da pressão.

Na zona de colisão das placas formam-se cadeias de montanhas constituídas de rochas metamórficas de alto grau, como migmatitos e gnaisses.

11.2 Tipos de Metamorfismo

Na natureza podem existir diversos tipos de ambientes metamórficos, cada qual com o seu "clima" físico-químico específico. Entre eles podem-se destacar:

Metamorfismo regional. Desenvolve-se em regiões que sofrem tectonismo intensivo, isto é, compressões e dobramentos de extensas áreas (placas) da crosta com vigência de pressões orientadas (cisalhantes) e temperaturas muito elevadas. Em geral, as rochas que sofreram esse tipo de metamorfismo ocorrem em áreas onde existem ou existiram grandes cadeias montanhosas, fazendo parte dos chamados cinturões orogênicos, com placas convergentes em relação à placa oceânica.

O metamorfismo se processa por fluxos de calor intenso, produzindo a recristalização e formando novos minerais e rochas, tais como anfibolitos, gnaisses, xistos, filitos e ardósias (Fig. 11.1).

O metamorfismo regional ocorre sob pressões e temperaturas muito altas na porção profunda da crosta, na zona de colisões entre placas, e traz como consequência a deformação das rochas e a elevação dos terrenos, formando cadeias de montanhas.

Nas zonas de subducção, onde a placa oceânica mergulha sob a placa continental, a bacia sedimentar marinha fornece material detrítico, que é incorporado à crosta oceânica e transportado até as zonas mais profundas (Fig. 11.2). Os ofiolitos, por exemplo, são associações de rochas ígneas provenientes ou da crosta oceânica ou do manto superior, misturados com sedimentos marinhos que se encontram acumulados nas regiões de contato entre as placas.

Quando os sedimentos das fossas são incorporados ao magma, juntamente com fragmentos da crosta, formam uma mistura, ou seja, uma melange, e se atingirem zonas mais profundas da crosta são dobrados e metamorfizados. Esse

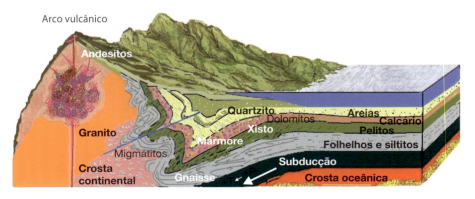

Figura 11.1 Metamorfismo regional. Bloco esquemático apontando os diversos tipos de rochas que podem se formar em zona de subducção com o contínuo aumento da temperatura e da pressão.

material rochoso volta reciclado à superfície terrestre por complexos processos, inclusive por empuxo decorrente da sua densidade menor que das demais rochas adjacentes da crosta. Exemplos desse mecanismo encontram-se na Cordilheira Andina, que vai da Venezuela à Patagônia, onde a placa de Nazca está em colisão com a placa Sul-Americana. A colisão e a subducção associada ao vulcanismo resultam na região, em levantamentos de grau variável, ou seja, na orogênese (formação de montanhas). (Fig. 11.3). Os Andes têm altura máxima de 6.962 m no Aconcágua.

Outro fenômeno ocorre pela colisão de duas placas continentais. A zona de contato entre as duas placas é denominada sutura (Fig. 4.8). Esse processo resulta em orogênese continental, isto é, na formação de cadeias de montanhas, como, por exemplo, o Himalaia, onde as placas Indiana e a Euroasiática estão em colisão (Fig. 2.2). Como resultado, nessa região orogenética encontram-se dobras de arrasto produzidas por pedaços da crosta (em geral de origem sedimentar) que viajam de lugares distantes devido aos esforços e deslocamentos produzidos pelas placas e são incorporados às montanhas. Na parte mais profunda dessas cadeias, encontram-se cinturões magmáticos metamorfizados em altas temperaturas, constituídos por xistos e gnaisses, entre outros.

Metamorfismo de contato. Desenvolve-se ao redor de corpos ígneos intrusivos (como batólitos), que cedem parte de sua energia térmica às rochas vizinhas encaixantes. Em consequência, as rochas assim metamorfisadas apresentam-se em auréolas envolvendo o corpo ígneo. Essas auréolas possuem no máximo algumas centenas de metros de espessura. O fator dominante na sua formação é a temperatura e as soluções gasosas que emanam do corpo ígneo, enquanto a pressão tem papel secundário (Fig. 11.4).

Metamorfismo cataclástico. Ocorre em zonas de movimentação e ruptura na crosta, em faixas extensas e estreitas, junto às zonas de cisalhamento ao longo das falhas. Esse tipo de metamorfismo produz bandeamento e lineação nas rochas, e a deformação pode produzir a recristalização ou a formação de novos minerais devido à percolação de fluidos (Fig. 11.5).

Metamorfismo de soterramento. Ocorre pela pressão de espessas camadas de sedimentos e/ou rochas vulcânicas em grandes profundidades das bacias sedimentares, onde as temperaturas atingem até 300 °C. Nesses casos não há alteração na estrutura e na textura das rochas (Fig. 11.6).

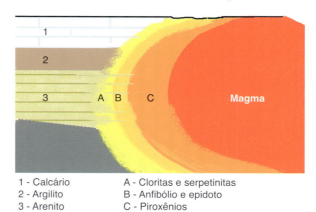

1 - Calcário
2 - Argilito
3 - Arenito

A - Cloritas e serpentinitas
B - Anfibólio e epidoto
C - Piroxênios

Figura 11.4 Representação esquemática de metamorfismo de contato.

Figura 11.2 Local na costa chilena onde a placa de Nazca (oceânica) mergulha sob a placa (continental) Sul-Americana. Afloramento de andesitos aparecem em primeiro plano da foto. (Foto do Autor.)

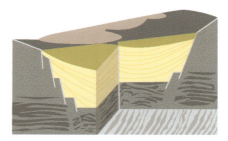

Figura 11.5 Representação esquemática de metamorfismo dinâmico ou cataclástico em falhas transcorrentes e normais.

Figura 11.3 Cordilheira dos Andes. Os efeitos da orogênese Andina aparecem na imagem destas rochas elevadas e deformadas no início do Cenozoico. (Foto do Autor.)

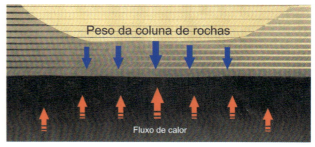

Figura 11.6 Metamorfismo de soterramento.

Metamorfismo hidrotermal. Esse tipo de metamorfismo ocorre nas bordas de intrusões graníticas, no fundo de bacias onde há erupções vulcânicas ou ainda em regiões de elevados graus geotérmicos. As temperaturas oscilam entre 150 °C e 350 °C. Em todos os casos, a água aquecida atua ao longo das fraturas, havendo recristalização e novas associações mineralógicas, muitas vezes de importância econômica. Esse tipo de metamorfismo também pode ocorrer nas cadeias mesoatlânticas, limite de separação das placas e zonas de *rifts*, no fundo oceânico. Outro tipo mais raro de metamorfismo pode ocorrer em áreas do continente que receberam o impacto de algum meteorito (Fig. 11.7).

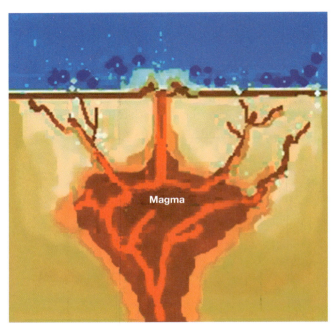

Figura 11.7 Metamorfismo hidrotermal produzido pela liberação de água com substâncias dissolvidas que penetram nas rochas.

11.3 Estrutura e Textura das Rochas Metamórficas

O metamorfismo, especialmente o regional, pode originar estruturas e texturas novas, bem como outras características nas rochas, especialmente naquelas originadas pelos fenômenos cisalhantes, quando as deformações dos minerais e os fenômenos de recristalização são guiados por condições enérgicas e dão origem a minerais achatados e alongados.

A estrutura resultante dessa orientação dos minerais (geralmente micáceos) denomina-se *estrutura xistosa*. As dimensões dos minerais das rochas metamórficas são, de modo geral, tanto maiores quanto mais intenso foi o metamorfismo. Assim, rochas xistosas pouco metamorfoseadas podem apresentar minerais quase imperceptíveis (ardósias e filitos), assemelhando-se bastante aos sedimentos de granulação fina dos quais se originaram. Rochas mais metamorfisadas apresentam cristais bem visíveis, como é o caso dos micaxistos.

Quando o sedimento original é formado por minerais com pouca tendência ao desenvolvimento de formas lamelares por cristalização (como é o caso do quartzo e da calcita), ou então quando o metamorfismo se dá sem pressões orientadas (como o metamorfismo de contato), as estruturas que se formam não são orientadas e denominam-se *estruturas granulares* – características de rochas como quartzitos, mármores etc.

Quando em uma rocha se alternam estruturas xistosas (geralmente faixas de minerais micácios escuros) e estruturas granulares (faixas ou lentes de quartzo e feldspato), a estrutura resultante é chamada *gnáissica*, e as rochas que as apresentam, *gnaisses*.

Um quarto tipo de estrutura comum nas rochas metamórficas é aquele resultante não da recristalização, mas do esmagamento e do cisalhamento das rochas e minerais, caracterizando-se pela presença de pedaços de rochas e minerais, fragmentados e deformados, envoltos frequentemente por material finamente moído e pela presença de minerais típicos desse ambiente, como um mineral verde denominado pistacita. A estrutura resultante é chamada *cataclástica*.

11.4 Graus de Metamorfismo

O metamorfismo pode ocorrer com maior ou menor intensidade e ser progressivo em função da profundidade, das temperaturas e das pressões a que a rocha é submetida. De uma forma, podem-se distinguir diferentes graus de metamorfismo.

No grau mais baixo, chamado *epimetamórfico*, as rochas têm granulação bastante fina, são formadas principalmente por minerais micáceos muito pequenos, quase imperceptíveis, e podem assemelhar-se aos sedimentos de que provêm. São exemplos o filito e as ardósias.

O grau intermediário chama-se *mesometamórfico*, e nele os cristais micáceos já são bem visíveis. Uma rocha típica é o micaxisto.

O grau mais intenso chama-se *catametamórfico*, e caracteriza-se pela ocorrência de minerais como feldspato, silimanito, granada etc. A rocha típica é o gnaisse.

Nas fases mais intensas, ditas de *ultrametamorfismo*, as rochas que se formam têm sua composição química modificada por *metassomatose*, ou seja, pela introdução de certos elementos e retirada de outros, originando rochas com aspecto intermediário entre as metamórficas e as ígneas; são os migmatitos.

11.5 Principais Tipos de Rochas Metamórficas

A identificação das rochas metamórficas é muito complexa. Os tipos mais importantes, entretanto, são os constantes da relação que se segue e da Tabela 11.1.

Ardósias. São rochas de granulação muito fina de minerais praticamente imperceptíveis a olho nu e que se caracterizam por uma clivagem tabular perfeita. São muito parecidas com sedimentos argilomicáceos e se caracterizam por quebrarem em grandes placas. Constituem-se de quartzo, clorita e muscovita, sendo rochas metassedimentares de baixo grau de metamorfismo, podendo, com o aumento do grau de metamorfismo, transformar-se em filitos (Fig. 11.8).

Filitos. São rochas xistosas, de granulação fina, e apresentam um brilho sedoso típico devido à presença de pequenos cristais de serecita. As cores são variadas, sendo comuns os tons castanho-claro, esverdeado, cinza, esbranquiçado etc.

Xistos. São rochas de xistosidade bastante acentuada, nas quais os cristais constituintes são bem visíveis e apresen-

Figura 11.8 Ardósia. Composição: Minerais Argilosos 81 %; Quartzo 8 %; Feldspato 3 %; Biotita 1 %; Minerais Opacos 1 %; Esfeno; Apatita; Epídoto. Nome comercial: Ardósia. Local de ocorrência: Blumenau, SC. [Fonte: Rochas Ornamentais de Santa Catarina. (Guedes, 1995.)]

tam-se em folhas ou placas delgadas. A composição predominante é de biotita, muscovita, clorita, quartzo etc. Quando sua composição é pelítica (argilosa ou arenoargilosa), são denominados micaxistos. Rochas de outra natureza, como as ultrabásicas ígneas constituídas por clorita, epidoto, albita ou anfibólios e talcos, também recebem a designação genérica de xistos.

Gnaisses. São rochas de granulação mais grosseiras e mais duras que as anteriormente descritas e apresentam uma orientação muito nítida dos minerais presentes, os quais por vezes se agrupam formando bandas ou faixas alternadas em tons claros e escuros. A estrutura é designada bandeada ou gnáissica (Fig. 11.9-A). Os migmatitos têm o mesmo aspecto dos gnaisses (Fig. 11.9-B). São constituídos principalmente de quartzo e feldspatos. Quando originados de granitos, são designados ortognaisses. Outros tipos de gnaisses podem ser formados pelo metamorfismo de rochas preexistentes. Os micaxistos aqui descritos podem se transformar em gnaisses.

Designam-se paragnaisses as rochas metamórficas originadas de sedimentos tais como arenitos, arcóseos, grauvacas etc. Os quartizos, por sua vez, originam-se de arenitos essencialmente quartzosos.

Quartzitos. São rochas provenientes do metamorfismo dos arenitos e, por isso, podem ser confundidas com eles. A principal diferença é a presença de minerais micáceos. Além disso, os quartzitos são mais duros, e, quando quebrados, os minerais de quartzo são seccionados ao meio, enquanto nos arenitos eles apenas se deslocam, permanecendo inteiros. A fratura nos quartzitos é também mais áspera. Os quartzitos apresentam grande variedade de cores e aspectos, pois nem sempre a rocha original era um arenito puro.

Mármores. São rochas provenientes do metamorfismo de calcários e dolomitos e, por isso, assemelham-se bastante. Distinguem-se por uma cristalização às vezes mais grosseira, com os cristais justapostos bem visíveis, e também pela ocorrência de bandas micáceas ou de minerais tipicamente metamórficos como a serpentina, o talco etc. Reagem com o ácido clorídrico, a menos que a porcentagem de magnésio seja muito grande (Fig. 11.10).

Rochas cataclásticas. Durante o processo de metamorfismo, a rocha fragmenta-se (catáclase) e se recristaliza, constituindo corpos complexos com matriz de proporções variáveis denominados *milonitos*.

11.6 A Importância das Rochas e Minerais

Em princípio podemos agrupar os recursos materiais extraídos da crosta e de largo emprego na sociedade sob três formas de ocorrência:

(1) Massas contínuas de rochas, tais como corpos de intrusão como batólitos, diques, derrames de lavas, corpos metamórficos etc., de onde provêm os granitos, diabásios, gnaisses e outras rochas sedimentares.

(2) Filões e veios que cortam rochas ígneas e metamórficas, notadamente de quartzo e quartzito, de onde se extraem inúmeros minerais, inclusive metálicos associados.

Figura 11.9-A Biotita anfibólio gnaisse bandado. (Foto do Autor.)

Figura 11.9-B Gnaisse granulítico. Composição: Plagioclásio 58 %; Microclínio 20 %; Hiperstênio 8 %; Hornblenda 4 %; Biotita 4 %; Quartzo 2 %; Min. Opacos 2 %; Apatita; Clorita; Epídoto. Nome comercial: Granito Preto Florido. Local de ocorrência: Benedito Novo, SC [Fonte: Rochas Ornamentais de Santa Catarina. (Guedes, 1995.)]

140 Capítulo 11

Tabela 11.1 Identificação das rochas metamórficas

Minerais presentes	Caracteres	Nomenclatura
Quartzo Feldspatos Biotita Hornblenda	Homogêneas; bandeamento irregular; apresentam porfiroblastos	Migmatitos (ou gnaisses granitizados) (a) Embrechitos
Quartzo Feldspatos Biotita Hornblenda	Heterogêneas; as faixas escuras (máficas) alternam-se muito bem com as faixas claras (félsicas)	Migmatitos heterogêneos (b) Epibolitos
Quartzo Feldspatos Biotita	Fenoblastos (cristais ocelares) de ortoclásio	(c) Gnaisse
Muscovita Sericita Quartzo	Leococrática, macro e microgranular; xistosidade e divisibilidade boas	Xistos ou micaxistos
Biotita Clorita Biotita-hornblenda Clorita Quartzo	Meso ou melanocráticas; xistosidade boa	Biotita-xisto Hornblenda-xisto Clorita-xisto
Biotita Sericita Clorita Quartzo	Cor cinza-escura, rósea; xistosidade boa; sedosos ao tato	Filito
Quartzo (às vezes inclui cloritas ou serecitas)	Cores claras; xistosidade fraca ou ausente	Quartzito
Calcita (dolamita) (matéria orgânica, óxido de ferro)	Cores claras, cinza, verde, rosa etc.; reação com HCl a quente ou triturando a amostra (cristalina)	Mármore
Calcita (matéria orgânica carbonosa)	Cor escura; xistosa	Calcário metamórfico
Quartzo e mica	Cor clara; xistosidade friável e flexível	Itacolomito
Quartzo e hematita	Cinza-escura e preta metálica; minerais bem orientados; boa xistosidade	Itabirito
Talco e sílica	Cores claras, branca, esverdeada, rosada, untuosa ao tato	Talco-xisto
Serecita	Microlina, cinza e preta; boa xistosidade; forma placas ou lousas	Ardósia

(3) Rochas sedimentares e metassedimetares que fornecem principalmente materiais destinados à construção civil, tais como arenitos, siltitos, ardósias, filitos, calcários etc. Juntamente com essas rochas encontram-se associados diversos bens minerais, tais como carvão, petróleo, urânio, fosfatos, recursos hídricos, entre outros.

Os empreendimentos em mineração que envolvem a prospecção e a explotação de um bem mineral levam em consideração a qualidade do material, os teores, por exemplo, do minério a ser explorado, a quantidade disponível e a locali-

zação da jazida, tendo em vista o custo do transporte, o meio ambiente e os custos de mercado.

As rochas e minerais, muitas de uso industrial, constituem bases substanciais indispensáveis à civilização. Atendem a um universo extenso e diversificado, incluindo a construção civil, a agropecuária, a indústria de plásticos, papel, tintas, borracha, vidros, cimento, fundição, refratários, siderurgia, entre outras (Fig. 11.12).

Os materiais de construção a serem utilizados dependem da natureza geológica dos terrenos da região ou do país. O grupo dos granitos e mármores é bastante abundante na

Figura 11.10 Mármore rosa do Paraná.

crosta terrestre, e eles sempre foram utilizados pelos povos desde a antiguidade (Figs. 11.13 e 11.14). Hoje seu valor e sua utilização dependem de inúmeros ensaios visando a suas propriedades, tais como resistência à flexão, à corrosão, porosidade, absorção e petrografia, o que resulta na valorização da beleza e da coloração. Os micaxistos e calcários também são amplamente utilizados, e este último é queimado para produzir a cal e o cimento. Todos esses materiais são utilizados em edificações, revestimentos, pisos, fachadas etc.

Entre as rochas sedimentares destaca-se o grupo dos arenitos, siltitos e argilitos. Os arenitos, quando silicificados, são utilizados como revestimento e pisos (Fig. 11.11).

As areias inconsolidadas, principalmente de origem fluvial, são a base do cimento, misturado à cal, constituindo a argamassa. As areias quartzosas são utilizadas na fabricação de vidro, abrasivos e moldes de fundição (Fig. 11.15).

A ardósia utilizada como pisos em casas e edifícios é, na maioria das vezes, um ritmito com intercalações de siltito e argilito (Fig. 11.8). A argila é constituída essencialmente por argilominerais, podendo conter outros minerais, matéria orgânica e outras impurezas. Assim, os argilitos, filitos, folhelhos e xistos argilosos são considerados materiais argilosos. As argilas industriais são utilizadas principalmente pelas indústrias cerâmicas, de porcelanas e de cimento.

Figura 11.11 Pedreira do arenito Botucatu cortado em placas para pisos e calçadas. Araraquara, SP. (Foto do Autor.)

Figura 11.12 Exploração de mina de amianto a céu aberto. Sherbroock, Canadá. (Foto do Autor.)

Figura 11.13 Bloco de granito destinado a pias, chapas, lajotas etc. Guanhães, MG. (Foto: Antonio Liccardo.)

Figura 11.14 Paredão de uma jazida de mármore branco. Cachoeira do Itapemirim, ES. (Foto: Antonio Liccardo.)

Figura 11.15 Extração e beneficiamento de areia de aluviões do Rio Iguaçu. Balsa Nova, Paraná. (Foto: Antonio Liccardo.)

Figura 11.16 Jazida de caulim, Tijucas do Sul, Paraná. (Foto: Antonio Liccardo.)

Figura 11.17 Objetos de adorno pessoal (séc. I d.C.). Pulseiras de ouro, vidro e granada, anel de ouro com três pedras de vidro azul e outro com aro recortado com coral rotativo. Abaixo: dois pingentes de ouro, uma pulseira e, à direita, uma fíbula (espécie de alfinete de segurança) de prata. (Peças do Museu Monográfico de Coimbra, Portugal. Fotos: Delfim Ferreira, Manoel Matias e José Pessoa.)

A indústria de cerâmica vermelha (tijolos e telhas) utiliza os materiais provenientes das várzeas de rios e alterações de rochas graníticas e magmáticas, entre outras, próprias para formar uma massa cerâmica plástica que, em seguida, é moldada e disposta para secagem. As argilas cauliníticas, que podem ter origem residual de rochas vulcânicas, são próprias para materiais refratários, beneficiamento de papel etc. (Fig. 11.16).

As argilas têm utilização ampla nas cerâmicas especiais com aplicação tecnológica, na indústria eletrônica, engenharia, aeronáutica, construção civil etc.

As rochas que contêm acima de 50 % de carbonato de cálcio em sua constituição são denominadas calcárias. Essas rochas são conhecidas e utilizadas desde a antiguidade na construção, no revestimento, em monumentos, esculturas etc.

Os minerais metálicos, notadamente o ferro, cobre, estanho e chumbo, foram os primeiros a serem utilizados pelo homem, como atestam diversos objetos e moedas antigas.

A geologia econômica e a mineração são um campo da geologia que se ocupa especificamente da pesquisa e da exploração de recursos minerais. Os habitantes de Conimbriga, que viveram entre 27 a.C. e 193 d.C. na região próxima da atual Coimbra, Portugal, na época sob domínio parcial de Roma, já extraíam do subsolo barro (argila) para olarias, exploravam pedreiras de calcários, cunhavam moedas de prata e bronze e produziam joias com ouro e pedras preciosas (Fig. 11.17). Entretanto, os romanos cunharam suas primeiras moedas cerca de 269 a.C. Ainda na época romana, antes de Cristo fabricava-se vidro utilizando areia silicosa e soda ou potássio fundidos a temperaturas altas e, com auxílio de um cadinho de areia refratária, obtinha-se uma pasta de vidro que era soprada. A cor se obtinha dos óxidos metálicos que fazem parte da soda e do potássio como impurezas, ou ainda eram misturados materiais mais preciosos, como âmbar, esmeralda, ágata, ônix ou azeviche (Fig. 11.18).

As Figs. 11.19 a 11.22 mostram ainda outras aplicações das rochas como calçamentos e monumentos. A Fig. 11.20 retrata os Alpes Apuane, na Toscana, Itália, de onde se extrai o famoso mármore Carrara, que vem sendo utilizado desde o Império Romano em suas esculturas.

O vinho e a terra

Em cavernas pré-históricas, foram encontrados inúmeros testemunhos do cultivo de videiras, representadas pelas sementes preservadas da uva utilizada para o preparo do vinho por gregos, egípcios, romanos e também chineses.

Rochas Metamórficas 143

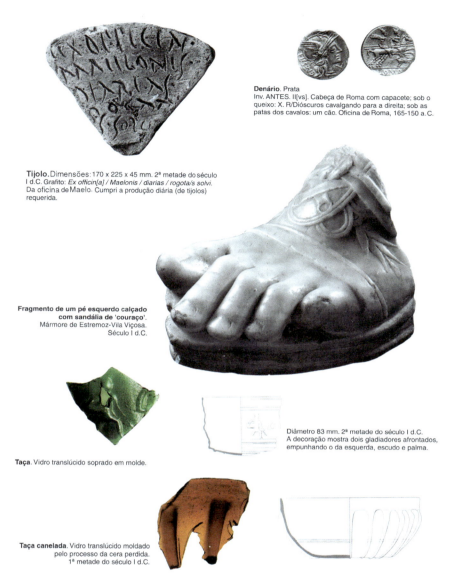

Figura 11.18 Peças do Museu Monográfico de Coimbra, Portugal. (Fotos: Delfim Ferreira, Manoel Matias e José Pessoa.)

Figura 11.19 Calçamento típico de diabásio desgastado com o tempo de uso. Largo da Ordem, Curitiba, PR. (Foto: Antonio Liccardo.)

Figura 11.20 Alpes Apuanes, Toscana, Itália, de onde se extrai o famoso mármore Carrara, utilizado desde o Império Romano. (Foto: Antonio Liccardo.)

Figura 11.21 Lápide talhada em granito rosa com cruz de dolerito (diabásio). Cemitério luterano de Curitiba, PR. (Foto: Antonio Liccardo.)

Figura 11.22 Pia batismal em granito. Igreja N.S. do Carmo, Curitiba, PR. (Foto: Antonio Liccardo.)

O vinho é resultado do cultivo da videira em um clima favorável, da técnica e do solo adequado.

O solo tem enorme influência no desenvolvimento das videiras, proporcionando caracteres muito próprios ao vinho.

A planta é dotada de raízes abundantes, crescendo à procura de grandes profundidades, em geral superiores a 10 metros. Muitas videiras em plena produção possuem idades superiores a 100 anos, e, por isso, para seu pleno desenvolvimento requerem solos frouxos, de natureza pedregosa, onde as raízes possam penetrar até alcançar a rocha. Solo argiloso dificulta a absorção da água por suas raízes e também a respiração. Curiosamente, os solos também não podem ser férteis, pois o excesso de nutrientes produz uma planta exuberante superalimentada e "preguiçosa", com baixa produção e qualidade de uvas; portanto, imprópria para o vinho.

A planta também é inimiga da água; requer solo seco, pois cabe às raízes o papel da busca da água estritamente necessária nas profundezas das rochas, serpenteando entre blocos e fragmentos de rochas ou seixos e areias.

A região onde se concentra a grande produção nacional de vinhos – "Vale dos Vinhedos" –, no estado do Rio Grande do Sul, é formada por rochas vulcânicas, basaltos, de idade Jurássica.

A região é acidentada, e seus solos são o resultado das rochas alteradas básicas originando em solos relativamente argilosos. A alta pluviosidade da região eventualmente pode afetar a uva em sua taxa de açúcar necessária para a transformação em álcool dentro dos padrões usuais.

Outra região produtora no estado do Rio Grande do Sul situa-se em Encruzilhada do Sul. Sob o aspecto geológico, essa região faz parte do Escudo Rio-grandense, localmente um batólito com idade de cerca de 550 milhões de anos, e que aflora em uma faixa entre 50 e 35 quilômetros. Trata-se de um granito porfirítico, alcalino, heterogêneo, constituído de feldspatos potássicos, biotita, anfibólio e plagioclásio, entre outros minerais. Algumas áreas apresentam enclaves de máficos de diorito.

O maciço granítico possui lineações e fraturas de vários tipos e direções produzidas por esforços de cisalhamento.

Desse modo, os solos de Encruzilhada são bem drenados, com pouca argila e matéria orgânica, resultando em baixa capacidade de retenção de umidade no solo. O relevo ondulado mostra eventuais afloramentos de granito (Fig. 11.23).

Nessas condições, a videira pode produzir uvas com maiores teores de açúcar e baixa acidez e, segundo os produtores, em cores e aromas encontrados no vinho.

Na literatura que trata da vinicultura e nos próprios rótulos das garrafas encontram-se diversas citações de enólogos, os quais relatam a influência dos solos que são sobretudo rochosos e sua influência na qualidade do vinho (Fig. 11.24).

Assim, a Borgonha (França) é descrita como uma região com solo raso, se é que ele existe, – frisa o autor –, onde as videiras crescem dentro das pedras calcárias, resultando em sabores minerais. Já na região de Mosela (Alemanha), os vinhos brancos *rieslings* ocupam penhascos rochosos sobre o vale do Rio Reno, onde o tipo de solo é uma ardósia azul ou cinza e que, segundo os enólogos, produz um vinho branco de "mineralidade salgada e frescor elegante". Muitos vinhos brancos da Áustria são produzidos em uma região formada por *gnaisses* e micaxistos o que, segundo os especialistas, resulta em sabores minerais e de especiarias. Deve-se frisar que, além do solo – mais rocha que solo –, a videira, o clima e a tecnologia atuam em conjunto nessa arte secular.

Figura 11.23 Videiras de Encruzilhada do Sul, RS. (Foto: Copetti e Czarnobay.)

Fig. 11.24 Um vinho que evoca as terras em que é produzido, Portugal. (Foto do Autor.)

Bibliografia

BEST, M. G. *Igneous and metamorphic petrology*. San Francisco: Freeman, 1982. 630 p.

BIGARELLA, J. J.; LEPREVOST, A.; BOLSANELLO, A. *Rochas do Brasil*. Rio de Janeiro: LTC, 1985. 310 p.

BUCHER, K.; FREY, M. *Petrogenesis of metamorphic rocks*. 7. ed. Berlin; London: Springer-Verlag, 2002. 318 p.

LICCARDO, A. *La pietra e l´uomo*: cantaria e entalhe em Curitiba. São Paulo: Beca-Bal Edições, 2010.

LICCARDO, A.; CAVA, L.T. *Minas do Paraná*. Mineropar. Imprensa Oficial do Estado do Paraná. 2006, Curitiba, 165 p.

LICCARDO, A.; PIERKAR, G.; SALAMUNI, E. *Geoturismo em Curitiba*. Mineropar: Curitiba. 2008, 122 p.

LICCARDO, A.; VASCONCELLOS, E. M. G.; CHMYTZ, I. *Procedência das rochas nas ruínas de São Francisco e calçadas antigas da Praça Tiradentes em Curitiba*. 44º Congresso Brasileiro de Geologia, 2008, p. 412.

PRESS, F.; SIEVER, R. *Understanding earth*. 2. ed. New York: W. H. Freeman, 1998. 682 p.

SKINNER, B. J.; PORTER, S. C. *Physical geology*. New York: John Wiley, 1987. 750 p.

WINKLER, H. G. R. *Petrogênese das rochas metamórficas*. Tradução de Carlos Burger Junior. Porto Alegre: Edgard Blücher/UFRGS, 1997.

YARDLEY, B. W. D. *Introdução à petrologia metamórfica*. Tradução de Reinhardt A. Fuck. Brasília: Editora Universidade de Brasília, 1994. 340 p.

12 Deformações Estruturais nas Rochas: Falhamentos e Dobramentos

12.1 Generalidades

Os sistemas de forças que atuam em nosso planeta de modo contínuo modificam sua configuração com o deslocamento de massas continentais, formação de bacias oceânicas e outras características fisiográficas, podendo também produzir grandes deformações e alterações em todos os tipos de rochas e minerais. O estudo dessas deformações estruturais que se encontram nas rochas sob a forma e a designação de falhas e dobras constituem os registros que evidenciam os movimentos e as direções dos esforços produzidos pelas placas litosféricas. Dois tipos de forças atuam e deformam os corpos rochosos: as forças de volume e as forças de contato ou de superfície. As primeiras atuam sobre a massa como um todo; são as forças gravitacionais e eletromagnéticas. As segundas, as forças de contato, atuam ao longo de uma superfície fraturada, provocando os deslocamentos e as deformações de partes de um corpo rochoso que é submetido aos mencionados esforços.

A deformação é o efeito dos esforços tectônicos sobre as rochas e a resposta destas, que se dobram ou rompem-se, criando padrões observados principalmente nas regiões de relevo íngreme ou montanhosas. Nos limites convergentes das placas, as rochas são comprimidas e, caso sejam tensionadas além de sua resistência, sofrem fraturas, liberando energia e provocando terremotos em escalas variáveis. As rochas mais plásticas, como folhelhos, xistos, pelitos etc., dobram-se facilmente sob os esforços tectônicos. A colisão entre duas placas continentais ou continental-oceânica é a responsável pela deformação das rochas e, como vimos, frequentemente essas estruturas são acompanhadas de processos de metamorfismos. Nem todas as rochas deformadas são metamórficas; muitas são dobradas e falhadas sem que sofram metamorfismos. Entretanto, algumas sequências podem sofrer ainda, ao longo do tempo, mais de um processo deformacional e também metamórfico. As atividades tectônicas são lentas e envolvem milhares de anos; em geral, resultam em soerguimento da crosta e frequentemente ocorrem associadas a vulcanismos, resultando em complexos terrenos metamorfizados, dobrados e falhados pertencentes às grandes cadeias de montanhas.

Orogênese significa nascimento de montanhas e inclui o crescimento pela acresção de margens continentais, intrusão de magmas, inclusão e deslocamento ou migração de grandes blocos para outras áreas, soerguimento da crosta etc.

São muitos os ambientes geotectônicos que produzem os mais diversos tipos de deformações gerando dobramentos e falhamentos. Vários processos de orogenia ocorreram ao longo da história da Terra e prosseguem. Entre as cadeias de montanhas ainda existentes (muitas foram erodidas) relacionadas a esforços orogênicos e datadas, são exemplos as seguintes:

- Montanhas rochosas da América do Norte, relacionadas à orogenia laranidiana 40 a 80 milhões de anos atrás.
- Himalaia, Ásia – Orogenia himalaiana, há 45 a 54 milhões de anos, resulta da colisão entre as placas continentais da Índia e Europa.
- Alpes da Europa – Orogenia alpina, há 2 a 66 milhões de anos.
- Orogenia andina, data de 2 a 65 milhões de anos atrás e resultada da subducção da placa de Nazca com a placa da América do Sul.

12.2 Falhamentos

Denomina-se falha a fratura que tenha ocorrido nas rochas com um consequente deslocamento dos blocos resultantes (Figs. 12.1, 12.2 e 12.3). O deslocamento de um ou dos dois blocos resultantes processa-se ao longo do plano ou planos de fraturas. Quando ocorre uma fratura sem o deslocamento de blocos, esta é denominada *junta* ou *diáclase*.

Figura 12.1 Rochas pré-cambrianas fraturadas. Matinhos, PR. (Foto: João Vianna.)

Figura 12.2 Falha em amostra de arenito mostrando o deslocamento (rejeito) na laminação. (Foto do Autor.)

Deformações Estruturais nas Rochas: Falhamentos e Dobramentos 147

Figura 12.3 A falha mostra a descontinuidade entre as superfícies das mesmas camadas de siltitos silurianos. O deslocamento diferencial é de cerca de 50 cm. Talacasto, San Juan, Argentina. (Foto do Autor.)

Os deslocamentos dos blocos falhados podem atingir centenas de metros. Quando as fraturas ou falhas não são originadas por esforços tectônicos podem ter origem em escorregamentos de sedimentos argilosos ou plásticos ou por quedas de tetos de cavernas formadas em regiões calcárias que sofreram dissolução, ou ainda por vulcanismo. As regiões brasileiras que apresentam maior intensidade de falhamento são aquelas onde predominam rochas metamórficas antigas do embasamento ou rochas pré-cambrianas. Ocorrem também, embora em menor escala, falhas nas rochas sedimentares e vulcânicas das bacias sedimentares.

12.2.1 Elementos das Falhas

Plano de falha. É a superfície decorrente do falhamento e na qual os blocos se deslocam. Tal plano pode ser medido, determinando-se o tipo de falhamento ocorrido. O plano de falha é, na maioria das vezes, observável e apresenta-se ou muito polido ou estriado ou em degraus escalonados que indicam o sentido do movimento e, consequentemente, qual dos blocos subiu ou desceu (Figs. 12.4 e 12.8).

Linha de falha. É a linha que resulta da interseção do plano de falha com a superfície do terreno. Nos mapas geológicos ela aparece como segmento de reta às vezes sinuoso. Tal linha pode separar diferentes tipos de rocha.

Teto ou capa. É o bloco que se acha na parte superior de um plano de falha inclinado (Fig. 12.5-A).

Muro ou lapa. É o bloco que se acha na parte inferior de um plano de falha inclinado (Fig. 12.5-B).

Movimento dos blocos. Ao longo do plano de falha, o movimento pode ser de dois tipos:

(a) Movimento de translação – As retas que eram paralelas continuam paralelas após o falhamento. Equivalente ao rejeito real (Fig. 12.6).
(b) Movimento de rotação – As retas que eram paralelas perdem o seu paralelismo após o falhamento. Há rotação de um bloco em relação ao outro.

Rejeitos de falha. É a medida do deslocamento linear de pontos originalmente contíguos.

Há vários tipos de rejeitos (Fig. 12.7):

(a) Rejeito vertical – É o afastamento vertical de pontos originalmente contíguos, medido em um plano perpendicular à direção do plano de falha (R-V na Fig. 12.7).
(b) Rejeito horizontal – É o afastamento de pontos originalmente contíguos, medido horizontalmente em um plano perpendicular à direção do plano de falha (R-H e R-T na Fig. 12.7).
(c) Rejeito direcional [*strike slip*] – É o afastamento de pontos originalmente contíguos, medido paralelamente à direção do plano de falha (R-I na Fig. 12.7).
(d) Rejeito total ou real – É o afastamento total de pontos originalmente contíguos, medido no plano de falha (R-R' na Fig. 12.7 e R da Fig. 12.8).
(e) Rejeito de mergulho [*dip slip*] – É o afastamento de pontos originalmente contíguos, medido paralelamente à direção de mergulho do plano de falha (L-R' na Fig. 12.7).
(f) Rejeito estratigráfico – É o afastamento de pontos originalmente contíguos, medido perpendicularmente ao plano de estratificação. É muito importante, mas a estratigrafia da área deve ser conhecida. Quando as camadas forem horizontais, o rejeito estratigráfico será igual ao rejeito vertical (H-R' na Fig. 12.7).

12.2.2 Classificação das Falhas

Falha normal ou de gravidade. É aquela em que o teto baixou em relação ao muro. Tais falhas resultam de um esforço de tensão. O mergulho do plano de falha pode variar de quase horizontal a vertical; entretanto, são mais comuns mergulhos superiores a 45°. No Recôncavo Baiano encontramos tal tipo de falhamento (Figs. 12.5 e 12.8).

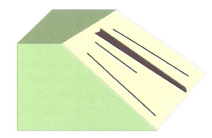

Figura 12.4 Plano de falha indicando o sentido do deslocamento.

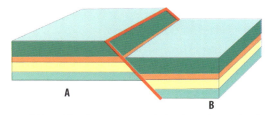

Figura 12.5 O bloco A (teto) encontra-se apoiado sobre o plano inclinado da falha do bloco B (muro).

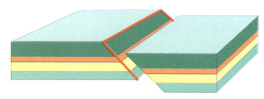

Figura 12.6 Movimento de translação dos blocos.

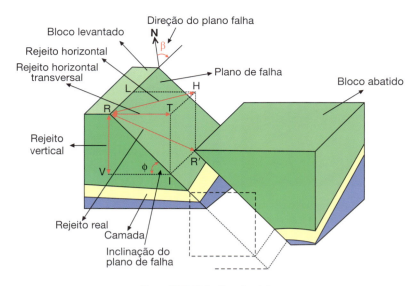

Figura 12.7 Vários tipos de rejeito.

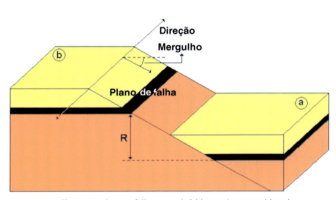

Figura 12.8 Elementos de uma falha normal. O bloco a é o teto, o bloco b o muro e R é o rejeito total da falha.

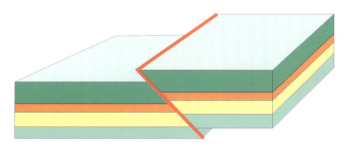

Figura 12.9 Falha inversa ou de empurrão.

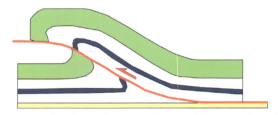

Figura 12.10 Falha de cavalgamento. No exemplo as camadas sofreram dobramentos e fraturas.

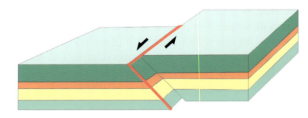

Figura 12.11 Falha horizontal ou transcorrente.

12.2.3 Sistemas de Falhas

Graben ou fossa tectônica. É uma depressão estrutural alongada de grande expressão, ocasionada por falhas normais (Fig. 12.12). Trata-se de uma estrutura regional. No Brasil, podemos mencionar o Half Graben do Recôncavo. Na Alemanha, o Rio Reno.

Falha inversa ou de empurrão (*thrust fault*). É aquela em que o teto sobe em relação ao muro. São produzidas por esforço de compressão. Em geral, o mergulho do plano de falha deve ser inferior a 45° (Fig. 12.9).

Falha de cavalgamento (*overthrust fault*). É uma falha de empurrão em que o plano de falha tem em geral um ângulo inferior a 10°, e o teto tende a deslocar-se por longas distâncias sobre o muro (Fig. 12.10).

Falha horizontal ou transcorrente (*strike slip fault*). É aquela em que o deslocamento é paralelo à direção da falha, ou seja, horizontal (Fig. 12.11).

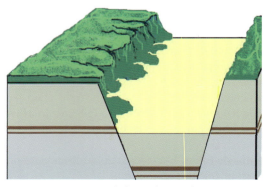

Figura 12.12 Graben ou fossa tectônica.

Rift-valley (vale de afundamento). É um vale de grande extensão, correspondente a um vale topográfico, produzido por falhas subverticais e abatimento de blocos (Fig. 12.13-A). São exemplos o Vale do Paraíba, o Mar Morto e o Mar Vermelho (Fig. 12.13-B).

Horst ou muralha. É uma elevação estrutural alongada ocasionada por falhamentos. É, portanto, um bloco geralmente alongado que foi levantado em relação aos blocos vizinhos (Fig. 12.14). Exemplo no Brasil é o Horst de Aracaju.

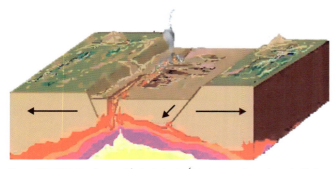

Figura 12.13-A O vale em *rift* do leste da África separa duas placas tectônicas numa extensão de 30 km, conforme mostra a Fig. 12.13-B.

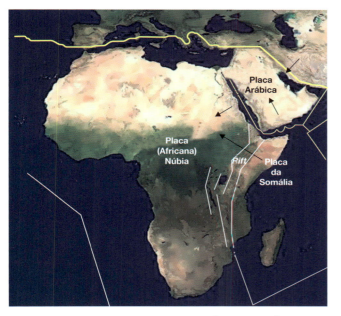

Figura 12.13-B Localização do grande vale em *rift*, no leste da África, que se bifurca no Mar Vermelho, separando as placas indicadas. (Foto: NASA.)

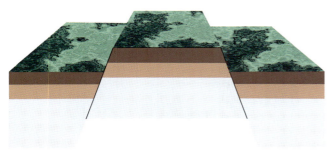

Figura 12.14 Horst ou muralha.

12.2.4 Efeitos de Falhamentos na Topografia

Escarpa de falha. É a escarpa formada em decorrência do falhamento e se localiza junto à falha (Fig. 12.15).

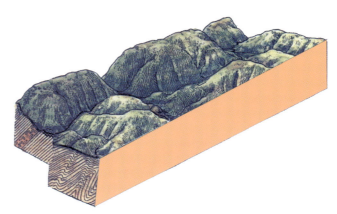

Figura 12.15 Escarpa produzida por uma falha normal.

Escarpa de recuo de falha. É uma escarpa já afastada do local do falhamento pela ação erosiva. É o caso mais comum de escarpas.

Sequência de morros. Uma zona de falhamento pode ser silicificada ao longo dos planos de fratura, originando-se assim um alinhamento muito resistente à erosão.

Vale de falha. Uma zona de falha é uma zona de fraqueza facilmente intemperizada e erodida, dando origem a vales de falha. Pode ocorrer também a formação de uma flexão brusca em um rio desviado no sentido da falha, que passará a um rumo mais definido. O intemperismo também pode se dar sobre diques de diabásio intrudidos em falha (Fig. 12.13).

Mudança brusca de solo e vegetação. Muitas vezes uma linha de falha separa litologias diferentes e, consequentemente, solos e vegetações também diferentes. Como sabemos, a vegetação é um produto do solo, e este é função da litologia e do clima (Fig. 12.16).

Figura 12.16 Mudança de solo e vegetação ocasionada por falhamento.

12.2.5 Feições Geológicas Decorrentes dos Falhamentos

Descontinuidade de camadas. As camadas de rochas perdem a continuidade junto ao plano de falha.

Omissão de camadas. Em falhas normais, verifica-se a omissão de uma ou mais camadas quando se perfura sobre o plano da falha (Fig. 12.17). A omissão também pode ocorrer na superfície por erosão.

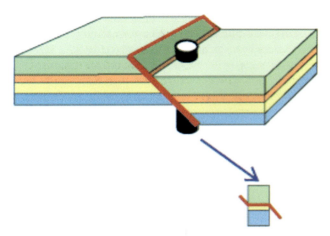

Figura 12.17 Omissão de camadas produzida por falha normal.

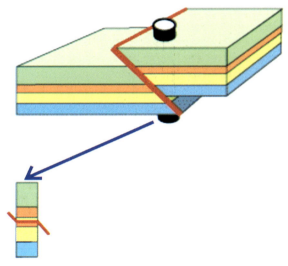

Figura 12.18 Repetição de camadas produzida por falha inversa.

Repetição de camadas. Em falhas inversas, uma perfuração sobre o plano de falha irá perfurar duas vezes a mesma camada (Fig. 12.18).

Brecha de falha e milonito. Brecha é um tipo de conglomerado em que as partes componentes (blocos) são angulosas e não diferem da matriz. Aí, a brecha se compõe de material idêntico ao das rochas encaixantes.

Milonito é uma rocha de granulação finíssima, de cor escura, resultante de movimentos e forças tectônicas e posteriormente cimentada por soluções ascendentes, muitas vezes portadoras de minerais úteis.

Drag de falha. As camadas junto ao plano de falha tendem, devido ao atrito produzido por ocasião do deslocamento dos blocos, a tomar a direção do plano de falha, dando origem a pequenas dobras que recebem o nome de *drag* (Fig. 12.19).

12.3 Dobramentos

Os esforços produzidos nas rochas da crosta podem ocasionar efeitos de fraturamento, falhamentos ou dobramentos (Fig. 12.20). Esses efeitos dependem da intensidade, da duração e da direção dos esforços. Por outro lado, a competência da rocha também é fator importante na estrutura produzida.

Uma rocha competente é aquela que oferece grande resistência aos esforços submetidos; são exemplos os calcários e arenitos quartzosos. As rochas incompetentes são plásticas, oferecem pouca resistência aos esforços aplicados e, portanto, dobram-se facilmente; são exemplos os folhelhos, silitos, filitos, xistos.

Os dobramentos são facilmente reconhecíveis no campo, e são mais evidentes nas rochas estratificadas, bandeadas ou folhadas. A posição ou atitude assumida pelas camadas no espaço após o dobramento é medida com a bússola e compreende a direção da camada, o ângulo de mergulho da camada e a direção do mergulho.

As dobras são identificadas pela deformação de sua estrutura deposicional primária, ou seja, seus estratos, ou de estruturas metamórficas antigas, tais como xistosidade, bandeamento etc. Caracterizam-se por suas formas onduladas e são vistas principalmente em regiões montanhosas, onde ocorreram ou ainda ocorrem atividades tectônicas de forte intensidade.

Figura 12.19 Drag de falha em rochas da Formação Roma, Tennessee, USA. Pequenas dobras junto ao plano de falha. (Foto: Bruce Railsback.)

Figura 12.20 Dobras em anticlinais e sinclinais e fraturamento em rochas calcárias e metassedimentares. Minas, Uruguai. (Foto do Autor.)

Existem também dobras atectônicas. Elas são formadas por agentes não tectônicos que estão relacionados às condições deposicionais do sedimento ou pela ação da gravidade. Ocorrem localmente, e os estratos ou camadas inferiores encontram-se horizontalizados (Fig. 12.21).

Figura 12.21 Dobras atectônicas em sedimentos do Grupo Itararé. Observe que as camadas abaixo se encontram na horizontal. Rodovia Mafra-Canoinhas, SC. (Foto do Autor.)

12.3.1 Componentes das Dobras

Para a identificação das posições e dos tipos de dobras devem-se analisar alguns componentes (Fig. 12.22-A).

Plano axial. É o plano que divide uma dobra tão simetricamente quanto possível em duas partes. Em algumas dobras, o plano axial é vertical; em outras, é inclinado, e, em outras ainda, pode ser horizontal.

Eixo. Resulta da interseção do plano axial com uma camada qualquer. Como o eixo resulta de uma interseção, ele estará representado por uma linha. Em muitas dobras o eixo é horizontal, em outras é inclinado e, em outras ainda, pode ser vertical.

Flancos. Os dois lados de uma dobra são denominados flancos. Logo, um flanco se estende do plano axial de uma dobra até o plano axial da dobra seguinte.

Charneira. É a porção mais elevada de uma dobra, podendo eventualmente ser ao mesmo tempo eixo da dobra.

Plano de charneira. É o plano formado pela reunião das charneiras de várias camadas. É de grande importância no estudo da estrutura dos depósitos petrolíferos. O jazimento do petróleo é controlado pela charneira e pelo plano de charneira de uma dobra (Fig. 12.22-B).

12.3.2 Classificação das Dobras

As dobras são classificadas segundo seu aspecto morfológico, posição do eixo e plano.

De modo geral, podem-se distinguir os seguintes tipos de dobras:

Anticlinal (Figs. 12.23 e 12.24). É uma dobra convexa para cima, na qual as camadas se inclinam de maneira divergente a partir de um eixo.

Caso o plano seja horizontal ou os dois flancos sejam horizontais, a anticlinal será identificada por possuir as rochas mais antigas na sua porção interior.

Sinclinal (Figs. 12.23 e 12.25). É uma dobra côncava para cima, na qual as camadas se inclinam de modo convergente, formando uma depressão. Caracteriza-se ainda por possuir as rochas mais jovens na sua parte interior.

Uma dobra anticlinal ou uma dobra sinclinal pode apresentar várias posições no espaço (Fig. 12.26). Para descrever tais posições, foram criados outros termos. Assim, têm-se:

Dobra simétrica. O plano axial é essencialmente vertical, ou seja, as inclinações dos dois flancos se fazem com o mesmo ângulo (Fig. 12.25).

Dobra assimétrica. O plano axial é inclinado, com os flancos mergulhando em direção oposta e com inclinações diferentes (Fig. 12.24).

Figura 12.22-A Elementos de uma dobra.

Figura 12.22-B Dobra em anticlinal realçando as charneiras e o plano axial vertical. (Foto: O. Bordonaro.)

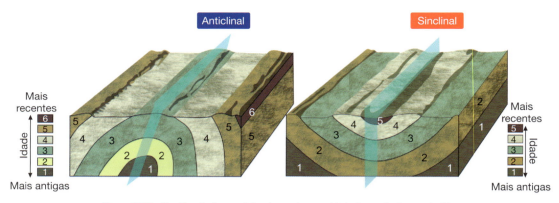

Figura 12.23 Classificação de uma dobra de acordo com a idade da sequência estratigráfica.

Figura 12.24 Anticlinal assimétrica. Sierra de la Ventana, Argentina. (Foto do Autor.)

Figura 12.25 Dobra sinclinal simétrica. Califórnia, EUA. (Foto: Mark A. Wilson, domínio público.)

Dobra recumbente ou deitada. O plano axial é essencialmente horizontal ou tende à horizontalidade (Figs. 12.26, 12.27 e 12.28).

Dobra isoclinal. Os dois flancos apresentam paralelismo, tendo, portanto, os mesmos ângulos de inclinação, os quais mergulham para lados comuns (Fig. 12.29).

Dobra em leque. As camadas sofrem estrangulamento próximo à porção basal.

Dobra em chevron. Os flancos na região do eixo da dobra (vértices) formam ângulos agudos, e não uma zona aproximadamente arredondada, como geralmente acontece (Fig. 12.30).

Dobra monoclinal ou flexão. Não forma anticlinais ou sinclinais. As camadas sofrem flexão lateral, e parte delas permanece próximo à horizontalidade.

Dobra de arrasto (Figs. 12.31 e 12.32). Numa sucessão de camadas competentes e incompetentes, estas últimas, quando comprimidas, dobram-se várias vezes, ficando plissadas entre as camadas competentes, que em geral sofrem dobramentos mais suaves. Quando camadas competentes entremeiam camadas incompetentes, forma-se uma estrutura denominada *boudinage* ou parasita.

Anticlinório. É um agrupamento de dobras, incluindo anticlinal e sinclinal, que no conjunto final dá origem a um

Figura 12.26 Anticlinal e sinclinal justaposta e recumbente por deslocamento (nape), Pensilvânia, EUA. (Fonte: Departamento de Conservação de Recursos Naturais.)

arqueamento de forma convexa para cima. É exemplo de anticlinório a Chapada da Contagem (DF), a qual é sustentada por uma camada de quartzitos que se encontra suavemente dobrada em anticlinais e sinclinais.

Sinclinório. É um sistema oposto ao anticlinório; nele o arqueamento é côncavo para cima.

Deformações Estruturais nas Rochas: Falhamentos e Dobramentos 153

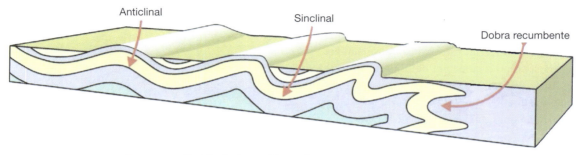

Figura 12.27 Classificação de uma dobra tendo em conta a sua orientação no espaço.

Figura 12.28 Dobra em anticlinal e Chevron. (Foto: Mark A. Wilson.)

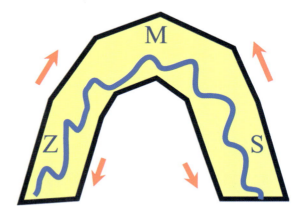

Figura 12.31 Dobras de arrasto ou parasitas. Observam-se os três tipos de padrão de dobramentos parasitas.

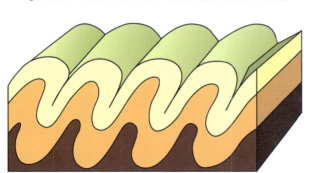

Figura 12.29 Dobra isoclinal.

Figura 12.32 Dobra parasita entre camadas dobradas. Almería, Espanha. (Fonte: blog ciência, divulgação.)

12.4 Medindo a Atitude das Camadas

Direção da camada

A direção da camada é obtida pela resultante da interseção do plano inclinado ou flanco da dobra com um plano horizontal qualquer. O plano horizontal pode ser obtido pela bússola com o auxílio do nível nela existente (Fig. 12.33).

A direção da camada será o ângulo formado pela extremidade da agulha apontando para o norte e o zero ou a linha que corta a bússola ao meio em seu sentido maior. Tal ângulo será sempre menor que 90°.

Figura 12.30 Dobra em Chevron. (Fonte: Petroleum Geology at UNL University of Nebraska-Lincoln.)

Mergulho ou inclinação da camada

Uma dobra possui em geral dois flancos, que podem mergulhar com ângulos diferentes ou iguais quase sempre em sentidos opostos, como a cumeeira de um telhado. Para se obter o ângulo de mergulho da camada, coloca-se a bússola verticalmente em um dos flancos, de maneira que sua maior extensão coincida com a maior inclinação da camada (Fig. 12.33). Em seguida, move-se o clinômetro pelo dispositivo situado na parte posterior da bússola até que a bolha de ar do nível fique centrada no traço correspondente (nivelado). Finalmente, a leitura é obtida onde o zero do clinômetro coincidir com o traço referente aos graus impressos na porção mais inferior (Fig. 12.34).

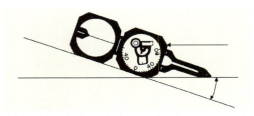

Figura 12.34 A leitura é feita no clinômetro aclopado, que, no exemplo, indica um mergulho de 30°.

Direção do mergulho

Uma dobra, como foi visto anteriormente, tem em geral dois flancos. Qualquer um dos flancos indica a direção da dobra ou das camadas da dobra; contudo, a direção do mergulho das camadas deve ser tirada do flanco que foi utilizado para medir a inclinação ou mergulho. A direção do mergulho sempre perfaz 90° com a direção da camada. Assim, se a direção da camada é, por exemplo, norte-sul, a direção do mergulho será leste ou oeste, dependendo do flanco usado para se determinar a inclinação da camada.

Bibliografia

DAVIS, G. H.; REYNOLDS, S. J. *Structural geology of rocks and regions*. 2. ed. New York: John Wiley, 1996. 776 p.

HOBBS, B. E.; MEANS, W. D.; WILLIANS, P. F. *An outline of structural geology*. New York: John Wiley, 1976. 571 p.

LOCZY, L.; LADEIRA, E. A. *Geologia estrutural e introdução à geotectônica*. São Paulo: Edgard Blücher, 1976. 528 p.

PRESS, F. et al. *Para entender a Terra*. Tradução de Menegat, R. Cap. 11, p. 271-290. Porto Alegre: Bookman, 2006. p. 656.

RAMSAY, J. G.; HUBER, M. I. *The techniques of modern structural geology*. London: Academic Press, 1987. v. 2.

VAN DER PLUUM, B. A.; MARSHAK, S. *Earth structure*: an introduction to structural geology and tectonics. New York: W. W. Norton, 2004. 656 p.

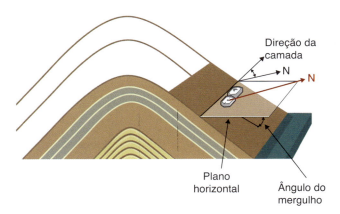

Figura 12.33 A bússola constitui aqui um plano horizontal que, ao interceptar a camada inclinada, determina a direção desta. A direção da camada obtida forma, por sua vez, um determinado ângulo com o Norte, o qual é apontado pela agulha. O ângulo obtido indica a direção da camada. (Modificado de http://e-porteflio.blogspot.com/2009/04/deformacao-das-rochas.html.)

Distribuição das Águas e Recursos Hídricos

13.1 Considerações Gerais

A água está distribuída na Terra nos três estados conhecidos: sólido, líquido e vapor, constituindo a hidrosfera. As temperaturas médias na superfície da Terra e em pequenas profundidades da crosta estão geralmente compreendidas entre 5° e 40 °C, condicionando dessa maneira a maior proporção da água no estado líquido (1.400 bilhões de toneladas, 97,85 %). Nos polos e nas grandes altitudes, devido às temperaturas anuais situarem-se predominantemente abaixo de 0 °C, a água encontra-se no estado sólido (24.000.000 de km^3, ou 30 bilhões de toneladas, 2,15 %). Na atmosfera, a água acha-se no estado de vapor ou em fase de transição dentro do ciclo, pronta a transformar-se em chuva ou neve (0,001 %). Caso parte da água não estivesse retida nos polos sob a forma de gelo, o nível dos mares seria pelo menos 90 metros acima do atual. Uma parcela relativamente pequena ocupa parte da superfície dos continentes (cem vezes menos que aquela concentrada nos polos), constituindo os rios e lagos (0,010 %). Exceto por uma ínfima parcela de água proveniente do interior da crosta, por ocasião de atividades vulcânicas (água juvenil), a quantidade de água doce na Terra é sempre a mesma (Fig. 13.1).

O ciclo da água na natureza virtualmente se inicia com a evaporação que se processa nos mares, rios e lagos. O vapor d'água que alcança a atmosfera é distribuído pelos ventos e se precipita quando atinge temperaturas mais baixas. A distribuição das cadeias de montanhas também controla a precipitação e pode bloquear totalmente a passagem de correntes aéreas úmidas, impedindo as chuvas e condicionando determinados tipos de desertos.

Quando chove sobre a superfície da Terra, uma parte da água se evapora e retorna à atmosfera; outra parte corre por sobre a superfície, constituindo as águas de escoamento superficial (rios e cursos d'água) (Fig. 13.2). Quando há obstáculos ao longo do percurso, ou na presença de depressões, surgem os lagos. Salvo em casos específicos, os rios desembocam nos mares. Entretanto, parte da água das chuvas infiltra-se no solo através de aberturas, interstícios e fraturas das rochas, preenchendo todos os espaços vazios da superfície a profundidades variáveis. Assim, acumula-se a água subterrânea (0,63 %). Para certa região, pode-se dizer que a precipitação total mensal, por exemplo, é igual à drenagem superficial somada à infiltração e à evaporação. Além disso, uma pequena parcela é absorvida pelos animais e plantas, sendo utilizada no seu metabolismo.

Sob determinadas condições de baixas temperaturas e umidade suficiente no ar, o vapor d'água se congela em cristais do sistema hexagonal e se precipita sob a forma de neve. A neve acumula-se durante todo o inverno em determinadas regiões, e no verão parte dela se derrete, voltando ao estado líquido. Por sua vez, as grandes geleiras, que não chegam a

Figura 13.1 Distribuição relativa das águas doces no planeta. (Adaptado de SRH (2000) por Boscardin Borghetti et al., 2004.)

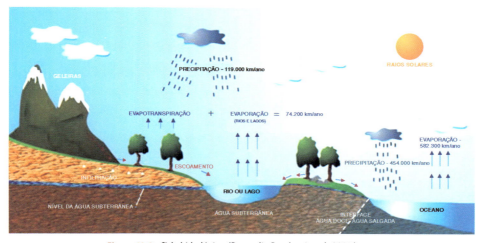

Figura 13.2 Ciclo hidrológico. (Boscardin Borghetti et al., 2004.)

fundir-se no verão, fluem sobre a superfície do terreno e, ao alcançar pontos mais baixos da topografia – onde as temperaturas são maiores –, sofrem degelo ou, então, desprendem-se sob a forma de *icebergs* e flutuam pelos mares até sua total fusão. Graças ao movimento das geleiras, o gelo sempre volta ao estado líquido. Caso contrário, a água acumular-se-ia ano após ano nas regiões polares, trazendo como consequência um contínuo decréscimo do nível do mar e um clima cada vez mais seco.

13.2 A Água Subterrânea

A água subterrânea circula e acumula-se nos vazios existentes nos solos e nas rochas. Os vazios são classificados em: *espaços intersticiais dos grãos* (rochas sedimentares e solos); *fraturas ou vazios divisionares* (rochas ígneas e metamórficas); *vazios de dissolução* (rochas calcárias); e *vazios vesiculares* (rochas ígneas vulcânicas). Relativamente à água subterrânea, as duas propriedades mais importantes das rochas são a porosidade e a permeabilidade. Na sua definição mais simples, porosidade é a quantidade de vazios de uma rocha, e pode ser calculada pela fórmula (seguida de um exemplo):

$$p = \frac{\text{volume de vazios}}{\text{volume total da rocha}} \times 100$$

Exemplificando:

$$p = \frac{4 \text{ litros}}{20 \text{ litros}} = 0{,}2 \times 100 = 20\,\%$$

Para que a rocha seja um bom aquífero, ela deverá ter ainda a segunda propriedade, a permeabilidade, a propriedade de permitir a circulação da água.

No que se refere aos vazios das rochas, as fraturas, falhas ou diáclases são os vazios divisionares. São importantes nas rochas cristalinas, uma vez que nestas constituem o único tipo de acumulação e circulação da água, pois sua porosidade eventual é desprezível. Nas regiões onde ocorrem rochas calcárias (regiões cársticas) são frequentes os canais subterrâneos formados por dissolução ou cavernas por onde circula a água, por vezes formando verdadeiros rios. Quando o teto de uma caverna desaba, forma dolinas (depressões no terreno). Finalmente, nas rochas vulcânicas a água pode acumular-se nas vesículas, que se podem comunicar por fraturas, possibilitando seu aproveitamento. Certas rochas sedimentares, como as argilas e os folhelhos, embora possam reter grande quantidade de água, são impermeáveis, não obstante sua elevada porosidade. Segundo essas características, os corpos rochosos são classificados em: *aquíferos* – formados por rochas porosas e permeáveis, como os arenitos, conglomerados, rochas muito fraturadas etc.; *aquícludos* – constituídos por solos ou rochas porosas mas sem permeabilidade, sem circulação, como as argilas e folhelhos; e *aquífugos* – rochas totalmente destituídas de vazios, como os granitos, por exemplo.

Distribuição da água subterrânea. Em um corte vertical do lençol subterrâneo verifica-se uma clara separação por zonas de água existente, reconhecendo-se as seguintes zonas: aeração, capilar e saturada (Fig. 13.3).

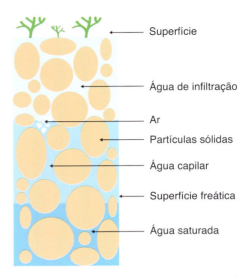

Figura 13.3 Distribuição da água em subsuperfície. Logo abaixo do solo, zona de aeração onde pode ocorrer água de infiltração. A zona seguinte (capilar) é ocupada apenas parcialmente pela água. Após a superfície freática, a zona de água subterrânea encontra-se saturada.

Logo abaixo da superfície, no solo, situa-se a primeira zona, onde praticamente inexiste água ocupando os vazios. Imediatamente abaixo, os vazios são ocupados apenas parcialmente. A profundidade dessa zona varia com as condições climáticas e topográficas. Separando esta segunda zona de outra subjacente há uma linha irregular, chamada superfície freática. Abaixo dessa superfície vem a zona chamada saturada, onde os espaços vazios estão inteiramente preenchidos por água. Esta zona de água subterrânea propriamente dita pode atingir profundidades superiores a 1.000 m. Quanto maior a profundidade, maior a pressão e menor a porosidade dos sedimentos e, consequentemente, menor a quantidade de água contida. Em grandes profundidades as fraturas encontram-se na maioria das vezes preenchidas por minerais secundários, o que diminui as possibilidades hídricas, principalmente nas rochas cristalinas. A porosidade média de um arenito está entre 25 % e 45 %.

Na zona de saturação a água está em contínuo movimento das partes altas do terreno para as partes baixas. O movimento é lento, e a superfície freática guarda uma distância variável da superfície do solo, em geral equidistante ou paralela. A superfície freática está mais perto da superfície do terreno nas regiões mais úmidas e onde as rochas são pouco permeáveis. Nos terrenos de grande permeabilidade, em locais de estiagem prolongada, a superfície freática é mais profunda e menos paralela à superfície do terreno. Neste caso o aquífero é denominado livre, pois o topo onde se situa o nível do lençol freático comunica-se com a atmosfera via rochas permeáveis de cobertura, tais como sedimentos, regolito etc. Há casos em que sobre esse aquífero ocorre outro denominado *suspenso*, pois se situa sobre uma camada de rocha impermeável, impedindo comunicação com o lençol principal abaixo, onde se situa o verdadeiro lençol freático. Um terceiro caso é quando o aquífero (uma rocha permeável saturada de água) situa-se entre duas camadas de rocha (acima e abaixo) impermeáveis, e nesse caso é denominado *confinado* (Fig. 13.4).

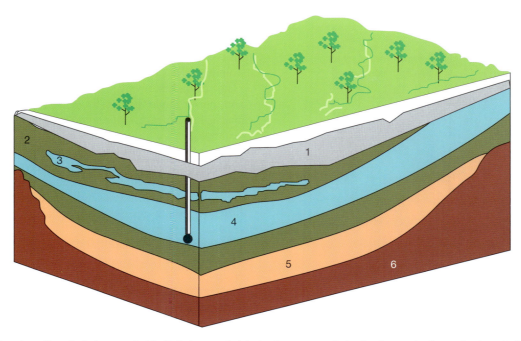

Figura 13.4 Tipos de aquíferos. 1 - Rocha permeável. 2 - Rocha impermeável. 3 - Aquífero suspenso. 4 - Aquífero livre. 5 - Aquífero confinado. 6 - Rocha impermeável.

Esses casos ocorrem em regiões profundas sob a pressão do pacote das rochas sotopostas. No fundo dos vales ou nos terrenos mais íngremes, a superfície freática aflora quando as duas superfícies se interceptam (Fig. 13.5).

A evaporação nas áreas oceânicas é superior à precipitação. Nas áreas continentais o fenômeno é inverso, e o excesso flui para os oceanos através dos rios, água subterrânea e sob a forma de vapor (Fig. 13.2).

13.3 Carste

Denominação de origem germânica, carste (Karst) foi inicialmente utilizado para regiões caracterizadas por cavernas e rios subterrâneos, sumidouros e dolinas (colapso do teto de cavernas). A ação da água e de pequenas quantidades de ácidos em seu conteúdo reage com o carbonato de cálcio das rochas calcárias, formando sais solúveis de cálcio e anidrido carbônico. Nessas regiões calcárias os rios de corrente superficial são raros, uma vez que a água desaparece rapidamente através de fendas de dissolução, alcançando câmaras ou cavernas subterrâneas que se interconectam em subsuperfície, podendo inclusive alcançar o mar (Fig. 13.6).

Em consequência desses fatos, as paisagens cársticas são secas e a vegetação tende a captar água através de raízes profundas. Nessas regiões a água circula desde minúsculos canais até gigantescos túneis e formas tubulares, constituindo canais fluviais subterrâneos que podem adentrar no mar por baixo de seu fundo, brotando vários quilômetros distante da margem como mananciais de água doce.

Por outro lado, as cavernas continentais nas regiões calcárias alcançam dimensões enormes. Quando as cavernas se aproximam da superfície do terreno, mantendo-se separadas por um teto de pequena espessura, este pode desmoronar, formando uma cratera denominada dolina, muito característica nas regiões calcárias ou cársticas.

Figura 13.5 Fonte de água natural. (Foto: Antonio Liccardo.)

No interior das cavernas se dá a deposição de minerais no teto e nas paredes, de aspecto ornamentado, chamados espeleotemas. Além da calcita e da aragonita como depósitos, ocasionalmente podem ser encontrados espeleotemas de malaquita verde, azurita azul (carbonato de cobre) e rodocrosita rosada (carbonato de magnésio). As formas mais frequentes originam-se por dissolução e gotejamento da água de infiltração contendo carbonato de cálcio, constituindo as estalactites por gotas advindas do teto das cavernas, crescendo em forma de tubos em direção ao piso. As estalagmites originam-se da acumulação de carbonato de cálcio precipitado no piso, crescendo em direção ao teto (Fig. 13.7).

Figura 13.6 Região cárstica (calcária) de paisagem exótica sob o efeito da erosão. Reserva natural de Bemaraha, Madagascar.

Figura 13.7 Estalactites e estalagmites em caverna do Parque das Grutas, Botuverá, SC. (Foto: Prefeitura de Botuverá.)

A caverna denominada Toca da Boa Vista, na Bahia, atinge cerca de 80 km de galerias. Outras regiões calcárias cársticas no Brasil estão em Minas Gerais, Goiás, São Paulo e Paraná. Parte da água da região metropolitana de Belo Horizonte e Curitiba, destinada ao consumo, provém da região cárstica.

13.4 Poços Artesianos

Grandes quantidades de água subterrânea chegam à superfície, seja artificialmente, através de poços, seja por descarga natural.

Os poços são perfurações feitas pelo homem, a várias profundidades, no intuito de se extrair água. O aquífero que fornece água para o poço pode estar ou não sob pressão, decorrendo daí dois tipos de poços: artesianos e não artesianos.

Uma camada permeável, um arenito poroso e pouco compacto, por exemplo, pode estar situada entre duas zonas de camadas impermeáveis, tais como basaltos e folhelhos. Neste exemplo, toda a formação está inclinada com a camada de rocha permeável aflorando no topo das elevações (Fig. 13.8). Quando a água da chuva infiltra, ela flui pelas rochas inclinadas sob considerável pressão, por causa do seu confinamento entre camadas impermeáveis. Se feita uma perfuração atravessando o basalto superior até o arenito, a água sobe por ela, formando um poço artesiano.

O termo artesiano qualifica qualquer poço em que a água sobe acima do nível do aquífero penetrado. Dependendo da topografia ou de outras circunstâncias, em determinados poços a água poderá jorrar, enquanto em outros o nível atinge as proximidades da superfície sem, contudo, fluir na superfície. Assim, é viável subdividir os poços artesianos em surgentes e não surgentes.

Poços sem pressão. Um aquífero não confinado, isto é, sujeito apenas a condições normais de pressão (pressão atmosférica), não apresenta condições de artesianismo. Nesses casos, o nível da água é o nível freático normal, de sorte que a extração da água é feita por bombeamento, tal como que nos poços artesianos não surgentes.

O bombeamento de poços. Em regra, o bombeamento dos poços provoca uma descarga artificial que tende a rebaixar o lençol. Se o poço for continuamente bombeado e sua água removida com maior rapidez do que a recarga, o rebaixamento do lençol subterrâneo adquirirá a forma de um cone invertido centrado no poço; o chamado cone de depressão. A água nos poços vizinhos também será rebaixada, de modo que os efeitos poderão ser verificados em distâncias variáveis. O bombeamento simultâneo de vários poços vizinhos acarreta o desenvolvimento de vários cones, ocasionando o rebaixamento do nível da água em ampla área. Além disso, a exploração de um aquífero confinado poderá levá-lo à exaustão.

Além de a descarga natural da água subterrânea alimentar muitos rios, pode resultar na formação de fontes de diversos tipos. Ao longo do litoral, a água subterrânea flui diretamente para o oceano. Ela também pode infiltrar-se nos solos baixos,

Figura 13.8 Poço artesiano. O arenito da Formação Botucatu constitui um excelente aquífero. Neste caso, ele se encontra confinado entre duas camadas impermeáveis e inclinadas (basalto e folhelhos). À direita, onde o arenito aflora na superfície, é a zona de recarga. A água flui segundo a inclinação das camadas e, sob pressão, jorra no local perfurado.

dando origem a pântanos e brejos. Por vezes, a água enche as depressões dos terrenos que se encontram a níveis mais baixos do que o lençol subterrâneo, dando lugar à formação de lagos e reservatórios.

Os canais de todos os rios permanentes interceptam o nível da superfície freática. Se o leito do rio for demasiado baixo para penetrar a superfície freática, a corrente será intermitente, secando rapidamente logo que tenha descarregado as águas das chuvas. O rio também será intermitente se o leito estiver abaixo do nível superior da superfície freática.

Por vezes, o reservatório subterrâneo contribui para aumentar o volume da água do rio. Por outro lado, particularmente nos desertos ou em regiões semiáridas, o rio contribui para o abastecimento do manancial subterrâneo.

13.5 A Água nas Regiões Litorâneas

A região litorânea é formada de areias finas (sólidas), de cordões litorâneos com intercalações argilosas e depósito de praia. As areias são porosas, permeáveis e podem ser excelentes aquíferos. Entretanto, é necessário tomar precauções para que se evite a contaminação tanto por água salgada – que, por ser mais densa, encontra-se sob o lençol subterrâneo de água doce – quanto por depósitos argilosos com matéria orgânica e ácido húmico, os quais contaminam a água, dando-lhe cor e odor desagradáveis. Por isso os poços devem ser relativamente rasos e longe da praia à medida que sejam necessárias maiores profundidades.

13.6 Fontes

Sempre que a superfície do solo intercepta a superfície da água subterrânea, formam-se fontes. Estas situam-se, geralmente, nas vertentes dos morros ou nos vales, ainda que possam aparecer em qualquer lugar, até mesmo debaixo do mar (Fig. 13.5).

Tal como as águas de superfície, as fontes podem pingar ou sair em torrentes. Em geral, a água das fontes é muito mais límpida do que as águas naturais de superfície, pois, no seu movimento vagaroso, atravessa verdadeiros filtros subterrâneos que a purificam de quase todos os sólidos. Também difere das águas dos rios e dos lagos, por conter grandes percentagens de minerais dissolvidos. As fontes com grandes quantidades de sais minerais dissolvidos são ditas águas minerais. Em relação às águas superficiais, a água das fontes tende a manter temperatura moderada e constante; todavia, as fontes são por vezes quentes, quando as águas estão em contato com alguma área de calor da crosta terrestre, área esta que pode ser de rochas vulcânicas em resfriamento ou, então, deve-se ao grau geotérmico, o qual indica um aumento na temperatura de cerca de 1 °C somado à temperatura média da área considerada.

Bibliografia

BORGHETTI, N. R. B.; BORGHETTI, J. R.; ROSA FILHO, E. F. *Aquífero guarani*: a verdadeira integração dos países do Mercosul. Disponível em: <http://www.oaquifero-guarani.com.br>.

FEITOSA, F. A. C.; MANOEL FILHO, J. (Coord.) *Hidrogeologia*: conceitos e aplicações. Pernambuco: CPRM e LABHID – UFPE, 1997. 412 p.

FOSTER, S. et al. *Proteção da qualidade da água subterrânea*: um guia para empresas de abastecimento de água, órgãos municipais e agências ambientais. Tradução de Silvana Vieira. Washington, D.C.: Banco Mundial, 2006. 194 p.

14 Rios: Processos Fluviais e Aluviais

14.1 Rios

A chuva e a neve que caem sobre a Terra podem seguir vários caminhos antes de retornar à atmosfera. Uma grande parte se evapora no próprio local onde se precipita, parte é absorvida pelas plantas e mais tarde transformada em vapor de água. Certa quantidade se infiltra no solo e se junta à água subterrânea; o restante corre sobre a superfície, integrando os rios, e finalmente é encaminhado para o mar. As águas das chuvas correm pelas vertentes entre elevações, canalizam-se pelas irregularidades do terreno e unem-se formando os pequenos arroios. A princípio estes fluem intermitentemente, porém vão removendo partículas de solos e de rocha, abrindo os sulcos, até alcançar a superfície do lençol freático da água subterrânea da qual recebem contribuição, transformando-se em rios permanentes (Fig. 14.1). As fontes naturais também contribuem com o caudal, principalmente nas cabeceiras.

Figura 14.1 Rio Amazonas. (Foto: NASA.)

A velocidade das correntes de água varia segundo a topografia, o regime pluvial da região, a idade do rio e a carga transportada. A variação na velocidade pode determinar movimentos turbilhonares. O eixo de um rio é a porção onde sua velocidade é maior, e geralmente situa-se pouco acima de sua profundidade média, porque ali o atrito é menor.

Nas vertentes mais íngremes a velocidade das águas é grande, formando sulcos e arrastando os resíduos resultantes. Parte das rochas é removida por dissolução. A velocidade das águas em determinados pontos é suficiente para arrancar fragmentos de rochas do fundo e, como consequência, aprofundar o leito. Os fragmentos de rochas arrancados são transportados pelas correntes, sofrem desgaste e atuam desgastando o leito do rio. A corrosão produz poços pelos redemoinhos das correntes carregadas de seixos. Os seixos ou fragmentos descrevem movimentos de rotação desgastando os poços que, finalmente, interligam-se e aprofundam o rio (Fig. 14.5).

Os rios transportam material de três formas: por *solução*, *suspensão* e *arrasto*, ou ainda por *rolamento* e *salto*. O conjunto (arrasto total) depende da velocidade e do volume do seu caudal.

A maioria dos rios possui três partes segundo a inclinação ou declividade: o trecho da montanha ou fase juvenil do rio, o de maior pendente; o trecho do vale ou de maturação; e o trecho da planície ou senil, onde a pendente já próxima da foz é mínima. Neste ponto ele está próximo ao seu perfil de equilíbrio, ou seja, seu poder erosivo reduziu-se ao mínimo. Nessa fase, o rio deposita grande parte do material transportado. Seu percurso torna-se então sinuoso, e aparecem praias de areia e pedregulhos na parte interna da curva. As curvas tornam-se cada vez mais pronunciadas, e o desgaste lateral supera o vertical. As curvas podem estender-se a ponto de se aproximarem umas das outras, e, finalmente, a parte que separa as curvas pode desaparecer. Por vezes o canal segue diretamente, deixando na lateral um lago em forma de ferradura que se mantém pelas chuvas ou secas. Tais segmentos chamam-se meandros. Nesta fase, tal configuração decorre da grande deposição de fundo e da erosão que passou a ser lateral, sendo comuns meandros esculpidos em seus próprios sedimentos. Os meandros podem constituir uma série de braços mortos que, por ocasião das inundações, são preenchidos. Quando toda a planície do rio é coberta temporariamente, ocorre a deposição de argila nesses meandros. Nesta fase, o rio atingiu sua senilidade. Os depósitos argilosos são comumente explorados para fins cerâmicos.

Havendo um movimento que provoque emergência da região ou aumento de pluviosidade, o rio pode sofrer um rejuvenescimento e passar a erodir mais intensamente.

Quando um trecho de rocha dura se segue a outro de rocha mais mole no curso de um rio, esta última desgasta-se mais rapidamente, e forma-se um declive abrupto; são as cachoeiras (Fig. 14.2). Cachoeiras podem originar-se ainda por falhas ou diques. As Quedas do Iguaçu originaram-se principalmente por falhamentos de grandes rejeitos constatados no basalto mais a erosão diferencial nas várias sequências de derrames.

As cataratas do Iguaçu são as maiores do mundo. São 2.700 m de largura que podem se dividir em até 275 cataratas e cachoeiras caindo de uma altura de 80 a 153 m de altura, dependendo da época do ano. O rio Iguaçu, responsável pelas cataratas, atravessa diversos patamares correspondentes a derrames de basaltos de idade cretácea. Após as quedas, o rio de 1.300 km de extensão flui por um vale profundo de 80 m de largura (Fig. 14.3).

As cataratas do Niágara, localizadas na divisa entre Estados Unidos e Canadá, são muito jovens, pois se formaram 12.500 anos atrás devido ao derretimento do gelo do último período interglacial. O fluxo de água de 2.400.000 litros por segundo que passa pela catarata é o mais volumoso da Terra. A força da água produz erosão nas rochas, o que resulta num retrocesso da queda de até 2 m por ano. O fluxo da água varia em função das exigências necessárias à geração de energia elétrica (Fig. 14.4).

Figura 14.2 Queda d'água em Senges, PR. (Foto: Antonio Liccardo.)

Figura 14.3 Cataratas do Iguaçu, Paraná. (Foto: J. J. Bigarella.)

Figura 14.4 Catarata do Niágara, divisa dos Estados Unidos e Canadá. (Foto do Autor.)

14.1.1 O Transporte de Materiais

Como se vê em seguida, o transporte de materiais é feito de três maneiras, a saber: por solução, suspensão e saltos.

Transporte por solução. A quantidade de sais em solução nos rios depende de vários fatores, tais como chuva, constituição das rochas da área, dos tipos de solo e volume de água. Geralmente expressam em seus constituintes os elementos componentes das rochas. Anualmente os rios levam aos mares quase 4 bilhões de toneladas de sais dissolvidos. Grande parte destes se precipita, formando as rochas de origem química, e parte é aproveitada pelos seres vivos que também acabam por constituir rochas quando morrem. O rio Amazonas, em sua foz, lança anualmente 232 milhões de toneladas de material em solução, cujas maiores concentrações são de Al, Na, K, Ca, Mg e Fe, e as menores de Cu, Co, Mn, Ti, Zn, Cr e Pb, em sua maioria provavelmente nos Andes e nos Escudos guiano e brasileiro.

Transporte por suspensão. Os rios transportam substâncias sólidas em suspensão e compostos como os hidróxidos de ferro, hidróxido de alumínio, argilas, sílica e coloides orgânicos por suspensão coloidal. As partículas sólidas são transportadas conforme a velocidade do rio, que aumenta de acordo com a pluviosidade, o gradiente e a largura. Quando as águas do rio não têm mais competência para transportar o material sólido, este se deposita em parte, inicialmente os mais grosseiros, passando pelos intermediários e finalmente os mais finos. As argilas e o material coloidal depositam-se após chegarem ao mar, geralmente distante da costa.

Transporte por saltos. Os seixos e blocos que constituem a menor percentagem da carga total rolam ou saltam com maior ou menor velocidade, dependendo da velocidade das águas, da declividade ou da irregularidade do terreno. Quando esse material se deposita forma os leitos de cascalhos, geralmente alongados no sentido da corrente. Os seixos arredondados e achatados ficam dispostos com a parte plana indicando a direção de montante e inclinados segundo a direção da corrente, imbricados como telhas em um telhado.

Os primeiros sedimentos a se depositarem são os seixos, os quais se acumulam no sopé das montanhas (conhecidos por depósitos de piemonte ou leques aluviais, em virtude do seu formato). São depósitos grosseiros, mal selecionados, com estratificação irregular. Os depósitos das planícies diferem dos primeiros por serem mais bem selecionados, com estratificação melhor.

Tendo em vista as peculiaridades deposicionais e erosivas nos leitos dos rios, formam-se estruturas acanaladas ou de corte e preenchimento, estratificação cruzada e outras estruturas típicas de ambiente fluvial. Muitas planícies de inundação contêm meandros abandonados e lagos com depósitos de material argiloso e matéria orgânica, estes últimos dando origem às turfeiras. Em alguns rios são encontrados minerais de especial valor econômico, como ouro, diamantes e cassiterita, os quais são transportados e depositados com areias e seixos.

14.2 Padrões de Drenagem e Depósitos

O conhecimento dos processos fluviais sofreu grande impulso nas últimas décadas, graças aos estudos desenvolvidos na caracterização dos ambientes atuais de sedimentação fluvial e também às experiências no campo da engenharia hidráulica. O reconhecimento de antigos ambientes de sedimentação fluvial é importante na prospecção de minérios acumulados nesse ambiente, como, por exemplo, ouro, diamantes e cassiterita, além do carvão e do urânio.

As dimensões e a importância desses depósitos são diretamente proporcionais à extensão das bacias fluviais e dos rios a elas relacionados.

A vazão de um rio depende da área cortada pelo canal e da velocidade do fluxo. Essa relação determina o tamanho máximo de material que pode ser movido (competência do rio) e o volume de carga transportada (capacidade do rio).

Em uma bacia de drenagem, dependendo das relações entre o declive e a vazão, resultarão canais em linha reta, canais entrelaçados ou meandrantes (Fig. 14.6). Os canais em linha reta ou retilíneos não formam bancos de ilhas e são muito instáveis, como, por exemplo, os distributários de determinadas planícies deltaicas.

Figura 14.5 Ação erosiva do rio sobre as rochas. (Foto: J. J. Bigarella.)

14.2.1 Rios Entrelaçados

Os canais entrelaçados caracterizam-se por sucessivas bifurcações que voltam a coalescer mais abaixo, deixando entre estas barras arenosas e ilhas. Os canais são largos e migram lateralmente.

Os padrões dos depósitos sedimentares produzidos por rios entrelaçados são devidos aos seguintes fatores:

- variação das condições climáticas;
- natureza do substrato;
- cobertura vegetal e gradiente.

Os rios entrelaçados apresentam baixa sinuosidade, sendo inferior a 1,5, enquanto os rios meandrantes apresentam uma sinuosidade superior a 1,5. A sinuosidade é a relação entre a extensão do canal e o comprimento da área.

Os rios entrelaçados têm em sua carga principalmente areia, cascalho e muito pouca argila. Os padrões entrelaçados devem-se à excessiva carga que transportam e que depositam no próprio canal, produzindo estrangulamento no fluxo, obrigando o rio a alargar o canal, resultando numa grande migração lateral (Fig. 14.7-A).

Há casos em que o canal se alargou 100 metros em 8 dias. O rio Kosi chegou a migrar 1 km por ano, alcançando uma média de 170 km em 200 anos.

Miall (1977) fez uma revisão em cerca de 60 trabalhos relacionados com rios entrelaçados recentes e antigos, e pôde estabelecer algumas sequências típicas formadas por associações faciológicas distintas, que possibilitam o reconhecimento desses depósitos (Fig. 14.8-B).

Os depósitos que permanecem de um sistema fluvial entrelaçado são provenientes de sedimentação em canais e barras, caracterizados por suas estruturas sedimentares e fácies. Estas são predominantemente arenosas e conglomeráticas, com pequenas ocorrências de fácies argilosas produzidas por eventuais transbordamentos (Fig. 14.7-B).

Devido à grande migração lateral, os depósitos tendem para uma forma tabular.

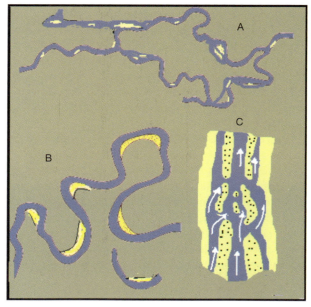

Figura 14.6 A - Canais fluviais entrelaçados. B - Canais fluviais meandrantes. C - Barras e ilhas meandrantes.

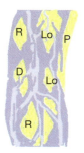  

Lo - Longitudinal
D - Longitudinal com fluxo diagonal
R - Resíduo por erosão
Li - Linguoide
M - Linguoide modificada
P - Barra em pontal
La - Lateral

Figura 14.7-A Principais tipos de barras. (Modificado de Miall, 1977.)

Figura 14.7-B Rio entrelaçado de seleção granulométrica pobre com leito de carga arenosa e conglomerática nas margens, resíduos de depósitos construídos durante as enchentes. San Juan, Argentina. (Foto do Autor.)

As estruturas sedimentares são predominantemente constituídas de estratificação plano-paralela, estratificação cruzada e acanalada. A seleção granulométrica é pobre.

Ocorrem diversos tipos de barra (Fig. 14.7-A). Basicamente, ela pode ser de três tipos:

- Longitudinal: possui a forma alongada, segundo a direção da corrente, e é constituída principalmente de clastos.
- Barra em pontal: forma camadas do tipo coalescente, por corredeiras e escavações desenvolvidas ocasionalmente em áreas de baixa energia (Fig. 14.8-A).
- Transversal ou linguoide: consiste em clastos ou areias formadas por avalanchas progradacionais (Fig. 14.8-A).

Os depósitos de rios entrelaçados consistem, segundo Miall (*op. cit.*), em pelo menos três tipos de fácies conglomeráticas, quatro tipos de fácies arenosas e dois tipos de fácies de sedimentação fina (pelíticas).

Uma sequência vertical depositada em rios antigos e modernos mostra que os sedimentos constituem-se de depósitos de canal, preenchimento de canais escavados, reocupação de canal, transbordamento e ciclos de barras em pontal.

Alguns desses rios apresentam ciclos granodecrescentes e podem ser confundidos com rios meandrantes, onde estes ciclos são as regras (ver Capítulo 18, Seção 18.8 - Fácies).

Modelos de sedimentação

As associações faciológicas e as sequências verticais recaem dentro de quatro tipos de rios entrelaçados que servem como modelos de sedimentação para a interpretação de antigos sistemas. A Fig. 14.9 sintetiza as principais associações faciológicas do modelo Donjek.

Nesses depósitos podem dominar areias ou conglomerados. Distinguem-se por ciclos granadecrescentes formados por acreção lateral de barra em pontal ou deposição vertical em canais.

Essas sequências representam depósitos de preenchimento de grandes vales que podem atingir até 60 m de espessura. Ocorrem fácies de barras do tipo longitudinal e linguoide, fundo de canal, topos de barras e transbordamentos.

Estruturas no leito das camadas

Diversas experiências e observações em rios modernos mostraram que uma grande variedade das estruturas do leito é formada de areias incoerentes, dependendo do tamanho, da profundidade e da velocidade do fluxo e da quantidade de aporte de sedimento.

A variação no tamanho das marcas de ondas alcança desde amplitudes superiores a 15 m até aquelas de escalas muito pequenas, de poucos milímetros (Colemann, 1969).

Durante diferentes estágios do fluxo, formas de leito de variáveis escalas podem ser superimpostas umas sobre as outras.

Uma variedade de tipos de estratificação interna, produzidos pela migração de formas de leito observadas em ambientes modernos, é muito comum em ambientes antigos de rios entrelaçados.

As principais fácies que compõem os quatro tipos de sequências de rios entrelaçados são as seguintes (Miall, 1977) (Fig. 14.9):

Figura 14.8-A Rio entrelaçado, onde podem ser observados diversos tipos de barras indicados na Fig. 14.7. Em segundo plano, encontram-se leques aluviais coalescentes em processo de erosão. San Juan, Argentina. (Foto do Autor.)

Figura 14.8-B Rio entrelaçado durante período de chuvas com forte poder de erosão e transporte. Rio Itajaí Açu, SC. (Foto do Autor.)

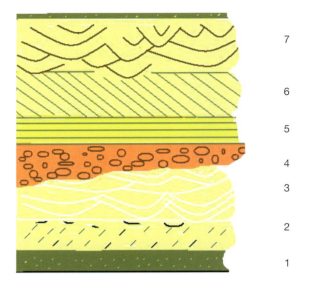

1 - Pelitos com interlaminação arenítica
2 - Arenitos com laminação cruzada e marcas de ondas
3 - Arenitos com laminação acanalada
4 - Camadas maciças com clastos
5 - Arenitos com laminação horizontal
6 - Arenitos com estratificação cruzada planar
7 - Arenitos com estruturas de corte e preenchimento

Figura 14.9 Perfil de um rio entrelaçado e principais fácies.

Fácies de Ruditos

Camadas maciças de clastos: GM – Clastos entre 2 e 64 mm de diâmetro, excepcionalmente com 20 cm, constituem as unidades faciológicas de base erosiva com cerca de 1 a 4 m de espessura.

Clastos com estratificação acanalada: Gt – Formadas em canais rasos, estas fácies têm uma geometria lenticular medindo entre 20 cm e 13 m de espessura, por 1 a 12 m de largura.

Fácies de Arenitos

Arenitos com estratificação cruzada acanalada: ST – Os arenitos são médios a grosseiros. As sequências compreendem várias camadas entre 5 e 60 cm, alcançando um total de até 6 metros.

Arenitos com estratificação cruzada planar: SP – Cada camada dessa sequência tem em média menos que 1 m de espessura; cada fácies pode conter até 10 camadas superpostas.

Formam depósitos de barras de tamanhos variáveis, de acordo com a velocidade e o poder da corrente.

Acreção por Barras

Arenitos com laminação horizontal: Sh – Os arenitos podem ser laminados a maciços. A granulação é de muito fina a grosseira. A espessura de cada fácies atinge de poucos centímetros até uma dezena de metros. Ocorrem lineamentos de partição e marcas de ondas de pequena escala. Desenvolvem-se em regime de fluxo superior.

Arenitos com laminação cruzada e marcas de ondas: SR – Ocorre uma variedade de marcas de ondas assimétricas. Os arenitos médios são os mais típicos. Ocorrem marcas de ondas por migração.

Essa fácies alcança de poucos centímetros a menos de uma dezena de metros.

Arenitos de corte e preenchimento: Ss – Ocorrem em canais erodidos medindo cerca de 45 cm de profundidade por 3 metros de largura. Os arenitos são finos a grosseiros, comumente conglomeráticos com estratificação de baixo ângulo. Podem conter ainda laminação planar, lineamentos de partição, laminação acanalada e pequenas marcas de ondas.

Laminação pelítica e arenítica: Fl – As areias são muito finas e encontram-se intercaladas em lâminas de pequena espessura de silte e argila. Ocorrem marcas de ondas de pequena escala, camadas com laminação ondulada e bioturbação, raízes e carvão ou caliche, dependendo do clima. Essa sequência mede de alguns milímetros a poucos decímetros.

Películas argilosas: Fm – Argila e silte, escuras e maciças ou laminadas, ocorrem em lentes de poucos milímetros a poucos centímetros. São formados em águas paradas após eventuais transbordamentos (Fig. 14.10).

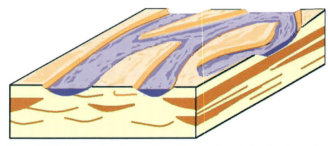

Figura 14.10 Origem da sedimentação pelítica nos rios entrelaçados. As porções escuras representam pelitos depositados por eventuais transbordamentos. (Segundo Selley, 1977.)

Identificação em Subsuperfície de Rios Entrelaçados

A geometria de depósitos tende à forma tabular de base erosiva. A litologia é predominantemente de areias grosseiras a conglomeráticas, com pequena parcela de pelitos.

Os sedimentos são amarelados e avermelhados devido à falta de matéria orgânica no meio oxidante. Por isso também não ocorrem fósseis.

Os depósitos são acanalados e preenchidos por sedimentos grosseiros com estratificação cruzada e planar. Uma das características mais marcantes para esses depósitos que podem ser observadas em testemunhos é a dupla superfície erosiva que ocorre abaixo e acima de unidades pelíticas. Essa sequência ocorre em razão do abandono do canal.

A Formação Furnas contém, em sua porção inferior, depósitos típicos de rios entrelaçados. Os tipos de laminação cruzada planar e acanalada, as estruturas de corte e preenchimento, os depósitos residuais de canais com clastos de argila e a presença de processos diagenéticos reconhecidamente continentais (neoformação de caulinita) indicam esse tipo de ambiente (Schneider *et al.*, 1974). A Fig. 14.11 ilustra um perfil medindo 6 m de espessura na localidade de Bom Sucesso, São Paulo. Na literatura geológica, encontram-se várias interpretações para o ambiente de sedimentação da Formação Furnas (Carvalho, 1941; Maack, 1946; Caster, 1952, entre outros). Bigarella *et al.*, 1966, concluíram que

Rios: Processos Fluviais e Aluviais 165

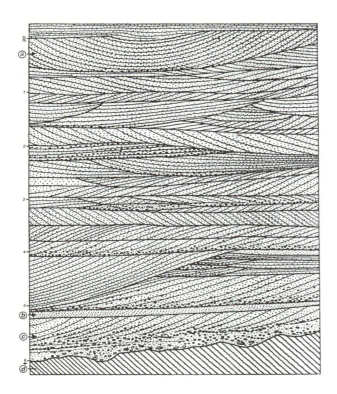

Figura 14.11 Arenito Furnas, serra do Bom Sucesso (SP). Estratificação plana e acanalada. Entre (a) e (b), arenitos de granulação média a grossa com concentração de grânulos e seixos sobre as superfícies de erosão limitantes das sequências de estratos cruzados; b) arenitos de granulação média; c) arenito grosso com concentração de grânulos e seixos de quartzo e quartzito com até 4 cm de diâmetro. O arenito assenta em discordância angular sobre metassiltitos do Grupo Açungui (d). (Segundo Bigarella *et al.*, 1966.)

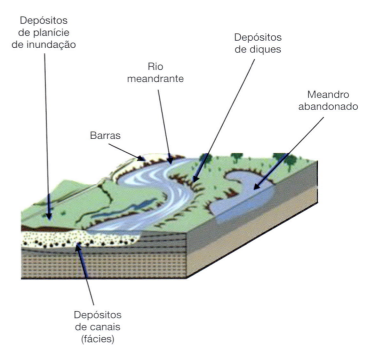

Figura 14.12 Distribuição dos principais depósitos (fácies) de um sistema fluvial meandrante.

o ambiente de deposição da Formação Furnas em parte foi marinho, mas reconhecem que atualmente não se conhece ambiente marinho recente que esteja originando sedimento do tipo Furnas.

14.2.2 Rios Meandrantes

Os rios meandrantes de alta sinuosidade ocupam áreas de baixo declive e produzem uma descarga relativamente alta, com uma quantidade apreciável de lama. Os rios meandrantes de sinuosidade menor ocorrem em regiões de maior declividade, com predominância de carga de fundo resultando numa descarga menor de lama em detrimento da areia.

As principais fácies do sistema meandrante são: barras em pontal ou de meandro; diques naturais; depósitos de rompimento de diques e depósitos de planície de inundação. Podem ocorrer ainda depósitos de preenchimento de canais abandonados (Figs. 14.12, 14.13 e 14.15).

Nos rios de menor sinuosidade, as fácies de depósitos de transbordamento são muito escassas e os diques naturais são muito pouco desenvolvidos.

As fácies arenosas têm geometria linear tabular, com uma relação comprimento/espessura alta. Essas fácies formam-se pela acreção lateral das barras de meandro. As espessuras dessas unidades estão entre 15 e 40 metros e

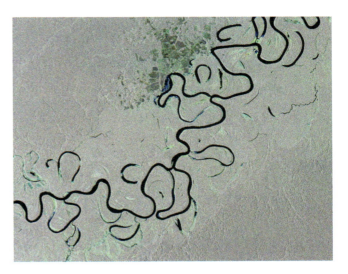

Figura 14.13 O rio Juruá, meandrante, maior afluente do Amazonas. (Foto: Satélite Envisat, divulgado pela Agência Espacial Europeia.)

resultam da superposição de vários canais. Os depósitos de transbordamentos formam-se por acreção vertical. Cada ciclo fluvial completo é formado por depósitos de canal, de barras e de transbordamento, resultando numa sequência granodecrescente.

Processos de sedimentação e fácies

Fácies de Canal

São formadas dentro do canal e incluem os depósitos residuais do canal, as barras de meandro, as barras de canais e os depósitos de preenchimento de canal.

Depósitos residuais de canal. Geralmente ocorrem em acumulação na parte mais profunda do leito e, menos frequentemente, dentro dos sedimentos das barras. Os depósitos residuais variam de areia grossa até matacões bem arredondados.

Além dos clastos, podem ser encontradas pelotas de argila, fragmentos de madeira e outros (Fig. 14.14-B).

A estratificação cruzada acanalada é comum.

Fácies de Barras de Meandros ou de Pontal

Constituem os depósitos da porção interna do canal meandrante, enquanto a porção externa do mesmo canal constitui área de erosão.

A sedimentação se processa devido ao cruzamento e ao declínio da velocidade do fluxo, ao passar da margem côncava para a margem convexa oposta.

Em virtude da contínua erosão do banco côncavo e sedimentação no banco convexo, o canal está sempre migrando lateralmente, resultando numa deposição por acreção lateral (Fig. 14.14). Os depósitos individuais de barras de pontal medem entre 1 e 3 m de espessura nos rios pequenos e 10 e 15 m nos maiores, como o Níger, por exemplo.

Essas barras assumem importância porque dentro de todo o sistema representam o maior volume de sedimentos depositados numa determinada unidade de tempo.

Sob o aspecto litológico, são constituídas de areias e grânulos de tamanhos tão variáveis quanto a disponibilidade da carga do rio. São encontradas sempre sobre os depósitos residuais de canais, que são formados por clastos grosseiros, de modo que as barras sempre terão uma constituição imediatamente menos grosseira e predominantemente arenosa, resultando numa sequência granodecrescente.

As estratificações cruzadas e acanaladas são comumente encontradas na porção inferior das barras, enquanto nas porções superiores ocorrem marcas onduladas, laminações plano-paralelas e camadas maciças (Fig. 14.15).

Fácies de Barras de Canais

Ocorrem frequentemente em canais de baixa sinuosidade, ocupando cerca de 50 % do canal, porém sempre ligadas a uma das margens alternadamente.

Migram para jusante em consequência da contínua deposição à frente e também lateralmente.

São constituídas principalmente de areias médias a grosseiras e, em alguns casos, com ruditos no topo. As estruturas mais comuns são a estratificação plano-paralela (de alta e baixa velocidade) e a estratificação cruzada.

Fácies de Preenchimento de Canais

Os canais são preenchidos por depósitos de acreção tanto lateral como vertical.

Um canal ativo pode ser preenchido devido a um aumento exagerado na taxa de sedimentação. Outros canais podem ser abandonados por corte de meandro devido à excessiva aproximação, e nesse caso serão preenchidos posteriormente por depósitos de transbordamento.

Figura 14.14-A Afloramento na Zona da Mata em São Pedro do Sul, RS, onde aparecem restos de troncos em pelitos provenientes de depósitos de planícies de inundação em ambiente fluvial do Triássico do Grupo Rosário do Sul. (Foto do Autor.)

Figura 14.14-B Corte do lenho silicificado de afloramento da Zona de Mata. (Foto: Luisa P. Tetu.)

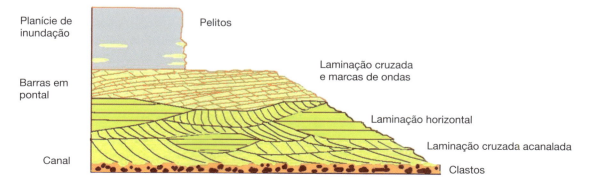

Figura 14.15 Perfil de um depósito de rio meandrante.

Fácies de Transbordamento

À medida que o rio aumenta seu nível por ocasião das cheias, parte da fração de sua carga deposita-se nas margens, onde ocorre diminuição da velocidade do fluxo, formando os depósitos de diques marginais. Estes, durante as cheias, podem ser rompidos em alguns pontos, ocasionando o vazamento do rio naqueles locais, levando juntamente parte da carga de fundo e produzindo um depósito em forma de leque ou cunha, conhecido como depósito de rompimento de dique marginal (*crevasse splay*).

Durante as cheias as águas ultrapassam os diques, invadindo as planícies da bacia, onde se processará a decantação do material fino em suspensão.

As bacias de inundação constituem depressões normalmente do sistema mais antigo e de meandros abandonados.

Fácies de Diques Marginais

A granulação dos diques naturais é mais fina que aquela correspondente às barras de meandro. Entre as estruturas encontradas estão as estratificações cruzadas, estratificações plano-paralelas em sedimentos siltico-argilosos que se alternam de modo rítmico. Ocorrem ainda marcas de ondas assimétricas e linguoides.

Fácies de rompimento de Diques Marginais

São em geral mais grosseiras que os depósitos de diques marginais. Com o rompimento, parte da carga de fundo espalha-se sobre a planície aluvial, cortando os diques naturais, constituindo canais de materiais mais grosseiros (arenosos) e cortando os mais finos (diques e depósitos de planícies de inundação).

As estruturas sedimentares mais frequentes são: laminação plano-paralela e cruzada, microlaminação cruzada e laminação ondulada.

A granulação diminui do canal em direção à planície.

Fácies de Bacias de Inundação

São de natureza síltica e argilosa, proveniente da carga em suspensão.

A sequência tem início após o transbordamento com uma deposição de arenitos muito finos, seguida de siltitos e, finalmente, argilas que após as cheias, devido à exposição subaérea, desenvolvem estruturas de gretas de ressecamento (Fig. 14.14-A).

Os arenitos muito finos e siltitos apresentam marcas de ondas ascendentes, laminação cruzada de pequeno porte e laminação horizontal. A espessura da unidade varia de poucos centímetros até vários metros, sempre com característica granodecrescente.

Em climas úmidos as planícies de inundação são baixas e úmidas, com o desenvolvimento de intensa vegetação. Nos pântanos podem ter lugar a formação e a acumulação de depósitos de turfa. Encontram-se ainda associados a esses depósitos estruturas de marcas de raízes, tubos de vermes etc.

Os sedimentos adquirem coloração cinza-escura a preta, particularmente nos depósitos argilosos com acumulação de matéria orgânica vegetal.

Em climas áridos ocorrem módulos de carbonatos, concreções de ferro e sais alcalinos devido à evaporação.

Feições diagnósticas para identificação de rios meandrantes em subsuperfície

Os depósitos de rios meandrantes diferem muito dos de entrelaçados.

A granulometria pode ter alguma semelhança, entretanto os canais arenosos são menos frequentes e descontínuos devido à abundância da sedimentação pelítica de planície de inundação. Litologicamente, os rios meandrantes têm em seus depósitos sedimentos arenosos e pelíticos em partes aproximadamente iguais, de maneira que os mapas de razão areia/folhelho mostram uma relação de 50:50, ou seja, igual a 1. Os conglomerados são raros, exceto aqueles de origem intraformacional. As areias tendem para uma granulação mais fina.

As cores são avermelhadas para as regiões semiáridas, podendo ocorrer nódulos de carbonatos e caliche.

Associadas às camadas pelíticas são comuns as ocorrências de camadas de carvão ou turfa. Os testemunhos mostram sequências granodecrescentes, e as estruturas sedimentares associadas apresentam características conforme foram descritas anteriormente.

Assim, uma superfície erosiva de fundo de canal pode ser seguida por areias com estratificação cruzada de barras em pontal, que gradam para areias finas com laminação cruzada e, finalmente, para pelitos com gretas de contração ou superfícies dissecadas.

Sob o aspecto paleontológico, podem ser encontrados polens e esporos. As curvas elétricas (Sp, R e Gama) mostram acentuada deflexão negativa, produzida pela sequência granodecrescente, de modo que a conjunção de duas curvas, por exemplo, Sp e R, toma a forma conhecida como árvore de natal.

Um exemplo de depósitos antigos de rios meandrantes constitui o grupo Rosário do Sul (Triássico), no Rio Grande do Sul. Essa unidade é constituída de 80 % de arenitos, 15 % de pelitos e 5 % de ruditos (Fig. 14.16.)

Apresenta cores avermelhadas ou cinza-amareladas. Entre as estruturas sedimentares ocorrem, nos arenitos, estratificação cruzada de porte médio do tipo tangencial simples (assintótica na base), planar ou acanalada (com até 8 m de largura) e proporções menores de laminação paralela e marcas de ondas linguoides.

Os arenitos são arcosianos.

As acumulações rudíticas, sempre lenticulares, são representadas por brechas e conglomerados intraformacionais preferentemente na base da unidade (Bortoluzzi e Andreis, 1979) e por algumas concentrações de grânulos e seixos (diâmetro até 5 cm), subangulosos e subarredondados, concentradas na base dos arenitos grossos.

As rochas pelíticas (siltitos e raros argilitos) podem ser maciças ou ter laminação paralela. Raramente apresentam marcas de ondas.

Os principais argilominerais são ilita e montmorilonita associadas à clorita e, raramente, à caulinita (Ramos e Formoso, 1976).

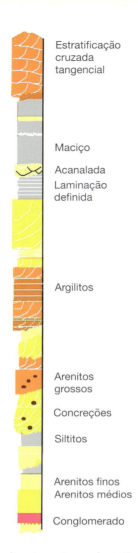

Figura 14.16 Sequência sedimentar em rio meandrante. Grupo Rosário do Sul, RS. (Modificado de Bortoluzzi e Andreis, 1979.)

14.3 Deltas

Características gerais

Delta é um sistema deposicional alimentado por um rio, causando uma progradação irregular da linha de costa (Scott e Fisher, 1969).

A configuração do delta depende, de um lado, da quantidade de material trazido pelo rio e, do outro, da capacidade de redistribuição desse material pelas ondas e correntes marinhas ou lacustres.

Em função do domínio de um ou de outro dos fatores aqui mencionados, o delta pode ser construtivo ou destrutivo (Figs. 14.17 e 14.20).

Quando o aporte de material é superior ao poder de redistribuição, os sedimentos acumulam-se em torno da desembocadura do rio, formando lobos que se desenvolvem para dentro do corpo aquoso, resultando numa progradação da linha de costa, o que equivale a uma regressão.

Os deltas construtivos podem ser muito extensos, pois são alimentados por diversos canais distributários, produ-zindo lobos superpostos e coalescentes. Uma associação de deltas geneticamente relacionados é denominada complexo deltaico. A ação das ondas e marés de alta energia de certas costas impede grandes acumulações de sedimentos junto à desembocadura dos rios, resultando em deltas do tipo destrutivo, como ocorre com os deltas atuais brasileiros (Figs. 14.18 e 14.22).

As ondas selecionam e redistribuem os sedimentos fornecidos pelos rios, formando praias, barras arenosas longitudinais, ilhas de barreiras, pontais arenosos etc. Nas costas onde a influência de marés de grande amplitude é acentuada, estas passam a ser responsáveis pela redistribuição dos sedimentos, constituindo deltas destrutivos de geomorfologia característica, com fácies de planície de maré e barras de areias submersas.

A sedimentação deltaica é influenciada ainda pelo comportamento tectônico e por fatores climáticos.

Figura 14.17 Delta construtivo do Rio Mississippi, visto em imagem espacial. (Foto: NASA.)

Figura 14.18 Delta do Rio Amazonas. (Foto: NASA.)

Subsistemas

Um sistema deltaico pode ser subdividido em três subsistemas: planície deltaica, frente deltaica e pró-delta (Fig. 14.19).

Planície Deltaica

Esta pode ser subdividida em planície deltaica superior e planície deltaica inferior.

A planície deltaica superior é de domínio fluvial, com a correspondente planície de inundação que pode estar associada a lagos e pântanos. Constitui a porção subaérea do delta.

A planície deltaica inferior situa-se sobre os lobos deltaicos e está sujeita à ação das marés. É constituída predominantemente por diversos canais distributários separados por baixios interdistributários, onde podem ser encontrados depósitos de mangues, lagos, marés, canais de marés etc., conforme o tipo de delta.

Frente Deltaica

A frente deltaica encontra-se quase sempre submersa, apresentando sedimentos característicos de barras de desembocadura, planícies de marés, praias, cordões litorâneos, barreiras, barras distais etc.

Pró-delta

O pró-delta consiste numa deposição de sedimentos pelíticos, abaixo da ação das ondas, atingindo algumas dezenas de metros de espessura.

Caracteres das litofácies

Na planície deltaica superior ocorre o domínio dos processos fluviais que resultam em fácies geométricas típicas desse ambiente.

A planície deltaica inferior compreende uma área relativamente plana, recortada por canais distributários ativos ou abandonados. Esses canais são preenchidos por areias de granulação variável, com estratificação cruzada, associadas a areias mais finas de barras e diques marginais. Os baixios interdistributários são preenchidos por siltitos e argilitos, associados à matéria orgânica, à turfa, ao carvão e a restos de plantas provenientes de vegetação existente. Entre os lobos podem ocorrer depósitos argilo-sílticos com restos de conchas e micas, típicos de baías ou lagunas.

A frente deltaica é constituída de areias muito finas a finas, intercaladas por siltitos, constituindo principalmente barras de desembocadura e barras distais. A atividade animal mais comum nessa porção é representada por estruturas de bioturbações nas rochas. São comuns também as ocorrências de estruturas de escorregamentos. No pró-delta os depósitos são tipicamente marinhos. As partículas são depositadas por suspensão, predominando argilas escuras e siltitos em lâminas finas plano-paralelas. Devido à acumulação de partículas orgânicas, diversos organismos habitam essa zona, sendo frequente a ocorrência de fósseis marinhos, tais como braquiópodes, pelecípodes bivalves etc.

Classificação dos deltas

De acordo com o fornecimento de sedimentos e da energia das ondas e correntes marinhas, os deltas são classificados em alongado, lobado, cuspidado e estuarino.

Outras características dos subsistemas e fácies, especificamente para os deltas construtivos e destrutivos, encontram-se na Tabela 14.1.

Sequência deltaica

Uma coluna vertical de um sistema deltaico mostra uma sequência granocrescente se iniciando com uma base de fácies pelítica marinha, passando gradativamente para fácies

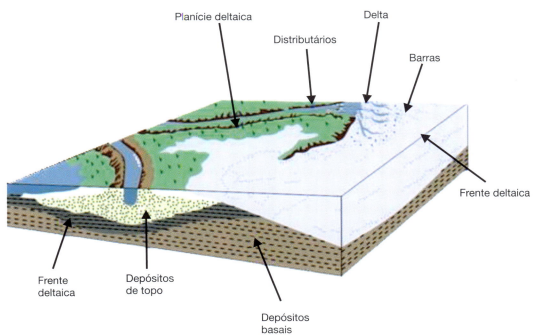

Figura 14.19 Sistema deltaico.

de arenitos muito finos de frente deltaica e terminando por fácies de arenitos médios ou grosseiros de canais. Os canais passam lateralmente para folhelhos e carvão que, na seção, podem ser encontrados abaixo ou acima dos canais distributários. Esta sequência pode ser composta por ciclos que se repetem diversas vezes. Além disso, cada tipo de delta tem uma sequência própria, com o desenvolvimento das fácies segundo os processos dominantes na época da deposição. A Fig. 14.22 mostra o ambiente deltaico, as fácies e a sequência vertical desenvolvida por um delta dominado por marés.

14.3.1 Deltas Antigos Brasileiros

O reconhecimento de depósitos deltaicos antigos é feito por meio da identificação das fácies genéticas que compõem os subsistemas. Para a identificação das fácies também são utilizados os perfis de raios gama, potencial espontâneo e resistividade associados às descrições litológicas e paleontológicas dos poços perfurados (ver Capítulo 18, Seção 18.8).

A visualização em planta é obtida com a construção de mapas de isópacas, isolíticos e razão areia/folhelho.

A integração dessas informações fornece uma visão tridimensional das fácies do sistema.

Complexos deltaicos quaternários brasileiros

Os principais rios que desembocam na costa brasileira constituem atualmente deltas destrutivos dominados por ondas. Entre estes destacam-se os complexos deltaicos formados pelos rios Paraíba do Sul, Jaguaribe, São Francisco, Jequitinhonha, Doce e Amazonas (Figs. 14.18, 14.21 e 14.23).

Figura 14.20 Modificações do delta do Rio Amarelo no mar de Boha (China). Em (A) foto de 1989; (B) foto de 2009. (Foto: NASA, Japon Space System.)

Tabela 14.1 Caracteres morfológicos e faciológicos diferenciais entre deltas construtivos e destrutivos

Deltas construtivos	**Deltas destrutivos**
Desenvolvidos em áreas cratônicas e em *rift valleys*	Desenvolvidos em áreas marginais de bacias marinhas
Formas elongadas e lobadas	Cuspidados e franjados
Fácies progradacionais e agradacionais dominantes	Fácies de submergência dominantes (destrutivas e marinhas)
Intensa progradação (máxima em deltas elongados)	Progradação fraca: processos fluviais pouco acentuados. Ação de ondas, marés e correntes litorâneas
Eixo deposicional das areias perpendicular ao rumo deposicional	Eixo deposicional das areias paralelo ao rumo deposicional (delta cuspidado) ou normal (franjado)
Pró-delta muito espesso (pelitos laminados, escuros, ricos em matéria orgânica em deltas elongados)	Pró-delta menos espesso (fossilífero, muito bioturbado e com glauconita nos sedimentos pelíticos)
Frente deltaica bem desenvolvida com barras de desembocadura	Frente deltaica bem desenvolvida, associada com lentes de areia e silte (barras elongadas em deltas franjados)
Abundante matéria orgânica no pró-delta e na planície deltaica	Escassa matéria orgânica (deltas cuspidados) ou abundante (deltas franjados)
Falhas de crescimento (*growth faulting*) em áreas transacionais entre a frente deltaica e o pró-delta	Desenvolvimento raro de falhas
Planície deltaica bem desenvolvida, com baixios interdistributários, canais distributários e diques marginais	Planície deltaica com desenvolvimento de planície de maré, mangues e turfas, com canais de maré ou de praias e barreiras

Figura 14.21 Delta do Rio São Francisco. (Foto: NASA.)

O complexo deltaico do Rio Doce

Este complexo deltaico recebeu a influência de transgressões ocorridas a 120.000 anos e 7.000 anos (Suguio et al., 1981). Segundo esses autores, os depósitos associados à parte terminal da última transgressão que ultrapassou o nível atual por volta de 7.000 anos atrás são, na maioria das vezes, separados dos terraços pleistocênicos por uma antiga zona lagunar que se instalou há cerca de 5.500 anos. Nessa paleolaguna o Rio Doce construiu um delta típico, caracterizado pela existência de inúmeros distributários.

Segundo Bandeira Junior e outros (*op. cit.*), o complexo deltaico do Rio Doce pertence ao tipo altamente destrutivo dominado por ondas.

Os depósitos da planície deltaica são provenientes de canais fluviais, diques marginais, planície de inundação, pântanos, mangues, lagos e lagunas.

A frente deltaica constitui-se de cordões litorâneos e praias que formam a porção subaérea. Os depósitos arenosos abaixo do nível do mar estendem-se sobre a plataforma continental, entrando em contato a leste com um extenso recife algal. Os depósitos de pró-delta são sílticos, micáceos e de cor oliva-acinzentado, passando a argilas cinza-escuras com intercalações de arenitos muito finos e lâminas de siltitos.

O complexo deltaico do Rio Bonito (Permiano da Bacia do Paraná)

Um modelo de deposição sob condições fluviodeltaicas para a Formação Rio Bonito foi proposto inicialmente por Ramos (1966).

O sistema deltaico teve início com a construção de diversos lobos integrantes de um complexo maior que se estende para o sul, até a região de Orleães, Santa Catarina, já definido por Medeiros e Thomaz Filho (1973) e Castro (1980).

Os depósitos no Paraná são típicos de um delta altamente construtivo que se desenvolveu dentro de um corpo de água salgada ("Mar Passinho") pertencente à porção superior da Formação Rio do Sul. Esse mar originou-se no fim da glaciação permocarbonífera, na época Artinskiano/Kunguriano (Daemon e Quadros, 1969).

Os braquiópodes que ocorrem no "Folhelho Passinho" indicam condições paleoecológicas em águas com profundida-

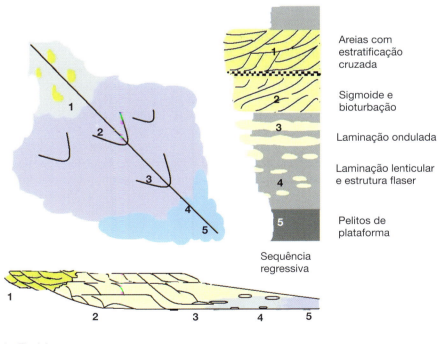

1 - Fluvial
2 - Barras
3 e 4 - Talude
5 - Marinho

Figura 14.22 Ambientes, fácies e sequências desenvolvidas por um delta dominado por marés.

Figura 14.23 Delta do Rio Parnaíba. (Foto de satélite, divulgação.)

Figura 14.24 Detalhe da planície deltaica do Rio Parnaíba. (Foto: Morais Brito Viagens e Turismo.)

des não superiores a 40 m em ambientes sublitorâneos, com fundo de lama (Langella e Orbiculoidea). Os pelecípodes e faladomídeos indicam um ambiente marinho de águas rasas (entre 10 e 40 m), com fundo arenoso ou lodoso.

Um sistema fluvial entrelaçado com drenagem de direção geral E-W para o "Mar Passinho" desenvolveu o delta que hoje se encontra preservado vertical e lateralmente com a seguinte sequência: pró-delta ("Folhelho Passinho"); frente deltaica (parte inferior da Formação Rio Bonito); planície deltaica (distributários e baixios interdistributários); e sistema fluvial entrelaçado (parte média e superior do Membro Triunfo). Frente deltaica destrutiva (parte inferior do Membro Paraguaçu), depósitos de plataformas (Membro Siderópolis). Depósitos sublitorâneos (Formação Palermo), (Popp, 1983).

Sobre a superfície dos últimos lobos construídos, até a base do Membro Paraguaçu, por diversas vezes formaram-se turfeiras efêmeras originando as finas camadas de carvão. Estas formaram baixios interdistributários à custa do desenvolvimento *in situ* de uma vegetação representada principalmente por Paracalamites, *Annularia*, *A. accidentalis*, *Equisitales* e *Astherothecas* (Rosler, 1979). Tal flora, segundo este autor, seria indicativa já de um clima temperado e relativamente úmido, de idade provável sakmariana a artinskiana.

No fim do kunguriano, uma transgressão marinha penetra sobre o continente inicialmente através de baías e baixios interdistributários, passando a recobrir a planície deltaica e retrabalhar os sedimentos até então depositados (parte inferior do membro Paraguaçu).

Com a transgressão foram intensificados os processos de ação das ondas e correntes, ao longo da costa, e de marés sobre a planície deltaica. As barras de desembocadura que formavam depósitos mais altos na margem da frente deltaica foram as primeiras a serem destruídas e retrabalhadas, seguindo-se as praias e dunas que ficaram emersas. Novas baías formaram-se, e as antigas foram alargadas e lentamente colmatadas. Os depósitos de mangues foram erodidos e redepositados, incluindo as turfas, caso tenham-se formado (Popp, 1983).

Os corpos de areia passaram a formar depósitos de barreiras transgressivas. Estas barreiras foram também em parte destruídas, e os sedimentos grosseiros podem ter sido incorporados a outros mais finos juntamente com restos de matéria orgânica proveniente dos antigos mangues que, por sua vez, foram transportados e depositados no fundo das baías. Como resultado final, toda a planície deltaica foi invadida pela transgressão marinha.

A Fig. 14.25 mostra as relações faciológicas de uma parte do sistema deltaico Rio Bonito, em seção entre Irati e Imbituva, no Paraná.

A interpretação é baseada no formato dos raios gama e resistividade associada à descrição dos perfis e estudos.

14.4 Leques

14.4.1 Leques Aluviais

Ocorrem nas superfícies dos terrenos em áreas de relevos íngremes ou degraus, ocasionados por movimentos tectônicos, escarpas de falha, erosão diferencial, taludes etc.

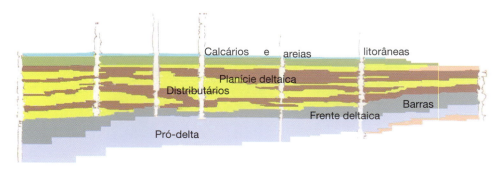

Figura 14.25 Relações faciológicas de parte do sistema deltaico de Formação Rio Bonito.

Figura 14.27 Leques da costa norte de Isfjorden, côncavos que avançam para o mar (Noruega). (Foto: Mark A. Wilson.)

Figura 14.26 Leque aluvial na pré-cordilheira argentina. (Foto do Autor.)

São mais frequentes em climas semiáridos com pouca vegetação, onde ocorrem chuvas intermitentes. A Fig. 14.26 mostra um sistema de leques aluviais na pré-cordilheira argentina.

Características dos depósitos aluviais

Os sedimentos são, em geral, avermelhados, constituídos por clastos grosseiros, angulares, de tamanhos diversos sob a forma de cascalhos ou conglomerados e areias.

Os pelitos são raros. Nem sempre os depósitos de leques aluviais são preservados, pois, sendo de origem continental, estão sujeitos à contínua ação erosiva. Os leques preservados são geralmente aqueles que se formaram junto a escarpas de falhas, onde vários deles permaneceram coalescentes, uma vez que foram recobertos em tempo relativamente rápido devido às condições subsidentes da área.

Os depósitos são de forma lobular, desenhando um perfil longitudinal côncavo e transversal convexo (Fig. 14.27).

Originam-se por fluxos torrenciais ou enxurradas produzindo depósitos em lençol ou confinados (cone) (Fig. 14.28).

Os agentes que atuam na deposição dos leques são enxurradas (*sheetfloods*), fluxos em canais confinados (*streamfloods*) e correntes em pequenos cursos d'água (*stream*).

Os leques são divididos em três porções, de acordo com a proximidade da fonte: proximal, média e distal.

Fácies proximais

Os psefitos resultam de fluxos ou mantos decrescentes.

As litologias variam de rudito a arenito, com pouco ou nada de pelito. Os sedimentos diminuem de modo caótico na direção da porção distal, de maneira que os ruditos concentram-se na porção proximal.

Fácies média

Na porção média do leque a fração de ruditos é menor. A maior concentração é de psefitos e depósitos arenosos estratificados que foram transportados por tração, preenchendo os leitos de pequenos canais erodidos por pequenas correntes de água sobre o leque.

Fácies distal

A porção distal é caracterizada pela predominância de fluxos de correntes em antigos depósitos de canais. Essa porção encontra-se geralmente associada com depósitos de "playa", dunas ou *sabkha*, no caso de leques de clima semiárido ou com depósitos fluviais em climas úmidos ou ainda lacustres (Fig. 14.29).

14.4.2 Leques Deltaicos

Apresentam as mesmas características dos leques aluviais, porém têm seu desenvolvimento no interior de um corpo de água geralmente marinho, e, por isso, a porção ou fácies distal apresenta uma associação litológica de ambiente aquoso.

Esses leques são construídos por processos semelhantes aos leques aluviais, entretanto ao progradarem para o interior do corpo aquoso as areias passam gradacionalmente para lamas do pró-delta lacustre ou de plataforma marinha. Brown e Fisher (1976) dividiram o sistema de leque deltaico em: uma porção proximal, constituída de areias e clastos grosseiros; uma porção distal média formada à custa de fluxos entrelaçados; uma porção distal constituída de arenitos finos intercalados por depósitos de barreiras e pró-delta ou pró-leque, constituído de pelitos e, finalmente, depósitos carbonáticos de plataforma (Fig. 14.30).

14.4.3 Inunditos

Inunditos são os depósitos resultantes de inundações violentas em ambienntes fluviais, estuarinos e leques aluviais – Seilacher (1984), Della Fávera (1984).

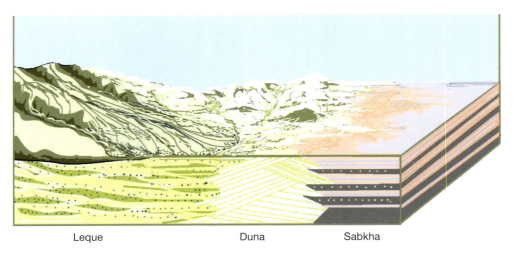

Figura 14.28 Aspecto de um leque aluvial em região árida.

Segundo Della Fávera (*op. cit.*), os inunditos são constituídos de camadas plano-paralelas de arenitos e folhelhos, às vezes imbricados, com granodecrescência ascendente e espessura variável (milímetros a metros), apresentando a sequência de Bouma. Na grande maioria das vezes esta ocorre incompleta, unindo-se pelo intervalo "b" ou "c" (o intervalo "a" gradacional é muito raro).

O que diferencia os inunditos dos turbiditos são as feições de águas muito rasas, como fendas de ressecamento, marcas de raízes ou icnofósseis específicos, ou outras associações com depósitos de águas rasas. Os inunditos associados a leques aluviais em clima árido são formados por ocasião de inundações muito rápidas que transportam sedimentos finos em fluxos turbulentos, depositando lobos semelhantes a turbiditos nas depressões adjacentes. Por ocasião das inundações, esses vales se transformam em lagos efêmeros. Após a evasão da água, o topo dos inunditos fica em condições subaéreas, formando-se fendas de ressecamento no intervalo "d/e". Esse é o caso dos inunditos da Formação Lagoa Feia, da Bacia de Campos, segundo Della Fávera (*op. cit.*).

14.4.4 Lagos

A limnologia é a ciência que estuda o comportamento dos lagos. Abrange princípios fundamentais de geologia, climatologia, hidrologia, ecologia, biologia, físico-química e meteorologia.

Lagos são corpos de água parada, geralmente doce. Os lagos de água salgada ocorrem em regiões de baixa precipitação pluviométrica.

Um lago aparenta ser um corpo d'água homogêneo, mas dependendo da estação do ano, as condições de circulação ficam completamente distintas, bem como as de oxidação e redução, que são consequências diretas da circulação.

Os lagos formam-se em climas quentes, temperados e periglaciais. Em virtude de ampla diversificação de climas e regiões, os sedimentos lacustres recentes apresentam grandes variações, o mesmo podendo ser esperado de depósitos antigos.

Os sedimentos são consequências da área-fonte e do ambiente de deposição. Outros fatores são decisivos em sua caracterização: a origem dos fundos onde eles se depositam; o tamanho (largura) e, a profundidade desses fundos; o relevo e a drenagem das áreas circundantes; quantidade de vegetação presente; proximidade ou não de praias; características dos solos circundantes; topografia dos fundos; circulação de águas nos fundos dos lagos, onde sedimentos se depositam; presença e tipo de vida nas águas; condições climáticas locais; caráter geoquímico das águas que formam o lago; estratificação térmica das águas do lago e mais outros fatores.

A origem dos fundos pode ser de dois tipos: escavados e resultantes de movimentos da crosta. As escavações podem ser feitas por movimentação de geleiras, por rios que cortam certos tipos de terrenos, explosões vulcânicas, dissolução local de calcários etc.; os lagos resultantes de movimentos da crosta são provocados principalmente por falhamentos. O recuo das geleiras no final do Plioceno ocorreu juntamente com deformações tectônicas e faturamento no sopé

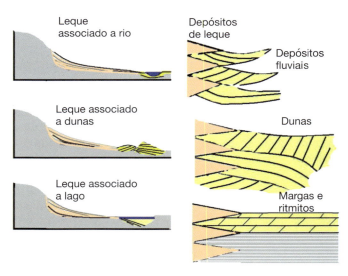

Figura 14.29 Diversas possibilidades de associações faciológicas na porção distal do leque.

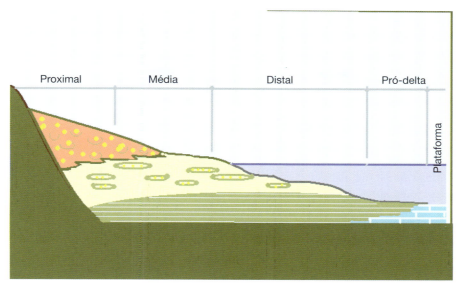

Figura 14.30 Leque deltaico desenvolvido em plataforma carbonática.

da cordilheira andina, criando condições para o desenvolvimento do lago Titicaca, que passa a ser alimentado por águas de degelo (Fig. 14.31).

Os fundos escavados pelos rios ou pelo mar podem, em dado momento, voltar a sofrer a influência do agente que os formou.

O relevo das áreas circundantes é extremamente importante nas características do sedimento. Relevos suaves produzem material fino e em solução. Quando o relevo ao lado de riachos de grande competência é abrupto, o material levado será grosseiro e com pouco conteúdo em solução.

A vegetação influi na medida em que protege as áreas que fornecem material para a sedimentação. Essa proteção se dá tanto absorvendo parte da umidade presente como também servindo de anteparo às chuvas violentas e de moderador para as enxurradas.

Os solos circundantes influem na medida em que os sedimentos do fundo do lago refletem quimicamente as características externas do lago. Solos calcários são responsáveis por águas lacustres carregadas de $CaCO_3$. Solos derivados de rochas ácidas fornecem grande quantidade de areia. Se os solos são derivados de rochas básicas, os sedimentos apresentam-se escuros e finos (lamas ou argilas avermelhadas e escuras); se o solo contiver sulfato ou cloreto de sódio e cálcio, as águas lacustres apresentarão alta porcentagem desses sais em solução.

A topografia dos fundos dos lagos reflete a origem de tais fundos. Lagos formados em antigos vales glaciais têm o relevo dos fundos muito uniforme. Lagos que aparecem no lugar de antigos rios podem apresentar irregularidades de fundos, como canais, da mesma forma que lagos formados por barras em áreas próximas ao litoral. Topografias regulares favorecem a circulação das águas lacustres e sua aeração. Já topografias irregulares dificultam a circulação, propiciando o aparecimento de condições redutoras. A circulação das águas dentro do lago é determinada também pela temperatura, densidade e quantidade de material em solução e em dispersão.

Condições climáticas são responsáveis pelo provimento de água. Regiões semiáridas, ou mesmo secas, tendem a possuir alto nível de evaporação e fraca alimentação. Lagos de regiões extremamente frias apresentam problemas de circulação e oxigenação das águas durante o inverno, favorecendo a vida de seres anaeróbicos.

Normalmente, os lagos são habitados por peixes, gastrópodes, pelecípodes, crustáceos, esponjas, anelídeos, larvas, insetos, bactérias, algas e, muitas vezes, por seres planctônicos. Muitos organismos vivem nadando, outros deslocam-se sobre os fundos lodosos ou arenosos e outros ainda vivem em pequenos orifícios cavados nos fundos. Frequentemente sedimentos de origem lacustre registram traços de animais que se arrastaram ou escavaram seus fundos lodosos. Por vezes, a atividade desses organismos de fundo é tão grande que oblitera feições de interesse sedimentológico.

Figura 14.31 Lago Titicaca, localizado no Peru e Bolívia, situa-se a 3.809 m de altitude e mede 194 km de comprimento. (Foto: NASA.)

Entre os materiais presentes nas águas de um lago salientam-se: coloides, floculados, sedimentos trazidos pelo vento (transporte aéreo), sedimentos trazidos pelo gelo (lagos glaciais) e sedimentos trazidos por organismos.

Conclui-se que os sedimentos lacustres são consequência de material transportado por ventos, águas, organismos, gelos e material autóctone, como restos de plantas lacustres, esqueletos de animais e precipitados de várias origens.

A razão da deposição de sedimentos em lagos depende praticamente de todas as variáveis citadas. Muitas são as alterações pós-deposicionais que o sedimento lacustre pode sofrer. Bactérias e fungos produtores de NH_3, H_2S, CH_4 e CO_2 podem provocar a precipitação de certos carbonatos, nitratos, sulfetos, fosfatos etc. Outras alterações dizem respeito à compactação com perda de água e à diagênese.

Bibliografia

BIGARELLA, J. J.; BECKER, R. D. *International symposium on the quaternary*. Bol. Paran. Geociências, n.º 33. Curitiba: UFPR, 1975.

DELLA FÁVERA, J. C. Eventos de sedimentação episódica nas bacias brasileiras. Uma contribuição para atestar o caráter pontuado do registro sedimentar. In: Congresso Brasileiro de Geologia 32, 1984, Rio de Janeiro. *Anais*. Rio de Janeiro, 1984. p. 489-501.

EMMONS, W. H. et al. *Geologia*. 5. ed. Madri: McGraw-Hill, 1963. 419 p.

ETHRIDGE, F. G.; FLORES, R. M.; HARVEY, M. D. (Ed.) *Recent developments in fluvial sedimentology*. Tulsa: Society of Economic Paleontologists and Mineralogists, 1987. 389 p. (Special Publication, 39).

GIBBS, R. J. *The geochemistry of Amazon river system*. Bulletin Geol. Soc. of America, vol. 78, 10. New York, 1967.

HAKANSON, L.; JANSSON, M. *Principles of lake sedimentology*. Berlin; New York: Springer-Verlag, 1983. 316 p.

MAACK, R. *Geografia física do Paraná*. Curitiba: M. Roesner, 1968. 349 p.

MARZO, M.; PUIGDEFÁBREGAS, C. *Alluvial sedimentation*. Oxford: Blackwell Scientific Publications, 1993. 586 p.

MEDEIROS, R. A.; THOMAZ FILHO, A. Fácies e ambientes deposicionais da formação Rio Bonito. In: Congresso Brasileiro de Geologia, 27, 1973, Aracaju. *Anais*, Aracaju: SBG, v. 3, p. 3-32.

MIALL, A. D. Alluvial deposits. In: WALKER, R. G.; JAMES, N. P. (Ed.) *Facies models*: response to sea level change. Toronto: St. John's Geological Association of Canada, 1994. p. 119-42.

_____. *The geology of fluvial deposits*. Berlin: Springer-Verlag, 1996. 582 p.

_____. *Principles of sedimentary basin analysis*. New York: Springer-Verlag. 1999. 668 p.

MOORE, G. T.; ASQUITH, D. O. *Delta*: term and concept. Gd. Cocitty Am. Bull., v. 82, p. 2563-2568, Sept. 1971.

SUGUIO, K.; BIGARELLA. J. J. *Ambientes fluviais*. 2. ed. Florianópolis: UFSC; UFPR, 1990. 183 p.

Ação Geológica do Gelo – Ambientes e Depósitos 15

15.1 Neve e Gelo

Durante boa parte da sua história a Terra não teve coberturas de gelo, e suas temperaturas foram bastante amenas. O equilíbrio entre a quantidade de gelo e de água mudou em vários períodos. Assim, quando aumenta a quantidade de gelo, diminui a de água e as médias de temperatura na Terra descem. Caso derretesse o gelo que cobre o continente austral, o nível do mar seria elevado em 60 metros. O manto de gelo da Antártica, que alcança espessuras de até 4.000 m, tem 15 milhões de km^2 e equivale a 75 % da água doce do planeta. Durante toda a vida da Terra apenas 10 % de seu tempo geológico correspondem a épocas glaciais. Entretanto, algumas chegaram a cobrir até 40 % de sua superfície.

Hoje o gelo cobre 10 % dos continentes e corresponde a uma fase interglacial da idade glacial ocorrida no Cenozoico. O estudo dos fenômenos ligados à ação do gelo atual nos leva à compreensão das atividades geológicas do passado.

15.2 Geleiras

São chamadas geleiras as grandes massas de gelo que se acumulam nas regiões altas dos continentes em baixas latitudes ou nas regiões polares (Groenlândia, Antártica etc.) e que apresentavam evidências de deslocamento (Fig. 15.2-A).

Tipos de geleiras

Geleira do tipo alpino, de montanha ou de altitude. São acumulações de gelo em vales entre cadeias de montanhas. A massa principal encontra-se confinada em grandes anfiteatros de paredes abruptas chamados *circos glaciais*.

Geleira continental ou de latitude. São massas de gelo que cobrem uma grande área de um continente; portanto, não são confinadas. Como estão em altas latitudes (próximas a um polo), não são necessárias grandes altitudes para a sua formação. São comuns na Antártica e na Groenlândia. Esse foi o tipo de geleira que ocorreu durante a glaciação Permocarbonífera no Hemisfério Sul (Fig. 15.2-B).

Movimento das geleiras. O gelo acumulado atualmente cobre 15 milhões de km^2. Tende a fluir, seguindo a inclinação do terreno, sob a ação da gravidade. Esse movimento se dá principalmente pelo degelo de minúsculas partículas sob pressão e pela deformação dos cristais cujos retículos se comportam como um geminado, fazendo com que a parte superior se desloque sobre a inferior e posteriormente esta última também, de modo que a massa flua e não escorregue sobre a superfície. Com base no micromovimento dos cristais, a massa atinge as regiões mais baixas, onde sofrerá contínuo degelo ou alcançará o mar, formando os *icebergs*.

Se o gelo não possuísse essa propriedade de se movimentar, a Terra seria um enorme deserto com a maior parte da água acumulada nos polos; caso todo o gelo se derretesse, haveria um levantamento nessas regiões, produzido pelo alívio da pressão, e um consequente aumento do nível do mar. No Ártico, o gelo está sobre o oceano, enquanto na Antártica a maior parte está sobre o continente (Fig. 15.3-A).

As geleiras movimentam-se numa velocidade que varia de 0,6 a 18 m por dia. Tal velocidade depende da geleira, da época do ano, da topografia etc.

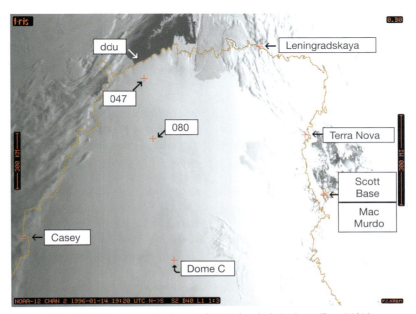

Figura 15.1 Imagem mostrando cerca de 25 % do gelo da Antártica. (Foto: NASA.)

Figura 15.2-A Geleira alpina com morenas. Alpes Suíços. (Foto: Michael B. Motz.)

Figura 15.2-B Morenas depositadas por antiga geleira de vale, em Colúmbia Britânica, Canadá. (Foto: Mark A. Wilson.)

A velocidade no centro da geleira é maior do que nos extremos, devido ao atrito com as rochas. Em virtude disso, o gelo da superfície se desloca mais rapidamente do que o do fundo e o das margens. Devido às diferenças de velocidade na mesma massa, formam-se fendas marginais oblíquas. As fendas longitudinais formam-se quando a geleira passa de um vale estreito para uma região mais ampla.

15.3 A Erosão Glacial

Antes de se processar a erosão, a geleira incorpora à sua massa fragmentos rochosos que atuarão como verdadeiras ferramentas. Os processos de erosão abrangem as seguintes etapas (Fig. 15.4):

(a) a neve cai sobre o manto de rocha desagregada, que é posteriormente incorporada à geleira;
(b) à medida que a geleira avança, arranca e incorpora mais fragmentos;
(c) a geleira utiliza os fragmentos incorporados para raspar, separar, arrancar e lixar rochas do fundo dos vales;
(d) o vento deposita partículas finas que são incorporadas à geleira;
(e) nas geleiras de vales, o material das margens é arrancado pela geleira e incorporado à sua superfície, na qual penetra posteriormente.

A velocidade e a profundidade da erosão variam de acordo com os seguintes fatores:

(a) peso da massa do gelo;
(b) velocidade do deslocamento da geleira;
(c) quantidade de rochas duras anexadas;
(d) irregularidade das rochas da superfície do terreno;
(e) tipos de rochas da superfície (sedimentos e rochas cristalinas ou outras).

Resultado da ação erosiva das geleiras. Da ação erosiva das geleiras resultam circos glaciais, vales em forma de "U", rochas *moutonnées*, estrias glaciais, vales suspensos (Fig. 15.3-B).

Circos glaciais. Nas porções mais altas dos vales glaciais, a ação do gelo desenvolve depressões semelhantes a anfiteatros. De início, as paredes são produzidas pelo gelo que adere à rocha, principalmente nas juntas e fraturas. Durante o verão, quando o gelo desce, formam-se fendas vazias entre o gelo e a parede do circo, as quais são preenchidas com neve no inverno seguinte. Quando o gelo se move novamente, arranca mais rochas das paredes (Fig. 15.5).

Vales em forma de U. Os vales ocupados pelo gelo vão adquirindo um fundo plano por erosão, passando de forma primitiva em "V" para a forma em "U" (Fig. 15.3-B).

Rocha *moutonnée*. A ação da geleira sobre a superfície das rochas, principalmente rochas mais duras, deixa-as lisas e por vezes estriadas, devido aos seixos contidos no gelo. Essas rochas arredondadas parecem carneiros deitados, daí seu nome. Do mesmo modo, os seixos contidos na massa de gelo ficam estriados e frequentemente planos em uma face, adquirindo a forma de um ferro de passar.

Rochas *moutonnées* foram encontradas em Salto, São Paulo, e erodidas por ocasião da glaciação Permocarbonífera. São granitos que naquela área encontravam-se recobertos por sedimentos fluvioglaciais (Fig. 15.6). Seixos estriados ocorrem em tilitos do Subgrupo Itararé, na Bacia do Paraná, resultantes da erosão por ocasião da mesma glaciação.

Estrias glaciais. As estrias glaciais resultam, como já foi mencionado, da ação dos fragmentos rochosos incorporados à geleira que atuam sobre a superfície do terreno ou mesmo nas paredes dos vales. Estrias produzidas pela glaciação Permocarbonífera são conhecidas no Paraná nas localidades de Witmarsum (Fig. 15.7) e Palmeira; em São Paulo, ocorrem na localidade de Salto. As direções predominantes são N-S e N-45-W, respectivamente. Estrias resultantes de glaciação mais antiga, de Pré-Cambriana, ocorrem em Jaquitaí, em Minas Gerais, e na Paraíba.

Vales suspensos. Quando há confluência de duas geleiras de vale, aquela que ocupa o vale principal aprofunda mais o terreno porque seu volume de gelo é maior que o da tributária. Quando o gelo desaparece, o vale menor fica suspenso com relação ao maior, isto é, muito mais elevado topográfi-

Ação Geológica do Gelo – Ambientes e Depósitos 179

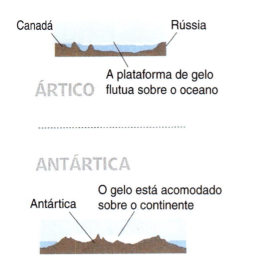

Figura 15.3-A A distribuição do gelo nos polos Norte e Sul.

Figura 15.3-B Formação de vales suspensos e em forma de U após o degelo.

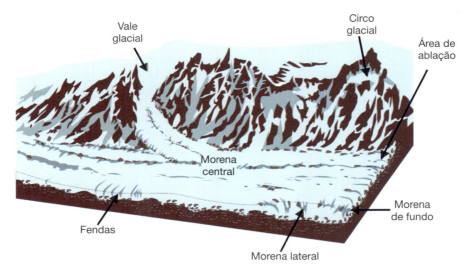

Figura 15.3-C Geleiras alpinas. Confluência de geleiras e depósitos de morenas.

Figura 15.4 A figura mostra o processo erosivo do gelo sobre a superfície rochosa. (Foto do Autor.)

Figura 15.5 Circos glaciais escavados pelo gelo sobre rochas das montanhas andinas. (Foto do Autor.)

Figura 15.6 Rocha *moutonnée* (granito) apresentando estrias e sulcos de erosão glacial Neopaleozoica. Salto, São Paulo. (Foto do Autor.)

Figura 15.7 Estrias, sulcos e cristas produzidos pelas geleiras Neopaleozoicas sobre os arenitos da Formação Furnas (Devoniano da Bacia do Paraná). Sobre os arenitos se observam tilitos de fundo. Wittmarsun, Paraná. (Foto do Autor.)

camente. Quando tais vales são ocupados por pequenos rios, formam-se quedas-d'água do vale suspenso para o principal (Fig. 15.3-B).

15.4 Depósitos Glaciais

Uma geleira engloba, ao se movimentar, os fragmentos das rochas do fundo e das laterais e, à medida que os transporta, transforma-se numa poderosa lixa que desgasta e estria as rochas por sobre as quais passa. Quando a carga torna-se insustentável ou a topografia favorece, inicia-se a deposição em forma de *morenas laterais* e *morenas de fundo* (Figs. 15.2-A, 15.2-B e 15.3-C). Quando a geleira fica estacionária, isto é, quando o degelo compensa o avanço, deposita-se a morena frontal. Chama-se morena central à reunião de duas morenas laterais devido à aproximação de duas massas de gelo que marcham na mesma direção (Fig. 15.3-A). A morena de fundo, resultante da deposição basal, produz depósitos de seção horizontal elipsoide e de superfície abaulada (lombo de baleia) cujo eixo maior coincide com a direção do movimento da geleira. A parte do depósito que está em sentido contrário ao movimento do gelo possui declive íngreme; em contraposição, o lado do depósito que fica no sentido do movimento possui declives suaves. Esse tipo de depósito é chamado *drumlins* e produz uma topografia caracterizada por pequenas colinas ovais comumente chamadas *cestos de ovos*.

Tipos de sedimentos glaciais

***Drift* glacial.** Generalização que inclui sedimentos glaciais primários, material transportado por degelo e outros depositados em massa de águas de inundação proveniente da própria geleira ou do mar. Inclui *till*, *drift* estratificado, depósitos de *till* retrabalhados, diamictitos, sedimentos encontrados em *kames*, *eskers* e outros (Figs. 15.8-A e 15.11-B).

***Till*.** É um sedimento cujas partículas variam desde o tamanho das da argila até o de matacões. Não possui estratificação e é típico de depósitos de morenas glaciais. Quando litificado é chamado tilito. Boas exposições de tilitos são encontradas na estrada Curitiba-Palmeiras, na altura do km 67, remanescentes da glaciação Permocarbonífera.

***Löess*.** Constitui sedimento glacial ou eólico ligado a glaciações. O tamanho de grão varia desde o da areia fina até do silte.

Caracteres dos sedimentos glaciais:

(a) grande número de classes texturais, portanto malclassificados;
(b) ausência de estratificação;
(c) seixos angulares estriados, geralmente em forma de "ferro de engomar";
(d) material fino composto de "farinha de rocha" com pouca incidência de argilominerais;
(e) grãos pouco arredondados, geralmente angulosos;
(f) classe modal situada nos sedimentos finos e geralmente sem destaque percentual.

Figura 15.8-A Complexo de *kames* e *eskers* resultante da última glaciação. (Foto: NNLS - National Marcos Naturais, EUA.)

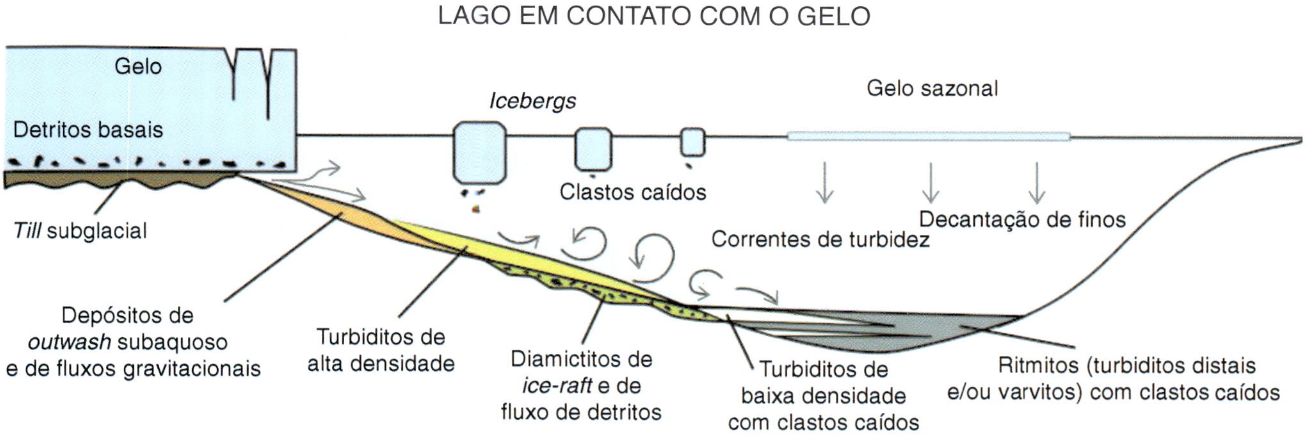

Figura 15.8-B Sedimentação em lago glacial em contato com geleira. (Baseado em Eyles & Eyles, 1992.)

Características dos depósitos

São inúmeros os tipos de depósitos encontrados nesses ambientes. Muitos se acumulam junto aos lagos glaciais (Fig. 15.8-B), outros são formados em contato com o gelo ou são produtos do derretimento do mesmo.

Tilitos

Tilito é o termo utilizado para depósitos antigos, consolidados.

Os tilitos possuem inúmeros caracteres que os diferenciam daqueles sedimentos depositados por outros agentes:

- maciços, sem estruturas;
- ausência de seleção, com grãos variando de poucos milímetros a blocos de diversos metros de diâmetro;
- constituintes litológicos extremamente variados de acordo com os terrenos que ficaram expostos à ação das geleiras;
- presença de certa proporção de clastos em relação aos constituintes mais finos.

Uma importante característica para os sedimentos glaciais é a presença de inúmeros minerais lábeis, como feldspatos, ferromagnesianos inalterados, grãos angulares e outros de tamanho argila. A fração arenosa é constituída por grãos extremamente angulares, exceto quando oriundos de sedimentos retrabalhados de unidades mais antigas. Esse é o caso dos tilitos basais do Grupo Itararé, depositados sobre arenitos da Formação Furnas. Esses tilitos possuem, em sua matriz síltica, grânulos e seixos arredondados de quartzitos provenientes da Formação Furnas (Fig. 15.9).

Tilitos com todas as características aqui descritas são raros, pois são depositados na borda da geleira onde a água proveniente do degelo retrabalha pelo menos parte do depósito. Esse retrabalho consiste geralmente na retirada dos finos, de maneira que o material residual terá uma concentração maior de grosseiros que os tilitos. O retrabalho produz também depósitos estratificados associados aos tilitos. Os seixos glaciais são muito pouco trabalhados, possuindo arestas agudas. Muitos têm uma forma discoidal vista em plano, são pentagonais, com pelo menos uma face plana e estriada. Encontram-se preferencialmente com os eixos maiores orientados paralelamente à direção do fluxo do gelo. Muitos são encontrados junto a ritmitos caídos de *icebergs*.

Depósitos de Contato Glacial

Eskers são depositados pela água de degelo no interior da geleira. São acumulações lineares que se estendem por vários quilômetros paralelamente à direção do gelo. Atingem 50 m de altura por 500 de largura.

Kames são sedimentos estratificados, grosseiros, depositados na margem da geleira sob a forma de montículos (Fig. 15.8-A).

São de natureza fluvioglacial. Muitos *kames* representam microdeltas formados por correntes de degelo depositados em águas estagnadas nas regiões periglaciais. São comuns as formações de microdeltas provenientes da grande quantidade da água de degelo. Nestes normalmente podem ser identificados: uma pequena planície deltaica, camadas frontais da frente deltaica e o pró-delta (Figs. 15.10 e 15.11).

Figura 15.9 Diamictito maciço (tilito) da glaciação Neopaleozoica, Palmeiras, Paraná. (Foto do Autor.)

Depósitos de Planície de Lavagem (*Outwash Plain*) e Fluvioglaciais

Uma área ocupada pelo gelo durante determinada época terá posteriormente, com o derretimento deste, uma vasta superfície ocupada por espessa capa de sedimentos. Os depósitos de *till* são encontrados nas proximidades da borda da geleira, quando não retrabalhados pela água de degelo. Mais a jusante, a paisagem caracteriza-se por uma planície de lavagem coberta por sedimentos fluvioglaciais resultantes de rios entrelaçados (*drumlins*) (Fig. 15.11).

Depósitos em Lagos Glaciais

Os sedimentos depositados em lagos são provenientes da época de degelo e refletem as estações. O material síltico chega por correntes durante o verão, constituindo lâminas de coloração clara (Fig. 15.8-B).

Durante o inverno a argila em suspensão se deposita, pois o vento deixa de produzir turbulência na água do lago, que fica protegido por uma superfície de gelo.

As argilas são escuras e ricas em matéria orgânica, formando lâminas que contrastam com aquelas depositadas durante o ciclo precedente. Cada conjunto de lâminas (clara e escura) conhecido como varve é o resultado de duas estações extremas produzidas durante uma volta completa da Terra ao redor do sol. As varves são utilizadas como datações cronológicas e também para a interpretação da paleoclimatologia, pois contêm frequentemente grãos de pólen.

Inúmeros depósitos interpretados como varvitos ocorrem na Bacia do Paraná.

A Fig. 15.13 mostra um grande clasto (matacão), provavelmente liberado por gelo flutuante.

15.5 Glaciações

A formação da neve. Tem origem na cristalização do vapor d'água no interior ou pouco abaixo das nuvens – em todas as latitudes –, mas só chega à superfície da Terra nas regiões frias ou nas montanhas.

Somente nas regiões polares ou grandes elevações a neve se encontra acumulada, porque o degelo é inferior à precipitação. A neve acumulada vai lentamente aumentando a densidade, que passa de 0,01 inicial para 0,8, isto é, muito próximo da densidade do gelo, cerca de 0,9 (Fig. 15.12).

O nível das neves perpétuas varia com a latitude, com a altitude e ainda com outros fatores climáticos, como a umidade do ar, ventos etc. (Fig. 15.14). Nas proximidades dos polos a altitude das neves eternas está ao nível do mar. Entre 20 e 30 graus em ambos os hemisférios, o nível das neves alcança 6.000 m, e nas proximidades do Equador baixa para 4.500 m acima do nível do mar. Entretanto, as condições para que haja acúmulo de neve em determinada região dependem muito dos fatores climáticos. Por exemplo, em algumas regiões do Canadá há relativamente pouca precipitação de neve e a temperatura não baixa muito durante o inverno, mas como não há condições para um total degelo no verão formam-se geleiras; já em alguns locais da Sibéria a temperatura desce até quase –50 °C no inverno, com acentuada precipitação de neve; no verão, toda a neve sofre fusão total, e por isso não se formam geleiras.

Figura 15.10 Aspecto de uma paisagem em vale glacial após recuo da geleira, em Svalbard, Noruega. (Foto: Mark A. Wilson.)

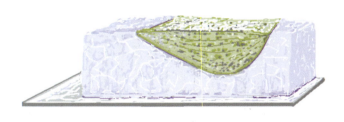

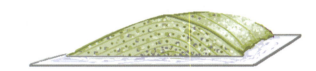

Figura 15.11 No alto, observa-se o sedimento estratificado sobre o gelo que, após derretimento, abaixo, resulta em *kames*, montículos depositados nas margens da geleira.

Origem das glaciações. Existem muitas teorias que procuram explicar as glaciações ou a origem das idades glaciais. No entanto, nenhuma delas parece ter resolvido o problema, pelo menos isoladamente. Citamos, a seguir, algumas teorias mais conhecidas.

- A queda da intensidade da radiação solar produziria resfriamento na Terra.
- A atmosfera carregada de pó vulcânico diminuiria a incidência dos raios solares sobre a superfície da Terra, produzindo baixas temperaturas.
- A elevação dos continentes, em relação ao nível médio dos mares, alcançaria temperaturas mais baixas.
- O aumento da concentração de CO_2 na atmosfera reduziria a incidência solar e, consequentemente, abaixaria a temperatura.
- O aumento das radiações solares produziria maior evaporação e, consequentemente, maior precipitação de neve, ao mesmo tempo em que diminuiria a incidência dos raios solares na superfície terrestre pelo grande número de nuvens.

Ação Geológica do Gelo – Ambientes e Depósitos

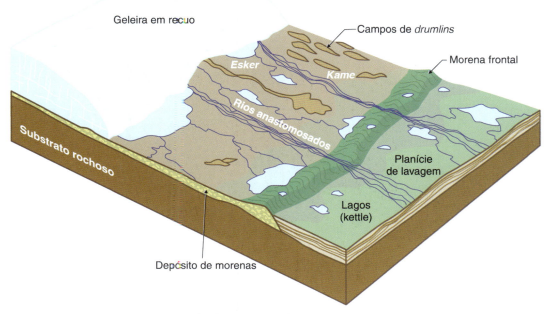

Figura 15.12 Os *drumlins* são depósitos de *till* alinhados pela água de degelo.

Figura 15.13 Clasto caído de geleira em ritmitos do Grupo Itararé. Trombudo Central, SC. (Foto do Autor.)

- Mudanças de correntes marinhas e do vento ocorreriam devido a modificações das posições das terras emersas – continentes.
- Mudanças na posição dos polos aconteceriam por modificações do eixo terrestre.
- Mudanças ou deriva dos continentes ocorreriam, aproximando-se dos polos.

Atualmente, pensa-se que vários fatores associados são necessários para haver glaciação. Embleton & King consideram fatores preponderantes o movimento das massas continentais e a variação da energia solar devido a mudanças na relação Terra-Sol. Crowel & Frakes (1970) consideram fator fundamental para as glaciações do Paleozoico a posição relativa ocupada pelos polos por ocasião da deriva continental.

Durante a história da Terra, pelo que se sabe até agora, houve três grandes períodos glaciais: do Pré-Cambriano, do Paleozoico Superior e do Pleistoceno.

Glaciação pré-cambriana e paleozoica

Mais de uma glaciação foi detectada no Pré-Cambriano em vários locais. Por exemplo, na Inglaterra foram encontrados tilitos e leitos de matacões. No norte de Michigan, Estados Unidos, também foram achados sedimentos glaciais. Schwarzbach (1961) cita indícios de glaciações na Noruega, Suécia, Ilhas Britânicas, Normandia, Boêmia, Groenlândia e Estados Unidos. No Brasil, ocorrem sedimentos glaciais em Minas Gerais (Grupo Macaúbas).

A glaciação permocarbonífera foi identificada e estudada nos continentes que, reunidos, formaram o grande continente gondwânico, isto é, Antártica, Austrália, África, parte da Ásia (Índia) e América. Esses continentes estiveram unidos durante todo o Paleozoico, de tal modo que a África estaria ocupando a posição polar (Polo Sul). As glaciações no Paleozoico Inferior atingiram o Norte desse continente, e no período Carbonífero o polo estaria na parte Sul do continente africano, ocasionando glaciações simultâneas na hoje África do Sul, parte da Antártica e parte da América. No Carbonífero Superior, o polo teria chegado ao limite da África com a Antártica, e as glaciações teriam se intensificado na América do Sul, alcançando então também parte da Austrália e da Índia. No Paleozoico Superior (Permiano) o polo estaria já na parte oriental da Antártica, de modo que as glaciações se teriam intensificado na Austrália, diminuindo na África e desaparecendo na América do Sul.

No Pré-Cambriano Superior, o Polo Sul estaria sobre a África do Norte e as glaciações atingiriam as proximida-

Figura 15.14 Nível das neves perenes nos Andes, abaixo de 400 m na primavera. Rodovia Mendoza, Argentina – Santiago, Chile. (Foto do Autor.)

des do Mediterrâneo e Mar do Norte atual. Assim, aceita-se atualmente a teoria segundo a qual as glaciações pré-cambrianas e paleozoicas não teriam sido sincrônicas, isto é, não ocorreram nos dois hemisférios simultaneamente, pois foram condicionadas ao movimento da Pangeia. Esta afirmativa é também baseada no fato de que foram encontrados sinais de glaciações na Inglaterra, Noruega e Norte da África (Furen, 1963).

Glaciações quaternárias

O Hemisfério Norte foi palco da mais recente glaciação da história da Terra, a qual para alguns ainda continua, pois o clima atual do hemisfério poderia representar apenas um período interglacial (Figs. 15.15, 15.16, 15.17 e 15.18).

A maioria dos autores concorda que existiram quatro ou cinco períodos glaciais separados por períodos interglaciais de clima ameno de maior duração do que os períodos glaciais. As glaciações do Pleistoceno foram muito bem estudadas na Europa e nos Estados Unidos. Entretanto, ainda não ficou bem determinada a duração de cada período nem a duração de todo o evento. A nomenclatura também é variável de país para país.

Os períodos glaciais e interglaciais no Hemisfério Norte, acompanhados do avanço e do recuo do gelo, corresponderam, no Hemisfério Sul, a períodos caracterizados por climas semiárido e úmido, respectivamente.

Nas fases climáticas mais secas, as chuvas ocorriam de modo concentrado, enquanto na vigência de clima úmido as chuvas distribuíam-se com maior regularidade. Nas épocas úmidas a erosão atuava intensamente, provocando a dissecação das superfícies que sofreram aplainamento por ocasião da vigência dos períodos semiáridos. As flutuações árido-úmidas que correspondiam aos períodos glacial-interglacial no Hemisfério Norte ocasionaram a modelação da paisagem.

Das superfícies aplainadas, pediplanos e pedimentos elaborados nas épocas semiáridas, restam na paisagem apenas remanescentes, formando ombreiras de inclinação pequena ou média. As épocas úmidas provocaram dissecações das quais restam as vertentes mais íngremes.

Outra consequência das glaciações foi a variação do nível do mar. Os períodos glaciais correspondem à diminuição do nível do mar no Hemisfério Sul. Ao contrário, nos períodos interglaciais o derretimento de grandes massas de gelo provocava um correspondente aumento ao nível do mar, transgredindo o continente (Fig. 15.19).

Por ocasião do último período interglacial – no fim do Pleistoceno, entre as glaciações *riss* e *würn* –, formaram-se muitos depósitos, podendo-se detectar, através do estudo dos sedimentos e fósseis correspondentes, os seguintes níveis do mar *acima* dos atuais no Brasil:

Rio Grande do Sul – 6 m (Jost *in* Bigarella et al., 1975);
Paraná – 13 m (Praia de Caiobá);
Santa Catarina – 9 m (Itajubá) (Bigarella et al., 1965);
São Paulo – 8 m (Cananeia) (Suguio & Martin *in* Bigarella et al., 1965).

Figura 15.15 Bloco errático sobre xistos cambrianos originário da última glaciação. Central Park, Nova York, EUA. (Foto do Autor.)

Ação Geológica do Gelo – Ambientes e Depósitos   185

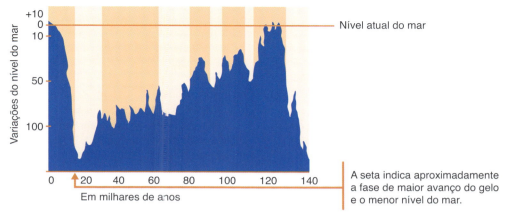

Figura 15.16 A glaciação Vürn teve início em torno de 125.000 anos, atingindo o norte do continente norte-americano e regredindo por volta de 18.000 anos. Em seu término, o nível do mar sofreu uma elevação em torno de 140 metros entre 3.000 e 4.000 anos atrás.

Figura 15.17 Sulcos e estrias glaciais de direção N-S, produzidas por geleiras, com espessura em torno de 1.000 metros. Central Park, Nova Yorque, EUA. (Foto: F. J. Vianna.)

Figura 15.18 Extensão da última glaciação no hemisfério norte.

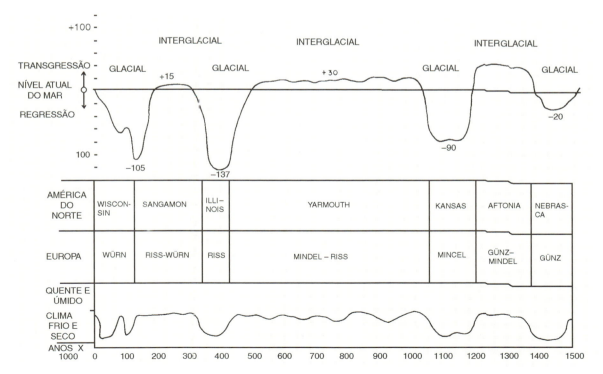

Figura 15.19 No gráfico de cima estão representadas as flutuações do nível do mar relacionadas com as épocas glaciais (acúmulo de gelo) e interglaciais (derretimento do gelo e consequente aumento do nível). Essas variações corresponderam a modificações climáticas no Hemisfério Sul, como se encontram relacionadas no gráfico inferior. No quadro central são apresentadas as designações de cada período, para a América do Norte e Europa. O tempo decorrido, em milhares de anos, está representado bem abaixo.

Bibliografia

BENNETT, M. R.; GLASSER, N. F. *Glacial geology*: ice sheets and landforms. Chichester; New York: Wiley, 1996. 364 p.

BIGARELLA, J. J.; MOUSINHO, M. R.; SILVA, J. X. *Considerações a respeito da evolução das vertentes*. Bol. Paran. Geogr. Curitiba, 1975.

CROWEL, J. C.; FRAKES, L. A. *Fanerozoic glaciation and the cause of ice ages*. Amer. I. Sci., 268:193-244. Yale University, N. Haven, Conn., 1970.

EMBLETON, C.; KING, C. A. M. *Glacial geomorphology*. London: Edward Arnold, 1975. 573 p.

FOLHA DE SÃO PAULO. No coração da Antártica. Março de 2009. Fotografias Renata Steffen, Flavio Dioguez, Manuelo Oliguer e Toni Pires.

HAMBREY, M.; HARLAND, W. B. (Ed.) *Earth's pre-pleistocene glacial record*. Cambridge: Cambridge University, 1981. 1004 p.

HARLAND, M.; ALEAN, J. *Glaciers*. Cambridge: Cambridge University Press, 1992. 208 p.

MAACK, R. Geologia e geografia da região de Vila Velha, Estado do Paraná, e considerações sobre a glaciação carbonífera do Brasil. Curitiba Arquivos do Museu Paranaense, 5, 1946, 305 p.

ROCHA-CAMPOS, A. C.; CANUTO, J. R.; SANTOS, P. R. *Late paleozoic glaciotectonic structures in northern Paraná basin, Brazil*. Sedimentary Geology, 130: 131-143.

SALAMUNI, R.; MARQUES FILHO, P. L.; SOBANSKI, A. *Considerações sobre turbiditos da Formação Itararé (carbonífero superior), Rio Negro, Paraná, e Mafra, Santa Catarina*. Bol. Soc. Brasil. Geol., 15(1), s.p. São Paulo, 1966.

SHARP, R. P. *Living ice*: understanding glaciers and glaciation. Cambridge: Cambridge University Press, 1988. 225 p.

SOUZA, P. A. Palinobioestratigrafia do Subgrupo Itararé, Carbonífero/Permiano, na porção nordeste da Bacia do Paraná (SP/PR, Brasil). 2000. 197 f. Tese (Doutorado em Geologia e Geoquímica) – Instituto de Geociências da Universidade de São Paulo, São Paulo.

WANLES, H. R.; CANNON, J. R. *Late paleozoic glaciation*. Earth Sci. Rev., 1, s.p. Amsterdã, 1966.

Regiões Desérticas – Ambientes e Depósitos 16

16.1 O Vento

Os ventos são causados por massas de ar que se movimentam por causa das diferenças de temperatura na superfície terrestre. Numa região de alta insolação, o ar tende a se expandir, fica mais leve e sobe devido à alta temperatura. Deslocamentos laterais de massas de ar mais frias tendem a anular a diferença de pressão causada, e assim os ventos sopram de pontos de pressão mais alta para lugares de pressão mais baixa. A velocidade e a força do vento são proporcionais à distância e à diferença de pressão entre dois pontos.

O vento ocorre em todos os climas, porém com intensidades diferentes. A atividade geológica do vento é preponderante, particularmente em regiões áridas como os desertos, onde a evaporação é superior às precipitações ou onde a vegetação não se dá por qualquer outro motivo. Os grandes desertos extremamente áridos encontram-se sobretudo na zona subtropical de altas pressões, ou seja, superiores a 1.019 milibar. Caracterizam-se por temperaturas de grande variação diária, com picos elevados.

Para que a ação do vento seja eficaz, tem importância não apenas o fato de não haver vegetação, mas também a constituição superficial do terreno, que nos desertos pode ser muito variável.

A atividade geológica do vento depende sobretudo da intensidade, influindo também outros fatores meteorológicos, tais como a direção e a constância dessa direção. A velocidade diminui mais ou menos intensamente com o atrito na superfície da Terra e aumenta com a altura: é grande até uma altitude de 600 m, e depois diminui gradativamente. A velocidade do vento na superfície é máxima quando ela é plana e lisa, como no ar, no mar e nas planícies escavadas.

Para caracterizar a intensidade do vento, emprega-se a escala de Beaufort, a qual divide a intensidade em 12 categorias, dentre as quais destacam-se as seguintes:

- Calmaria – velocidade inferior a 1,6 km/h;
- Brisa leve – velocidade entre 6,5 e 12 km/h;
- Vento suave – velocidade entre 13 e 19,4 km/h;
- Furacão – velocidade superior a 90 km/h, podendo atingir até mais de 150 km/h (efeito catastrófico).

16.2 Regiões Áridas e Semiáridas

Nessas regiões, as chuvas são insuficientes para manter cursos de água contínuos. As zonas áridas caracterizam-se por pequenas precipitações anuais, normalmente inferiores a 100 mm, atingindo 500 mm nas regiões semiáridas. A distribuição dessas chuvas é bastante irregular, e muitas vezes elas ocorrem sob forma de tempestades, descarregando enorme volume de água em poucas horas. A evaporação nessas regiões excede a precipitação, e são pequenas as quantidades de água infiltradas. A água infiltrada pode subir por capilaridade, e os sais e minerais dissolvidos se concentram na superfície enquanto a água evapora. Assim, as águas são responsáveis pela formação de uma fina película de ferro ou manganês que pode recobrir extensas superfícies desérticas. Essa película é denominada verniz do deserto. Típicas são também as concentrações de sais, como os jazimentos de nitrato de sódio, que ocorrem comumente nos desertos do Chile (Fig. 16.1).

Figura 16.1 Aspecto de um deserto arenoso. (Foto: J. J. Bigarella.)

Por ocasião das chuvas concentradas e fortes, a água movimenta-se de maneira turbulenta e o material carregado é mal selecionado, e geralmente não sofre retrabalhamento. Assim, podem se formar grandes depósitos de sedimentos, de forma plana, com alta heterogeneidade granulométrica.

16.3 Regiões do Deserto

Desertos rochosos (hamada)

A superfície rochosa encontra-se exposta e é continuamente afetada pela erosão eólica. As rochas mostram feições típicas de abrasão eólica (solapamentos, pedimentos etc.). Tal aspecto é denominado *hamada*, nome árabe dado a esse tipo de deserto rochoso (Fig. 16.2-A).

Desertos pedregosos (reg)

São regiões cobertas por fragmentos de rochas, geralmente heterogêneos. As partículas arenosas menores foram levadas pelo vento, restando os seixos maiores, os quais sofrem os efeitos da abrasão eólica. Predominam assim seixos e matacões trabalhados pelos ventos, denominados *ventifactos*. A cobertura regional por esse material grosseiro denomina-se pavimento desértico (Fig. 16.2-B).

Desertos arenosos (erg)

Nessas regiões ocorrem os tipos de acumulação mais conhecidos – as dunas e os campos de areia. Apenas a quinta parte da área dos desertos é coberta por areia, sendo o restante composto por elevações rochosas e fragmentos de rochas (descritos anteriormente). Uedes é o nome que se dá aos cursos de água temporários dessas regiões (Figs. 16.1, 16.2-A e 16.4-A).

Figura 16.2-A Região de contato entre o deserto de rocha e o *erg* arenoso. (Foto: J. J. Bigarella.)

Figura 16.2-B Ventifacto com faces agudas. (Foto: Mark A. Wilson.)

Os fatores de acumulação de areia são vários e dependem:

- da natureza do material;
- das irregularidades do solo;
- da direção e da intensidade do vento.

Juventude

Essa fase inicial dos desertos é caracterizada por grandes elevações com escarpas verticais, formando o deserto rochoso em contínua desagregação mecânica, que corresponde à *hamada* dos árabes. As altas elevações atuam impedindo as correntes de umidade.

Maturidade

Nessa fase a erosão já desgastou grande parte das rochas, suavizando o relevo e aumentando o tamanho das bacias de sedimentação. Essa fase corresponde ao *reg*.

Figura 16.3 Deserto pedregoso, no Tassili N'Ajjer, Argélia. (Foto: J. J. Bigarella.)

Figura 16.4-A Salinas depositadas em regiões desérticas, em Jujuy, Argentina. (Foto: Antonio Liccardo.)

Figura 16.4-B Depósitos de Wadi, deserto de Negev, Israel. (Foto: Mark A. Wilson.)

Velhice

É a fase final com grandes áreas aplainadas, restando elevações mais resistentes à erosão denominadas *inselbergs* ou montanhas isoladas. Essa fase corresponde ao *erg*.

Lagos desérticos (*playa lake*)

São lagos, em geral temporários, que ocorrem frequentemente nas depressões internas das bacias desérticas, onde o nível de base da erosão eólica atinge o nível da água subterrânea. Eles acumulam o excesso temporário da água, recebem sedimentos das correntes formadas por ocasião das raras e concentradas chuvas e são sujeitos à evaporação intensiva. Podem formar depósitos semelhantes aos varvitos (glacial). Durante a época das chuvas, as águas carregam sedimentos de cuja deposição resultam camadas rítmicas. Durante a estiagem dá-se a evaporação das águas e, em consequência, ocorre precipitação formando evaporitos (cloretos de sódio, carbonato, boratos etc.) (Fig. 16.4-A).

16.4 Transportes e Erosão Eólica

Quanto mais forte o vento, maior a quantidade de partículas que ele transporta. O poder destrutivo do vento está nas partículas em suspensão e na competência de transporte, sendo, portanto, proporcional à sua velocidade e à carga.

A erosão eólica processa-se por deflação e por corrosão.

Deflação. Processo de rebaixamento do terreno, removendo e transportando partículas incoerentes encontradas na superfície.

Efeitos da deflação. Produz a formação de grandes depressões. Quando tais depressões atingem o nível do lençol subterrâneo, formam-se os lagos acima referidos, podendo desenvolver-se vegetação, constituindo um oásis.

A deflação é o tipo de erosão eólica mais importante devido ao vulto de seus efeitos.

Corrosão. É produzida pelo impacto das partículas de areia transportadas pelos ventos contra a superfície das rochas, polindo-as. O impacto dos grãos entre si, bem como contra as rochas, produz o desgaste, resultando em um alto grau de arredondamento e uma superfície fosca dos grãos que caracteriza o arenito de ambiente eólico.

Efeitos da corrosão. É maior em rochas sedimentares, principalmente as arenosas e argilosas. Rochas heterogêneas ou irregularmente cimentadas sofrem erosão diferencial, o que dá origem a formas muito curiosas. Quando o vento tem uma direção predominante formam-se sulcos orientados segundo essa direção.

Transporte eólico. O material transportado depende da velocidade do vento e do tamanho das partículas. Pode ser efetuado por *suspensão*, *rolamento* ou *saltos*.

Sob o efeito do vento, os grãos menores (com cerca de 0,125 mm de diâmetro) *sobem* e são transportados a distâncias razoáveis, dependendo da velocidade do vento. Alguns grãos médios sobem um pouco e logo descem, sendo transportados aos *saltos*, de acordo com as rajadas de vento. Os grãos maiores não chegam a sair do solo, deslocando-se apenas por rolamento por curtas distâncias. Dessa forma o material sofre uma seleção em seu transporte, o que ocasiona depósitos segundo o tamanho das partículas.

Deposição – formas de acumulação. Quando a velocidade do vento (carregado de partículas) diminui, seu poder de transporte se reduz, tendo início a deposição a partir dos grãos mais grosseiros para os mais finos. Enquanto a areia se deposita após um transporte pequeno, a poeira fina pode sofrer um transporte superior a 2.000 km, como aquelas que provindo do Saara atingem a Europa.

Quanto à natureza, os depósitos são classificados como:

(a) provenientes de explosões vulcânicas;
(b) provenientes de áreas periglaciais (formando-se *löess*);
(c) provenientes de praias;
(d) provenientes de regiões áridas.

16.5 Caracteres dos Depósitos e Ambientes Sedimentares

A zona de denudação é a região rochosa, em geral circundante e fornecedora do material. Os depósitos de *bajada* têm a forma de cunha ou leque, com granulação heterogênea, e são imaturos e grosseiros como os fanglomerados. Os depósitos de *playas* são transportados através da zona de *bajada* até atingirem a parte mais baixa da bacia deposicional. São constituídos de material detrítico, principalmente de silte e argila, ou mais grosseiros (*lag gravels*). Em associação com o material detrítico ocorrem alternadamente sedimentos químicos que foram dissolvidos por enxurrada. São compostos principalmente de $CaCO_3$, $CaCO_4$, $NaCl$, entre outros. Mais distantes dessa zona ocorrem os depósitos subaquáticos denominados *playa lake* (mencionados anteriormente) que são bem classificados e compostos de uma sequência de finas lâminas. Podem conter gretas de contração e galhas de argila. No sopé das montanhas, os depósitos de cascalhos com seixos e blocos têm feições de ventifacto, ou seja, são desgastados e polidos pela ação da corrosão.

Cada região do deserto caracteriza-se pela concentração típica de depósitos e acidentes geográficos específicos:

Depósitos de *hamada*

Hamada, como foi visto, são as partes rochosas do deserto, constituídas de elevações e planícies, sendo estas recobertas de fragmentos rochosos desde blocos até seixos angulares. A *hamada* localiza-se numa bacia em deflação, e para ser preservada é necessária uma mudança no sentido do sistema de ventos. Nesse caso poderá ocorrer a deposição de dunas naquelas partes, e a *hamada* constituirá a base das sequências de sedimentação desértica.

Depósitos de *wadi*

As esporádicas chuvas que caem nos desertos escoam sobre a superfície sob a forma de correntes efêmeras, produzindo um rápido transporte de sedimento, seguido de perda de velocidade de fluxo e absorção da água pelo solo. Os canais são efêmeros e preenchidos pelos sedimentos disponíveis na superfície. Entre as estruturas sedimentares ocorrem marcas de ondas pequenas e "*megaripples*", associados à laminação cruzada e à laminação plano-paralela.

Essa sequência é normalmente seguida de uma sedimentação de natureza eólica que se encontra preenchendo o canal. Muitas vezes, quando o declive é mais abrupto, os depósitos tomam a forma de leques denominados depósitos de *wadi*.

Segundo Glennie (1970), os sedimentos de *Wadi* apresentam as seguintes características: os depósitos encontram-se no interior de canais e consistem em conglomerados com litologia muito diversificada de acordo com a área-fonte, bem como de diâmetros variáveis apresentando uma estrutura imbricada. Os seixos são pouco arredondados a angulares. Cada fase deposicional apresenta uma tendência gradacional, afinando em direção ao topo, onde se concentram argilas com vários decímetros de espessura, com feições semelhantes a pingos de chuvas e gretas de contração preenchidas com areias eólicas bem selecionadas. Estas podem se desenvolver de modo a cobrir e preservar o depósito de *wadi*. As areias nesse local mostram laminação horizontal e inclinada. Em alguns casos as estruturas não são bem desenvolvidas, pois devido à umidade ocorre o desenvolvimento de vegetais cujas raízes causam bioturbações nos sedimentos.

Por ocasião de novas chuvas, a água remove parte da cobertura eólica e tem início nova sequência de *Wadi* (Fig. 16.4-B)

Depósitos de *sabkhas*

Os desertos constituem bacias onde a água escoa para as porções centrais (drenagem centrípeta). Nelas ocorrem pequenas e rasas depressões produzidas por deflação, e estas podem conter água formando lagos efêmeros (*sabkhas*).

Frequentemente o lago seca, deixando depósitos salinos (gipsíticos) que se encontram associados a lâminas de areia e siltito com estruturas plano-paralelas.

Esses lagos podem estar associados a depósitos de *wadi*, e, nesse caso, recebem uma carga de sedimentos grosseiros trazidos por correntes efêmeras.

Dunas

As características das dunas, como foi visto, dependem em grande parte das condições do ambiente.

As dunas, de um modo geral, são formadas em todas as latitudes externas, tanto como próximo à costa como em áreas interiores e sob diferentes climas, desde extremamente áridas até úmidas. As dunas se desenvolvem onde há um considerável suprimento de areia e os ventos são suficientemente fortes para transportar as areias, mesmo em áreas onde as precipitações são relativamente altas, como no sudoeste do Brasil.

Nos grandes desertos do mundo as dunas dominam a topografia e assumem formas e dimensões variadas. No deserto da Arábia, muitas dunas piramidais têm entre 50 e 150 m de altura, com um diâmetro de 1 a 2 km. Na mesma área, as dunas sigmoidais medem desde poucos metros de altura até 100 m. As dunas são classificadas, quanto à forma, em *barcanas* (Fig. 16.5), *transversais*, *parabólicas* (Fig. 16.6), *seif* (longitudinais) (Figs. 16.7-A e B), *dômicas estrelares* e *reversas* [McKee (1966 e 1972); Glennie (1970); Wilson (1972); Bigarella, Becker e Duarte, (1969) e Bigarella (1972)].

Critérios para distinguir depósitos eólicos de subaquosos

A caracterização ou distinção de ambientes eólicos antigos não é tarefa fácil, porque os processos de transporte e sedimentação que ocorrem nos meios aquáticos são muito semelhantes aos eólicos. Por isso, todos os dados disponíveis devem ser levados em consideração. Trabalhos efetuados em ambientes modernos têm auxiliado muito na caracterização de ambientes eólicos antigos.

Critérios para distinguir sedimentos eólicos

Textura

Há um consenso de que os sedimentos eólicos são mais bem selecionados que os aquáticos, entretanto é difícil traçar os limites entre ambos.

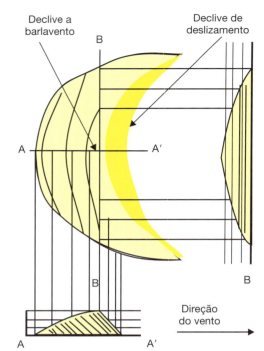

Figura 16.5 Dunas do tipo barcana.

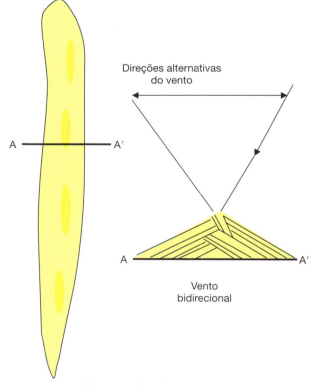

Figura 16.6 Duna do tipo parabólica.

Os tamanhos de grãos predominantes têm pouca significância. A seleção normalmente é boa e, em geral, melhor nas dunas que nos demais ambientes semelhantes, contudo não é um fator confiável.

A assimetria positiva, considerada por muitos como um indicador de depósitos eólicos, ainda é uma questão aberta porque assimetrias negativas também têm sido registradas em dunas.

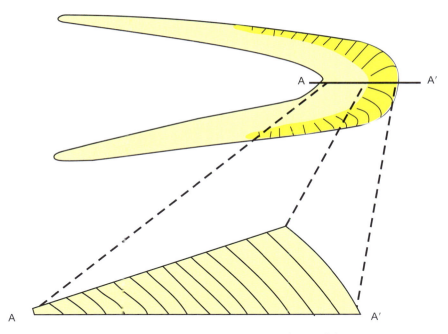

Figura 16.7-▲ Duna do tipo *seif*, construída em regime de ventos bidirecionais.

Figura 16.7-B Duna longitudinal (*seif*) na Argélia, África. (Foto: J. J. Bigarella.)

O arredondamento dos grãos é, na maioria das vezes, mas nem sempre, mais efetivo. Nas dunas é mesmo melhor que nas areias de praia, mas esta comparação somente é significativa quando os dois ambientes encontram-se inter-relacionados (Bigarella e Popp, 1966).

Estruturas Sedimentares

As estruturas sedimentares são utilizadas para distinguir os depósitos eólicos dos aquáticos, bem como para diferenciar os principais tipos de dunas e determinar a direção dos ventos.

Descrição e Classificação dos Estratos Cruzados

As estruturas sedimentares normalmente apresentam boas exposições nos afloramentos dos arenitos eólicos. A maioria dos estratos é composta de laminação cruzada de alto ângulo, geralmente côncavo para cima. As laminações cruzadas são limitadas por superfícies planas ou inclinadas. As diversas superfícies podem ser paralelas ou convergentes com feições desenvolvidas por erosão ou não. Muitos estratos com ângulo inferior a 10° provavelmente foram depositados na porção inferior da duna.

Os maiores ângulos de mergulho dos estratos estão na face superior. Próximo à base das dunas os estratos tendem a ser tangenciais com relação à superfície, tendendo a alcançar a horizontalidade. Medidas de dunas modernas mostram que os estratos próximos ao topo alcançam 29° a 33° de mergulho. Na maioria das paleodunas esses valores estão entre 20° e 29°, provavelmente porque as superfícies preservadas não representam as porções mais altas das dunas, pois estas são erodidas antes da deposição dos estratos seguintes.

A grande espessura de cada estrato que apresenta laminação cruzada é considerada um bom critério para identificar arenitos eólicos antigos. No paleodeserto do Botucatu alguns afloramentos contêm estratos com laminação cruzada com espessura de 10 m ou mais, entretanto a maioria tem menos de 2 m. Mergulhos maiores que 34° são difíceis de explicar.

Em dunas recentes, no Estado do Rio Grande do Sul, ocorrem estratos com mergulhos superiores a 46°; e nas praias do Paraná 39° a 42° (Bigarella, Becker e Duarte, 1969). Essas ocorrências são interpretadas como resultado da grande umidade contida nas areias.

A classificação da laminação cruzada é baseada no tipo de contato das lâminas com a superfície inferior e na forma de cada estrato que contém laminações.

Na laminação cruzada planar o limite inferior do estrato é um plano horizontal.

O tipo planar é subdividido em: a) um plano tabular horizontal, no qual os limites entre os estratos são paralelos por longas distâncias; e b) planar cuneiforme, na qual os limites das superfícies que contêm laminações cruzada não são paralelos, mas convergentes.

Na laminação cruzada acanalada a superfície inferior é encurvada.

Os arenitos depositados em diferentes ambientes podem apresentar estruturas sedimentares semelhantes. A identificação do ambiente não só depende dos tipos de laminação cruzada, mas também de outras feições associadas, como, por exemplo, caracteres texturais. Entretanto, muitos caracteres estruturais e texturais dos arenitos fluviais da Formação Rio do Rasto se parecem com aqueles dos arenitos eólicos da Formação Botucatu. Neste caso, o caráter não eólico dos primeiros pode ser demonstrado pelas frequentes intercalações de siltitos e argilitos que ocorrem na Formação Rio do Rasto (Bigarella e Salamuni, 1961).

As marcas de ondas eólicas preservadas em antigos ambientes desérticos são raras. Exemplos são conhecidos no arenito Botucatu (Maack, 1966) e em vários arenitos Mesozoicos do Colorado. Elas são paralelas, assimétricas, com índices entre 20 e 50. As cristas e depressões são subparalelas à direção de mergulho da superfície dos estratos (McKee, 1945) e constituem um critério adicional na interpretação de fácies eólicas.

Estruturas sedimentares preservadas nas dunas

Arenitos eólicos do Colorado (EUA) contêm estratos cruzados, de médio e grande portes, dos tipos tabular planar e tabular cuneiforme. Essas estruturas são interpretadas como pertencentes a dunas do tipo transversal e barcana, depositadas por ventos unidirecionais.

Os arenitos da Formação Botucatu apresentam laminações cruzadas em estratos de médio a grande porte que se cortam em ângulos agudos, interpretados como produtos de dunas transversais e barcanas. A média do ângulo de mergulho dos estratos cruzados do arenito Botucatu é de 20,3°, com ângulos mais comuns entre 14° e 16° e 20° e 22° (Fig. 16.8).

Mudanças pós-deposicionais na morfologia estrutural e textura dos sedimentos de dunas

Observações de dunas costeiras do Pleistoceno (Bigarella, 1972) mostraram que há perda das estruturas sedimentares, provavelmente causada por uma concentração de minerais pesados associados a chuvas e mudanças climáticas. As mudanças texturais e mineralógicas são o resultado do intemperismo.

As dunas antigas comumente são de coloração castanho-avermelhada, enquanto as mais recentes têm cor marrom-amarelada. A ação química atua sobre os minerais menos estáveis por meio de soluções intraestratais, alterando os parâmetros granulométricos.

Características gerais dos depósitos eólicos

- Estratos horizontais e cruzados, com ângulos fortes, latitude 30° mostrando múltipla orientação.
- Lâminas constituídas de grãos bem selecionados com superfícies foscas.
- O tamanho dos grãos varia de silte a areia grossa. Eventualmente nota-se a presença de grãos entre 5 mm e 1 cm. Ocorrem ventifactos.
- Os grãos de diâmetro entre 0,5 e 1,0 cm têm melhor arredondamento.
- Películas argilosas são raras.
- As dunas barcanas têm a forma de meia-lua, com a fase convexa a barlavento e a face côncava a sotavento (Fig. 16.5).
- As dunas parabólicas são caracterizadas por suas camadas frontais convexas (Fig. 16.6).
- As dunas *seif* (longitudinais) são espigões longitudinais paralelos medindo até 100 m de altura e alcançando 100 km de comprimento (Figs. 16.7-A e B).
- As dunas litorâneas são associadas a ambientes lagunares ou marinhos rasos; as dunas de rios são associadas a sedimentos de planície aluvial, e as dunas desérticas encontram-se associadas a depósitos de *wadi*.
- Os depósitos são geralmente desprovidos de fósseis. No arenito Botucatu são conhecidas pistas de répteis.

Características gerais dos depósitos subaquosos

- Os estratos são formados por fluxos de diferentes regimes que produzem laminação cruzada contendo grânulos ou seixos, marcas de ondas de baixo índice, laminação plano-paralela, antidunas etc.
- Os depósitos por suspensão, onde estão incluídos os fluxos de argila e de grãos, produzem estratos sub-horizontais, laminares ou confinados em canais com estruturas de

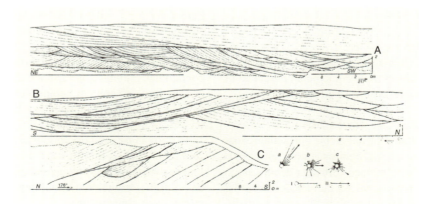

Figura 16.8 Estratificação cruzada na Formação Botucatu. A – Rodovia entre Paula Freitas e União da Vitória, Paraná. B – BR 116 (Mafra-Lages) – Santa Maria, RS. (Segundo Bigarella e Salamuni, 1967.)

deformação constituída por material lítico mal selecionado. Geralmente grosseiros.
- A presença de argila é uma constante.
- O cimento é geralmente calcífero.

Löess. Foram primeiramente estudados na China (por Richthofen, 1877), onde foram considerados exclusivamente eólicos. Russes (1944) e Fisch (1951), estudando o *löess* do vale do Mississippi, chegaram à conclusão de que esse sedimento tinha origem fluviocoluvial derivada de uma planície de inundação relacionada à glaciação. Muitos autores defenderam a teoria eólica, e outros, a glacial. Entretanto, mais tarde ficou comprovado o caráter eólico, para alguns depósitos, e para outros o caráter fluvioglacial, inclusive contendo fósseis (gastrópodo). De acordo com Embleton & King (1968), não é fácil estabelecer a diferença entre dois *löess* de origem diferente. Em alguns casos pode ser estabelecida a diferença pelas características morfoscópicas de grãos e fósseis, quando existem.

Em regra, o *löess* está associado a ambientes periglaciais em sua maioria de caráter eólico, podendo, no entanto, ser encontrado sem esse caráter. Aparentemente, após a glaciação os sedimentos são retrabalhados pelo vento, produzindo a maioria dos depósitos de *löess*. Atualmente cobrem grandes áreas do sul da Alemanha, China, Argentina e Estados Unidos (Fig. 16.9).

No Norte do Brasil a Formação Sambaíba (Bacia do Parnaíba) é considerada equivalente à Formação Botucatu. A Formação Sambaíba é constituída de arenitos eólicos alternados com depósitos subaquosos.

No paleodeserto Botucatu as medidas de direção dos ventos (Bigarella e Salamuni, 1959 e 1961) indicaram que as massas de ar moveram-se do sul em direção ao norte, deixando seus traços principalmente nos Estados do Paraná e de São Paulo. Com menor frequência sopraram ventos de norte para sul. Esse conflito de ventos frios com correntes mais úmidas provocou chuvas em algumas localidades. (Bigarella, 1970 e 1971) conclui, sobre o paleodeserto do Botucatu, que este era de baixa latitude e que os ventos predominantes eram de norte e nordeste, na região norte da Bacia do Paraná, e do oeste para a região sul da bacia, estes formados em zonas de alta pressão sobre um mar situado a oeste e que entrava no continente pela inexistência, na época, da Cordilheira Andina.

Figura 16.9 *Löess*, Estado do Mississipi, EUA. (Foto: Mark A. Wilson.)

16.6 O Deserto Mesozoico do Sul do Brasil

O deserto mesozoico constituiu um dos mais vastos depósitos de areia do mundo, cobrindo uma área de 1.300.000 km². Nessa área, que se estende atualmente desde o sul de Goiás até o Rio Grande do Sul e países platinos, jaz hoje o arenito Botucatu, constituindo por vezes enormes dunas com estratificação cruzada de grande porte. São arenitos amarelados bem selecionados de grãos arredondados e foscos, com espessura máxima de 100 m.

Os arenitos constituem depósitos eólicos com laminação cruzada de grande porte, com eventuais intercalações de lavas basálticas (Fig. 16.10). Encontram-se recobertos por basaltos do Mesozoico (130 milhões de anos).

Figura 16.10 Arenitos eólicos da Formação Botucatu (rosado) recoberto por basaltos da Formação Serra Geral, Santa Catarina. (Foto: Antonio Liccardo.)

16.7 A Importância Econômica dos Depósitos Eólicos

As areias eólicas são, por sua natureza, providas de alta porosidade e permeabilidade, uma vez que os grãos constituintes são tipicamente bem arredondados, bem selecionados quanto ao tamanho e geralmente contêm pouquíssimo cimento.

As condições de permeabilidade são boas, porque os sedimentos acumulados sob condições áridas são destituídos de intercalações argilosas.

Essas características conferem à rocha importância como reservatório de água subterrânea e também de petróleo. No caso de reservatório de água, o arenito da Formação Botucatu é o exemplo conhecido como "Aquífero Guarani" (Fig. 16.11).

Como reservatório de petróleo, um dos problemas é que, em geral, os arenitos eólicos são depositados no continente, distantes, portanto, de folhelhos marinhos que, na maioria das vezes, são a rocha potencialmente geradora de óleo. Contudo, mesmo assim eles podem conter óleo proveniente de rochas geradoras ou armazenadoras, mais profundas, depositadas sob condições favoráveis à geração de petróleo. Neste caso, o óleo pode ter escapado na época em que essas rochas foram submetidas à ação tectônica, produzindo dobramentos ou falhamentos, vindo alojar-se nas camadas eólicas superiores, como ocorre nos arenitos da Formação Piramboia, em São Paulo.

Bibliografia

ALMEIDA, F. F. M. *Botucatu, deserto triássico da América do Sul*. Rio de Janeiro: DNPM Div. Geol. Mineralogia B. 150, 1954, 92 p.

BIGARELLA, J. J.; POPP, J. H. *Praias e dunas de Barra do Sul (SC)*. Bol. Paran. Geo. 18-20, Curitiba, 1966.

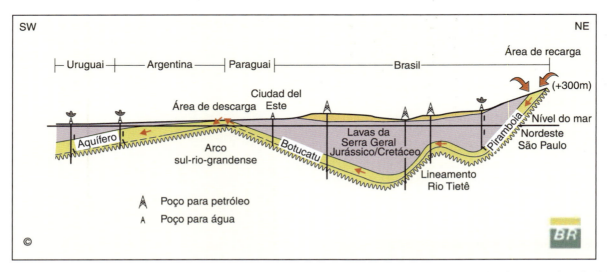

Figura 16.11 Seção geológica NE-SW, em subsuperfície, mostrando a Formação Botucatu (Aquífero Guarani) recoberta por basaltos da Formação Serra Geral. (Fonte: PETROBRAS.)

Oceanos – Ambientes Marinhos e Costeiros 17

17.1 Dinâmica dos Oceanos

Os mares ocupam 70 % da superfície da Terra, cobrindo uma área de 361 milhões de quilômetros quadrados. Embora ocupem a maior parte da superfície, constituem apenas 0,24 % da massa total da Terra, e sua profundidade média de 3.800 m é insignificante se relacionada ao diâmetro da Terra.

A importância dos mares para a geologia reside no fato de que, em todas as épocas da história da Terra, eles estiveram presentes. Contudo, em nenhuma delas pôde ser constatado, por meio de seus sedimentos e fósseis, que a superfície da Terra tivesse sido totalmente coberta. No início, os mares eram muito pequenos, mas através dos tempos ocuparam diversas posições com relação às massas continentais, as quais, por sua vez, também sofreram deslocamentos.

Assim, os sedimentos marinhos representam a documentação mais completa da história da Terra.

Os oceanos têm influência direta nas variações climáticas, distribuindo o calor na superfície da Terra.

Sob o aspecto geológico, foram os responsáveis pela formação de diversos depósitos minerais, de petróleo e de gás. Os oceanos encontram-se mapeados e subdivididos em inúmeras províncias fisiográficas de acordo com o relevo.

A costa é uma imensa margem, com grande diversidade de ambientes geográficos e geológicos. Essa diversidade de ambientes resulta do impacto do mar com a terra sob os efeitos das ondas, correntes, marés, rios e ventos, criando por vezes formações naturais extraordinárias.

Os acidentes naturais costeiros são muito variados, como amplas praias de areias e seixos, dunas, falésias, barras, lagunas etc.

A maior parte dos ambientes costeiros resulta das ondas e correntes marinhas e de suas interações com o vento e a descarga dos rios sobre as rochas preexistentes, que também são extremamente variáveis em sua origem e constituição. O grau da erosão depende da exposição da costa, da intensidade dos agentes que atuam e da composição da rocha. As rochas ígneas e metamórficas são mais resistentes à erosão que as sedimentares. Quanto mais variável a composição dos terrenos e o grau de fraturamento, mais recortado será o relevo da costa. Os sedimentos depositados em toda a margem continental são o resultado da erosão, da composição das costas e dos meios de transporte (Fig. 17.1).

Propriedades físicas e químicas da água do mar

A água do mar contém em solução 77,5 % de cloreto de sódio, 10,8 % de cloreto de magnésio, 5 % de sulfato de magnésio e, em menores proporções, sulfato de cálcio e potássio, carbonatos e bromatos.

As desproporções entre os elementos dissolvidos nas águas dos mares e dos rios mostram que os sais dos mares ti-

Figura 17.1 Aspectos do litoral brasileiro sob a ação do mar sobre rochas metamórficas fraturadas, Matinhos, PR. (Foto: João Vianna).

veram outra origem. Assim, enquanto os rios possuem 35,0 % do radical CO_3, os mares têm apenas 0,21 %; nos rios encontramos 20,3 % de cálcio contra 1,2 % nos mares; o cloro ocorre com apenas 5,5 % nos rios. Finalmente, a sílica em solução alcança 11,7 % nos rios e apenas traços no mar.

As temperaturas nas regiões tropicais variam de 20 a 28 °C. Nos climas temperados, estão entre 7 e 17 °C, e, nas regiões polares, entre 3 e 4 °C.

Enquanto o oxigênio dissolvido na água decresce com a profundidade, o gás carbônico aumenta.

Agentes marinhos

Ondas. Atingem altura média de 2 m e máxima de 18 m, e comprimento máximo de 350 m. São produzidas pelo vento, propagando-se na mesma direção. São provocadas pela vibração das partículas de água, que descrevem movimentos circulares. A onda, descrevendo um movimento circular, propaga-se em direção à praia até uma profundidade igual à sua altura. Quando começa o atrito com o fundo, sua velocidade é retardada na base e a parte superior atinge um ponto de avanço muito grande, perde a sustentação e quebra-se.

A ação da onda sobre o fundo do mar vai somente até a metade de seu comprimento. A onda é um agente geológico erosivo graças às partículas de areia que mantém permanentemente em suspensão.

Marés. As marés são produzidas pela Lua e, em menor escala, pelo Sol, graças à influência que esses corpos exercem sobre o campo gravitacional da Terra. Ocorrem duas vezes a cada 24 horas e 52 minutos, com o abaixamento e o levantamento do nível do mar. A forma do fundo do mar, a configuração da costa e o volume de água permitem variações locais na altura das marés. No Brasil, as marés variam de poucos centímetros até 2 m, enquanto no Alasca atingem 8 m. A mais elevada é a da Baía de Fundy, Escócia, que atinge 14,14 m.

Correntes de marés. As correntes produzidas durante as marés altas (preamar) e as correntes de retorno que atingem a maré baixa (baixa-mar) são importantes agentes de sedimentação e erosão. Quando a amplitude da maré é grande, pode atingir velocidade de até 28 km/h. Com velocidades dessa ordem durante a baixa-mar e a preamar, desloca-se grande quantidade de água com alto poder erosivo. No Mar do Japão, na entrada pelo Estreito de Bungo, os canais de correntes de marés foram escavados em 422 metros de profundidade.

Correntes marinhas. São originadas pelos ventos e por diferenças de densidade das águas, os quais, por sua vez, dependem da salinidade, de temperaturas etc. As correntes marinhas têm grande importância no controle do clima e da umidade. Elas misturam as águas de várias densidades e diferentes temperaturas, distribuindo o plâncton marinho que servirá de alimento para a fauna de regiões distantes. Além disso, são fator de transporte e sedimentação do material detrítico em suspensão.

Correntes de turbidez. São correntes de alta densidade, por carregarem grande carga de sedimentos que se encontram depositados nos taludes marinhos em condições instáveis. Podem ser acionadas por ocasião de tremores de terra, arrastando consigo grande parte daquela massa de sedimentos. As correntes de turbidez depositam material com características estruturais e texturais próprias.

Ação erosiva do mar nas costas

O contínuo avanço e recuo das ondas e marés vai reduzindo as rochas inicialmente a blocos, depois a seixos e, finalmente, a grânulos de areia.

Dessa maneira, o mar destrói os costões e avança sobre os continentes, formando falésias (Fig. 17.2-A) de modo abrupto, ou passa a ter uma configuração plana, ou seja, de plataforma de abrasão.

A velocidade da erosão da costa é variável, dependendo principalmente da resistência oferecida pela rocha e da intensidade das ondas. Quando a costa é elevada em relação à praia, mantendo inclinação suave rumo ao mar, as ondas terminam calmamente o seu percurso.

Numa praia ocorrem continuamente fenômenos construtivos e destrutivos. Na vigência de ressacas predomina a erosão, e é grande o volume de água que avança por sobre as praias, ampliando em muito a intensidade destrutiva (Fig. 17.2-B). O contínuo avanço e recuo das ondas seleciona os grãos ou os detritos existentes nas praias segundo o peso e o tamanho. Os mais leves são carregados, ficando os mais pesados e maiores geralmente dispostos sob a forma de cordões. Estes são geralmente constituídos de seixos, restos de conchas, grãos de areia e outros minerais mais densos, como ilmenita, monazita etc.

Como a constituição predominante das rochas da costa brasileira é do tipo granítico, os feldspatos e micas sofrem decomposição química, restando o quartzo, que vai formar as praias arenosas.

Figura 17.2-A Falésia em arenitos, Rio Grande do Norte. (Foto: Antonio Liccardo.)

Figura 17.2-B Ação erosiva do mar sobre a costa, em Caiobá, PR. (Foto do Autor.)

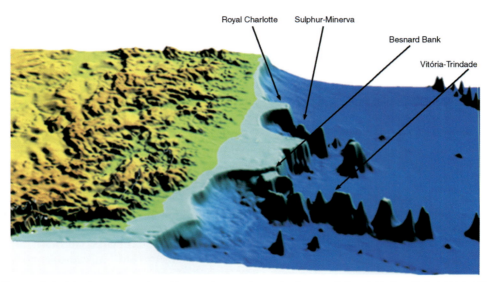

Figura 17.2-C Mapa topobatimétrico da margem continental leste-nordeste, vendo-se a plataforma, o talude e o início da região batial (visão 3D). (Foto: J. B. Françolin, 2003.)

17.2 Regiões Marinhas: Ambientes Costeiros

As regiões marinhas são compartimentadas de acordo com a profundidade da lâmina de água, a distância da costa e a conformação do fundo do mar. São as seguintes (Figs. 17.2-C, 17.3 e 17.4):

Região litorânea. É a porção que fica continuamente coberta e descoberta pelas ondas.

Região nerítica. Estende-se da região litorânea até uma profundidade de 200 m de lâmina de água, quando teoricamente termina a plataforma continental e começa o talude. A plataforma continental tem uma extensão mar adentro variável desde 50 até 1.000 km. A largura da plataforma varia ao longo da costa segundo as características geológicas e estruturais da região. Na região nerítica a vida é intensa; a maior parte dos sedimentos do passado foi depositada ali. O petróleo também se formou nesta região.

Região batial. Está limitada à profundidade de 1.000 m. Nessa região a vida é reduzida. A sedimentação é de material misto, proveniente do continente e de restos de organismos.

Região abissal. Vai da profundidade de 1.000 m até os abismos dos oceanos. A vida é escassa devido à falta de luz e à baixa taxa de oxigênio. Os sedimentos são finíssimos (lama e restos de esqueletos de micro-organismos).

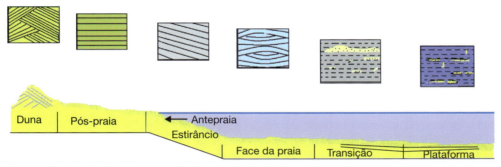

Figura 17.3 Ambientes e fácies de praia. A seção mostra as divisões da praia e da plataforma. Acima estão representadas as principais estruturas sedimentares.

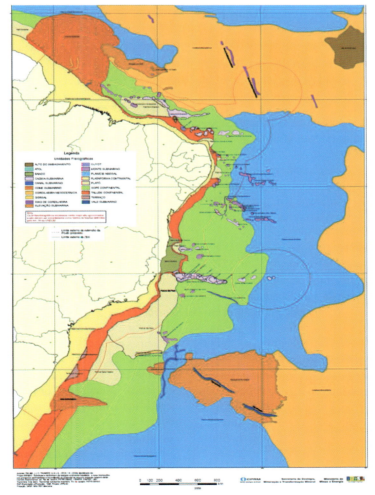

Figura 17.4 Fisiografia e distribuição da plataforma continental na costa brasileira. (Fonte CPRM, Projeto REMAC 2008.)

Praias. As praias consistem em depósitos de areia, clastos e conchas, geralmente bem selecionados e laminados, formados na zona litoral pela ação das ondas e correntes (Martens).

São divididas em *pós-praia*, *antepraia*, *face de praia* e *estirâncio* (Fig. 17.3).

Pós-praia. Inclui a dorsal coberta pela água somente durante tempestades excepcionais; é também chamada de zona alta, prolongando-se até o limite onde as partículas sedimentares são movimentadas pelas ondas, chamada zona baixa.

Antepraia. Inicia-se no nível médio da maré mais baixa, até uma profundidade onde as ondas não atuam sobre os sedimentos de fundo.

Face de praia. É a porção submersa, constituída de barras e canais. Caracteriza-se por águas mais calmas.

Inicia-se com o aparecimento de material pelítico, característico de águas mais calmas. Entre as estruturas sedimentares, as mais comuns são a bioturbação (que pode ser bastante intensa), as marcas de ondas paralelas à costa e a laminação. Podem ocorrer camadas interestratificadas de areias e pelitos. As conchas podem ser encontradas *in situ* ou transportadas. Até a profundidade de aproximadamente 45 m a energia mecânica é a mais abundante. A partir daí, aumenta a bioturbação e aparecem as sequências carbonáticas finas (micríticas). Nesta zona, também designada infralitoral, ocorrem os depósitos de coquinas, recifes e evaporitos, desde que as condições sejam propícias.

Estirâncio. Esta área inclui a porção ora coberta ora descoberta pelas águas. Estende-se desde o nível médio da maré mais alta até o nível médio da maré mais baixa.

Plataforma continental. A plataforma continental tem início após a zona de transição e prolonga-se até uma profundidade variável entre 180 e 200 m de lâmina de água. Corresponde ao ambiente infralitoral (até 45 m) e ao cercalitoral (até 200 m).

Enquanto na zona infralitorânea encontram-se intercalações arenosas, na zona de cercalitoral o material é abundantemente pelítico. As camadas são tabulares e têm grande distribuição lateral, com estruturas *flaser* e bioturbação (Fig. 17.4).

17.3 Praias

Praia é a área onde ocorre material inconsolidado. Estende-se em direção à terra, a partir da linha de maré mais baixa, prolongando-se até o local onde se dá a mudança do material que a constitui ou das formas fisiográficas, como, por exemplo, a zona de vegetação permanente, de dunas ou de penhascos costeiros. O limite superior de uma praia marca o limite efetivo de ondas de tempestade (Shepard, 1963).

Os depósitos de praia são influenciados pela ação das ondas, correntes litorâneas e marés. A composição depende das rochas costeiras e dos caracteres morfológicos e geológicos gerais da linha de costa. A origem, a composição e a preservação dos sedimentos costeiros são resultantes do equilíbrio desses fatores.

Os deltas formam-se nas desembocaduras de rios, onde aportam sedimentos que não são redistribuídos pelas correntes, ocasionando uma regressão na linha de costa.

Quando as correntes marinhas são suficientemente fortes para redistribuir os sedimentos que chegam às regiões costeiras, formam-se praias e barras dispostas paralelas à costa.

A forma e a composição das praias dependem muito da geologia e da topografia da linha de costa. Praias mais extensas e mais bem desenvolvidas ocorrem em baías, ao passo que em linhas de costa com penhascos encontram-se somente praias menores.

A fonte de material das praias constitui-se, principalmente, de detritos trazidos pelos rios. Em alguns lugares, uma quantidade considerável é obtida pela erosão marinha da costa. No entanto, a quantidade de material transportado por cursos de água é maior. Em sentido amplo, a encosta da praia pode ser dividida em estirâncio (*foreshore*) e pós-praia (*backshore*). Pós-praia é a zona dorsal coberta pela água somente durante tempestades excepcionais; o estirâncio é a zona frontal entre as linhas normais de marés altas e baixas. A zona além do estirâncio é chamada face da praia (*shoreface*).

Tempestades e rebentação forte

Durante as tempestades a altura das ondas é maior e a zona de quebra recua em direção ao mar. Devido a sua grande altura, ao quebrarem-se as ondas penetram mais terra adentro, invadindo a linha de costa. As altas ressacas, produzidas por tempestades de outono e inverno, exercem maior influência na composição dos sedimentos de praia do que os processos normais prevalecentes durante a maior parte do ano.

Praias de cascalho

Essas praias desenvolvem-se onde o cascalho é suprido por cursos de água montanhosos e também onde a linha de costa é constituída por rochas (granitos, gnaisses, quartzitos etc.) que, quando trabalhadas, formam seixos. Exemplos: algumas costas rochosas dos Estados de Santa Catarina e Rio de Janeiro, entre outras (Figs. 17.5-A e B).

As praias de cascalho nunca são muito largas, e sua espessura normalmente é pequena.

Praias de areia

São as mais comuns. As areias constituem cerca de 95 % dos sedimentos de praia (Fig. 17.6).

Essas praias, algumas vezes, cobrem áreas de grande extensão e passam para planos arenosos pouco espalhados. A distribuição granulométrica das praias de areia é geralmente uniforme em toda a área. Encontram-se sedimentos mais grosseiros em duas seções: na zona de quebra de ondas e na zona de nível máximo de maré alta, onde a ressaca deixa o material (Fig. 17.7).

Pode-se estabelecer um limite entre praias com sedimentos mais finos (< 0,20 mm) e aquelas com sedimentos maiores que 0,20 mm. Estes diferem quanto à ocorrência e à deposição.

A seleção das areias de praia é boa devido ao constante movimento dos sedimentos e à remoção das frações finas.

A distribuição granulométrica muda constantemente, variando com as condições hidrodinâmicas.

Figura 17.5-A Praia de cascalho. (Foto: J. J. Bigarella.)

Figura 17.5-B Praia de seixos e rochas. (Foto: J. J. Bigarella.)

Figura 17.6 Areia de uma praia com restos de corais. Arruba, Caribe. (Foto: Mark Wilson.)

Figura 17.7 Praia de sedimentos grosseiros depositados na zona de quebra de ondas durante as marés altas. (Foto: J. J. Bigarella.)

Estruturas sedimentares

As praias apresentam diferentes tipos de estratificação. As mudanças nas condições hidrodinâmicas acarretam variações na granulometria e na laminação, refletindo no mergulho das camadas (Fig. 17.3).

Na antepraia (parte alta do estirâncio) as camadas apresentam-se planares ou com ângulo baixo. O ângulo é controlado, em parte, pelo declive da plataforma, onde se forma a praia e, em parte, pelo tipo de sedimento. Praias de areia quartzosa do Golfo do México apresentam ângulo baixo. Na costa oeste da América do Norte os ângulos são mais altos; em praias de conchas os ângulos normalmente são altos (McKee, 1957).

A pós-praia apresenta laminação cruzada plano-paralela com mergulhos em direção ao continente e canais irregulares paralelos às cristas de praia. É comum a inclusão de material não selecionado, como pedaços de carvão vegetal, conchas ou detritos. Conglomerados intraformacionais, constituídos de terrões de areia, com coerência fraca, são distribuídos em alguns lugares do canal preenchido.

Barras de areia (offshore bars). Apresentam declives em direção ao mar resultantes de praias superimpostas. A laminação cruzada é de ângulo baixo, mas associa-se a camadas inclinadas em direção à praia (ângulos de 18 a 28°).

Em praias de granulação fina normalmente observa-se uma distorção das lâminas, particularmente em praias de lagunas a sotavento de praias de restingas e em ambientes similares. A distorção é explicada pelo escape de ar de sedimentos encharcados e rapidamente depositados. Lembram estruturas convolutas.

Marcas de ondas (ripple marks). São as estruturas de superfície mais comuns. São formadas em todos os sedimentos mais grosseiros que o silte. Aproximadamente 80 % das marcas onduladas de praia são simétricas; o seu comprimento de onda abrange 3,5-20 cm e sua amplitude, 1/4 a 1/10 do comprimento. O comprimento e a amplitude aumentam com a granulometria. Em praias expostas, as cristas são aproximadamente regulares. Em praias de golfos profundos, as marcas onduladas mostram tendência a desenvolver um arranjo irregular de cristas, podendo mesmo passar para *ripple marks* linguoides. A declividade das marcas onduladas também muda com o ambiente. As mais íngremes, com maiores amplitudes, originam-se em ambientes protegidos (praias de lagunas e golfos) onde existem ondas mais baixas e a velocidade do movimento orbital é menor. A maioria das marcas onduladas é orientada paralelamente à linha de praia (63 % são paralelas, 10 % perpendiculares e o restante oblíquas).

Sulcos de lavagem (rill marks). São marcas de escorrimento de água. Ocorrem na antepraia e na pós-praia (*backshore*), onde são normalmente preservados. Na antepraia são formados pelo refluxo das ondas, concentrados em filetes.

Marcas de objetos estacionários. Há um obstáculo e o fluxo se divide, dando origem a listras de areia mais escuras em padrão diagonal.

Linhas de deixa (swash marks). Marcas de ressacas deixadas após o retorno das ondas.

Bioglifos. São restos de animais e vegetais, naturais desse ambiente, deixados no estirâncio.

Relações faciológicas

Os sedimentos acumulados nas praias não atingem grande espessura. Normalmente, abrangem alguns metros até dezenas de metros e não aumentam consideravelmente com os movimentos positivos do nível do mar. A maior espessura é encontrada na plataforma interna (*offshore*).

Em direção ao continente as fácies afinam, ou passam para ambientes continentais, inicialmente de origem eólica, gradando para fácies de lagoas, baías, ou podem acunhar-se rapidamente (ver Capítulo 18, Seção 18.8 - Fácies).

Em direção ao mar, a granulação é mais fina, passando para siltitos e folhelhos. Os sedimentos sofrem influência de movimentos negativos ou positivos do nível do mar e são preservados integralmente quando cobertos por depósitos de delta ou cones aluviais, ou quando há um levantamento rápido do nível do mar, não havendo tempo para erosão. Uma sequência regressiva (preservada) é granocrescente e apresenta as estruturas sedimentares conforme são vistas na Fig. 17.8.

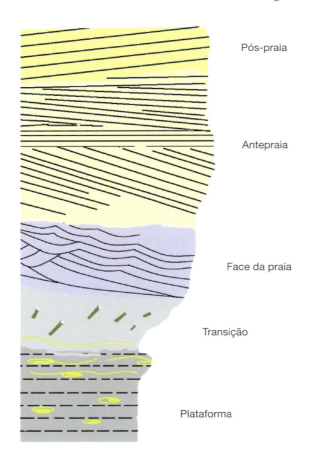

Figura 17.8 Seção vertical mostrando uma sequência regressiva ideal caracterizada por um empilhamento negativo e granocrescente.

Ação biológica

As praias apresentam organismos em abundância (vermes, moluscos, crustáceos etc.) que produzem perturbações de caráter mecânico e também físico-químico nos sedimentos.

Nas praias de sedimentos mais finos, devido à grande atividade de organismos, criam-se zonas redutoras mais escuras, ricas em matéria orgânica. As zonas possuem um Eh negativo e um pH alto, denotando a influência físico-química dos organismos no ambiente. As perfurações são em sua maioria em forma de cilindro vertical ou de U (Associação Glossifungites).

Geometria

Os depósitos de praia têm formas características desenvolvidas à medida que o mar avança ou recua. A zona de deposição é relativamente estreita, e as fácies arenosas possuem uma geometria linear.

Pós-praia

As fácies de pós-praia (*backshore*) são constituídas de lâminas horizontais ou inclinadas, mergulhando suavemente em direção ao continente. Estas, em geral, passam lateralmente a depósitos de dunas ou de lagunas. Nas zonas além do pós-praia podem ocorrer terraços formados acima do limite das águas alcançadas pela preamar e que recebem a denominação de berma, construídos por ocasião das ressacas durante grandes tempestades.

Estirâncio

Essas fácies caracterizam-se pela laminação cruzada de baixo ângulo com mergulhos suaves em direção ao mar. Na porção inferior do estirâncio desenvolve-se um sistema de cristas e canaletas, com sua porção alongada paralela à linha de praia. A crista é um corpo de areia tabular formado por ocasião das marés baixas. O canalete é a depressão situada nos planos das cristas, por onde as águas são obrigadas a correr paralelamente à praia durante a maré vazante.

Cúspides de praias

As cúspides praiais são produzidas pela ação das ondas quando se aproximam paralelamente à praia e são destruídas pelas ondas que atingem a praia obliquamente. Nas cúspides praiais o espaçamento entre os vértices varia desde alguns metros até centenas de metros, enquanto a profundidade das reentrâncias vai desde alguns centímetros em praia arenosa até vários metros em praia de cascalho. Bigarella et al. (1966) observaram a formação de cúspides em praias atuais do Paraná. Segundo os autores, por ocasião de tempestades com fortes ventos ocorre a remoção de grande quantidade de areia da praia, deixando um estirâncio extenso. Amainadas as condições de tempestade, as ondas iniciam a deposição de estratos de areia sobre o estirâncio. Estes se desenvolvem por adição de sucessivos estratos equidistantes sob a forma de pequenos escudos rasos, com feições de cúspides praiais bem desenvolvidas.

Face de praia (*Shoreface*)

É a porção submersa da praia, e sua superfície constitui-se de barras e canais longitudinais, paralelos à costa. Durante tempestades fortes estas barras podem ser arrasadas, sendo reconstruídas depois.

As barras se desenvolvem na zona de rebentação, onde se concentram sedimentos provenientes da praia e da plataforma.

O canal da barra desenvolve pequenas marcas de ondas de correntes e, às vezes, megaondas. A laminação cruzada da superfície da face de praia apresenta ângulos máximos inclinados em direção à praia. À medida que a face de praia fica mais profunda, as laminações cruzadas aparecem com menor frequência, aumentando as estruturas de bioturbação. A face de praia, inicialmente de constituição arenosa, passa gradualmente para sedimentação mais fina em direção à zona de transição. Nesta região ocorrem marcas de ondas simétricas, produzidas apenas durante as tempestades, quando as ondas alcançam o fundo.

Cordões litorâneos, barras e barreiras

Ilhas-barreiras, praias-barreiras e restingas são feições construtivas formadas pelo acúmulo de sedimentos detríticos (portanto, diferentes de recifes). Formam ilhas alongadas, paralelas à costa e separadas do continente por uma baía, laguna ou área pantanosa (Fig. 17.9). Apresentam dimensões de até 60 km de comprimento e poucos quilômetros de largura.

As barreiras ao longo da costa podem formar uma cadeia de ilhas perpendiculares à costa separadas por canais. Consistem em uma ou mais cristas de praia e sedimentos de dunas que marcam uma sucessiva progradação da linha de costa. Essas cristas, quando em processo de formação, podem ser baixas, raramente excedendo o nível de maré alta. As lagunas formadas entre as barreiras e o continente variam consideravelmente em largura. Os sedimentos lagunares tendem a ser mais finos do que os das barreiras e possuem grande percentagem de argilas e siltes (característicos de águas calmas). A granulometria também decresce mar adentro, além da zona de rebentação, embora ocorram sedimentos reliquiares de um ciclo deposicional anterior a profundidades maiores.

Os sedimentos da barreira e da laguna comumente se interdigitam. As marés e as ondas lançam os sedimentos da barreira para a laguna.

Canais meandrantes de maré podem remodelar o contato entre os sedimentos da barreira e da laguna, modificando a forma original.

A espessura dos sedimentos da barreira é variável, dependendo das condições locais. Em muitas áreas do Golfo do México e da costa atlântica dos Estados Unidos, onde ilhas-barreiras são bem desenvolvidas, os depósitos atingem espessuras de uma dezena de metros.

Os depósitos dos canais são pobremente selecionados, em comparação com os sedimentos litorâneos e sublitorâneos, apresentando uma grande variedade litológica que é reflexo das mudanças na energia da corrente.

Estruturas primárias são encontradas nos depósitos dos canais.

O fluxo bidirecional produz estratificação inclinada, em alguns lugares para o oceano e em outros para o continente.

As estratificações atingem até 30 graus, que corresponde ao ângulo de repouso.

A formação das ilhas-barreiras

Diversas são as teorias para explicar a formação das ilhas-barreiras. As mais importantes são:
- formação a partir de restingas (Shepard, 1963) por acreção de sedimentos transportados ao longo da linha de costa por correntes litorâneas e costeiras. Este processo parece ser adequado à formação de pequenas ilhas-barreiras, sendo difícil a explicação para a formação de sistemas de grandes ilhas-barreiras;
- hipótese de submergência – Hoyt (1967) considerou para a hipótese de submergência o fato de determinadas ilhas-barreiras possuírem na porção voltada para a terra caracteres não marinhos, e também o fato de que durante o Holoceno o mar não tenha atingido nível muito mais alto. Dessa maneira, a submergência do Holoceno inunda áreas do lado continental das cristas formando lagunas e barreiras transgressivas (Fig. 17.10).

Barreiras transgressivas

As dificuldades para o reconhecimento de barreiras transgressivas antigas em subsuperfície residem no fato de que com a transgressão ocorre a erosão de pelo menos a parte superior da sequência.

Os corpos arenosos estão situados em ambientes litorâneos a neríticos onde, durante uma transgressão, ocorre aumento do nível do mar em relação ao continente. Em decorrência desse fato, esses corpos tornam-se coalescentes,

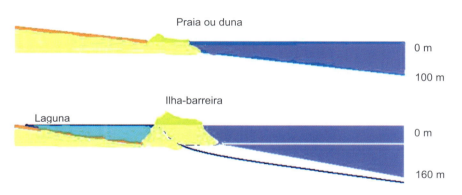

Figura 17.9 Formação de ilhas-barreiras por submergência: Na figura superior, forma-se uma crista ou duna de praia adjacente à linha de costa. Na figura inferior, a submergência inunda a areia da crista, voltada para a terra, formando uma ilha-barreira e a laguna.

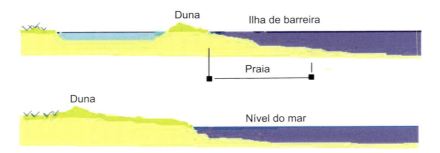

Figura 17.10 Na figura superior, a praia encontra-se na ilha-barreira, e entre esta e o continente ocorre uma laguna. Na figura inferior, a praia é anexa ao continente.

formando lençóis de areias descontínuos, que se desenvolvem em direção ao continente cobrindo planícies deltaicas ou superfícies subaéreas. Como a transgressão se processa sobre o continente em ambientes costeiros e topografias diversas, as fácies de barras transgressivas são de difícil identificação.

Kraft & John (1979), estudando o complexo de barreiras transgressivas da costa Atlântica Angolana de Delaware (Holoceno), identificaram a seguinte sequência vertical da base em direção ao topo (Fig. 17.11-A): mangues costeiros, lagunas costeiras e barreiras transgressivas com seus vários elementos, areias sublagunares, mangues atrás da barreira *washover*, dunas, berma, praias e face da praia erodida recoberta por sedimentos marinhos de pequena profundidade. Esse complexo de barreira originou-se distante da linha de praia, na plataforma continental, e migrou até a posição que se encontra atualmente (Fig. 17.11-B).

Ambientes de planícies de maré

Resultam do transporte de sedimentos sob a ação das marés nos baixios que bordejam o mar, incluindo partes dos deltas, planícies aluviais, estuários e mangues. Como resultado do movimento da maré, essas areias ficam alternativamente submersas pela preamar e expostas durante a baixa-mar, o que lhes dá características peculiares (Mckee, 1957).

Os fatores que determinam uma planície de maré são:

(a) dissecação periódica de grandes áreas sedimentares durante a maré baixa;
(b) sedimentação de origem marinha, durante a preamar
.

Com referência ao item (b), é importante a comparação dos depósitos de planície de maré com os depósitos deltaicos. Os depósitos deltaicos apresentam uma espessa e extensa área de material que fica descoberta pela maré, mas os sedimentos são de origem eminentemente continental, em contraste com os das planícies de maré.

Os depósitos de argila das planícies de maré também apresentam diferenças daqueles formados em planícies aluviais.

Planícies de maré típica ocorrem somente em costas aplainadas, que apresentam um constante movimento positivo do nível do mar.

A subsidência da costa é um dos fatores determinantes na morfologia e no desenvolvimento das planícies de maré.

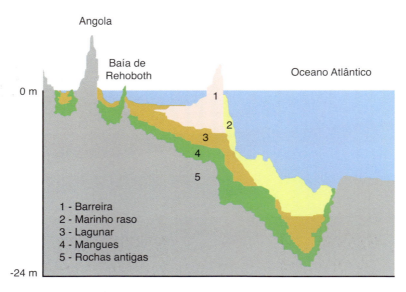

Figura 17.11-A Seção ilustrando um sistema transgressivo de barreira-laguna na costa Atlântica Angolana, de idade Holocênica. As rochas antigas são de idade Pleistocênica. (Modificado de Kraft & John, 1979.)

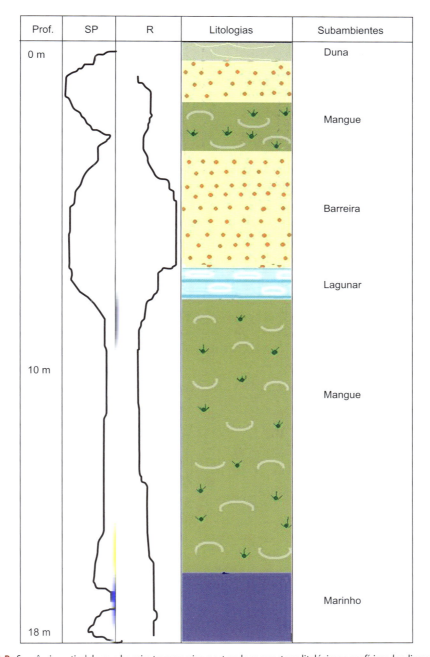

Figura 17.11-B Sequência vertical de uma barreira transgressiva mostrando os caracteres litológicos e geofísicos dos diversos subambientes.

Outro fator importante é a diferença do nível do mar, entre as marés altas e baixas. No norte da Alemanha a diferença varia de 3 a 75 m. No Maranhão o desnível é de 8 m a 20 km de extensão (Fig. 17.12).

Na maré alta a água distribui-se por toda a costa aplainada. Na maré baixa concentra-se em canais menores (*creek*) – também chamados *Prielen* –, pelos quais segue para um canal central. A principal influência na deposição de material, acima do nível de maré alta, é exercida por marés altas anômalas (*stem tides*) produzidas por ventos fortes (Fig. 17.12).

A estratificação de maré é provocada pela diferença entre a corrente de maré alta (50 cm/s) normal e a corrente de inundação pela maré (*flood tide current*).

A velocidade da corrente de maré baixa, na descarga central de um canal, é de mais de 100 cm/s.

Na opinião de alguns autores, a ação das ondas é mais importante do que a ação das marés.

A ação das ondas dá origem a cristas e redeposita os sedimentos mais finos em profundidades maiores, evitando a deposição de sedimentos em algumas partes da planície de maré.

Certas planícies de maré europeias ocorrem atrás de ilhotas de areia encadeadas. Algumas dessas ilhotas, são rodeadas por planícies de areia na altura da maré alta. Em pequenos estreitos separando as ilhotas, as correntes de maré atingem grandes velocidades, produzindo erosão e canais com profundidades consideráveis de até 50 m. Canais em formas arborescentes são feições características de planícies de maré.

Figura 17.12 Maré baixa em Praia Grande, São Luís, MA – As marés oscilam com até 8 m de altura e com 20 km de extensão. A água encontra-se confinada em canais de marés. (Foto: Emiliano Homrich.)

Os *Prielen* lembram rios, pelo seu padrão meandrante de sistema de tributários. Sua largura abrange centímetros até poucos quilômetros. Todos esses canais são acompanhados por tributários que se alargam, formando estreitos entre os bancos de areia não consolidados, produzindo uma erosão lateral e vertical rápida.

Movimentos laterais de 20 a 30 m anuais ocorrem normalmente e, em casos extremos, chegam a mais de 100 m. Quando a água, repentinamente, abandona o seu canal durante marés de tempestades, este é preenchido com sedimentos em poucos dias ou semanas.

O aprofundamento também é grande, atingindo dezenas de metros. Os canais de descarga diferem das planícies de maré adjacentes pela composição dos sedimentos e pela fauna associada. São caracterizados pela abundância de conglomerados intraformacionais no estágio inicial de desenvolvimento, acamamento diagonal e estruturas de escorregamento. A direção dos tributários, sua largura e profundidade sugerem que a configuração dos canais de descarga seja modelada inteiramente por correntes de maré alta. A área remanescente da planície de maré inferior possui um relevo moderado, mais bem diferenciado em planícies de areia que apresentam forma e dimensões variáveis. A porção mais alta da superfície da planície de maré, superior ao nível da maré alta, formada por marés anômalas, ou ondas, é constituída por sedimentos mais finos. As interrelações destes dois elementos morfológicos frequentemente mudam durante o intervalo entre a maré alta e a maré baixa. As planícies de areia são quase que permanentemente cobertas por ondas regulares, cujo comprimento varia entre dezenas e centenas de metros.

Planícies de maré mostram outros fenômenos característicos de menor importância, mas de interesse genético, como, por exemplo, cristas de material mais grosseiros (*Cheniers*). São cristas, comparativamente mais altas, formadas preferencialmente de material biogênico, selecionado por transporte, agregados na altura ou acima do nível de maré alta. Origina-se em razão da atividade de progradação, correntes de maré alta e ondas que selecionam o material, depositan-

do-o onde o poder de transporte inexiste. A Fig. 17.13 mostra uma sequência de fácies e ambientes de planície de maré na Bacia do Araripe (Santos, 1982). Essas regiões são alcançadas apenas pelas marés de sizígia, formando depósitos de gipsita, calcita e celestina. Intercalados aos evaporitos ocorrem folhelhos contendo um microplâncton marinho referido aos gêneros *Cymathiosphera* dos *Acritarchas*, aos gêneros *Gonyaulacysta*, *Deflandea* e *Oligosphaeridium* dos Dinofla-

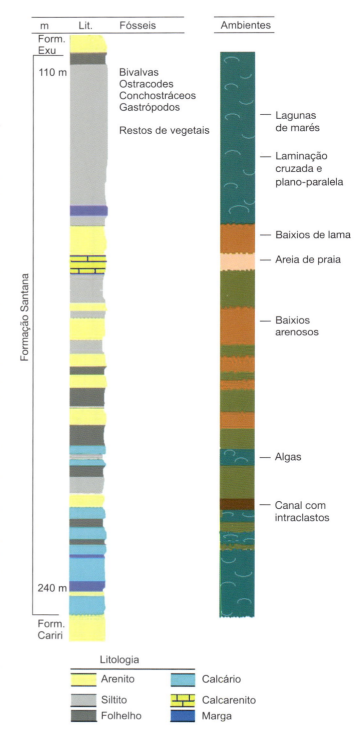

Figura 17.13 Caracteres litológicos e ambientais em planície de marés da Formação Santana. (Modificado de Santos, 1982.)

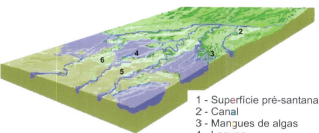

1 - Superfície pré-santana
2 - Canal
3 - Mangues de algas
4 - Laguna
5 - Baixios de maré
6 - Planície de maré

Figura 17.14 Lagunas inter-relacionadas a baixios de marés e supramarés. (Modificado de Lima, 1978.)

gelados e carapaças quitinosas de foraminíferos do gênero *Rhodomascia* (Lima, 1978).

O perfil do furo PS-12-CE (Fig. 17.13) mostra a sequência iniciada por carbonatos lagunares intercalados por sedimentos de baixios de maré e canais. Seguem-se baixios de lama e baixios arenosos alternados com um calcarenito amarelo, de granulação média e laminação cruzada de baixo ângulo, interpretados como sedimentos de praia. Para o topo da sequência as margas lagunares são truncadas por rupturas de diques marginais, resultando *packstones* ostracoidais, como intraclastos de lascas de folhelho e bolas de argila.

A sequência termina com margas, siltitos e folhelhos contendo alguns bivalvos do gênero *Brachidontes*, correspondendo a processos transgressivos no centro da bacia. Na reconstituição fisiográfica o sistema é composto na base por um complexo de lagunas inter-relacionadas e baixios de maré (Fig. 17.14). Para o topo, mostra um alargamento dessas lagunas que passaram a abrigar a variada fauna de peixes associados a baixios de maré e zonas supramaré com os evaporitos característicos.

17.4 Bacias de Circulação Restrita, Lagoas e Lagunas

Como visto anteriormente, uma rocha sedimentar é o produto não apenas da área-fonte e do transporte que as partículas sofrem, mas também do ambiente de deposição.

Algumas rochas, como os precipitados químicos e bioquímicos, refletem apenas as condições do ambiente em que se formaram; outras, como as rochas clásticas, permitem deduções que vão desde a fonte dos sedimentos e o tipo de transporte sofrido até o ambiente de deposição.

O subambiente euxínico

As bacias de circulação restrita são caracterizadas por apresentarem condições altamente redutoras e o mais baixo potencial de oxirredução.

O potencial de oxirredução é, reconhecidamente, função de O_2 disponível. Em um ambiente restrito, isto é, separado da atmosfera, o processo natural de oxidação vagarosa (putrefação e metabolismo orgânico) lentamente empobrece os arredores de O_2, formando assim um meio fortemente redutor. Essa separação entre o ambiente e a atmosfera pode ocorrer em razão de lâminas de água de salinidade variável.

Quanto à hidrografia de uma bacia desse tipo, ocorrem três possibilidades:

- água em completo repouso, sem qualquer tipo de perturbação (estagnadas) (Fig. 17.15);
- ventilação que pode ser causada por correntes de convecção sazonais;
- aeração resultante de águas suficientemente densas, provenientes de fora da bacia.

Figura 17.15 Água em repouso (estagnada) de circulação restrita com condições redutoras. (Foto do Autor.)

A concentração de H_2S na água é muito variável de local para local e está em íntima relação com o grau de estagnação. Em certos *fjords* noruegueses existe uma corrente de convecção permanente, de maneira que o acréscimo em H_2S é constante, enquanto em outros, cujas águas estão estagnadas, o acréscimo é gradual. Nestes, quando a salinidade diminui, o que implica água superficial super-hidrogenada, pode ocorrer o influxo das águas oceânicas normais que estão para além da entrada da bacia. Um pequeno aumento na temperatura também pode causar a mistura da água contaminada com a superficial, ocasionando a morte geral da vida existente na superfície.

Um fator importante é a localização geográfica da bacia. Em regiões áridas, as águas das bacias restritas podem atingir altas temperaturas com evaporação excessiva, tornando a salinidade muito alta. A evaporação em grande escala produz um rebaixamento no nível das águas, favorecendo a existência de uma corrente permanente fluindo no sentido mar-bacia.

Os sedimentos euxínicos são marinhos, embora possam existir em ambientes não marinhos onde as condições reinantes sejam semelhantes.

Sequências evaporíticas

Os evaporitos são representados por uma sequência de sulfatos (gipso ou anidrita) e halita em estreita ligação com carbonatos evaporíticos e normais. Destes, os sulfatos são os mais comuns, seguindo-se a halita e, em menores proporções, os sais de potássio (ex.: poli-halita) (Fig. 17.16). A espessura dos depósitos varia desde poucos centímetros até dezenas de metros. A secção total deles não chega a exceder centenas de metros, e quando isso ocorre normalmente se deve ao fenômeno de halocinese.

Os carbonatos associados são, normalmente, dolomitos e dolomitos com cristais de anidrita; pode ocorrer também

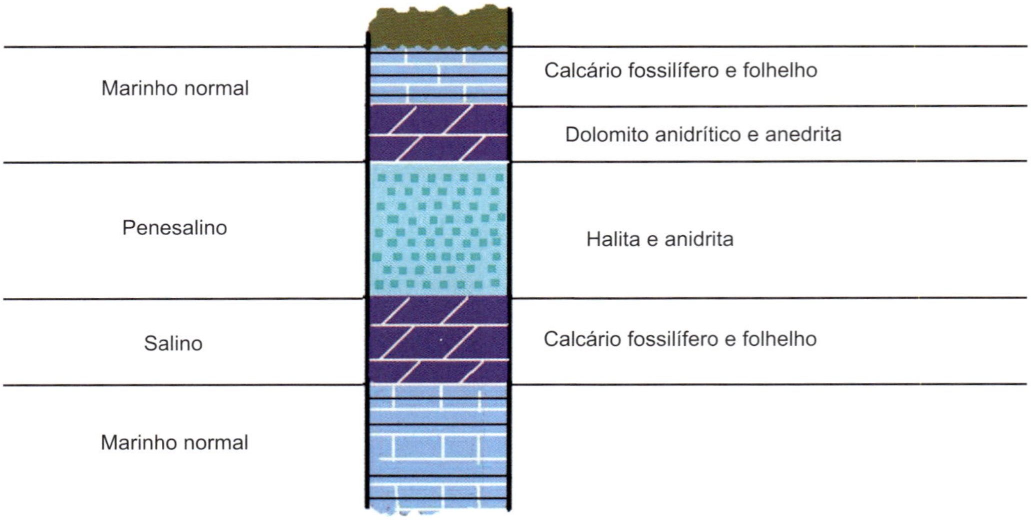

Figura 17.16 Modelo de bacia de circulação restrita em climas áridos, produzindo evaporitos.

a presença de um recife carbonático e, quando isso ocorre, ele separa a seção de evaporitos de uma seção de deposição marinha normal.

O melhor exemplo moderno de precipitação de sais é no Golfo de Karabugas, no mar Cáspio. Lá a salinidade das águas é da ordem de 16 a 29 %, enquanto no mar Cáspio é de cerca de 1,3 %. Assim que os organismos vivos entram no golfo, morrem devido à alta taxa de sais dissolvidos e condições anaeróbias reinantes no fundo, que resultam da convecção inibida por influência da estratificação das águas excessivamente salgadas. Os organismos mortos são bem preservados entre os sedimentos.

Os depósitos de uma bacia de circulação restrita do tipo aqui referido apresentam certa ordem na precipitação dos sais. Os primeiros materiais a se precipitarem são os hidróxidos de ferro e alumínio, juntamente com pequenas proporções de carbonato e sílica. Embora presentes em quantidades mínimas na água do mar, tais precipitados podem formar volumes consideráveis devido ao constante fluxo de água do mar aberto para a bacia.

Posteriormente, se as condições são mantidas, o gipso se precipita. Caso a temperatura das águas seja suficientemente alta, a anidrita deposita-se em seguida. Maiores concentrações permitem a formação de sal-gema, bem como a precipitação alternada de gipso e anidrita, provavelmente governada pela variação sazonal da temperatura. Em alguns casos raros, chega-se à formação de sais higroscópicos de potássio e magnésio.

O ciclo normal de precipitação pode ser interrompido ou mesmo incompleto, podendo reaparecer em diferentes posições na coluna estratigráfica. Os evaporitos ocorrem praticamente em todos os sistemas geológicos a partir do Cambriano, com inúmeros exemplos (Figs. 17.17 e 17.23).

No processo puramente inorgânico que predomina durante a evaporação os principais íons existentes na água do mar são Ca^{2+}, Mg^{2+}, Na^+, Fe^{3+}, CO_3^{2+}, SO_4^{2-} e Cl^-. Os evaporitos verdadeiros (marinhos) diferem dos resíduos salinos deixados por lagos porque estes, normalmente, incluem $NaSO_4$ em vez de gipso, embora a halita possa também ocorrer.

Outro tipo de sedimento que aparece normalmente associado a evaporitos (depósitos de halita e sais de potássio) são as chamadas argilas vermelhas (vasas vermelhas), cuja coloração é originária da presença de Fe_2O_3 disseminado, de onde advém sua importância econômica (em certos casos, chegam a constituir depósitos apreciáveis).

Condições de restrição em climas úmidos

Em climas úmidos não há excesso de evaporação. No entanto, várias são as possibilidades quanto ao grau de estagnação das águas e suas relações com a circulação.

Os depósitos desses ambientes são caracterizados por apresentarem laminação bastante fina, coloração negra e taxa muito elevada de carbono, sulfato de ferro (pirita) e elevada concentração em elementos raros.

As fácies "Folhelho Negro" (euxinicas) incluem associações com *cherts* em nódulos. Associados aos folhelhos podem ocorrer calcários, pirita sedimentar, siderita e fosfato.

O folhelho negro é característico apenas de bacias estagnadas em climas úmidos. Entretanto, existem dois tipos de folhelhos negros que, embora muito semelhantes entre si, apresentam diferenças e caracterizam ambientes diversos:

(a) folhelhos negros húmicos: caracterizam depósitos de bacias marginais. Apresentam fragmentos visíveis de material orgânico;

(b) folhelhos negros betuminosos: caracterizam certos ambientes euxínicos. São constituídos por substâncias graxas (lipídios, gorduras etc.).

É grande a importância deste último tipo, que por seu alto conteúdo de matéria orgânica é uma das principais rochas geradoras de petróleo e gás natural (ex.: Formação Irati, Bacia do Paraná) (Fig. 17.18).

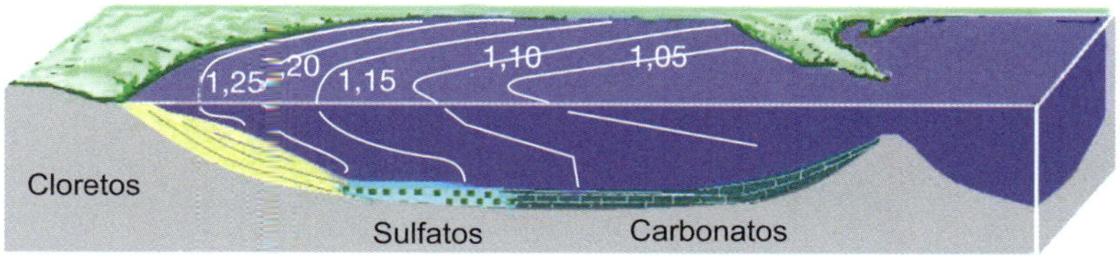

Figura 17.17 Exemplo hipotético de uma sequência evaporítica relacionando os depósitos com a variação do ambiente.

Figura 17.18 Folhelho negro da Formação Irati (Permiano da Bacia do Paraná), característico de ambientes euxínicos. (Foto: Antonio Liccardo.)

Esses depósitos não são exclusivamente marinhos. Condições muito semelhantes podem desenvolver-se em lagos, lagunas, atóis etc., fornecendo sedimentos bastante semelhantes. Há, porém, variações quanto aos íons presentes e condições físico-químicas parcialmente diferentes, que podem definir, às vezes, a origem não marinha do sedimento.

Associações Litofaciológicas em Ambientes Restritos

	Áridos	Úmidos
Arenitos	Arenitos quartzosos	Arenitos quartzosos
Folhelhos	Principalmente sílticos, calcíferos, carbonosos, silicosos ou micáceos com variedades de minerais no silte. Cores: cinza, marrom, vermelho, preto (principalmente escuros).	Principalmente pretos com faunas aberrantes, piríticos, carbonosos e betuminosos.
Calcários	Tipo calcítico de grãos finos. Dolomitos primários de grãos finos. Ocorrem nos limites dos recifes, esparita fossilífera.	Micríticos de grãos finos escuros com muita matéria orgânica.
Evaporitos	Gipsita e anidrita, halita e sais de potássio.	

Lagoas costeiras

Apresentam características bem distintas. São de baixa salinidade, com certos tipos de vida própria, e mantêm um estreito relacionamento com o movimento das marés oceânicas e, ainda, sofrem grande influência dos ventos que varrem as praias transportando material fino.

Determinadas lagoas costeiras são invadidas pelo mar ocasionalmente, embora não tenham nenhuma ligação ou canal de alimentação; a fauna é caracterizada por ostracodes, pelecípodes, tecamebas etc.; predominam sedimentos arenosos e argilosos; eventualmente matéria orgânica associada a argilas. São raras as brechas e os conglomerados.

Lagunas

Laguna é um corpo de água em geral raso e relativamente estagnado, separado do mar por uma barra natural, ponta de areia ou outra barreira. A laguna sofre o efeito da energia das ondas e pode receber água do mar através de canais de marés, ou através da percolação de água subterrânea.

As águas variam de doce a salgada, porque além de marinhas podem também receber cursos d'água ou águas de chuvas. Em consequência dessas condições, desenvolvem uma gradação desde água hipersalina até salina e, às vezes, elevada salinidade devido à forte evaporação, produto de variações climáticas.

A sedimentação é efetuada pela ação da água e também por uma pequena fração eólica. Normalmente a colmatagem se processa rapidamente tanto por clásticos como por associações de plantas, e em menor proporção foraminíferos e moluscos.

Muitas lagunas apresentam uma fauna totalmente indígena, enquanto outras apresentam faunas mistas (lacustres e oceânicas).

Morfologia das lagunas

Normalmente o principal eixo das lagunas é paralelo à costa. As lagunas surgem, em muitos casos, a partir de um cordão de areia trabalhado pelo mar que vai sendo depositado frontalmente a um delta. Os sedimentos continentais são raros nos cordões que fecham as lagunas.

O desenvolvimento de uma laguna é sempre em função da quantidade de areia disponível para sua perfeita formação, e isso depende da natureza das ondas que atingem a praia e do clima. Se aparecem mudanças no comportamento das correntes marinhas, as condições de deposição podem ser substituídas por condições favoráveis à erosão. Dessa maneira, o anteparo natural que estava sendo formado pode lentamente ser removido.

A ação da maré é fundamental para a preservação ou destruição dos cordões que fecham lagunas.

Muitas lagunas mantêm contato direto e constante com o oceano, como a Lagoa dos Patos. Neste caso, a granulometria dos sedimentos, a salinidade, a fauna e a aeração das águas são diferentes em cada trecho da lagoa, dependendo de como ela se articula com o oceano e dependendo também da estação (fluxo das águas doces do continente) ou das marés (Fig. 17.19).

Em uma laguna pode haver um canal principal e vários canais menores.

Figura 17.19 Laguna de Tacarigua, Venezuela. (Blog de Turismo, divulgação.)

Correntes lacustres

São sempre influenciadas pelo comportamento do oceano. Quando a maré sobe no mar aberto, o nível das lagunas atinge pontos muito elevados. A velocidade das correntes que penetram na laguna é função da pressão hidrostática, da profundidade, do tamanho da abertura de alimentação do canal e das características do fundo, dependendo ainda do fluxo, isto é, da quantidade de água de mar que penetra pelo canal numa unidade de tempo.

As maiores velocidades de correntes são coincidentes com a subida dos níveis de maré.

A velocidade e o comportamento das correntes que se formam dentro das lagunas são também função da quantidade de rios que nela deságuam e do regime desses rios.

A barreira é composta quase exclusivamente de areias quartzosas. Os sedimentos que alcançam a laguna são transportados pelas ondas ou pelo vento e, por isso, muito bem selecionados e arredondados.

Cada lagoa costeira (ou laguna) apresenta uma história geológica diferente, entretanto seus sedimentos refletem sempre a fonte e o agente transportador. Assim, algumas são ricas em sedimentos terrígenos transportados por rios e riachos que nelas deságuam; outras revelam incidência quase total de sedimentos marinhos ou trazidos quase que unicamente pelas ondas; outras apresentam sedimentos quase exclusivamente transportados pelo vento.

17.5 Plataforma Continental

Segundo Emery (1968), aproximadamente 70 % das plataformas atuais são cobertas por sedimentos relíquias, ou seja, sedimentos que foram depositados sob condições diferentes daquelas que caracterizam o ambiente atual.

É difícil utilizar plataformas de oceanos modernos como analogia com os antigos (Selley, 1978). Uma das razões é que atualmente não ocorrem as vastas plataformas sub-horizontais que existiam no passado. Em segundo lugar, porque as atuais plataformas foram expostas sob condições subaéreas durante os períodos da glaciação Quaternária, resultando num retrabalho dos sedimentos por correntes de marés e processos fluviais, fluvioglaciais e outros. Assim, os sedimentos relíquias não podem ser comparados com os antigos depósitos de plataforma.

O comportamento da sedimentação atual nas plataformas, devido aos processos eustático e tectônico diferentes do passado, dificulta a compreensão das relações faciológicas e suas analogias com as marés epicontinentais (plataformas antigas). Na plataforma continental desenvolvem-se fortes correntes de marés com velocidades superiores a 5 km/h.

Essas correntes são as responsáveis pela deposição de sequências de arenitos muito finos, bem selecionados e siltitos que se dispõem em forma linear, com até 50 km de extensão e 50 m de espessura, paralelas à costa. As camadas são do tipo planar ou com laminação cruzada de baixo ângulo.

Os tipos de depósitos terrígenos de plataforma variam em função do influxo de sedimentos, da estabilidade (rara) ou instabilidade da plataforma e/ou do movimento eustático do nível do mar. Do balanço desses fatores resultam os depósitos, em sua maioria caracterizados por sequências transgressivas e regressivas (ver Capítulo 18, Seção 18.5).

Zona de transição

Entre a praia e a plataforma ocorre a zona de transição.

Os sedimentos desta zona de transição, que se estende da face da praia até a plataforma, são siltitos arenosos, siltito e argilas. De modo geral, são mais finos que os sedimentos pertencentes às zonas da praia e mais grosseiros que os sedimentos da plataforma.

A profundidade da zona de transição depende da energia da costa, em geral variando entre 2 e 20 m.

Essa zona tem uma vida abundante tanto em número de indivíduos como em espécies, resultando na acumulação de conchas, carapaças e bioturbações.

Plataforma marinha rasa – tempestitos

Nas plataformas abertas, durante grandes tempestades as ondas produzidas constroem barras costa a fora encontradas em profundidades variáveis, de 15 a 200 m.

Nessas barras ocorrem estruturas de tipo *hummocky*, que fazem parte das fácies designadas de tempestito (Della Fávera, 1984).

Esses depósitos constituem-se de inúmeros ciclos com espessuras que ultrapassam 50 m. Cada ciclo completo é granocrescente e se inicia na base por folhelhos e siltitos, com laminação lenticular e ondulada, produzida por fluxos oscilatórios, e termina no topo com arenitos maciços contendo estratificação cruzada do tipo "*hummocky*", com cerca de 10 m de espessura (Figs. 17.20-A e B). Intercalado ao tempestito clássico ocorrem intervalos de sedimentação muito fina bastante bioturbados.

Outras estruturas frequentes são marcas de sola na base e marcas de onda na porção média.

De acordo com Duke (1983), os principais elementos para identificar os tempestitos são:

(1) Laminação cruzada ondulada com ângulos inferiores a 15°.
(2) Camadas arenosas com dezenas de metros com curvaturas côncavas e convexas.
(3) Estas últimas se apresentam frequentemente truncadas por erosão e recobertas por novas camadas. Há casos em que não há erosão e os estratos terminam contra camadas de mergulho oposto.

Oceanos – Ambientes Marinhos e Costeiros   209

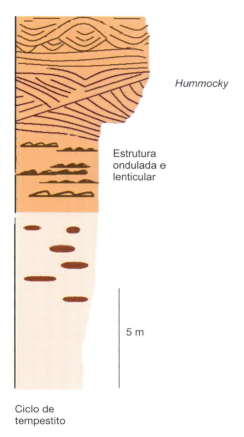

Figura 17.20-A Exemplo de ciclo completo de tempestitos.

Figura 17.20-B Detalhe de estrutura *hummocky*.

Resumindo, os tempestitos representam sedimentação episódica de deposição instantânea e turbulenta, formados durante as grandes tempestades, separadas por sedimentação fina *harground* bioturbada que ocorre na fase de mar calmo.

Fácies de plataforma carbonática

Uma teoria da sedimentação dos carbonatos em plataforma foi proposta por Irwin (1965), baseada em estudos dos carbonatos da Bacia de Williston (América do Norte), de idade Paleozoica Superior.

A explicação de Irwin para essas relações faciológicas é a seguinte: uma plataforma continental consistiria em duas superfícies horizontais paralelas correspondentes ao nível do mar e à base das ondas. Na porção mais profunda da bacia, e abaixo da base da onda, assentam-se por suspensão argilas e finos grãos com estrutura laminada. A fauna é preservada *in situ* e não se apresenta fragmentada. Essas condições podem estender-se sobre centenas de quilômetros quadrados. Esta zona foi designada de X.

Na plataforma próxima à praia, a base das ondas provoca condições de turbulência no fundo, removendo e transportando os sedimentos finos.

Os fragmentos de conchas carbonáticas, esqueletos e areias oolíticas permanecem sob a forma de bancos e barras. Essa fácies ocorre em faixas lineares, estreitas e longas, paralelas à praia. Essa zona foi designada de Y.

As barras compartimentam a porção seguinte, criando condições lagunares restritas de baixa energia, e são caracterizadas por arenitos com esqueletos e pelotas fecais e micríticos (*pakstones* e *wackestones*) depositados sob condições calmas. Esses sedimentos passam em direção ao continente gradualmente para argilas calcíferas laminadas, bioturbadas, depositadas em planícies de marés. Esta zona foi denominada Z. Onde a salinidade é elevada formam-se dolomitos e evaporitos, em ambientes de *sabkha*, como na costa do Golfo Pérsico (Fig. 17.21).

No Golfo Pérsico a *sabkha* equivale a um ambiente árido de supramaré, onde ocorre intensa evaporação. Durante as marés altas (primavera), a *sabkha* é coberta com 5 a 10 cm de água, permitindo a precipitação da aragonita, argila peletoidal, bem como o desenvolvimento de estruturas estromatolíticas (algas azuis e verdes).

Durante as marés baixas a água evapora, produzindo a dolomitização a partir das salmouras concentradas nos depósitos pelíticos. Podem formar-se ainda gipsita, anidrita e também halita. Em certos casos a evaporação não é completa, e algumas salmouras retornam ao golfo produzindo dolomitização nas zonas intermediárias. Perfurações na *sabkha* indicaram que a presença de vários níveis superpostos de dolomita representariam ciclos regressivos.

17.6 A Plataforma Continental Brasileira

Compreende uma superfície submersa que se estende desde a praia até o talude. É relativamente plana e se inclina suavemente até atingir uma profundidade de lâmina de água de cerca de 200 m. A partir desse ponto tem início o talude, que

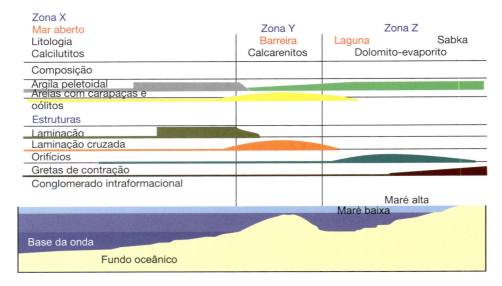

Figura 17.21 Origem das fácies de uma plataforma carbonática. (Modificado de Irwin, 1965, e Selley, 1978.)

mergulha abruptamente até uma profundidade de 1.000 m. A plataforma continental brasileira está presente em toda a costa, estendendo-se com uma largura variável entre 50 e 250 km (Fig. 17.4). Sua origem é bem conhecida, graças às pesquisas desenvolvidas pela Petrobras em busca de petróleo. Sua história tem início no Cretáceo Inferior, com o rompimento entre os continentes africano e sul-americano, após um soerguimento do manto ao longo da linha de ruptura.

Os blocos falhados resultantes do rompimento formavam o substrato das bacias marginais desenvolvidas ao longo da costa. Essas bacias foram originalmente de natureza lacustre e deltaica, passando a transicionais e finalmente marinha nerítica (Fig. 17.22). À medida que os continentes se afastavam, aumentava o basculamento dos blocos, em direção leste, produzindo, no Albiano (Cretáceo Médio), uma extensa transgressão marinha, que foi a responsável pela construção da primeira plataforma e do primeiro talude continental (Figs. 17.22 e 17.23).

Outras fases da regressão e transgressão, ocorridas posteriormente, colocavam os limites da plataforma-talude ora mais próximos ora mais afastados da margem continental, resultando numa plataforma construída sobre várias sequências sedimentares com mais de 5.000 m de espessura. Com a definitiva separação dos continentes e o atual nível do mar alcançado no fim do Quaternário, as bacias costeiras ficaram em quase sua totalidade encobertas pelo mar. As sequências depositadas criaram, em várias fases de sua evolução, condições adequadas para a geração e a acumulação de petróleo (Fig. 17.23).

Depósitos marinhos. O material que chega aos mares pelos rios e aquele proveniente da ação erosiva das ondas e correntes na costa é transportado para as diferentes regiões marinhas juntamente com restos de organismos, segundo os agentes marinhos que predominam.

Na região litorânea aportam, através dos rios e correntes, seixos, fragmentos de rochas, areias e argilas, além de elementos em solução. As partículas maiores depositam-se nessa região e são retrabalhadas pelas ondas e correntes, onde sofrem arredondamento, acabando por se reduzir a partículas pequenas. São comuns também nessa região fragmentos de conchas e matéria orgânica. Nas praias brasileiras, como foi visto, apenas o quartzo, por ser de maior dureza, resiste ao retrabalho pelas ondas. Na região nerítica predominam areia, silte e argila, bem como matéria orgânica. Quanto mais afastadas da costa, menor o tamanho das partículas.

Os sedimentos terrígenos predominam nas profundidades até 4.000 m. Quando ocorre redução do ferro, os sedimentos apresentam cores azuis ou verdes. Quando ocorre a oxidação, são vermelhos.

O sulfato de ferro forma-se pela ação do gás sulfídrico originado pela decomposição da matéria orgânica em ambientes restritos ou fechados. Dessa maneira formaram-se os folhelhos betuminosos da Formação Irati, com seus nódulos de pirita na Bacia do Paraná. Nas imediações de ilhas vulcânicas, o pó lançado durante as erupções sedimenta-se no fundo junto com outros materiais. Grande parte do material depositado no mar é originada de carcaças de animais que vivem na região pelágica (extensão em toda a superfície do mar até 200 m de profundidade). Os animais vivem flutuando ou nadando nessa profundidade e, quando morrem, suas partes duras precipitam. Uma parte desse material é dissolvida, enquanto a outra deposita-se integralmente. As partes duras são em geral carcaças de globigerina (foraminíferos) que, juntamente com lodo fino, cobrem uma área no fundo dos oceanos de aproximadamente 80.000 km^2 (35 % do fundo); são conhecidas como vasa de globigerina. Os restos de moluscos (pterópodos e heterópodos) constituem vasas de caráter calcário. Vasas de radiolários, diatomáceas e espículas de esponjas também ocorrem, cobrindo 10 % dos fundos. As vasas de diatomáceas são silicosas. As regiões marinhas com profundidades superiores a 5.000 m são recobertas em sua maioria pelas vasas vermelhas formadas por oxidação dos compostos de ferro, conforme foi referido anteriormente. Essas vasas constituem quase 40 % da superfície dos oceanos.

Oceanos – Ambientes Marinhos e Costeiros 211

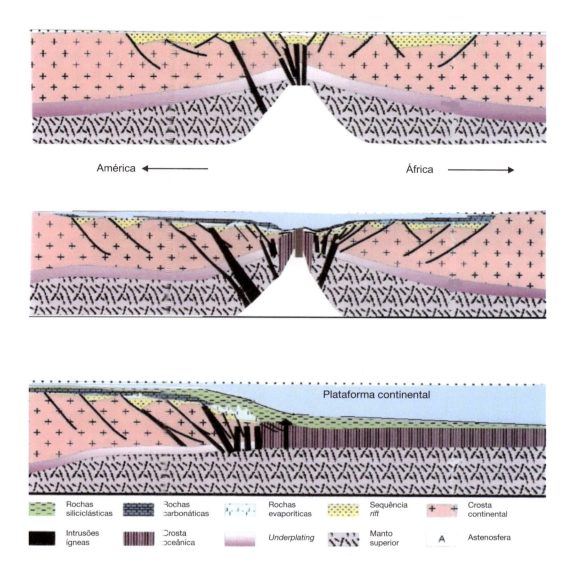

Figura 17.22 O aparecimento da plataforma continental brasileira a partir do rompimento dos continentes americano e sul-africano. (Fonte: PETROBRAS, modificado.)

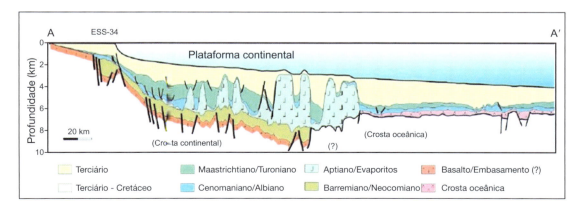

Figura 17.23 Plataforma continental da Bacia do Espírito Santo mostrando o arcabouço estrutural e estratigráfico das sequências. (Fonte: Bizzi, L.A. et al. – CPRM, 2003.)

17.7 Recifes

Os recifes são produtos da construção ativa de organismos marinhos junto a sedimentos que crescem em combinação com seus detritos, construindo estruturas rígidas e resistentes à ação das ondas. O termo "recifes de corais" foi introduzido por Darwin, imaginando que as edificações eram constituídas apenas por corais.

Hoje se sabe que a maioria dos recifes não é constituída apenas de corais, mas também, e muitas vezes em maior proporção, de outros organismos, como: algas calcárias, foraminíferos e briozoários. Outros são de constituição arenosa.

Seu desenvolvimento depende da movimentação da plataforma. Nas áreas estáveis desenvolvem-se os recifes de distribuição caótica (*Random Reef Complexes*), possuindo pequena espessura e ocupando grandes áreas de águas rasas. Apresentam crescimento ascendente limitado, devido à pequena profundidade do corpo aquoso.

Nas áreas instáveis se desenvolvem os recifes de Barreira, constituindo os mais importantes recifes do passado. Se o seu crescimento vertical for perfeitamente compensado pela subsidência, podem apresentar espessuras que eventualmente atingem 1.000 m (Playford e Leowry, 1966).

Os organismos formadores de recifes dominantes no Cambriano foram os *Archaeocytha* (semelhantes a esponjas); no Ordoviciano foram os briozoários e corais Tabulata Primitivos; no Siluriano, Devoniano e Carbonífero, os corais Tabulata e Hidrozoa; no Permiano, as esponjas e branquiópodes; no Eomesozoico, os corais *Scleractinia* primitivos; no Neomesozoico, os lamelibrânquios *Rudistae* e no Cenozoico os *Scleractinia* avançados.

Os edifícios coralíneos constituem uma categoria de relevos litorâneos especiais, porque resultam, em sua maioria, de uma construção por processos biológicos que não são produzidos pelos fatores habituais.

Condições para o desenvolvimento

Os corais não são animais essencialmente construtores de recifes. Contudo, entre limites bastante estreitos do mar, caracterizados por águas claras rasas, quentes, bem iluminadas e agitadas, desenvolvem-se construindo abundantes formas de recifes. Fora desses limites os corais podem viver isoladamente.

Atualmente desenvolvem-se em mares cuja temperatura não deve ser inferior a l8 °C, com pequena variação anual. A temperatura mais favorável está entre 25 e 30 °C.

É essencial uma boa iluminação, porque os pólipos vivem em simbiose com algas unicelulares, as Zooxantelas, que requerem forte iluminação para suas funções. Por essa razão o desenvolvimento dos recifes se produz entre o nível de maré baixa e os 25 m de profundidade. Em maiores profundidades diminui a luminosidade, rarificando os corais construtores e cedendo lugar a espécies que vivem isoladamente. Acima do nível da maré baixa o pólipo não pode viver por não suportar prolongada emersão em temperatura elevada (até 36 °C), fatal a sua sobrevivência.

As águas agitadas e constantemente renovadas permitem melhor fornecimento de oxigênio e materiais nutritivos. Se a agitação for muito intensa, os pólipos são rompidos.

A salinidade deve estar em torno de 27 a 40/1000.

Os recifes de corais encontram-se nos mares tropicais, desde as Bermudas, parte norte do Mar Vermelho, Ilha Midway e Ilhas Havaianas, no Hemisfério Norte, até a costa sudoeste da Austrália. Não são encontrados, ou estão pouco difundidos, nas costas orientais dos oceanos, banhados em geral por águas demasiadamente frescas. Evitam os grandes deltas da Índia, Indochina, China e os do Atlântico tropical. Evitam também as lagunas litorâneas sem comunicação com os mares de águas pouco arejadas ou com temperatura e salinidade bem variáveis. Prosperam no Oceano Pacífico Central e Ocidental, nas costas da Austrália, na Indonésia, nos arquipélagos centrais e costas ocidentais do Oceano Índico, no Mar Vermelho, no Brasil Oriental e nas Antilhas.

Os corais sempre estão associados a numerosas algas calcárias (entre as quais as *Porolithon* e *Lithothanion*), gastrópodes, lamelibrânquios, equinodermas, foraminíferos etc., que desempenham considerável influência na construção e na modificação do recife.

Geralmente corais pétreos, esponjas calcárias e certos branquiópodes sésseis atuam como construtores do arcabouço do recife. Algas calcárias e celenterados hidrocoralíneos atuam como cimento devido ao seu hábito incrustante, transformando o arcabouço em uma estrutura rígida e resistente às ondas. Moluscos, equinodermas e outros invertebrados fornecem detritos, preenchendo a massa do recife em crescimento.

Formas de recifes

Recife circular ou atol. Os atóis são construções coralíneas que circundam uma laguna com profundidades geralmente superiores a 30 m (raramente atingem 100 m). O diâmetro é muito variável, podendo ultrapassar 60 km. Esses círculos estão cortados por passagens que permitem as trocas vitais entre a laguna e o mar (Figs. 17.24-A e B).

Recifes de barreira. Os recifes desse tipo formam, em alguns casos, longos corpos lineares que crescem até o nível do mar. Servem de barreiras que protegem uma laguna de águas calmas e um subambiente de águas turbulentas após o recife. Desse modo, um ambiente com sedimentação marinha uniforme é modificado pelo gradual crescimento do recife, que cria subambientes grandemente diferenciados em pré-recife, recife de barreira e declive pós-recife.

Esses recifes podem encerrar em seu interior uma ou várias ilhas não coralíneas. Quando se formam em torno de uma ilha de tamanho muito reduzido, as barreiras passam a se denominar semiatóis ou atóis imperfeitos, ocorrência normal nas Ilhas Truk (Carolinas). Existem casos muito raros em que se formam barreiras duplas, como as barreiras recifais situadas a noroeste de Viti Levu (Fiji).

Os recifes de corais constituindo barreiras atingem grande desenvolvimento na costa nordeste da Austrália, onde o Grande Recife de Barreira (Great Barrier Reef) acompanha o litoral em uma extensão de 2.000 km, afastando-se deste de 30 a 300 km.

Recifes costeiros ou franjeantes. Constituem uma das formas mais comuns de recifes. Situam-se paralelamente à costa, podendo estar junto ou separado da mesma por um ca-

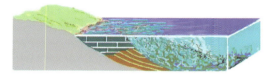
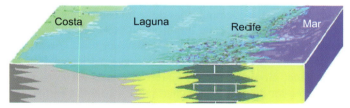
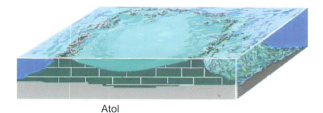

Figura 17.24-A Principais tipos de recifes.

Figura 17.24-B Recife de coral em franja, Eilat, Israel. (Foto: Mark A. Wilson.)

nal de profundidade máxima de 2 m, denominado "Canal de Embarcação". O fundo encontra-se recoberto por areia fina (Fig. 17.24-B).

Subambientes recifais. O subambiente recifal pode ser subdividido em três regiões: núcleo do recife, flanco do recife e inter-recife (lagunar) (Fig. 17.25).

Núcleo do recife. É caracterizado por rochas de natureza carbonática. Ocorre densa sucessão de lâminas, constituindo um retículo responsável pela resistência da estrutura ao embate das ondas. O retículo é coberto por partículas carbonáticas finamente divididas, derivadas da precipitação química ou por aderência e retenção do material existente em suspensão no meio líquido. Esse conjunto é coberto por um novo retículo com partículas carbonáticas associadas, e assim sucessivamente. Os esqueletos e conchas de outros organismos são envolvidos e solidamente cimentados nesse conjunto. O núcleo corresponde a 25 % ou menos do volume do complexo (Fig. 17.25).

Flanco do recife. Constitui a maior parte do complexo recifal. É formado por leitos acamadados que mergulham em direção oposta ao núcleo do recife. Litologicamente é constituído por lamas, areias calcárias e conglomerados cristalinos. Essas rochas são derivadas do núcleo desagregado pelo embate das ondas e rolados declive abaixo, formando tálus. Sobre esse tálus desenvolve-se material adicional derivado de organismos que habitam o flanco. A cimentação desse material é feito por algas calcárias. Seus depósitos se interdigitam com os do inter-recife.

Inter-recife. O material fino, peletoidal, indicando ambiente de baixa energia, ocupa as áreas lagunares entre os recifes e a costa. Entre seus depósitos podem ocorrer folhelhos, margas, evaporitos e restos de conchas. Seus depósitos se interdigitam com os do flanco, e à medida que se aproximam há um aumento na granulação do material.

Muitos arenitos de praia relacionados a antigas posições do nível do mar são observados atualmente submersos na plataforma continental brasileira (Martin, 1975). Esses arenitos são constituídos por areias e cascalhos quartzosos, biodetritos cimentados por carbonato de cálcio, formando bancos de recifes lineares, paralelos à linha de costa (Cou-

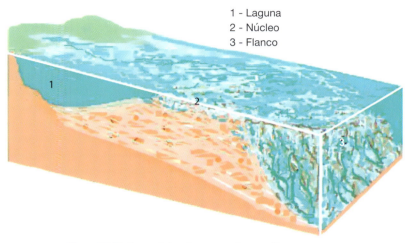

Figura 17.25 Características da estrutura de um recife.

tinho e Farias, 1979). A cimentação carbonática é produzida em ambiente litorâneo em função da desgasificação de CO_2 da água subterrânea fluindo em direção ao mar (Hanor, 1978). Essa desgasificação é provocada pela dispersão fluida vertical da zona freática resultante da oscilação do lençol de água subterrâneo em função dos movimentos de maré.

Dias *et al.* (1982) identificaram na plataforma externa em Macaé (RJ) afloramentos de arenitos de praia formados geologicamente em nível de mar de −100 m em relação ao atual. Os sedimentos são de natureza biodetrítica, essencialmente constituídos por algas calcárias misturadas a lamas terrígenas. No nordeste brasileiro grande parte dos recifes compõe-se de *beach-rocks* (Fig. 17.26).

Figura 17.26 Recife da costa brasileira, em Porto de Galinhas, PE. (Foto: João Vianna.)

17.8 Talude

Caracteres gerais

Após a plataforma continental ocorre uma quebra, iniciando o talude continental (Fig. 17.27).

O talude é um declive rochoso, muitas vezes escavado por profundos entalhes, que são os vales submarinos ou canhões.

A ocorrência de escarpas semelhantes às de falhas e a presença de depressões na base de taludes sugerem origem por falhamento. A ocorrência de grande número de terremotos sobre o talude revela sua instabilidade e favorece a interpretação desta origem.

O contínuo transporte, principalmente por deslizamentos de materiais sobre o talude, impede que estes sejam preenchidos em espessas acumulações de sedimentos.

O início do talude é de difícil localização quando o rebordo continental encontra-se preenchido por vasas. Ao longo de costas dobradas, onde a plataforma é particularmente acidentada, são encontradas numerosas pontas rochosas na parte superior do talude e, em particular, nas zonas entre os canhões.

Os declives dos diferentes taludes são variáveis de 50 a 80° em talude extremamente forte. Em talude muito fraco, os declives estão entre 1 e 1,5° e ocorrem ao longo de deltas ou de zonas de acumulação de sedimentos. Os taludes de plataformas brasileiras têm entre 15 e 20°.

As pendentes são muito mais suaves frente aos grandes rios, especialmente os que formam deltas, do que frente a costas que parecem ter sido afetadas por falhas. As pendentes médias do Pacífico são mais acentuadas do que as do Atlântico e do Índico.

Os sedimentos encontrados sobre os taludes são constituídos em média das seguintes porcentagens:

60 % de vasas;
25 % de areia (pode superar a fração de vasa);
10 % de rochas e seixos;
5 % de conchas.

Canhões submarinos

São feições semelhantes a vales terrestres que penetram no talude continental. Possuem curso sinuoso e seção geral em forma de V, com paredes rochosas muitas vezes íngre-

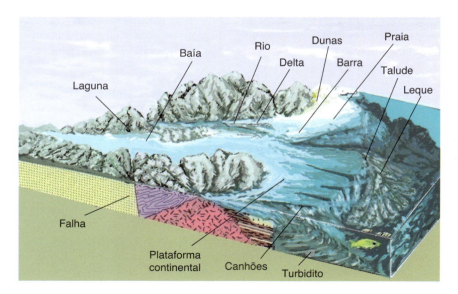

Figura 17.27 Bloco esquemático de uma região costeira mostrando a fisiografia e os diversos ambientes litorâneos e marinhos. O relevo é função dos tipos de rochas e acidentes tectônicos na área.

mes, terminando em leques nas suas desembocaduras. Essas são as características mais importantes dos taludes.

Certos canhões prolongam-se até 3.000, ou mesmo 5.000 m de profundidade, como o Canhão de Hudson.

Os processos físicos que originaram os canhões submarinos não são suficientemente claros. Muitos canais submarinos podem ter-se originado a partir de vales subaéreos, sendo posteriormente inundados pelo mar. Outros têm uma origem submarina, possivelmente como resultado da erosão por correntes de turbidez e por deslizamentos.

Leques submarinos

Leques submarinos desenvolvem-se na desembocadura dos canhões submarinos. Através dos canhões, fortes correntes transportam os sedimentos da plataforma continental para a região batial. Normalmente os leques se desenvolvem melhor nas regiões mais baixas do talude, onde o material se esparrama formando um complexo depósito de diques marginais e canais (Fig. 17.28). A migração lateral e a coalescência de numerosos leques resultam num grande cone ou leque submarino progradante, constituindo uma das feições mais conspícuas do ambiente batial.

Na desembocadura dos canhões, as areias preenchem os canais na fase final e juntamente com silte transbordam sobre os diques. Nas porções marginais do leque submarino as areias espalham-se sob a forma de lençóis. A progradação resulta numa sequência de depósitos em lençóis de areia na base, passando para depósitos de canais no topo. Os periódicos fluxos de sedimentos que descem pelo canhão resultam em ciclos ou semiciclos de camadas de clásticas grosseiras e finas. As camadas, individualmente, podem ser gradacionais (Fig. 17.29).

Em regiões de instabilidade tectônica os ciclos sedimentares são constituídos de intercalações de pelitos com fluxos turbidíticos (Fig. 17.31).

A sismoestratigrafia demonstrou que há uma relação muito estreita entre os taludes (estilos tectônicos) e o suprimento de sedimentos. As relações da sedimentação com o talude são designadas de *offlap* e *onlap* (Brown e Fisher, 1977).

Offlap é um termo usado na interpretação sísmica para estratos que progradam para o interior de águas mais profundas.

Onlap é empregado quando uma sequência estratigráfica de base discordante termina progressivamente contra uma superfície inicialmente inclinada, ou quando estratos inicialmente inclinados terminam progressivamente *up dip* contra uma superfície inicialmente de grande inclinação (Mitchum, 1977) (ver Capítulo 18, Seção 18.2). *Onlap* é comum em taludes modernos. Na plataforma externa brasileira os depósitos em *onlap* foram acompanhados por erosão nos "canhões" da extremidade da plataforma (Fig.17.30). Os estudos de sismoestratigrafia de Brown e Fisher (*op. cit.*) inferiram que, nas regiões onde há diminuição de suprimento de sedimentos e onde a extremidade da plataforma é submetida à ação da erosão, o sítio de deposição do talude gradualmente recua em direção ao continente, como resposta ao retraimento da fonte de sedimento.

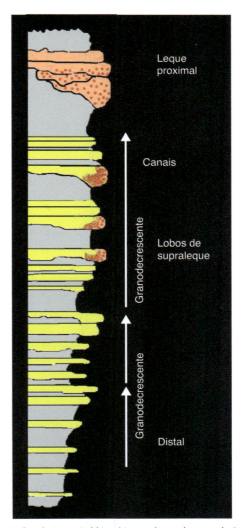

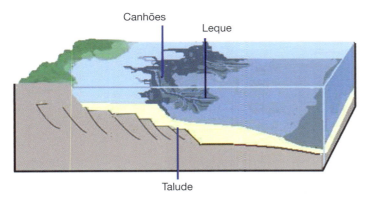

Figura 17.28 Leque submarino mostrando diversos ciclos incluindo turbiditos. Ao lado em corte com os perfis de poços. (Modificado de Vail, 1989.)

Fácies de talude identificadas por métodos sismoestratigráficos

Esses métodos fornecem uma importante contribuição para delineação, classificação, arranjo espacial, relação estratigráfica e prognóstico para fácies de talude, principalmente por elas constituírem reservatórios em potencial de petróleo.

Figura 17.29 Sequência vertical hipotética resultante da progradação de leques submarinos. (Modificado de Mutti *et al.*, 1972.)

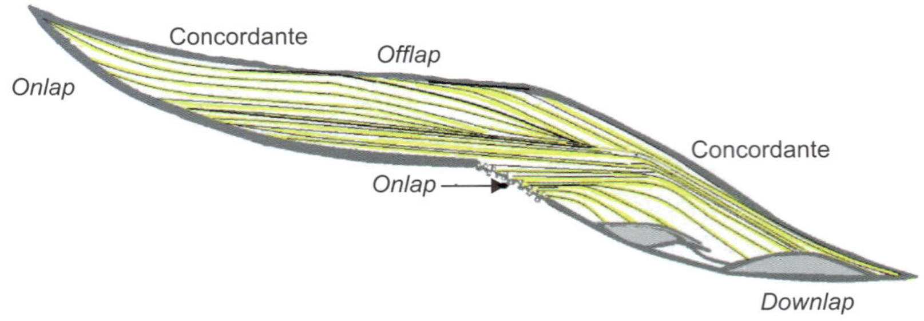

Figura 17.30 Diversos tipos de contato entre os estratos em plataforma.

As sequências em *offlap* nas bacias marginais brasileiras comumente coincidem com períodos em que a progradação deltaica foi intensa, atingindo a plataforma externa, ou com períodos de excessivas produções de sedimentos biogênicos (recifes e bancos de areia). A deposição de sequências em *offlap* nos taludes é também inferida como uma resposta a um contínuo suprimento de sedimentos, bem maior que a taxa de subsidência. Durante a deposição em *offlap*, as fácies de leques submarinos e leques de talude migram progressivamente em direção às regiões mais profundas, de modo que a bacia é preenchida por depósitos de talude.

Outra variação na sedimentação de talude observada nas bacias marginais brasileiras é denominada *uplap*. Sagre et al. (1976) chamaram essa relação de *onlapping*. Ela ocorre em bacias onde a taxa de subsidência é maior ou igual ao suprimento de sedimentos, resultando numa superposição de leques submarinos e outros depósitos de talude. Esse sistema de talude normalmente se desenvolve em bacias controladas por falhas e *grabens* de sal.

Turbiditos

Os turbiditos foram encontrados pela primeira vez pela Expedição Gazelle (1874-76) no Atlântico Sul.

Foi verificado que amostras do Atlântico, retiradas de uma profundidade de 4.755 m, possuem camadas de areias variadas, intercaladas com argila e vasa de globigerina.

Aproximadamente 1.000 amostras de sedimentos do Oceano Atlântico e mares adjacentes foram analisadas por Ericson, Ewing, Wollin e Heezen (1961), as quais forneceram valiosas conclusões, especialmente quanto aos processos de sedimentação nas bacias oceânicas profundas, quantidade de sedimentos acumulados, mudanças climáticas do Pleistoceno e natureza da sedimentação durante o Cretáceo e Era Cenozoica.

Os autores citados observaram um contraste litológico nas amostras devido a dois processos de deposição: (1) deposição contínua e vagarosa de finas partículas terrígenas e partes duras dos organismos pelágicos; (2) deposição catastrófica pelas correntes de turbidez, nas quais todas as partículas são transportadas por águas muito densas.

Os sedimentos transportados pelas correntes de turbidez são claramente diferenciáveis dos pelitos pela cor, textura, composição mineralógica e química.

O transporte e a deposição pelas correntes de turbidez são também caracterizados pela natureza das camadas e pelas suas distribuições em relação à topografia dos fundos.

Correntes de turbidez. A ideia básica dos mecanismos que produzem as correntes de turbidez parte das observações de que em certas regiões, tais como nos taludes das plataformas continentais e deltas, ocorrem deposições muito rápidas causando a formação de taludes por superposição de estratos.

A contínua acumulação atinge um ponto em que o depósito fica em condições instáveis, de modo que quaisquer altera-

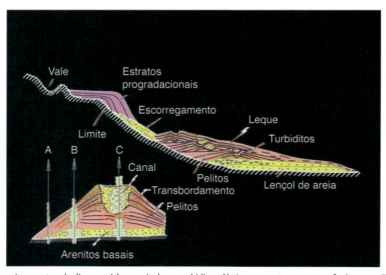

Figura 17.31 Leque submarino mostrando diversos ciclos que incluem turbiditos. Abaixo, em corte, com os perfis de poços. (Modificado de Vail, 1989.)

ções produzidas no meio, tais como pequenos terremotos ou tempestades, podem desencadear um processo de movimentos de massa. Inicialmente parte do depósito desliza e, com o aumento da velocidade, torna-se liquefeito, assumindo as características de uma corrente de turbidez, movendo-se talude abaixo sob ação da gravidade.

As correntes de turbidez são capazes de transportar grandes fragmentos de rochas em virtude de sua alta viscosidade. Dentro de uma corrente de turbidez existe uma gradação vertical quanto ao tamanho das partículas. Por essa razão os depósitos deixados pelas correntes comumente mostram acamamento gradacional. Correntes sucessivas passando sobre depósitos prévios podem depositar outras sequências gradacionais sem perturbar seriamente a superfície dos depósitos preexistentes. As estruturas sedimentares associadas são importantes critérios para o reconhecimento desses depósitos.

Sequências turbidíticas. Embora nem todos os depósitos com estruturas gradacionais sejam turbiditos, todos os turbiditos apresentam estrutura gradacional (Fig. 17.32).

Existe uma conexão entre os conceitos de *flysch* e turbiditos, mas os termos não são sinônimos. Muita confusão tem sido causada devido aos diferentes significados dados ao termo *flysch*. Alguns autores relacionam o *flysch* com certa conotação orogênica, enquanto outros restringem o mesmo a determinados perfis geológicos ou requerem certas feições petrográficas, como grãos angulares, minerais não intemperizados etc. Assim, o termo "turbidito", que é puramente sedimentológico e invoca um mecanismo específico, não pode ser relacionado com nenhuma definição de *flysch*.

Em casos em que todas ou muitas das feições típicas são encontradas, a origem da sequência pode ser atribuída à ação das correntes de turbidez. Entretanto, existem casos em que se encontram apenas parte dos caracteres típicos e estruturas.

A causa pode se dar em razão do pequeno tamanho da bacia, da pequena profundidade ou do pequeno declive.

Existe uma diferença fundamental entre turbiditos e a grande maioria dos demais tipos de depósito. Os turbiditos ocorrem em alternância monótona com outros tipos. Em muitos casos apresentam abundante variação na espessura, no tamanho dos grãos grosseiros e na presença de sedimentos pelágicos finos interestratificados de composição mais constante (Fig. 17.32). Outros tipos de depósitos turbidíticos podem conter um, dois ou mais tipos de sedimentos, mas, havendo dois ou mais intervalos, em regra seguem em sucessões que são previamente conhecidas (Fig. 17.33).

Em alguns turbiditos os intervalos podem ter intercalações como consequência das diversas origens. Em algumas formações existem duas frentes que produzem diferentes turbiditos.

Existem sucessões rítmicas de natureza não turbidítica, especialmente sequências de calcário-marga e folhelhos-síltico, presumivelmente de profundidades batiais. Estes são distinguíveis dos turbiditos pela ausência de estratificação gradacional e presença de material terrígeno de águas rasas mais grosseiro que argila.

Características dos turbiditos

- Presença de dois tipos de depósitos intercalados e relacionados com os tipos de deposição:
    - deposição lenta de material fino;
    - deposição rápida de material de granulometria variada.
- Camadas pelíticas ou lutitas e camadas psamíticas de granulometria mais grosseira.
- Distribuição gradacional das partículas nas camadas arenosas, grosseiras na base até finas no topo (Fig. 17.34).

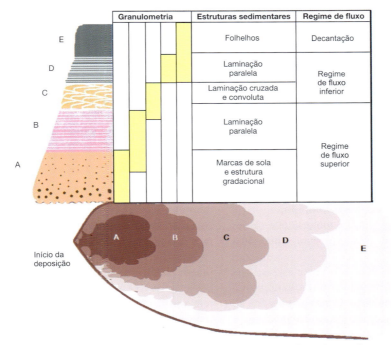

Figura 17.32 Sequência turbidítica indicando granulometria, estruturas sedimentares e regime de fluxo. Abaixo os fluxos equivalem aos intervalos da sequência.

Figura 17.33 Sequências turbidíticas na SC-470. A base de cada uma começa com arenitos finos e termina com lutitos. (Foto do Autor.)

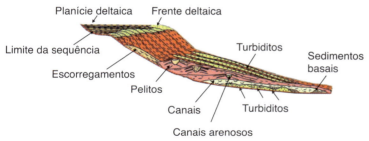

Figura 17.34 Depósitos turbidíticos em talude na porção distal de um delta. (Modificado de Vail, 1993.)

Quando ocorre decréscimo da velocidade, a corrente pode logo alcançar uma condição de sobrecarga e a deposição começará com as partículas grosseiras. O poder de transporte de uma corrente de turbidez é realmente espantoso. Fluxos de lama continentais têm sido vistos carregando enormes blocos que flutuam mesmo quando a velocidade é pequena. Blocos pesados de centenas de toneladas foram transportados por uma dezena de quilômetros.

- O contato superior das camadas é bem definido.
- O contato superior da sequência, na maioria dos casos, revela uma mudança abrupta de areias para sedimentos finos de mares profundos.
- Partículas polidas e arredondadas são encontradas, mas os grãos angulares são predominantes na fração arenosa.
- O quartzo é o mineral mais frequente, mas há uma fração que inclui vários feldspatos, micas, ferromagnesianos e minerais pesados. A glauconita está sempre presente, e frequentemente há um pouco de partículas de folhelho vermelho ou cinza, calcário, arenito finamente granular e micaxisto. Óxido de ferro não é raro. Esses resultados foram obtidos por Ericson et al. (1951) para a fração arenosa junto ao vale submarino ou canhão de Hudson.
- Presença de marcas de sola nos contatos inferiores das camadas arenosas.

17.9 Região Abissal

A plataforma continental é conhecida como subambiente nerítico. O talude continental compreende o subambiente batial. A continuidade em direção ao oceano é feita pelo abissal que compreende os fundos oceânicos médios. O subambiente abissal é seguido do *hadal*, que engloba as grandes profundidades e fossas oceânicas.

A profundidade é um dos fatores utilizados para a delimitação dessas regiões e considerado como referência para a determinação das características do processo de sedimentação.

A distância entre um ponto determinado e o continente mais próximo é mais importante do que a profundidade.

Considerando o fator distância da costa, temos duas zonas distintas:

(1) Abissal hemipelágico: sua distância está entre 200 e 300 km do continente.
(2) Abissal pelágico: a distância é maior do que 300 km.

Na primeira, a influência do continente é maior e se reflete no diâmetro das partículas e na natureza dos sedimentos, sendo maior a probabilidade de ocorrerem depósitos de influência terrígena.

Logo se percebe que as regiões com maior influência terrígena são:

- regiões de plataformas continentais estreitas;
- regiões de fossas oceânicas próximas ao continente, que correspondem a regiões tectonicamente instáveis e são adjacentes a margens continentais.

Esses fatores condicionam a ocorrência de sedimentos mais grosseiros nessas regiões do que em zonas da plataforma continental. Infere-se, assim, que a granulometria não serve de índice para a profundidade dos oceanos. Isso conduziu alguns pesquisadores a sugerir ou a usar a denominação "sedimentação pelágica", em vez de "sedimentação abissal".

Pelágico é uma denominação oceânica que considera a distância da costa em relação ao alto-mar, aplicada para o domínio das águas e não para o domínio bentônico ou ao substrato. Isso tem motivado outros investigadores a optar por "sedimentação abissal".

A planície abissal estende-se do talude, onde ocorre a quebra da plataforma continental, até às cordilheiras oceânicas. São extensas, com profundidades superiores a 8.000 m, com relevo relativamente plano, podendo ter elevações isoladas, ilhas vulcânicas por vezes interrompidas por cordilheiras ou elevações continentais. A cordilheira oceânica está ligada em sua origem ao movimento das placas por onde ocorre vulcanismo por acreção. A maior profundidade localiza-se nas Fossas Marianas, no Oceano Pacífico (onde atinge 11.037 m). O relevo dos fundos oceânicos é moldado em unidades de relevo decorrente de eventos tectônicos e por processos de sedimentação. A placa Sul-Americana separa-se da placa Africana pela Dorsal Mesoatlântica, deslocando-se em sentido divergente acompanhado de intensa atividade vulcânica. A crista situa-se a uma profundidade entre 1.800 e 3.000 m, com largura entre 100 e 400 km. Na parte central ocorre um *rift valley* medindo entre 25 e 60 km.

Distribuição dos sedimentos

As condições físico-químicas e biológicas verificadas nas águas rasas são diferentes das que ocorrem em águas profundas. Há influência na penetração da luz, no grau de oxigenação das águas, na pressão, no aporte de alimentos, no número e no tipo de organismos, entre outros. Esses fatores, e outros relacionados com o aumento da profundidade, vão influir na cor dos sedimentos depositados; na diminuição de materiais biógenos que se preservam nos próprios locais onde viviam; na dissolução de peças esqueléticas etc.

O $CaCO_3$ decresce gradualmente com o aumento da profundidade até 4.500 m. Abaixo dessa cifra essa substância diminui extremamente. "Profundidade de compensação" é aquela onde o aporte de $CaCO_3$ é igual ou semelhante à velocidade de sua dissolução. Não apenas a profundidade influi nesse mecanismo, mas o aporte de esqueletos calcários é também importante. Assim, em locais não saturados de $CaCO_3$ o mecanismo é diferente. Por isso, em áreas onde o oceano é mais produtivo em organismos calcários as vasas que os contêm são mais abundantes.

Phleger e Wiseman (*in* Boucart, 1955) estabeleceram a existência de alternância de faunas frias e quentes utilizando os foraminíferos pelágicos (*Globorotalia* e *Globigerina*).

É possível verificar a temperatura aproximada da água no momento em que testas de foraminíferas foram formadas, estudando a proporção do isótopo O^{18} das conchas de $CaCO_3$.

Nos mares da Indonésia há violentas correntes que varrem e limpam os fundos oceânicos em áreas de 1.000 a 2.000 m de profundidade. Elas removem os sedimentos finos desses locais, permanecendo nos fundos apenas seixos rolados e rochas.

Correntes do golfo atingem 1.000 m de profundidade. As concreções fosforíticas, com seus fósseis do Terciário, demonstram que em locais de sua influência não houve sedimentação desde a época dos citados fósseis. Sua velocidade no estreito da Flórida chega a 1,5 m/s.

Para se arrastar o lodo de Globigerina não são necessárias correntes fortes, bastando que a velocidade da água seja acima de 3 mm/s.

As correntes ascencionais impedem a deposição das partículas finas que se acham em suspensão, podendo também inverter o hidroclima.

Para o Atlântico há citação de quatro correntes superpostas.

A velocidade dos sedimentos pode ser estimada por análise de testemunhos. Para se estabelecerem conclusões é necessário conhecer as respectivas idades das camadas contidas nas amostras. Essas idades podem ser reconhecidas pela presença: de fases glaciais; de cinzas vulcânicas; de estratificações cíclicas anuais (Mar Negro, Golfo da Califórnia); de datações radiométricas e de fósseis etc.

A velocidade de sedimentação sobre os fundos oceânicos abissais é, em geral, extremamente pequena, especialmente a de argila marrom (argila vermelha). Segundo Kuenen, a deposição de 0,4 a 1,3 cm dessa argila levaria 1.000 anos. Nesse mesmo espaço de tempo poderiam depositar-se 0,8 a 4 cm de vasas de Globigerina e 0,7 cm de vasas de diatomáceas (cálculos segundo o método das fases glaciais). Shepard indica 0,6 cm para a argila marrom e 1 cm para as vasas de Globigerina em 1.000 anos.

Os fundos oceânicos não são apenas regiões de acumulação ou de sedimentação, mas, em grande parte, são também regiões de denudação.

O processo de denudação pode ocorrer por dissolução, correntes de fundo, deslizamentos etc. Os taludes continentais abruptos estão submetidos aos efeitos da denudação. Sedimentos incoerentes deslizam. O fundo rochoso se altera, e o material alterado é levado a grandes profundidades por correntes de turbidez, sobre centenas de quilômetros longe da costa. A denudação deve ocorrer também nas cadeias meso-oceânicas.

A dissolução calcária serve de exemplo de transformação química que auxilia ou participa do processo de denudação.

Alguns produtos da desintegração ficam parcialmente retidos *in situ* ou são levados a curtas distâncias, como a argila e o ácido silícico.

Há indicações de que o Oceano Ártico se encontra em desintegração. De maneira ampla, a alteração e a denudação nos fundos oceânicos e lagos equivalem aos correspondentes processos sobre os continentes.

Classificação dos sedimentos das profundidades oceânicas

Sedimentos Pelágicos

Argila marrom: possui menos de 30 % de material biógeno.

Depósitos autígenos ou hidrógenos: consistem dominantemente em minerais cristalizados na água dos oceanos, como a philipsita e nódulos de manganês.

Depósitos biógenos: possuem mais de 30 % de material derivado de organismos. São conhecidos como vasas.

Vasas de foraminíferos: apresentam mais de 30 % de material calcário derivado de organismos, principalmente de foraminíferos, grupo particularmente comum nas amostras de Terciário. Usualmente chamada de vasa de Globigerina.

Vasas de diatomáceas: possuem mais de 30 % de material biógeno silicoso, especialmente algas do grupo das diatomáceas.

Vasas de radiolários: têm mais de 30 % de material biógeno silicoso, especialmente protozoários da Ordem Radiolaria.

Fragmentos de recifes de corais: materiais derivados de recifes, que foram fragmentados e transportados para as zonas profundas. Esses fragmentos podem formar dois tipos de depósitos: Areia de Coral e Vasa de Coral, a qual pode aparecer como "vasa branca".

Sedimentos Terrígenos

Vasa terrígena: possui mais de 30 % de silte e areia de origem comprovadamente terrígena – vasa azul, vasa verde, vasa preta e vasa vermelha.

Turbiditos: derivados de depósitos formados por correntes de turbidez.

Depósitos de deslizamentos: carregados para as águas profundas por deslizamentos que frequentemente ocorrem sobre o talude continental.

Depósitos marinhos glaciais: possuem considerável porcentagem de partículas derivadas do transporte por icebergs.

De acordo com a fonte, esses sedimentos são assim classificados:

- Litógenos:
  - terrígenos;
  - glaciais;
  - fragmentos do embasamento oceânico.
- Biógenos ou organogênicos.
- Hidrógenos ou autígenos.
- Vulcânicos.
- Cosmógenos ou cósmicos.

Sedimentos Litógenos

São constituídos primariamente de grãos minerais que chegam aos oceanos através dos rios.

Sobre a plataforma continental a ação de ondas e correntes pode selecionar as partículas pelos seus tamanhos, depositando os grãos ou fragmentos maiores, removendo os menores ou carregando-os para zonas afastadas das costas.

Partículas finas podem levar vários anos para se depositarem nos fundos oceânicos. De acordo com Gross (1967), partículas menores do que 0,5 mícron de diâmetro podem permanecer em suspensão várias centenas de anos, antes de atingir o fundo.

Durante esse período as partículas podem ser carregadas milhares de quilômetros pelas correntes. Os sedimentos litógenos acumulam-se vagarosamente, formando uma camada de aproximadamente 1 mm de espessura em 1.000 a 10.000 anos. Próximo ao continente e especialmente junto a grandes rios, a acumulação se dá muito mais rapidamente.

O longo percurso dessas partículas determina uma ampla distribuição geográfica e produz reações químicas. Por exemplo, o ferro na água ou sobre uma partícula pode reagir com o oxigênio dissolvido nas águas salgadas, formando uma cobertura ferruginosa de óxido de ferro sobre os grãos minerais. A abundância de tais grãos, vermelhos ou marrons, nos sedimentos dos fundos oceânicos é usada na denominação de depósitos, como argila marrom, vasa vermelha etc.

Por outro lado, a acumulação rápida de sedimentos sobre a plataforma continental dificulta a reação química. Nesse caso os grãos raramente adquirem uma coloração vermelha ou marrom.

As partículas que chegam aos oceanos, transportadas pelos ventos, são mais abundantes em regiões próximas a desertos e cadeias de montanhas. Também assumem maior importância onde a carga de grãos transportados pelos rios é pequena.

Resumidamente, entende-se que partículas litógenas são os componentes dos sedimentos que são levados para os oceanos pelos rios, ventos e gelo. Esses componentes podem ocorrer sobre a plataforma continental, talude ou regiões mais profundas do que as citadas.

Sedimentos Biógenos

São os derivados de organismos. Eles contribuem com fragmentos ou esqueletos inteiros de carbonato de cálcio, sílica (opala) e fosfatos.

Sedimentos Hidrógenos

São originados de reações químicas que ocorrem no seio das águas ou em sedimentos sob ela depositados, como os nódulos de manganês.

Sedimentos Vulcânicos

Alguns autores colocam estes sedimentos no grupo dos hidrógenos.

Os vulcões que originam esse grupo de sedimentos podem ser subaéreos ou subaquáticos.

Sedimentos Cósmicos

Grupo de pequena importância, que inclui as poeiras cósmicas e os meteoritos.

Icnofácies de águas profundas

Ekdale & Berger (1978) identificaram traços em fundos abissais atuais por meio de fotografias e amostragens em Ontog, Platô de Java no Pacífico Equatorial, em profundidades entre 1.597 e 4.441 m.

Mediante fotografias foram reconhecidas, na superfície do fundo, pistas de equinoides e holotúrias a 2.320 e 1.625 m de profundidade, respectivamente. A bioturbação nessas profundidades é intensa, de modo que os traços de superfície e outras feições são destruídos pelas perfurações produzidas por atividades da infauna. As bioturbações consistem em perfurações horizontais e verticais, estas últimas muito raras ou ausentes em profundidades superiores a 3.300 m.

Os referidos autores registraram ainda as seguintes icnofaunas:

Chondrites: perfurações desse tipo foram encontradas em profundidades entre 1.597 e 2.949 m. Os furos são túneis com diâmetros entre 2 e 4 mm escavados em numerosas ramificações de forma dendrítica.

Planalites: consistem em orifícios horizontais, sub-horizontais retos ou levemente sinuosos com um diâmetro entre 3 e 2 mm. Foram encontrados em zonas com profundidades próximas de 4.000 m.

Skolitos: cilindros verticais com 1 a 3 cm de diâmetro e 5 a 10 cm de comprimento. Ocorrem comumente em águas com profundidades inferiores a 2.500 m.

Zoophycos: traços semelhantes aos de Zoophycos foram constatados por meio de testemunhos de sondagens, 35 cm abaixo da superfície dos sedimentos, em profundidades de 2.183 m de lâmina de água.

Esses traços são tubos lobados, ramificando-se em estruturas horizontais radiais. São semelhantes ao Zoophycos descrito por Simpsom (1970), faltando, entretanto, um tubo marginal em forma de U nas porções terminais, típicos desse icnogênero.

Tais estudos representam uma grande contribuição para a identificação de antigos ambientes abissais. O trabalho confirma também a sugestão de Kennedy (1975), de que os icnofácies de águas profundas consistem em Chondrites, Planolites, Teichichnus e Zoophycos.

Seilacher (1964, 1967) e Frey (1975) sugeriram que os depósitos abissais são caracterizados por "ichnofácies nereites", com uma variedade de traços predominantemente horizontais, de "pastagens". Estes, possivelmente, estão mais relacionados com sequências turbidíticas e de *flysch* que zonas abissais, como confirmam os trabalhos de Kern (1978), quando identificou "fácies de nereites" em leques submarinos e turbiditos do Eoceno ao Cretáceo de "Vienna Woods". Os traços fósseis foram agrupados por Kern em 25 taxas e descritos em três grupos: alto-relevo, baixo-relevo e em epirrelevo (preservados sobre a superfície dos arenitos).

Traços de alto-relevo: têm estrutura tridimensional e encontram-se dentro de uma única litologia (pelitos). São todos "*depósitos feeders*" (comedores de depósitos residuais), produzindo perfurações horizontais. Os mais importantes são Chondriteos, Phycosiphon, Zoophycos e Gyrophyllites.

Traços de baixo-relevo: são convexos e ocorrem na sola dos arenitos. A complexidade e a regularidade das formas da maioria desses traços sugerem que eles foram produzidos pela atividade de *deposit feeding*. Muitos são de natureza pós-deposicional, com interfácies de areia-argila, enquanto outros parecem ser pré-deposicionais cobertos posteriormente por argilas. Os principais icnogêneros encontram-se representados nas Figs. 17.35 e 17.36.

Epirrelevos: traços preservados na superfície dos arenitos. São de forma irregular meandrante e parecem ser produzidos por animais em busca de alimentos em substratos arenosos. Os principais icnogêneros são *Granularia* e *Scolicia*.

O Oceano Austral, embora não tão conhecido devido ao difícil acesso causado pelas plataformas de gelo, tem na verdade flora e fauna bastante diversificadas principalmente em grandes profundidades. Os ciclos de gelo e degelo liberam algas microscópicas, material orgânico e oxigênio durante o degelo, que juntamente com a água mais densa vão alimentar os seres vivos no fundo. Após a separação e o isolamento da Antártica do continente de Gondwana, no Cenozoico, os animais marinhos evoluíram para espécies endêmicas com características próprias, como, por exemplo, o peixe-gelo, que não tem hemoglobina no sangue e contém proteínas anticongelantes na circulação, podendo assim viver em temperaturas de até 2 °C (Figs. 17.37 e 17.38).

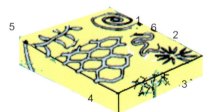

Figura 17.35 Icnofácies de águas profundas.

1 - Spiroraphe
2 - Lorenzinia
3 - Chondrites
4 - Paleotictio
5 - Nerite
6 - Cosmoraphe

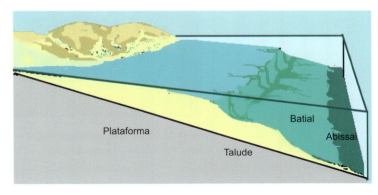

Figura 17.36 Zonas batimétricas do oceano.

Figura 17.37 O *Icefish* transparente vive bem a 2 °C. (*Folha de S. Paulo*, março de 2009. Foto: Stefano Schiaparelli/Programma Nazionale di Ricerche in Antartide.)

Figura 17.38 Grupo de animais que habitavam o Oceano Austral. (*Folha de S. Paulo*, março de 2009 – nomes dos autores nas fotos.)

Bibliografia

KENNETT, J. P. *Marine geology*. New Jersey: Prentice-Hall, 1982. 813 p.

MAGLIOCCA, A. *Glossário de oceanografia*. São Paulo: Nova Stella; EDUSP, 1987. 355 p.

MUTTI, E. et al. Deltaic, mixed and turbidite sedimentation of ancient foreland basins. *Marine and Petroleum Geology* 20, 733-755, 2003.

OPEN UNIVERSITY. *The ocean basins: their structure and evolution*. Oxford: Pergamon Press, 1989. 171 p.

OSBORNE, R.; TARLING, O. (Ed.). *The historical atlas of the earth*: a visual celebration of Earth's physical past. New York: Henry Holt and Company, 1996. 191 p.

SEIBOLD, E.; BERGER, W. H. *The sea floor*: an introduction to marine geology. 3. ed. Berlin: Springer-Verlag, 1996. 355 p.

SUGUIO, K. *Dicionário de geologia marinha*: com termos correspondentes em inglês, francês e espanhol. São Paulo: T. A Queiroz, 1992. 171 p.

TUREKIAN, K. K. Oceanos. Tradução de Isotta, C. A. L. São Paulo: Edgard Blücher, 1969.

Princípios de Estratigrafia 18

Embora a designação estratigrafia esteja originalmente relacionada especificamente com o estudo das rochas estratificadas, esse campo da Geologia é muito mais abrangente e envolve todos os tipos de rocha, considerando os aspectos da origem, organização, empilhamento, idade e história das unidades em questão.

A estratigrafia estabelece a sucessão no tempo e no espaço das sequências de rochas e sua extensão, incluindo processos e ambientes geológicos antigos.

Esses estudos incluem também processos de sedimentação, ou erosão, e ausência destes (discordâncias), bem como intrusões e extrusões magmáticas e deformações dos corpos rochosos associados.

Os resultados desses estudos são a representação das sequências de estratos ordenados em forma de coluna ou cartas estratigráficas discriminando tipos de rochas, idades, espessuras etc. As colunas construídas podem ser utilizadas para a correlação litoestratigráfica, bioestratigráfica e cronoestratigráfica.

Os pacotes de rochas são estudados sob os mais diferentes aspectos quando se deseja objetivamente alcançar algum resultado específico.

Entre eles destacam-se o estudo dos antigos ambientes de sedimentação por meio do reconhecimento de fácies, tendo em vista que grande parte dos recursos minerais estão ligados a ambientes sedimentares. Muitas rochas sedimentares formam-se em ambientes propícios à gênese e evolução do petróleo, carvão, gás natural e de minerais radioativos.

Rochas sedimentares e vulcano-sedimentares estão associadas a depósitos ferrosos, calcários, sais, argilas, areias, fosfatos, água subterrânea e água mineral, entre outros.

Os estudos estratigráficos são de fundamental importância para a localização, quantificação e extração desses recursos e são realizados em superfície, afloramentos ou em subsuperfície (sondagens), incluindo aqueles que se encontram hoje recobertos por água ou gelo. Os perfis são elaborados a partir de dados de campo e/ou com base em testemunhos de sondagens, ondas sísmicas, magnetismo remanescente, características isotópicas, geoquímicas, entre outros.

A estratigrafia reúne-se a outras áreas da Geologia para a obtenção de uma interpretação mais ampla das condições que determinaram os processos geológicos da época em que as rochas foram formadas na área do objeto de estudo.

A geotectônica relaciona-se com o tipo de bacia de sedimentação, evolução e/ou processo de deformação das rochas; a paleontologia pode fornecer informações e caracteres do ambiente de sedimentação, idade etc.; a geofísica, por meio das velocidades de ondas sísmicas, define sequências, reconhece fácies, descontinuidades etc.

O uniformitarismo

Todos os traços físicos e biológicos conhecidos na história da Terra foram produzidos por processos que atuaram de acordo com as mesmas leis da natureza que continuam atuando ainda hoje.

O uniformitarismo é a teoria que parte do princípio de que todos os processos que atuaram no passado foram regidos pelos mesmos princípios que agora governam qualquer processo físico, químico ou biológico. Por exemplo, se havia gravidade no passado, esta atuou com determinada força e da mesma maneira que atua agora, ou seja, a água sempre correu para as regiões mais baixas, e não para cima.

O uniformitarismo não significa que todas as coisas foram necessariamente iguais no passado e agora. Portanto, a radiação solar certamente foi diferente, o número de dias em um ano também pode ter variado, assim como a força de gravidade não foi sempre uniforme.

A superposição de camadas

Em uma sequência de rochas sedimentares não perturbada cada camada formou-se após aquela que está embaixo. É um conceito muito simples, porém de ampla utilidade, não apenas para a compreensão da idade relativa das rochas mas também, em parte, para a avaliação dos processos de levantamentos de seções em escala regional. Setenta e cinco por cento das rochas que cobrem os continentes são sedimentares; incluem-se aí todas as maiores cordilheiras do mundo. A maioria destas foi depositada em condições marinhas, posteriormente levantada, e encontra-se hoje dobrada de formas complexas, que dificultam o estabelecimento de sua posição original. Nesse caso, os princípios do uniformitarismo e da superposição são úteis na solução do problema.

A sucessão faunal

As populações de organismos evoluem em suas formas através dos tempos, e as formas anteriores não voltam a aparecer.

As primeiras observações feitas por Smith (1769-1839) e Covier (1769-1832) mostraram que os fósseis contidos em determinada camada de rochas eram diferentes daqueles encontrados em camadas situadas alguns metros acima ou abaixo.

Com o passar do tempo, ficou evidente que as formas são diferentes de acordo com a posição que ocupam nas sequências. Como resultado, os grupos de fósseis foram classificados de acordo com as camadas correspondentes e, segundo o princípio do uniformitarismo, agrupados em termos de tempo (Fig. 18.1).

Essas observações foram a chave para a ideia das mudanças biológicas através dos tempos, mais conhecidas como *evolução*.

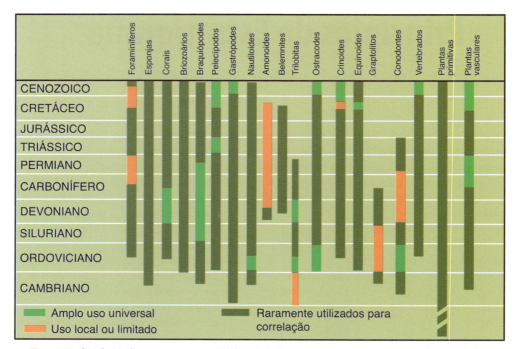

Figura 18.1 Distribuição (aparecimento e extinção) dos principais grupos fósseis de acordo com os períodos geológicos.

Uma espécie resulta da combinação de caracteres hereditários que surgem num ponto do espaço e do tempo.

Durante uma fração finita do tempo geológico, as espécies evoluem para formas distintas. Essa fração do tempo chama-se amplitude (Fig. 18.2).

A vida no passado foi um processo contínuo, portanto irreversível, e sujeita às mesmas leis do presente (atualismo de Lyell).

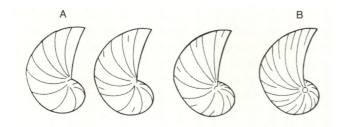

Figura 18.2 Evolução da forma de espécie A para a espécie B durante certo tempo geológico (amplitude).

As sequências e o tempo

Em uma sequência de camadas sedimentares, o tempo gasto entre a deposição da camada inferior e a mais alta não está, na maioria dos casos, todo representado fisicamente sob a forma de rocha. Por exemplo, se temos uma sequência de 50 m de espessura, a idade entre a base e o topo pode ter uma diferença de 10 milhões de anos de tempo real que não se encontra representado. Isso ocorre porque determinados períodos caracterizaram-se pela não deposição ou erosão, conhecidos como períodos de discordâncias ou hiatos.

A ausência de partes de sequências sedimentares explica também por que muitos dos organismos que habitaram a Terra no passado permanecerão desconhecidos para nós. Além disso, diversos fatores impediram a fossilização de determinados organismos, como, por exemplo, a falta de esqueletos duros, a destruição de partes duras por predadores e pelas próprias condições desfavoráveis do ambiente.

Com base nos conhecimentos evolutivos, quantitativos das espécies atuais, dos ambientes antigos e da lei do uniformitarismo, estima-se que menos de 1 % dos organismos que viveram no passado encontra-se preservado nas rochas.

18.1 Processos de Datação

A bioestratigrafia

A bioestratigrafia procura registrar de maneira sistemática a distribuição no tempo e no espaço de todas as espécies. O confronto dessa distribuição permite a identificação de horizontes particularmente marcantes que servem para a delimitação da unidade bioestratigráfica fundamental, que é a zona. A distribuição espacial e temporal dos organismos fornece uma escala de tempo relativo e que pode ser associada à escala de tempo absoluto, resultando em uma escala de tempo integrada (Fig. 18.3).

Rubídio – estrôncio

Após a formação das rochas ígneas, elas podem, juntamente com seus minerais que se formaram durante o processo de cristalização, ter incorporados elementos radioativos. Alguns tipos desses elementos radioativos poderão ser utilizados para se datar a idade das rochas, que conta apenas a partir desse processo de formação. A datação é possível porque os minerais radioativos são instáveis devido à desintegração contínua, produzindo elementos diferentes e emitindo radiações. Um átomo contém prótons e nêutrons em seu núcleo, e alguns, denominados isótopos, têm núcleos instáveis e o átomo decai em um elemento diferente emitin-

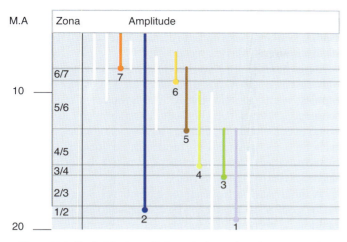

Figura 18.3 Distribuição das unidades taxionômicas (1 a 7) por sua amplitude (limites inferiores e superiores) no espaço e no tempo, constituindo zonas associadas à escala de tempo absoluto e resultando numa escala de tempo integrada. Cada zona é delimitada pelo aparecimento de uma espécie e desaparecimento de outra.

do a radioatividade. Essas taxas de decaimento podem ser medidas com precisão e são expressas como meia-vida, o tempo necessário para que a metade do átomo de uma rocha se transforme em um isótopo-filho.

Assim, o ^{87}Rubídio (isótopo-pai) origina o ^{87}Estrôncio, porque um nêutron do pai sofre um decaimento ou injeta um elétron no núcleo, produzindo um novo próton, o qual é acrescentado ao Rubídio, que antes tinha 37 prótons e agora passa a ter 38, tornando-se um isótopo com 38 prótons.

Como esse processo é contínuo, a massa do átomo-pai diminui gradativamente. A meia-vida de um elemento é o tempo que leva para metade do número de átomos que havia no início do processo se desintegrar, formando um novo elemento estável.

Ao término da primeira meia-vida, metade do número de átomos ainda permanece no segundo decaimento, restando ¼ do número de átomos, e assim sucessivamente. Conhecendo-se no final o número de átomos-filhos formados e os átomos-pais que restaram, pode-se calcular o tempo transcorrido. A meia-vida dos isótopos ^{87}Rubídio e ^{87}Estrôncio demarca 47 bilhões de anos. Com o conhecimento de meia-vida do pai, mede-se a razão pai/filho com o auxílio do espectrômetro, determinando a idade da rocha desde que ela incorporou o Rubídio até os dias atuais.

Elementos radioativos com rápido decaimento, com poucas dezenas de anos, como o ^{14}Carbono são úteis para determinar idades menores.

O ^{14}Carbono decai para ^{14}Nitrogênio, em uma meia-vida de 5.730 anos; por isso, esse método tem sido muito usado na arqueologia, que se utiliza de madeira, ossos e fósseis recentes etc. Os limites de uso do ^{14}Carbono estão no fato de os átomos de ^{14}Nitrogênio serem de difícil avaliação, após abandonarem o material a ser analisado; e depois de 70 mil anos, por exemplo, devido ao seu decaimento, pouco ^{14}Carbono restará para ser medido com precisão.

Urânio – chumbo

Todos os isótopos do urânio (existem cerca de 15 conhecidos) são instáveis. Em seus processos de desintegração muitos elementos intermediários são formados, e seus produtos finais ("filhos") são isótopos estáveis do chumbo (Pb).

Dois isótopos de urânio (U) são usados para datação: ^{235}U, que se transforma em ^{207}Pb na base de uma vida média de 713 milhões de anos, e o ^{238}U, que se transforma em ^{206}Pb a uma vida média de 4,5 bilhões de anos. O chumbo de origem natural que ocorre nos minerais é formado por inúmeros isótopos, dos quais aproximadamente a metade foi produzida pela desintegração do urânio.

Além de minério de urânio, que não é muito comum, um dos melhores minerais para se utilizar na datação pelo processo urânio-chumbo é a zirconita cuja fórmula química é $ZrSiO_4$.

As zirconitas são encontradas em pequenas quantidades em rochas comuns, como o granito, e nesse caso a idade medida representa o tempo em que o granito se solidificou.

Uma das características da datação pelo processo urânio-chumbo é que dois isótopos diferentes estão se desintegrando ao mesmo tempo, e assim dois "filhos" são produzidos juntamente, o que vem a ser uma maneira de se conferir os resultados, diminuindo a margem de erro. Se a idade calculada a partir de cada binômio "mãe-filhos" é a mesma, pode-se ter certeza de estar em um sistema fechado e de que se obteve uma idade precisa.

Potássio – argônio

Existem três isótopos naturais do potássio (K), e dois deles, que juntos perfazem mais de 99 % do potássio mundial, são estáveis. Entretanto, ^{40}K não é estável e desintegra-se de duas maneiras diferentes. Cerca de 89 % do ^{40}K desintegram-se pela emissão de uma partícula beta, convertendo assim um nêutron em um próton. O potássio então converte-se em cálcio (Ca), mas esse descendente, ^{40}Ca, não é diferente da forma mais comum de cálcio e não é produzido pela radioatividade. Dessa maneira, a probabilidade de que parte desse ^{40}Ca medido num mineral já pertença à rocha no início da contagem do tempo torna limitado o uso do sistema.

Os restantes 11 % de ^{40}Ca desintegram-se, capturando um de seus próprios elétrons orbitais para dentro de seu núcleo, em vez de emitir partículas. A adição de uma carga negativa no núcleo converte um próton em um nêutron, e o elemento com um próton a menos que o potássio é o argônio (Ar). Argônio é o terceiro gás mais abundante em nossa atmosfera (depois do nitrogênio e do oxigênio), e a maior parte dele é gerada pela radioatividade. O potássio faz parte da constituição de diversos minerais muito comuns, como as micas, o que faz com que o método ^{40}K2^{40}Ar seja o mais utilizado para a datação.

O problema é que o descendente argônio – que é um gás relativamente inerte – pode facilmente escapar do sistema; decorre daí que a datação computada pode ficar muito recente. Por sorte alguns minerais tendem a reter mais o argônio do que outros.

Se houver suspeita de que a rocha sofreu um reaquecimento, devem ser escolhidos outros minerais para a datação. A abundância de minerais portadores de potássio e a meia-vida de 1,3 bilhão de anos para o ^{40}K permitem a datação em muitos tipos de rochas.

As melhores condições para datação ocorrem para rochas que se formaram somente há 50.000 anos. Entretanto, a pequena quantidade de ^{40}Ar produzida durante esse curto intervalo de tempo torna imperativa a execução de medidas com precisão rigorosa, o que limita o uso desse método para rochas jovens.

Os minerais que podem ser datados pelo método potássio/argônio e as rochas onde são mais frequentemente encontrados são:

Feldspatos	Vulcânicas	Plutônicas	Metamórficas	Sedimentares
Sanidina	X			
Anortoclásio	X			
Plagioclásio	X			
FELDSPATOIDES				
Leucita	X*			
Nefelina	X*	X*		
MICAS				
Biotita	X	X	X	
Flogopita			X	
Muscovita		X	X	
Lepidolita		X*		
Glauconita				X*
ANFIBÓLIOS				
Hornblenda	X	X	X	
ROCHA TOTAL	X		X*	

* Menos utilizadas.

18.2 Sequências Deposicionais

A unidade fundamental da estratigrafia de sequências é a sequência deposicional, uma unidade estratigráfica composta de uma sucessão de estratos concordantes, geneticamente relacionados e limitados em sua base e topo por discordâncias ou por contatos concordantes correlativos (Mitchum *et al.*, 1977; Vail, 1987).

Uma sequência deposicional é cronoestratificamente importante porque ela foi depositada durante determinado intervalo de tempo geológico limitado pelas idades das sequências concordantes adjacentes. Os estratos adjacentes que limitam a sequência podem ter idades variáveis de um lugar para outro, sempre que os limites destes com as camadas da sequência forem discordantes.

Uma sequência deposicional geralmente mede de dezenas a centenas de metros de espessura.

As sequências são formadas por um conjunto de parassequências que representam depósitos geneticamente relacionados, limitados por superfícies de inundação marinha de maior expressão (von Wogoner *et al.*, 1990).

Há também uma separação em sequências e supersequências que variam com a duração de milhões de anos e resultam da elevação e queda do nível do mar.

Essas mudanças do nível do mar, como sabemos, são ciclos eustáticos derivados de agentes tectônicos, em escalas globais, resultando em grandes transgressões e regressões marinhas. Outros fenômenos naturais também são atribuídos como eventos que resultam nas mudanças do nível do mar, tais como soerguimento e subsidência de áreas cratônicas, glacioeustáticas, variações cíclicas da órbita da Terra, inclinações do eixo de rotação etc.

A subdivisão de sequências é baseada pelos métodos sísmicos com a interpretação do rastreamento de horizontes obtidos de seções sísmicas marcantes, geralmente discordâncias, regionais. Estas constituem superfícies-chaves que separam conjunto de estratos geneticamente associados, ou tectossedimentares, que representam o registro sedimentar sem interrupções dentro da sucessão de eventos na bacia.

Os métodos sísmicos são baseados no fenômeno da propagação de ondas elásticas nas rochas por meio de ondas sísmicas geradas artificialmente na superfície e refletidas nas interfácies físicas das rochas, onde se dá o contraste entre dois pacotes (Fig. 18.4).

As ondas sísmicas propagam-se em dois processos denominados: ondas (P) primárias, de maior velocidade, e ondas (S) secundárias.

Nas ondas (P), as partículas vibram na direção da propagação; por isso, são compressionais ou dilatacionais, e nas ondas (S), as partículas são submetidas a esforços de cisalhamento.

Quando uma onda passa por uma descontinuidade produzida pela diferença de densidades entre duas camadas de rocha, há quebra de energia nesse ponto, refletindo parte dessa energia, enquanto a outra parte é transmitida ou refratada, como ondas elásticas, por sofrerem impedância.

Na estratigrafia de sequências, os padrões de reflexão indicam superfícies que vão delimitar as unidades sísmicas interpretadas como "tratos de sistemas deposicionais", separados por truncamentos ou concordâncias (Fig. 18.38).

Os limites das sequências

Baselap refere-se à forma de contato basal de uma sequência deposicional. Ocorrem dois tipos (Figs. 18.5-A e B):

Onlap. É assim chamada quando estratos inicialmente se depositam na horizontal, sobrepondo uma superfície preexistente inclinada, formando um ângulo em seus contatos (Fig. 18.5-B1).

Downlap. Ocorre quando estratos depositam-se inicialmente inclinados, mergulhando contra uma pré-superfície plana ou inclinada (Fig. 18.5-B2).

A presença de *onlap* e *downlap* é indicadora de hiatos (não deposição ou erosão).

Toplap. Refere-se ao tipo de contato no topo das sequências.

Estratos inclinados como os frontais de laminação cruzada em afloramentos ilustram essas relações. Os estratos podem ter seus limites inclinados, com diminuição de espessuras, terminando de maneira assintótica contra a superfície do topo (Fig. 18.5-A2).

Nas reflexões sísmicas, os estratos terminam contra a superfície superior em ângulo alto. *Toplap* evidencia um hiato e resulta de uma deposição onde o nível de base (como o nível do mar) encontra-se muito baixo para permitir que os estratos se estendam além da borda inclinada (*updid*). Durante o desenvolvimento de *toplap*, a sedimentação se adelgaça, diminuindo a erosão acima do nível de base, enquanto os estratos progradantes depositam-se abaixo do nível de base.

O *toplap* geralmente encontra-se associado a depósitos marinhos rasos, deltas e também depósitos marinhos profundos (leques), onde o nível de base deposicional é controlado por correntes de turbidez e outros processos (Fig. 18.5-A2).

Truncamento por erosão

É o caso em que os limites são dados por erosão dos estratos. Ocorre nos limites superiores de uma sequência deposicional que pode estender-se por grandes áreas ou estar confinada a canais. Quando os estratos são afetados por movimentos tectônicos, normalmente seus limites superiores são truncados por ação da erosão subaérea ou submarina (Fig. 18.5-A1).

Truncamento estrutural

É o caso em que os estratos têm seus limites laterais terminados por disrupção de ordem estrutural.

Esse fenômeno é reconhecido onde os estratos que constituem a sequência são cortados por falhas, deslizamentos gravitacionais, diapirismo ou intrusões ígneas.

Exemplos de sequências deposicionais

A Fig. 18.6 é um exemplo de sequências deposicionais definidas pela sísmica. Nela foram identificadas sequências estratigráficas físicas com seus limites caracterizados por discordâncias e concordâncias.

18.3 O Caráter Episódico do Registro Sedimentar

O termo discordância implica hiatos deposicionais (e/ou erosionais) expressivos, passíveis de serem estimados ou medidos pelos métodos bioestratigráficos e geocronológicos tradicionais. Na realidade, conforme proposto, o conceito de sequência transcenderia esse limite de mensurabilidade do tempo, podendo ser aplicado a episódios sedimentares de qualquer ordem de grandeza. Entretanto, para tal generalização, Della Fávera (1984) considera que a sequência deposicional ficaria mais bem definida com a substituição do termo discordância por descontinuidade. Assim, a ordem de grandeza de uma sequência qualquer seria função intrínseca da ordem de grandeza do tempo envolvido na construção do episódio em si e das descontinuidades que o separam de outros

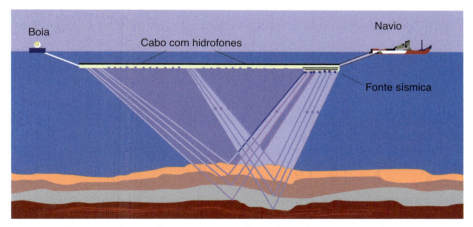

Figura 18.4 Ilustração dos processos de captação dos sinais refletidos por ondas sísmicas.

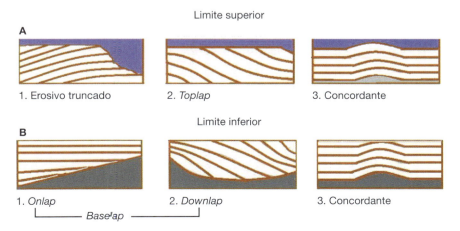

Figuras 18.5-A e B Sequências deposicionais mostrando as diferentes formas de contato de topo e de base.

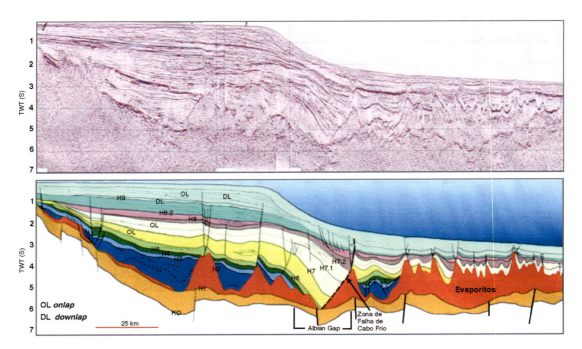

Figura 18.6 Seção sísmica da área central da Bacia de Santos mostrando a divisão do pacote sedimentar em sequências deposicionais individualizadas. Observam-se seções com limites *onlap* (OL) e *downlap* (DL). (Assine *et al.*, 2008.)

episódios. Seguindo o raciocínio, o episódio de menor ordem de grandeza seria o resultante de um evento único, o estrato ou camada, delimitado em seu topo e base por superfícies de estratificação, que são essencialmente descontinuidades.

Hsu refere-se ao "catastrofismo atualístico" para definir a natureza dos eventos de sedimentação pontuada, raros e de grande magnitude; Dott propõe "sedimentação episódica", de âmbito mais geral, considerando o termo "catastrofismo" demasiadamente comprometido com o chamado "criacionismo científico", movimento de natureza religiosa que ora emerge com estrépito.

Assim, de acordo com o pensamento contido nos dois pronunciamentos, o registro sedimentar seria formado por "episódios" de sedimentação, alternados com períodos de não deposição, marcadamente refletidos nos planos de estratificação. Alguns desses episódios, que envolvem a manifestação de um elevado grau de energia num curto intervalo de tempo, são eventos raros, pelo menos em termos humanos. Entretanto, em muitas situações seus depósitos predominam sobre os dos processos "normais" do dia a dia – graduais e contínuos – formados em condições de "bom tempo".

A frequência dos eventos raros é inversamente proporcional à intensidade dos fenômenos envolvidos. Sua dominância no registro sedimentar seria justificada em termos de potencial de preservação por essa mesma alta energia que os caracteriza: ao mesmo tempo em que acarreta a deposição de enormes volumes de sedimento, concorre para a remoção, retrabalho ou total descaracterização dos depósitos preexistentes de sedimentação gradual, em geral pouco expressivos. Essa situação está bem ilustrada na frase lapidar de Ager (1981) de que a "história da Terra se assemelha à vida dos soldados: longos períodos de tédio, alternados por breves instantes de terror". Aliás, esse mesmo autor cunhou o termo que poderia ser adotado para englobar esses novos conceitos: "estratigrafia por eventos".

Evidências sedimentares do caráter pontuado do registro sedimentar

Segundo Seilacher (1982), a sedimentação episódica, ou por eventos, se notabiliza por três tipos de eventos raros:

(a) Eventos turbulentos – compreendem correntes de turbidez, em ambiente marinho ou lacustre profundo, tempestades, em ambiente marinho raso e grandes inundações. Seus depósitos levam informalmente os sugestivos nomes de *turbiditos*, *tempestitos* e *inunditos* (ver Capítulo 14, Subseção 14.4.3 e Capítulo 17, Seção 17.8).
(b) Abalos sísmicos – alteram a porção superficial de um depósito ou disparam fluxos de massa e correntes de turbidez. Seus depósitos são denominados *sismitos*.
(c) Precipitação de cinzas vulcânicas ou poeira produzida por impacto de meteoritos – resulta em camadas características, individualizadas por longas distâncias.

Turbiditos com evidência do caráter pontuado

Turbiditos são depósitos de sedimentação episódica por excelência, fato já admitido há longos anos. Um pulso de corrente de turbidez transportando expressivo volume de sedimentos leva apenas minutos ou horas para percorrer longos trechos da bacia e depositar sua carga. Por outro lado, esses pulsos se sucedem a intervalos de centenas de anos.

Apesar de a corrente de turbidez gerar uma variedade de fácies sedimentares, a mais característica constitui os chamados "turbiditos clássicos", ou que apresentam a sequência de Bouma (Fig. 18.11). Esta é formada da base para o topo, do intervalo gradacional (a), do intervalo de laminação paralela (b), do intervalo de laminação cruzada (c) e dos intervalos pelíticos superiores (d/e). Correspondendo aos períodos entre pulsos sucessivos de corrente de turbidez, deposita-se o chamado "intervalo hemipelágico", que consta de níveis delgados de argila ou carbonatos, formados por restos de organismos planctônicos.

O caráter episódico dos turbiditos fica suficientemente estabelecido a partir do quadro transcrito de Dott (*op. cit.*):

DADOS: Uma sequência com 100 pares, cada um composto de turbiditos, em média com 10 cm de espessura, e pelagitos normais, com 5 cm de espessura em média (total = 1.500 cm).

CONSIDERE QUE: 1. Taxa de deposição de lama pelágica 5 cm/1.000 anos.
2. Correntes de turbidez são eventos geologicamente instantâneos.

SEGUE-SE QUE: 1. Tempo total para formar 100 pares: 500 cm de lama/5 cm/1.000 anos = 100.000 anos.
2. Frequência média das correntes de turbidez:
100.000 anos/100 turbiditos = 1.000 anos entre os eventos.

CONCLUSÕES: 1. Dois terços da sequência foram depositados por eventos instantâneos que ocorreram em média uma só vez por milênio.
2. Em 10 milhões de anos: 10.000 eventos poderiam depositar 1.500 m de estratos.

No Brasil, turbiditos ocorreram durante a fase *rift*, em condições lacustres profundas, e na seção marinha, notavelmente a partir da base do Cretáceo Superior, das bacias da margem continental. Sua importância consiste na formação de importantes reservatórios para hidrocarbonetos.

Qualquer um dos turbiditos conhecidos nas duas situações apresenta o caráter episódico suprarreferido. Como exemplo, cita-se o Arenito Namorado, que ocorre na porção superior da Formação Macaé (Cenomaniano) da Bacia de Campos. É formado por corpos espessos de turbiditos arenosos de até 100 m de espessura, compreendendo internamente dezenas de camadas, com a sequência de Bouma incompleta. A geometria da camada individual é lobada, podendo a espessura atingir 1,5 m do eixo do lobo. Neste registro preservado, os depósitos da sedimentação episódica são absolutamente dominantes; os intervalos hemipelágicos, representativos da sedimentação gradual, são inexistentes ou volumetricamente desprezíveis.

Transgressões e regressões marinhas

O conceito de transgressões e regressões marinhas é fundamental em Geologia, porque muitos sedimentos antigos representam ambientes de deposição junto à costa. A compreensão das migrações da linha de praia, por sua vez, é de grande importância na reconstrução da paleogeografia, da fonte de sedimentos, dos processos de deposição dos sedimentos e como marco estratigráfico.

As transgressões e regressões em sedimentos antigos envolvem:

(a) intervalo de tempo decorrido;
(b) quantidade de material fornecido;
(c) quantidade de material dispersado;
(d) proporção de material depositado, levando-se em conta as mudanças do nível do mar ou movimentos tectônicos;
(e) causa da migração da linha de praia.

Naturalmente, muitas vezes essas questões podem ser respondidas com um grau de precisão considerável, por causa da natureza indireta e especulativa dos conhecimentos acerca do processo de **migrações laterais** da linha de praia.

Utilizam-se os termos *onlap* ou **transgressões por superposição** para uma sequência transgressiva ou retrogradacional e *offlap* ou **regressão por superposição** para uma sequência regressiva ou progradacional, uma vez que são as posições dos leitos mais recentes em relação aos leitos mais antigos ou parcialmente subjacentes que prevalecem na interpretação dessas sequências.

As transgressões e regressões são identificadas em grande escala nas relações de superposição das fácies mais rasas com as fácies mais profundas do mar.

O termo transgressão é utilizado para o progresso de migração da linha de praia em direção ao continente. A regressão é o oposto, ou seja, a migração ou o recuo da linha de praia na direção do mar.

As mudanças relativas do nível do mar de parte do Cretáceo e do Terciário foram identificadas correlacionando-se as subdivisões do tempo geológico com base em zonas bioestratigráficas com as unidades sismoestratigráficas interpretadas a partir de seções sísmicas (Beurlen, 1981) (Fig. 18.7).

Causas das transgressões e regressões

Segundo Curray (1964), as causas das transgressões e regressões dependem de muitos fatores; a maioria deles é interdependente e não pode ser avaliada separadamente. Entre esses fatores constam: a quantidade e a natureza do material fornecido; a intensidade dos processos que dispersam, arranjam, causam ou impedem a deposição dos sedimentos; a extensão e a configuração da plataforma, a proporção e a direção da mudança relativa do nível do mar. A maior parte desses fatores pode ser atribuída à tectônica, à geologia regional, ao clima e às mudanças do nível eustático do mar, que, por sua vez, também são interdependentes.

Como já foi dito anteriormente, a elevação do nível relativo do mar resulta geralmente em transgressões ou na migração da linha de praia para o continente. Inversamente, a queda do nível relativo do mar em geral resulta na migração em direção ao mar da linha de praia, ou regressão. Contudo, esse processo pode ser invertido pelos efeitos da deposição ou erosão. Em uma elevação lenta do nível relativo do mar,

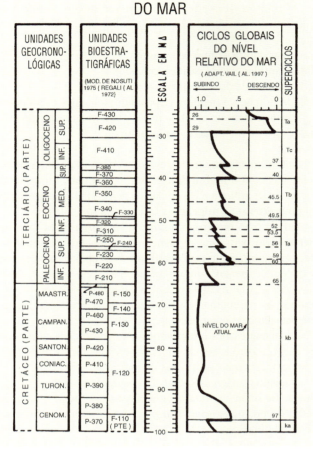

Figura 18.7 Correlação bioestratigráfica e ciclos globais do nível relativo do mar do Cenomaniano ao Oligoceno. O nível mais alto do mar identificado foi no Turaniano (a 92 m.a.). Os períodos mais baixos estão no Coniciano (entre 86 e 82 m.a.). As variações do nível do mar chegaram a alcançar 350 m. Entretanto, somente no Oligoceno Superior atingiu-se nível mais baixo que o atual. (Segundo Beurlen, 1980.)

mas com uma taxa elevada de deposição local, por exemplo, num delta, a linha de praia pode recuar para o mar.

Por outro lado, uma erosão rápida aliada a uma queda muito lenta do nível do mar pode compensar a tendência à regressão, produzindo uma transgressão da linha de praia.

As outras variáveis são a elevação do nível do mar por subsidência do continente, causando transgressão e queda do nível do mar, ou emergência do continente, causando regressão. Nem sempre é possível distinguir entre causas eustáticas e tectônicas na mudança relativa do nível do mar em registros sedimentares antigos. As flutuações eustáticas do nível do mar associadas ao período glacial são consideradas raras no registro geológico, e conhecemos muito pouco em relação a mudanças eustáticas do nível do mar devido a outras causas. Quando se conhecem os fenômenos tectônicos de um período, pode-se conjeturar que as mudanças relativas do nível do mar foram causadas naquele local pela elevação ou subsidência do continente.

Fatores que causam a mudança relativa do nível do mar

Os fatores que podem causar uma modificação no nível relativo do mar são:

1. **Tectônica.** A maioria das mudanças através do tempo geológico foi provavelmente relacionada com a Tectônica de placas, com a exceção dos poucos períodos de glaciação e das possíveis mudanças, a longo prazo, no volume de água das bacias oceânicas.
2. **Glacioeustásia.** Crescimento e ablação das geleiras, causando mudanças no volume tanto das bacias oceânicas quanto no da água que preenche os oceanos.
3. **Processos Isostáticos.** Correspondem a um abaulamento da crosta pelo peso (pressão) do gelo.

18.4 A Organização dos Estratos nas Sequências

As observações cuidadosas de sequências sedimentares em afloramentos ou em testemunhas nos levam a descobrir uma lógica na disposição das camadas que se sucedem verticalmente dentro de uma aparente anarquia.

O arranjo ordenado das camadas que realmente ocorre tem outro aspecto interessante, que consiste na repetição deste com uma certa ciclicidade. Assim, cada ciclo seguinte pode ser prognosticado.

Entretanto, como os processos que controlam a sedimentação são muito complexos, nem sempre as mudanças são conspícuas, e também muitas vezes os ciclos apresentam-se incompletos.

Contudo, frequentemente as camadas encontram-se superpostas, compondo um arranjo ordenado e limitado que constitui ciclos dentro de uma sequência maior. Os ciclos repetem-se verticalmente diversas vezes, daí o nome de ciclicidade.

Por exemplo, uma sequência deltaica progradante completa (vertical) é granocrescente, começando na base por: A-folhelhos (pró-delta) seguidos de B-siltito ou arenito fino (frente deltaica) seguido de C-depósitos de arenitos médios e grosseiros de distribuitários com intercalações de D-pelitos resultantes de baixios interdistribuitários. Portanto, a sequência ideal é A-B-C-D (Fig. 18.8). Entretanto, essa sequência não ocorre completa em todas as partes do delta, resultando que ela pode ser encontrada como A-B-D-C ou A-B-D, ou ainda algumas camadas podem repetir-se. Outros exemplos são os ciclos fluviais, os turbiditos, os ciclotemas, os varvitos etc.

Sequências transgressivas e regressivas

Em uma bacia oceânica, os sedimentos aportados são redistribuídos pela ação das ondas e correntes, de modo que os mais grosseiros (seixos e areias) concentram-se na região litorânea, os menos grosseiros (arenitos médios, finos e siltitos) depositam-se na plataforma, abaixo da ação das ondas, e os mais finos (siltitos e folhelhos) são transportados para longe da costa. Caso as condições tectônicas, climáticas e outras persistam, a sedimentação se processa segundo esta distribuição (progradação).

Entretanto, no decorrer dos tempos geológicos a taxa de afluxo de sedimentos é variável, e também o nível dos oceanos não permanece estático. Se ocorre um aumento do nível do mar, as areias litorâneas avançam juntamente com o mar em direção ao continente, e os sedimentos de plataforma passam a depositar-se sobre as areias litorâneas, e sobre estas os sedimentos pelíticos que antes se depositavam nas regiões mais distantes e profundas.

Como resultado, temos uma sequência vertical granodecrescente (retrogradação) (Fig. 18.9). Se após essa fase o nível do mar começa a regredir, a linha de praia recua e, junto com ela, a deposição de areia e seixos, que passam a se depositar sobre os sedimentos de plataformas e estes sobre pelitos, uma vez que a plataforma também recuou. O resultado será uma sequência sedimentar granocrescente e progradante (Figs. 18.10 e 18.11).

Sequências turbidíticas

O termo foi introduzido por Kuenem (1957) para designar os sedimentos depositados por correntes de turbidez.

No modelo de fácies de turbidito de Bouma (1962), cada ciclo completo é constituído de cinco intervalos, como se segue:

(a) intervalo gradacional;
(b) intervalo inferior de laminação paralela. Intervalo de laminação cruzada com marcas de ondas de correntes;
(c) intervalo superior de laminação paralela;
(d) intervalo pelítico. Nem sempre a sequência completa designada Ta-e está presente em todos os pontos da seção.

A superposição de vários ciclos provenientes de diferentes fluxos de correntes de turbidez forma inúmeras sequências rítmicas (Fig. 18.12).

Sequências de origem pedológica

A teoria da bioreesistasia, introduzida por Erhardt, dá ênfase ao desenvolvimento da floresta que protege os solos contra a erosão e evidencia uma certa ordenação da remoção dos produtos provenientes do intemperismo que ocorre nos continentes.

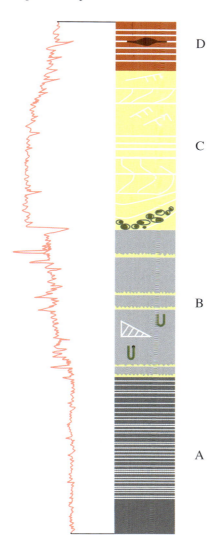

Figura 18.8 Coluna ideal de uma sequência deltaica completa. A — pró-delta; B — frente deltaica; C — planície deltaica; D — baixios interdistribuitários. A coluna da direita mostra a variação no tamanho do grão e o conteúdo em estruturas sedimentares e fósseis. À esquerda estão representadas as variações das curvas de Potencial Espontâneo (SP).

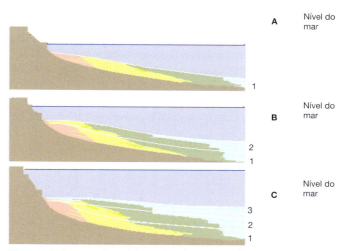

Figura 18.9 Transgressão marinha, onde pode ser observado três estágios do nível do mar e seus depósitos granodecrescentes correspondentes.

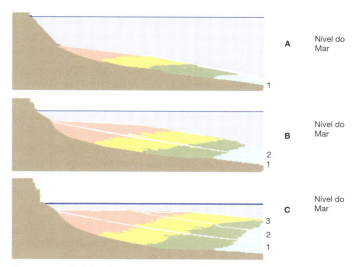

Figura 18.10 Estágios de uma regressão marinha e a sequência granocrescente correspondente.

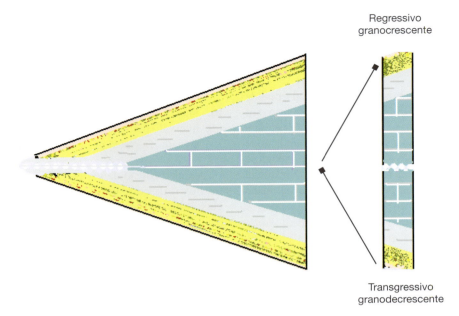

Figura 18.11 Sequência ideal de uma transgressão seguida de regressão.

Em períodos denominados **bioestasia**, a floresta funciona como um filtro: as partículas insolúveis permanecem nos solos, sobre as superfícies, e os produtos solúveis são levados às bacias de sedimentação.

Em períodos de resistasia, a destruição da floresta libera os sedimentos detríticos do solo, e eles são transportados para as bacias.

A alternância desses dois períodos resulta nas bacias em sequências deposicionais rítmicas entre termos químicos e detríticos (Fig. 18.13).

Sequência de ritmitos

Certos sedimentos são constituídos por dois ou mais tipos de litologias que se repetem um grande número de vezes; são as sequências rítmicas. A ritmicidade do depósito pode se manifestar em diferentes escalas, mas é sempre consequência de fatores presentes na sedimentação (Fig. 18.14).

Os varvitos

São sedimentos rítmicos provenientes de lagos periglaciais. São formados de sequências de lâminas de alguns milímetros ou poucos centímetros de espessura, sempre compostas de dois termos denominados *varves*.

Estes termos são:

- os arenitos finos, claros, provenientes do degelo do verão;
- os argilitos, escuros, ricos em matéria orgânica, formados no inverno.

A soma dos dois termos equivale exatamente a um ano. Nos depósitos periglaciais do Grupo Itararé, de idade Permocarbonífera da Bacia do Paraná, ocorrem sequências de varvitos que alcançam algumas dezenas de metros de espessura.

A alternância de calcário e margas

Sequências formadas por uma sucessão de camadas de calcários e margas são muito comuns. Hallam interpreta essas alternâncias como consequência de variações periódicas do nível do mar por deformação do fundo oceânico.

Assim, a deposição máxima de carbonato de cálcio ocorre em águas pouco profundas, onde há boas condições de temperatura, aeração e limpidez.

Por outro lado, quando ocorre uma parada nas agitações da água, precipita-se a argila. Assim, quando o nível do mar recua, desenvolvem-se bancos de calcário acompanhados de uma rica fauna indicativa dessas condições. Quando o nível do mar sobe, depositam-se as margas e os folhelhos com uma fauna enfraquecida pelas mudanças das condições de vida. Algumas vezes, sob essas condições, o meio passa para anaeróbio, formando folhelhos betuminosos.

Outras sequências cíclicas

A ciclicidade ou ritmismo nas sequências sedimentares pode formar-se por fenômenos diversos, e encontram-se na natureza inúmeros exemplos que serão analisados nos capítulos referentes ao sistema deposicional. A seguir enumeramos ainda:

- Ciclos fluviais, provenientes da migração de canais em áreas de contínua subsidência.
- Sequências de numerosas camadas de carvão em bacias de movimentos tectônicos bruscos ou de subsidência de velocidade variável.

18.5 Interrupção de Sequências (Discordância)

As sequências sedimentares encontram-se preenchendo as bacias antigas e constituindo pacotes com espessuras que podem atingir dezenas de milhares de metros. Entretanto, observações cuidadosas mostram que em alguns casos ocorrem ciclos ou sequências com características muito distintas

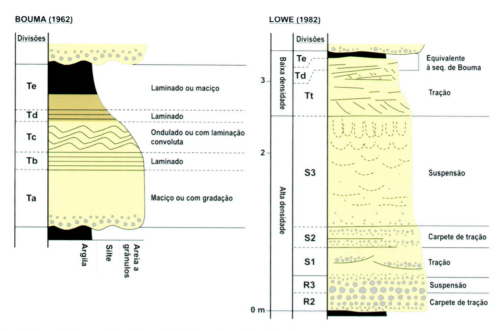

Figura 18.12 Modelos de fácies turbidíticas conforme Bouma (1962) e Lowe (1982). O modelo de Bouma, com as divisões Ta e Te, refere-se aos turbiditos clássicos ou distais, que aparecem como um horizonte delgado no topo da sequência de Lowe.

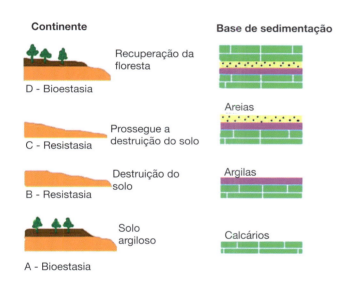

Figura 18.13 Sequência de origem pedológica (Eoceno e Oligoceno da Alemanha). Ciclicidade proveniente da deposição alternada entre sedimentos químicos e detríticos em consequência da proteção ou não dos solos por florestas. (Modificado de Aubouin *et al.*, 1968.)

Figura 18.14 Sequência de ritmitos. Trombudo Central, S.C. (Foto do Autor.)

daquelas que as precederam na sedimentação, por via de regra acompanhadas de um contato abrupto e muito bem definido entre ambas.

Isso significa que os processos de sedimentação não foram contínuos desde a formação da bacia até o seu completo preenchimento.

O ininterrupto processo de sedimentação é a materialização do tempo decorrido, da mesma maneira como uma ampulheta mede o tempo. A não deposição ou erosão de parte da sequência indica uma porção do tempo geológico decorrido que não se encontra registrado naquele local.

A identificação de interrupções ou discordância ocorridas entre pacotes sedimentares é importante, por exemplo, na pesquisa do petróleo. Assim, uma acumulação de petróleo só ocorrerá em um arenito se este for no máximo de idade contemporânea à migração do óleo. A Fig. 18.15-A representa um grande lapso de tempo que não se encontra registrado, uma vez que parte das rochas da unidade inferior foi erodida. Essa discordância ocorre entre o Grupo Paraná e o Grupo Tubarão, na Bacia do Paraná. A Fig. 18.15-B representa uma pequena descontinuidade erosiva separando dois ciclos deposicionais distintos em rochas da Formação Itararé.

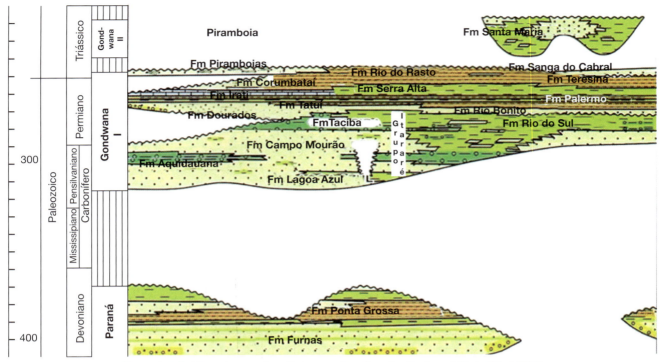

Figura 18.15-A A figura destaca a discordância entre o Grupo Paraná e o Gondwana I. (Fonte: Milani, 1997.)

Figura 18.15-B Desconformidade de curto espaço de tempo entre sedimentos do Grupo Itararé. SC-470. (Foto do Autor.)

Tipos de discordâncias

(a) Discordância litológica ou inconformidade, ou não conformidade:
Quando sedimentos se encontram em contato com rochas cristalinas ou metamórficas (Figs. 18.16 e 18.17).

(b) Discordância paralela ou desconformidade:
Quando duas sequências sedimentares não perturbadas, geralmente constituídas por associações litológicas distintas, e estão separadas por uma superfície irregular produzida por erosão sobre o pacote inferior (Figs. 18.16, 18.17, 18.18 e 18.19). Quando não há erosão e o limite entre os pacotes paralelos não é claro, é possível haver uma discordância paralela ou paraconformidade, que pode ser originada por não deposição. Neste caso, a sequência não apresenta evidências físicas de que tenha ocorrido interrupção no processo sedimentar. Entretanto, estudos paleontológicos indicam que os fósseis ou associações paleontológicas encontradas na porção inferior são de idade muito antiga, em contraste com aqueles encontrados na porção superior (Fig. 18.20, entre as unidades 4 e 5).

(c) Discordância angular:
Duas sequências se cortam por ângulos diferentes. Geralmente a sequência inferior está inclinada devido a fatores tectônicos transcorridos antes da deposição da sequência seguinte; ou ambas estão dobradas. Isso significa que, além do tectonismo, ocorre também erosão na superfície da sequência inferior (Fig. 18.16, entre as unidades 2 e 3, e Fig. 18.20, entre 1 e 2).

Exemplos em sequências deposicionais

As Figs. 18.6 e 18.21 mostram a Bacia de Santos (litoral do Rio de Janeiro) dividida em sequências deposicionais, com base no reconhecimento de horizontes estratigráficos geneticamente associados, que representam o registro sedimentar de uma sucessão de eventos da bacia baseado na sismoestratigrafia e também na correlação de poços. A sucessão sedimentar foi dividida em 13 sequências deposicionais. As letras seguidas de números indicam os limites (horizontes estratigráficos) discordantes entre as sequências (Assine *et al.*, 2008). As sequências deposicionais podem ser delimitadas por vários processos.

18.6 Classificações Estratigráficas

As rochas, para efeito de referências, estudos e interpretações, são subdivididas em unidades menores com denominações, abordagens e métodos dos mais diversos.

Princípios de Estratigrafia   235

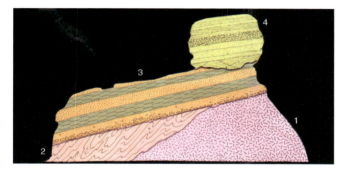

Figura 18.16 Tipos de discordâncias. 1 – Granitos; 2 – Sequência dobrada; 3 – Conglomerados, arenitos e lamitos; 4 – Arenitos com estratificação acanalada na base. Inconformidade entre 1 e 3 e angular entre 3 e 2; e discordância paralela entre 3 e 4.

Figura 18.19 Discordância paralela entre arenitos da Formação Botucatu (Jurássico) e lamitos da Formação Santa Maria (Triássico). Santa Maria, RS. (Foto do Autor.)

Figura 18.17 Discordância litológica entre arenitos da Formação Furnas (Devoniano) e riolitos do grupo Castro (Ordoviciano). Guartelá, PR. (Foto: Antonio Liccardo.)

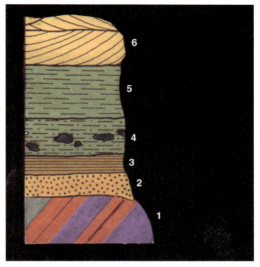

Figura 18.20 Tipos de discordâncias: 1 – Sequência basculada mais antiga; 2 – Arenitos; 3 – Folhelhos; 4 – Siltitos e lamitos fossilíferos; 5 – Lamitos afossilíferos; 6 – Arenitos com estratificação cruzada. Discordância angular entre 1 e 2; desconformidade entre 4 e 5.

Nas últimas décadas foi desenvolvida, por meio da sísmica, uma nova metodologia e abordagem denominada estratigráfica de sequência. Como visto, os perfis sísmicos revelam de maneira abrangente, e também em detalhes, feições geométricas e faciológicas contidas nos diversos ciclos deposicionais.

Pode-se distinguir cinco tipos de tratamento para as unidades estratigráficas:

- Litoestratigrafia;
- Bioestratigrafia;
- Cronoestratigrafia;
- Aloestratigrafia
- Estratigrafia de Sequências.

Figura 18.18 Discordância paralela entre arenitos da Formação Botucatu (Triássico) e a Formação Rio do Rasto (Permiano). SC-470. (Foto do Autor.)

As unidades estratigráficas tradicionais e formais foram e continuam sendo utilizadas com base nos Códigos de Nomenclatura Estratigráfica em todo o mundo, com o objetivo de denominar, caracterizar e correlacionar unidades de diferentes magnitudes, que são constituídas por porções de rocha e fósseis em seus locais de ocorrência, bem como suas posições espaciais e temporais em toda a superfície e subsuperfície terrestre.

Unidades litoestratigráficas

São porções das rochas da crosta terrestre distinguidas e delimitadas tridimensionalmente por critérios litológicos. Portanto, os limites entre as unidades litoestratigráficas são traçados levando-se em conta exclusivamente os diversos caracteres litológicos do pacote que, em seu conjunto, diferem substancialmente dos pacotes adjacentes. Conceitos baseados na idade, no ambiente de sedimentação e conteúdo paleontológico não representam critérios para se distinguir e delimitar uma unidade litoestratigráfica.

O limite entre unidades estratigráficas, neste caso entre unidades litoestratigráficas, é denominado *horizonte estratigráfico ou contato estratigráfico*, que a rigor impõe um limite entre as unidades. O corpo de rocha separado por dois contatos é designado intervalo estratigráfico.

A Fig. 18.22 ilustra inúmeras sequências sedimentares que foram estudadas e divididas em unidades litoestratigráficas. Na fotografia podem-se identificar e diferenciar algumas unidades que certamente podem ser individualizadas pelo conteúdo sedimentar, pela cor, tipos de estratos etc.

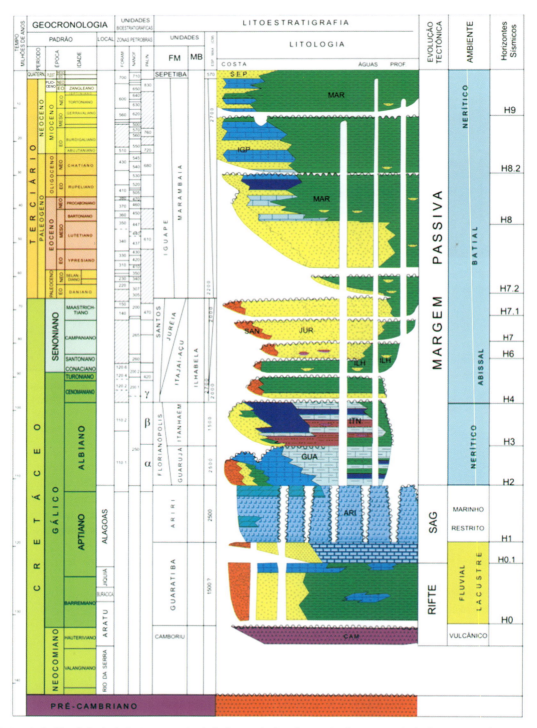

Figura 18.21 Carta estratigráfica da bacia de Santos, apresentando horizontes sísmicos, litoestratigrafia e geocronologia. Os espaços em branco entre as sequências representam discordâncias. (Segundo Assine *et al.*, 2008.)

As unidades litoestratigráficas compreendem as seguintes categorias de unidade formais: grupo, subgrupo, formação, membro, camada, complexo, suíte e corpo.

A formação é a unidade mais importante e fundamental. É um pacote constituído por uma ou mais litologias, mas que em seu conjunto representa um corpo homogêneo com caráter distintivo das unidades adjacentes. Deve ser mapeável na superfície em escala de 1:25.000 ou delimitável em superfícies (Figs. 18.21 e 18.23).

A formação pode ser constituída por rochas sedimentares ígneas extrusivas ou metamórficas de baixo grau.

Os limites das formações devem ser situados ao nível das mudanças litológicas. Podem coincidir com contatos abruptos bem marcados, inclusive discordantes, ou ser arbitrados no caso em que as mudanças litológicas são gradacionais.

A caracterização de uma formação, assim como das demais hierarquias litoestratigráficas, é puramente física, do mesmo modo que os caracteres morfológicos são utilizados na sistemática zoológica.

Os hábitos dos animais não são levados em conta para sua classificação na escala zoológica, assim como o ambiente em que se formaram as rochas não pode ser levado em consideração na sua sistematização, mesmo porque ele é interpretativo e, por isso, mutável.

A proposta formal de uma formação geológica deve seguir o Código Brasileiro de Nomenclatura Estratigráfica e ter a sua divulgação em revista periódica de caráter científico.

Uma formação pode ser dividida, se for conveniente, parcial ou totalmente em uma ou mais partes que venham a constituir uma entidade que apresenta características litológicas próprias que permitam distingui-la das demais porções. Essas porções são chamadas membro e também recebem denominações próprias.

Camada

A camada é uma unidade formal de menor hierarquia, geralmente distinguível dentro do membro, mas que pode estender-se para outras unidades.

Grupo

Quando duas ou mais formações relacionam-se por feições litoestratigráficas comuns, geralmente oriundas de sequências deposicionais contínuas, elas são reunidas em grupo. O grupo pode estender-se por áreas onde os estudos ainda não foram suficientes para distinguir as formações que o compõem. Esse é o caso do Grupo Itararé, na Bacia do Paraná, que em muitas áreas permanece individido, enquanto em outras reúne três formações.

Subgrupo

É uma unidade que engloba apenas algumas das formações que compõem o Grupo; por exemplo, um grupo constituído pelas formações A, B, C, numa área, passa à hierarquia de subgrupo em outras onde é composto apenas das formações A e B.

Unidades bioestratigráficas

São caracterizações e delimitações de pacotes de rocha, pelo seu conteúdo fossilífero.

O estabelecimento de uma unidade bioestratigráfica implica sua definição, ou seja, a fixação de seus limites inferior e superior; sua caracterização, que é feita pelo registro de todas as ocorrências de natureza biológica que se encontram confinadas entre seus limites; e, finalmente, a identificação da zona, que é o reconhecimento da unidade em outras áreas, ou seja, fora da área-tipo estudada.

A Zona de Lystrosaurus, por exemplo, representa vários níveis de rocha que contêm fósseis répteis do Triássico Inferior, descritos inicialmente na África do Sul e por similaridade paleontológica correlacionada com outros continentes.

A unidade bioestratigráfica fundamental é a zona. Zona é uma camada, sequência de camadas ou um pacote caracterizado pela ocorrência de uma ou mais entidades taxonômicas fósseis em que uma ou mais dessas entidades lhes emprestam o nome.

A base da zona geralmente é definida com o aparecimento de uma espécie, enquanto o topo é limitado pelo aparecimento da zona imediatamente acima (Fig. 18.24).

Figura 18.22 Sequências sedimentares com características litológicas distintas, constituindo unidades litoestratigráficas próprias. Paleozoico Superior, San Juan, Argentina. (Foto do Autor.)

Figura 18.23 Afloramento da sequência de estratos de arenitos relativamente homogêneos da Formação Furnas, Devoniano da Bacia do Paraná, cuja espessura atinge até 300 metros. Jaguariaiva, Paraná. (Foto do Autor.)

O estabelecimento de zonas encontra diversas aplicações, como na datação de sequências ou unidades litoestratigráficas, correlação estratigráfica, estudos paleoecológicos, análise geológica, determinação de níveis ricos em matéria orgânica e horizontes potencialmente produtores de petróleo (Fig. 18.25).

A Fig. 18.26 mostra unidades bioestratigráficas, litoestratigráficas e sequências deposicionais do Cretáceo da Bacia de Pelotas.

Há diversos tipos de zonas de mesma hierarquia que podem ser utilizados no mesmo pacote de rocha, de acordo com as conveniências. Por exemplo, zona de epíbole é utilizada quando há abundância excepcional de uma entidade taxonômica que motivará sua designação.

Biozona

Inclui todas as rochas depositadas em algum lugar durante o tempo que a espécie existir, isto é, desde que surgiu até o seu desaparecimento. Inclui todas as rochas depositadas onde a espécie ocorre, mesmo que sejam rochas marinhas ou continentais. Assim, **biozonas** são verdadeiras unidades cronoestratigráficas, e só podem ser atribuídas a formas fósseis que têm bem definida a sua distribuição absoluta de vida tanto na horizontal como na vertical (Fig. 18.27).

A biozona, também conhecida como zona de amplitude ou abrangência, expressa a máxima extensão estratigráfica e geológica, a não ser que se indique concretamente uma zona mais limitada. Por exemplo, a zona de amplitude *Monoporites asimulatos v. d. Hammen*, das bacias costeiras brasileiras, distribui-se do Paleoceno ao Plioceno.

Zona de intervalo ou zona de amplitude local

A maioria das espécies aparece no registro fóssil, ou em uma seção estratigráfica sem indicação de seus ancestrais ou sem deixar descendentes. Assim, uma troca de espécies na seção não representa uma biozona, mas uma parte dela. Os estratos que contêm esse registro parcial constituem uma zona de intervalo. São muito importantes estratigraficamente, pois quase todas as tabelas zonais são construídas com essa unidade (Fig. 18.27).

Zona de assembleia

O aparecimento da espécie em um ambiente pode ser o resultado da evolução no local ou da quebra de uma barreira, permitindo a migração de espécies para essa região; ou do desenvolvimento de um ambiente favorável já presente em alguma outra parte da área. Cada um dos grupos faunísticos é chamado associação, e o estrato que os contém é uma assembleia. Assim, cada associação é marcada por uma litologia característica. Os graptólitos, por exemplo, possuem grande distribuição horizontal e vertical, mas sempre em um folhelho preto (Figs. 18.28 e 18.29).

Zona de abrangência

Acrozona de uma espécie é uma parte de sua biozona ou teilzona atualmente representada em uma região (localidade), incluindo todos os estratos, desde o primeiro aparecimento da espécie na seção até o seu desaparecimento.

Exemplo: existem três linhagens de *Baculites*, cada uma com linha evolutiva separada, resultante da migração na área. A primeira, o *Biobtusus – B. perplexus*; a segunda, o *B. compressus – B. eliasi*, e a terceira, o *B. baculus – B. clinoblacus*. No primeiro caso eles imigraram para a área e constituem uma teilzona, e os membros da linhagem que se sucederam com formas gradativas podem constituir uma biozona (Fig. 18.30). A Fig. 18.27 também ilustra o caso.

Zona de abundância

É assim designada quando grande número de espécies fósseis pode ser interpretado como tendo correlação com o tempo do seu máximo desenvolvimento, ou maior abundância, e que este apogeu seria sincrônico em diversas regiões.

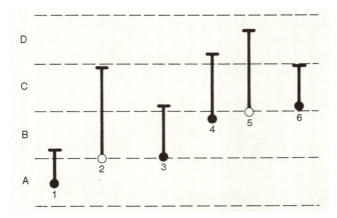

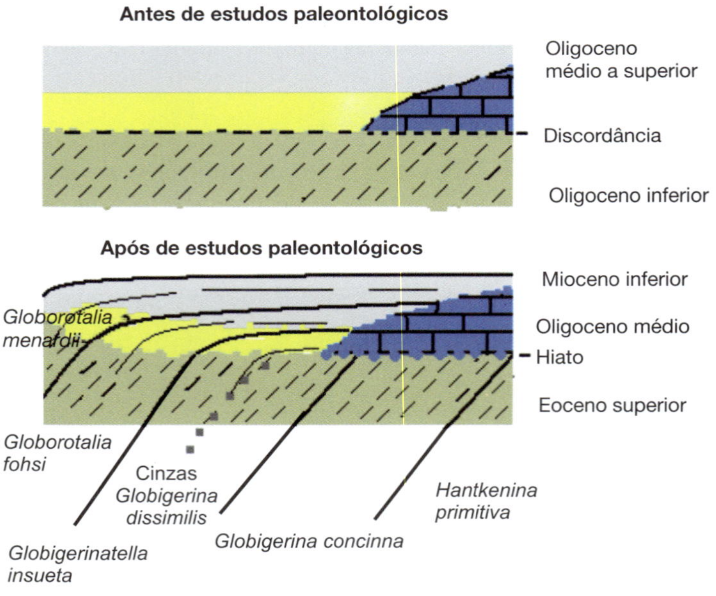

Figura 18.25 Diferenças na interpretação das sequências deposicionais antes e após estudos paleontológicos. Antes dos estudos paleontológicos, o arenito era interpretado como uma camada horizontal contínua da idade do Oligoceno Médio. Após os estudos, verificou-se que o arenito passa lateralmente a folhelhos e vai desde o Oligoceno Médio até o Mioceno Inferior. A discordância também não existe, ocorrendo apenas um pequeno hiato entre folhelhos e calcários (entre o Oligoceno Médio e a porção média do Oligoceno Superior). (Segundo Stainfortn *et al.*, 1975.)

Figura 18.24 A zona A-B é definida pela primeira ocorrência de 2, caracterizada pela primeira ocorrência de 3 e pela última de 1. A zona B-C caracteriza-se pelo aparecimento de 5, ocorrência de 4 e de 2 e desaparecimento de 3.

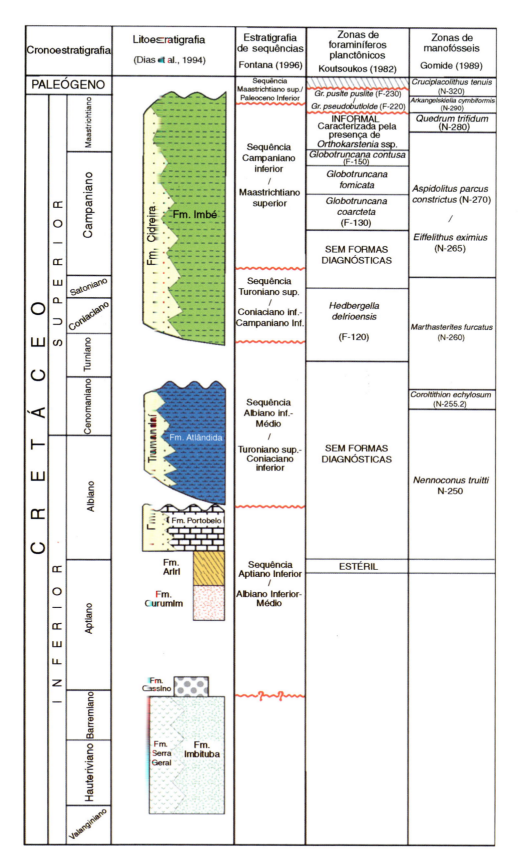

Figura 18.26 Unidades bioestratigráficas, litoestratigráficas e sequências deposicionais da seção Cretácica da Bacia de Pelotas. (Segundo Geise de Santana dos Anjos-Zerfass et al., 2008.)

Isso não é muito comum, pois sabe-se que a distribuição e a abundância dependem de fatores ecológicos e faciológicos. A zona de pico representaria espécies de *fósseis-guias* com ampla distribuição geográfica e curta distribuição estratigráfica.

Zona concorrente ou zona de amplitude coincidente

Ocorre quando a superposição ou a coincidência das zonas de amplitude pode ser distinguida de duas ou mais entidades taxonômicas. Lima (1972) propôs o zoneamento palinológico da Bacia de Barreirinhas. Verifica-se que muitas espécies que dão nome às zonas têm sua distribuição além dos limites de sua zona. Assim, a zona *Araucarialites australis* é caracterizada por uma associação de formas, mas nenhuma delas é restrita à zona (segundo o Código Brasileiro de Nomenclatura Estratigráfica) (Fig. 18.31).

Unidades cronoestratigráficas e geocronológicas

As unidades cronoestratigráficas referem-se a intervalos de tempo. O objetivo é organizar todas as sequências da terra em relação ao tempo correspondente à sua formação. A subdivisão dos estratos é feita por limites planos que nada têm a ver com as divisões litoestratigráficas e bioestratigráficas. Estas subdivisões em unidades maiores ou menores comportam rochas formadas durante um determinado intervalo de tempo.

As classes de unidades cronoestratigráficas são as seguintes: eonotema, eratema, sistema, série, andar e cronozona.

As unidades cronoestratigráficas têm seu equivalente geocronológico, que são as unidades geocronológicas. Estas são imateriais, assim como uma semana, um mês ou um

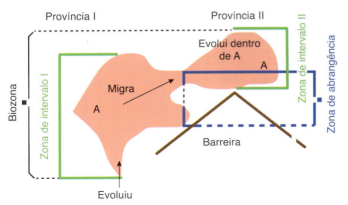

Figura 18.27 Biozona da espécie A. O gráfico mostra a distribuição durante toda a vida da espécie (A), desde que surgiu, a partir de uma espécie ancestral, a migração para a província II, e finalmente a evolução para a espécie A. A mesma espécie A, quando conhecida apenas nos limites das províncias I e II, constitui uma zona de intervalo. A zona de abrangência representa uma parte da biozona em uma localidade qualquer.

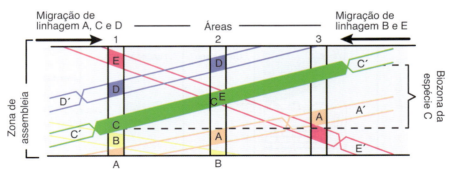

Figura 18.28 Nesta figura foram estudadas 3 seções. Em cada uma as associações são diferentes. Assim, enquanto na localidade 1 a zona de assembleia é caracterizada pela associação A, B, C, D e F, na localidade 3 ocorrem apenas A e C. As associações distribuem-se de acordo com as litologias.

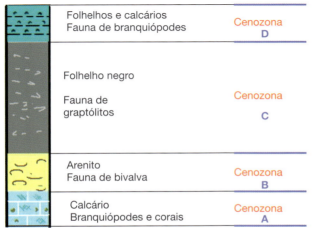

Figura 18.29 Diversas zonas em cada estrato caracterizam uma assembleia faunal, reflexo das condições ambientais em que os animais viveram.

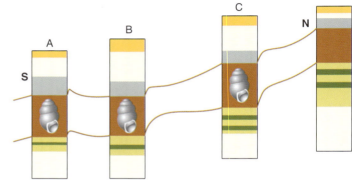

Figura 18.30 A figura representa três seções estudadas, onde uma determinada espécie (*Biobtusus*) aparece pela primeira vez (ao sul) até onde foi encontrada, pela última vez (norte). Cada seção representa uma zona de abrangência.

ano. Referem-se apenas a determinado período de tempo. As unidades geocronológicas são: eom, eras, períodos, épocas, idade, cron, e correspondem às unidades cronoestratigráficas, conforme o quadro a seguir:

Cronoestratigráfica	Geocronológica
Eonotema	Eom
Eratema	Era
Sistema	Período
Série	Época
Andar	Idade
Cronozona	Cron

Parte da classificação estratigráfica (Fanerozoico) que estabelece padrões de duração temporal das unidades geocronológicas está representada na Tabela 18.1. A relação entre as unidades geocronológicas e cronoestratigráficas pode ser exemplificada como segue: na Bacia do Recôncavo, a porção superior do Jurássico e a inferior do Cretáceo encontram-se divididas nos seguintes andares (cronoestratigráficos), correspondentes às seguintes idades (geocronológicas):

Andares	Idade
Andar Alagoas	Neoaptiano
Andar Jequiá	Neobarremiano
Andar	Eoaptiano
Andar Buracica	Eobarremiano
Andar Aratu	Neovalanginiano
Andar	Hauteriviano
Andar Rio da Serra	Eovalanginiano
Andar Dom João	Purbectiano
Andar	(Neojurássico)

(Schaller, 1969 e Viana *et al.*, 1971.)

Esses andares reunidos constituem a Série do Recôncavo (Purbectiano-Aptiano). O Andar Dom João compreende duas zonas (unidades bioestratigráficas): a) zona de amplitude local de *Bisulcrocypris pricei*; b) zona de amplitude local de troncos de coníferas.

Esse andar (unidade cronoestratigráfica) compreende um pacote sedimentar que corresponde a duas formações: Aliança e Sergi (unidades litoestratigráficas). Entretanto, nem sempre há correspondência entre unidades cronoestratigráficas e litoestratigráficas. A Formação Marizal, por exemplo, da mesma bacia, corresponde, em tempo, a apenas uma parte do Andar Alagoas. A Fig. 18.32 representa todas as unidades estratigráficas da Bacia do Recôncavo e suas correspondências.

Estratigrafia de sequências

Como foi visto anteriormente, a subdivisão de pacotes sedimentares em sequências deposicionais é a interpretação do rastreamento de horizontes obtidos de perfis de poços ou seções sísmicas marcantes, geralmente discordâncias regionais.

A análise estratigráfica obtida a partir de horizontes ou superfícies-chaves separa conjuntos de estratos geneticamente associados, ou tectossedimentares, que representam o registro sedimentar sem interrupções dentro da sucessão de eventos na bacia. A análise sequencial, sempre que possível, é baseada, além do uso da sísmica, na correlação estratigráfica extraída de dados de poços, fósseis e outras informações disponíveis. As superfícies ou horizontes sísmicos constituem marcos cronoestratigráficos (ver horizontes sísmicos na Fig. 18.21).

Aloestratigrafia

A aloestratigrafia é empregada especialmente na análise estratigráfica de depósitos sedimentares cenozoicos, principalmente quaternário. As abordagens tradicionais usadas em depósitos sedimentares mais antigos apresentam limitações, quando aplicadas na análise estratigráfica de depósitos quaternários. Essas restrições ocorrem devido ao nível de detalhamento exigido, à natureza descontínua e pouco espessa (frequentemente de alguns metros), às frequentes similaridades e recorrências (ou repetições) de fácies, ao registro paleontológico inadequado às análises estratigráficas (usualmente composto de restos animais viventes) e à reduzida disponibilidade de dados geocronológicos mais precisos.

Uma unidade aloestratigráfica, definida e estabelecida pela Comissão Norte-Americana de Nomenclatura Estratigráfica (N.A.C.S.N., 1983 e 2005), é representada por um corpo sedimentar estratiforme, delimitados por descontinuidades, como, por exemplo, discordâncias erosivas regionais e não diastemas, pois estes são de caráter local. Permite discernir depósitos de litologias semelhantes superpostos, contíguos ou geograficamente separados por descontinuidades, ou ainda considerar como pertencentes a uma única unidade de depósitos caracterizados por heterogeneidades litológicas ou que ocorram em níveis topográficos diferentes e exibam idades distintas (Fig. 18.32).

A Fig. 18.32 ilustra um exemplo de classificação aloestratigráfica de depósitos fluviais e lacustres depositados em uma estrutura de *graben*. Observam-se quatro unidades aloestratigráficas superpostas, limitadas por superfícies descontínuas que podem ser correlacionadas lateralmente. Essas unidades são constituídas de três litologias, que podem ser classificadas também como unidades litoestratigráficas.

Sequências deposicionais

Como visto anteriormente, a unidade fundamental da estratigrafia de sequências é a sequência deposicional, contida entre discordâncias produzidas em mudanças regressivas e transgressivas do nível do mar. Os mares e oceanos são importantes para a geologia porque, em todas as épocas da Terra, eles estiveram presentes, ocupando diversas posições com relação aos continentes; e por isso os sedimentos marinhos e costeiros representam a documentação mais completa da história terrestre. As maiores mudanças através dos tempos geológicos que provocaram profundas modificações nos continentes e nos oceanos estão relacionadas com a tectônica de placas. Processos isostáticos e crescimento e ablação de geleiras também provocaram mudanças de caráter regional responsáveis pela deposição e erosão de sedimentos.

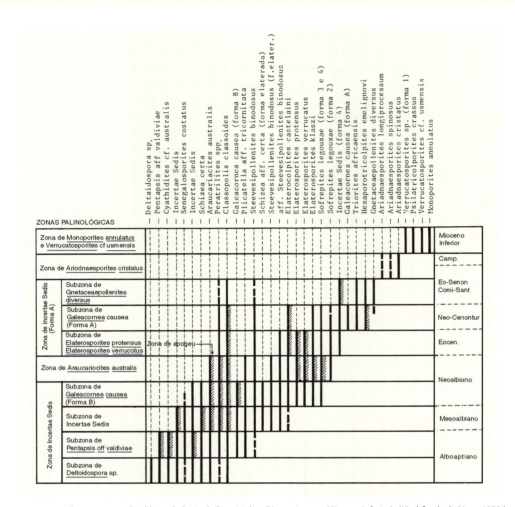

Figura 18.31 Zoneamento palinológico da Bacia de Barreirinhas (Neoaptiano ao Mioceno Inferior). (Modificada de Lima, 1972.)

Tabela 18.1 Classificação estratigráfica local e universal do Fanerozoico (Segundo Gama Jr. *et al.*, 1982.)

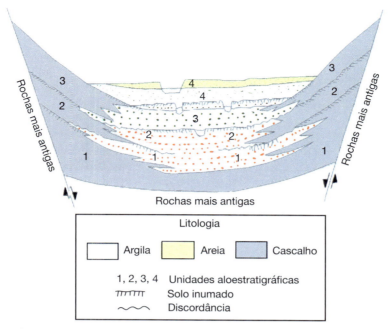

Figura 18.32 Unidades aloestratigráficas superpostas e correlacionáveis depositadas em *graben*. (Modificado de Sallun, 2007.)

Esses acontecimentos provocam transgressões, ou seja, mudança da linha de praia que avança sobre o continente e regressões com a queda do nível do mar, isto é, o recuo do mar a partir da linha de praia (progradação) e consequentemente erosão e sedimentação.

Nível de base

Nível de base é um nível abaixo do qual uma corrente não pode erodir seu vale. O nível de base definitivo é o nível do mar (nível médio entre maré alta e baixa); localmente, o nível de base pode ser um rio ou lago. As elevações formam divisores de drenagem definindo bacias. A bacia de drenagem é um sistema coletor de água desde as porções elevadas, áreas-fonte de sedimentos passando pelo transporte até a deposição nas partes mais baixas. A maioria dos cursos de água segue seu caminho progressivamente juntando-se a outros e finalmente chegando ao oceano, exceto quando os fluxos terminam em drenagem interna e retornam ao ciclo por evaporação.

O nível de base controla as áreas de erosão e de deposição dos sedimentos. Acima do nível de base ocorrem a erosão e a remoção dos produtos. Abaixo do nível de base ocorrem a sedimentação e a preservação dos depósitos. As características dos sedimentos provenientes dos processos de intemperismo dependem do tipo de tectônica, do clima, da composição das rochas da área-fonte e do relevo, entre outros. A tectônica de placas e o clima moldam o relevo e definem os tipos de transporte, tipos de bacia, maturidade dos grãos, entre outros. Quando ocorre uma regressão marinha, o nível de base sofre queda, e aumenta a área exposta a erosão e denudação; além disso as regiões costeiras ficarão mais amplas de modo que os ambientes costeiros avançarão sobre os ambientes praiais ou de plataforma, por exemplo, construindo deltas ou leques deltaicos no talude.

Por outro lado, forma-se na área litorânea extensa superfície de erosão que poderá ser superposta por sedimentação não marinha de natureza costeira continental, constituindo uma sequência deposicional, progradante. Após a queda do nível do mar, pode ter início uma nova elevação, transgressão, subindo o nível de base, e a consequente sedimentação marinha avança sobre a região costeira, recobrindo, por sua vez, os depósitos continentais. Esse aumento progressivo da subida do mar (retrogradação da linha continental) amplia as áreas de deposição sobre o litoral e a plataforma, bem como reduz as áreas de erosão da costa. Os sistemas deltaicos, por exemplo, passam a ser destrutivos com maior dispersão de sedimentos sob a ação dos agentes marinhos.

As variações do nível de base duram centenas de milhares de anos; entretanto, ciclos de menores durações e oscilações do nível do mar formam sequências menores, denominadas parassequências. As parassequências mostram as fácies de progradação e retrogradação (recuo da linha de costa) meio de suas fácies, que resultam em colunas granocrescentes ou granodecrescentes no tamanho dos grãos. A análise desses padrões define e caracteriza os tratos de sistemas deposicionais denominados tratos de sistemas de nível baixo, transgressivos e alto.

As Figs. 18.33-A, B e C mostram as flutuações do nível do mar e seus depósitos correlativos meio da sísmica e de poços (C). As duas primeiras ilustram três sequências deposicionais. Uma parassequência pode ser identificada no exemplo a partir da base da primeira camada 3 depositada sobre a 2, logo após o início da transgressão, marcada por uma discordância. A Fig. 18.33-C mostra a plataforma continental e o talude, bem como a resposta da sedimentação com as variações do nível do mar. O perfil dos poços mostra uma coluna granodecrescente, por exemplo, quando ocorre uma transgressão (a sedimentação fina recobre a grosseira), o que ocorre em sistema de alto nível (HST, TST). Em PC, observam-se unidades progradantes e uma resposta no perfil dos poços com sedimentos granocrescentes (em forma de taça).

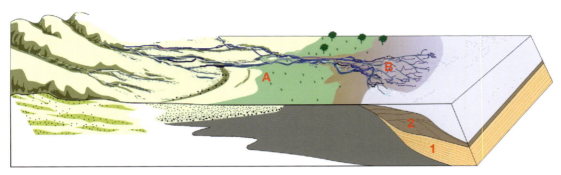

A - Planície deltaica
B - Delta

Figura 18.33-A Sedimentos acumulados no assoalho da plataforma em região deltaica (1). Em (2), a sedimentação avança (prograda) em direção ao mar sobre a sequência (1).

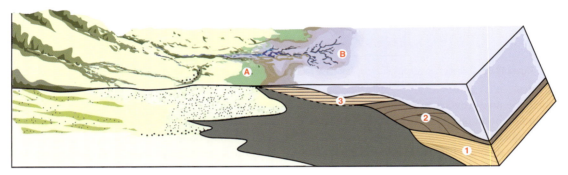

A - Planície deltaica
B - Delta

Figura 18.33-B Tem início uma transgressão com o recuo do sistema deltaico, produzindo depósitos regressivos que se superpõem à sequência (2).

Figura 18.33-C Mudanças do nível do mar e as respostas dos sistemas deposicionais em plataforma e talude. (Fonte: Petróleo da Venezuela, divulgação.)

Ciclos

Ciclos denominados primeira ordem ou ciclos eustáticos, são produzidos por fenômenos tectônicos globais como deslocamento rupturas e/ou formação de supercontinentes, como, por exemplo, grandes transgressões do Eopaleozoico e Cretáceo, com duração entre 50 e 200 milhões de anos.

Ciclos de segunda ordem podem decorrer do soerguimento e subsidências de áreas geotectônicas ativas, além de, eventualmente, glacioeustáticas com duração de 5 a 50 milhões de anos. Com a expansão mesoceânica devida ao afastamento de placas, há maior capacidade cúbica dos oceanos, a qual é preenchida por erupções vulcânicas e sedimentos resultando em uma sobrecarga litosférica e consequente subsidência distencional, dando espaço para esses tipos de ciclos, denominados megassequência.

Os ciclos de terceira ordem constituem as sequências deposicionais propriamente ditas, contidas entre uma regressão e uma transgressão marinha, sendo separados por discordância. Sua duração é de poucos milhões de anos.

Ciclos de quarta a sexta ordem englobam as parassequências. Muitas vezes, são produzidos por mudanças climáticas, com a duração de poucos milhares de anos.

18.7 Fácies

O termo fácies, usado fora dos domínios da geologia, significa meramente aspecto ou aparência. No Dicionário Ilustrado da Língua Portuguesa, da Academia Brasileira de Letras, consta o significado de fácies em Geologia como (feminino) "um conjunto de caracteres de ordem litológica e paleontológica que permite conhecer as condições em que se realizam os depósitos".

Inúmeras são as definições de fácies, e nem sempre elas têm exatamente o mesmo significado ou evidenciam os mesmos aspectos. Uma definição muito utilizada é a seguinte: "fácies em rochas sedimentares são mudanças laterais dos caracteres litológicos e paleontológicos dentro de uma unidade estratigráfica, como resultado das variações que existem naturalmente dentro dos ambientes sedimentares." Nesta definição fica bem claro que se trata de uma variação lateral, e que esta se processa dentro de uma unidade estratigráfica. O problema que resta é que tipo de unidade (se é de natureza litoestratigráfica ou cronoestratigráfica), agravado pelo fato de que os limites dessas unidades nem sempre podem ser bem definidos, dificultando a aplicação desse conceito.

Outros autores aplicam o conceito de fácies para ressaltar rochas essencialmente contemporâneas, mas de litologias diferentes (litofácies). Nesse caso, não se inclui uma variação faciológica dentro de uma unidade litoestratigráfica, pois esta pode transgredir as linhas de tempo, restringindo as fácies dentro de unidades cronoestratigráficas.

Uma análise das condições em que são formadas as fácies pode facilitar a sua conceituação. Em uma bacia sedimentar, a deposição de sedimentos pelíticos se processa em geral nas porções mais profundas, longe da linha de costa, o que corresponde a tipos de sedimentos bem diferentes daqueles que estão se depositando ao longo da linha da praia, representados comumente por areias, seixos etc.

Em algumas áreas do mesmo ambiente, organismos podem produzir estruturas tipo recife.

Os exemplos recentemente de mencionados constituem as litofácies, enquanto os padrões de deposição associados com grupos biológicos são denominados biofácies.

Litofácies e biofácies são registros sedimentares e orgânicos (nos sedimentos) resultantes das condições locais que variam em função de diversos fatores no ambiente, tais como textura do substrato, variações climáticas, química em termos de quantidade de oxigênio, bióxido de carbono disponível, salinidade, turbulência das águas, batimetria, correntes, perturbações crustais e gravitacionais, como movimentos de massa etc. Esses fatores, bem como outros, influenciam os caracteres das associações sedimentares e biológicas que posteriormente são constatadas no registro da rocha (litofácies) ao serem identificadas sob o aspecto de associações litológicas de biofácies quando relacionadas com a variação das associações paleontológicas.

Como se vê, as fácies são produtos dos ambientes sedimentares e, embora constituam unidades genéticas, podem ser contemporâneas ou de idades ligeiramente diferentes, pois resultam de um processo dinâmico. Assim, num depósito de natureza transgressiva as fácies pelíticas, que inicialmente se depositam distante da costa, migram continuamente em direção ao continente, acabando por transpassar sobre os arenitos litorâneos.

Atualmente, as fácies são estudadas como se fossem unidades deposicionais simples, mas que se encontram associadas e geneticamente ligadas entre si. As litofácies são as unidades genéticas fundamentais de um sistema deposicional, e são identificadas a partir da litologia, geometria, estruturas sedimentares e padrões de paleocorrentes.

As litofácies são utilizadas também com conotação hierárquica, constituindo uma unidade entre camada e sequência a ser considerada na análise estratigráfica.

A identificação das fácies é o caminho para a reconstituição dos antigos ambientes.

Se todos os aspectos de um ambiente ficam constantes durante certo período geológico, como a profundidade da lâmina da água, a composição e a textura dos sedimentos que aportam, a taxa de sedimentação e a subsidência, além de outros fatores, o resultado é uma sequência de rochas sedimentares com padrões relativamente constantes. Tal constatação no registro geológico, entretanto, é rara.

Comumente as fácies contidas nas parassequências são resultado de pequenas elevações (superfícies de inundação de fácies marinhas), seguidas de uma fase regressiva (queda do nível de base marcado por fácies costeiras que se sobrepõem às anteriores). Assim, formam-se conjuntos de parassequências contendo diversas associações de fácies que podem ser progradacionais, retrogradacionais ou agradacionais, neste último caso, quando o espaço criado na bacia é proporcional ao aporte de sedimentos. Quando há uma regressão relativamente rápida do nível do mar (regressão forçada), ocorre erosão subaérea na linha de costa que fica exposta. Uma descontinuidade subaquática ocorre simultaneamente produzida pela ação das ondas (devido à migração da linha de costa para o interior da bacia). Esses processos produzem uma superfície erosiva na costa e uma superfície de conformidade correlativa entre as parassequências que vinham sendo construídas pela deposição de sedimentos, assinalando um importante marco estratigráfico (Figs. 18.33-A, B e C.)

No estudo de fácies podemos ainda obter outros dados inferidos, tais como taxa relativa de sedimentação, direção de transporte e capacidade média de transporte. A Fig. 18.35 mostra as variações faciológicas da Formação Guarujá, na Bacia de Santos. Constituem depósitos de plataforma nerítica carbonática com variações laterais e verticais (*wackestones*, *packstones* e *grainstones*, entre outros). Tais fácies depositaram-se a partir do horizonte H2 no Albiano Inferior.

Geometria das fácies

A forma geométrica de uma fácies sedimentar resulta da topografia pré-deposicional, da geomorfologia do ambiente deposicional e também da história pós-deposicional. Muitas vezes, processos de erosão e tectônica deformam de tal maneira as litofácies que a geometria não pode mais ser usada como critério de diagnóstico.

Em outros casos, quando a geometria é bem preservada, ela constitui por si só um elemento de grande valor na classificação das fácies e ambientes, como, por exemplo, canais distributários de uma planície deltaica.

A geometria das litofácies pode ser determinada tanto em superfície, quando se dispõe de bons afloramentos, como em subsuperfícies, neste caso examinando-se furos de sondagens.

Os processos de reflexão sísmica também permitem a delineação das fácies.

As fácies de um ambiente, ou mesmo o conjunto de fácies que constituem subambientes, quando reconhecidas por quaisquer processos em suas formas externas, recebem designações diversas, como:

(1) lobulares ou cunhas, empregadas, por exemplo, para depósitos de leques;

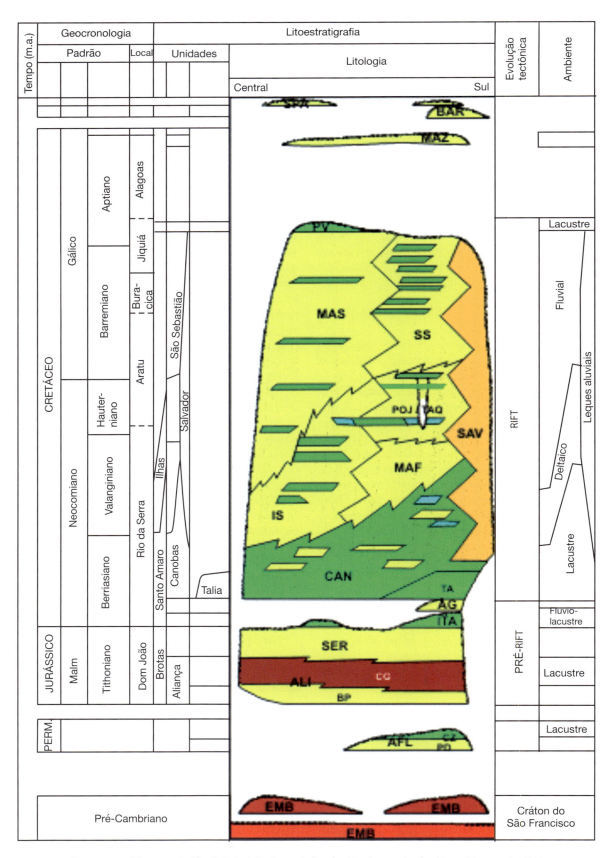

Figura 18.34 Coluna estratigráfica da Bacia do Recôncavo, indicando a bio e litoestratigrafia. (Fonte: Caixeta *et al.*, 1994.)

Figura 18.35 Formação Guarujá da Bacia de Santos. A figura apresenta diversas fácies em depósitos de plataforma primeiramente de natureza carbonática associadas a arenitos (*wackestone*, *packstone* e *grainstone*). (Modificado de Assine *et al.*, 2008.)

(2) lineares, como, por exemplo, depósitos de canais fluviais;
(3) tabulares, típicas dos depósitos de planícies de maré, lagunas etc. (Fig. 18.36).

As litofácies, notadamente as arenosas, recebem ainda outras denominações, como, por exemplo, cordões *shoestring sand* (cordão de sapato), capa, banco, lente, língua, leque, lençol, dedos (*fingers*) etc.

Unidades faciológicas sísmicas

Após a definição de sequências deposicionais, as litofácies e os ambientes contidos numa sequência podem ser interpretados a partir de dados sísmicos e geológicos. A análise de fácies por meio dos parâmetros de reflexões sísmicas inclui configuração, continuidade, amplitude, sequência e intervalo de velocidade.

Cada parâmetro fornece consideráveis informações sobre a geologia de subsuperfície. A reflexão revela a configuração dos padrões de estratificação de maior escala, proveniente dos processos que atuaram na sedimentação, as feições de erosão e também a paleotopografia.

A continuidade dos desenhos refletidos depende da continuidade dos estratos e também da grande distribuição lateral e uniformidade do depósito. A amplitude da reflexão decorre dos contrastes de velocidade e densidade caracterizando as interfácies deposicionais e seu espaçamento. A amplitude da reflexão é usada para predizer mudanças laterais de camadas e ocorrências de hidrocarbonetos. A frequência é uma característica da natureza do impulso sísmico, mas está relacionada também com fatores geológicos.

Esses parâmetros em seu conjunto, aplicados a unidades sísmicas mapeadas, permitem uma interpretação em termos de ambiente deposicional, área-fonte dos sedimentos e geologia geral.

As unidades faciológicas sísmicas podem ser mapeadas tridimensionalmente. São compostas de grupos de reflexões cujos parâmetros podem ser distinguidos daquelas das fácies adjacentes. Quando se identificam os parâmetros de reflexão interna, as formas externas e as associações tridimensionais das fácies sísmicas as unidades podem ser interpretadas em termos de condições deposicionais, processos deposicionais e estimativas da composição litológica. Essa interpretação é sempre feita junto com os padrões estratigráficos e as sequências deposicionais que foram previamente analisadas. As unidades faciológicas são identificadas por correlações de dados de poços e seções estratigráficas com seções sísmicas.

18.8 Correlação Geológica

Conceituação

Correlacionar significa estabelecer uma relação ou uma equivalência.

Em geologia, a correlação entre as sequências pode ser feita em tempo ou em termos de litologia, ou ainda de ambos. A correlação entre sequências estudadas em localidades diferentes pode também demonstrar uma continuidade entre os estratos. Em qualquer dos casos mencionados trata-se de uma correlação física.

A contemporaneidade pode ser demonstrada com a utilização do conteúdo paleontológico da rocha. Neste caso, trata-se também de uma correlação bioestratigráfica.

Correlação física

A correlação física utiliza os seguintes critérios para demonstrar a equivalência:

(1) continuidade lateral dos estratos;
(2) similaridade litológica;
(3) sucessão ordenada dos estratos;
(4) caracteres geofísicos (propriedades sísmicas, elétricas, sônicas, radioativas e magnéticas).

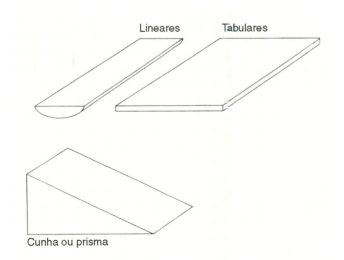

Figura 18.36 Geometria de algumas litofácies.

A demonstração da continuidade lateral pode ser feita quando pelo menos um dos estratos que compõem a sequência pode ser acompanhado de uma área para outra.

As camadas de folhelhos betuminosos na Formação Irati (Permiano da Bacia do Paraná) possuem extraordinária continuidade lateral e podem ser traçadas em subsuperfície por centenas de quilômetros (Fig. 18.37-A).

Quando uma sequência possui um tipo litológico que por similaridade pode ser reconhecido em diversas localidades, este constitui um excelente critério para correlação (Fig. 18.37-B). A Formação Teresina (Permiano da Bacia do Paraná) contém camadas de calcários oolíticos que são reconhecidas em diferentes áreas dos estados do Paraná e de Santa Catarina.

A correlação pode ainda ser feita com segurança tomando por base a sucessão de estratos distintos que compõem uma unidade litológica.

A utilização dos caracteres geofísicos para correlação tem sido muito usada na geologia de subsuperfície. Os perfis obtidos dos poços perfurados contêm também as respostas das variações litológicas expressas nos formatos dos raios gama, potencial espontâneo, resistividade etc. Essas variações expressas graficamente constituem excelentes critérios para correlação (Fig. 18.38). A Fig. 18.39 mostra uma correlação de poços baseada em diversos caracteres geológicos.

Correlação bioestratigráfica

Para a correlação bioestratigráfica, podem ser usados todos os tipos de fósseis, principalmente para datações em escala local. Entretanto, para uma correlação regional ou intercontinental apenas poucos grupos podem ser levados em consideração, particularmente aqueles que apresentam uma ampla distribuição geográfica. Estes são denominados fósseis-guias e apresentam os seguintes caracteres:

- abundantes;
- grande distribuição geográfica;
- desenvolvimento evolucionário rápido, de modo que as diversas formas de vida que surgem ocupem um curto período de tempo geológico.

Os fósseis-guias eram formas platônicas ou nectônicas, flutuantes ou de vida livre, de modo que foram disseminados rapidamente em inúmeros ambientes da superfície da Terra.

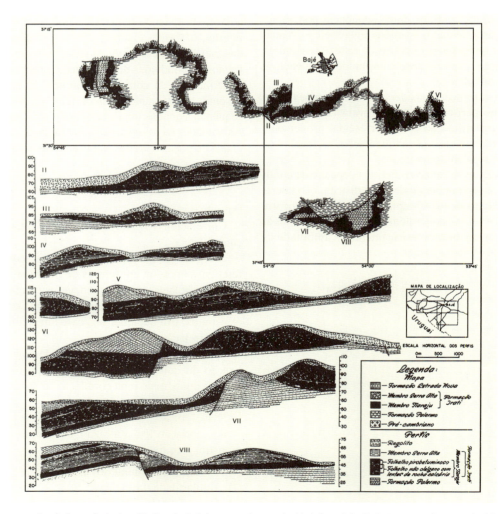

Figura 18.37-A Diversas seções da Formação Irati no Rio Grande do Sul, mostrando a continuidade lateral das litologias, particularmente do folhelho pirobetuminoso. (Segundo Bigarella, 1971.)

Fig. 18.37-B Contato entre as formações Furnas e Ponta Grossa, onde se observa em superfície o contato entre as duas sequências sedimentares. (Foto: Antonio Liccardo.)

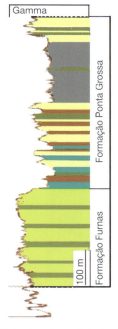

Figura 18.38 Perfil litológico de subsuperfície das Formações Furnas e Ponta Grossa com base nos raios gama. (Modificado de Milani, E. J. *et al.*, 1998.)

Exemplos de fósseis-guias: foraminíferos fusulinídeos dos períodos Carbonífero e Permiano; graptolitos do Ordoviciano e Siluriano; amonoides do Devoniano ao Mesozoico, e conodontes do Ordoviciano, Devoniano e Carbonífero.

A Fig. 18.40 mostra a correlação na Bacia do Ceará baseada em estudos palinológicos. Os estudos palinológicos permitiram a divisão da bacia em andares e, consequentemente, a correlação entre estes nos diferentes pontos da bacia. Os estudos palinológicos associados a caracteres litológicos possibilitaram também identificar quatro paleoambientes: lacustre, salobro, marinho moderado e marinho franco. A partir desses dados foi construída uma seção correlacionando esses subambientes (Fig. 18.41).

O problema da compactação

Quando se procura correlacionar sequências que envolvem arenitos e folhelhos, deve-se levar em conta inicialmente a compactação diferencial que ocorre nestas duas litologias, principalmente quando a razão areia/folhelho e a espessura apresentam grande variabilidade.

As areias sofrem uma compactação insignificante, exceto em grandes profundidades, onde ocorrem alterações diagenéticas e esmagamento dos grãos. Os depósitos consolidados de pelitos que contêm grande quantidade de argilas sofreram grande compactação, perdendo pelo menos um terço do seu conteúdo em água até 300 m de soterramento.

A quantidade de água expulsa a grandes profundidades depende da natureza do sedimento e, particularmente, dos tipos e porcentagens de minerais de argilas que o compõem, de modo que as rochas pelíticas sofrem em seu volume uma diminuição superior a 50 %.

Quando se faz a correlação para a construção de seções estratigráficas ou mapas de litofácies, o problema da compactação aparece.

A compactação também deforma a geometria dos corpos. A Fig. 18.42 mostra o efeito da compactação diferencial da

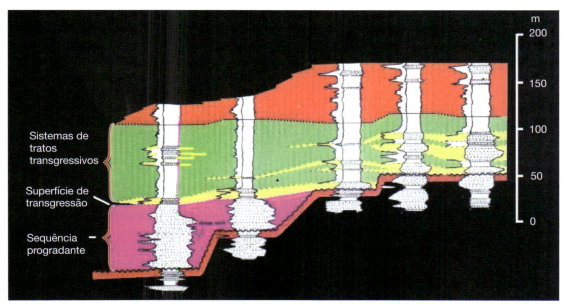

Figura 18.39 Correlação entre cinco poços. Os arenitos (amarelo) indicam o início de uma sequência transgressiva. Bacia da Venezuela.

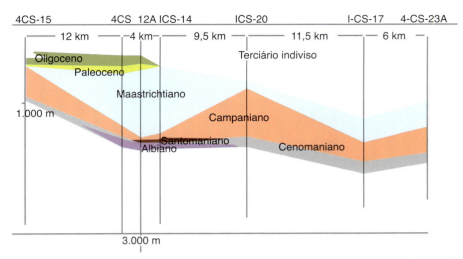

Figura 18.40 Correlação bioestratigráfica com base em estudos palinológicos de testemunhas de sondagens de poços perfurados na Bacia do Ceará. (Segundo Regali, 1980.)

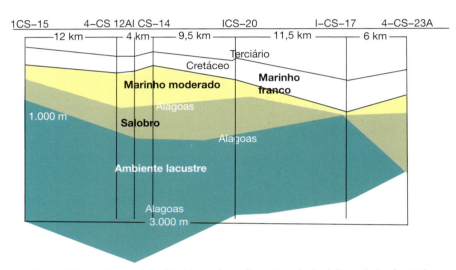

Figura 18.41 Correlação paleoambiental em subsuperfície na Bacia do Ceará. (Segundo Regali, 1980.)

argila e da modificação na forma de um corpo de areia de base plana e topo côncavo, e de outro de topo plano e base convexa. Após a compactação, as argilas diminuíram em 50 % de espessura, e ambos os corpos arenosos ficaram reduzidos a uma única e nova forma geométrica (Rittenhouse, 1960).

A compactação dos sedimentos

A análise das bacias sedimentares envolve não apenas as sequências estratigráficas e as grandes estruturas presentes, mas também a evolução dessas feições durante seu desenvolvimento e após sua deposição e erosão. A compactação e a diagênese estão relacionadas com gradientes de paleodepressões, tectônicos e paleotermais da bacia, sendo esses conhecimentos fundamentais, por exemplo, na compreensão da geração e migração de hidrocarbonetos dentro de uma bacia.

Conhecendo-se o grau da compactação, ou seja, a redução de volume provocada pela compactação de um pacote sedimentar, é possível reconstituir a espessura inicial do pacote e, consequentemente, determinar a subsidência ocorrida dentro de uma bacia, a profundidade de soterramento máximo e o alcance da erosão em certa área.

No caso de sedimentos argilosos, é possível relacionar a porosidade com a profundidade, e, a partir de uma curva construída com esses dados, pode-se estimar a espessura original dos sedimentos. No caso de sedimentos arenosos, entretanto, não existem relações consistentes entre a porosidade e a profundidade de soterramento.

A diagênese compreende todas as mudanças que se processam em um sedimento próximo à superfície da Terra a baixa temperatura e pressão, e sem envolvimento de movimentos crustais importantes durante a fase de compactação e maturação.

Nessas mudanças estaria incluída a redução de volume dos sedimentos que ocorre na segunda fase deposicional, após a fase de sedimentação, que é a primeira, e antes da última, a fase emergente e de pré-erosão da bacia.

Essas fases dos processos diagenéticos constituem a anadiagênese, durante a qual é definida "a fase de compactação e maturação da diagênese", ocasião em que a partícula sedimentar (grão) sofrerá mais uma vez a litificação. O diastrofismo pode ou não estar associado; isso dependeria da posição tectônica e do tipo particular da bacia de sedimentação. Os

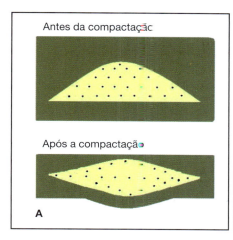 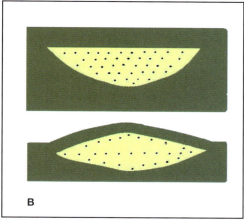

Fig. 18.42 Efeitos da compactação diferencial reduzindo 50% a espessura da argila. A – Corpo de geometria de base plana. B – Corpo de geometria de topo plano. A forma geométrica resultante é igual nos dois casos. (Segundo Rittenhouse, 1960.)

movimentos diastróficos são de origem tectónica e produzem deformações em grande escala na crosta terrestre, resultando em elevações e depressões associadas a dobras e falhas.

A compactação pode ser definida como "um decréscimo no volume de sedimentos, como resultado do esforço de compressão provocada por uma contínua deposição sobre esses sedimentos".

A compactação é proveniente do peso da carga sedimentar ou vulcânica superposta e do aumento da temperatura, pois o sedimento segue alcançando maiores profundidades e, em consequência disso, ocorre a expulsão dos fluidos, o aumento da densidade e uma redução do volume, bem como dos espaços entre os grãos, ou seja, da porosidade dos sedimentos.

Compactação de sedimentos argilosos. Os sedimentos argilosos, por serem os mais porosos, são muito mais sensíveis à compactação que qualquer outro tipo de sedimento.

Em geral, os sedimentos argilosos estão completamente saturados de água e possuem uma porosidade inicial de cerca de 80 %. Durante a compactação, a porosidade decresce continuamente com o aumento do soterramento; muito rapidamente até uma profundidade de 500 m e mais vagarosamente abaixo dessa profundidade. Um aumento na orientação das partículas de minerais argilosos, que se arranjam perpendicularmente à direção de compactação, acompanha o decréscimo de porosidade.

Abaixo de 500 m, os fatores que exercem importante papel na redução da porosidade são: (1) o tamanho das partículas; (2) a composição mineralógica das argilas; (3) a temperatura. Nessa profundidade, a lama transforma-se em folhelho ou, se não apresentar fissilidade, em lamito – com porosidade reduzida para cerca de 30 % e volume total de cerca de 50 % do inicial.

Com um maior decréscimo da porosidade, em um estágio de profundo soterramento, o folhelho (ou lamito) torna-se um argilito, com uma porosidade de apenas 5 %. O nível de soterramento mais profundo é limitado aos 100.000 m. Abaixo dessa profundidade pode ocorrer metamorfismo, e o argilito transforma-se em ardósia.

Existe relação entre o tamanho dos poros e a profundidade de soterramento.

É interessante notar que, uma vez atingido certo limite, a compactação torna-se irreversível. Isso significa que, mesmo após um levantamento seguido de erosão das camadas sobrejacentes, a porosidade alcançada no máximo soterramento permanece constante. Assim, seria possível, a partir da porosidade, estimar a profundidade máxima de soterramento alcançada pelos sedimentos (Fig. 11.6).

Compactação de sedimentos arenosos. Ao contrário do que acontece nos sedimentos argilosos, a relação entre a densidade e porosidade e o grau de compactação que uma areia sofreu não é bem definido. As areias são muito heterogêneas, especialmente na quantidade de material cimentante. Mesmo as areias não calcíferas contêm uma quantidade variável de sedimentos finos e cimento silicoso. Consequentemente ocorrem areias com porosidade e densidade variável em diferentes profundidades. Muitas areias encontradas a mais de 1.200 m de profundidade são mais porosas do que areias similares em profundidades menores.

Dessas ocorrências pode-se concluir que a compactação causada pelo peso da carga sedimentar, em sedimentos arenosos, é pequena em comparação às mudanças causadas por outros agentes (cimentação etc.).

No que diz respeito à compactação, as diferenças mais importantes entre areia e argila são:

- areias recém-depositadas são muito menos porosas do que as argilas, portanto sofrem menos compactação;
- efeitos coloidais nas areias são desprezíveis;
- os minerais mais comuns nas areias resistem mais, isto é, dificilmente são esmagados ou distorcidos, em comparação com os minerais das argilas;
- a porosidade de arenitos não é um índice representativo de sua compactação, ou seja, de sua profundidade de soterramento.

Areias bem selecionadas têm cerca de 45 % de porosidade logo que depositadas na água e pode ser reduzida em até

37 % em virtude do desenvolvimento de um melhor empacotamento dos grãos.

Poucos arenitos consolidados têm porosidade de mais de 30 %, e a maioria é muito menos porosa. A compactação nos arenitos se processa de três maneiras:

- solução dos contatos dos grãos;
- deformação dos minerais menos resistentes;
- esmagamento dos grãos de areia.

A presença de argilas nas areias pode resultar em uma maior redução da porosidade, pois a argila se acomoda entre os grãos, ocupando os poros.

A compactação de carbonatos

O fenômeno da compactação afeta, principalmente, os carbonatos alóctonos ainda não litificados. Calcários autóctonos, tais como os recifes biogênicos, são pouco sensíveis à compactação.

O espaço intergranular dos carbonatos alóctonos são diminuídos ou mesmo eliminados por um empacotamento mais apertado, por esmagamento ou deformação dos grãos, expulsão dos fluidos intersticiais e, possivelmente, corrosão dos grãos, devido à compactação provocada pela carga sedimentar sotoposta. Entretanto, os calcários grosseiros de fragmentos fossilíferos mostram, em geral, pouca ou nenhuma evidência de empacotamento mais apertado ou solução nos contatos dos grãos, como provavelmente ocorre em muitos arenitos quartzitos. Nesses calcários, conchas vazias e estruturas porosas geralmente não estão esmagadas. Isso indica que pouca compactação teria realmente ocorrido e que a consolidação dos calcários foi alcançada em um estágio inicial, antes que eles fossem submetidos a uma pressão de carga sedimentar de certo volume. Existem, todavia, exceções.

Alguns calcários oolíticos, por exemplo, mostram claramente os efeitos de soluções intergranulares e restos orgânicos em alguns leitos, aparecendo quebrados, embora não deslocados, resultantes provavelmente de pressão de carga sedimentar.

Exemplos desses comportamentos ocorrem em calcários da Formação Riachuelo do Cretáceo Inferior da Bacia Sergipe/Alagoas. Calcários fossilíferos daquela formação apresentam conchas frágeis inteiras, sem nenhum sinal de esmagamento, enquanto, por outro lado, em algumas áreas, calcários oolíticos e pisolíticos daquela mesma formação apresentam evidências de solução intergranular e mesmo, às vezes, sinais de esmagamento, como no caso de alguns oólitos e pisólitos deformados.

A compactação pode alterar a textura e a estrutura de carbonatos. Pelotas fecais ligeiramente cimentadas, por exemplo, formam, como tem sido registrado, uma lama calcífera sem textura aparente, a alguns centímetros ou poucas dezenas de centímetros abaixo da superfície, devido à fusão dos grãos individuais. A movimentação de águas conatas durante a compactação pode formar tubos, canais ou vesículas, e preenchidos por cimento calcífero. No Brasil, temos exemplos dessas estruturas em calcários da Formação Riachuelo (Cretáceo Inferior). Por outro lado, a lama calcífera pode não sofrer compactação se uma cimentação ocorrer logo após a sedimentação. Todavia, estruturas representadas por vazios em micritos e calcários peletíferos, por exemplo, podem não ser explicadas simplesmente pela falta de compactação. Foi sugerido que organismos enterrados são decompostos formando vazios. Embora isso seja possível em alguns casos, a maioria das cavidades em calcários micríticos é provavelmente de origem inorgânica, e somente de um modo indireto restos algálicos, por exemplo, poderiam ser responsáveis por essas cavidades.

A simples compactação de sedimentos calcíferos é complicada pela possível cimentação e preenchimento de poros, conversão de aragonita (original) para calcita, dolomitização e outros processos.

A compactação de sedimentos orgânicos

Material orgânico é reduzido pela atuação de dois processos independentes:

- simples compactação, resultando na eliminação de poros;
- decomposição, o que envolve a perda de substância, principalmente na forma de água, dióxido de carbono e metano.

Sedimentos ricos em matéria orgânica submetidos a pequenas pressões de soterramento provavelmente reagem pela simples compactação, à semelhança dos sedimentos argilosos. Todavia, observações indicam que a lama comum é menos porosa do que a lama orgânica e que os folhelhos carbonosos são mais compactados e, possivelmente, menos porosos do que o folhelho normal.

Bibliografia

ALLEN, J. R. L. Studies in fluviatile sedimentation: a comparison of fining-upwards cyclotherms, with special reference to a coarse-member composition and interpretation. *Journal Sedimentary*, 1970, Petrology, 40 (1):298-323.

ALLEN, P. A.; ALLEN, J. R. *Basin analysis: principles and applications*. Oxford: Blackwell, 1990. 451 p.

ANJOS-ZERFASS, G. S.; SOUZA, P. A.; CHEMALE Jr., F. Biocronoestratigrafia da bacia de Pelotas: estado atual e aplicação na geologia do petróleo. In: *Revista Brasileira de Geociências*, 38(2 – suplemento), 47-62, junho de 2008.

ASSINE, M. L.; CORRÊA, F. S.; CHANG, H. K. Migração de depocentros na Bacia de Santos: importância na exploração de hidrocarbonetos. In: *Revista Brasileira de Geociências*, 38(2 – suplemento), 111-127, junho de 2008.

BEURLEN, G. Bioestratigrafia, análise geo-histórica e ciclos globais do nível relativo do mar. In: Congresso Brasileiro de Geologia, 31, 1980, Balneário de Camboriú. *Anais*. São Paulo: Sociedade Brasileira de Geologia, 1980, v. 2, p. 691-704.

BOGGS Jr., S. *Principles of sedimentology and stratigraphy*. New York: Prentice Hall, 1995. 774 p.

BOUMA, A. H. *Sedimentology of some flysh deposits*. Amsterdam: Elsevier, 1962. 169 p.

CATUNEANU, O. *Principles of sequence stratigraphy*. Amsterdã: Elsevier, 2006. 375 p.

COE, A. L. *The sedimentary record of sea-level change*. Cambridge: Cambridge University Press, 2005. 287 p.

CURRAY, J. R. Transgressions and regressions. In: *Papers in marine geology*. New York: Macmillan, 1964. p. 175-203.

DELLA FÁVERA, J. C. Eventos de sedimentação episódica nas bacias brasileiras. Uma contribuição para atestar o caráter pontuado do registro sedimentar. In: Congresso Brasileiro de Geologia 32, 1984, Rio de Janeiro. *Anais*. Rio de Janeiro, 1984, p. 489-501.

DOTT Jr., R. H. SEPM Presidential Address: Episodic sedimentation – How normal is average? How rare is rare? Does it matter? *Jour. Sed. Petrol.*, 1932, 53 (1):5-23.

EINSELE, G. *Sedimentology basins*. Evolution, facies and sediment budget. Berlin: Springer-Verlag, 1992. 628 p.

FRANÇA, A. B.; POTTER, P. E. *Estratigrafia ambiente deposicional e análise de reservatório do grupo Itararé (Permocarbonífero), bacia do Paraná (Parte 1)*. Boletim de Geociências da Petrobras, 2:147-191, 1988.

FRITZ, W. J.; MOORE, J. N. *Basics of physical stratigraphy and sedimentation*. New York: John Wiley. 1988. 371 p.

GALLOWAY, W. E. *Genetic stratigraphic sequences in basin analysis*, I: architecture and genesis of flooding-surface bounded depositional units. AAPG Bulletin 73: 125-142, 1989.

HSÜ, K. J. *Actualistic catasthophism*. Address of the retiring President of the International Association of Sedimentologists. Sedimentology, 1983. 30:3-9.

KLEINSPEHN, K. L.; PAOLA, C. (Eds.) *New perspectives in basin analysis*. Frontiers in sedimentology geology. New York: Springer-Verlag, 1988. 453 p.

KRUMBEIN, W. C.; SLOSS, L. L. *Stratigraphy and sedimentation*. 2. ed. San Francisco: W. H. Freeman, 1963.

KUHN, T. S. *A estrutura das revoluções científicas*. São Paulo: Perspectiva, 1989. p. 257.

LAPORTE, L. F. *Ambientes antigos de sedimentação*. São Paulo: Edgard-Blücher, 1968, 173 p.

MENDES, J. C. *Elementos de estratigrafia*. São Paulo: EDUSP, 1984. 566 p.

MIALL, A. D. *Principles of sedimentary basin analysis*. Berlin: Springer-Verlag, 1990. 668 p.

MILANI, E. J. et al. *Sequences and stratigraphic hierarchy of the Paraná basin (ordovician to cretaceous), southern Brazil*. In: Bol. IG USP, Série Científica, n.º 29, 1998.

MITCHUM Jr., R. M.; VAIL P. R.; THOMPSON, S. *Seismic stratigraphy and global elevates of sea-level*. Part. II. The deposicional sequence as a basin unit for estratigraphic analyses. Amer. Asso. Petrol. Geol. 26: 53-62. 1977.

PAYTON, C. P. *Seismic stratigraphy – applications to hydrocarbon exploration*. American Association of Petroleum Geologists Memoir 26, 1977. p. 516.

POPP, J. H.; BIGARELLA, J. J. *Formações cenozoicas do noroeste do Paraná*. Anais da Associação Brasileira de Geociências. Rio de Janeiro, v. 47, 1975.

PROTHERO, D. R. *Interpreting the stratigraphic record*. New York: Freeman, W. H. 1990. 410 p.

RAJA GABAGLIA, G. P.; FIGUEIREDO, A. M. F. Evolução dos conceitos acerca das classificações de bacias sedimentares. In: RAJA GABAGLIA G. P.; MILANI, E. J. *Origem e evolução de bacias sedimentares*. Rio de Janeiro: Petrobras, 1990. p. 31-45.

READING, H. G. (Ed.) *Sedimentary environments and facies*. New York: Elsevier, 1996. 557 p.

REINECK, H. E.; SINGH, I. B. *Depositional sedimentary environments*. Berlin: Springer-Verlag, 1980. 549 p.

RIBEIRO, H. J. P. S. (Org.) *Estratigrafia de sequências*. Fundamentos e aplicações. Porto Alegre: Unisinos, 2001. 428 p.

SALLUN, A. E. M.; SUGUIO, K.; STEVAUX, J. C. *Proposição formal do alogrupo Alto Rio Paraná (SP, PR., MS.)* São Paulo: Geologia USP – Série Científica, 7 (2), 49-70, 2007.

SEILACHER, A. General remarks about event deposits. In: *Cyclic and event stratification*. EINSELE/SEILACHER Eds., p. 1-161-174. New York: Springer-Verlag, 1982.

VAIL, P. R. Seismic stratigraphy interpretation using sequence stratigraphy. Part. I. Seismic stratigraphy interpretation procedure. In: BLEY, A. W. (Ed.) *Atlas of seismic stratigraphy*. Amer. Ass. Petrol. Geol. 1: 1-9 (Amer. Assoc. Geol. Studies in Geology. V. 27), 1987.

VAIL, P. R. et al. Seismic stratigraphy and global changes of sea level. In: PAYTON, C. E. (Ed.) *Seismic stratigraphy-applications to hydrocarbon exploration*. Tulsa: AAPG, 1977. p. 49-212.

VAN WAGONER, J. C.; MITCHUM, R. M.; CAMPION, K. M. et al. Siliclastic sequence stratigraphy in well logs, cores and outcrops: concepts for hight-resolution correlation of time and facies. American Association of Petroleum Geologists Methods. In: *Exploration Series*, 7, 1991. 55 p.

VIANA, C. F. et al. *Revisão estratigráfica da bacia recôncavo Tucano*. Boletim Técnico Petrobras, 14 (314):15-192, 1971.

WALKER, R. G.; JAMES, N. P. (Ed.) *Facies models*: response to sea level change. St. John's, Canada, Geological Association of Canada, 1992. 454 p.

_____. Facies modeling and sequence stratigraphy. *Journal of Sedimentary Petrology*, 1990, 60:777-786.

WILGUS, B. S. et al. *Sea-level changes: an integrated approach*. Society of Economic Paleontologists and Mineralogists Special Publication, 42:109-124, 1988.

ZALÁN, P. V. Evolução fanerozoica da bacias sedimentares brasileiras. In: MANTESSO-NETO, V. et al. (Ed.) *Geologia do continente sul-americano*: evolução da obra de Fernando Flávio Marques de Almeida. São Paulo: Beca, 2004. p. 266-279.

19 Mapas

Mapas Geológicos

Os mapas geológicos representam a distribuição das rochas de determinada área por meio de cores, símbolos etc. As rochas aflorantes na superfície são indicadas, descritas e utilizadas para as diversas informações que constarão do mapa e nos relatórios. Nem sempre as rochas afloram em sua totalidade na superfície; comumente elas estão sob o solo ou a vegetação, de modo que as exposições são registradas de maneira pontual para se inferirem as unidades rochosas como um todo.

Para a elaboração de um mapa, inicialmente deve-se delimitar uma área física e uma escala do trabalho, que define o grau de detalhamento a ser representado no final. De posse de um mapa geográfico e topográfico, com a localização dos rios, estradas, elevações e outras feições, além das fotografias aéreas da região, segue-se o roteiro do trabalho de campo. Esse trabalho consiste em visitar o maior número possível de exposições rochosas, identificando os tipos e minerais constituintes, além de suas características, como estruturas (fraturas, dobras), presença de fósseis e indícios de mineralizações, bem como a coleta de amostras para análise em laboratórios, as quais serão examinadas em microscópios e analisadas quimicamente para que sejam medidas concentrações de elementos de interesse e datação das idades.

A escolha da escala é fundamental ao propósito do mapa e ao tipo de informação que se pretende destacar. Em uma pequena escala, o mais importante é representar as estruturas básicas dos elementos.

A escala gráfica pode ser representada por um pequeno segmento de reta graduado, sobre o qual é estabelecida diretamente a relação entre as distâncias no mapa, indicadas a cada trecho desse segmento, e a distância real de um território.

De acordo com a escala escolhida, cada segmento de 1 cm pode ser equivalente a 3 km no terreno, 2 cm a 6 km, e assim sucessivamente. Caso a distância no mapa, entre duas localidades, seja de 3,5 cm, a distância real entre elas será de 3,5 × 3, ou 10,5 km (dez quilômetros e meio). A escala gráfica apresenta a vantagem de informar direta e visualmente a relação de proporção existente entre as distâncias do mapa e do território.

A escala numérica é estabelecida por meio de uma relação matemática, normalmente representada por uma razão, por exemplo, 1:3.000 (1 por 3.000). A primeira informação que ela fornece é a quantidade de vezes em que o espaço representado foi reduzido. Neste exemplo, o mapa é 3.000 vezes menor que o tamanho real da superfície que ele representa.

Classificação das escalas de cartografia geológica utilizadas:

a) Escalas de síntese ou de integração de dados em nível continental ou nacional: 1:10.000.000; 1:5.000.000; 1:2.500.000.

b) Escalas de síntese ou de integração ou de compilação de dados em nível regional: 1:1.000.000; 1:500.000.

c) Escalas de mapeamento geológico em nível de reconhecimento regional: 1:500.000 (Amazônia) e 1:250.000.

d) Escalas do mapeamento sistemático do país: 1:100.000; 1:50.000.

e) Escala de mapeamento geológico de semidetalhes: 1:25.000.

f) Escala de mapeamento geológico de detalhe: 1:10.000; 1:5.000; 1:2.000.

g) Escala de mapeamento geológico de ultradetalhe: 1:1.000 e maiores.

Fotointerpretação preliminar

Informações necessárias

Estudo de imagens (LANDSAT, RADAM e outras) e das fotos aéreas da região de interesse e próximas; trabalhos realizados na região junto com a análise da bibliografia. Se a região do projeto for próxima da sede onde o geólogo encontra-se sediado, nessa etapa pode ser realizado um reconhecimento de campo ao longo das principais estradas fazendo-se um mapa geológico preliminar.

Anotações de campo

Os dados de campo do geólogo são registrados em uma caderneta de campo. As folhas devem ser, de preferência, quadriculadas, facilitando o desenho esquemático de afloramentos e de seções geológicas, e a descrição dos dados é, normalmente, pontual: descreve-se afloramento por afloramento, e estes são numerados sequencialmente na caderneta. Essa descrição é acompanhada por desenhos esquemáticos, seções (perfis longitudinais) e colunas (empilhamento de camadas) geológicas esquemáticas correspondentes a cada percurso ou local.

Cada tipo de rocha corresponde a um padrão mais ou menos característico expresso na topografia, vegetação, drenagem e solo. Esse padrão poderá diversificar-se substancialmente, se houver alterações na composição mineralógica da rocha; por outro lado, rochas bem diferentes poderão ter padrões semelhantes. Devem-se observar e anotar as variações características do relevo (que pode significar mudança de tipo de rocha), da vegetação, tipos de solos desenvolvidos em cada rocha ou da associação de rochas. Lateritas, cascalheiros e areias residuais (capeamentos finos) podem mascarar completamente o padrão das rochas subjacentes. Essas observações devem ser anotadas juntamente aos afloramentos descritos.

A legenda contém a identificação do conjunto das convenções utilizado no mapa, sendo fundamental para o entendimento e a interpretação. Legendas de mapas geológicos são estruturadas segundo as unidades estratigráficas específicas a cada caso. Normalmente são utilizadas unidades cronoestratigráficas, dispostas em ordem crescente de idade. Subordinadamente às unidades cronoestratigráficas, são representadas e explicitadas as unidades litoestratigráficas ou estratigrafia de sequências, se for o caso. As convenções da legenda de um mapa geológico consistem basicamente em símbolos, cores e abreviaturas.

Para facilitar a visualização de estruturas geológicas, acompanham o mapa seções ou perfis geológicos, que são cortes verticais representando as rochas e estruturas em profundidade. Esses perfis normalmente podem ser confeccionados a partir do mapa com as informações que ele traz e também a partir dos perfis de poços, se existentes. Há casos em que se deseja uma pronta visualização tridimensional, e são então utilizados blocos-diagrama (Fig. 19.1-A). Os documentos (mapas em especial, arquivos em computador, análises, relatório etc.) da área e outras informações que interessam no projeto, bem como a bibliografia utilizada e os pontos identificados no campo, devem constar do relatório final, o qual compreende os inúmeros aspectos importantes ao conhecimento geológico da área, interpretados a partir das estruturas geológicas, idades das rochas, geologia histórica e das possibilidades econômicas. Muitos mapas são construídos em escala adequada para o fornecimento de informações específicas para diversas áreas correlatas da geologia, como planejamento urbano, áreas de risco, recursos naturais e/ou minerais, água, petróleo, entre outros. A Fig. 19.1-B mostra um exemplo de mapa geológico da região norte do estado do Paraná. Na porção inferior encontram-se as unidades mapeadas em perfil, inclinando suavemente em direção ao interior da Bacia do Paraná, a partir do Ordoviciano e terminando no Cretáceo.

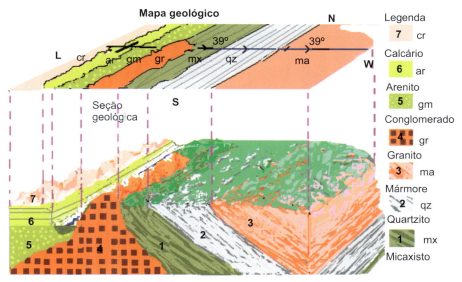

Figura 19.1-A Mapa geológico e perfil de uma área contendo rochas metamórficas com mergulho de 39°, intrusão granítica e rochas sedimentares horizontais.

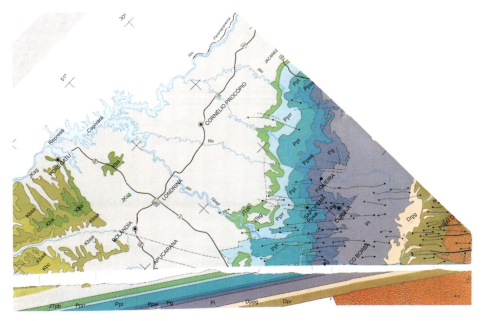

Figura 19.1-B Mapa geológico da parte norte do Estado do Paraná. Abaixo o perfil das unidades mapeadas mergulhando para o oeste. (Mineropar, 1986.)

Mapas de Atributos

Dados geofísicos, de amostra de rocha, de poços e de afloramentos possibilitam a construção de diversos mapas de atributos da área que se deseja analisar ou de uma bacia. Esses mapas podem conter informações sobre topo e base de unidades estratigráficas, espessuras acumuladas, percentual de diferentes litologias, mapas de razão etc. Mapas de contorno estrutural e isópacas identificam o depocentro de bacias ou áreas elevadas por ocasião da deposição da sequência em estudo. Os mapas de isólitas e de razão mostram o fluxo de sedimentos, áreas-fontes etc.

Tais informações, aliadas a outras, como alinhamentos estruturais, mapas de biofácies, entre outras, levam à interpretação paleogeográfica da área.

A construção desses mapas se processa com os dados obtidos interpolados a programas de computação que representam em mapas os atributos referidos (Fig. 19.2).

Mapas de Contorno Estrutural

Esses mapas são análogos àqueles de contorno topográfico que mostram o relevo de uma superfície em particular ou o topo de uma zona estratigráfica relacionada com um *datum* horizontal. Este *datum* é geralmente o nível do mar, mas pode ser qualquer elevação paralela ao nível do mar. A superfície contornada pode ser uma superfície discordante, o topo de uma unidade estratigráfica, uma camada que apresente algum interesse ou a topografia do embasamento de uma bacia sedimentar (Figs. 19.2 e 19.3).

Mapas de Isópacas

Os mapas de isópacas mostram as variações de espessura de uma unidade estratigráfica, que pode ser um membro, uma formação ou qualquer sequência previamente definida por seus limites de topo e base. O controle pode ser obtido por dados de poços, seções aflorantes ou reflexões sísmicas. Esses mapas indicam a forma e a espessura da unidade escolhida.

A Fig. 19.4 mostra o mapa de isópacas do Grupo Itararé, que inclui a soma das espessuras de suas formações. Sua espessura máxima atinge 1.300 m no estado de São Paulo (Figs. 19.4 e 19.5).

Mapas de Litofácies

Os mapas de litofácies são construídos com o objetivo de mostrar a variação e a distribuição dessas unidades em uma bacia sedimentar. Essas variações consistem nas diferenças em seus constituintes litológicos, que podem ser em termos de porcentagens, razão ou volume dentro de determinadas unidades.

Os mapas de litofácies podem representar ainda as diferenças na coloração ou no conteúdo de algum constituinte mineral qualquer. Normalmente essas diferenças são representadas por cores ou contornos.

O mapa de litofácies mais comumente utilizado é aquele que mostra a distribuição de uma litologia principal de uma dada unidade estratigráfica em termos de fácies ou litotipos, tais como folhelhos, arenitos, calcários ou outras.

Para completar essas informações são indispensáveis as construções de mapas isolíticos, ou seja, de fácies individuais. Esses mapas revelam não apenas a distribuição, mas também as variações nas espessuras de uma determinada litofácies.

Outros mapas indicam a razão entre as espessuras acumuladas entre dois tipos de rocha. Esses são principalmente os mapas de razão areia/pelito e de razão clástico/não clástico, sempre dentro de uma dada unidade estratigráfica. São obtidos dividindo-se, por exemplo, a soma total de todas as camadas de areia de uma unidade ou seção estratigráfica de cada poço pela soma total dos pelitos. Neste caso, o mapa representará o aumento ou a diminuição da taxa de deposição da areia em detrimento dos pelitos, durante determinada época da bacia. Esses mapas mostram claramente o sentido preferencial de transporte na bacia de sedimentação.

Na Fig. 19.6 está representado um mapa de razão areia/pelito em cores. Como esses mapas são construídos a partir de pontos que resultam da espessura total dos arenitos dividida pela dos pelitos, pode-se visualizar que os valores altos de arenito/pelito ao norte/noroeste significam claramente uma entrada de suprimento de areia (amarela) passando para finos (verde e azul) para o interior da bacia.

Um mapa de razão areia/pelito fornece uma informação apenas quantitativa dos sedimentos e de como eles variam um em detrimento de outro.

Consideraremos como exemplo uma determinada unidade estratigráfica (de 100 m de espessura) cujos resultados em um ponto do mapa de razão areia/pelito indiquem metade de cada. Esse resultado em um determinado furo será sempre 1 e terá vários modos de distribuição, mostrados na Fig. 19.7. Podemos ter um ou mais corpos de areia, como se observa na figura. Se houver mais de um, os corpos podem ser contínuos ou descontínuos e de espessura variável, ou uniforme, ou ambas; podem estar no topo, na porção média da unidade ou na base. Portanto, esses mapas não trazem informações sobre a geometria e a distribuição das litologias.

A Fig. 19.8 ilustra um mapa de isolitas de arenitos cujos intervalos representam as variações de espessura apenas dos arenitos de determinada unidade estratigráfica. A distância entre as linhas de contorno é de 10 m, e a maior espessura dos arenitos encontra-se a noroeste da área.

Outro método muito utilizado para a representação dos atributos é o do triângulo de fácies.

As variáveis a serem plotadas no mapa são subdivididas em três litologias dominantes. Por exemplo, as litologias podem ser subdivididas genericamente em areias, folhelhos e não clásticos. A porcentagem de cada um desses componentes obtidos dos poços de controle é plotada num gráfico triangular. O resultado indica a composição de cada ponto de controle em termos de uma unidade. Vários métodos são usados para indicar a composição qualitativa de cada ponto (ou poço) do mapa. Os valores são colocados no mapa e contornados, e o triângulo de fácies é subdividido de acordo com os valores obtidos.

A Fig. 19.9 ilustra a distribuição dos componentes arenitos, folhelhos e não clásticos obtidos a partir de um triângulo por entropia (segundo Foschilo e Bettini, 1973).

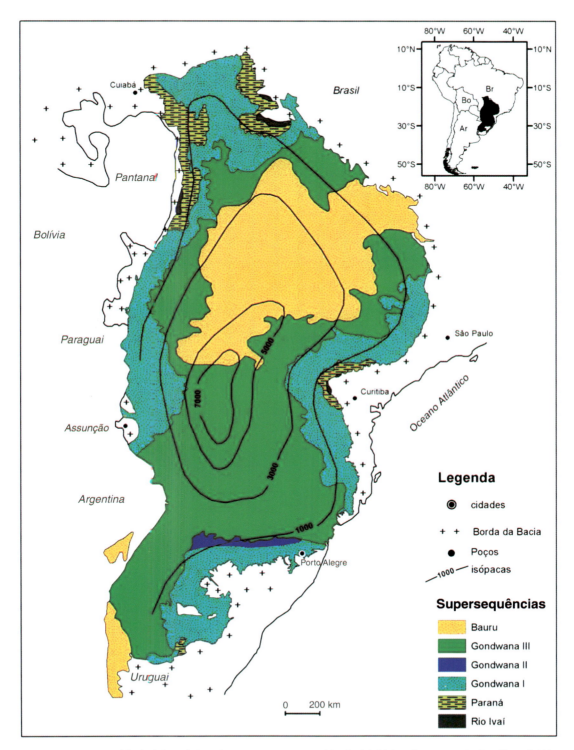

Figura 19.2 Mapa geológico simplificado da Bacia do Paraná, com o contorno estrutural (profundidade) do embasamento cristalino. (Segundo Milani, 2004.)

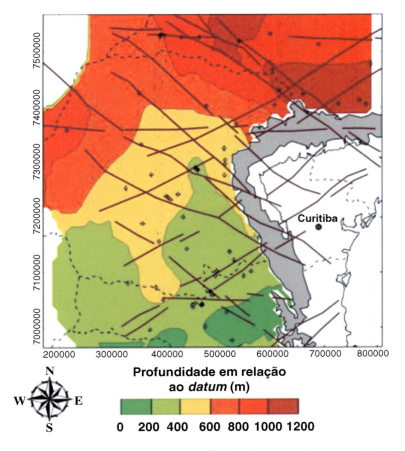

Figura 19.3 Mapa de contorno do substrato pré-Itararé tendo como *datum* o topo do Membro Lontras, com base em poços de perfuração. (Segundo Vesely, 2006.)

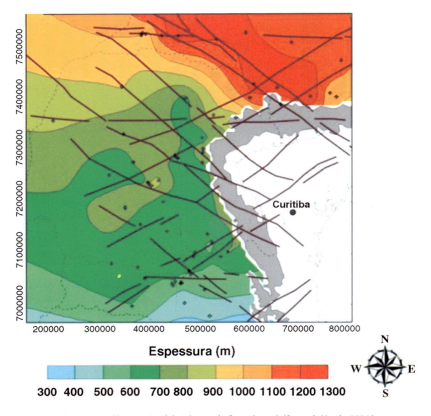

Figura 19.4 Mapa regional de isópacas do Grupo Itararé. (Segundo Vesely, 2006.)

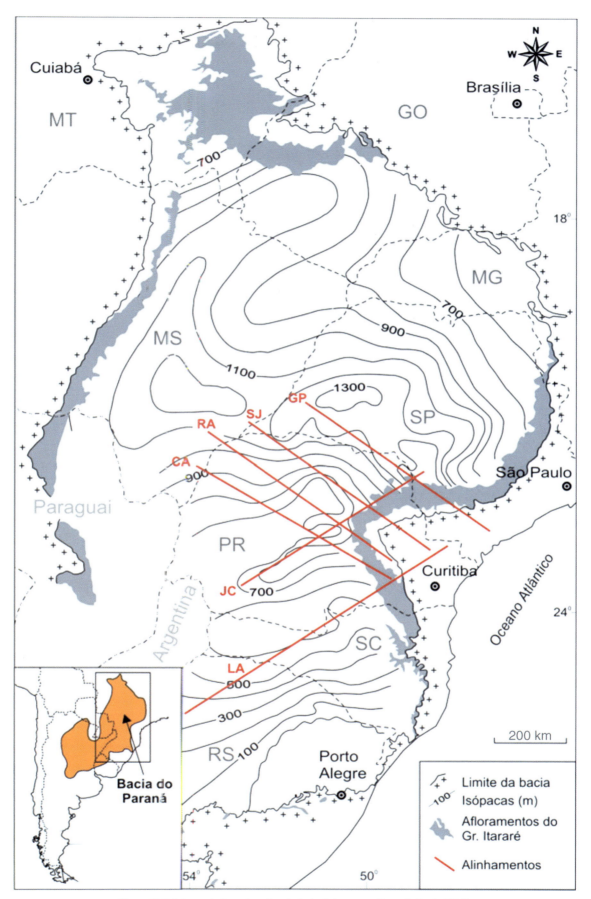

Figura 19.5 Isópacas do Grupo Itararé e principais alinhamentos. (Segundo Vesely, 2006.)

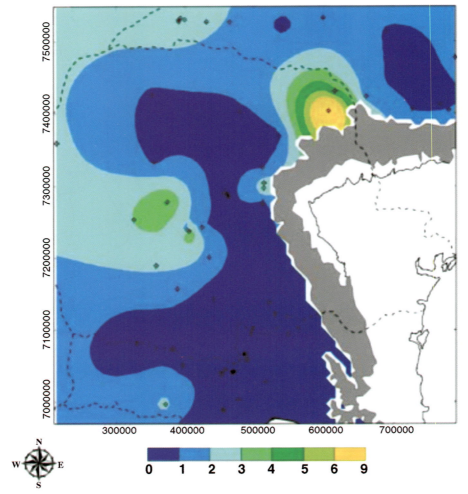

Figura 19.6 Mapa de razão arenito/pelito para a Formação Campo Mourão. (Segundo Vesely, 2006.)

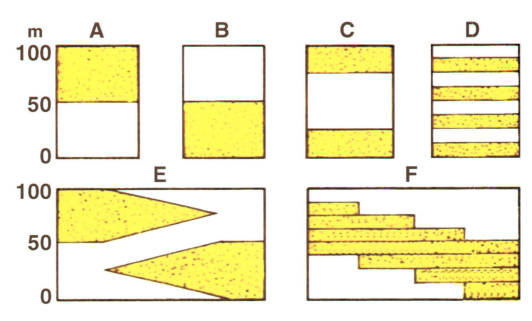

Figura 19.7 Algumas das possibilidades de distribuição da areia numa seção de 100 m de espessura. Em qualquer um dos casos ocorrem 50 metros de areia e 50 m de pelitos (razão areia/pelito = 1). (Segundo Rittenhouse, 1960.)

Figura 19.8 Isólita de arenito IC = 10 m.

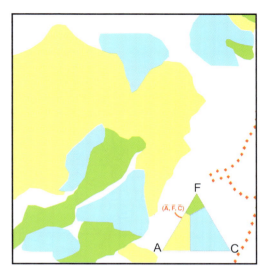

Figura 19.9 Litofácies tricomponentes (A-F-C).

Outro tipo de mapa comumente usado é o de porcentagem de um ou mais tipos de rochas em relação à porcentagem total de rochas da unidade (Fig. 19.10). O mapa de porcentagem dos litotipos arenito + conglomerado (Fig. 19.10-A) mostra áreas com valores menores que 45 % no centro-norte (verde), que, por sua vez, apresenta elevadas quantidades de finos (siltitos + folhelhos) (Fig. 19.10-B). As setas indicam direções de fluxo.

Além desses tipos de mapas de litofácies, utilizam-se aqueles que objetivam dar ênfase a feições que podem ser significativas ou diagnósticas. Entre estes incluem-se os mapas de tipos de argilominerais, tais como illita ou montmorillonita, ou de outros minerais, como a glauconita, a pirita e a siderita. Também podem ser construídos mapas mostrando a distribuição e o conteúdo de carbono fixo, ou de carvão dentro de uma unidade estratigráfica. Estes mapas têm grande aplicação no estudo de maturação de matéria orgânica (Fig. 19.11); ou como indicativo da origem e migração do óleo; ou ainda na exploração dos depósitos de carvão.

Mapas de Biofácies

Os mapas de biofácies mostram as relações de vários gêneros ou espécies para determinados horizontes ou intervalos estratigráficos. A distribuição dos gêneros está muito ligada ao ambiente em que eles vivem, de modo que os ma-

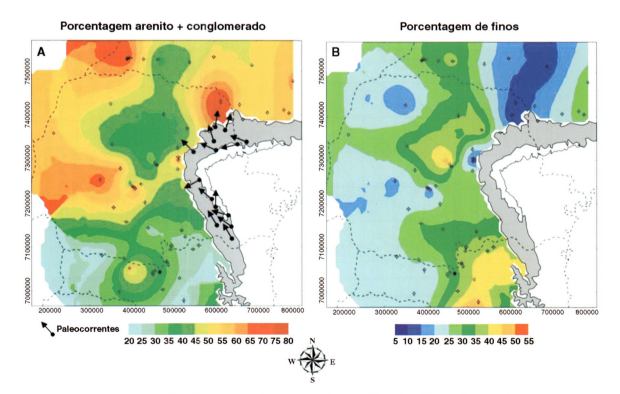

Figura 19.10 Mapas de porcentagem de arenito + conglomerado (A) e de finos (B) para o Grupo Itararé.

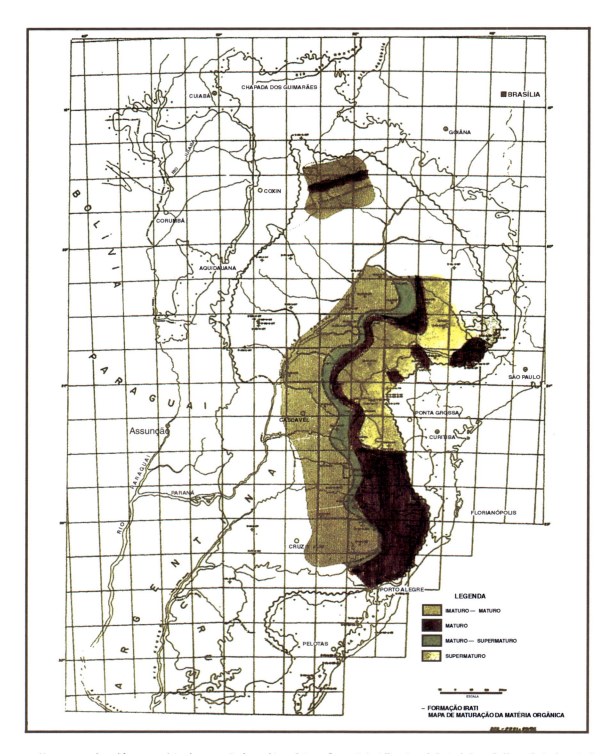

Figura 19.11 Mapa mostrando os diferentes estágios de maturação da matéria orgânica na Formação Irati (Permiano da Bacia do Paraná). (Segundo Goulart e Jardim, 1982.)

pas refletem as condições de vida, mas podem trazer também informações sobre as antigas condições ambientais. Assim, por exemplo, certos gêneros bentônicos são seletivos, preferindo areias e não lamas, águas rasas em vez de fundas, de modo que sua distribuição pode relacionar-se a certas feições paleogeográficas de determinados ambientes deposicionais, caracterizados por um determinado tipo de sedimento. As associações de formas de vida submetidas a determinadas condições constituem, juntamente com o meio físico, um ecossistema que se encontra registrado pelos sedimentos litificados e por seus fósseis (Figs. 19.12-A e B).

A distribuição dessa associação deixa claro que um mapa de biofácies pode ser usado como uma correlação direta com o mapa de litofácies que mostra a distribuição de litologias. *Grosso modo*, essa relação pode indicar que onde as fácies de um determinado intervalo de tempo mudam, por exemplo, de calcários marinhos para folhelhos de lagunas, também ocorre uma mudança na associação fossilífera, significando que os calcários têm uma associação fossilífera própria, e os folhelhos, outra.

Um aumento no influxo de argilas em um ambiente de sedimentação de carbonatos pode impedir o desenvolvimento de determinados gêneros mais sensíveis, enquanto outros podem tolerar as argilas e sobreviver. Nesse caso, um mapa de biofácies revela distribuição de um gênero particular num dado ambiente, pela alta porcentagem constatada na associação faunística, quando correlacionado com um mapa de argilas/carbonatos.

Outros mapas de biofácies mostram a distribuição particular de um gênero ou espécie que se restringe a um determinado subambiente.

Muitos fósseis são encontrados apenas dentro de uma zona específica, formada sob determinadas condições em um ambiente onde prevaleceram processos específicos, como correntes, ondas, condições de temperaturas, profundidades, aporte de alimentos etc.

A distribuição lateral dentro de uma unidade estratigráfica de uma forma pelágica específica também constitui uma biofácies e tem valor como linha de tempo.

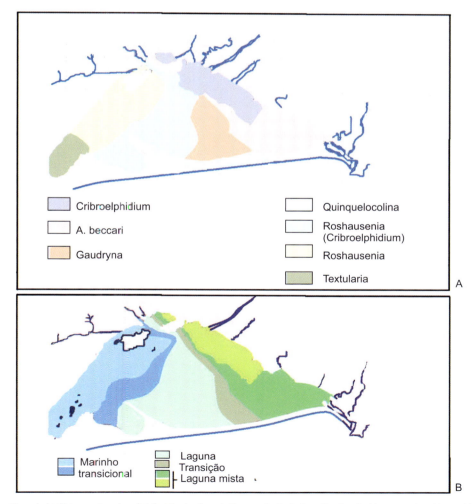

Figuras 19.12-A e B A — Mapa de biofácies mostrando a distribuição dos foraminíferos na Bacia de Sepetiba. B — Ambientes e subambientes identificados com base na distribuição de foraminíferos. (Modificado de Bronnimann *et al.*, 1981.)

Bibliografia

BIGARELLA, J. J. *Geologia da formação Irati*. Conferências do Simpósio sobre Ciência e Tecnologia do Xisto. Curitiba: Academia Brasileira de Ciências, 1971.

FORGOTSON Jr., J. M. *Review and classification of quantitative mapping techniques*. Bulletin American Association of Petroleum Geologists, 44 (1):83-100, 1960.

FUGITA, A. M. A Geomorfologia da superfície de discordância pré-aptiana na Bacia de Sergipe e sua relação com os campos de óleo. In: Congresso Brasileiro de Geologia, 28, Porto Alegre. *Anais*. São Paulo, Soc. Brasil. Geol., v. 1, 1974, p. 131.

MILANI, E. D., Comentários sobre a origem e a evolução tectônica da Bacia do Paraná. In: MANTESSO-NETO. V. et al. (Ed.). *Geologia do continente sul-americano*: evolução da obra de Fernando Flávio Marques de Almeida. São Paulo: Beca, 2004. p. 266-279.

VESELY, F. F. Dinâmica sedimentar e arquitetura estratigráfica do Grupo Itararé (Carbonífero-Permiano) no centro-leste da Bacia do Paraná. 2006. 203 f. Tese (Doutorado em Geologia) - Setor de Ciências da Terra da Universidade Federal do Paraná, Curitiba.

_____; ASSINE, M. L. Sequências e tratos de sistemas deposicionais do Grupo Itararé, norte do Estado do Paraná. *Revista Brasileira de Geociências*, 34:219-230, 2004.

Recursos Energéticos 20

Nos primórdios da vida do homem, este dispunha apenas da energia mecânica gerada por seus próprios músculos. Com o passar dos tempos, passou a obter essa energia do atrelamento de animais e também das águas dos rios. Da água, aprendeu a utilizar o vento para deslocar-se mais rapidamente sobre os mares e movimentar moinhos.

Nos últimos 500 anos, utilizou o fogo queimando madeiras, depois carvão, gás de carvão, petróleo e gás de petróleo. Entretanto, todas essas formas de energia utilizadas têm uma parte comum de irradiação: o Sol.

O conceito de energia surgiu recentemente, e inclui os recursos não renováveis, isto é, aqueles que uma vez esgotados não são reproduzidos, pelo menos dentro de um período de tempo que possa ser estimado em nosso calendário. Os recursos energéticos naturais não renováveis e que são o sustentáculo do mundo moderno são o carvão mineral, o petróleo, o gás natural, os minerais radioativos e as fontes de exalações geotérmicas.

20.1 O Carvão

Processos de transformação dos vegetais

Os processos de transformação dos vegetais na natureza seguem caminhos diversos, de acordo com as condições imperantes no local. As variáveis para que ocorra um ou outro processo, ou vários simultaneamente, encontram-se na taxa de oxigênio disponível e na cobertura sedimentar. Os processos conhecidos são:

Desintegração total. Ocorre em condições subaéreas, onde a ação do oxigênio é muito grande. Isso acontece quando o vegetal "apodrece" sobre o solo.

Humificação. Ocorre pouco abaixo da superfície do solo, onde a taxa de oxigênio é menor. O resultado é o húmus, presente na composição do solo.

Formação de turfas. A influência do oxigênio é muito pequena, uma vez que os detritos vegetais permanecem encobertos por água, sedimentos e mesmo outros vegetais. Essa transformação geralmente se processa em pântanos rasos, onde os resíduos da decomposição permanecem soterrados. Os gases resultantes são: CO_2, H_2O, CH_4 e NH_3.

Putrefação. Atua na ausência total do oxigênio. Ocorre em águas calmas, relativamente profundas, onde o ambiente é extremamente redutor. O quimismo neste ambiente não permite a presença de oxigênio livre. Esse processo produz o sapropel, cujos produtos gasosos da transformação são: NH_3, CH_4, H_2S e H_2.

A formação da turfa

Os restos de vegetais encobertos, em regiões pantanosas, sofrem a ação de processos bioquímicos de transformação produzidos por bactérias, fungos e outros micro-organismos.

Inicialmente atuam as bactérias aeróbias e, à medida que o oxigênio fica mais escasso, surgem as bactérias anaeróbias. Sob essas condições, os constituintes residuais dos vegetais, tais como celulose, proteínas, ligninas, resinas, ceras, gorduras e pigmentos, são lentamente transformados em polímeros, monômeros e outros compostos formadores da turfa.

Os restos vegetais que tomam parte no processo dependem do meio em que se desenvolve a turfeira. Quando o meio é predominantemente terrestre, ocorrem gimnospermas, pteridófitas e coníferas, entre outros. Quando o meio é aquático ou transicional, há musgos, caules finos de capim e algas. O ambiente de deposição é chamado terrestre ou telmático quando situado acima do nível freático, e, por isso, fica apenas temporariamente coberto pela água. É límnico quando os vegetais ficam perenemente em condições subaquáticas, em lagos ou pântanos. Pode ser ainda parálico, quando a turfeira se desenvolve em regiões próximas do mar, caracterizando-se então por sequências sedimentares tipicamente terrestres, alternadas com sedimentação marinha, proveniente de incursões do mar.

A carbonificação

Com o contínuo aumento da subsidência da bacia, aumenta também a pressão, por soterramento das camadas de turfa acompanhado de aumento do calor. Sob essas condições, a turfa diminui de volume, aumenta seu teor de carbono, perde água e gases e transforma-se em linhito, que passa a apresentar novas características, tais como:

- maior teor de carbono;
- menor porosidade;
- cor preta bandeada;
- maior densidade;
- maior homogeneidade.

A carbonificação compreende todos os processos de conversão dos combustíveis, a partir da turfa, passando pelo linhito e demais tipos de carvão, até o antracito. Na turfa, o parâmetro usado para medida do grau de carbonificação é o seu conteúdo em água. A partir do linhito, os parâmetros utilizados são o conteúdo de carbono fixo, o conteúdo de voláteis e o poder refletor. Este último é o resultado da composição química desse carvão.

De acordo com esses parâmetros, o carvão é classificado em turfa, linhito, hulha (ou carvão betuminoso), antracito e metantracito.

Propriedades determinadas em análises

O carvão revela, quando analisado, teores variáveis de umidade (H_2O), matéria volátil, cinzas (argilas, siltes e matéria mineral) e carbono. O poder calorífico de um carvão é importante fator econômico. O *grade* de um carvão é dado pelo teor de cinzas ou de matéria mineral. O *rank*, ou grau de carbonificação, mede o grau ou estágio alcançado na evolução ou metamorfismo do carvão, desde o linhito até o antracito.

Variedades

(a) *Turfa* – origina-se em pequenas bacias próximas do mar ou em ambiente de várzea no continente, a partir de plantas herbáceas ou de plantas arborescentes.
(b) *Linhito* – é o segundo estágio de evolução para a formação do carvão. Apresenta cor escura pálida e aspecto acamadado, além de conter massas lenhosas de material vegetal e grande quantidade de água.
(c) *Hulha* – também chamada de carvão ou de carvão sub-betuminoso. Apresenta cor negra lustrosa e não se desintegra ao contato com o ar. Possui fraturas perpendiculares à estratificação. Eliminado o material volátil, pode ser coqueizada.
(d) *Antracito* – apresenta cor negra, brilho vítreo e fratura conchoidal. Não é coqueificável. É muito duro e pode ser usado em aquecimento doméstico (Fig. 20.1).

Figura 20.1 Lavra de carvão em Candiota, RS. (Foto: CRM, divulgação.)

O carvão como matriz energética

Em termos de participação na matriz energética mundial, segundo o Balanço Energético Nacional (2003), o carvão é atualmente responsável por cerca de 7,9 % de todo o consumo mundial de energia e de 39,1 % de toda a energia elétrica gerada. No âmbito mundial, apesar dos graves impactos sobre o meio ambiente, o carvão ainda é uma importante fonte

Tabela 20.1 Reserva e produção mundial de carvão

Discriminação Países	Reservas[1] (10⁶ t) 2011	Produção[2,3] (10⁶ t) 2010[r]	2011	(%)
Brasil	2.392	5,74	5,96	0,1
China	107.740	3.235,00	3.520,00	45,74
Estados Unidos da América	236.331	983,72	992,76	12,90
Índia	57.442	573,79	588,47	7,65
Austrália	75.361	423,98	415,49	5,40
Rússia	156.360	321,60	333,50	4,33
Indonésia	3.697	275,16	324,91	4,22
África do Sul	29.896	254,27	255,12	3,32
Alemanha	6.337	182,30	188,56	2,45
Polônia	7.230	133,24	139,25	1,81
Cazaquistão	31.073	110,93	115,93	1,51
Ucrânia	33.713	76,80	86,80	1,13
Colômbia	6.654	74,35	85,80	1,11
Canadá	6.442	68,97	68,18	0,89
República Tcheca	4.392	55,21	57,88	0,75
Outros países	30.089	478,95	516,34	6,71
Total	**811.031**	**7.254,60**	**7.695,44**	**100**

Fonte: *World Coal Institute*, *BP Statistical Review of World Energy Full Report 2012*, *Energy Information Administration* (EUA), ABCM (Brasil) e DNPM-AMB (Brasil).
Notas:
[1]Reserva lavrável de carvão mineral, incluindo os tipos betuminoso e sub-betuminoso (*hard coal*) e linhito (*brown coal*).
[2]Brasil: considera o somatório dos tipos betuminoso e sub-betuminoso (*hard coal*) e linhito (*brown coal*).
[3]Os dados de produção foram revistos, sendo considerada somente a produção beneficiada, em substituição à produção comercializada (produção beneficiada + estoques).
[r]Revisado.

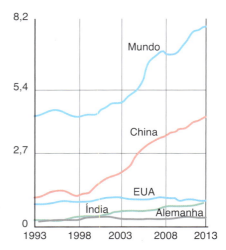

Consumo de carvão

Observa-se um aumento do consumo no mundo e na China.
(Em bilhões de toneladas.) Fonte: Departamento de energia dos EUA.

de energia. As principais razões para isso são as seguintes: (i) abundância das reservas; (ii) distribuição geográfica das reservas; (iii) baixos custos e estabilidade nos preços, relativamente a outros combustíveis.

Embora fontes renováveis, como biomassa, solar e eólica, ocupem maior parcela na matriz energética mundial, o carvão deverá continuar sendo, por muitas décadas, o principal insumo para a geração de energia elétrica, especialmente nos países em desenvolvimento (AIE, 1997). Para isso, no entanto, são necessários avanços na área de P&D, visando a atender aos seguintes requisitos: (i) melhorar a eficiência de conversão; (ii) reduzir impactos ambientais (principalmente na emissão de gases poluentes); (iii) aumentar sua competitividade comercial. Ainda que não sejam mutuamente excludentes, esses fatores são normalmente conflitantes, principalmente os itens (ii) e (iii).

Reservas, produção e consumo

O carvão mineral é o mais abundante dos combustíveis fósseis, com reservas provadas da ordem de 1 trilhão de toneladas, o suficiente para atender à demanda atual por mais de 200 anos, como indicado na Tabela 20.1, que ilustra as reservas mundiais e o consumo de carvão mineral no ano 2002. No Brasil, as principais reservas de carvão mineral estão localizadas no Sul do País, notadamente no Estado do Rio Grande do Sul, que detém mais de 90 % das reservas nacionais. No final de 2002, as reservas nacionais de carvão giravam em torno de 12 bilhões de toneladas, o que corresponde a mais de 50 % das reservas sul-americanas e 1,2 % das reservas mundiais.

No entanto, segundo o Balanço Energético Nacional (2003), o uso energético do carvão mineral ainda é bastante restrito, representando apenas 6,6 % da matriz energética brasileira. Entre outras restrições, os altos teores de cinza e enxofre (da ordem de 50 % e 2,5 %, respectivamente) são os principais responsáveis pelo baixo índice de aproveitamento do carvão no Brasil (Tabela 20.2).

Tecnologia de aproveitamento

Para assegurar a importância do carvão na matriz energética mundial, atendendo principalmente às metas ambientais, têm-se pesquisado e desenvolvido tecnologias de remoção de impurezas (limpeza) e de combustão eficiente do carvão (*Clean Coal Technologies*). Essas tecnologias podem ser instaladas em qualquer um dos quatro estágios da cadeia do carvão, ou seja:

- remoção de impurezas antes da combustão;
- remoção de poluentes durante o processo de combustão;
- remoção de impurezas após a combustão;
- conversão em combustíveis líquidos (liquefação) ou gasosos (gaseificação).

Geração termelétrica a carvão no Brasil

A abundância das reservas e o desenvolvimento de tecnologias de "limpeza" e combustão eficiente, conjugados à necessidade de expansão dos sistemas elétricos e restrições ao uso de outras fontes, indicam que o carvão mineral continuará sendo, por muitas décadas, uma das principais fontes de geração de energia elétrica no Brasil.

Os primeiros aproveitamentos do carvão mineral para a geração de energia elétrica no Brasil datam de fins dos anos 1950, em decorrência da sua substituição por óleo diesel e eletricidade no setor do transporte ferroviário. Naquela época foram iniciados estudos e, em seguida, a construção das usinas termelétricas de Charqueadas, no Rio Grande do Sul, com 72 MW de potência instalada, Capivari de Baixo, em Santa Catarina, com 100 MW, e Figueira, no Paraná, com 20 MW (ANEEL; ANP, 2000).

Impactos socioambientais

Os maiores impactos socioambientais do carvão decorrem de sua mineração, que afeta principalmente os recursos hídricos, o solo e o relevo das áreas circunvizinhas. A abertura dos poços de acesso aos trabalhos de lavra, feita no próprio corpo do minério, e o uso de máquinas e equipamentos manuais, como retroescavadeiras, escarificadores e rafas, provocam a emissão de óxido de enxofre, óxido de nitrogênio, monóxido de carbono e outros poluentes da atmosfera.

Durante a drenagem das minas, feita por meio de bombas, as águas sulfurosas são lançadas no ambiente externo, provocando a elevação das concentrações de sulfatos e de ferro e a redução de pH no local de drenagem.

Tabela 20.2 Centrais termelétricas a carvão mineral em operação no Brasil – situação em setembro de 2003

Usina	Potência (kW)	Destino da energia	Proprietário	Município – UF
Charqueadas	72.000	PIE	Tractebel Energia S.A.	Charqueadas – RS
Figueira	20.000	SP	Copel Geração S.A.	Figueira – PR
Jorge Lacerda I e II	232.000	PIE	Tractebel Energia S.A.	Capivari de Baixo – SC
Jorge Lacerda III	262.000	PIE	Tractebel Energia S.A.	Capivari de Baixo – SC
Jorge Lacerda IV	363.000	PIE	Tractebel Energia S.A.	Capivari de Baixo – SC
Presidente Médici A/B	446.000	SP	Companhia de Geração Térmica de Energia Elétrica	Candiota – RS
João Jerônimo	20.000	SP	Companhia de Geração Térmica de Energia Elétrica	São Gerônimo – RS

O beneficiamento do carvão gera rejeitos sólidos, também depositados no local das atividades, criando extensas áreas cobertas de material líquido, as quais são lançadas em barragens de rejeito ou diretamente em cursos de água. Grande parte das águas de bacias hidrográficas circunvizinhas é afetada pelo acúmulo de materiais poluentes (pirita, siltito e folhelhos). As pilhas de rejeito são percoladas pelas águas pluviais, ocasionando a lixiviação de substâncias tóxicas, que contaminam os lençóis freáticos. A posterior separação de carvão coqueificável de outras frações de menor qualidade forma novos depósitos, que cobrem muitos hectares de solos cultiváveis.

No Brasil, a Região Sul é a que apresenta maiores transtornos relacionados com o impacto da extração de carvão. As cidades de Siderópolis e Criciúma estão entre as que apresentam graves problemas socioambientais. Em virtude dos rejeitos das minas de carvão, a cidade de Siderópolis enfrenta a ocupação desordenada das terras agricultáveis. Os trabalhadores das minas e seus familiares também são afetados diretamente pelas emanações de poeiras provenientes desses locais.

Além dos referidos impactos da mineração, a queima de carvão em indústrias e termelétricas causa graves impactos socioambientais, em face da emissão de material particulado e de gases poluentes, dentre os quais se destacam o dióxido de enxofre (SO_2) e os óxidos de nitrogênio (NOx). Além de prejudiciais à saúde humana, esses gases são os principais responsáveis pela formação da chamada chuva ácida, que provoca a acidificação do solo e da água e, consequentemente, alterações na biodiversidade, entre outros impactos negativos, como a corrosão de estruturas metálicas.

20.2 O Xisto Betuminoso

O termo xisto, ainda que geologicamente impróprio, é usado generalizadamente para designar uma rocha sedimentar que contenha disseminado em sua estrutura mineral um complexo orgânico (querogênio) que, conquanto não possa ser extraído pelos solventes comuns do petróleo, pode ser transformado em óleo e gás por aquecimento.

No Brasil, a rocha que contém tais características é um folhelho de cor cinza-escura a negra cuja nomenclatura geológica correta é folhelho pirobetuminoso.

Ocorrências de xisto no Brasil

Ocorre em diversos estados do Brasil. As reservas do Amazonas e Pará (Formação Caruá), do Maranhão, Ceará, Alagoas e Bahia são do Período Cretáceo; já as da Formação Santa Brígida, na Bahia, e as da Formação Irati, no Paraná e Rio Grande do Sul, principalmente, são do Período Permiano. Ocorrem ainda xistos do Terciário no Vale do Paraíba, no estado de São Paulo. Até o momento, apenas os xistos do Vale do Paraíba e os da Formação Irati foram técnica e sistematicamente estudados com vistas a aproveitamento econômico. Para os do Vale do Paraíba, a coluna geológica considerada econômica tem uma espessura de aproximadamente 35 m, e é composta de três tipos de folhelhos pirobetuminosos com duas intercalações estéreis de argilito, que somam uma espessura aproximada de 5,5 m; os folhelhos apresentam teores variáveis de óleo entre 8,5 % e 13 %.

Formação Irati. Os folhelhos não guardam a mesma distribuição em toda a faixa de ocorrência. Em São Paulo eles estão dispostos em alternância rítmica com calcários, folhelhos não betuminosos, dolomitos e folhelhos betuminosos, de onde se exploram as rochas calcárias e dolomíticas, principalmente para a correção do solo. No Paraná, Santa Catarina e Rio Grande do Sul, a Formação Irati é constituída de duas camadas distintas de folhelho pirobetuminoso separadas por uma camada intermediária de sedimentos estéreis de folhelhos claros e calcários (Fig. 20.2). A camada superior tem espessura média de 3,5 m, e a inferior, de 2,5 m. A camada intermediária tem uma espessura média de 6 m. Os teores de óleo variam entre 4 % e 9 % em peso (Figs. 20.2-A e 20.2-B).

A potencialidade do folhelho da Formação Irati pode ser exemplificada com as reservas de São Mateus, do sul do Paraná, onde uma área de 74,5 km² encerra uma reserva de 700 milhões de barris de óleo, 18 milhões de toneladas métricas de enxofre, 9 milhões de toneladas métricas de GLP e 25 milhões de metros cúbicos de gás combustível leve.

A produção em escala industrial de petróleo cru retirado das jazidas de xisto situa-se em São Mateus do Sul, gerando 3.870 barris de óleo de xisto, 120 toneladas de gás combustível, 45 toneladas de gás liquefeito e 75 toneladas de enxofre, resultantes de 7.800 toneladas de xisto processadas diariamente.

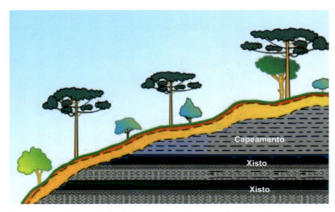

Figura 20.2-A Formação Irati destacando as duas camadas betuminosas separadas por uma camada intermediária.

Figura 20.2-B A exploração do xisto em São Mateus do Sul, PR. (Fonte: PETROBRAS.)

Fraturamento hidráulico

Os folhelhos betuminosos podem conter óleo e grande quantidade de gás, denominado não convencional, mas não liberado facilmente, como aquele que ocorre junto às rochas produtoras de petróleo.

Para sua exploração, é necessária a utilização de explosivos, água, areia e diversos produtos químicos. Inicialmente o solo é perfurado até atingir a camada desejada, do subsolo quando o equipamento é voltado para perfurar horizontalmente segundo os planos dos estratos.

Pelos furos horizontais que abrangem ampla área, são introduzidos os explosivos que provocam intenso fraturamento nas rochas. Em seguida, uma mistura de água, areia e componentes químicos é injetada sob alta pressão, aumentando os espaços fraturados e a permeabilidade da rocha, o que leva o gás a ser liberado para a superfície.

A descoberta de grandes reservas de gás proveniente do xisto, nos Estados Unidos, e das técnicas exploratórias elevou a oferta do produto e ocasionou uma significativa queda nos preços, seguida de grande polêmica, levando alguns países da Europa a proibir sua exploração.

Ambientalistas sustentam que a técnica de fraturamento do subsolo leva à contaminação do solo, do lençol freático e dos aquíferos por meio de óleo, substâncias químicas e gás, produzindo inclusive combustão e inviabilizando o aproveitamento da água potável da área. Outro fator apontado refere-se ao elevado volume de água exigido no processo e à sua disponibilidade. Pequenos abalos sísmicos também ocorrem, induzidos pelo processamento.

Novas técnicas têm sido desenvolvidas para a redução dos efeitos ambientais, tais como revestimentos e cimentação dos poços, além de proteção do lençol freático.

Segundo dados da Agência Nacional do Petróleo, as reservas do gás em terra, no Brasil, somam o dobro das atuais conhecidas no pré-sal, que é de 226 trilhões de pés cúbicos.

Algumas bacias no Brasil possuem características geológicas contendo rochas betuminosas com gás passíveis de serem exploradas pela técnica do faturamento como a do Paraná e do Parnaíba.

20.3 O Petróleo

O petróleo é uma substância oleosa, menos densa do que a água, constituída essencialmente pela mistura de milhares de compostos orgânicos formados pela combinação de moléculas de carbono e hidrogênio, constituindo longas cadeias parafínicas abertas e cicloparafinas ou anéis aromáticos ligados por complexos orgânicos variados. Sua cor varia de acordo com a origem, oscilando do negro ao âmbar. Apresenta-se sob a forma fluida ou semissólida, de consistência semelhante à das graxas, e encontra-se no subsolo a profundidades variáveis.

Origem. Durante muito tempo discutiu-se a origem do petróleo em teorias inorgânicas e orgânicas (para esta última, origem animal ou vegetal). Os estudos modernos revelaram uma origem orgânica mista para o petróleo, ou seja, a partir de animais e vegetais em ambiente planctônico. Assim, a matéria orgânica, constituída de restos vegetais e animais, é depositada juntamente com lama e areia no fundo da água, ao longo da orla marinha, principalmente em baías, lagunas, deltas e outros ambientes de circulação restrita nos quais camadas contendo matéria orgânica são então cobertas por espessas camadas de outros sedimentos, que, juntamente com a água salgada, impedem a destruição pela oxidação. Com o tempo, a transformação da matéria orgânica é processada por intermédio de reações químicas, bacteriológicas, pressão das camadas sobrepostas e ação do calor. Tais fatores reunidos provocam a destilação da matéria orgânica para formar o petróleo. As camadas submetidas a esses agentes de transformação são chamadas *camadas geradoras,* ou *camadas-fonte*. Posteriormente, o petróleo acumula-se em certos lugares, geralmente distantes da origem, constituindo os campos petrolíferos. Os folhelhos betuminosos da Formação Irati (erroneamente chamados xistos Irati), bem como os folhelhos escuros da Formação Ponta Grossa, são exemplos de camadas geradoras de petróleo. Exemplo mais recente de sedimentos formadores de petróleo encontra-se na costa da Bahia. Trata-se de marauito (encontrado nas proximidades de Maraú), sedimento denominado sapropelito que contém restos de algas que contribuem para a explicação da origem do petróleo.

Para o petróleo ser gerado, é necessário que os restos dos organismos forneçam à rocha um conteúdo da matéria orgânica não inferior a 1 %. O conteúdo orgânico das rochas sedimentares de interesse para o petróleo constitui-se de restos de vegetais, polens, esporos, quitinozoários, fungos, escolecodontes, algas, foraminíferos quitinosos etc.

Desse total de matéria orgânica, apenas cerca de 2 a 5 % serão transformados efetivamente em óleo, o qual, produzido sob determinadas condições físico-químicas, migra da rocha geradora (geralmente folhelhos) para rochas de maior porosidade, na maioria dos casos arenitos e calcários.

Infortunadamente, a parcela de óleo que migra é muito pequena (apenas cerca de 1 a 8 %); o restante permanece na rocha geradora.

Da parcela migrada para a rocha armazenadora, por sua vez, dependendo de sua permeabilidade e dos meios de recuperação utilizados, é possível obter, no máximo, 40 % da quantidade total do óleo armazenado, permanecendo o restante preso entre os interstícios dos grãos.

Outro aspecto importante na geração do petróleo é o fator temperatura, responsável pela maturação dos hidrocarbonetos contidos no interior das rochas.

Estudos revelam que a temperatura ideal para a maturação do óleo em subsuperfície deve estar contida entre 60 e 140 °C. Essas temperaturas das rochas situam o óleo que ali se encontra como zona matura. Entre os componentes dos seus hidrocarbonetos estão: os gases leves, etano (C_2) e butano (C_4); a gasolina, o querosene, hidrocarbonetos pesados e ainda compostos de nitrogênio, enxofre e oxigênio.

Quando as temperaturas encontradas estão apenas entre 20 e 60 °C, a zona é imatura, e, caso exista óleo, este será imaturo também, ocorrendo apenas o metano (C_1) e outros compostos de nitrogênio, enxofre e oxigênio.

Por fim, se as temperaturas forem muito altas, atingindo mais de 140 °C, não ocorrerá óleo, porque houve o craqueamento das moléculas dos hidrocarbonetos pesados, restando apenas gás metano.

Migração e acumulação. Uma vez formado, o petróleo tende a migrar para outras rochas, onde vai se acumulando.

Um dos fatores condicionadores da migração é a presença do gás que, sob a ação do calor produzido pelo aumento da pressão e das modificações da estrutura das rochas por movimentos tectônicos, se move através dos interstícios das rochas, levando consigo o petróleo. Outro fator que contribui para a migração do petróleo é a diferença de densidade entre a água e o petróleo (razão pela qual este sempre ocupa a parte superior das rochas porosas). O movimento da água subterrânea também conduz o petróleo em sua parte superior. A pressão exercida pela contínua deposição de novas capas de sedimentos, reduzindo a porosidade das rochas mais antigas, é outro fator, pois obriga o petróleo a buscar mais espaço. A capilaridade constitui outro importante fator de migração; como a tensão superficial da água é muito maior que a do petróleo, aquela tende a expelir o óleo e o gás contidos nas rochas de granulação fina para as rochas de granulação mais grosseira, cujos poros são maiores.

A migração do petróleo, em todos os casos citados, prossegue até que este encontre uma barreira, "armadilha" ou "trapa", onde ficará retido, ocupando ou os poros das rochas sedimentares ou as fissuras das rochas ígneas e metamórficas. Mesmo as rochas ígneas servem de reservatórios, como os basaltos vesiculares (melafiros) de Santa Catarina, que se encontram impregnados de óleo migrado das camadas inferiores da Formação Irati.

Principais estruturas de acumulação. Uma condição para a acumulação do petróleo é a porosidade da rocha, assim como a permeabilidade é fator para que ele possa ser aproveitado. Apreciável maioria das rochas produtoras de petróleo tem porosidade entre 15 e 25 %. As rochas calcárias, que são compactas, podem ter sua porosidade elevada para 35 % graças ao fendilhamento e a espaços produzidos por dissolução. A porosidade nas rochas ígneas varia em função de seu intemperismo e da presença de vesículas e diáclases.

Outra condição para acumulação é as camadas acima mencionadas estarem capeadas por rochas impermeáveis.

Anticlinais. A tendência do petróleo é situar-se na porção média desse tipo de dobramento, onde a água ocupa a parte inferior, e o gás, a parte superior (Fig. 20.3). Uma falha também pode bloquear a migração, mantendo o óleo acumulado defronte ao plano de falha e à nova camada impermeável (Fig. 20.4-A).

Os domos de sal (associados a muitas ocorrências de petróleo) formam uma classe especial de estrutura onde podem ocorrer as seguintes relações estruturais:

(a) as massas salinas agem como "fechos" nos flancos de migração (Fig. 20.4-B);
(b) a intrusão do sal produz uma anticlinal;
(c) a intrusão salina provoca falhamentos que propiciarão acumulação de óleo;
(d) acumulação nas porções laterais do domo que sofreram acunhamento.

A acumulação do petróleo se processa ainda devido a relações discordantes nas rochas (Fig. 20.5).

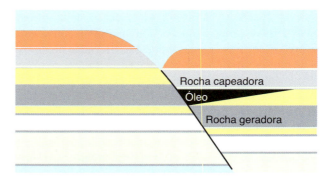

Figura 20.4-A A - Trapa em falha.

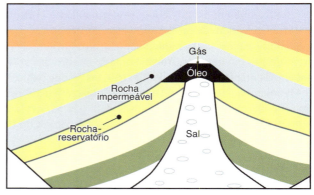

Figura 20.4-B Trapa produzido por domo de sal.

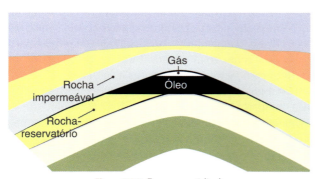

Figura 20.3 Trapa em anticlinal.

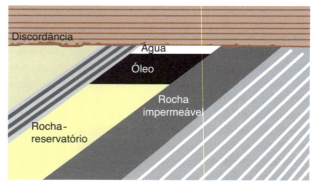

Figura 20.5 Trapa por discordância.

O petróleo como fonte de energia e suas perspectivas futuras. As jazidas de petróleo distribuem-se geograficamente, obedecendo a padrões bem definidos segundo os grandes alinhamentos estruturais, onde se localizam as bacias sedimentares produtoras mais importantes.

As reservas atuais são bem conhecidas, e, com base nos dados geológicos existentes, é possível fazer uma estimativa das possibilidades de suprimento para o futuro, pois, como se sabe, o petróleo é um recurso natural não renovável.

Na distribuição mundial, o Golfo Pérsico é o maior produtor, seguido da Rússia (Urais e Sibéria), América do Norte, Irã, América Latina, África, Europa e Extremo Oriente (Fig. 20.6).

Os maiores consumidores mundiais são: Estados Unidos, China e Japão. Esses países mostram projeções menores para o consumo futuro, reduzindo a taxa de crescimento do país e também a participação de petróleo e gás natural no total da energia consumida (Fig. 20.6).

O aumento de investimentos em pesquisas para a localização de novas jazidas tem sido muito grande em todo o mundo, empregando inclusive tecnologia para atuação em áreas de difícil condição de trabalho como florestas, desertos e mares.

Do total de óleo acumulado nas rochas produtoras, somente de 10 a 40 % podem ser recuperados, ficando o restante no subsolo. Técnicas modernas de recuperação secundária e terciária aumentam a produção em até 25 %, porém com custos mais elevados.

A vida útil de um poço petrolífero oscila entre 5 e 40 anos, mas a produção é decrescente até a exaustão.

Para se adiar o processo natural de queda de produção e vida útil, desenvolvem-se novas técnicas de recuperação. Uma delas é o uso de bactérias e outros micro-organismos capazes de acelerar o processo de degradação do óleo, aumentando sua fluidez e elevando o percentual de aproveitamento comercial do reservatório. Técnicas de injeção de água e vapor, ou mesmo a instalação de bombas de vapor no fundo do poço e também de glicerina, têm sido usadas para o aumento da produção do reservatório.

Em 2012, os Estados Unidos aumentaram sua produção de petróleo de 10 para 14 milhões de barris por dia, ultrapassando a Rússia e a Arábia Saudita, graças ao novo processo chamado de faturamento hidráulico, o fracking, obtendo assim óleo e gás mais barato sem perfuração de poços. Naquele período, o Iraque também aumentou sua produção de 3,3 milhões de barris anuais para 4,3 milhões de barris. Simultaneamente, após acordo que levantou as sanções internacionais, o Irã elevou sua produção diária em 300 mil barris, pressionando os preços de mercado para baixo. Em consequência desses fatos, a partir de 2012 o barril de petróleo sofreu uma queda expressiva quando o preço caiu de 120 dólares para cerca de 50 dólares. O Brasil descobriu extensos campos de petróleo no pré-sal com grande repercussão internacional, mas, em sua maioria a grandes profundidades, superiores a 5.000 metros, que exigem para prospecção e produção altos custos e, em época de preços baixos, grande parte permanece ainda em compasso de espera. A evolução dos preços do petróleo no mercado é uma incógnita. Muitos acreditam que os preços não serão mais os mesmos, pois outros fatores ainda influenciam nas cotações como, por exemplo, o consumo por veículos mais econômicos e híbridos ou elétricos (Fig. 20.6).

O petróleo no Brasil

As reservas brasileiras de petróleo são estimadas em 5 bilhões de barris, que adicionadas às reservas estimadas em águas mais profundas do pré-sal (entre 6 e 8 bilhões) podem chegar a 14,2 bilhões de barris. Com essas projeções, o Brasil ficaria entre os países que possuem as maiores reservas de petróleo do mundo (Fig. 20.7).

A história da exploração e da produção do petróleo teve início no município de Lobato, na Bahia (Bacia Sedimentar do Recôncavo), em 1938.

A partir de 1968, teve início uma série de novas descobertas ao longo da plataforma marinha brasileira, nas denominadas bacias Sergipe-Alagoas, Potiguar, Campos, Foz do Amazonas, Ceará, Santos e Paraná.

A bacia de Campos se firmou como produtora de petróleo a partir da década de 1980, em virtude da necessidade de aumento da produção com a crise do petróleo. A partir dessa década aumentaram-se as expectativas de uma grande bacia petrolífera com as descobertas de vários campos na bacia de Santos, confirmando-se com as descobertas dos campos de Mexilhão, Tupi e Júpiter, entre outros (Fig. 20.8-A). O petróleo no campo de Tupi encontra-se em profundidades superiores a 6.500 m, logo abaixo de uma espessa camada de evaporitos, em lâmina d'água superior a 2.500 m de profundidade (Fig. 20.8-B).

As reservas estimadas do campo de Tupi correspondem a cerca de 50 a 60 % de toda a reserva nacional.

A título de exemplo das rochas geradoras de hidrocarbonetos na bacia de Santos, o petróleo formou-se principalmente nos folhelhos lacustres da Formação Guaratiba e também nos folhelhos inferiores à Formação Itajaí-Açu, migrando posteriormente desde a sequência *rift* para rochas carbonáticas, clásticas e turbiditos para Formação Santos/Jureia e Marambaia (Hung Kiang Chang *et al.*, 2008). A bacia de Santos localiza-se na região sudeste da margem continental brasileira, cobrindo uma área de 352.000 km^2 (estados do Rio de Janeiro, São Paulo, Paraná e Santa Catarina), cujos sedimentos ultrapassam 10.000 m de espessura.

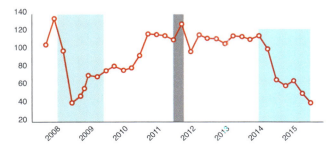

Figura 20.6 Preço por barril de petróleo.

Dez maiores produtores do mundo			
	2014	Variação de 2013	% no total em 2014
Estados Unidos	11.644	+15,9 %	13,1 %
Arábia Saudita	11.505	+0,9 %	13,0 %
Federação Russa	10.838	+0,6 %	12,2 %
Canadá	4.292	+7,9 %	4,8 %
China	4.246	+0,7 %	4,8 %
EUA	3.712	+0,9 %	4,2 %
Irã	3.614	+2,0 %	4,1 %
Iraque	3.285	+4,6 %	3,7 %
Kuwait	3.123	−0,5 %	3,5 %
México	2.784	−3,3 %	3,1 %
Total	59.043	+39 %	66,6 %

Consumo total de petróleo (milhões de barris/dia)					
	2008	2009	2010	2011	2012
Estados Unidos	19.498	18.771	19.180	18.949	18.555
China	7.468	8.540	9.330	8.924	9.324
Japão	4.788	4.406	4.465	4.480	4.729
Índia	2.864	3.113	3.255	3.426	3.441
Arábia Saudita	1.980	2.195	2.371	2.986	3.224
Brasil	2.205	2.481	2.622	2.793	2.933
Rússia	2.906	2.950	2.992	2.725	2.725
Alemanha	2.545	2.453	2.470	2.400	2.338
Canadá	2.232	2.153	2.258	2.289	2.327
Coreia do Sul	2.142	2.188	2.268	2.230	2.268
México	2.161	2.071	2.080	2.133	2.147
Irã	1.742	1.766	1.726	2.028	2.088
França	1.945	1.868	1.831	1.792	1.738
Reino Unido	1.725	1.641	1.630	1.608	1.519
Itália	1.667	1.544	1.544	1.454	1.310
Argentina	582	589	620	685	710

Fonte: US Energy Information Administration.

Maiores reservas de petróleo - Principais países (Em bilhões de barris e participação em porcentagem)	
1º Venezuela	297,6–17,8 %
2º Arábia Saudita	265,9–15,9 %
3º Canadá	173,9–10,4 %
4º Irã	157,0–9,4 %
5º Iraque	150,0–9 %
6º Kuwait	101,5–6,1 %
7º Emirados Árabes	97,8–5,9 %
8º Rússia	87,2–5,2 %
9º Líbia	48,0–2,9 %
10º Nigéria	37,2–2,2 %
11º Estados Unidos	35,0–2,1 %
12º Cazaquistão	30,0–1,8 %
13º Catar	23,9–1,4 %
14º China	17,3–1 %
15º Brasil	15,3–0,9 %
16º Angola	12,7–0,8 %
17º Argélia	12,2–0,7 %
18º México	11,4–0,7 %
19º Equador	8,2–0,5 %
20º Noruega	7,5–0,4 %

Fonte: *Revista Exame*, de 18/06/2013 (Vanessa Barbosa).

Figura 20.7 Principais produtores, consumidores e reservas de petróleo. (Segundo Administração de informação de Energia, Comissão Federal Reguladora de Energia; Agência Internacional de Energia.)

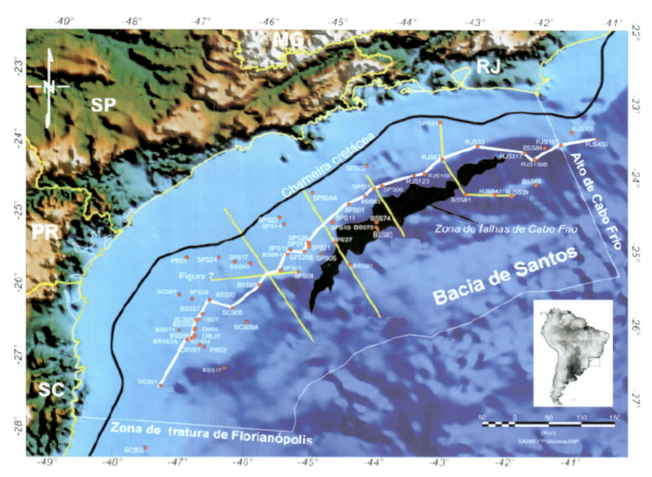

Figura 20.8-A Mapa de localização dos poços da Bacia de Santos. A área onde o Albiano se encontra ausente (*albian gap*), situada no bloco baixo da Zona de Falhas de Cabo Frio, está indicada em preto. (Segundo Assine, 2008.)

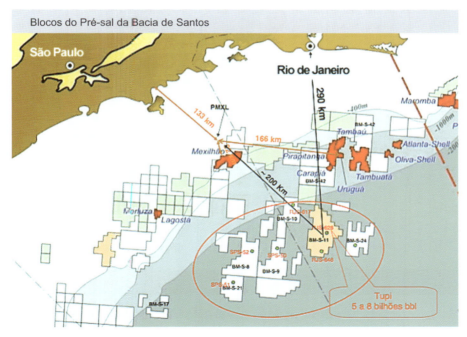

Figura 20.8-B Localização dos poços do pré-sal, particularmente do campo de Tupi. (Fonte: PETROBRAS.)

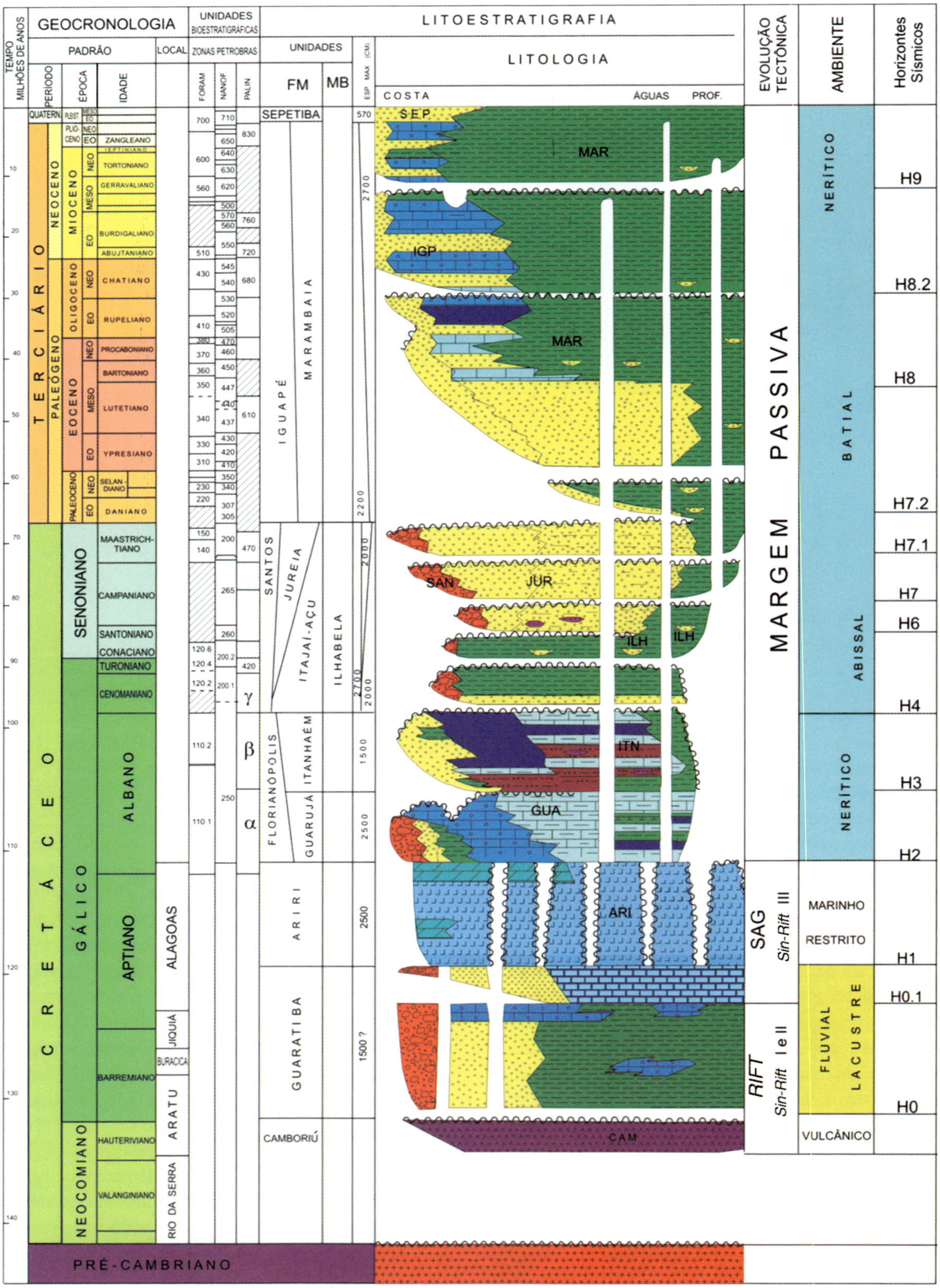

Figura 20.9 Carta estratigráfica da Bacia de Santos. As reservas de petróleo encontradas abaixo do sal (Formação Ariri) foram geradas nos folhelhos e acumuladas nos carbonatos da Formação Guaratiba. (Modificado de Pereira e Feijó, 1994.)

Após a deposição dos sedimentos da Formação Guaratiba, de origem fluviolacustre, a entrada de águas oceânicas provenientes do sul, onde se iniciou a abertura dos continentes, em condições de clima seco e com baixa circulação de águas, causou altas taxas de evaporação. Sob essas condições, depositaram-se espessos pacotes de sal, que podem atingir até 2.500 m (Formação Ariri). Sobre essas sequências, que tiveram início no Cretáceo (Neocominiano), encontra-se espesso pacote sedimentar, como pode ser verificado na Fig. 20.9, que fecha o ciclo deposicional no Terciário (Neoceno).

O mapeamento geofísico regional e a confecção de novos mapas regionais identificaram uma grande espessura sedimentar pré-sal na parte inicial da sequência, na fase tectônica *sin-rift* II, onde poços perfurados (campo de Tupi) identificaram um carbonato de idade Aptiana como rocha-reservatório para o petróleo gerado nos folhelhos situados abaixo. Esse campo, situado a cerca de 300 km da costa, contém as reservas de petróleo mencionadas anteriormente (Figs. 20.10-A e 20.10-B).

Na situação aqui descrita, as jazidas de petróleo encontram-se em rochas-reservatório calcárias imediatamente

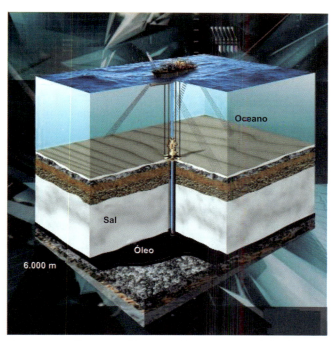

Figura 20.10-A Bloco esquemático mostrando as características da área do pré-sal. (Fonte: PETROBRAS.)

Figura 20.10-B Aspectos técnicos da exploração do pré-sal no Brasil. (Fonte: PETROBRAS.)

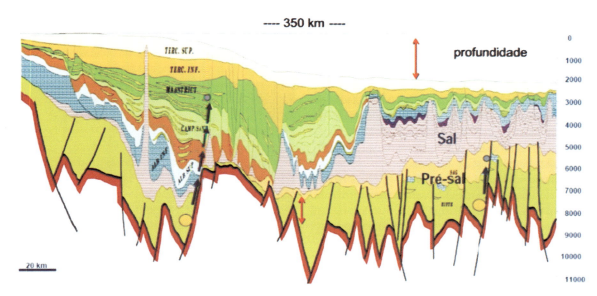

Figura 20.11 Seção geológica na Bacia de Santos, mostrando rochas do pré-sal. Observam-se, também, as deformações sofridas pela camada de sal e suas relações com as demais rochas.

abaixo do sal em sua posição original (autóctone), isto é, *in situ*, em uma determinada idade geológica (120-130 milhões de anos), fase *sin-rift* II e III.

Devido às intrínsecas características de mobilidade do sal e sob intensa pressão de uma coluna de sedimentos sobreposta (pós-sal) e, ainda, em consequência de movimentos no interior da crosta terrestre (tremores, manifestações de vulcanismo etc.), camadas de sal tendem a se movimentar ascendente e lateralmente (alóctones) buscando alívio de pressão, intrudindo camadas de rochas sedimentares mais novas e tomando as mais diversas formas (Figs. 20.5 e 20.11).

Nessas situações podem ocorrer jazidas de petróleo em rochas-reservatório abaixo das camadas alóctones de sal, o que se convencionou denominar "reservatórios subsal". Grandes volumes de petróleo e gás natural nesse tipo de reservatório são encontrados no Golfo do México.

20.4 O Urânio e a Energia Nuclear

Um dos objetivos primordiais da indústria nuclear é a obtenção de combustíveis. A pesquisa de urânio no Brasil foi iniciada em 1951. São considerados depósitos de urânio apenas os tipos de concentração que permitem a produção a um custo inferior a 10 dólares/lb de U_3O_8 e, secundariamente, aqueles cujo preço de produção de urânio situa-se entre 10 e 15 dólares/lb de U_3O_8.

A liberação de energia atômica se dá por dois processos principais: decaimento radioativo (também chamado desintegração) e fissão. No decaimento, o núcleo transforma-se em outro elemento ao ter sua carga elétrica alterada pela emissão de partículas, mudando seus números de prótons e/ou nêutrons. O tempo que certo número de núcleos de um radioisótopo leva para que metade de sua população decaia para outro elemento por desintegração é denominado meia-vida do radioisótopo. Assim, a meia-vida reflete o tempo que um elemento radioativo permanece emitindo radiação.

Os elementos apresentam-se na natureza geralmente como uma mistura de diferentes isótopos, estáveis ou radioativos. O urânio, por exemplo, que tem 92 prótons, é encontrado como uma mistura de 99,3 % de urânio-238 (^{238}U, 146 nêutrons) e 0,7% de urânio-235 (^{235}U, 143 nêutrons), além de frações muito pequenas de outros isótopos. Cada isótopo instável tem sua meia-vida característica. A meia-vida do ^{238}U é de $4,47 \times 10^9$ anos, o que significa que são necessários 4.470.000.000 anos para reduzir à metade a quantidade inicial de núcleos de ^{238}U na massa original de urânio.

Ao decair, o ^{238}U produz outro elemento instável (tório-234, meia-vida de 24,1 dias), que também decai, produzindo outro isótopo instável (protactínio-234), e assim por diante, até que a estabilidade seja alcançada com a formação do chumbo, com 206 núcleons (^{206}Pb).

A energia da radiação liberada no processo de decaimento tem inúmeras aplicações na medicina, indústria e em áreas como agricultura e meio ambiente.

Na fissão nuclear a energia é liberada pela divisão do núcleo, normalmente em dois blocos menores e de massas comparáveis (para núcleos pesados existe a fissão em mais de dois blocos, mas é rara, aproximadamente 1 em 1 milhão para urânio). A soma das energias dos novos núcleos mais a energia liberada para o ambiente em forma de radiação deve ser igual à energia total do núcleo original. A fissão do núcleo raramente ocorre de maneira espontânea na natureza, mas pode ser induzida ao bombardearmos núcleos pesados com um nêutron, que, ao ser absorvido, torna o núcleo instável.

O ^{235}U, por exemplo, ao ser bombardeado com um nêutron, fissiona em dois blocos menores, emitindo normalmente dois ou três nêutrons. Se houver outros núcleos de ^{235}U próximos, eles têm certa probabilidade de serem atingidos pelos nêutrons produzidos na fissão daquele núcleo. Se houver um grande número de núcleos de U disponível, a probabilidade de ocorrerem novas fissões será grande, gerando novos nêutrons que irão produzir novas fissões. Esse processo sucessivo é chamado reação em cadeia. Mas como o ^{235}U ocorre em uma proporção muito pequena no urânio natural (apenas 0,7 %), é necessário "enriquecer" o urânio natural aumentando a proporção de ^{235}U. Controlando-se o número de nêutrons produzidos e a quantidade de ^{235}U, pode-se controlar a taxa de fissão ao longo do tempo. Essa reação em cadeia controlada é o processo utilizado em um reator nuclear. Em uma bomba atômica, que utiliza urânio enriquecido a mais de 90 %, as fissões ocorrem todas em um intervalo de tempo muito curto, gerando uma enorme quantidade de energia e produzindo a explosão.

O que torna o urânio conveniente para uso como combustível é a grande quantidade de energia liberada por esse elemento na fissão.

Uma das principais utilizações da energia nuclear é a geração de energia elétrica. Usinas nucleares são usinas térmicas que usam o calor produzido na fissão para movimentar vapor de água que movimenta as turbinas onde se produz a eletricidade (Fig. 20.12).

No mundo estão em operação 440 reatores nucleares voltados para a geração de energia em 31 países. Outros 33 estão em construção. Cerca de 17 % da geração elétrica mundial são de origem nuclear, a mesma percentagem do uso de energia hidroelétrica e de energia produzida por gás.

Principais ocorrências de urânio no Brasil. No planalto de Poços de Caldas situam-se depósitos de urânio e molibdênio com uma reserva de mais de 20.000 toneladas de U_3O_8.

Figura 20.12 Usina nuclear de geração de energia elétrica, em Angra dos Reis, RJ. (Fonte: ELETROBRAS.)

Tais depósitos são consequência da lixiviação dos cristais de zircão por alteração hidrotermal e meteorização. Na bacia do Paraná, uma reserva de pelo menos 7.000 toneladas de U_3O_8 foi estimada na porção inferior da Formação Rio Bonito (Permiano Inferior). Esses depósitos formaram-se por confinamento em camadas protegidas por uma camada inferior impermeável, de carvão, e uma superior também impermeável, de calcário. A água subterrânea percolando o sistema confinado lixiviou o urânio, redepositando-o em locais favoráveis. Na área do Quadrilátero Ferrífero, em Minas Gerais, ocorrências de urânio e ouro (5.000 toneladas) foram descobertas na parte basal da Formação Moeda. No Ceará, ocorrem 83.000 toneladas de urânio em disseminação em granitos e em veios de rochas metamórficas encaixantes. Outras ocorrências ainda são registradas em Amorinópolis e Campos Belos (Goiás), Lagoa Bela, Bahia e São José de Espinharas, Paraíba. O total das reservas brasileiras é estimado em 300.000 toneladas (segundo fontes do Ministério das Minas e Energia), das quais 140.000 correspondem ao volume já medido, restando 160.000 toneladas inferidas com base nos conhecimentos dos caracteres geológicos dos depósitos.

20.5 Energia Geotérmica

Com a crise de produtos energéticos não renováveis, as atenções se voltam para outras fontes potenciais de energia elétrica, notadamente nos países de pouca ou nenhuma possibilidade em hidrelétricas. São as fontes de energia solar, marés, vento, fissão e fusão nucleares e geotermal.

Nos últimos anos, a utilização de energia geotérmica para produção de energia elétrica tem-se mostrado competitiva com os processos convencionais, como o óleo, gás, carvão e quedas-d'água.

As exalações geotermais e os recursos geotermais associados consistem em exalações naturais e águas termais. As exalações podem ser de vapor e outros gases. As exalações de altas temperaturas são também obtidas artificialmente pela introdução de águas e outros fluidos em áreas de rochas de alta temperatura. A obtenção de energia elétrica a partir de exalações geotérmicas ocorreu pela primeira vez em 1958, na Nova Zelândia. Atualmente, sete países estão produzindo energia elétrica a partir de energia geotérmica.

Caracteres geológicos e geotérmicos das áreas de produção. A distribuição dos locais de fontes geotérmicas no mundo indica uma nítida associação com processos vulcânicos e tectônicos ocorridos no Terciário Superior e no Quaternário. As ocorrências de fontes de calor nos distritos vulcânicos comumente emergem de falhas marginais ao longo das caldeiras vulcânicas e *grabens*. As exalações sob forma de fumarolas localizam-se nas encostas e estão relacionadas com o vulcanismo do Quaternário, como as de São Salvador, Califórnia (Monte Lassen) e Alasca (Katmai).

Uma reserva geotermal deve ter as seguintes características para gerar energia em larga escala e ser usada diretamente a partir de suas exalações:

(a) A temperatura deve ter no mínimo 200 °C para que possa manter um poder de geração de 100 MW ou mais. As águas termais com temperaturas superiores a 300 °C não são recomendáveis devido à presença de gases de corrosão.

(b) O volume do reservatório deve ser superior a 10 km³.

(c) A permeabilidade da rocha deve ser suficiente para permitir a entrada de água e/ou gases em grande volume na tubulação, possibilitando ao mesmo tempo uma recarga durante a exploração.

(d) Reservas situadas a profundidades economicamente viáveis de serem perfuradas. A maioria das reservas hoje exploradas situa-se próxima a 1.000 m de profundidade, enquanto algumas estão entre 2.000 e 3.000 m.

(e) As rochas do capeamento devem ter permeabilidades e condutividade térmica baixas, impossibilitando a perda de fluidos e de calor e, consequentemente, mantendo alta a temperatura do reservatório situado abaixo.

(f) Taxa adequada de água proveniente das áreas circunvizinhas com condições meteorológica e hidrogeológica favoráveis à recarga.

(g) Gases que não contenham solutos indesejáveis, como sílica e calcita ou arsênico e boro.

(h) Uma área de alta potência calorífica para manter o reservatório em temperatura alta pelo tempo mínimo de 20 a 30 anos.

A exploração de fontes geotermais em escala comercial envolve um programa integrado de aplicação em vários campos de geofísica e geoquímica.

Ao contrário das usinas solares ou eólicas, a usina geotérmica opera sob demanda. O calor do interior da Terra está sempre disponível. Em geral, as usinas funcionam ininterruptamente. Nem todos os locais dispõem de rochas aquecidas, mas o Havaí e a Califórnia geram, respectivamente, 25 % e 6 % de sua energia dessa maneira. Instalações geotérmicas utilizam água quente que flui naturalmente para a superfície, mas grandes áreas dos Estados Unidos têm "rocha seca quente", que requerem apenas que a água seja injetada por poços profundos. Muitos sistemas utilizam um trocador de calor para ferver água pura e produzir o vapor que move a turbina (Fig. 20.13).

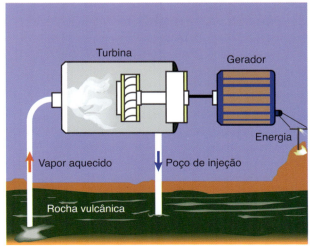

Figura 20.13 Planta de energia geotérmica para geração de energia elétrica.

20.6 Energia Eólica

A fonte de energia eólica vem crescendo principalmente para gerar energia elétrica em vários países. As instalações movidas a hélices tocadas pelo vento ultrapassam 20.000 MW. Fonte de energia limpa, grandes projetos eólicos, mais eficientes e de baixo custo de manutenção, estão sendo construídos em regiões remotas, desérticas, litorâneas e outras onde a natureza permite (Fig. 20.14). Cumpre destacar que também outras fontes naturais de energia são aproveitadas, como a solar, das marés e das ondas.

Figura 20.14 Exemplo de geradores eólicos de energia elétrica. (Fonte: http://www.es.gov.br.)

Bibliografia

CHANG, H. U. et al. Sistemas petrolíferos e modelos de acumulação de hidrocarbonetos na Bacia de Santos. *Revista Brasileira de Geociências*, 38 (2 - suplemento):29-46, julho de 2008.

GOLDEMBERG, J.; VILLANUEVA, L. D. *Energia, meio ambiente e desenvolvimento*. 2. ed. São Paulo: Edusp, 2003. 226 p.

KELLER, E. A. *Environmental geology*. 7. ed. New Jersey: Prentice-Hall, 1996. 569 p.

MINISTÉRIO DAS MINAS E ENERGIA (MME). Balanço energético nacional - Ano-base 2006 (preliminar), 2007. www.mme.gov.br.

MIOTO, J. A.; DEL REY, A. C. Distribuição geográfica de sismos e fontes termais da parte oriental do Brasil: uma ferramenta de exploração geotermal em escala regional. In: Simpósio Brasileiro sobre Técnicas Exploratórias aplicadas à Geologia, 1984, Salvador. *Anais*. Salvador: SBG, 1984. p. 62-77.

MORRONE, N.; SAAD, S. Estágio atual da prospecção de urânio nos Estados do Paraná e São Paulo. In: Congresso Brasileiro de Geologia, 28, 1974. Porto Alegre. *Anais*. São Paulo, Soc. Brasil. Geol., 1974, v. 1. p. 251-3.

OJEDA, H. A.; FUGITA, A. M. Bacia Sergipe-Alagoas, Geologia Regional e perspectivas petrolíferas. In: Congresso Brasileiro de Geologia, 28, 1974. Porto Alegre. *Anais*. São Paulo, Soc. Brasil. Geol., 1974, v. 1. p. 137-59.

PESSOA, J. et al. Petroleum system and seismic expression in the Campos Basin. In: International Congress of the Brazilian Geophysical Society, 6., 1999, Rio de Janeiro. *Proceedings...* Rio de Janeiro: SBGf, 1999.

PONTES, A. R. et al. A indústria petrolífera e suas perspectivas futuras. In: Congresso Brasileiro de Geologia, 28, 1974. Porto Alegre. *Anais*. São Paulo, Soc. Brasil. Geol., 1974, v. 1. p. 27-41.

RAMOS, J. R. A.; FRAENKEL, M. O. Principais ocorrências de urânio no Brasil. In: Congresso Brasileiro de Geologia, 28, 1974, Porto Alegre. *Anais*. Porto Alegre, Soc. Brasil. Geol., 1974, v. 1. p. 185-203.

SCHNEIDER, A. W. Contribuição ao estudo dos principais recursos minerais do Rio Grande do Sul. Companhia Rio-grandense de Mineração. *Revista da Sec. Energ. Minas e Comunicações*, 1978.

THOMPSON, A. B. *Geothermal gradients through time*. Report of the Dahlem workshop in earth evolution. Berlin: Springer-Verlag, 1984. p. 345-55.

Breve História da Terra 21

A origem da Terra está ligada à origem do sistema solar, dos demais planetas e de todas as estrelas. As galáxias constituem-se de um número incontável de estrelas que produzem energia e brilho de alta intensidade. Espaços interestelares de densidade variável são denominados "buracos negros", de forte energia gravitacional, capazes de atrair e digerir qualquer matéria que se aproxime (Fig. 21.1). A Via Láctea é a galáxia na qual se situam nosso sistema solar e nosso planeta, disperso entre milhares de outras galáxias.

Há 15 bilhões de anos toda a matéria e energia resumiam-se a um ponto com espaço relativamente pequeno, densidade e temperatura extremamente altas e com a matéria e a energia indistinguíveis. A partir desse ponto sem tempo ou espaço determinável houve a explosão que os físicos denominam *Big Bang*. A partir daí, a temperatura e a densidade da energia foram decrescendo, constituindo-se a matéria. As primeiras galáxias surgiram há 12 bilhões de anos, e a nossa Via Láctea, há cerca de 4,6 bilhões de anos. O espaço consistia em uma substância diferente, conhecida como "energia negra", que fez o universo se expandir em velocidades variáveis e não homogêneas.

Uma nebulosa resultante de uma estrela supernova sintetizou os elementos pesados que hoje constituem o Sol e seus planetas (Fig. 21.2-A). Com seu material em grande parte no estado líquido, cada planeta evoluiu para um núcleo metálico constituído essencialmente de Fe e Ni. Os meteoritos são fragmentos de matéria sólida proveniente do espaço. A maioria, por serem muito pequenos, volatiliza-se pelo atrito ao atingirem a atmosfera terrestre, os maiores impactam com a Terra produzindo grandes crateras. As idades determinadas em meteoritos, entre 4,0 e 4,6 bilhões de anos, estão muito próximas daquelas obtidas de amostras coletadas na Lua. Essas pesquisas indicam que os materiais da Lua e dos meteoritos foram formados juntamente com a Terra na mesma sequência da evolução do Sistema Solar (Fig. 21.2-B).

Entre 4.600 m.a. e 3.800 m.a. (Éon Hadeano) a Terra evoluiu de uma massa muito quente, sacudida por explosões, para uma fina crosta que retém a atmosfera composta de dióxido de carbono, amoníaco, metano, nitrogênio e vapor d'água. Durante essa fase o crescimento do campo gravitacional da Terra passa a atrair para o seu centro os elementos mais pesados, enquanto os mais leves sobem à superfície (Fig. 21.3). No Éon seguinte, o Arqueano, que se estende até 2.500 m.a., embora a Terra ainda permanecesse muito quente, teve início a formação dos continentes. No final do Éon houve grande redução das atividades vulcânicas e talvez da queda de meteoritos (Fig. 21.5). O mineral mais antigo, o zircão, tem idade de aproximadamente 4 bilhões de anos. As rochas mais antigas que se conhecem hoje, as quais ocorrem na Groenlândia, têm idade de 3,8 bilhões de anos. No

Brasil ocorrem rochas dessas idades em diversas regiões (Fig. 21.4). Naquela época já havia mares habitados pelas cianobactérias (células procariotas sem núcleo, datadas de 3.500 m.a.) que se acumulavam em camadas concêntricas de carbonato de cálcio denominadas estromatólitos. Algumas acumulações constituíram recifes de estromatólitos, sendo posteriormente substituídos em sua totalidade por recifes de corais.

Éon	Era	Período	Época	
Fanerozoico	Cenozoica	Quaternário	Holoceno (ou Recente)	
			Pleistoceno	0,01
				1,8
		Terciário — Neógeno	Plioceno	
			Mioceno	5,3
				24
		Terciário — Paleógeno	Oligoceno	
			Eoceno	33
				54
			Paleoceno	
				65

Tabela do tempo geológico

Éons	Eras	Períodos	Tempo
Fanerozoico	Cenozoica	Quaternário	Hoje a 1,8 m.a.
		Neógeno	1,8 a 23 m.a.
		Paleógeno	23 a 65 m.a.
	Mesozoica	Cretáceo	65 a 145 m.a.
		Jurássico	145 a 199 m.a.
		Triássico	199 a 251 m.a.
	Paleozoica	Permiano	251 a 299 m.a.
		Carbonífero	299 a 359 m.a.
		Devoniano	359 a 416 m.a.
		Siluriano	416 a 443 m.a.
		Ordoviciano	443 a 488 m.a.
		Cambriano	488 a 542 m.a.
Proterozoico	Neoproterozoica	Ediacarano	542 m.a. a 1,0 b.a.
		Criogeniano	
		Toniano	
	Mesoproterozoica	Steniano	1,0 a 1,6 b.a.
		Ectasiano	
		Calymmiano	
	Paleoproterozoica	Statheriano	1,6 a 2,5 b.a.
		Orosiriano	
		Rhyaciano	
		Sideriano	
Arqueano	Neoarqueana		2,5 a 3,6 b.a.
	Mesoarqueana		
	Paleoarqueana		4,0 bilhões de anos ao início da Terra (4,6 bilhões de anos)
	Eoarqueana		
Hadeano			

Figura 21.1 A figura mostra aglomerados de galáxias entremeadas por filamentos de matéria escura. (Foto: NASA/ESA.)

Figura 21.2-A Núcleo remanescente de uma supernova que explodiu 330 anos atrás. (Foto: NASA/CXC/UNAM.)

Figura 21.2-B Meteorito de 15 toneladas de ferro e níquel foi parte de antigo planeta. (Foto: João Vianna. Reprodução do Museu de História Natural de Nova York.)

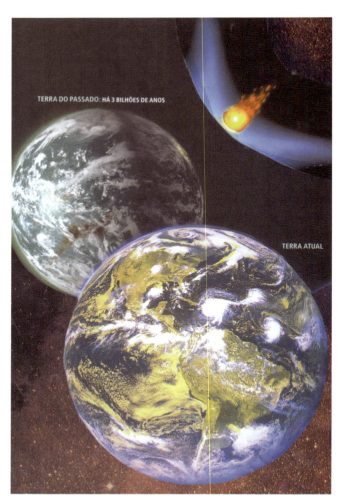

Figura 21.3 A Terra há 3 bilhões de anos, com uma atmosfera de dióxido de carbono, amoníaco, metano, nitrogênio e vapor d'água, era atingida por meteoritos quando teve início a formação dos continentes.

21.1 Pré-Cambriano (4.600 m.a.–542 m.a.)

Termo informal que compreende os três primeiros Éons desde a formação da Terra até o início do Cambriano. Designam-se Hadeano os primeiros 600 milhões de anos da Terra, quando da formação de um núcleo de ferro rodeado por um manto, cujo resfriamento levou à formação de uma crosta com permanentes mudanças. A desintegração de elementos radioativos, como o urânio, resultou na formação do mineral mais antigo que se conhece, o zircão, há 4.400 m.a.

O Arqueano, Éon de mais longa duração, abrange o tempo transcorrido entre 4.000 m.a. e 2.500 m.a., caracterizado por intensos vulcanismos e a formação do maior volume da crosta terrestre. A formação dos primeiros oceanos e a combinação do dióxido de carbono com os gases da atmosfera primitiva (amônia, sulfeto de hidrogênio e hidrogênio) deram lugar aos primeiros compostos orgânicos. Com eles, surgiram as primeiras formas de vida anaeróbia, os procariotas (células sem núcleo e assexuadas), os quais obtinham sua energia a partir do hidrogênio e seu carbono do dióxido de carbono, gerando por meio de sua respiração o gás metano. Compostos grafitosos de 3.800 m.a. foram encontrados na Groenlândia. O registro dos primeiros procariotas, as ciano-

Figura 21.4 Websterito, rocha com mais de 2 bilhões de anos. Barra Velha, SC. (Foto do Autor.)

Figura 21.5 Meteorito de 150.000 toneladas atingiu a Terra há 50.000 anos, produzindo uma depressão de 1.200 metros de diâmetro por 180 metros de profundidade no Arizona, Estados Unidos. (Foto: NASA.)

bactérias, data de 3.500 m.a., quando começaram a sintetizar a luz solar e a produzir oxigênio. Seu modo de vida colonial propiciou grandes depósitos dessas cianobactérias, intercaladas com depósitos de carbonato de cálcio, formando grandes recifes conhecidos como estromatólitos.

No Éon Proterozoico (2.500 m.a.-542 m.a.), a história da acumulação do oxigênio na atmosfera está registrada nas listras vermelhas da calcedônia e na formação da hematita, também bandada, onde é possível observar as variações periódicas nos níveis de oxigênio produzido pelas bactérias. O excesso de oxigênio produzido possivelmente foi uma das causas da extinção desses organismos primitivos.

Níveis estáveis de oxigênio foram alcançados há 2.000 m.a., evidenciados nos arenitos e argilitos continentais avermelhados, ausentes em rochas mais antigas.

A filtração de raios solares pela camada de ozônio recém-formada possibilitou a evolução dos protistas (células com núcleo) nos primitivos oceanos. Evidências indicam que o metabolismo aeróbio (fotossíntese) ocorreu há 2.200 m.a. Os estromatólitos tornam-se mais abundantes no início do Éon, declinando no final (700 m.a.). Micro-organismos com parede orgânica, os acritarcos, com importância bioestratigráfica, estão registrados em folhelhos e siltitos com idade de 1.400 m.a.

Rodínia foi o primeiro supercontinente formado (1.100 m.a.), fragmentando-se no final do Proterozoico (750 m.a.), proporcionando o aparecimento do oceano Pantalássico, conjugado com o avanço de macroplacas (resultantes da fragmentação) em direção às regiões polares, formando-se a primeira e mais extensa glaciação conhecida. No final do Proterozoico essas placas continentais uniram-se para formar um novo continente no hemisfério sul, o Pannotia, com elevações de montanhas.

No decorrer desse tempo, organismos monocelulares mais complexos evoluíram para dar origem às plantas e aos animais multicelulares no final do Proterozoico, incluindo-se aqui a conhecida Fauna de Ediacara, nome que originou a denominação do último período do Éon, o Ediacarano, cuja idade situa-se entre 575 m.a. e 542 m.a. Os fósseis ediacaranos são de animais de corpo mole, diversificados, e extinguiram-se no final do período.

21.2 Éon Fanerozoico (542 m.a.–2.000 anos)

21.2.1 Era Paleozoica

Período cambriano (542 m.a.-488 m.a.)

Cambriano vem da palavra Cambria, região ao sul de Gales, onde foram estudadas as primeiras rochas pertencentes a esse período.

Nos primórdios do Cambriano iniciou-se a fragmentação do supercontinente Pannotia e o início da formação do continente Gondwana, do continente Laurência-Báltico e do continente Sibéria (Fig. 21.6). O degelo e a consequente elevação do nível do mar, até então pouco profundo, favoreceram a proliferação de organismos cuja diversidade e quantidade encontram-se registradas nos sedimentos por meio de fósseis com conchas ou esqueletos e por vestígios (icnofósseis). Praticamente todos os grupos de invertebrados estavam presentes. Desenvolveram hábitos bentônicos móveis e escavadores, aperfeiçoamento das carapaças, mecanismos de defesa como células urticantes, desenvolvimento da visão (olhos simples e compostos), mecanismos estes que facilitaram a grande explosão de invertebrados durante o Cambriano: esponjas, cnidários, briozoários, braquiópodes, moluscos, equinodermas, graptólitos, artrópodes (trilobita), arqueociatas e possivelmente os primeiros cordados. Não obstante essa diversificação, pouco se sabe sobre a origem e a evolução desses organismos e a ancestralidade das formas atuais de invertebrados.

O período terminou há 488 m.a., registrando uma extinção em massa, fenômeno de causa incerta, levando ao de-

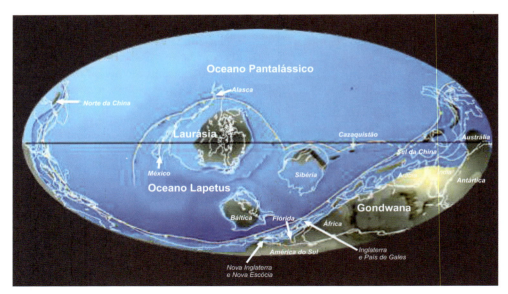

Figura 21.6 Distribuição dos continentes no período Cambriano. (Fonte: Paleomap Project, http://scotese.com.)

saparecimento da maioria dos organismos que não tiveram meios de adaptar-se às novas condições ambientais. As capas de gelo formadas e o avanço do gelo para os mares causaram a diminuição da temperatura oceânica e a redução do oxigênio nas águas, obrigando os organismos a migrarem para regiões mais profundas, uma vez que o abaixamento do nível do mar reduziu as regiões de mar profundo.

Período ordoviciano (488 m.a.-443 m.a.)

Com duração de aproximadamente 44 milhões de anos, foi uma fase de enorme biodiversidade. O nome ordoviciano provém de uma tribo celta que habitava a região de Gales, conhecida como Ordovices.

Com a movimentação das placas litosféricas formaram-se mares pouco profundos onde foram depositadas rochas calcárias e sedimentos finos e escuros, ricos em graptólitos, animais de esqueleto quitinofosfático, bons indicadores bioestratigráficos de temperatura e profundidade da água naquele tempo (Fig. 21.7). Organismos que sobreviveram à crise do Cambriano, como alguns trilobitas, sofreram novas adaptações, e novas formas surgiram, extinguindo-se no Permiano. Fato importante na evolução dos organismos foi o aparecimento dos ostracodermes, peixes sem mandíbulas e com carapaça externa. Outra evidência dos primitivos cordados são os conodontes, muito utilizados na datação das rochas.

No final do período uma glaciação com registros em diversas regiões da Terra alterou o ecossistema e extinguiu 60 % da vida marinha. O continente de Gondwana atingiu o polo sul e cobriu-se de geleiras, caindo as temperaturas e baixando o nível do mar, enquanto em outras regiões formaram-se grandes depósitos de evaporitos. Em sedimentos continentais surgiram as primeiras plantas não vasculares, com talos e sem folhas.

Período siluriano (443 m.a.-416 m.a.)

O nome Siluriano também provém de uma tribo celta, ao sul de Gales, os Silures.

No início desse período, à medida que o gelo se derretia e subia o nível do mar, as populações marinhas voltavam a expandir-se, principalmente nas regiões equatoriais junto ao continente Euroamericano. As colisões das placas formaram uma cordilheira de montanhas que bordeava os Estados Unidos, continuando pela Inglaterra, Groenlândia e Noruega, junto ao oceano Ártico (Fig. 21.8).

Com o restabelecimento do clima o mar transgrediu sobre vários continentes e a vida voltou a proliferar-se, constituindo enormes recifes calcários, bem como o desenvolvimento de braquiópodes, moluscos, conodontes e estromatoporoides. Os peixes tiveram rápida expansão e atingiram a água doce. Apareceram os primeiros peixes ósseos, diversificando-se com rapidez.

Figura 21.7 Graptozoário da formação Trombetas, Siluriano da Bacia do Amazonas. (Foto: Sérgio F. Beck.)

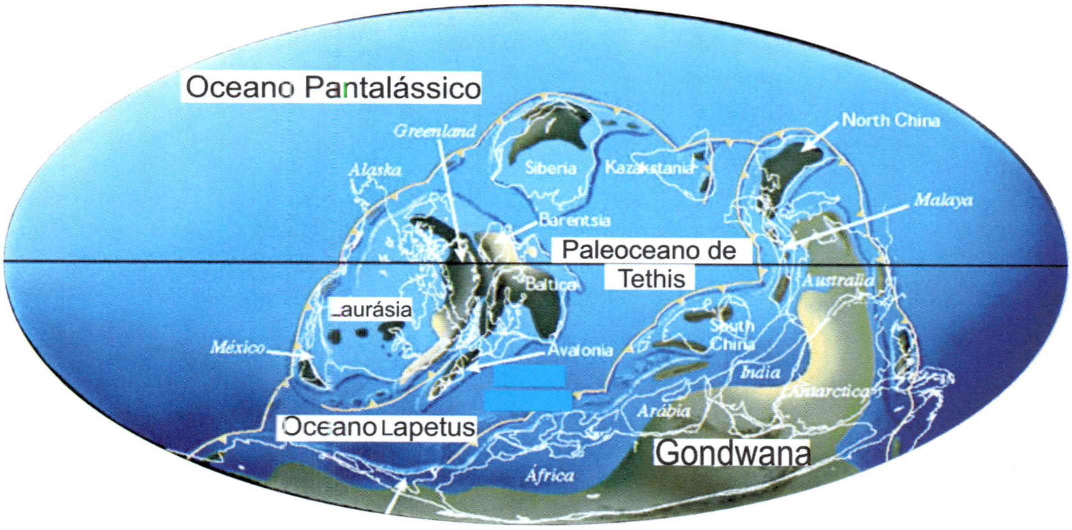

Figura 21.8 Distribuição dos continentes no período Siluriano. Desde o Ordoviciano Superior o continente Gondwana se estabelece no polo sul e cobre-se de geleiras. (Fonte: Paleomap Project, http://scotese.com.)

Nesse período surgiram as primeiras plantas com sistema vascular primitivo, que conduzia água e alimento das raízes às folhas, as licophitas. Apareceram também os artrópodes aquáticos, aracnídeos e miriápodes.

Período devoniano (416 m.a.-359 m.a.)

As rochas desse período foram estudadas pela primeira vez em Devon, região da Inglaterra. A Terra dividia-se em três continentes: Euroamericano, Gondwana e Siberiano. O clima era quente, com extensas plataformas rasas capazes de desenvolver recifes e grande variedade de fauna marinha, encontrada como fósseis de ammonites, braquiópodes, conodontes, corais, equinodermes, nautiloides etc. (Figs. 21.9 e 21.10). Os trilobitas evoluíram, produzindo carapaças mais resistentes aos predadores (Fig. 21.11). Os vertebrados eram representados pelos peixes, alguns gigantescos (placodermes) que mediam mais de 10 m de comprimento.

Nesse período os peixes sofreram grande evolução, culminando com as formas pulmonadas e com nadadeiras lobadas, os crossopterígios, ancestrais dos anfíbios.

As plantas com sementes expandiram-se sobre a Terra (gimnospermas), formando-se as primeiras florestas no final do período, garantindo a vida de insetos voadores e de anfíbios que se deslocavam nesse ambiente.

O resfriamento no clima, a diminuição do nível do mar e talvez, segundo alguns pesquisadores, o impacto de meteoritos reduziram as espécies de animais em 80 %, e 20 % das famílias desapareceram, afetando os amonites, braquiópodes, conodontes e trilobitas, e caracterizando um grande evento de extinção em massa.

Período carbonífero (359 m.a.-299 m.a.)

Seu nome origina-se das camadas de carvão que ocorrem na Europa Ocidental e no Reino Unido. Na América do Norte divide-se em dois subperíodos: o Mississippiano e o Pensilvaniano, assinalados em 318 milhões de anos.

Fig. 21.9 Australopirifer, braquiópodo Devoniano da Bacia do Paraná. (Foto: J. J. Bigarella.)

Figura 21.10 Tubos de vermes em arenitos da Formação Furnas, Devoniano da Bacia do Paraná. (Foto do Autor.)

Figura 21.11 Trilobita do Devoniano da Bacia do Paraná. (Foto: J. J. Bigarella.)

Nesse período os peixes ósseos diversificaram-se consideravelmente, em detrimento de outras espécies. As populações de amonoides, braquiópodes, blastoides, briozoários e crinoides tiveram suas populações revigoradas. Extensos depósitos de calcários formaram-se à custa da acumulação de carapaças de fusilinídeos Esses níveis constituem fósseis-guias para o carbonífero. Apenas uma ordem de trilobitas sobreviveu, os proétidos. Em terra, o ambiente úmido dos pântanos propiciou a diversificação das licófitas. Os insetos primitivos do Devoniano desenvolveram-se, aumentaram de tamanho e ocuparam novos espaços. O oxigênio da atmosfera atingiu 35 % devido ao desenvolvimento vegetal nos pântanos e bosques, habitados por artrópodes gigantes. Os répteis apareceram durante o Carbonífero, descendentes dos anfíbios do Devoniano, porém em número reduzido.

Um dos maiores eventos do Carbonífero foi o aparecimento do ovo amniótico. Esses ovos têm uma membrana rija e impermeável à água, de modo que não secam, possibilitando que fossem postos em terreno seco. Essa mudança permitiu aos quadrúpedes reproduzirem-se em terra, colonizando os continentes. Nos pântanos desenvolveram-se pteridófitas (samambaias, esfenófitas e licófitas) que atingiram até 30 m de altura. Essa vegetação produziu as camadas de carvão encontradas em diversas bacias carboníferas do mundo. Durante o Carbonífero os imensos continentes Euroamérica e Gondwana continuavam sua aproximação. O Gondwana compreendia a Antártica, Austrália, África, parte da Ásia (Índia) e América do Sul. O polo estaria na parte sul do continente africano, produzindo glaciações simultâneas na atual África do Sul, parte da Antártica e parte da América, alcançando, no final do período, a Índia. Espessos depósitos glaciais de diversas naturezas do Carbonífero são encontrados na Bacia do Paraná.

Período permiano (299 m.a.-251 m.a.)

Esse período teve início há 299 milhões de anos, estendendo-se por 48 milhões de anos. O nome deriva da região de Permia, próximo dos Urais, na Rússia. A biodiversidade de plantas, artrópodes e anfíbios prossegue, embora tenha havido uma grande redução de bosques e pântanos com um clima mais seco. As coníferas povoaram as regiões dos bosques. Os répteis se diversificaram, adaptando-se às mudanças rapidamente. Os anfíbios tiveram seu tamanho reduzido (Fig. 21.12). Répteis enormes, como os Terapsidos, talvez de sangue quente e com pelagem similar a mamíferos, habitavam o continente (Fig. 21.13). No final do período apareceram os primeiros arcossáurios, antecessores dos dinossauros triássicos.

Nos oceanos permaneceram a mesma fauna do período Carbonífero (Fig. 21.14). Os Trilobitas extinguiram-se no final do período. Os Amonoides se diversificaram em carapaças com forma de espiral, constituindo um fóssil-guia característico das camadas superiores daquela idade. Os tubarões já dominavam os oceanos. No início do Permiano o Pangeia constituía o continente único, cercado pelo oceano Pantalassa, estendia-se de polo a polo contendo o mar de Tétis, dada sua forma de "C" (Fig. 21.15). O oceano sofreu uma diminuição de profundidade das áreas das plataformas num con-

Figura 21.13 Paisagem do Permiano Superior habitada pelo réptil *Dinocephalium*. (Museu de Cape Town, África.)

Figura 21.12 Mesosaurus, réptil do Permiano. (Foto: Prefeitura de Irati - divulgação.)

Figura 21.14 Bivalve da Formação Rio Bonito, Permiano da Bacia do Paraná. (Foto: Sérgio F. Beck.)

tinente de clima seco, terminando numa das maiores catástrofes sofrida pelos seres que habitavam a Terra, extinguindo 90 % das espécies marinhas e 70 % das espécies terrestres, incluindo alguns tipos de insetos, plantas e vertebrados. Os registros fósseis desse período, dada a sua dimensão, são encontrados em todo o mundo. O clima árido nos continentes aparece no registro geológico sob a forma de depósitos desérticos, dunas, evaporitos etc. É possível que seguidas erupções vulcânicas tivessem produzido gases e cinzas, causando a extinção dos seres vivos, além da influência da glaciação no Gondwana.

21.2.2 Era Mesozoica

Período triássico (251 m.a.-199 m.a.)

O nome Triássico refere-se às três camadas sedimentares a noroeste da Alemanha e noroeste da Europa por Frederich von Alberti, em 1834.

No interior do vasto continente Pangeia dominava o clima quente e seco com depressões repletas de sais, enquanto na costa de condições tropicais dominavam as florestas de Coníferas. No Triássico Médio iniciou-se a desagregação do supercontinente Pangea e a separação do Gondwana e da Laurásia, acompanhadas por intensa atividade vulcânica, resultando em extensos derrames de lavas basálticas sobre os continentes, concomitantemente com a subducção do solo oceânico e a sua consequente expansão. A idade das rochas vulcânicas que formam a crosta foi determinada em 200 m.a. Surge extensa cordilheira vulcânica que se estende por toda a costa oeste do continente, desde o Alasca até o Chile, elevando os Andes e a Cordilheira Norte-Americana.

Os répteis desse período testemunham um bom exemplo de irradiação adaptativa (padrão evolutivo caracterizado por uma rápida diversificação a partir de um ancestral comum), conhecida com irradiação dos Sinapsidas, originado no Permiano, constituindo os possíveis ancentrais dos mamíferos.

Nesse período os répteis conquistaram todos os hábitats, aquáticos, terrestres e aéreos. Os dinossauros eram pequenos, velozes e eficientes, ocupando grande parte do ambiente terrestre (Fig. 21.16). Nos mares surgiram os corais escleractíneos, que predominam na composição dos recifes atuais. Uma extinção em massa no final do período culminou com o desaparecimento de 35 % das famílias existentes.

Extinções das espécies e mudanças climáticas

Extinções em massa de espécies podem ser relacionadas com mudanças no meio ambiente.

A geologia tem registros, desde o final do Pré-Cambriano (há 570 milhões de anos) até o Pleistoceno (há 2 milhões de anos), da ocorrência de diversas extinções globais. Entretanto, pelo menos em duas épocas distintas elas ocorreram com magnitudes extremas, diferenciando-se das demais.

Um grande evento ocorreu há cerca de 250 milhões de anos, na passagem do período Permiano para o Triássico, quando cerca de 90 % das espécies marinhas e 70 % das terrestres desapareceram. Os seres sobreviventes tiveram de se adaptar às novas condições, diferentes daquelas em que antes viviam, com um clima mais quente, já quando a configuração da crosta terrestre se aproximava da atual em relação ao posicionamento dos continentes e oceanos de hoje.

Outro evento ocorreu na fronteira entre o Cretáceo e o Terciário (há 65 milhões de anos), e devastou também grande parte dos seres viventes terrestres e marinhos. Por ser de idade mais recente, suas evidências são muito bem conhecidas. Essa extinção notabilizou-se popularmente por ser a causa do desaparecimento dos grandes répteis no final do Cretáceo.

Analisando o que motivou o desaparecimento das espécies da fauna e da flora os pesquisadores puderam relacionar sua causa a dois fenômenos ocorridos: vulcanismo em grande escala e impacto de meteoritos na Terra.

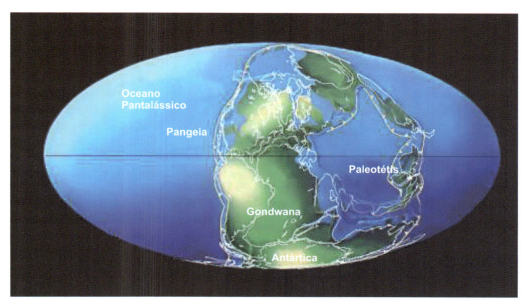

Figura 21.15 Distribuição dos continentes durante o período Permiano. (Fonte: Paleomap Project, http://scotese.com.)

Figura 21.16 Raro esqueleto de um dinossauro do Triássico (*L'herrerasaurus eschigualastensis*). (Museu de Tucuman, Argentina. Foto: J. F. Bonaparte.)

Em ambas as fronteiras temporais citadas, com mudanças climáticas e extinções, ocorreram alguns dos maiores eventos vulcânicos do planeta, com extravasamento de centenas de milhares de quilômetros quadrados de lavas. O vulcanismo relacionado com o evento (Permotriássico) produziu lavas e nuvens de poeira e gases lançados na atmosfera em grandes quantidades. As consequências para a vida foram um resfriamento global decorrente da obstrução da luz do Sol e, depois, um aquecimento provocado pelos gases na atmosfera, responsáveis pelo efeito estufa.

Em diversos períodos da história da Terra, erupções vulcânicas de fissura, caracterizadas por grandes volumes de rochas máficas, cobriram extensas áreas dos continentes e também dos mares a partir da expansão dos assoalhos oceânicos, provenientes do afastamento das placas, sob a denominação de grandes províncias ígneas. A Sibéria foi palco também desses acontecimentos no final do Período Permiano, início do Triássico, há cerca de 252 a 247 milhões de anos. Segundo pesquisadores que estudaram aquela região, os gases e as nuvens de poeira provenientes das atividades extrusivas dos vulcões causaram inicialmente uma diminuição da temperatura sobre a Terra, mas a longo prazo o gás carbônico fez o planeta se aquecer. Análises do peso atômico do oxigênio contido nos fósseis daquela época permitiram calcular as temperaturas médias das águas onde viviam, chegando a índices de até 40 °C, tornando a vida, na maior parte da região, impraticável. Em algumas áreas, as temperaturas terrestres podem ter atingido 60 °C, contribuindo assim, juntamente com as atividades vulcânicas, para uma grande extinção da vida na época, quando grande parte dos vertebrados terrestres desapareceu. A seleção natural pode ter favorecido animais menores, que se adaptaram às novas temperaturas.

Meteoritos

Durante o intervalo Cretáceo-Terciário, a Terra sofreu um choque produzido por um corpo extraterrestre com cerca de 10 km de diâmetro na região de Yucatán, no México, local onde se pode delinear uma estrutura de impacto denominada cratera de Chicxulub, com cerca de 300 km de diâmetro. O impacto desse corpo seria bastante semelhante, para o ambiente, ao de um episódio vulcânico em larga escala. Inicialmente a atmosfera seria invadida por nuvem de pó, que impediria a passagem dos raios solares. Nesse caso específico, a interrupção da fotossíntese, com a quebra da cadeia alimentar, teria sido a principal causa para o desaparecimento dos grandes animais continentais, dentre eles os dinossauros e pterossauros, os répteis voadores.

Estudos no Brasil mostram crateras formadas em várias épocas que, entretanto, por suas dimensões relativamente reduzidas (máxima de 40 km de diâmetro) não poderiam ser responsáveis por grande mortalidade. Porém, eventos semelhantes certamente ocorreram em outros locais e, posteriormente, foram destruídos pelo intemperismo. Outras crateras podem ter desaparecido ou mesmo permanecido encobertas por sedimentos no fundo dos oceanos, área mais provável para receber impactos cósmicos, dada sua extensão no planeta. Atualmente são conhecidas mais de 120 crateras produzidas por meteoritos em toda a superfície terrestre. No Brasil foram identificadas várias estruturas em anel com feições de cratera de impacto, em sua maioria com poucos quilômetros de diâmetro. O Domo do Araguainha tem cerca de 250 milhões de anos, constituindo uma área de 40 km de diâmetro, formada por rochas fraturadas com brechas polimíticas. Nesses eventos massivos, provocados por meteoritos, a pressão e a temperatura causadas pelas ondas de choque acabam vaporizando a mistura do meteorito incandescente com as rochas da crosta, facilitando a erosão e acelerando os processos de intemperismo, ficando além da forma e estrutura, em alguns casos, apenas elementos residuais.

Muitos sugerem que os vulcanismos basálticos registrados se referem sistematicamente aos períodos de extinções em massa e seriam muito semelhantes àqueles relacionados com um impacto cósmico, como saturação da atmosfera por poeira e gases, formação de *tsunamis*, além de concentrações anômalas de metais raros na crosta terrestre, como platinoides. Adicionalmente, tem-se admitido que um impacto de grande escala, graças à propagação pela Terra das ondas de choque, poderia provocar também atividades vulcânicas.

Período jurássico (199 m.a.-145 m.a.)

O período deriva seu nome dos montes de Jura, limite entre a França e a Suíça. Prosseguiu o fenômeno da deriva continental, com a separação da África e da América do Sul, juntamente com um imenso vulcanismo basáltico, formando diversos oceanos entre as placas litosféricas (Fig. 21.17). O clima era ameno, resultando no desaparecimento dos grandes desertos e depósitos salinos. Ocorre um aumento do nível do mar em consequência do derretimento do gelo nos polos. A inundação das plataformas continentais permitiu a diversificação da vida marinha, especialmente dos micro-organismos planctônicos como os foraminíferos, ostracodes, radiolários etc.

Forma-se petróleo em diversas bacias, como no Mar do Norte e no Golfo do México; na costa brasileira somente no período seguinte, o Cretáceo, haverá geração de óleo nas bacias de plataforma continental.

Na fauna marinha abundam os recifes de corais, escleractíneos, amonites e belemnites, entre outros. No continente, os dinossauros aumentam em quantidade e variedade. A estrutura de sua pélvis, diferenciada de outros répteis, permitiu uma postura ereta, veloz e eficiente, exemplificada pelos saurópodes, dinossauros herbívoros de dimensões jamais alcançadas sobre a Terra. Fato relevante para a evolução foi a descoberta de fósseis do *Archaeopteryx*, com dentes e penas, possivelmente descendentes dos dinossauros e ancestral das aves.

Cinturões de gabros, magmas com composições modificadas provenientes de regiões mais profundas do manto, na Antártica e na Tasmânia, apontam para as primeiras fases de rompimento e separação do continente Gondwana, separando a Austrália da Antártica e da Tasmânia.

Período cretáceo (145 m.a.-65 m.a.)

O período tem seu nome derivado do latim *Creta*, que significa giz, descrito em 1822 e referente a depósitos de gipsita na Bacia de Paris.

As atividades tectônicas formaram cordilheiras meso-oceânicas associadas à deriva continental, elevando o nível do mar, provocando transgressões marinhas sobre os continentes (Fig. 21.18). O clima no Cretáceo foi uniformemente quente, pois não havia gelo nos polos, propiciando condições favoráveis ao desenvolvimento da vida nos oceanos.

A contínua separação dos continentes implicou uma acentuada diferença da flora e da fauna que habitava tanto os continentes do norte quanto os do sul, sendo atribuída à união dos oceanos Atlântico Norte e Sul ao final do Cretáceo.

Os mares eram dominados por cefalópodes do tipo amonites e belemnites (extintos no final do período), foraminíferos planctônicos, proliferando também os equinodermes, como estrelas-do-mar e ouriços-do-mar e as diatomáceas de carapaça silicosa, cujo acúmulo formou grandes depósitos de diatomitos. Répteis marinhos, como os ictiossauros e plesiossauros, além de peixes como tubarões e arraias, eram comuns, destacando-se a grande diversificação dos peixes teleósteos. No continente surgiram os angiospermas (plantas com flores), constituindo significativo avanço evolutivo

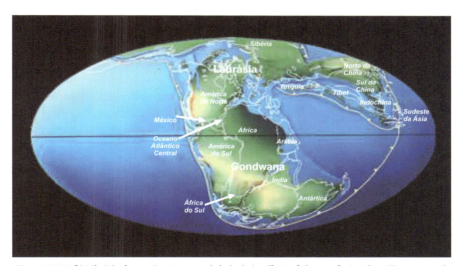

Figura 21.17 Distribuição dos continentes no período Jurássico. (Fonte: Paleomap Project, http://scotese.com.)

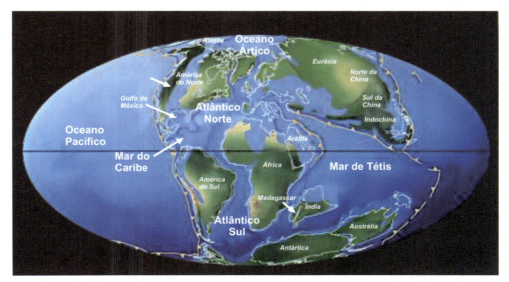

Figura 21.18 Distribuição dos continentes no período Cretáceo. (Fonte: Paleomap Project, http://scotese.com.)

que proporcionou uma grande diversificação dos insetos. Os dinossauros alcançaram o ápice de sua diversificação, com destaque para o *tyrannosaurus* e o *triceratops* (Fig. 21.19).

Uma extinção em massa de grande envergadura provocou o desaparecimento de aproximadamente 50 % das espécies e 35 % das famílias, incluindo os amonites, belemnites e os dinossauros. As plantas praticamente não foram afetadas por esse grande evento de extinção, e os mamíferos passaram a ocupar os espaços deixados pelos répteis.

Para as causas desse acontecimento, conhecido como evento K/Tr, muitas hipóteses são aventadas, tais como uma drástica troca de temperatura, variação da salinidade e do nível do mar, concentração de oxigênio, radiação cósmica e impactos de meteoritos, possivelmente atuando em conjunto. Tudo indica que uma catástrofe natural provocou uma mudança rápida do clima, em consequência da queda de um grande meteorito com dimensões entre 10 e 15 km na península de Yucatán, no México, e afloramentos de basaltos nos lagos de Deccan, na Índia, também como evidências desses acontecimentos. A concentração de irídio encontrada em estratos do final do Cretáceo e início do Terciário apontam para as causas desses fenômenos.

21.2.3 Era Cenozoica (65 m.a.-1.800.000 Anos)

Conhecida com a era da nova vida, ou era dos mamíferos, quando os continentes atingiram suas posições atuais e o aparecimento e a irradiação dos primatas culminaram com a separação entre os macacos africanos e os hominídeos, entre 6 e 4 milhões de anos.

Período paleógeno (65 m.a.-23 m.a)

O termo significa "nascimento antigo" e engloba o conhecido Terciário superior e médio (Paleógeno, Eoceno e Oligoceno). Uma grande irradiação dos mamíferos originou a maioria dos representantes extintos e atuais dessa classe, representados pelos monotrêmatos, marsupiais e placentários. Surgiram as gramíneas, fonte renovável de alimentos para os herbívoros, levando ao desenvolvimento dos dentes molares. No final do período, a Antártica separa-se da América do Sul e a temperatura começa a baixar muito rapidamente.

Período neógeno (23 m.a.-1.800.000 anos)

Dividido em duas épocas, Mioceno e Plioceno, essa denominação significa o "novo início", referindo-se à representação de quase todas as famílias de organismos modernos na Terra. Os continentes estão próximos a suas posições atuais. As Américas estão conectadas pelo istmo do Panamá. A distribuição e o bloqueio de correntes marinhas levam a um esfriamento dos oceanos.

Período quaternário (1.800.000 anos-recente)

Período mais recente do tempo geológico, correspondente à última fase do tempo geológico proposto por Arduíno em 1760. Divide-se em duas épocas: Pleistoceno e Holoceno.

O Pleistoceno é a época que abrange os episódios glaciais sucessivos mais recentes, quando 30 % da superfície terrestre estiveram cobertos por gelo. O nível do mar era baixo, e grandes lagos se formaram. A América do Norte conectava-se com a Ásia pelo Estreito de Bering.

Encerrando o período Quaternário, começou há 11.000 anos a época chamada Holoceno, considerada um período interglacial dentro da atual idade do gelo.

O aparecimento do homem

O primeiro ancestral do homem começou a andar sobre duas pernas e tinha um cérebro menor, pouco superior a 600 cc. Mas quem foi ele? Essa é uma pergunta que ainda não pode ser respondida com exatidão, mas já se sabe muito. Há quatro milhões de anos, no Plioceno, viviam os chimpanzés (que existem até hoje), os quais eram silvícolas e, pelo seu modo de vida, habitavam as florestas sobre um terreno recoberto de folhas e arbustos; portanto, uma área de difícil fossilização. É provável que esses chimpanzés comessem frutas e excepcionalmente carne, separassem cupins dos torrões de terra, quebrassem castanhas e triturassem sementes usando artefatos de pedras lascadas, sem destruí-las. Provavelmente barreiras geográficas como aquela do *rift* da África tenham sido a causa da separação de uma parte dessa espécie que migrou para outras regiões e sofreu uma divergência evolutiva, originando uma linhagem diferente.

Os inúmeros exemplares de fósseis coletados e estudados por uma legião de pesquisadores nos indicam que o homem surgiu na África e que muitas espécies hoje consideradas ancestrais do homem foram primas, ou seja, linhagens distintas de seres com culturas próprias, vivendo lado a lado.

Em várias épocas, desde o seu surgimento, o *Homo* compartilhou o continente africano com várias espécies denominadas *Australopithecus robustus*, *Australopithecus boisei* (Fig. 21.20) e *Australopithecus aethiopicus*, que provavelmente evoluíram de grandes primatas.

Figura 21.19 Escavação de um úmero gigante de saurópode do Cretáceo. Rio Negro, Argentina. (Foto: J. F. Bonaparte.)

O *Homo erectus* e o *Homo habilis*, que viveram depois, provavelmente são intermediários na evolução entre o *Australopithecus* anteriormente referido e o homem moderno, e também possuíam cérebro de tamanho intermediário (Fig. 21.21). O *Homo erectus* e o *Homo habilis* viveram 1,8 milhão de anos até 25 mil de anos atrás, e foram contemporâneos dos denominados "arcaicos", que antecederam os modernos.

Não sabemos o quanto o *Homo erectus* era peludo, mas era bípede, tinha cérebro menor, entre 900 cc e 1.100 cc (nós temos cerca de 1.400 cc), queixo recuado e sobrancelha protuberante; provavelmente descobriu o uso do fogo, mas foi uma espécie diferente da nossa. Os "arcaicos", que incluem o *Homo rudolfensis*, foram contemporâneos do *Homo habilis*. Este último não tinha a sobrancelha protuberante, parecia-se mais com o homem moderno e possuía um cérebro avantajado. O aumento da massa cerebral ocorreu após o homem ficar de pé, sustentam os pesquisadores, pois ele sentiu necessidade de ter as mãos livres para fazer determinados tipos de trabalhos especializados que o cérebro determinava; esse fato representou um dos maiores saltos na evolução progressiva da espécie.

O *Homo rudolfensis* (arcaico), por sua vez, foi contemporâneo do *Homo habilis*, demonstrando que a evolução não foi linear, e sim dentro de um modelo, com vários ramos da linhagem humana evoluindo ao mesmo tempo, cada um com suas próprias adaptações e estilos de vida. Alguns teriam se extinguido, enquanto outros deixaram descendentes.

O mais antigo registro do que é definido como *Homo sapiens* conviveu com formas designadas arcaicas, modernas e os denominados Neandertal pelo menos até 100 mil anos atrás. Os primeiros fósseis encontrados com o nome de Neandertal foram datados de 130 mil anos, e provavelmente constituíram um ramo do homem de Neandertal desde 400 mil anos atrás, quando se separaram (Figs. 21.22 e 21.23).

Estudos dos genomas, comparando o Neandertal com o homem moderno, mostraram que parte daquela genética hominídea, caracterizada por uma espécie robusta, com cerca de 1,65 m de altura, ainda permanece no *Homo sapiens*; sabemos disso graças à decodificação da sequência de mais de 3 bilhões de bases de DNA utilizando amostras de 6 mil ossos de Neandertal originários das cavernas da Croácia e das Astúrias (Figs. 21.24 e 21.25).

O homem de Neandertal surgiu na Europa há cerca de 250 mil anos, e seu nome provém do vale de Neander, na Alemanha, onde seis restos fósseis foram encontrados pela primeira vez em 1856. As evidências sugerem que esse homem, em sua cultura, utilizava ferramentas de pedra e possuía adornos produzidos com muita habilidade. Os túmulos mostram que ele enterrava seus mortos por meio de um tipo de ritual, por isso são encontrados tantos esqueletos. Usava o fogo, que era vital para a sua sobrevivência durante o clima frio do período em que vivia. Sabemos que se extinguiu há cerca de 30 mil

Figura 21.21 Selo postal do Uzbequistão, com imagem de um *Homo erectus*.

Figura 21.20 Selo postal do Uzbequistão, com a imagem de um *Australopithecus* (*Zinjanthropus boisei*).

Figura 21.22 O homem de Neandertal. (Foto de divulgação do Neanderthal Museum, Alemanha.)

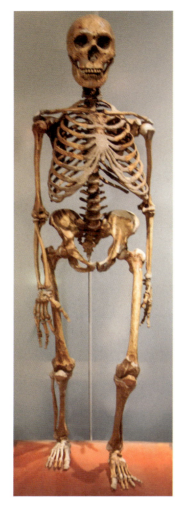

Figura 21.23 Homem de Neandertal, esqueleto completo. (Foto: João Vianna. Reproduzido do Museu de História Natural de Nova York.)

Figura 21.24 O aparecimento do *Homo sapiens*.

Figura 21.25 Casal de Neandertal. (Foto: João Vianna. Reprodução do Museu de História Natural de Nova York.)

Figura 21.26 Reconstituição do Homem de Neandertal a partir de um crânio fóssil. (Foto: Carol Popp. Museu de História Natural de Nova York.)

anos, e uma das causas mais prováveis é que ele tenha sido sobrepujado em sua cultura pelo mais adaptado, o nosso *Homo sapiens*, conhecido naquela região da Europa como o "homem de Cro-Magnon", assim denominado por ter sido encontrado pela primeira vez em Dordogne, na França.

O homem de Cro-Magnon (*Homo sapiens*) começou sua jornada da África para a Europa há aproximadamente 100 mil anos, e diversas evidências em cavernas com idade de cerca de 40 mil anos indicam que sua cultura avançou muito rapidamente e que acabou substituindo seus contemporâneos menos adaptados (Fig. 21.26).

Por volta de 1,8 milhão de anos atrás, como demonstram os fósseis, iniciaram-se as migrações da África. Outra jornada ocorreu em direção à Ásia entre 800 e 400 mil anos.

Há 100 mil anos o *Homo sapiens* começou a se espalhar inicialmente pela própria África, seguindo para a Ásia e a Europa, e por volta de 14 mil anos atrás chegou do Nordeste da Ásia através do que, na época, era o Estreito de Bering, colonizando a América do Norte. A colonização da América do Sul pelo istmo do Panamá veio logo depois.

No final da última glaciação, há cerca de 10 mil anos, encontramos registros do berço da civilização humana na Me-

Figura 21.27 Selo postal da França, com imagem da Gruta de Lascaux.

sopotâmia, nas planícies dos Rios Tigres e Eufrates (Iraque), nas margens do Nilo, Egito e também na China. Eram os humanos inicialmente caçadores, coletores – inclusive pescadores, nômades. Antes de se tornarem agricultores provavelmente foram os responsáveis pela aniquilação de diversas espécies de aves e mamíferos.

Da caça, o homem passou a domesticar animais e desenvolveu o pastoreio, e, da coleta de vegetais, surgiu a lavoura, quando percebeu que as sementes caídas no solo geravam plantas semelhantes àquelas que havia coletado muito distante de onde vivia. Os grandes mamíferos, como os mastodontes, tigres-dente-de-sabre e preguiças gigantes, entre outras espécies, viveram até o Holoceno. A proliferação dos hominídeos em todos os continentes guarda uma forte relação com a extinção de mamíferos, aves não voadoras e répteis, praticamente igualando o ritmo das extinções que ocorreram em outras épocas da história da Terra provocadas por fenômenos naturais catastróficos.

Holoceno e Antropoceno

O Holoceno teve início há 10.700 anos, após as evidências da última glaciação, e perdura até os tempos de hoje.

Há 10.000 anos o *Homo sapiens* já vem interferindo no meio ambiente por vezes de modo catastrófico como, por exemplo, com as práticas agrícolas que acabaram por aumentar a salinidade na região dos rios Tigre e Eufrates e aquelas que fizeram desaparecer o mar de Aral, na tentativa falha de criar um grande projeto de irrigação.

Estudos sugerem que já temos evidências suficientes de que as mudanças ambientais deram início a um novo intervalo de tempo geológico, notadamente a partir de 1950, cujo "marco estratigráfico" foi o aparecimento de alumínio, concreto, plástico, partículas de carbono e outros materiais nos sedimentos, além da concentração de gás carbônico na atmosfera, da elevação de temperaturas e do nível dos oceanos.

A humanidade, segundo Nicholas Wade, após trilhar diversos caminhos em sua jornada a partir da África evoluiu dentro de sua própria espécie por meio de variantes genéticas associadas a fatores culturais. Essa evolução progressiva apareceu nas diferentes civilizações com sutis características próprias e marcantes, como nos povos da Europa e do Extremo Oriente. Inicialmente todos os povos eram tribais, entretanto, direcionados pelos genes, se dispersaram, tomaram outros caminhos, encontrando novos sistemas sociais que influenciaram nas gêneses das populações. As pesquisas do autor mencionadas sobre o genoma humano concluíram que a evolução biológica agiu e age em momentos recentes da história, levando a um esfacelamento tribal e à criação de pelo menos cinco distintos povos: os caucasianos da Europa, subcontinente indiano e Oriente Médio, os africanos do Sul do Saara, os asiáticos orientais, os índios americanos e os aborígenes australianos. Essas populações se disseminaram de forma independente e seguiram diferentes caminhos evolutivos. Escrevendo sem espaço para o racismo, o autor explora um novo e interessante território para esta área do conhecimento, mostrando diferenças evolutivas entre populações humanas em curto espaço de tempo.

Nesse mesmo espaço de "tempo geológico" Paul Crutzen recentemente chamou a atenção para as mudanças que essa mesma humanidade provocou no planeta, avaliando o impacto ambiental destruidor que diversas atividades vêm provocando, e chamou esse tempo de Antropoceno, que significa época da dominação humana, mas visto como uma força geofísica destruidora sobre o ecossistema.

O homem vem produzindo transformações (boas e ruins) no planeta com a mesma força e resultado dos fenômenos naturais que ocorreram e continuam a ocorrer em toda a história da Terra: ação dos ventos, dos rios, dos oceanos e também dos agentes chamados de internos, como terremotos (tsunamis), vulcanismo e outros. As movimentações de rochas são produzidas por enormes escavações de túneis, estradas, vales e minas em busca de minérios etc.

Se observarmos com atenção apenas uma das gigantescas aeronaves que sobrevoam diariamente o planeta, veremos que ela foi construída inteiramente com materiais extraídos da crosta terrestre, como o alumínio e outros metais nobres, o cobre utilizado na fiação, o vidro de cristais de rocha e os derivados do petróleo que constituem praticamente o restante da aeronave, e ainda podemos incluir a quantidade imensa de combustível.

Figura 21.28 Segundo a NASA, já são mais de 370.000 fragmentos de lixo e equipamentos orbitando a Terra que impossibilitarão no futuro o lançamento de novas aeronaves espaciais. (Foto: NASA.)

Os testes com bombas atômicas, os explosivos empregados para remoção de rochas ou em guerras, a queima de carvão, petróleo e gás somados aos esgotos e às montanhas de lixo são exemplos dos graves problemas ambientais. Como resultado, estamos mudando o clima da Terra, a química dos oceanos, os *habitats* terrestres e aquáticos, a qualidade do ar e da água, extinguindo espécies, reduzindo a biodiversidade. O progresso humano não pode resultar em regresso ambiental. Estamos diante de um novo e perigoso período de tempo que exige nova postura baseada em consciência ética e de convívio, obrigando a mudanças no modo de como se produz e no que é ou não necessário se consumir.

Bibliografia

CARVALHO, I. S. *Paleontologia*. Rio de Janeiro: Interciência, 1119 p.

EICHER, D. L. *Tempo geológico*. São Paulo: Edgard Blücher/ EDUSP, 1969. 173 p.

FAUL, H. A history of geologic time. *American Scientist*, v. 66, n. 2, p. 159-65, 1978.

FERREIRA, F. J. F. Alinhamentos estruturais-magnéticos da região centro-oriental da bacia do Paraná e seu significado tectônico In: *Geologia da bacia do Paraná*: reavaliação da potencialidade e prospectividade em hidrocarbonetos. São Paulo: Paulipetro-Consórcio CESP/IPT, 1982. p. 143-166.

GOHAU, G. *História da geologia*. Portugal: Europa-América, 1987. 204 p. (Fórum da Ciência, 2.)

LEWIS, C. *The dating game*: searching for the age of the Earth. Cambridge: Cambridge University Press, 2000. 253 p.

LONG, L. E. *Geology*. 9. ed. Boston, Ma: Pearson Custom Publishing, 1999. 558 p.

McALESTER, A. L. *História geológica da vida*. São Paulo: Edgard Blücher, 1971.

MENDES, J. C. *Paleontologia básica*. São Paulo: T. A. Queiroz/ EDUSP, 1988. 347 p.

PRESS, F.; SIEVER, R.; GROTZINGER, J.; JORDAN, T. H. *Para entender a Terra*. 4. ed. Tradução de Menegat, R. Porto Alegre: Bookman, 2006. 656 p.

SALGADO-LABORIAU, M. L. *História ecológica da Terra*. 2. ed. São Paulo: Edgard Blücher, 1994, 307 p.

SCHOPF, J. W. (Ed.) *Major events in the history of life*. Boston: Jones and Bartlett Publishers, 1992. 190 p.

STEINER, C.; FOX, H. A.; VENKATAKRISNAN, R. *Essentials of geology*. New York: Worth Publishers, 1997. 411 p.

TEIXEIRA, W.; FAIRCHILD, T. R.; TOLEDO, M. C. M. et al. *Decifrando a Terra*. 2. ed. São Paulo: Companhia Editora Nacional, 2000. 623 p.

Glossário Geológico

(Reprodução de alguns termos com a permissão do Glossário Geológico, elaborado pelo Serviço Geológico do Paraná – Mineropar.)

A

ABALO Vibração do solo devido a um sismo – terremoto ou explosão.

ABISSAL Relativo às profundidades oceânicas, em geral, superiores a 2000 metros.

ABLAÇÃO Conjunto de processos que inicia o transporte dos detritos das rochas. (Sin.: denudação, erosão)

ABRASÃO Processo mecânico de desgaste das superfícies terrestres causado pelo material sólido transportado pelas correntes marinhas (abrasão marinha), rios (abrasão fluvial), geleiras (abrasão glacial) e ventos (abrasão eólica). (Sin.: corrasão)

ACAMADAMENTO (Estratigrafia) Uma das feições mais típicas das rochas sedimentares, uma vez que consiste na disposição em corpos tabulares (camadas), com espessura e extensão variáveis, porém com características físicas próprias no que tange a sua granulometria, grau de esfericidade, arredondamento, tipo de cimento e seleção, como também, algumas vezes, por sua coloração. Reflete as condições do ambiente deposicional em que se formaram as rochas sedimentares. (Sin.: acamamento, estratificação)

AÇÃO ANTRÓPICA Manifestação ou atuação do ser humano resultando em modificações ou alterações do meio físico.

AÇÃO CIVIL PÚBLICA DE RESPONSABILIDADE A Constituição da República Federativa do Brasil, de 1988, e a Constituição do Estado do Rio de Janeiro, de 1989, atribuem ao Ministério Público a função institucional, entre outras, de promover o inquérito civil e a ação civil pública para a proteção do patrimônio público e social, do meio ambiente e de outros interesses difusos, respectivamente, artigos 135, inciso III, e 170, inciso III.

ACRÉSCIMO CRUSTAL Aumento da crosta por adição sucessiva de material provindo do manto.

ACTINOLITA Mineral do grupo dos anfibólios monoclínicos e que se diferencia da tremolita – $Ca_2Mg_5 (Si_8O_{22})(OH)_2$ – pela presença de ferro em quantidades superiores a 2 %.

AFANÍTICA (TEXTURA) Textura muito fina de uma rocha, em que os minerais não são distinguidos a olho nu.

AFLORAMENTO Qualquer exposição de rochas ou solos na superfície da Terra. Podem ser naturais (escarpas, lajeados) ou artificiais (escavações).

AFLUENTE Curso de água que deságua em outro curso de água, considerado principal, ou em um lago, contribuindo para o aumento de volume deles. (Sin.: tributário)

ÁGUA ARTESIANA Água subterrânea confinada e submetida a uma pressão suficiente para fazer com que se eleve acima do fundo de uma fissura ou outra abertura na camada confinante, situada acima do aquífero, e jorre na superfície.

ÁGUA CAPILAR Água retida por tensão superficial nos poros capilares formando uma película contínua em torno das partículas do solo.

ÁGUA CONATA Água retida nos interstícios da rocha (seja sedimentar ou ígnea extrusiva) desde a sua formação ou ao tempo em que o material foi depositado. (Sin.: água congênita, água de constituição, água fóssil, água de origem)

ÁGUA CONGÊNITA O mesmo que água conata.

ÁGUA DIAGENÉTICA Água que foi expulsa das rochas em função de compressão, por processos litogenéticos ou metamórficos.

ÁGUA FÓSSIL Água contida em um aquífero que se infiltrou em uma época geológica com condições climáticas e morfológicas diferentes das atuais. O mesmo que água conata.

ÁGUA FREÁTICA Lençol subterrâneo limitado superiormente por uma superfície livre (à pressão atmosférica normal).

ÁGUA GRAVITATIVA Água contida nas rochas e nos solos acima do nível hidrostático, de origem meteórica. (Sin.: água vadosa)

ÁGUA JUVENIL Água proveniente do interior da crosta e que nunca fez parte do sistema geral de circulação das águas.

ÁGUA MINERAL Água natural contendo substâncias minerais em solução.

ÁGUA POTÁVEL Água que se destina ao consumo humano, devendo se apresentar incolor e transparente a uma temperatura compreendida entre 80 °C e 110 °C, além de não poder conter nenhum germe patogênico ou substância nociva à saúde.

ÁGUA SUBTERRÂNEA Água que ocupa a zona saturada do subsolo ou situada abaixo da superfície do solo.

ÁGUA VADOSA O mesmo que água gravitativa.

ALABASTRO Variedade de gipsita ($Ca_2SO_42H_2O$) finamente granulada ou maciça, utilizada quando pura e translúcida para fins ornamentais, em virtude de sua cor muito branca.

ALCALINA (1) Solução resultante de dissolução de uma base em água com a formação de íons hidróxido (OH-1). (2) Rocha magmática caracterizada pela alta porcentagem de álcalis em relação à sílica e à alumina.

ALCALINIDADE Capacidade das águas em neutralizar compostos de caráter ácido, propriedade esta devido ao conteúdo de carbonatos, bicarbonatos, hidróxidos e, ocasionalmente, boratos, silicatos e fosfatos.

ALCATRÃO Denominação utilizada para qualquer das várias misturas semissólidas de hidrocarbonetos e de carbono livre, produzidas por destilação destrutiva de carvão ou por refino do petróleo.

ALEXANDRITA Variedade cromífera do crisoberilo ($BeAl_2O_4$) que cristaliza no sistema ortorrômbico, classe bipiramidal e que exibe coloração verde-esmeralda a vermelha, quando examinada sob luz incandescente.

ALGAS AZUIS Algas que constituem a divisão Cyanophycophyta, multiplicando-se por divisão simples, e cujos pigmentos azuis da ficocianina mascaram a cor verde da clorofila. São geralmente filamentosas, envolvidas por bainhas gelatinosas, vivendo sobretudo em águas doces, porém podendo ser encontradas em águas salgadas, fontes termais, solo. São seres unicelulares, procariotas, pertencentes ao Reino Monera. Também são conhecidas como cianofíceas ou cianobactérias.

ÁLICO Solo que apresenta saturação por alumínio trocável (valor de m igual ou superior a 50 %), associada a um teor de alumínio extraível > 0,5 cmolc/kg de solo. É calculada pela expressão m (%) = 100 Al_3+ / (Al_3+ S), em que S é a soma de cátions básicos trocáveis. Solo bastante pobre.

ALIMENTAÇÃO DO AQUÍFERO (RECARGA) Componente do balanço hídrico representativa da quantidade de água acrescentada ao lençol subterrâneo durante o período considerado.

ALOFANA Mineral de argila, amorfo, com proporções indefinidas de alumínio, sílica e água.

ÂMBAR Resina fóssil amorfa com cor geralmente amarelada, muito dura, semitransparente, sendo que sua origem é atribuída a um pinheiro do Período Terciário (*Pinus succinites*). Em algumas situações, são encontradas em seu interior fósseis de insetos.

AMBIENTE (1) Sistema constituído por fatores naturais, culturais e sociais, inter-relacionados entre si, que condicionam a vida do homem e que, por sua vez, são constantemente modificados e condicionados por este. (2) Tudo aquilo que cerca ou envolve os seres vivos ou as coisas. O ambiente pode ser favorável ou desfavorável ao desenvolvimento dos seres vivos na Terra.

AMBIENTE EUXÍNICO Ambiente marinho ou lacustre, no qual a presença de H_2S dissolvido na água inibe a vida.

AMETISTA Variedade de quartzo (SiO_2) que apresenta cor púrpura ou violeta, devido à presença de ferro férrico, e que cristaliza no sistema hexagonal-R, classe trapezoédrica.

AMIANTO Denominação comercial para um grupo heterogêneo de minerais facilmente separáveis em fibras da família da serpentina – crisotila – e do anfibólio – crocidolita, amosita, antofilita, actinolita e tremolita. (Sin.: asbesto)

AMÍGDALA Pequenas cavidades de uma rocha que estão preenchidas por minerais deutéricos ou secundários, tais como: opala, calcedônia, clorita, calcita e zeólitas, formados a partir de soluções aquosas ou gasosas.

AMIGDALOIDAL Massa rochosa que contém vesículas disseminadas e preenchidas com materiais de composição diferente aos da matriz. Exemplo: basalto amigdaloidal.

AMPLITUDE DE MARÉ Diferença de altura alcançada pela maré entre os níveis da preamar e da baixa-mar consecutivos.

ANAERÓBICAS Condições nas quais o organismo não requer oxigênio para viver e se reproduzir.

ANÁLISE AMBIENTAL Exame detalhado de um sistema ambiental, por meio do estudo da qualidade de seus fatores, componentes ou elementos, assim como dos processos e interações que nele possam ocorrer, com a finalidade de entender sua natureza e determinar suas características essenciais.

ANÁLISE DE BACIA Termo derivado do inglês *basin analysis*, de uso consagrado. Entretanto, considerando-se ser, de fato, um método de integração dos dados disponíveis sobre determinada bacia, cujo produto final tem caráter mais sintético que analítico, melhor seria denominá-lo estudo de bacia.

ANASTOMOSADO Padrão linear segundo o qual numerosos traços (inclusive de superfícies de falhamentos) bifurcam-se e fundem-se, aleatoriamente.

ANDESITO Rocha ígnea de granulação fina, composta principalmente por feldspato plagioclásio e por 25 % a 40 % de anfibólio e biotita. Não contém quartzo.

ANFIBÓLIO Importante mineral formador de rochas, pertencente ao grupo dos silicatos ferromagnesianos. Grupo de minerais que cristalizam nos sistemas ortorrômbico e monoclínico e raramente no triclínico. Difere dos piroxênios por conter hidroxila e apresentar um ângulo de clivagem com valores de 560 a 1240. Compõe-se de três subgrupos: o da antofilita-cummingtonita-antofilita, gedrita, ferrogedrita, holmsquistita, cummingtonita e grunerita; o dos cálcio-anfibólios-tremolita, ferroactinolita, hornblenda, edenita, ferroedenita, tschermakita, ferrotschermarkita, pargasita, ferro-hastingsita, hornblenda basáltica, kaersurtita e barkevikita; e o dos álcali-anfibólios-glaucofana, magnesioriebeckita, riebeckita, richterita, katophorita, magnesiokatophorita, eckermanita e arfvedsonita.

ANFIBOLITO Rocha metamórfica formada principalmente por anfibólios e feldspato plagioclásio.

ANIDRITA Mineral que cristaliza no sistema ortorrômbico, classe bipiramidal, apresentando suas três clivagens em ângulo reto. De composição $CaSO_4$, ao absorver umidade transforma-se em gipsita, com aumento de volume.

ANKERITA Mineral que cristaliza no sistema hexagonal-R, classe romboédrica e composição $CaFe(CO_3)_2$. É o membro final de uma série isomórfica em que o outro membro é a dolomita – $CaMg(CO_3)_2$ – com o ferro ferroso substituindo o magnésio. A dolomita presente na maioria dos sedimentos calcários mostra-se algo ankerítica, com superfícies intemperizadas revelando uma coloração canela ou amarelada, devido à oxidação do ferro.

ANORTOCLÁSIO Denominação conferida ao microclínio ($KAlSi_3O_8$) quando o sódio substitui o potássio, excedendo-o. Pertence ao grupo dos feldspatos potássicos.

ANORTOSITO Rocha ígnea intrusiva de granulação grosseira composta principalmente por feldspato plagioclásio rico em cálcio.

ANTEARCO (*Forearc*) Posição geotectônica anterior (do oceano para o continente) ao arco magmático, em zona de convergência de placas tectônicas. Tratando-se de convergência envolvendo placa oceânica, diz-se da bacia ou região situada entre o prisma acrescionário e o arco magmático.

ANTEFOSSA (*Foredeep; Trench*) Profunda depressão alongada, bordejando um arco de ilha ou um cinturão orogenético; fossa oceânica.

ANTEPAÍS (*Foreland*) Área estável marginal a um cinturão orogenético, em direção à qual as rochas do cinturão são empurradas. Em geral, constitui-se de crosta continental, particularmente de borda de área cratônica ou plataformal. Diz-se das bacias situadas entre o cráton e os cinturões orogenéticos, em zona de colisão de placas litosféricas.

ANTICLINAL (*Anticline*) Dobra que mostra fechamento para cima, apresentando as rochas mais antigas em seu núcleo.

ANTICLINÓRIO Anticlinal complexo, constituído de vários anticlinais e sinclinais subsidiários, tanto ao longo dos flancos como da crista.

ANTRACITO Carvão que apresenta uma densidade entre 1,4 e 1,7, fratura brilhante e do tipo conchoidal, aspecto vítreo e com

90-93 % de carbono. Seu poder calorífico é superior a 8000 cal/g, é pobre em voláteis e, juntamente com a hulha, é conhecido como carvão mineral.

ANTRÓPICA Diz-se das ações resultantes da atuação do homem sobre o meio ambiente. O mesmo que ação antrópica.

APATITA Denominação geral utilizada para abarcar um grupo de minerais que cristalizam no sistema hexagonal, classe prismática, dureza 5 segundo a escala de Mohs e nos quais estão incluídas a fluorapatita – $Ca_5F(PO_4)_3$ –, a clorapatita – $Ca_5Cl(PO_4)_3$ – e a hidroxilapatita – $Ca_5(OH)(PO_4)_3$, sendo que o cloro, o flúor e a hidroxila podem ser substituídos mutuamente. A carbonato-apatita é produto da substituição do PO_2 pelo CO_3.

APÓFISES (Geologia) Diques ou corpos tabulares que se apresentam intrudidos em outras rochas, mas que apresentam claramente ligações com corpos intrusivos maiores.

AQUÍFERO Formação porosa (camada ou estrato) de rocha permeável, areia ou cascalho capaz de armazenar e fornecer quantidades significativas de água.

AQUÍFERO ARTESIANO Aquífero que contém água com suficiente pressão para elevá-la acima da superfície do solo.

AQUÍFUGO Unidade geológica impermeável, ou seja, não absorve nem transmite água.

ARAGONITA Mineral que cristaliza no sistema ortorrômbico, classe bipiramidal, composição $CaCO_3$ e apresenta uma cristalização piramidal acicular, tabular ou como geminados pseudo-hexagonais. É o polimorfo instável da calcita ($CaCO_3$) nas condições normais de temperatura e pressão. É o mineral formador de muitas conchas e esqueletos.

ARCO (Geologia) Tipo crustal ocorrente acima da zona de subducção, na qual uma placa mergulha por baixo da outra. Pode ser de dois tipos: arco de ilhas e arco de margem continental.

ARCO CONTINENTAL Arco magmático desenvolvido em zonas de convergência de placa oceânica sob continente e localizado no interior do continente, à semelhança dos Andes, Arco do México e Arco da Turquia. Arco montanhoso.

ARCO DE ILHAS Cadeia de ilhas com forma curvilínea – semelhante à da cadeia das Ilhas Aleutas –, geralmente com o lado convexo voltado em direção ao oceano e bordejada por uma profunda fossa submarina, envolvendo uma profunda bacia marinha. Desenvolve-se nas zonas de colisão entre duas placas tectônicas oceânicas.

ARCÓSIO Rocha sedimentar detrítica de granulação entre 0,02 mm e 2 mm, formada por fragmentos de quartzo, rica em feldspato (mais de 25 %) e pouca argila. É geralmente o produto da decomposição de granitos e gnaisses em climas áridos.

ARDÓSIA Rocha metamórfica de granulação fina, fortemente laminada e xistosidade tabular perfeita. Produto de metamorfismo regional de argilitos, siltitos e outros sedimentos clásticos de granulação fina.

ÁREA DE INUNDAÇÃO Áreas marginais de um rio ou lago sujeitas à invasão das águas por extravasamento. São, normalmente, áreas planas, com nível freático raso ou subaflorante, que funcionam como reguladoras da vazão das águas em períodos de cheia e na recarga de aquíferos subterrâneos. (Sin.: planície de inundação)

ÁREA DE RECARGA (ZONA DE ALIMENTAÇÃO) Área pela qual o aquífero recebe a contribuição das águas de precipitação pluviométrica ou de zonas profundas próximas.

ÁREA DEGRADADA Considera-se a área que, após distúrbio, teve eliminados os seus meios de regeneração natural, apresentando baixa capacidade de autorrecuperação, necessitando de ações antrópicas para tal. O mesmo que ecossistema degradado.

ÁREAS DE PRESERVAÇÃO Correspondem às áreas que as Leis Federais nº 6766:1979, de parcelamento do solo, e nº 4771:1965, do Código Florestal Brasileiro consideram de preservação, tais como: áreas de preservação valor ecológico, paisagístico e natural; as faixas marginais de águas correntes e dormentes; e as bacias que abrigam mananciais.

ÁREAS ÚMIDAS Zonas úmidas como áreas de pântano, charco ou turfa ou água natural ou artificial, permanente ou temporária, estagnada ou corrente, doce, salobra ou salgada – incluindo áreas de águas marítimas com menos de seis metros de profundidade na maré baixa ou zonas costeiras próximas às áreas e ilhas ou corpos de água marinha com mais de seis metros de profundidade na maré baixa.

AREIA Sedimento clástico não consolidado, composto essencialmente de grãos de quartzo que variam entre 0,06 mm e 2 mm de tamanho.

AREIA MOVEDIÇA Depósito de natureza arenosa ou arenoargilosa, saturado de água, que devido à ação da pressão hidrostática é capaz de escoar como um fluido. Pode ser injetada em fissuras, originando os diques de areia.

AREIA NEGRA Areia que apresenta elevada concentração de minerais pesados de cor preta, em geral ricos em ferro e magnésio, tais como hematita, magnetita, ilmenita etc.

AREIAS QUARTZOSAS Classe de solos minerais, pouco desenvolvidos, de textura arenosa, formados por material arenoso virtualmente destituído de minerais primários, menos resistentes ao intemperismo.

ARENITO Termo descritivo utilizado para designar um sedimento clástico consolidado por um cimento qualquer (sílica, carbonato etc.), cujos constituintes apresentam um diâmetro médio que corresponde à granulação da areia. Por não apresentar uma conotação mineralógica ou genética, são consideradas arenitos todas as rochas sedimentares que apresentam granulação do tamanho areia.

ARENITO LÍTICO Arenito caracterizado por conter mais de 25 % de partículas detríticas representadas por fragmentos de rochas em sua fração areia, apresentando pouca ou nenhuma matriz.

ARGILA COLOIDAL A parte da argila cujas partículas são de tamanho inferior a 0,002 mm. Atribui-se à argila coloidal a responsabilidade principal pelo comportamento plástico dos solos ou terrenos argilosos.

ARGILA REFRATÁRIA Argila cuja temperatura de fusão se iguala pelo menos à do Cone de Seger 26 (16.500 °C).

ARGILAS Família de minerais, a maioria constituída de silicatos hidratados de alumínio, finamente cristalinos ou amorfos, que cristalizam no sistema monoclínico. Distinguem-se três grupos: o do caulim (caulinita, nacrita, dickita, anauxita, halloysita e alofana); o da montmorillonita (montmorillonita, beidellita, nontronita e saponita); e o das hidromicas (hidromuscovita).

ARGILITO Rocha sedimentar detrítica constituída essencialmente por partículas argilosas. Distingue-se de folhelhos e ardósias por não se partir paralelamente à estratificação e não possuir clivagem ardosiana.

ARQUEAMENTO Ampla dobra aberta em escala regional, geralmente correspondendo à feição associada ao embasamento.

ARQUEANO Período do tempo geológico compreendido entre 3800 e 2500 milhões de anos atrás.

ARQUEOLOGIA Estudo científico dos restos materiais das culturas, de povos pré-históricos ou históricos.

ASSOREAMENTO Obstrução de um rio, canal, estuário ou qualquer corpo de água, pelo acúmulo de substâncias minerais (areia, argila etc.) ou orgânicas, como o lodo, provocando a redução de sua profundidade e da velocidade de sua correnteza.

ASTENOSFERA (*Asthenosphere*) Camada da Terra situada abaixo da litosfera, situada a profundidades variáveis de até 200 km (em média, 100 km), e a base, a 400 km, que reage a esforços deformando-se plasticamente. Nela, ocorrem ajustes isostáticos e as ondas sísmicas são fortemente atenuadas. Sítio principal da geração de magmas, bem como região provável dos mecanismos responsáveis pela dinâmica das placas litosféricas.

ASTEROIDE Corpo celeste com dimensões muito reduzidas, geralmente da ordem de algumas centenas de quilômetros apenas. Ceres é o maior asteroide conhecido, possuindo diâmetro de 1000 km, aproximadamente. Os asteroides estão concentrados em uma órbita cuja distância média do Sol gira em torno de 2,17 a 3,3 unidades astronômicas, entre as órbitas de Marte e Júpiter. Esta região é conhecida como Cinturão de Asteroides. Planetoide.

ASTROBLEMA Estrutura da superfície da Terra, geralmente circular, originada por impacto de meteorito.

ATMOSFERA Camada fina de gases, inodora, sem cor, insípida e presa à Terra pela força da gravidade. Compreende uma mistura mecânica estável de gases, sendo que os mais importantes são: nitrogênio, oxigênio (que perfazem cerca de 99 % do volume), argônio, dióxido de carbono, ozônio e vapor de água. Outros gases estão presentes, porém em quantidades muito pequenas, tais como: neônio, criptônio, hélio, metano, hidrogênio etc. A atmosfera está estruturada em três camadas relativamente quentes, separadas por duas camadas relativamente frias, a saber: troposfera, estratosfera, mesosfera, termosfera e exosfera.

ATOL Construção formada por corais ou outros tipos de invertebrados que apresenta forma circular e envolve uma laguna geralmente com profundidade compreendida entre 30 m e 100 m e cujo diâmetro, bastante variável, pode alcançar até 60 km.

AULACÓGENO Do grego *aulax* (trincheira), o termo foi introduzido por Shatsky (1946) para designar depressões alongadas que se projetam para o interior de áreas cratônicas, a partir de reentrâncias voltadas para uma bacia adjacente ou para uma cadeia de montanhas adjacente que cresceu a partir de um geossinclinal. Com o advento da Tectônica de Placas, os aulacógenos foram interpretados como riftes abortados, ocupando aquela posição particular.

AVALANCHE Tipo de movimento de massa rápido, no qual um grande volume de material (gelo, neve, terra ou fragmentos de rocha) é transportado pelo efeito da gravidade para regiões mais baixas.

AVULSÃO Processo que consiste no abandono relativamente rápido de parte do conjunto de meandros, passando então o rio a se mover em um novo curso, situado em um nível mais baixo da planície de inundação.

AZIMUTE Direção horizontal de uma linha, medida no sentido horário, a partir do norte magnético de um plano de referência, normalmente o meridiano.

B

BACIA Uma grande área com depressão central para a qual se orienta a drenagem adjacente.

BACIA DE DRENAGEM Área abrangida por um rio ou por um sistema fluvial composto por um curso principal e seus tributários.

BACIA DE SUBSIDÊNCIA Depressão superficial rasa, em forma de bacia, resultante de subsidência.

BACIA HIDROGRÁFICA (1) Superfície limitada por divisores de água drenados por um curso de água, como um rio e seus tributários, às vezes formando um lago. (2) Área contribuinte, normalmente expressa em quilômetro quadrado. O mesmo que bacia de drenagem.

BACIA MARGINAL Bacia do tipo mar epicontinental, adjacente a um continente, sendo que seu fundo é constituído de massa continental submersa.

BACIA OCEÂNICA Bacia tectonicamente estável, formada essencialmente por basaltos e coberta por uma fina camada de sedimentos pelágicos.

BACIA SEDIMENTAR (*Sedimentary basin, bacia pull-apart*) (1) Área deprimida da crosta terrestre, de origem tectônica, na qual acumularam-se sedimentos. (2) Área na qual acumularam-se sedimentos em espessura consideravelmente maior que nas regiões adjacentes. (3) Entidade geológica que se refere ao conjunto de rochas sedimentares que guardam relação geométrica e/ou histórica mútua, cuja superfície hoje não necessariamente se comporta como uma bacia de sedimentação. Sua origem está ligada à cinemática da Tectônica de Placas. A maioria das bacias é formada em regime extensional ou compressional. As bacias marginais e as transtensionais são do tipo extensional, enquanto o contexto compressional inclui as bacias foreland e as transpressionais. Existe ainda as bacias intracratônicas cuja origem é controvertida. (Sin.: Gráben Rômbico, Bacia Transtensional)

BALL CLAY Argila na qual predomina caulinita acompanhada de outros argilominerais, como a ilita, a esmectita e a clorita, além de conter quantidades subordinadas de quartzo, plagioclásio, feldspato potássico e calcita. Apresenta elevada plasticidade, sendo por vezes refratária e comumente caracterizada pela associação com matéria orgânica. Apresenta tonalidades que variam de levemente amarelada até matizes de cinza, respectivamente.

BANDAMENTO Textura de rochas contendo bandas ou faixas delgadas e quase paralelas de diferentes minerais, texturas e cores.

BANDAMENTO COMPOSICIONAL (Geologia) Foliação definida por faixas paralelas de composição mineralógica ou texturas diferentes. Pode corresponder a um acamamento reliquiar ou ser originado por segregação metamórfica, migmatização, cisalhamento e dissolução por pressão.

BARCANA Duna que apresenta forma de meia-lua, mostrando sua face convexa voltada para barlavento, e a face côncava para sota-vento.

BARITA Mineral que cristaliza no sistema ortorrômbico, classe bipiramidal e tem composição $BaSO_4$, sendo que sua densidade de 4,5 é considerada elevada para um mineral não metálico. Quando o estrôncio substitui ao bário, o mineral passa a ser denominado celestina, e quando o chumbo substitui ao bário, passa a ser chamado de anglesita.

BARLAVENTO Face de qualquer elemento voltada para o lado que sopra o vento.

BARRA Acumulação de areia ou cascalho depositados sobre o leito de um rio, mar ou lago, pela ação de ondas e correntes, formando uma obstrução.

BARRA DE CANAL Forma de leito de ocorrência não periódica, que se desenvolve sob condições de profundidade rasa, nas quais pequenas mudanças no fluxo podem ser responsáveis por considerável variação na sua morfologia, podendo ser longitudinal, transversal, em pontal e diagonal.

BARREIRA (*Barrier*) (1) Termo usado vulgarmente para as massas de solo resultantes de desmoronamentos, causando obstrução de rodovias, ferrovias, das vias de comunicação e acesso etc. (2) Massa arenosa, disposta paralelamente à costa, que permanece elevada acima da maré mais alta. (Sin.: restinga)

BASALTO (*Basalt*) Rocha vulcânica, básica, composta principalmente de plagioclásio cálcico e clinopiroxênio em uma massa fundamental vítrea ou finamente granulada. A textura pode ser maciça, vesicular ou amigdaloide.

BASELAP Termo utilizado em sismoestratigrafia, referindo-se, genericamente, ao limite inferior de uma sequência deposicional, quando este configura-se em terminação sucessiva de estratos contra uma superfície discordante basal.

BÁSICA (ROCHA) Rocha ígnea cujo teor em sílica varia entre 45 % e 52 %. Os minerais máficos são predominantes na matriz.

BATÓLITO Grande massa plutônica que apresenta uma exposição com mais de 100 km² e é constituída por rochas com granulação média a grosseira e composição granítica, granodiorítica e quartzo monzonítica. Quando inferior a 100 km², denomina-se stock, e quando circular, bossa.

BAUXITA Mistura de hidróxidos de alumínio, tendo como constituintes principais a gibbsita – $Al(OH)_3$ –, a boehmita – $AlO(OH)_3$ – e o diásporo – $AlO(OH)_2$ –, qualquer um deles podendo ser o dominante. É o mais importante minério de alumínio.

BEDROCK Ocorrência de rocha em superfície ou em subsuperfície, mas coberta por material inconsolidado.

BENTÔNICOS Animais aquáticos que vivem junto ao substrato (fundo), podendo ser fixos (sedentários) ou apenas pousados (vágeis), locomovendo-se de formas diversas.

BERILO Mineral que cristaliza no sistema hexagonal, classe bipiramidal di-hexagonal, de cor verde, algumas vezes amarela ou verde-azulado, de composição $Be_3Al_2(Si_6O_{18})$, geralmente bem cristalizado e com hábito fortemente prismático. Ocorre principalmente em pegmatitos.

BERMA Terraço formado acima do limite dos fluxos da maré alta. É construída principalmente durante as ressacas, sendo que quanto maior for a tempestade, mais alto e distinto se apresenta.

BIOESTRATIGRAFIA Ramo da Estratigrafia voltado, primariamente, ao estudo da distribuição dos fósseis e das rochas que os contêm, no espaço e no tempo.

BIOINDICADOR Animal ou vegetal cuja presença em determinado ambiente indica a existência de modificações de natureza biológica, física ou química. Alguns bioindicadores são bioacumuladores, pois denunciam a presença de substâncias tóxicas, acumulando-as.

BIOMA Conjunto de vida (vegetal e animal) definida pelo agrupamento de tipos de vegetação contíguos e identificáveis em escala regional, com condições geoclimáticas similares e história compartilhada de mudanças, resultando em uma diversidade biológica própria.

BIOMASSA É a quantidade de matéria orgânica presente em dado momento e em determinada área que pode ser expressa em peso, volume, área ou número.

BIOSFERA Região da Terra onde existe vida. Compreende a porção inferior da atmosfera, a hidrosfera e a porção superior da litosfera.

BIOSSOMA Pacote de sedimentos que encerra fósseis documentários da persistência de vida de uma associação por certo intervalo de tempo.

BIOTA Conjunto de seres vivos que habitam determinado ambiente ecológico em estreita correspondência com as características físicas, químicas e biológicas deste ambiente.

BIÓTIPO Conjunto de fenótipos que apresentam o mesmo patrimônio genético. Comumente, o termo é utilizado para se referir à aparência geral do indivíduo.

BIOTITA Mineral do grupo das micas (filossilicatos) que cristaliza no sistema monoclínico, classe prismática e fórmula $K(Mg, Fe)_3(AlSiO_3O_{10})(OH)_2$. Apresenta-se em cristais tabulares ou prismáticos curtos, com planos basais bem nítidos, sendo que as folhas delgadas mostram cor escura, diferindo da muscovita, que se apresenta quase incolor.

BIÓTOPO Local onde habitualmente vive uma dada espécie da fauna ou da flora. É uma extensão mais ou menos bem delimitada da superfície, contendo recursos suficientes para assegurar a conservação da vida.

BIOTURBAÇÃO Perturbação dos sedimentos devido à ação de organismos, que chegam por vezes a destruir completamente as estruturas sedimentares.

BLENDA Mineral que cristaliza no sistema isométrico, classe hexatetraédrica, de composição ZnS, brilho resinoso a submetálico, sendo que suas formas mais comuns são o tetraedro, o dodecaedro e o cubo, podendo por vezes mostrar geminação polissintética. É o principal minério de zinco. (Sin.: esfalerita)

BLOCO Fragmento de rocha de grandes proporções, com diâmetro variando, na escala de Wentworth, de 64 mm a 256 mm, ou grande pedra solta, ainda não inteiramente decomposta, formada pela decomposição do restante da rocha.

BOMBA (1) Dispositivo mecânico para deslocar, elevar ou recalcar água ou outros fluidos (ABID, 1978). (2) (Geologia) Fragmento produzido por erupções vulcânicas de caráter explosivo com diâmetro superior a 32 mm, que se apresenta total ou parcialmente fundido. Quando compactado e cimentado, é denominado aglomerado.

BORNITA Mineral metálico que cristaliza no sistema isométrico, classe hexaoctaédrica e composição Cu_5FeS_4. Quando exposta ao ar, embaça-se rapidamente, adquirindo as cores púrpura e azul, podendo chegar quase ao preto.

BRECHA Rocha clástica de granulação grosseira constituída de fragmentos angulares de rocha (maiores que 2 mm), cimentados por matriz de granulação mais fina, de natureza igual ou diversa aos fragmentos maiores. Pode ser formada por sedimentação (brecha sedimentar), atividade ígnea (brecha ígnea, brecha eruptiva, brecha vulcânica) ou pela ação de falhamentos (brecha de falha, brecha tectônica, brecha cataclástica, cataclasito).

BRECHA CÁRSTICA Brecha formada pelo colapso do teto de cavernas, em região de drenagem subsuperficial ativa, o que dá origem à formação de massas de clastos grosseiros, angulosos, cimentados posteriormente.

BRECHA INTRAFORMACIONAL Brecha formada pela fragmentação de estratos parcialmente litificados e pela incorporação dos fragmentos, sem muito transporte, em camadas novas quase contemporâneas àqueles. Não confundir com conglomerado interformacional. (Ver interformacional)

C

CAL Produto da calcinação do calcário a temperaturas superiores a 725 °C.

CALCARENITO Arenito carbonático produzido frequentemente por precipitação química seguida de retrabalhamento no interior da própria bacia ou ainda resultante da erosão de calcários mais antigos situados fora da bacia de deposição.

CALCÁRIO Rocha sedimentar de origem química, orgânica ou clástica, constituída predominantemente de carbonato de cálcio, principalmente calcita.

CALCEDÔNIA Denominação genética aplicada às variedades criptocristalinas fibrosas do quartzo (SiO_2). Mais especificamente, é tida como uma variedade que apresenta coloração desde parda a cinzenta, com brilho vítreo e translúcida. A cor e a disposição em faixas dão origem às variedades conhecidas como cornalina, sardo, crisoprásio, ágata, heliotrópio e ônix.

CALCILUTITO Calcário constituído por lama calcária litificada.

CALCITA Mineral da família dos carbonatos que cristaliza no sistema hexagonal-R, classe escalenoédrica-hexagonal e composição $CaCO_3$. Seus hábitos mais importantes são o prismático, o romboédrico e o escalenoédrico. Apresenta dureza 3 na escala de Mohs, clivagem perfeita segundo {1011} e intensa dupla refração. Usualmente branca a incolor, podendo, contudo, mostrar cores cinza, vermelha, verde, azul e amarela.

CALCOALCALINA (ROCHA) Rocha magmática que contém feldspatos alcalicálcicos. O coeficiente molecular em álcali é menor que o de Al_2O_3. Tem ainda considerável teor em CaO.

CALCOPIRITA Mineral metálico que cristaliza no sistema tetragonal, classe escalenoédrica, composição $CuFeS_2$ e de coloração amarela. É um dos principais minérios de cobre.

CALDEIRA Depressão em forma de bacia aproximadamente circular. A maior parte das caldeiras vulcânicas é produzida pelo colapso do teto de uma câmara magmática devido à remoção do magma por erupções ou condensação subterrânea. Algumas caldeiras podem ser formadas pela remoção explosiva da parte superior de um vulcão.

CALOR ESPECÍFICO Quantidade de calor que é preciso fornecer a um grama de uma substância qualquer para elevar sua temperatura em 10 °C.

CAMADA (1) (Estratigrafia) Unidade formal de menor hierarquia na classificação litoestratigráfica, apresentando-se como um corpo rochoso aproximadamente tabular, relativamente delgado e litologicamente diferenciável das rochas sobre e soto-postas. (2) (Pedologia) Seção à superfície ou paralela a esta, de constituição mineral ou orgânica, pouco diferenciada e pouco ou nada influenciada pelos processos pedogenéticos. (3) (Sedimentologia) Corpo tabular de rocha que se encontra em posição essencialmente paralela à superfície sobre a qual foi formada. (Sin.: estrato)

CAMADA COMPETENTE Designação para as camadas que são capazes não só de soerguer o próprio peso, como o de toda rocha sobrejacente. Os requisitos de uma camada competente são: (a) resistência ao cisalhamento; (b) capacidade de se refazer de fraturas; e (c) rigidez ou inflexibilidade.

CAMADA DE OZÔNIO Parte da atmosfera superior, situada entre 20 km e 35 km de altitude na camada estratosférica, com elevada concentração de ozônio e que absorve grandes proporções da radiação solar na faixa do ultravioleta, evitando que esta alcance a Terra em quantidades consideradas perigosas. Ozonosfera.

CAMBRIANO Período primevo da Era Paleozoica e com duração de tempo compreendida entre aproximadamente 540 e 500 milhões de anos. É subdivido em Cambriano Inferior, Médio e Superior. É o período em que a maioria dos grupos principais de animais apareceram no registro fóssil. Neste período surgiram os primeiros foraminíferos e graptólitos, além de representantes dos invertebrados. No Cambriano Superior, as placas Laurentia e Báltica se moviam em rota de colisão, começando a consumir o Oceano Iapetus, localizado entre ambas, e dando início à Orogenia Caledoniana.

CANGA Termo brasileiro significando: (1) Brecha ferruginosa de formação superficial, constituída de fragmentos de hematita compacta, ou de placas de itabirito alterado, cimentados por goethita. Distinguem-se as cangas hematíticas, com 62-66 % de ferro, e as cangas limoníticas, com 55-62 % de Fe. (2) Rocha limonítica formada pela concentração superficial ou subsuperficial de hidróxido de ferro migrado das rochas subjacentes, com 45-55 % de Fe.

CANHÃO SUBMARINO Feição que se assemelha a um vale terrestre e que adentra no talude continental, apresentando um curso sinuoso e uma seção em forma geralmente de V. Estão separados por paredes rochosas muitas vezes íngremes, terminando em leques nas suas desembocaduras. (Ver *canyon*)

CANYON Vale longo, de bordas abruptas, que ocorre em regiões de platôs, de montanhas ou encravado na borda de plataformas submarinas, em geral com um curso de água em seu interior (*canyon* subaéreo) ou apenas servindo de duto para fluxos sedimentares subaquosos (*canyon* submarino). (Sin.: canhão)

CAPA (1) (Mineração) Massa encaixante sobrejacente à jazida. A subjacente denomina-se lapa. (2) (Geologia Estrutural) (Ver teto)

CAPACIDADE DE RETENÇÃO DE ÁGUA Quantidade de água retida em um solo por capilaridade, após a percolação da água gravitativa. Expressa pela relação entre os pesos da água retida e do solo seco.

CARBOIDRATOS Compostos químicos que apresentam fórmula geral Cx(H₂O)y, sintetizados no processo de fotossíntese, e que incluem os açúcares, a celulose e o amido. Desempenham papel indispensável ao metabolismo dos seres vivos (fonte de energia).

CARBONADO Variedade de diamante de qualidade inferior, composto por pequenos cristais, cimentados naturalmente, de coloração preta e formando uma massa muito compacta.

CARBONIZAÇÃO Processo de fossilização em que os constituintes voláteis da matéria orgânica – hidrogênio, oxigênio e nitrogênio – escapam durante sua degradação, deixando uma película de carbono que geralmente permite o reconhecimento do organismo.

CARBONO-14 Isótopo radioativo do carbono comum (Carbono-12) que se forma na atmosfera pelo choque dos raios cósmicos com o nitrogênio. Combina-se rapidamente com o oxigênio, gerando óxido de carbono radioativo. Nos vegetais e animais, a proporção entre os dois isótopos do C é mais ou menos a mesma da atmosfera. Após a morte dos seres vivos, esta proporção tende a se modificar, havendo um decréscimo da quantidade do carbono radioativo em comparação com o carbono natural, em virtude da desintegração. Após 5730 anos, a proporção entre os dois cai pela metade do valor inicial. O conhecimento dessa proporção permite calcular a idade do material analisado. Por meio desse método podem ser datados fósseis com até 50.000 anos.

CÁRSTICA Superfície típica de uma região de calcário caracterizada pela presença de vales de dissolução, fossos e correntes de águas subterrâneas.

CÁRSTICO Relevo desenvolvido em região calcária, devido ao trabalho de dissolução pelas águas subterrâneas e superficiais. Caracteriza-se pela ocorrência de dolinas e cavernas.

CARSTIFICAÇÃO Processo do meio físico que consiste na dissolução de rochas pelas águas subterrâneas e superficiais, com formação de rios subterrâneos (sumidouros e ressurgências), cavernas, dolinas, paredões, torres ou pontes de pedra, entre outros. A carstificação é o processo mais comum de dissolução de rochas calcárias ou carbonáticas (calcário, dolomito, mármore), evaporitos (halita, gipsita, anidrita) e, menos comumente, rochas silicáticas (granito, quartzito etc.).

CARTA GEOGRÁFICA É a carta em que os detalhes planimétricos e altimétricos são generalizados e não oferecem garantia de precisão. Em geral, são feitas em escalas pequenas (1:500.000 e menores). Quando representa toda a superfície da Terra é denominada mapa-múndi ou planisfério.

CARVÃO Rocha combustível de origem orgânica que ocorre como camadas, estratos ou lentes, em bacias sedimentares, resultante da acumulação de grandes quantidades de restos vegetais, em um ambiente saturado de água (pântanos), preferencialmente nas planícies costeiras (deltas e lagunas) e fluviolacustres (várzeas).

CASCALHO (1) (Pedologia) Denominação utilizada para fragmentos grossos com diâmetros compreendidos entre 0,2 cm e 2,0 cm. (2) Depósito natural de fragmentos de rochas, arredondados e inconsolidados, consistindo predominantemente em partículas maiores que areia.

CASSITERITA Mineral que cristaliza no sistema tetragonal, classe bipiramidal ditetragonal, mostrando comumente um geminado em cotovelo e fórmula SnO₂. Apresenta coloração usualmente castanha ou preta e densidade elevada (6,8-7,1), o que é pouco comum para um mineral de brilho não metálico. Pode por vezes mostrar uma aparência fibrosa radiada, sendo então denominada estanho lenhoso. É a principal fonte de extração do estanho.

CATA Trabalho individual, efetuado por processos equiparáveis aos de garimpagem e faiscação, na parte decomposta dos filões e veeiros, com extração de substâncias minerais úteis, sem o emprego de explosivos, e que seja apurado por processos rudimentares.

CAULINITA Grupo de argilominerais do tipo 1:1 com estrutura de filossilicato, formado pelo empilhamento regular de folhas de silicato tetraédricas e folhas hidróxido octaédricas. Fazem parte deste grupo, que apresenta fórmula Al₄Si₄O₁₀(OH)₈, os seguintes argilominerais dioctaedrais: caulinita, haloisita, nacrita e diquita. Minerais que pertencem ao grupo da serpentina – crisotila, lizardita, antigorita e amesita – como são comumente denominados, apresentam a mesma estrutura da caulinita, com Fe²⁺, Fe³⁺, Mg²⁺ e outros íons substituindo o Al na folha octaédrica. Por esse motivo, esses minerais trioctaedrais também se enquadram no grupo da caulinita.

CENOZOICO Era do tempo geológico desde o final da Era Mesozoica (65 milhões de anos atrás) até o presente. Compreende os períodos e épocas em milhões de anos: Quaternário – Época Pleistoceno – 1,6 milhão de anos até o presente; Terciário – Épocas: Plioceno – 5,2 a 1,6 –, Mioceno – 23,3 a 5,2 –, Oligoceno – 35,4 a 23,3 –, Eoceno – 56,5 a 35,4 – e Paleoceno – 65 a 56,5.

CHAMINÉ VULCÂNICA Conduto que liga a câmara magmática com a superfície do terreno e que funciona como condutor dos materiais vulcânicos.

CHARNEIRA (*Hinge line*) Linha de articulação estrutural entre regiões de subsidência ou soerguimento diferenciados que se configura sob a forma de flexura ou de falhamento.

CHERT Rocha sedimentar composta de sílica criptocristalina granular, constituída por opala, calcedônia e quartzo micro ou criptocristalino, ou ainda uma mistura desses constituintes.

CICLO DE WILSON Conjunto de processos envolvendo a abertura e o fechamento de oceanos, com rompimento, separação e justaposição de massas continentais. São reconhecidos seis estágios, sendo que três estão relacionados a soerguimento, rifteamento e deriva e os demais a etapas de aproximação de massas continentais e fechamento do oceano.

CICLONE Sistema de circulação atmosférica fechado, em grande escala, com pressão barométrica baixa e ventos fortes que se deslocam no sentido inverso ao movimento dos ponteiros dos relógios no hemisfério norte e no sentido destes no hemisfério sul.

CICLOTEMA Denominação aplicada em sua concepção original para indicar uma série de camadas depositadas durante um único ciclo sedimentar do tipo que prevaleceu durante o Pensilvaniano. Atualmente, é utilizado para abrigar rochas de diferentes idades e litologias daquelas do Pensilvaniano de Illinois.

CIMENTAÇÃO (1) (Pedologia) Denominação utilizada para indicar a consistência quebradiça e dura do material do solo, mesmo quando molhado, ocasionado por qualquer agente cimentante que não seja mineral de argila, tal como: carbonato de cálcio, sílica, óxido ou sais de ferro e alumínio. (2) Processo diagenético que consiste na deposição de cimento nos interstícios dos sedimentos incoerentes, do que resulta a consolidação destes. (Sin.: diagênese)

CIMENTO Material que une os grãos de uma rocha sedimentar consolidada. Forma-se por precipitação química de soluções intersticiais. Entre as substâncias cimentantes mais frequentes estão a sílica, o carbonato de cálcio e os óxidos de ferro.

CINÁBRIO Mineral que cristaliza no sistema hexagonal-R, classe trapezoédrica trigonal, composição HgS e uma elevada densidade que alcança 8,1. Apresenta cor vermelha típica e um brilho adamantino. É o mais importante minério de mercúrio.

CINTURÃO DE ROCHAS VERDES (*Greenstone belt*) Áreas alongadas e estreitas dentro de escudos Pré-Cambrianos caracterizadas por alojarem rochas de baixo grau de metamorfismo (fácies xisto verde), contrastando com os terrenos adjacentes. São associadas a elas diápiros graníticos e intensa mineralização. Embora definidos em áreas arqueanas equivalentes são reconhecidos até o Mesozoico.

CINTURÃO VERDE Faixa de terra, usualmente de alguns quilômetros no entorno de áreas urbanas, preservada como espaço aberto. Seu objetivo é prevenir a expansão excessiva das cidades e os processos de conurbação, trazendo ar fresco e espaço rural não degradado para o mais perto possível dos moradores das cidades. Usualmente, é uma área de pequenas propriedades agrícolas dedicadas à produção de hortaliças.

CINZA Matéria fina produzida por uma erupção piroclástica. Uma partícula de cinza tem por definição um diâmetro inferior a 2 mm.

CINZAS VULCÂNICAS Material ejetado dos vulcões, com 4 mm a 32 mm de diâmetro.

CISALHAMENTO (*Shear, shearing*) Deformação resultante de esforços que fazem ou tendem a fazer com que as partes contíguas de um corpo deslizem umas em relação às outras, em direção paralela ao plano de contato entre as mesmas.

CLÁSTICA (TEXTURA) Textura de rochas sedimentares compostas por fragmentos quebrados de rochas ou minerais preexistentes, isolados ou ligados entre si por cimento.

CLASTO Fragmento de rocha que foi transportado por processos vulcânicos ou sedimentares.

CLIMATOLOGIA Ciência que estuda os climas da Terra e seus fenômenos, abrangendo sua descrição, classificação, natureza, evolução e seus processos formadores e modificadores, de uma área ou região em determinado período de tempo.

CLIVAGEM Propriedade dos minerais de dividirem-se segundo planos paralelos bem definidos. Decorre da estrutura íntima de uma substância cristalina.

CLORITA Mineral que pertence a um grupo com a mesma denominação e que inclui, entre outros, o clinocloro, a peninita e a proclorita. Cristaliza no sistema monoclínico, classe prismática, mostrando cristais pseudo-hexagonais, e com hábito semelhante ao grupo das micas. Tem cor caracteristicamente verde e composição $Mg_3(Si_4O_{10})$ $(OH)_2Mg_3(OH)_6$. O magnésio pode ser substituído pelo alumínio, pelo ferro ferroso e pelo ferro férrico, e o silício pelo alumínio.

COBERTURA MORTA Camada constituída de resíduos de plantas espalhados sobre a superfície do solo, com o objetivo de reter a umidade, proteger da insolação e do impacto das chuvas, além de adicionar matéria orgânica e nutrientes ao solo.

COBRE NATIVO Mineral que cristaliza no sistema isométrico, classe hexaoctaédrica, em cristais usualmente malformados e em grupos ramificados e arborescentes. Altamente dúctil e maleável, apresenta densidade 8,9, podendo conter muitas vezes pequenas quantidades de prata, bismuto, mercúrio, arsênico e antimônio.

COLUMBITA Mineral de brilho submetálico que cristaliza no sistema ortorrômbico, classe bipiramidal, composição (Fe, Mn) $(Nb, Ta)_2O_6$ e densidade compreendida entre 5,2 e 7,9. Forma uma série isomorfa com a tantalita.

COLUNAR Estrutura comum em muitas rochas extrusivas e intrusivas, desenvolvida por contração durante o seu resfriamento, consistindo na formação de colunas prismáticas normais à superfície de resfriamento.

COLÚVIO Solo ou fragmentos rochosos transportados ao longo das encostas de morros, devido à ação combinada da gravidade e da água. Possui características diferentes das rochas subjacentes. Grandes massas de materiais formados por coluviação diferencial podem receber o nome de coluviões.

COMPACTABILIDADE Suscetibilidade de um solo à compactação por equipamentos mecânicos usuais.

COMPETÊNCIA (RIO) Atributo avaliado em função da massa de partículas que o fluxo pode mover ou então pela velocidade da corrente fluvial, suscetível de carrear certas massas de partículas. Tamanho máximo do material que pode ser movido pelo rio, determinado pela relação da seção do canal com a velocidade de fluxo.

COMPETENTE (CAMADA) Designação para as camadas que são capazes não só de soerguer o próprio peso, como o de toda rocha sobrejacente. Os requisitos de uma camada competente são: (a) resistência ao cisalhamento; (b) capacidade de se refazer de fraturas; e (c) rigidez ou inflexibilidade.

COMPLEXO CRISTALINO Conjunto de rochas metamórficas e ígneas subjacentes a rochas estratificadas em uma região qualquer. Em geral, são rochas intensamente metamorfizadas e deformadas e de idade desconhecida. Expressão frequentemente usada como sinônimo de Complexo Brasileiro, Embasamento Cristalino ou Complexo Gnáissico-Migmatítico.

COMPRIMENTO DE ONDA Distância mínima que separa partículas que se deslocam com a mesma fase em um movimento ondulatório. Quando no vácuo, a frequência e o comprimento de ondas relacionam-se de maneira inversa. O comprimento de onda é referido pelas medidas: ângström (Å), micrômetro, nanômetro e picômetro.

CONCORDÂNCIA Relação entre duas camadas ou sequência de camadas, geralmente paralelas entre si, indicando continuidade de deposição.

CONCREÇÃO Massas geralmente nodulares ou esféricas, de dimensões variáveis, desde poucos centímetros até metros, de composição química e mineral diferente da rocha encaixante e comumente de estrutura concêntrica, indicando crescimento por deposição de camadas sucessivas.

CONGLOMERADO Rocha sedimentar clástica formada de fragmentos arredondados e de tamanho superior ao de um grão de areia (acima de 2 mm na classificação de Wentworth), unidos por um cimento. É o equivalente consolidado de cascalho.

CONGLOMERADO INTERFORMACIONAL Conglomerado que ocorre dentro de uma formação, sendo a origem dos constituintes de fonte externa.

CONSELHO NACIONAL DE MEIO AMBIENTE (CONAMA) Órgão superior do Sistema Nacional do Meio Ambiente (SISNAMA) com função de assessorar o presidente da República na formulação de diretrizes da política nacional de meio ambiente (Lei nº 6938/1981). É composto por 71 membros, representantes dos governos federal e estaduais e da sociedade civil (entidades de classe, organizações de defesa do meio ambiente etc.). As competências do CONAMA incluem o estabelecimento de todas as normas técnicas e administrativas para a regulamentação e a implementação da Política Nacional do Meio Ambiente e a decisão, em grau de recurso, das ações de controle ambiental da SEMA (Secretaria Especial de Meio Ambiente).

CONSISTÊNCIA Facilidade relativa com que um solo argiloso pode ser deformado. Depende do teor de umidade, da granulometria, da forma e da superfície dos grãos, assim como de sua composição química e mineralógica.

CONTATO CONCORDANTE Termo usado para descrever corpos ígneos intrusivos em que os contatos se dispõem paralelamente ao acamamento (ou foliação) da rocha encaixante.

CONTATO GEOLÓGICO O local ou superfície de separação de dois tipos de rochas diferentes. Termo usado para rochas sedimentares, assim como para intrusões ígneas e suas rochas encaixantes. Superfície de separação entre um veio metalífero e a rocha encaixante.

COPRÓLITO Massa fosfática nodular constituída por excrementos fossilizados, cuja forma varia em função do animal que a produziu.

COQUE Resíduo do carvão, obtido quando o material volátil é desprendido por destilação a seco, em uma temperatura elevada.

COQUINA Depósito formado por fragmentos diversos, representados por restos de conchas e outras partes duras de animais.

CORDÃO LITORÂNEO Depósito de areia ou seixos, mais raramente lama, acumulado a pequena distância e ao longo das costas, pela ação das vagas e correntes. Apresenta uma forma característicamente alongada e sensivelmente paralela à linha de contorno da costa.

CORDILHEIRA Denominação utilizada para indicar grandes cadeias de montanhas de âmbito regional.

CORÍNDON Mineral que cristaliza no sistema hexagonal-R, classe escalenoédrica, com cristais muitas vezes arredondados sob a forma de barris. Apresenta na escala de Mohs dureza 9, inferior apenas à do diamante. Sua composição é Al_2O_3, o brilho é adamantino, com cores que podem ser branca, cinzenta, verde, vermelho-rubi ou azul-safira.

CORRASÃO Desgaste produzido pela ação do vento que, ao transportar partículas, provoca o choque destas contra material mais grosseiro. Erosão mecânica (em oposição à erosão química ou corrosão). O mesmo que abrasão.

CORREDORES ECOLÓGICOS Termo adotado pelo Sistema Nacional de Unidades de Conservação (SNUC), que abrange as porções de ecossistemas naturais ou seminaturais que interligam unidades de conservação e outras áreas naturais, possibilitando o fluxo de genes e o movimento da biota entre elas, facilitando a dispersão de espécies, a recolonização de áreas degradadas, a preservação das espécies raras e a manutenção de populações que necessitam, para sua sobrevivência, de áreas maiores do que as disponíveis nas unidades de conservação. Os corredores ecológicos são fundamentais para a manutenção da biodiversidade no médio e longo prazos.

CORRELAÇÃO ESTRATIGRÁFICA Conjunto de processos que possibilitam determinar a similaridade e equivalência em idade e posição estratigráfica de formações geológicas, ou outras unidades estratigráficas, situadas em áreas distintas.

CORRENTE DE TURBIDEZ Corrente de água contendo grande quantidade de material clástico em suspensão, que pode se formar em declives submarinos, podendo tanto ter efeito erosivo como transportador devido a sua maior densidade e viscosidade.

CORRENTE LITORÂNEA Corrente que se desloca paralelamente e rente à costa, fluindo segundo um sistema de barras e fossas da zona de rebentação.

CORRIDA DE MASSA Processo de escoamento de uma massa de solo ou de rocha, de modo rápido, em que sua forma de deslocamento lembra a de um líquido viscoso, com deformações internas e inúmeros planos de cisalhamento. A massa é composta por uma matriz viscosa de água e argila e material mais grosseiro (areia, seixos, matacões). (Sin.: corrida de lama, corrida de terra, corrida de detritos)

CORROSÃO Decomposição e destruição de rochas por ação química da água.

CRATERA (1) Depressão formada pelo impacto de um meteorito. (2) Depressão à volta da abertura de um vulcão.

CRÁTON (*Craton*) Parte da crosta terrestre que atingiu estabilidade e foi pouco deformada por períodos prolongados. Em sua acepção mais moderna, os crátons restringem-se às áreas continentalizadas e suas adjacências. Diz-se que um segmento crustal é cratonizado quando anexado, principalmente por colisão, a núcleos estáveis mais antigos, o que ocorre com as partes mais maduras dos cinturões orogênicos. Ao longo da história geológica da Terra, segundo muitos autores, houve um aumento percentual das áreas cratônicas (crosta continental dificilmente consumida pela astenosfera) em relação às áreas oceânicas (crosta oceânica). Um cráton pode ser composto de plataformas (zona recoberta por sedimentos mais novos) e de escudo(s) (zona aflorante).

CRETÁCEO Período que encerra a Era Mesozoica e é compreendido entre 135 e 65 milhões de anos. O Cretáceo Inferior encerra os andares Berriasiano, Valanginiano, Hauteriviano, Barremiano, Aptiano e Albiano, enquanto o Cretáceo Superior é constituído pelos andares Cenomaniano, Turoniano, Coniaciano, Santoniano, Campaniano e Maastrichtiano. Nos continentes, continua o domínio dos répteis (dinossauros), mas a flora começa a mudar, com o aparecimento e o rápido florescimento dos vegetais produtores de flores e frutos (angiospermas). Nos oceanos, prossegue a grande diversidade dos moluscos cefalópodes (belemnites e amotines) e bivalves (rudistas e inoceramidos). Ao final do Cretáceo, ocorre uma grave crise biótica, com extinções de vários grupos dominantes durante a Era Mesozoica. Muitos grupos de micro-organismos (foraminíferos), vários invertebrados (rudistas, amotines), atingindo intensamente aos vertebrados, sobretudo os répteis (dinossauros, pterossauros, plesiossauros etc.). As causas destas extinções são ainda motivo de controvérsias, pois enquanto alguns julgam que foram resultado do impacto de um imenso meteoro ou asteroide, outros preferem considerá-las ligadas às transformações ambien-

302 Glossário Geológico

tais que o planeta sofria há 65 milhões de anos, aliadas a fortes manifestações vulcânicas.

CRIOGENIA Estudo da matéria em temperaturas muito baixas. Inclui o estudo de gases liquefeitos e de efeitos que ocorrem quando os materiais estão muito frios, como a supercondutividade.

CRIPTOCRISTALINO Conjunto de agregados que se apresentam tão finamente divididos, que seus indivíduos não podem ser identificados nem com o auxílio do microscópio, mostrando, contudo, um padrão de difração com os raios X.

CRISOBERILO Mineral que cristaliza no sistema ortorrômbico, classe bipiramidal, apresentando brilho vítreo e coloração com várias tonalidades de verde, castanho e amarelo, podendo quando submetido a luz transmitida mostrar coloração vermelha. Composição $BeAl_2O_4$, podendo suas variedades alexandrita e olho de gato serem consideradas gemas.

CRISÓLITA Variedade fibrosa de serpentina – $Mg_6(Si_4O_{10})(OH)_8$ – que cristaliza no sistema monoclínico, sendo utilizada como uma das principais fontes de asbesto.

CRISTA (Geomorfologia) Forma de relevo residual alongada, isolada, com vertentes que apresentam declividades fortes e equivalentes e que se interceptam formando uma linha contínua.

CRISTA DE DOBRA Linha imaginária que passa pelos pontos mais elevados de uma camada, em um número infinito de seções transversais da dobra. Como cada dobra pode ser formada por inúmeras camadas, cada uma possui sua crista individual. O plano imaginário que passa pelas cristas sucessivas é denominado plano de crista.

CRISTAL Corpo formado por um elemento ou composto químico sólido e limitado por superfícies planas, geralmente dispostas com simetria, que denuncia uma estrutura interna regular e periódica.

CRISTALINO Tipo de rocha composto por cristais ou fragmentos de cristais, tais como as rochas metamórficas que recristalizaram em ambientes de alta temperatura ou pressão, ou rochas ígneas que se formaram durante o arrefecimento de matéria fundida.

CRISTALIZAÇÃO Processo de formação de cristais a partir de um líquido ou de um gás.

CRISTALIZAÇÃO FRACIONADA Processo de cristalização magmática em que as fases cristalinas se separam sequencialmente, a partir de um material que se encontra em estado fluido, viscoso ou disperso.

CRISTALOGRAFIA Estudo de cristais, incluindo seu crescimento, estrutura, propriedades físicas e classificações pela forma.

CRONOESTRATIGRAFIA Parte da Estratigrafia que trata da idade dos estratos e de suas relações geocronológicas. Os termos formais são Eonotema, Eratema, Sistema, Série, Andar e Cronozona.

CROSTA TERRESTRE (Crust) Parte externa rochosa que envolve o globo terrestre, delimitada inferiormente pela descontinuidade de Mohorovicic. Sua espessura é calculada em cerca de 30 km a 50 km nas regiões oceânicas. A crosta das áreas oceânicas denomina-se Sima (crosta basáltica) e a continental, Sial (crosta granítica). A densidade média do Sial é de 2,7 e a do Sima de 2,9. (Sin.: litosfera, tectonosfera)

CUPRITA Mineral que cristaliza no sistema isométrico, classe hexaoctaédrica, com densidade 6,1 e composição Cu_2O, apresentando várias tonalidades da cor vermelha.

D

DACITO Rocha magmática expressiva equivalente ao granodiorito. Contém plagioclásio, quartzo, ortoclásio ou sanidina, e em menor quantidade, piroxênio, anfibólio ou biotita.

DEBRIS FLOW Deslocamento encosta abaixo de material encharcado de água, constituído por fragmentos de rocha e solo, presentes em regiões de clima úmido.

DECAIMENTO RADIOATIVO Processo de diminuição da atividade de um nuclídeo radioativo pela transmutação que sofre ao se desintegrar. Desintegração radioativa.

DECANTAÇÃO Processo de separação dos componentes de um sistema heterogêneo sólido-líquido, sólido-gasoso ou líquido-líquido, em que o componente mais denso, sob a ação da gravidade, se deposita naturalmente.

DECÍDUA Qualidade apresentada por uma comunidade vegetal, em que 50 % ou mais de seus indivíduos perdem todas as suas folhas ou parte delas, por determinado período de tempo, em resposta a condições climáticas desfavoráveis, em geral períodos secos ou frios.

DECLINAÇÃO Ângulo entre a direção na qual aponta a agulha magnética e o meridiano verdadeiro, variável com a posição geográfica.

DECLINAÇÃO MAGNÉTICA Ângulo formado entre o norte geográfico e o norte magnético.

DECOMPOSIÇÃO ESFEROIDAL Formação de cascas ou escamas concêntricas, por atuação do intemperismo, podendo ou não restar porções de rocha não alterada no centro. Feição de alteração comum em rochas basálticas. (Sin.: pedra capote)

DEFLAÇÃO Processo de remoção e transporte de sedimentos finos pela ação do vento, resultando na formação de depressões em regiões desérticas. (Ver erosão eólica)

DEFORMAÇÃO (Deformation, strain) (1) Termo genérico para os processos de dobramento, falhamento, cisalhamento, contração ou dilatação das rochas, como resultado da atuação de esforços na Terra. (2) Mudança na forma e no volume de um corpo como resultado de um esforço atuante sobre o mesmo.

DEGRADAÇÃO AMBIENTAL Modificação das características originais do meio ambiente ou da ecologia de uma região, provocada por mutilações ou impactos, de forma a deteriorar a qualidade de vida das espécies e sua capacidade em produzir bens e serviços úteis aos seres humanos. Termo usado para qualificar os processos resultantes dos danos ao meio ambiente, pelos quais se perdem ou se reduzem algumas de suas propriedades, tais como a qualidade ou a capacidade produtiva dos recursos ambientais. "Degradação da qualidade ambiental – a alteração adversa das características do meio ambiente" (Lei nº 6938:1981).

DEGRADAÇÃO DO SOLO (1) "Compreende os processos de salinização, alcalinização e acidificação que produzem estados de desequilíbrio físico-químico no solo, tornando-o inapto para o cultivo" (GOODLAND, 1975). (2) "Modificações que atingem um solo, passando o mesmo de uma categoria para outra, muito mais elevada, quando a erosão começa a destruir as capas superficiais mais ricas em matéria orgânica" (GUERRA, 1978).

DELTA Depósito aluvial da foz de um rio.

DENUDAÇÃO No sentido lato, inclui todos os fenômenos de intemperismo e erosão. Conjunto de processos responsáveis pelo rebaixamento sistemático da superfície da Terra pelos agentes naturais de erosão e pelo intemperismo. É um termo mais amplo do que erosão, embora este seja usado como sinônimo daquele. É também empregado como sinônimo de degradação, embora alguns autores atribuam à denudação o processo, e à degradação o resultado deste processo.

DEPOCENTRO (1) Sítio de máxima subsidência e/ou sedimentação em uma bacia sedimentar. (2) Porção mais espessa de uma sequência estratigráfica específica em uma bacia sedimentar.

DEPÓSITO DE TÁLUS Depósito constituído predominantemente de fragmentos rochosos grandes e angulosos, originados da fragmentação de rochas situadas em zonas escarpadas com fortes declives. O mesmo que tálus.

DERIVA* (*Drift*) Processo geotectônico de afastamento gradual de massas continentais, correspondente à fase evolutiva de uma bacia oceânica que sucede aos estágios iniciais de rifteamento crustal.

DERRAME Extravasamento de lava, isto é, de material líquido magmático. Também utilizado para lavas solidificadas, como, por exemplo, os extensos derrames basálticos da Formação Serra Geral da Bacia do Paraná, na porção meridional do Brasil. (Pedologia) Quebra de agregados do solo como resultado da adição de água ou da ação mecânica de máquinas agrícolas.

DESBASTE Técnica de manejo de plantios florestais que consiste na derrubada de árvores adultas, em geral as menos desenvolvidas, com o sentido de proporcionar maior espaço às que ficam, assim permitindo que se desenvolvam e adquiram maior porte. Esta prática deve ser efetuada em épocas distintas, em função da espécie, da idade e do desenvolvimento.

DESCONTINUIDADE Estrutura geológica plana que interrompe a continuidade física das rochas, causando sua compartimentação. Termo genérico que engloba todas as estruturas, tais como: falhas, diáclases, juntas, fissuras, fraturas etc.

DESCONTINUIDADE DE CONRAD Limite entre a crosta continental superior e a crosta continental inferior, em que Vp aumenta de 6 km/s para 6,4 km/s. Sua profundidade varia de 10 a 25 km nos continentes, podendo alcançar 50 km sob os cinturões orogênicos.

DESCONTINUIDADE DE GUTENBERG-WIECHERT Descontinuidade sísmica que se encontra a uma profundidade de 2900 km, em que a velocidade das ondas longitudinais diminui bruscamente de 14 km/s para 8 km/s, enquanto as ondas transversais tornam-se fraquíssimas, não conseguindo atravessar a camada que ali se inicia. Representa o limite entre o manto inferior e o núcleo externo.

DESCONTINUIDADE DE MOHOROVICIC Descontinuidade sísmica situada na base da crosta (continental e oceânica), onde as ondas longitudinais diminuem sua velocidade de 7,8 km/s para 6,3 km/s e as ondas transversais de 4,4 km/s para 3,7 km/s. Sua profundidade é variável, sendo de 30-40 km nos continentes, de até 75 km sob os cinturões orogênicos, de 10-12 km nos oceanos e de até 25-30 km nas dorsais.

DESENVOLVIMENTO SUSTENTÁVEL É aquele que atende às necessidades do presente sem comprometer a possibilidade de as gerações futuras atenderem as próprias necessidades.

Paradigma de desenvolvimento surgido a partir das discussões das décadas de 1970 e 1980 sobre os limites ao crescimento da população humana, da economia e da utilização dos recursos naturais. O desenvolvimento sustentável procura integrar e harmonizar as ideias e os conceitos relacionados ao crescimento econômico, à justiça e ao bem-estar social, à conservação ambiental e à utilização racional dos recursos naturais. O termo Desenvolvimento Sustentável surgiu em 1980 na publicação *World Conservation Strategy*: *living resource conservation for sustainable development*, elaborada pela International Union for Conservation of Nature and Natural Resources (IUCN), em colaboração com o Programa das Nações Unidas para o Meio Ambiente (PNUMA) e outras instituições internacionais. Ainda não foi alcançado um consenso sobre seu conceito, que tem se modificado muito rapidamente, estando em construção.

DESERTO Região na qual as precipitações pluviais são menores do que 100 mm anuais, a vegetação é ausente ou escassa e a oscilação térmica é ampla. De acordo com as condições predominantes, em função da situação geográfica, o deserto pode ser frio, temperado ou quente.

DESLIZAMENTO (*Slide* – deslizamento, *slump* – escorregamento) Designação genérica para os movimentos do manto de intemperismo ou rocha viva, nas encostas das montanhas. Pode se dar de forma contínua e lenta, por ação da gravidade e implicando todo o manto de intemperismo ou parte dele. O deslizamento é acelerado pela infiltração excessiva de água proveniente de chuvas torrenciais, ou água proveniente do degelo, ou por descalçamento da base de taludes de forma natural (erosão) ou artificial (ação antrópica). Pode ser potencializado pela devastação da cobertura vegetal, pela abertura de estradas, pelo corte de barrancos e taludes etc. A designação desmoronamento restringe-se ao caso em que o deslocamento é mais rápido e brusco.

DEVONIANO Período da Era Paleozoica situado após o Período Siluriano e com duração aproximada entre 410 e 355 milhões de anos. É subdividido nos andares – do mais antigo para o mais novo – Lochkoviano, Pragiano, Emsiano, Eifeliano, Givetiano, Frasniano e Famenniano. Sua denominação provém do Condado de Devon, na Inglaterra, sendo devida a Adam Sedgwick e a Roderick I. Murchison.

DIABÁSIO Rocha ígnea intrusiva, hipoabissal, básica, de granulação média a fina, constituída essencialmente de feldspato cálcico e piroxênio. Pode conter olivina. Ocorre em forma de diques e *sills*.

DIACLASAMENTO COLUNAR Tipo de diaclasamento em forma de colunas. Geralmente as juntas formam um desenho hexagonal mais ou menos bem definido. Característica de rocha basáltica, desenvolvida por contração durante seu resfriamento.

DIÁCLASE Fratura em uma rocha, ao longo da qual não é observado deslocamento. Junta de tração sem deslocamento diferencial entre blocos de rocha. (Sin.: junta)

DIAGÊNESE Conjunto de processos superficiais e subsuperficiais, físicos e químicos, que atuam sobre os sedimentos, desde sua deposição até sua consolidação. Não se incluem na diagênese os processos de transformações das rochas conhecidos como metamorfismo (fenômeno motivado por mudanças de

---

* Encontra-se, em uso corriqueiro, na literatura brasileira, o termo drifte.

304 Glossário Geológico

temperatura e pressão, sob condições de profundidade), assim como as alterações superficiais (intemperismo).

DIÁLISE Separação de uma substância, em uma solução verdadeira, da matéria coloidal pela difusão seletiva, por meio de uma membrana semipermeável.

DIAMANTE Uma das gemas mais apreciadas, sendo constituída por carbono, cristalizando no sistema isométrico, classe hexaoctaédrica, e podendo apresentar faces curvas. É o mineral conhecido que apresenta a maior dureza na escala de Mohs, 10. Seu índice de refração muito elevado, aliado à forte dispersão da luz, são os responsáveis pelo brilho cintilamento. Tem cores que variam desde incolor até o amarelo-pálido com matizes avermelhadas, alaranjadas, esverdeadas, azuladas e acastanhadas.

DIAMICTITO Ver paraconglomerado.

DIÁPIRO (Geologia) Domo no qual as rochas sobrepostas foram rompidas pela injeção ou intrusão de material plástico ascendente que compõe seu núcleo.

DIASTEMA Interrupção relativamente pequena da sedimentação.

DIASTROFISMO Termo geral que engloba todos os movimentos da crosta devidos a processos tectônicos, responsáveis pela formação dos continentes, bacias oceânicas, platôs, montanhas, estratos dobrados, falhamentos etc.

DIATOMITO Rocha sedimentar silicosa de origem orgânica, formada pelo acúmulo de carapaças de alga diatomácea. Apresenta cerca de 50 % de porosidade.

DIATREMA Chaminé vulcânica circular, que perfura rochas encaixantes de natureza sedimentar ou metassedimentar, devido à energia explosiva de magmas sobrecarregados de gases.

DIFERENCIAÇÃO MAGMÁTICA Processo pelo qual um magma originalmente homogêneo se separa em partes distintas, que podem formar corpos de rocha isolados ou permanecer dentro dos limites de uma massa única.

DIOPSÍDIO Mineral da família dos clinopiroxênios que cristaliza no sistema monoclínico, classe prismática e com clivagem formando ângulos de 87° e 93°. Mostra coloração que varia desde a branca ao verde-claro. Existe uma série completa entre o diopsídio – $CaMg(Si_2O_6)$ – e a hedenbergita – $CaFe(Si_2O_6)$.

DIORITO Rocha plutônica, granular, praticamente sem quartzo, com plagioclásio intermediário e minerais ferromagnesianos, em especial hornblenda.

DIQUE Ocorrência tabular de uma rocha ígnea hipoabissal alojando-se discordantemente em relação à orientação das estruturas principais da rocha encaixante ou hospedeira. Pode ocorrer em grande número em uma área, compondo um enxame de diques.

DIQUE MARGINAL Dique natural de pequena altura, formado nas margens dos canais fluviais e que mostra melhor desenvolvimento nos bancos côncavos dos rios. Sua deposição ocorre quando do transbordamento do rio.

DIREÇÃO (*Strike*) Orientação em relação ao norte, de uma linha resultante da interseção da superfície ou plano de uma camada com um plano horizontal imaginário.

DISCONFORMIDADE Uma superfície de erosão ou de não deposição durante determinado tempo geológico, que separa rochas mais antigas de rochas mais jovens. Quebra na continuidade de deposição, quando uma formação rochosa é recoberta por outra de idade geológica mais recente, que não é consequente na sucessão geológica. (Sin.: discordância paralela)

DISCORDÂNCIA (Geologia) Superfície que separa estratos ao longo da qual existe evidência de truncamentos erosivos ou exposições subaéreas, implicando um hiato significativo. Em termos de estratigrafia de sequências, as discordâncias paralelas sem superfície de erosão são chamadas de concordâncias. As discordâncias são classificadas em quatro tipos básicos: angular, litológica, erosiva e paralela.

DISCORDÂNCIA ANGULAR (*Angular unconformity*) Discordância caracterizada por duas sucessões de estratos que apresentam mergulhos diferentes.

DISCORDÂNCIA EROSIVA (*Disconformity*) Discordância que separa dois conjuntos de rochas estratificadas paralelas, caracterizando-se por uma antiga superfície de erosão de relevo considerável.

DISCORDÂNCIA LITOLÓGICA (*Nonconformity*) Discordância que separa uma sequência de rochas estratificadas, que repousam de modo discordante sobre rochas não estratificadas, ígneas ou metamórficas.

DISCORDÂNCIA PARALELA (*Paraconformity*) Discordância caracterizada por uma superfície de estratificação que separa dois conjuntos de rochas estratificadas, paralelas entre si e a esta superfície, mas que apresentam idades bem distintas.

DISCORDANTE Termo usado para descrever um contato ígneo que corta o acamamento ou foliação das rochas adjacentes.

DISSOLUÇÃO Ação físico-química deletéria que as águas naturais podem exercer sobre materiais por elas percolados. A destruição deve-se às propriedades de solubilidade destes materiais em água e da reatividade química deles com os íons transportados pela água.

DOBRA (Geologia) Curva ou arqueamento de uma estrutura planar, tal como estratos rochosos, planos de acamadamento, foliação ou clivagem. É caracterizada por: eixo, plano axial e flanco. Recebe diversas denominações de acordo com sua geometria (por exemplo: dobra aberta, dobra assimétrica, dobra de arrasto, dobra deitada, dobra isoclinal etc.).

DOBRA DE ARRASTO (*Drag fold*) Dobra formada em uma sequência sedimentar, quando uma camada mais competente desliza sobre uma menos competente ou incompetente. Mostra planos axiais inclinados em relação aos planos de acamamento da camada competente.

DOBRA INTRAFOLIAL Dobra individual, plana, que se mostra fortemente comprimida. Denominada intrafolial sem raiz quando presente um fechamento isolado único, ou um par de fechamentos opostos, em uma porção rompida de uma camada que flutua como uma inclusão tectônica, em uma rocha de foliação relativamente não dobrada.

DOBRA ISOCLINAL Dobra cujos flancos são essencialmente paralelos, isto é, mergulham no mesmo sentido e com ângulos iguais.

DOBRA ISÓPACA Dobra que não apresenta variação na espessura das camadas ou bandas dobradas, nem no ápice nem nos flancos. Quando apresenta variação na espessura é denominada anisópaca. (Sin.: dobra concêntrica, paralela ou flexural)

DOBRA RECUMBENTE Dobra na qual a superfície axial tende à horizontalidade.

DOBRAMENTO Deformação plástica da crosta sob a ação de forças tangenciais.

DOLINA Cavidade natural em forma de funil, comunicada verticalmente a um sistema de drenagem subterrânea, em região de rochas calcárias. Distinguem-se dois tipos: (a) dolina de dissolução, formada por água de infiltração que alarga fendas; (b) dolina de desmoronamento, formada por desmoronamento do teto de uma caverna subterrânea. As dolinas atingem diâmetros de até 100 m, e profundidades de várias centenas de metros.

DOLOMITA Mineral da família dos carbonatos, de composição $CaMg(CO_3)_2$, que cristaliza no sistema hexagonal-R, classe romboédrica, diferenciando-se da calcita por não efervescer em HCl diluído. O magnésio pode ser substituído pelo ferro ferroso, por pequenas quantidades de manganês e zinco, enquanto o cálcio por pequenas quantidades de chumbo.

DOLOMITIZAÇÃO Processo natural por meio do qual o calcário transforma-se em dolomito a partir da substituição parcial do carbonato de cálcio ($CaCO_3$) original pelo carbonato de magnésio ($MgCO_3$). Processo que parece progredir com o tempo, já que nos depósitos mais antigos os carbonatos dolomitizados são mais frequentes.

DOLOMITO Rocha sedimentar constituída predominantemente de dolomita – carbonato de cálcio e magnésio.

DOMO Dobramento convexo mais ou menos simétrico, com camadas mergulhando em todas as direções, mais ou menos igualmente a partir de um ponto central.

DRENAGEM ANASTOMOSADA Tipo de drenagem que consiste em vários canais distributários que se ramificam e se juntam formando um conjunto de canais interligados e separados por inúmeras ilhas que se apresentam de forma alongada.

DRENAGEM SUPERFICIAL Conjunto de processos destinados ao esgotamento de águas superficiais. O mesmo que rede de drenagem.

DRIFT Processo geotectônico de afastamento gradual de massas continentais, correspondente à fase evolutiva de uma bacia oceânica que sucede aos estágios iniciais de rifteamento crustal. Deriva Continental.

DRUSA Cavidade em uma rocha coberta por pequenos cristais. (Sin.: geodo)

DUCTIBILIDADE Propriedade de um material sólido de se deformar plasticamente antes da ruptura.

DÚCTIL (1) Comportamento pelo qual uma rocha, sob determinadas condições, é capaz de incorporar uma deformação maior que 5 % antes de fraturar ou falhar. (2) Diz-se dos corpos rochosos que fluem quando, em um período de tempo geológico, são submetidos a esforços.

DUNA Corpo de areia acumulada pelo vento, que se eleva formando um cume único, sem cobertura vegetal cerrada, o que se dá geralmente nas praias ou nos desertos. Pode ocorrer isoladamente ou em associação.

DUNITO Rocha ígnea ultramáfica composta quase que exclusivamente de olivina.

DUREZA (Mineralogia) Resistência que a superfície de um mineral oferece ao ser riscada. Uma escala de dureza relativa é conhecida como Escala de Mohs, que estabelece os seguintes graus de dureza: 1 – talco, 2 – gipsita, 3 – calcita, 4 – fluorita, 5 – apatita, 6 – ortoclásio, 7 – quartzo, 8 – topázio, 9 – coríndon e 10 – diamante.

E

EFEITO DE CORIOLIS Fenômeno devido à rotação da Terra que produz uma aceleração nas massas de ar, variável em função do local em que se encontram (equador, trópicos, polos etc.). A força gerada desloca os ventos à direita no hemisfério norte, e à esquerda no hemisfério sul.

EFEITO ESTUFA Capacidade que a atmosfera da Terra apresenta de reter parte da radiação térmica emitida pela superfície do planeta. A luz solar atravessa a atmosfera e, após ser interceptada e parcialmente absorvida pelas superfícies sólidas e massas de água, é reemitida como radiação térmica (calor), que encontra dificuldade para sair da atmosfera. Entre os gases responsáveis pelo efeito estufa estão o CO_2, o CH_4 e o vapor de água.

EFLUENTE Qualquer tipo de água ou líquido que flui de um sistema de coleta, ou de transporte, como tubulações, canais, reservatórios e elevatórias, ou de um sistema de tratamento ou disposição final, como estações de tratamento e corpos de água receptores.

EIXO DE DOBRA Linha que separa a parte mais flexionada de uma dobra. (Sin.: charneira)

EL NIÑO Fenômeno natural e cíclico que reaparece em intervalos irregulares de três a cinco anos e consiste no aquecimento anômalo das águas superficiais do Oceano Pacífico equatorial no setor centro-oriental. Resultado de uma interação entre o oceano e a atmosfera, o fenômeno provoca modificação no fluxo de calor, o que acarreta fortes alterações nas condições do tempo em várias partes do mundo.

ELUVIÃO Depósito detrítico ou simples capa de detritos, resultantes da desintegração da rocha matriz, permanecendo no local de formação. (Sin.: solo residual)

EMBASAMENTO Termo empregado para designar rochas mais antigas, geralmente mais metamorfisadas e de estruturação tectônica diferente, que servem de base a um complexo rochoso metamórfico ou sedimentar. (Sin.: embasamento cristalino)

ENDÓGENO Aplicado à rocha magmática, intrusiva ou efusiva, originada no interior da Terra. Também a processos com sede no interior da Terra.

ENDORREICO Que drena para bacias interiores.

EPÍDOTO Grupo de minerais constituído por diversos silicatos complexos de alumínio e cálcio – clinozoisita, epídoto, allanita, idocrásio e prehnita – que cristalizam nos sistemas monoclínico e ortorrômbico e apresentam fórmula geral $X_2Y_3O(SiO_4)$ $(Si_2O_7)(OH)$. A zoisita que cristaliza no sistema ortorrômbico é dimorfa com a clinozoisita.

EPIGENÉTICO Processos geológicos originados na superfície ou próximo da superfície da Terra. Depósito mineral formado posteriormente à rocha encaixante.

EPINERÍTICO Porção do ambiente marinho que se estende desde o nível da baixa-mar até a profundidade de cerca de 40 m.

EPIROGÊNESE Movimentos de soerguimento e subsidência em grande escala, geralmente verticais e lentos, variáveis no tempo, afetando grandes partes ou a totalidade de áreas continentais ou de bacias oceânicas.

EPITÉLIO Tecido celular que reveste uma superfície livre ou uma cavidade e que se compõe de uma ou mais camadas de

306 Glossário Geológico

células muito próximas umas das outras. O termo é utilizado para tecidos tanto animais quanto vegetais.

ÉPOCA Equivalente cronoestratigráfico da série. A época correspondente a uma série toma o seu nome, salvo para os termos inferior, médio e superior, que podem ser substituídos por eo (ou antigo), meso e neo (ou tardio) ao se fazer referência à época.

EROSÃO Desgaste do solo ocasionado por diversos fatores, tais como: água corrente, geleiras, ventos, ondas e vagas. No sentido lato, é o efeito combinado de todos os processos degradacionais terrestres, incluindo intemperismo, transporte, ação mecânica e química da água corrente, vento, gelo etc. Distinguem-se, conforme o caso, em: erosão eólica, erosão fluvial, erosão glacial, erosão marinha etc.

EROSÃO EÓLICA Processo que consiste na desagregação e remoção de fragmentos e partículas de solo e rocha pela ação combinada do vento e da gravidade.

EROSÃO LAMINAR Ação do escoamento superficial de águas pluviais ou servidas, na forma de filetes de água, que lavam a superfície do terreno como um todo, com força suficiente para arrastar as partículas desagregadas do solo. Ocorre principalmente em vertentes pouco inclinadas com solo desprotegido da vegetação (terras desnudas).

ERUPÇÃO Ascenção de material magmático. Pode se processar sob a forma de uma efusão calma até uma explosão violenta liberando material piroclástico. Atingindo a superfície terrestre, denomina-se extrusão. Ficando o magma aprisionado na crosta, chama-se intrusão. (Ver esses termos e também vulcanismo)

ESCALA DE MOHS Escala numérica idealizada para indicar a dureza dos minerais, isto é, a resistência apresentada ao risco. São 10 minerais comuns mostrados em uma sequência de 1 a 10, dos menos aos mais duros, sendo que os de número superior riscam os de menor número, nunca sendo riscados por estes: 1 – talco, 2 – gipsita, 3 – calcita, 4 – fluorita, 5 – apatita, 6 – ortoclásio, 7 – quartzo, 8 – topázio, 9 – coríndon, 10 – diamante.

ESCARPA Face ou talude íngreme abruptamente cortando a morfologia, com frequência apresentando afloramento de rochas. Genericamente distinguem-se as escarpas tectônicas (produzidas por falhamentos) e as escarpas de erosão (formadas por agentes erosivos).

ESCORREGAMENTO Consiste no movimento rápido de massas de solo ou rocha, geralmente bem definidas quanto ao seu volume, cujo centro de gravidade se desloca para baixo e para fora de um talude natural ou de escavação (corte ou aterro), ao longo de uma ou mais superfícies de ruptura. Podem ser rotacionais ou translacionais. Diferencia-se do rastejo por apresentar geralmente superfície de ruptura definida, mais profunda, e maior velocidade de deslocamento. (Ver deslizamento)

ESCUDO (Shield) (Geologia) Área de exposição de rochas do embasamento cristalino em regiões cratônicas, comumente com superfície convexa, cercada por plataformas cobertas por sequências sedimentares. Áreas pré-paleozoicas continentais, ao redor das quais se depositam rochas sedimentares mais novas. Comportam-se como massas rígidas que não sofrem dobramentos orogenéticos posteriores. Não são restos da primitiva crosta terrestre, mas sim originados de processos orogenéticos antiquíssimos. Existe correspondência entre escudo e cráton continental.

ESMERALDA Uma das gemas mais valiosas, é uma variedade do berilo – $Be_3Al_2(Si_6O_{18})$ – transparente e de coloração verde intensa.

ESPELEOLOGIA Setor da geologia física que trata das cavernas.

ESPELHO DE FALHA Plano ou superfície entre blocos de falha. Contém geralmente estrias e caneluras paralelas à direção do movimento relativo dos blocos e ressaltos transversais perpendiculares a ele. (Sin.: espelho tectônico)

ESPINÉLIO Grupo de minerais isoestruturados, com cristais isométricos, hexaoctaédricos, de hábito octaédrico. A fórmula AB_2O_4 comporta, na posição A, magnésio, ferro ferroso, zinco e manganês, e na posição B, alumínio, ferro férrico e cromo. Compreendem o espinélio, a hercinita, a gahnita, a galaxita, a magnésio-ferrita, a magnetita, a franklinita, a jacobsita, a magnésio-cromita e a cromita.

ESTALACTITE Feição originada a partir do teto de uma caverna, com as mais diferentes formas, como resultado da precipitação de bicarbonato de cálcio dissolvido na água. Quando se desenvolve a partir do piso da caverna, devido à queda de gotas de água, é denominada estalagmite.

ESTRATIFICAÇÃO Estrutura de rocha produzida pela deposição de sedimentos em camadas (estratos), lâminas, lentes e outras unidades essencialmente tabulares. (Sin.: acamamento)

ESTRATIFICAÇÃO CRUZADA Arranjo de camadas depositadas em um ou mais ângulos em relação ao mergulho original da formação.

ESTRATIFICAÇÃO FLASER Marcas onduladas que apresentam laminações cruzadas com a preservação de finas películas de argila nas calhas e, mais raramente, nas cristas.

ESTRATIFICAÇÃO LENTICULAR Estratificação constituída por pequenas lentes de areia ou de silte, comumente alinhadas e com laminação cruzada interna.

ESTRATIFICADA (ROCHA) Rocha em que seus componentes dispõem-se em estratos ou camadas devido a diferenças de textura, cor, resistência, composição etc., sendo uma característica das rochas sedimentares e também de algumas rochas metamórficas.

ESTRATIGRAFIA Ramo da Geologia que estuda a sucessão original e a idade das sequências das camadas. Procura investigar as condições de sua formação, assim como suas formas, distribuição, composição litológica, conteúdo paleontológico, propriedades geofísicas e geoquímicas. Visa correlacionar os diferentes estratos, principalmente por meio do seu conteúdo fossilífero. Não ocorrendo fósseis adequados, usam-se métodos petrográficos – litoestratigrafia.

ESTRATIGRAFIA DE SEQUÊNCIAS Estudo das relações de rochas sedimentares dentro de um arcabouço cronoestratigráfico de estratos relacionados geneticamente, o qual é limitado por superfícies de erosão, não deposição, ou por suas concordâncias relativas. A unidade fundamental é a sequência.

ESTRATO (1) (Estratigrafia) Camada de rocha ou sedimento com 1 cm ou mais de espessura, que se distingue de outros situados imediatamente acima ou baixo por mudanças na litologia ou por quebra física de continuidade (Sin.: camada, leito). (2) (Vegetação) Cada andar de uma comunidade vegetal. Cada estrato é composto por plantas que têm alturas semelhantes. Sob o ponto de vista ecológico, divide-se em estratos arbóreo, arbustivo, subarbustivo e rasteiro ou herbáceo.

ESTRATOSFERA Segunda camada da atmosfera, que se estende desde a tropopausa até a estratopausa, cerca de 50 km acima do solo. Ao contrário do que acontece na troposfera, na estratosfera a temperatura geralmente aumenta com a altitude. Como a densidade do ar é muito menor, até mesmo uma absorção pequena de radiação solar pelos constituintes atmosféricos, notadamente o ozônio atmosférico, produz um grande aumento de temperatura. A estratosfera contém grande parte do total do ozônio atmosférico e sua concentração máxima ocorre em torno de 25 km acima da superfície terrestre. Diferentemente da troposfera, a estratosfera contém pouco ou nenhum vapor de água. Mudanças sazonais marcantes são características da estratosfera e, geralmente, acredita-se que os eventos na estratosfera estejam ligados às mudanças de temperatura e de circulação na troposfera.

ESTRIA GLACIAL Sulco ou arranhadura produzido em uma superfície rochosa por material transportado por geleiras.

ESTROMATÓLITO Massa compacta constituída por lâminas concêntricas, com concavidade voltada para cima, de natureza calcária, e interpretada como estrutura resultante da atividade de algas verdes e azuis. O estromatólito esferoidal, com estrutura concêntrica e primariamente solto, isto é, não fixado a um substrato, é denominado oncólito. Os estromatólitos fósseis são uns dos primeiros sinais de vida do planeta.

ESTRUTURA A maneira com que uma rocha, um maciço rochoso ou uma região inteira é constituída de suas partes componentes, isto é, a forma e relações mútuas entre as partes de uma rocha, um maciço etc. Termo que se refere à maneira particular pela qual as diferentes partes macroscópicas de uma rocha se dispõem. São feições de grande escala, geralmente reconhecíveis no campo e adquiridas pela rocha após sua formação. Exemplos: dobras, fissuras, falhas etc.

ESTRUTURA PRIMÁRIA Estrutura de uma rocha sedimentar dependente das condições de deposição, especialmente as velocidades de correntes e a razão de sedimentação. Feições estruturais que são contemporâneas ao primeiro estágio da formação de uma rocha. Foliação ou bandeamento que se desenvolve em uma rocha plutônica, enquanto procede a consolidação do magma.

ESTRUTURA XISTOSA Estrutura própria das rochas metamórficas, caracterizada pela orientação mais ou menos paralela dos componentes minerais lamelares (mica, clorita) e prismáticos (anfibólio etc.).

ESTRUTURAÇÃO (DE ROCHAS E SOLOS) Arranjo das partículas do solo ou dos minerais de uma rocha em agregados, sob diferentes formas, tamanhos e grau de desenvolvimento. Resultam várias disposições ou configurações, cada qual com seu nome característico. Exemplos: xistosidade, estrutura fluidal, estrutura unigranular de solo etc.

EUSTASIA (*Eustasy*) Variação do nível do mar motivada por causas diversas, independentemente de movimentos tectônicos. Movimento eustático positivo é a ascensão do nível do mar motivado, por exemplo, pelo aumento do volume total dos mares devido ao degelo em grande escala ou ao acúmulo de sedimentos marinhos. Movimento eustático negativo é o abaixamento do nível do mar provocado, por exemplo, pela retenção da água sob a forma de gelo continental, originando regressões.

EUXÍNICO Ambiente marinho ou lacustre, no qual a presença de H_2S incorporado à água inibe a vida.

EVAPORITO Depósitos salinos cuja origem se relaciona à precipitação e cristalização direta a partir de soluções concentradas. Os evaporitos principais são: gipsita, anidrita, halita, carnalita, silvita e, às vezes, calcita e dolomita.

EVENTO (Tectônica) Qualquer atividade de natureza tectônica, magmática ou metamórfica que ocorreu ao longo do desenvolvimento de um processo geossinclinal ou plataformal, detectada por determinações geocronológicas.

EVENTO PERIGOSO (*Hazard*) Ação externa a que está exposto sujeito ou sistema, representando um perigo latente associado a um fenômeno físico de origem natural ou provocado pelo homem, que se manifesta em um lugar específico e em tempo determinado, produzindo efeitos adversos nas pessoas, nos bens e/ou no meio ambiente.

EXÓGENO Fenômenos geológicos provocados por agentes externos (energia do Sol, águas pluviais etc.), formando-se, assim, um ciclo de decomposição, denudação e sedimentação.

EXORREICO Que drena para o mar.

F

FÁCIES Termo que significa aspecto geral de uma rocha, no que se refere ao seu aspecto litológico, biológico, estrutural e mesmo metamórfico, bem como aspectos que refletem o ambiente no qual a rocha foi formada.

FÁCIES METAMÓRFICA Conceito que designa um grupo de rochas caracterizadas por apresentar um conjunto definido de minerais formados em condições metamórficas particulares.

FÁCIES SEDIMENTAR Conjunto de todas as características litológicas e paleontológicas de uma rocha sedimentar, do qual se pode inferir sua origem e seu ambiente de formação.

FACÓLITO Corpo magmático intrusivo que possui forma convexo-côncava. Mostra em seção um aspecto que lembra uma foice, estando localizado geralmente na parte superior das anticlinais.

FALHA (*Fault*) Uma fratura ou uma zona fraturada ao longo da qual houve deslocamento reconhecível, desde alguns centímetros até quilômetros. As paredes são normalmente estriadas e polidas (espelho de falha), resultado dos deslocamentos cisalhantes. Frequentemente, a rocha em ambos os lados de uma falha apresenta-se cisalhada, alterada ou intemperizada, resultando em preenchimentos. A espessura de uma falha pode variar de alguns milímetros até dezenas ou centenas de metros. Caracteriza-se por possuir linha de falha, plano de falha e rejeito.

FALHA DE EMPURRÃO Tipo de falha inversa em que o plano de falhamento faz um ângulo pequeno com relação à horizontal e a parte de cima do bloco falhado move-se sobre a parte inferior. Falha do tipo *thrust* ou de cavalgamento, em que o teto cavalga sobre o muro, caracterizada por um mergulho suave e por um deslocamento horizontal bastante grande, podendo atingir dezenas de quilômetros.

FALHA DE GRAVIDADE Falha na qual as rochas da lapa foram abatidas em relação às rochas da capa. O mesmo que falha normal.

FALHA INVERSA Falha ao longo da qual as rochas de capa foram soerguidas em relação às rochas de lapa. Encontra-se ge-

308 Glossário Geológico

ralmente em regiões em que a crosta terrestre sofreu esforços horizontais de compressão.

FALHA NORMAL (*Normal fault, gravity fault*) Falha em que as rochas da capa foram abatidas em relação às rochas de lapa. Associa-se geralmente a esforços de distenção da crosta terrestre. O mesmo que falha de gravidade.

FALHA P Uma das falhas que se desenvolve ao longo de zonas transcorrentes sob regime de cisalhamento simples, com o mesmo sentido de deslocamento que as transcorrentes sintéticas do sistema e orientando-se a um ângulo baixo em relação ao binário de cisalhamento. (Sin.: transcorrente sintética secundária)

FALHA REVERSA (*Reverse fault*) Feição estrutural de ruptura em que o teto subiu em relação ao muro, segundo um plano com mergulho superior a 45°. Quando o ângulo é inferior a 45°, a falha é dita de empurrão (*thrust fault*); genericamente, o termo pode ser aplicado a falhas com qualquer ângulo de mergulho, naquelas condições. Segundo Anderson (1951), a falha reversa origina-se sob condições em que o máximo esforço compressivo (s1) é horizontal e o mínimo (s3) é vertical. (Sin.: falha inversa, falha de empurrão)

FALHA TRANSCORRENTE Falha em que o movimento preferencial ocorreu paralelamente à direção de seu plano, cujos campos de tensões apresentam os tensores compressivo e extensional horizontais ou próximos da horizontal.

FALHA TRANSFORMANTE Tipo particular de falha transferente que se desenvolve para acomodar a movimentação divergente das dorsais meso-oceânicas. O deslocamento ao longo da falha acompanha o deslocamento das placas oceânicas.

FALHAMENTO Processo de desenvolvimento de falhas. Esse processo pode envolver a formação de fratura e subsequente deslocamento, ou pode consistir em movimento ao longo de fraturas preexistentes.

FANERÍTICA Rocha cujos elementos são reconhecíveis a olho nu (normalmente superiores a 0,2 mm). (Ver afanítica)

FANGLOMERADO Brecha que apresenta alguns componentes arredondados e depositados nas partes superiores dos cones aluviais das regiões semiáridas.

FELDSPATOIDES Grupo de aluminossilicatos tridimensionais de potássio, sódio e cálcio, com quantidades subordinadas de outros elementos químicos. Semelhantes aos feldspatos, diferenciam-se desses, quimicamente, pelo fato de apresentarem uma menor quantidade de sílica.

FELDSPATOS Um dos grupos minerais mais importantes, que cristalizam nos sistemas monoclínico ou triclínico e são constituídos por silicatos de alumínio com potássio, sódio e cálcio e, raramente, bário, e em menor extensão, o ferro, o chumbo, o rubídio e o césio. São aluminossilicatos que resultam da substituição parcial do silício pelo alumínio na estrutura dos tectossilicatos. Formam três grupos principais: os feldspatos potássicos, os feldspatos calcossódicos e os feldspatos báricos, todos essencialmente com a mesma estrutura. Os feldspatos comuns podem ser considerados soluções sólidas dos três componentes: ortoclásio, albita e anortita.

FÉLSICO Denominação aplicada a minerais, magmas e rochas que contêm porcentagens relativamente baixas em elementos pesados e, consequentemente, mostram-se enriquecidos em elementos leves, tais como silício, oxigênio, alumínio e potás-sio. Os minerais félsicos são comumente claros e possuem peso específico inferior a 3, sendo os mais comuns o quartzo, a muscovita e o ortoclásio.

FENOCRISTAL São os cristais que se destacam pelo seu grande tamanho em relação aos demais constituintes de uma rocha ígnea.

FERROMAGNESIANO Diz-se dos minerais de cor escura, constituintes das rochas, que contêm ferro e magnésio em suas moléculas. (Sin.: máfico)

FILÃO Zona de fissuras aproximadamente paralelas, espaçadas e preenchidas por minério e rocha parcialmente substituída.

FILITO Rocha metamórfica de granulação muito fina, intermediária entre o micaxisto e a ardósia, constituída de minerais micáceos, clorita e quartzo, apresentando forte foliação. Tem comumente aspecto sedoso devido à sericita. Origina-se por metamorfismo dinâmico e recristalização de material argiloso.

FISSILIDADE Propriedade das rochas de se separar facilmente ao longo de planos paralelos com pequeno espaçamento entre si.

FLUIDIZAÇÃO Processo pelo qual um fluxo de gases, passando por um depósito ou camada de partículas finas, mistura-se a elas, arrastando-as e promovendo sua fluxão como líquido, bem como facilitando reações químicas no interior desta mistura. É um fenômeno comum em erupções vulcânicas.

FLUXO LAMINAR Tipo de fluxo em que as partículas de fluido deslocam-se em camadas paralelas lisas, ou seja, as linhas de fluxo não se entrecortam. As perdas de carga são proporcionais às velocidades (linearmente); as forças de resistência principais são as viscosas. É o fluido típico das águas subterrâneas.

FOLHELHO (*Shale*) Rocha sedimentar laminada, de aspecto foliado, de granulação fina, na qual as superfícies de acamamento são de fácil separação. Formada pela consolidação de camadas de lama, argila ou silte. Composta principalmente de minerais argilosos, com quartzo e mica. Caracteriza-se por uma estrutura laminar fina.

FOLHELHO BETUMINOSO (*Oil shale*) Rocha de granulação fina, normalmente laminada, contendo matéria orgânica, na qual quantidades apreciáveis de petróleo podem ser extraídas por aquecimento. A maior parte do conteúdo orgânico desses folhelhos encontra-se na forma de querogênio.

FOLHELHO OLEÍGENO Folhelho que apresenta um teor de matéria orgânica superior a 10 %.

FONTE MINERAL Fonte em que a salinidade, sem contar $Ca(HCO_3)_2$, é superior a um grama por litro. Aqui se incluem as fontes radioativas e as medicinais.

FONTE TERMAL Fonte cujas águas apresentam temperatura distintamente superior à temperatura média anual local.

FORMAÇÃO (*Formation*) Unidade litogenética fundamental na classificação local das rochas. A sua individualização é geralmente determinada por modificações litológicas, quebras na continuidade de sedimentação, ou outras evidências. A formação é uma unidade genética, que representa um intervalo de tempo e pode ser composta de materiais de fontes diversas e incluir interrupções pequenas na sequência.

FOSSA OCEÂNICA Maior depressão da superfície terrestre, situada entre a placa subductante e a placa superior. O preenchimento sedimentar depende da velocidade de suprimento de detritos, existindo situações de fossas sem assoreamento, enquanto outras estão quase atulhadas por sedimentos hemipelágicos e depósitos de correntes de turbidez.

FÓSSIL Resto ou vestígio de animal ou planta que existiu em épocas anteriores à atual. Presta-se ao estudo da vida no passado, da paleogeografia e do paleoclima, sendo utilizado ainda na datação e correlação das camadas que os contêm.

FRAÇÃO MOLAR Relação do número de mols de um componente de uma mistura com o número total de mols de todos os componentes da mesma.

FRATURA (Geologia Estrutural) Descontinuidade que aparece isoladamente em uma massa rochosa, não correspondendo, portanto, nem a uma junta nem a uma falha.

FRENTE FRIA Frente formada quando a superfície frontal se move em direção a uma massa de ar mais quente devido a maior intensidade de ação da massa fria. A substituição do ar quente pelo ar frio provoca mudanças rápidas na direção e intensidade dos ventos, que, geralmente, são acompanhadas de aguaceiros fortes, porém de curta duração. Em um mapa do tempo, a posição na superfície é representada por uma linha com triângulos ou dentes estendidos para o ar mais quente. Existem grandes diferenças de temperatura em qualquer lado da frente. Também existe uma troca de vento do sudeste adiante da frente fria para nordeste atrás dela. A troca de vento é causada por um cavado de pressão baixa.

FUMAROLA Emanação de gases vulcânicos, com temperaturas compreendidas entre 8000 °C e 2500 °C, contendo H_2O, SO_2 e HCl, e que produzem depósitos principalmente de $NaCl$, Fe_2O_3 e $FeCl_3$.

FUNDO OCEÂNICO Região dos oceanos situada abaixo da linha média da baixa-mar e constituída por duas unidades maiores: margem continental e fundo oceânico.

G

GABRO Rocha plutônica básica, granular, essencialmente constituída por plagioclásio cálcico e augita. Possui coloração escura.

GALENA Mineral que cristaliza no sistema isométrico, classe hexaoctaédrica, composição PbS, brilho metálico reluzente e cor cinza do chumbo. Pode conter pequenas quantidades de zinco, cádmio, antimônio, bismuto e cobre, sendo que o enxofre pode ser substituído pelo selênio, formando uma série completa PbS-PbSe. Pela oxidação é convertida em anglesita, um sulfato, e em cerussita, um carbonato. É a mais importante fonte de chumbo.

GÊISER Fonte quente que expele água intermitentemente, sob forma de jatos verticais, havendo grande regularidade nos intervalos de repouso, podendo tal intervalo variar desde alguns segundos até mesmo algumas semanas. Ao redor de cada gêiser forma-se geralmente um montículo perfurado por onde escapa o jato de água, sendo este montículo formado geralmente por sílica (opala ou calcedônia) que recebe a denominação genérica de geiserita.

GELEIRA Grande massa de gelo formada nas regiões continentais, onde a precipitação da neve compensa a perda pelo degelo, motivo pelo qual a massa de gelo é conservada. Os dois tipos principais de geleira são as do tipo alpino, ou geleira de vale, e continental, também denominada inlandsis. Um terceiro tipo, intermediário, é o de piemonte.

GELO Água em estado sólido. No gelo continental, podem ser distinguidos: gelo de altitude, formado acima da linha de neve perene, e gelo de latitude, formado nas zonas polares, onde o limite das neves atinge nível igual ou próximo a zero. O gelo marinho forma-se em altas latitudes, por congelamento da água do mar, não excedendo poucos metros de espessura, podendo, contudo, ter larga distribuição.

GEMA (Mineralogia) Substância natural ou sintética, lapidada, rara, e que devido as suas propriedades de transparência, cor, brilho, dureza e efeitos óticos pode ser utilizada para fins de adorno pessoal. Atualmente, os termos pedra preciosa e semipreciosa encontram-se em desuso.

GEOCLINAL Depressão estreita, longa e acunhada, desenvolvida em margem continental passiva. Caso contenha ou não rochas vulcânicas associadas aos sedimentos, é denominada eugeoclíneo ou miogeoclíneo.

GEOCRONOLOGIA Ramo da geologia que se ocupa da avaliação da idade das rochas e dos eventos geológicos. São utilizados os seguintes métodos: (a) métodos relativos, como a relação estrutural de estratos, seu conteúdo fóssil; (b) métodos absolutos a geológicos, por exemplo, deduções cronológicas da espessura ou resistividade de sedimentos, da salinidade dos mares; (c) físicos, como datações pelos métodos rubídio-estrôncio, potássio-argônio, carbono-14, urânio-chumbo.

GEOLOGIA Ciência que estuda a história da Terra e de sua vida pretérita. Do ponto de vista prático, a Geologia está voltada tanto a indicar os locais favoráveis a encerrarem depósitos minerais úteis ao homem, como também, do ponto de vista social, a fornecer informações que permitam prevenir catástrofes, sejam aquelas inerentes às causas naturais, sejam aquelas atribuídas à ação do homem sobre o meio ambiente. É também empregada direta ou indiretamente nas obras de engenharia, na construção de túneis, barragens, estabilização de encostas etc.

GEOSSINCLINAL (*Geosyncline*) Área subsidente da crosta terrestre (bacia) na qual se acumulam pacotes vulcano-sedimentares com espessuras de milhares de metros; termo proposto por Dana (1873). Com o advento da Tectônica de Placas, os processos associados aos geossinclinais foram interpretados como relacionados à abertura e fechamento de um oceano.

GEOTECTÔNICA (*Geotectonics*) Ciência que estuda a estrutura e a deformação da crosta terrestre, ocupando-se dos movimentos e processos deformativos que se originaram no interior da Terra, procurando definir as leis que governam seu desenvolvimento. (Sin.: tectônica global)

GESTÃO DE RESÍDUOS SÓLIDOS Conjunto de atividades, tal como geração, armazenamento, coleta, transporte, tratamento e disposição final dos resíduos, de acordo com suas características, para a proteção da saúde humana, recursos naturais e meio ambiente.

GIPSITA Mineral que cristaliza no sistema moniclínico, classe prismática, dureza muito baixa, 2 na escala de Mohs, podendo ser riscado com a unha, transparente a translúcido e composição $CaSO_4 2H_2O$. Reduzido a pó fino, pode ser usado como corretivo do solo, embora seja menos solúvel do que o gesso. Quando não calcinado é utilizado como retardador no cimento Portland. Gipso.

GNAISSE Grupo de rochas metamórficas originadas por metamorfismo regional, especialmente de alto grau, de textura orientada, granular, caracterizada pela presença de feldspato, além de outros minerais como quartzo, mica, anfibólio. Rocha muito comum no embasamento cristalino brasileiro.

GONDWANA Supercontinente que, até pelo menos o final da Era Paleozoica, reunia as terras situadas no hemisfério sul. Juntamente com a Laurásia, que reunia as terras do hemisfério norte, compunha originalmente o Pangea.

GRABEN Bloco abatido, relativamente alongado e estreito, limitado por falhas normais. Sua definição original (SUESS, 1885) referia-se à feição geomorfológica muito mais do que à tectônica. (Sin.: fossa tectônica)

GRAFITA Mineral que apresenta a mesma composição do diamante, isto é, C, diferindo profundamente em virtude de cristalizar no sistema hexagonal, classe bipiramidal di-hexagonal, mostrar dureza muito baixa, brilho metálico, cor entre o negro e o cinzento do aço, sendo untosa ao tato.

GRANADA Grupo de minerais que cristalizam no sistema isométrico (cúbico), classe hexaoctaédrica, apresentando fórmula geral $A_3B_2(SiO_4)_3$, em que A pode ser cálcio, magnésio, ferro ferroso, além do manganês bivalente, e B, o alumínio, ferro férrico, titânio ou cromo. Seus principais membros são: piropo, almandina, espessartita, grossulária, andradita e uvarovita. A melanita é uma variedade de coloração negra da andradita.

GRANITO Rocha plutônica, ácida, granular, essencialmente constituída por quartzo e feldspatos alcalinos e, acessoriamente, por biotita, muscovita, piroxênios e anfibólios. Possui coloração clara.

GRANODIORITO Rocha plutônica, ácida, granular, de composição intermediária entre o adamelito e o quartzo diorito, constituída por plagioclásio, quartzo e feldspato potássico; com biotita, hornblenda e, mais raramente, piroxênio.

GRANULAÇÃO Aspecto da textura de uma rocha ligada ao tamanho dos seus componentes. É subdividida em: microcristalina, com grãos não reconhecíveis a olho nu; fina, com tamanhos de até 1 mm; média, de 1-10 mm; grossa, com grãos de 10-30 mm.

GRANULAR (TEXTURA) Textura de rochas em que a maioria dos minerais é aproximadamente equidimensional.

GRANULITO Rocha metamórfica equigranular, sem minerais micáceos ou anfibólios e, portanto, sem xistosidade nítida. Produto de metamorfismo regional do mais alto grau.

GRANULOMETRIA Medição das dimensões dos componentes clásticos de um sedimento ou de um solo. Por extensão, composição de um sedimento quanto ao tamanho dos seus grãos. As medidas se expressam estatisticamente por meio de curvas de frequência, histogramas e curvas cumulativas. O estudo estatístico da distribuição baseia-se em uma escala granulométrica. (Sin.: análise granulométrica, análise mecânica)

GRAU GEOTÉRMICO Aumento da temperatura da Terra por unidade de profundidade. A média aproximada do gradiente geotérmico na crosta terrestre é de 25 °C/km, variando, contudo, em função da natureza da rocha, estrutura geológica e da presença de fontes secundárias de calor. (Sin.: gradiente geotérmico)

GRAUVACA Rocha sedimentar constituída de fragmentos arenosos, geralmente quartzo, e quantidade significativa de material argiloso.

GREDA Rocha calcária com granulometria dos lutitos, formada pela acumulação de microfósseis, sendo que recebe a denominação particular de giz quando apresenta a cor branca.

GRETAS DE CONTRAÇÃO (*Mud cracks*) Feições originadas pela exposição subaérea de sedimentos constituídos por alternância de areia e pelitos, devido à perda de água. Essas estruturas sedimentares servem para indicar topo e base de sequências estratigráficas.

GUANO Substância rica em fosfato, com até mais de 30 % de P_2O_5 e compostos nitrogenados, formada por alteração penecontemporânea de depósitos de excrementos de animais, principalmente aves marinhas e, mais raramente, morcegos. Pode ser usado como fertilizante agrícola.

H

HOT SPOT Ocorrência anômala de vulcanismo no interior ou nos limites de placas litosféricas. (Ver pluma do manto)

I

ICEBERG Grande massa de gelo flutuante que se desprendeu de uma geleira ou de uma capa de gelo e se apresenta com mais de 5 m acima do nível do mar.

ICNOFÓSSIL Designação conferida aos vestígios da atividade vital de antigos organismos, tais como pegadas, pistas e perfurações.

ICTIÓLITOS Denominação aplicada a concreções que encerram peixes fósseis.

ICTIOSSAUROS Répteis marinhos que viveram na Era Mesozoica, muito semelhantes aos peixes no tocante ao formato do corpo. Desprovidos de pescoço, apresentavam uma nadadeira dorsal e uma nadadeira caudal.

IGNIBRITO Rocha ígnea ácida formada por suspensão altamente fluida de fragmentos finos de magma em gases muito quentes. Assemelha-se frequentemente a uma autêntica lava.

IMPACTO PERMANENTE Quando, uma vez executada a ação, os efeitos não cessam de se manifestar em um horizonte temporal conhecido.

IMPERMEÁVEL É uma rocha, sedimento ou solo que não permite a percolação de líquidos ou gases.

INCLINAÇÃO Ângulo formado por uma camada, dique ou fratura com o plano horizontal, tomado perpendicularmente a sua interseção. (Sin.: mergulho)

INCONFORMIDADE Discordância angular ou uma discordância na qual as rochas mais velhas são de origem plutônica. O mesmo que discordância.

INSELBERG Forma residual que apresenta feições variadas, tais como crista, cúpula e domo, cujas encostas mostram declives acentuados, dominando uma superfície de aplanamento superior.

INTEMPERISMO Conjunto de processos atmosféricos e biológicos que causam a alteração, decomposição química, desintegração e modificação das rochas e dos solos. O intemperismo é mais acentuado nas rochas que se formaram em profundidade, sob condições de temperatura e pressão elevadas, e que se encontram em desequilíbrio na superfície terrestre. Há minerais que não são afetados pelo intemperismo, como o quartzo. No entanto, a maioria se decompõe, formando minerais novos, estáveis em condições de superfície, como o caulim. O produto final do processo de alteração das rochas é o solo. (Sin.: meteorização)

INTERDIGITAÇÃO Passagem de um material para outro por meio de uma série de camadas entrelaçadas em forma de cunha.

INTERFORMACIONAL Conglomerado que ocorre dentro de uma formação, cujos constituintes têm origem estranha a ela.

INTERSTÍCIOS Espaços existentes entre as partículas de uma rocha sedimentar ou sedimentos capazes de armazenar água. Podem ser, conforme sua formação, de origem primária ou secundária.

INTRACLASTO Fragmento carbonático, de sedimentação penecontemporânea, que foi erodido e redepositado nas proximidades e incorporado aos calcários mais jovens.

INTRAFORMACIONAL (BRECHA) Brecha formada pela fragmentação de estratos parcialmente litificados e pela incorporação dos fragmentos, sem muito transporte, em camadas novas quase contemporâneas àqueles. Não confundir com conglomerado interformacional. (Ver interformacional)

INTRUSIVA (ROCHA) Nome dado a rochas geralmente de origem ígnea, cujo corpo está introduzido em outras rochas. As rochas plutônicas e hipoabissais são rochas intrusivas. O mesmo que plutônica (rocha).

INVERSÃO TÉRMICA Condição atmosférica na qual uma camada de ar frio é aprisionada por uma camada de ar quente, de modo que a primeira não possa se elevar. As inversões espalham horizontalmente o ar poluído de modo que as substâncias contaminantes não podem se dispersar.

ISÓPACA Linha, em planta, que une pontos de igual espessura de determinada camada.

ISOSTASIA Fenômeno de equilíbrio, por flutuação, das unidades litosféricas sobre a astenosfera. Dois conceitos diferentes do mecanismo de isostasia são a hipótese de Airy, de densidade constante, e a hipótese de Pratt, de espessura constante.

ISOTERMA Curva que liga os pontos de igual temperatura.

ITABIRITO Termo brasileiro significando minério hematítico de alto teor. Atualmente, é aplicado a rochas xistosas com leitos ricos em hematita e leitos de quartzo em proporções variáveis. Do ponto de vista da mineração, pode ser considerado um minério de ferro quartzoso.

ITAIPAVA Rochedo que intercepta um curso de água, atravessando-o de um lado ao outro.

J

JADE Denominação genérica que inclui tanto a nefrita – $Ca_2Mg_5(Si_8O_{22})(OH)_2$ – um anfibólio monoclínico, quanto a jadeíta – $NaAl(Si_2O_6)$ – um piroxênio monoclínico.

JASPE Denominação aplicada ao sílex vermelho ou preto, constituído de quartzo criptocristalino colorido por hematita.

JAZIDA Qualquer massa individualizada, de substância mineral ou fóssil, de valor econômico, que aflora ou existe no interior da Terra.

JAZIDA MINERAL Concentração local de uma ou mais substâncias úteis. Inclui tanto os minerais propriamente ditos, como também quaisquer substâncias naturais, mesmo substâncias fósseis de origem orgânica, como carvão, petróleo etc. A classificação das jazidas minerais baseia-se ou no critério de aproveitamento ou no critério genético, como, por exemplo, jazida magmática, jazida metamórfica, jazida sedimentar etc.

K

KAME Depósito formado nas margens ou nas fendas de uma geleira, por correntes densas ou massas de água de degelo, contendo grande quantidade de material detrítico. É geralmente encontrado na parte anterior dos depósitos glaciais de uma geleira, isto é, no sentido oposto ao movimento do gelo.

KIMBERLITO Rocha ígnea, ultrabásica (MgO: 15 % a 40 %), potássica, rica em voláteis, que ocorre na forma de pipes, diques e soleiras. A textura frequentemente inequigranular mostra olivina em duas gerações. Contém os seguintes minerais primários: flogopita, carbonato (calcita), serpentina, clinopiroxênio (diopsídio), monticelita, apatita, espinélio titanífero, perovskita, cromita e ilmenita. Rocha fonte dos diamantes primários.

L

LA NIÑA Fenômeno oposto ao El Niño, ou seja, um fenômeno que ocorre nas águas do Pacífico equatorial e altera as condições climáticas de algumas regiões do mundo. Se caracteriza pelo resfriamento anômalo da superfície do mar na região equatorial do centro e leste do Pacífico. A pressão na região tende a aumentar e uma das consequências é a ocorrência de ventos alísios mais intensos. Tem duração de aproximadamente de 12 a 18 meses.

LACÓLITO Massa intrusiva que apresenta forma lenticular plano-convexa, lembrando um cogumelo. A rocha situada acima da intrusão mostra-se abaulada em cúpula, enquanto as camadas inferiores continuam na posição original.

LAGOA ANAERÓBIA Lagoa de oxidação em que o processo biológico é predominantemente anaeróbio. Nestas lagoas, a estabilização não conta com o curso do oxigênio dissolvido, de maneira que os organismos existentes têm de remover o oxigênio dos compostos das águas residuárias, a fim de retirar a energia para sobreviverem. Consegue-se maior eficiência colocando uma lagoa anaeróbia seguida de uma aeróbica.

LAGUNA Águas rasas, relativamente quietas, separadas do mar por uma barreira ou restinga. Recebe águas doces e sedimentos dos rios e, ao mesmo tempo, águas salgadas do mar, quando das ingressões das marés. Ambiente faciológico importante, tendo-se em vista a formação das salinas, carvão etc.

LAMINAÇÃO CONVOLUTA Estrutura caracterizada por forte amarrotamento, provocando dobras intrincadas no interior de uma unidade de sedimentação bem definida e não perturbada. Sua amplitude pode variar dentro da unidade, desaparecendo gradativamente para cima e para baixo. É caracterizada por anticlinais estreitos e agudos e sinclinais largos.

LAMINAÇÃO PLANO-PARALELA Laminação formada pela alternância de lâminas paralelas e quase horizontais, distintas entre si por variações na composição e/ou no tamanho dos grãos.

LAMINADO Peça que consiste em chapas ou lâminas de madeira unidas por colas adesivas ou meios mecânicos.

LAMITO (*Mudstone*) Lama endurecida que se assemelha a um argilito, diferindo deste pelo fato de apresentar uma proporção compreendida entre 15 % e 50 % de partículas sílticas. Quando ricas em matéria carbonosa vegetal, muitos lamitos podem mostrar cores cinza ou preta.

LAPA (Geologia) Denominação aplicada ao bloco situado abaixo do plano de uma falha, quando esta é inclinada ou horizontal. Quando a falha é vertical, essa distinção não existe. (Sin.: piso)

LAPILLI Fragmento produzido por erupções vulcânicas de caráter explosivo, com diâmetro compreendido entre 4 mm e 32 mm.

LÁPIS-LAZÚLI Designação comumente utilizada para uma mistura de lazurita – $(Na, Ca)_4(Al\ SiO_4)_3\ (SO_4, S, Cl)$ – com pequenas quantidades de calcita, piroxênio e outros silicatos, além de pirita disseminada.

LATERITA Rocha secundária, formada pelo intemperismo laterítico, em regiões quentes e úmidas tropicais ou subtropicais. O processo consiste em: (a) lixiviação dos elementos alcalinos, alcalinoterrosos e de sílica combinada (dos minerais silicáticos) da rocha matriz; (b) precipitação dos elementos insolúveis, principalmente ferro e alumínio, na forma de óxidos e hidróxidos; e (c) consolidação do material por perda de água dos hidróxidos e com consequente ganho de resistência mecânica. Nos estágios intermediários do processo, formam-se solos avermelhados, ricos em ferro e alumínio na fração argila, denominados solos lateríticos.

LAURÁSIA Um dos dois continentes resultante da fragmentação do supercontinente Pangea, na Era Paleozoica.

LAVA Material fundido expelido por vulcões. Sua solidificação origina rochas efusivas ou vulcânicas, de estrutura porosa, vítrea e textura porfirítica ou afanítica. As lavas de composição ácida possuem maior viscosidade do que as de composição básica.

LEQUE ALUVIAL (*Aluvial fan*) Depósito de sedimentos detríticos grosseiros, mal selecionados, formados no sopé de áreas montanhosas. (Sin.: cone aluvial, cone de dejeção)

LEUCOCRÁTICA (ROCHA) Relativo a rochas ígneas em constituintes claros, com menos de 30 % de minerais máficos. Exemplo: granito.

LIMITE CRETÁCEO-TERCIÁRIO Importante limite estratigráfico na Terra que marca o fim da Era Mesozoica, mais conhecida como a Era dos Dinossauros. O limite é definido por um fenômeno de extinção global que causou o abrupto desaparecimento da maior parte das formas de vida sobre a Terra.

LIMNOLOGIA (1) Ciência que estuda todos os fenômenos físicos, biológicos e hidrológicos pertinentes aos lagos e lagoas em relação ao respectivo meio ambiente. (2) Estudo dos aspectos físico, químico meteorológico e biológico das águas interiores.

LINEAMENTO Feição geológica, geomorfológica, geofísica ou geoquímica, linear, de extensão regional que, supostamente, reflete estruturação crustal. (I: *lineament*)

LINHITO Carvão acastanhado, encontrado em formações Cenozoicas ou Mesozoicas, formado por restos vegetais variados em que se destacam fragmentos lenhosos. Sua densidade situa-se entre 1,1 e 1,3, o teor de carbono varia de 65 % a 75 %, o de água entre 10 % e 30 % e o poder calorífico de 4000 a 6000 calorias.

LITIFICAÇÃO Consolidação de material líquido ou de partículas em rocha sólida. Frequentemente restrito ao caso de consolidação de sedimentos, pelo que se confunde praticamente com diagênese.

LITÓFILOS Elementos químicos que se concentram em fases minerais silicatadas da crosta e do manto.

LITÓLICO Classe de solo que agrupa solos rasos (< 50 cm até o substrato rochoso) e com horizontes na sequência A – C – R.

LITOLOGIA Parte da Geologia que trata do estudo das rochas com relação a sua estrutura, cor, espessura, composição mineral, tamanho dos grãos e outras feições visíveis que comumente individualizam as rochas.

LITOSFERA (*Lithosphere*) Designação antiga referente à parte externa consolidada da Terra, com densidade média de 3,4. A litosfera é constituída de sedimentos, rochas metamórficas e rochas ígneas, cuja espessura média é da ordem de 60 km. A litosfera subdivide-se em dois envoltórios, um superior, descontínuo, rico em sílica e alumina – Sial, que forma os continentes –, e outro subjacente, contínuo, rico em silicatos de magnésio – Sima, que assenta sobre o manto. A espessura da litosfera é maior sob os continentes do que sob os oceanos, e maior sob as cordilheiras do que sob as plataformas continentais.

LODO LÍQUIDO Lodo contendo água suficiente, geralmente mais de 85 %, para permitir escoamento por gravidade ou bombeamento.

LÖESS Depósito sedimentar essencialmente siltoso, inconsolidado, sem estratificação, de natureza eólica, proveniente, na maioria das vezes, de áreas periglaciais ou desérticas e mostrando enorme capacidade de formar encostas verticais.

LOPÓLITO Forma intrusiva de grandes dimensões, lenticular, concordante, comprimida na sua parte central e presente, de modo geral, nas porções inferiores das sinclinais.

LUTITO Rocha sedimentar cuja maioria dos constituintes detríticos mostra dimensões inferiores a 63 mícrons.

M

MÁFICO Minerais ferromagnesianos, de cor escura, constituintes de rochas ígneas.

MAGMA Material em estado de fusão que, por consolidação, dá origem a rochas ígneas. Substâncias pouco voláteis constituem a maior parte do magma e têm ponto de fusão e tensão de vapor elevados. As leis ordinárias da termodinâmica regem a segregação dos minerais constituintes da rocha sólida. Rochas ígneas são derivadas do magma ou pela solidificação e processos relacionados ou pela erupção do magma para a superfície.

MAGMA PARENTAL Magma derivado de outro(s) magma(s) que já desapareceu(ram), correspondendo, em uma suíte magmática, a fácies cuja composição mineralógica e química é a mais primitiva.

MAGMÁTICA (ROCHA) Nome dado a qualquer tipo de rocha que provém da solidificação de massas líticas em fusão denominadas magmas. (Sin.: ígnea)

MAGNETITA Mineral que cristaliza no sistema isométrico, classe hexaoctaédrica, apresentando-se comumente em cristais de hábito octaédrico, na cor preta do ferro. Mostra composição Fe_3O_4, sendo que por ser fortemente magnética, comporta-se como um ímã natural. É um dos mais importantes minérios de ferro.

MALAQUITA Mineral supérgeno que cristaliza no sistema monoclínico, classe prismática e com composição $Cu_2CO_3(OH)_2$. Apresenta cor verde-brilhante e formas comumente botrioidais.

MANANCIAL Qualquer corpo de água, superficial ou subterrâneo, utilizado para abastecimento humano, industrial ou animal, ou irrigação.

MANTO (*Mantle*) Região situada entre a crosta e o núcleo terrestre, limitada superiormente pela descontinuidade de Mohorovicic e, inferiormente, pela descontinuidade de Weichert-Gutenberg. A descontinuidade de Mohorovicic situa-se cerca de 35 km abaixo dos continentes e 10 km abaixo dos oceanos, e a de Weichert-Gutenberg cerca de 2900 km abaixo da superfície terrestre.

MANTO DE INTEMPERISMO Material decomposto que forma a parte externa da crosta terrestre, constituído de rocha alterada e/ou solo. (Sin.: regolito, saprolito)

MAPA Representação cartográfica dos fenômenos naturais e humanos de uma área, dentro de um sistema de projeção e em determinada escala, de modo a traduzir com fidelidade suas formas e dimensões. Portanto, qualquer documento cartográfico que represente um tema referente a uma área é um mapa. Pode mostrar detalhes que não são realmente visíveis por si mesmos, como, por exemplo, as fronteiras, a rede de paralelos e meridianos, e outros.

MAPA GEOLÓGICO Mapa sobre o qual as informações geológicas são representadas. Contém observações geológicas feitas no campo ou a partir de fotografias aéreas, registradas mais comumente em mapa topográfico. A distribuição das formações é mostrada por meio de símbolos, contornos ou cores. Os depósitos superficiais podem ou não ser representados separadamente. Dobras, falhas, depósitos minerais etc. são indicados com símbolos apropriados. Podem ser planimétricos ou planialtimétricos.

MARCA DE ONDA (*Ripple marks*) Ondulações produzidas na superfície de camadas sedimentares granulares e incoerentes, originadas por água corrente, ondas ou por ventos. Tais ondulações podem permanecer durante a diagênese até a consolidação da rocha sedimentar e se prestam para determinação do topo e base das camadas.

MARCASSITA Mineral que cristaliza no sistema ortorrômbico, classe bipiramidal, apresentando brilho metálico e cor que vai desde o amarelo do bronze até quase o branco. Composição FeS_2, com os geminados por vezes apresentando grupos sob a forma de crista de galo e de ponta de lança.

MARÉ Elevação e abaixamento periódico das águas nos oceanos e grandes lagos, resultantes da ação gravitacional da Lua e do Sol sobre a Terra.

MARÉ ALTA Altura máxima alcançada durante cada fase de subida da maré.

MARÉ BAIXA Altura mínima alcançada durante cada fase de descida da maré.

MARÉ DE SIZÍGIA Maré de grande amplitude, que ocorre quando o Sol e a Lua estão em sizígia, isto é, quando estão alinhados em relação à Terra e a atração gravitacional entre os dois astros se soma. Ocorre por ocasião da lua nova. Maré de águas vivas.

MARGA Rocha sedimentar constituída por argila e carbonato de cálcio ou magnésio em proporções variadas.

MÁRMORE Rocha metamórfica constituída predominantemente de calcita e/ou dolomita recristalizadas, de granulação fina a grossa, em geral com textura granoblástica.

MARTITA Denominação dada à hematita (Fe_2O_3), quando ocorre como cristais octaédricos ou dodecaédricos, como pseudomorfo sobre magnetita ou pirita.

MATACÃO Fragmento de rocha destacado, transportado ou não, de diâmetro superior a 25 cm, comumente arredondado. As origens são várias: por intemperismo, formando-se *in situ* – matacões de exfoliação; por atividade glacial – matacões glaciais ou erráticos; por trabalho e transporte fluvial; e por ação das vagas no litoral.

MEANDRO Sinuosidade verificada no leito do rio, em sua fase matura ou senil. Por ser baixo o gradiente de fluxo, dá-se a sedimentação e o rio divaga sobre seu próprio depósito. Quando o rio rejuvenesce, por motivo de abaixamento do nível de base, os meandros podem aprofundar-se na rocha do embasamento do depósito anterior por reativação da erosão. Originam-se desse modo os chamados meandros encaixados.

MECÂNICA DOS SOLOS Ciência técnica que, baseada nas leis e princípios da mecânica e da hidráulica, visa o estudo do comportamento quantitativo dos solos, com aplicação na engenharia civil, nos ramos da engenharia de fundações e das obras de terra.

MEDIDAS MITIGADORAS São aquelas destinadas a prevenir impactos negativos ou reduzir sua magnitude. É preferível usar a expressão "medida mitigadora" em vez de "medida corretiva", também muito usada, uma vez que a maioria dos danos ao meio ambiente, quando não podem ser evitados, podem apenas ser mitigados.

MEIA-VIDA Tempo necessário para que uma substância radioativa perca 50 % de sua atividade por desintegração.

MÉLANGE Unidade rochosa de textura caótica formada em regiões de colisão de placas. Existem dois tipos de mélanges: os tectônicos e os sedimentares – olistromos. Ambos localizam-se sempre no espaço entre a fossa e o arco insular, no lado da fossa mais próxima do continente.

MELANOCRÁTICA (ROCHA) Relativo a rochas ígneas de coloração escura, que contêm pelo menos 60 % de minerais máficos. Exemplo: dunito.

MEMBRO (Estratigrafia) Parte integrante de uma formação, apresentando, contudo, características litológicas próprias que permitem distingui-lo das partes adjacentes da formação.

MERGULHO Ângulo que um plano de descontinuidade litológica – plano de estratificação de uma camada, plano de junta, planos delimitantes de um corpo tabular ou dique, plano de falha etc. – forma com o plano horizontal, tomado perpendicularmente a sua interseção – mergulho real. (Sin.: inclinação)

MESOCRÁTICA (ROCHA) Relativo a rochas ígneas que contêm 30-60 % de minerais máficos. Exemplos: diorito, basalto.

MESOPROTEROZOICO A Era Mesoproterozoica se estende de 1600 a 1000 milhões de anos, sendo caracterizada pela ocorrência de extensas faixas de rochas metamórficas separando blocos estáveis mais velhos. Alguns exemplos dessas faixas, de evolução tipicamente longa, são a Província Grenville, na América do Norte, e os cinturões da região central da Austrália. É dividido em três períodos: Calymmiano, Ectasiano e Steniano. Ao longo desses períodos uma sucessão de colisões entre placas e orogêneses foi responsável pela fusão de praticamente todas as áreas continentais em um gigantesco continente chamado de Rodínia. O registro fóssil mesoproterozoico é limitado, constituído basicamente de estromatólitos e bactérias.

MESOSFERA Camada situada na parte superior da estratosfera, em que a temperatura diminui com a altura até alcançar o mínimo de cerca de 900 °C a 80 km. A pressão atmosférica é muito baixa e diminui aproximadamente de 1 mb na base da mesosfera, a 50 km acima do solo, até 0,01 mb na mesopausa, por volta de 90 km acima da superfície terrestre.

MESOZOICO Era do tempo geológico desde o fim da Era Paleozoica (225 milhões de anos atrás) até o início da Era Cenozoica (65 milhões de anos atrás). Compreende os intervalos de tempo, em milhões de anos, definidos pelos Períodos: Cretáceo – 146 a 65; Jurássico – 205 a 146 e Triássico – 245 a 205.

METAMÓRFICA (ROCHA) Rocha proveniente de transformações sofridas por qualquer tipo e natureza de rochas preexistentes que foram submetidas à ação de processos termodinâmicos de origem endógena, os quais produziram novas texturas e novos minerais, que geralmente se apresentam orientados.

METAMORFISMO (*Metamorphism*) Processo pelo qual uma rocha passa por mudanças mineralógicas e estruturais quando submetidas a condições de pressão e temperatura diferentes daquelas em que foi formada, sem o desenvolvimento de uma fase de silicatos em fusão. Os tipos de metamorfismo são: de carga, de contato, dinâmico, regional, termal.

METEORITO Nome genérico das massas de origem cósmica que caem esporadicamente sobre a Terra. Conforme a constituição mineralógica, são ditos: sideritos, litossideritos, siderólitos, aerólitos, tectitos etc.

MÉTODO C14 (Método do radiocarbono) Método de datação radiométrica baseado no decaimento do C14, que é um isótopo radioativo, para o isótopo radiogênico N14, a partir da emissão de radiações β. É utilizado normalmente na datação de ossos, troncos fósseis, conchas etc., para um período máximo de 50.000 anos.

MÉTODO DE DATAÇÃO RADIOMÉTRICA Fundamentado no decaimento do isótopo radioativo de elementos para o isótopo radiogênico correspondente. As idades obtidas são consideradas mínimas, representando os resfriamentos a temperaturas inferiores a suas temperaturas críticas dos minerais analisados. São vários métodos definidos pelos seus elementos isotópicos (K-Ar, Lu-Hf, Pb-a, Pb-Pb, Rb-Sr, Sm-Nd, U-Pb, Ar40-Ar39, ...).

MICRITO Calcário afanítico constituído quase exclusivamente por um mosaico de cristais de calcita interpenetrados com diâmetro compreendido entre 1 e 4 mícrons. É constituinte fundamental do chamado calcário litográfico.

MICROCLIMA Clima local em um espaço muito reduzido ou micro-habitat. Pode-se considerar um microclima, por exemplo, as condições existentes no interior de uma caverna.

MICROCOQUINA Calcário detrítico, fracamente cimentado, constituído principalmente por fragmentos de conchas com dimensões inferiores a 2 mm.

MICRÓLITO Cristal incipiente, extremamente diminuto, mostrando birrefringência.

MILONITO Rocha finamente triturada, laminada e recristalizada, formada por microbrechação e moagem extrema devido a movimentos tectônicos.

MINERAL Elemento ou composto químico formado, em geral, por processos inorgânicos, o qual tem uma composição química definida e ocorre naturalmente na crosta terrestre.

MINERAL-ÍNDICE Mineral neoformado que aparece durante o metamorfismo de sedimentos pelíticos (argilas e folhelhos), em uma sequência definida, segundo o aumento do grau metamórfico. Em muitos terrenos metamórficos, a seguinte sucessão de minerais-índices pode ser observada com o aumento do grau metamórfico: clorita, biotita, granada, almandina, cianita, estaurolita e silimanita.

MINERALIZAÇÃO (1) Processo pelo qual elementos combinados em forma orgânica, provenientes de organismos vivos ou mortos, ou ainda sintéticos, são reconvertidos em formas inorgânicas, para serem úteis ao crescimento das plantas. A mineralização de compostos orgânicos ocorre a partir da oxidação e metabolização por animais vivos, predominantemente microscópicos (ABNT, 1973). (2) Processo edáfico fundamentalmente biológico de transformação de despojos animais e vegetais em substâncias minerais inorgânicas e simples. (Sin.: estabilização)

MINERAL-MINÉRIO Mineral do qual pode ser extraído economicamente um ou mais metais.

MINERALOGIA Ciência que estuda o modo de formação, as propriedades, a ocorrência, as transformações e a utilização dos minerais.

MINERALOIDE Substância amorfa de ocorrência natural.

MINÉRIO Mineral ou associação de minerais que podem, em condições favoráveis, ser trabalhados industrialmente para a extração de um ou mais metais. Por falta de designação adequada, extensivo também aos minerais não metálicos.

MISSISSIPIANO Também conhecido como Carbonífero Inferior, teve duração de aproximadamente 35 milhões de anos, entre 355 e 320 milhões de anos, compreendendo os andares Tournaisiano, Viseano e Serpukhoviano. Durante o Mississipiano, a vida animal, tanto os vertebrados como os invertebrados, consolidou sua posição no meio terrestre. Os continentes Euramérica e Gondwana ocidental se moveram em direção ao norte, provocando a Orogenia Variscana-Herciniana, na Europa. O termo Mississipiano usado pelos geólogos e paleontólogos norte-americanos não obteve aceitação na Europa, onde o termo Carbonífero Inferior prevalece.

MODA Composição mineral real de uma rocha magmática, expressa quantitativamente em porcentagens de peso ou volume dos minerais constituintes. Em geral, difere da norma.

MOLIBDENITA Mineral que cristaliza no sistema hexagonal, classe bipiramidal di-hexagonal, com brilho metálico e cor cinza do chumbo. Untosa ao tato, apresenta composição MoS_2.

MONAZITA Mineral que cristaliza no sistema monoclínico, classe prismática, com composição $(Ce, La, Y, Th)PO_4$, coloração castanho-amarelada a avermelhada, translúcida e brilho resinoso.

MONZONITO Rocha que ocupa posição intermediária entre o sienito e o diorito. Caracteriza-se por quantidades aproximadamente iguais de feldspato potássico e de plagioclásio, nenhum deles constituindo menos de um terço nem mais de dois terços do feldspato total. O quartzo presente geralmente não excede 10 % do volume.

MORENA Denominação aplicada à carga sedimentar transportada por uma geleira e qualificada após sua deposição de acordo com a posição ocupada na geleira, como morena lateral, mediana, interna, basal e terminal.

MOVIMENTO DE BLOCO Consiste no deslocamento, por gravidade, de blocos de rocha, podendo ser: queda de bloco em taludes íngremes, ou seja, queda livre de blocos de rocha com ausência de superfície de movimentação; rolamento de bloco, quando o bloco desloca-se, por perda de apoio, ao longo de uma superfície; e desplacamento de rocha, que consiste no desprendimento de lascas ou placas de rocha de um maciço rochoso.

MOVIMENTO DE MASSA Fenômeno de escorregamento de um maciço (solo ou rocha) em superfície inclinada (talude), devido a várias causas.

MOVIMENTO TECTÔNICO Deslocamento de massa rochosa originado por forças induzidas pela dinâmica interna do planeta que impõe tensão aos maciços rochosos.

MUD FLOW Deslocamento rápido encosta abaixo, devido a chuvas pesadas, de material superficial de granulação fina, em áreas com pouca vegetação, típicas de regiões semiáridas e áridas. *Mud flows* de origem vulcânica são conhecidos como *lahars*.

MURO (Geologia Estrutural) Ver teto.

N

NÃO CONFORMIDADE Tipo de discordância que ocorre entre rochas sedimentares e rochas ígneas ou metamórficas mais antigas, que foram erodidas antes da deposição dos sedimentos sobre elas.

NAPPE (*Overthrust, thrust sheet*) Unidade rochosa tabular deslocada, por grandes distâncias, sobre superfície predominantemente horizontal, por esforços compressionais.

NESOSSILICATOS Silicatos cujos tetraedros de SiO_4 apresentam-se isolados, estando unidos entre si por meio de ligações iônicas, pelos cátions intersticiais.

NÍVEL DE BASE DE UM RIO Ponto limite abaixo do qual a erosão das águas correntes não pode agir, constituindo o nível mais baixo que o rio pode chegar sem prejudicar o escoamento de suas águas. O nível de base de todos os rios é o nível do mar. Qualquer variação no nível de base de um rio acarreta modificações erosivas, ocasionando uma parada ou então uma retomada da erosão.

O

OBSIDIANA Rocha vulcânica vítrea, de fratura conchoidal.

OFFLAP (1) Termo utilizado em sismoestratigrafia, referindo-se, genericamente, ao padrão de reflexão gerado pela progradação dos estratos em águas mais profundas. (2) Em um sentido mais amplo, diz-se da regressão progressiva para *offshore* da terminação mergulho acima das unidades sedimentares contidas em uma mesma sequência deposicional, na qual cada unidade sucessivamente mais jovem deixa exposta uma porção da unidade mais antiga sobre a qual ela repousa.

OLIVINAS Grupo de minerais que cristalizam no sistema ortorrômbico, classe bipiramidal, constituindo uma série completa de solução sólida, que vai da forsterita – $Mg_2(SiO_4)$ – à faialita – $Fe_2(SiO_4)$. As olivinas mais comuns são mais ricas em magnésio do que em ferro. De ocorrência mais rara são a monticellita – $CaMgSiO_4$ –, a tefroita – Mn_2SiO_4 – e a larsenita – $PbZnSiO_4$.

ONCÓLITO Pisólito de origem algálica com dimensões inferiores a 10 cm de diâmetro, que exibe uma série de laminações concêntricas, geralmente irregulares.

ONDAS L Oscilação de grande comprimento de onda, ou completamente sinuosa, que se propaga apenas na crosta da Terra quando as ondas P e S a atingem. Sob essa denominação estão incluídas as ondas Raleigh, que vibram verticalmente na direção de propagação, e as ondas transversas, que vibram horizontalmente. Mostram velocidades variando entre 4,0-4,4 km/s. (Sin.: ondas longas) (Ver terremoto)

ONDAS P Ondas transmitidas por compressão e rarefação, segundo a direção de propagação. Deslocam-se com velocidades de 5,5-13,8 km/s e aumentam de acordo com a profundidade. (Sin.: ondas primárias ou compressionais) (Ver terremoto)

ONDAS SÍSMICAS Perturbações elásticas que se propagam a partir do foco de um terremoto (ou do ponto de tiro em uma prospecção sísmica), em todas as direções.

ÔNIX Variedade de calcedônia estratificada, com as camadas dispostas em faixas retas e paralelas. Mostra uma ampla gama de cores, com exceção da vermelha, alaranjada e marrom, sendo que a preta é a mais apreciada para fins gemológicos.

ONLAP (1) Termo utilizado em sismoestratigrafia, referindo-se ao limite inferior de uma sequência deposicional, quando este se configura em terminação sucessiva, mergulho acima, de estratos – refletores sísmicos – originalmente horizontais, sobre uma superfície discordante inclinada, de natureza deposicional ou erosional. Os estratos podem ser inclinados, desde que a inclinação seja no mesmo sentido e de menor magnitude que a inclinação da superfície discordante. (2) Em um sentido mais abrangente, diz-se do recobrimento caracterizado pelo afinamento regular e progressivo, em direção às margens de uma bacia deposicional, das unidades sedimentares contidas dentro de uma mesma sequência deposicional, no qual o limite de cada unidade é ultrapassado pela unidade seguinte, superposta.

OÓLITOS Pequenas concreções arredondadas, principalmente de carbonatos, encontradas em rochas sedimentares e com diâmetro médio de 0,5 mm-2,0 mm. (Sin.: pisólito)

OPALA Variedade de sílica com composição $SiO_2 \cdot nH_2O$, isto é, com uma quantidade de água variável, amorfa e de coloração muito diversa, como amarela, vermelha, castanha, verde, cinza, branca e azul. Dependendo de suas características, pode ser considerada uma gema. Muitas vezes, mostra um aspecto leitoso denominado opalescência.

ORDOVICIANO Período da Era Paleozoica situado após o Período Cambriano e com duração compreendida aproximadamente entre 505 e 438 milhões de anos, abrangendo os andares – dos mais antigos para os mais novos – Tremadociano, Arenigiano, Llanvirniano, Llandeilano, Caradociano e Ashgilliano.

OROGÊNESE (*Orogeny*) Processo de formação de montanhas, por dobramento, acavalamento e arqueamento. Movimento diastrófico de grandes proporções que provoca a formação de montanhas, acompanhado de dobramentos e fraturamentos.

ORTOCLÁSIO Mineral do grupo dos feldspatos, que cristaliza no sistema monoclínico, classe prismática, podendo apresentar geminados segundo as leis de Carlsbad, Baveno e Manebach. Mostra composição $K(AlSi_3O_8)$ e dureza 6 na escala de Mohs, sendo que, juntamente com a microclina, são conhecidos como feldspatos potássicos.

ORTOCONGLOMERADO Conglomerado que apresenta arcabouço aberto, caracterizado por seixos, areia grossa e um cimen-

316 Glossário Geológico

to químico. Tem a moda principal nos seixos, e a moda menor, nas areias. Representa um produto de deposição em águas muito agitadas. Pode ser dividido em ortoquartzítico e petromítico.

OSMOSE Fenômeno da passagem de um solvente por uma membrana colocada entre duas soluções, no sentido da solução menos concentrada.

OURO Metal nobre que cristaliza no sistema cúbico, com cor amarela, brilho metálico, mostrando-se altamente maleável e dúctil. Presente tanto no estado nativo quanto como teluretos. É bom condutor de calor e eletricidade, sendo que quando finamente dividido pode apresentar cores prata, vermelha e púrpura. Sua fusão ocorre a 1063 °C. Sob o ponto de vista comercial, recebe as denominações de ouro branco, ouro 18 quilates, ouro verde e ouro 24 quilates, sendo este ouro puro (100 % Au). Existe uma série completa de solução sólida entre o Au e a Ag, sendo que quando a Ag está presente em quantidades superiores a 20 %, o mineral é denominado eletrum.

OURO BRANCO Denominação comercial utilizada para indicar uma liga de ouro que contém 75 % de Au, 17 % de Ni, 2,5 % de Cu e 5,5 % de Ni.

OURO VERDE Denominação comercial utilizada para indicar uma liga de ouro que contém 75 % de Au, 22,5 % de Ag, 1,5 % de Ni e 1,0 % de Cu.

P

PARACONGLOMERADO Conglomerado com arcabouço muito fechado, com excesso de matriz sobre megaclastos, sendo, na realidade, lamitos com seixos e calhaus dispersos. Em muitos casos, os seixos formam apenas 10 % da rocha.

PARAGÊNESE Associação de minerais formados pelo mesmo processo genético. Também definida como ordem pela qual os minerais que ocorrem nas rochas, vieiros etc. se desenvolvem associadamente.

PARÁLICO Ambiente de sedimentação situado próximo ao litoral, cujos sedimentos apresentam simultaneamente características marinhas e continentais.

PARASSEQUÊNCIA (Estratigrafia) Sucessão relativamente concordante de camadas ou conjunto de camadas, geneticamente relacionadas, limitada por superfície de inundação marinha.

PEDIMENTO Superfície de erosão plana, levemente inclinada, entalhada no embasamento, geralmente coberta por cascalhos fluviais. Ocorre entre frontes de montanhas ou vales ou fundo de bacias e comumente forma extensas superfícies de embasamento acima das quais os produtos de erosão retirados das frontes de montanhas são transportados para as bacias.

PEDIPLANAÇÃO Processo que leva, em regiões de clima árido a semiárido, ao desenvolvimento de áreas aplainadas ou então de superfícies de aplainamento.

PEDIPLANO Superfície que apresenta topografia plana a suavemente inclinada e dissecada, truncando o substrato rochoso e pavimentado por material alúvio-coluvionar.

PEDOGÊNESE Modo pelo qual o solo se origina, com especial referência aos fatores e processos responsáveis por seu desenvolvimento. Os fatores que regulam os processos de formação do solo são: material de origem, clima, relevo, ação de organismos e o tempo.

PEDOLOGIA Ciência que estuda a origem e o desenvolvimento dos solos. Seu campo de estudo vai desde a superfície do solo até a rocha decomposta.

PEDREGOSIDADE (Pedologia) Proporção relativa de calhaus – material com 20-100 cm de diâmetro – presente na superfície do terreno ou imerso na massa do solo. Variam de não pedregosas até extremamente pedregosas, quando calhaus e matacões ocupam 50-90 % da superfície do terreno ou da massa do solo.

PEGMATITO Rocha ígnea de granulação extremamente grosseira, encontrada, em geral, na forma de diques irregulares, lentes ou veios; originada nos estágios finais da consolidação de magmas. Caracteriza-se pela ocorrência frequente de minerais raros ricos em elementos como lítio, boro, flúor, nióbio, tântalo, urânio e terras-raras.

PELITO Sedimento ou rocha sedimentar formada de partículas finas – silte e argila, ou seja, de granulometria abaixo de 0,06 mm.

PELLET Partícula de dimensões reduzidas (0,03-0,15 mm), ovoide, esférica ou esferoidal, constituída de calcita microcristalina, sem estrutura interna visível.

PENEPLANO Na acepção fundamental, corresponde a uma superfície quase plana, ou levemente inclinada. Supõe-se que se forma pelo trabalho dos rios, ou por planação marinha, ou graças à ação do vento sob condições áridas. Reflete, assim, vários graus de redução a um nível de base, que representa o limite final da peneplanização.

PENSILVANIANO Também denominado Carbonífero Superior, teve duração de aproximadamente 25 milhões de anos, entre 320 e 295 milhões de anos, tornando-se o ponto mais alto da evolução dos anfíbios. Durante este tempo, evoluíram os primeiros répteis, que rapidamente se diversificaram. Durante esta época, os continentes da Laurussia e da Sibéria colidiram para formar a Laurásia; enquanto isso o continente Gondwana se deslocava do sul para o norte. Como resultado da colisão do Gondwana e da Laurásia, formou-se o supercontinente Pangea. Em terra, extensas florestas cobriram grandes áreas equatoriais. As grandes jazidas de carvão são do Carbonífero Superior ou Pensilvaniano.

PERCOLAÇÃO (1) Ato de um fluido passar por um meio poroso. (2) Movimento de penetração da água, no solo e subsolo. Este movimento geralmente é lento e vai dar origem ao lençol freático.

PERFIL DE EQUILÍBRIO Dá-se essa designação ao perfil longitudinal de um rio, que, por erosão ou sedimentação, atingiu um gradiente mínimo necessário ao transporte do material obtenível. Cessa, então, o aprofundamento por erosão. Uma vez atingido o perfil de equilíbrio, o perfil longitudinal do rio não se altera mais, a menos que haja um aumento no volume de água ou rejuvenescimento.

PERIDOTITO Rocha ultramáfica cujo constituinte principal é a olivina, podendo conter outros minerais máficos, tais como piroxênio, anfibólio ou biotita.

PERÍODO Unidade fundamental da escala geológica padrão de tempo.

PERMEABILIDADE Capacidade que possuem os solos e as rochas de permitir o fluxo da água pelos poros ou interstícios – permeabilidade primária, e pelos sistemas de fraturas e planos de estratificação – permeabilidade secundária.

PERMIANO Último período da Era Paleozoica, com duração de aproximadamente 45 milhões de anos, entre 295 e 250 milhões de anos. A separação entre a Era Paleozoica e a Era Mesozoica ocorreu ao final do Permiano, registrando a maior extinção na história da vida da Terra. Esta extinção atingiu muitos grupos de organismos nos mais variados ambientes, mas afetou com maior intensidade principalmente as comunidades marinhas. Alguns grupos sobreviveram à extinção maciça permiana, mantendo-se em números extremamente diminutos, nunca mais alcançando o domínio ecológico de outrora. A geografia global da época indica que o movimento das placas tectônicas tinha produzido o supercontinente conhecido como Pangea. A maior parte da superfície da Terra era ocupada por um único oceano, conhecido como Panthalassa, e um mar menor a leste de Pangea, conhecido como Tethys.

PERMINERALIZAÇÃO Processo por meio do qual ocorre o preenchimento, por substâncias minerais, dos poros de conchas, ossos ou outras porções dos fósseis.

PESO ESPECÍFICO Peso de um solo por unidade de volume.

PETRÓLEO Substância natural encontrada na crosta terrestre, especialmente em camadas sedimentares, sob as formas líquida, gasosa ou sólida. Representa uma complexa mistura de hidrocarbonetos com pequenas quantidades de outras substâncias e que fornece, a partir da destilação, gasolina, nafta, querosene, asfalto, entre outros.

PILLOW LAVA Acumulações de lava de composição, geralmente basáltica e com formas que lembram travesseiros, formadas quando o derrame se processa no oceano ou em outro meio aquoso.

PIRITA Mineral que cristaliza no sistema isométrico, classe diploédrica, mostrando como forma mais comum o cubo, tendo as faces geralmente estriadas. Apresenta usualmente cor amarelo-latão, composição FeS_2, sendo que o níquel pode estar presente em quantidade considerável, dando origem à bravoíta $(Ni, Fe)S_2$.

PIROCLÁSTICA Rocha ígnea extrusiva resultante do extravasamento explosivo de lava devido à ação de gases que ejetam a lava em fragmentos, cinzas ou poeiras.

PIROCLÁSTICO Material rochoso clástico formado por explosões vulcânicas.

PIROXENITO Rocha ultramáfica, de granulação grossa, alotriomórfica, constituída principalmente por piroxênios.

PISÓLITO Partícula arredondada ou elíptica, em geral carbonática, com diâmetro de 2,0-6,0 mm e estruturas concêntricas. A mesma denominação é usada para a rocha calcária composta por tais partículas. (Sin.: oólito)

PLACA CONTINENTAL Espessa crosta subjacente a um continente.

PLACA LITOSFÉRICA (*Lithospheric plate*) Calota quasitabular da litosfera terrestre, dotada de movimento horizontal sobre a superfície do planeta, individualizada lateralmente por zonas de significativa atividade sísmica, de natureza convergente, divergente ou transformante.

PLACA TECTÔNICA Fragmento da litosfera que flutua sobre o manto astenosférico, com movimentos relativos que induzem os diversos regimes tectônicos.

PLAGIOCLÁSIO Grupo de minerais feldspáticos com composição variando entre $NaAlSi_3O_8$ e $CaAl_2Si_2O_8$.

PLANÍCIE DE INUNDAÇÃO Área contígua ao leito fluvial recoberta por água nos períodos de cheia e transbordamento, constituída de camadas sedimentares depositadas durante o regime atual de um rio e que recobrem litologias preexistentes. Ao transbordar, há formação de diques naturais – depósitos que flanqueiam o canal – e depósitos de várzea, constituídos pela fração silte e argila, que se espalham pela planície de inundação. A planície de inundação encontra-se geralmente em um vale, e sua sedimentação, que constitui a fácies fluvial, passa interdigitadamente aos sedimentos da fácies de piemonte em direção aos flancos deste mesmo vale. O mesmo que área de inundação. (Sin.: várzea, planície aluvial)

PLANÍCIE DE MARÉ (*Tidal flat*) Área baixa, plana, situada ao longo da costa ou em estuários e baías, constantemente sob o efeito das marés.

PLANÍCIE DELTAICA Superfície sub-horizontal adjacente à desembocadura da corrente fluvial. Abrange a parte subaérea da estrutura deltaica, onde, em geral, a corrente principal se subdivide em distributários.

PLANO DE ESTRATIFICAÇÃO Superfície real ou virtual que separa os estratos, originada pela mudança seja da granulação do material depositado, da composição mineralógica, da morfometria dos grãos, seja da orientação das partículas. É frequentemente observado pelas diferenças de coloração entre os estratos ou pela facilidade da rocha em se partir segundo essas superfícies. (Sin.: acamamento)

PLANO DE FALHA Superfície ao longo da qual houve o deslocamento relativo dos blocos contíguos, apresentando, em geral, estrias, polimento e vestígios de cisalhamento. Quando o plano é inclinado, o bloco superior separado pela falha é denominado capa, e o inferior chamado de lapa. (Sin.: superfície de falha)

PLATAFORMA (GEOTECTÔNICA) (*Platform*) Amplas regiões da crosta terrestre, estáveis por longos períodos de tempo, que comportam massas consideráveis de sedimentos horizontalizados ou levemente dobrados. As plataformas estão sujeitas a falhamentos com o consequente deslocamento de blocos, bem como podem sofrer variações isostáticas diferenciais. Exemplo: Plataforma Sul-Americana. (Sin.: cráton, embasamento) (Ver cráton)

PLATAFORMA CONTINENTAL Zona que se estende desde a linha de imersão permanente até a profundidade de cerca de 200 m mar adentro. O seu limite oceânico é demarcado pelo talude continental.

PLATINA Metal nobre que cristaliza no sistema isométrico, classe hexaoctaédrica, com densidade 21,45 quando pura e dureza 4,0-4,5, excepcionalmente alta para um metal. Maleável e dúctil, mostra a cor cinzenta do aço, sendo magnética quando rica em ferro. Não é atacada pelos reagentes comuns, sendo solúvel apenas em água régia muito quente.

PLATÔ Áreas mais elevadas do relevo de uma região, com extensões variadas e declividades baixas, circundadas normalmente por escarpas e encostas.

PLUMA DO MANTO Coluna de material onde se concentra calor e que se eleva no interior do manto, sendo que sua ascensão se dá como uma massa plástica. (I: *plume*) (Ver *hot spot*)

PLUTÔNICA (ROCHA) Rocha ígnea, normalmente equigranular, de granulação média a grossa, consolidada em regiões profundas da crosta terrestre (acima de 1600 m). (Sin.: intrusiva)

PLUTONISMO Crença de que todas as rochas da Terra se solidificaram de uma massa original fundida, conforme proposição do escocês James Hutton, um dos fundadores da Geologia e que na época se contrapunha ao Netunismo, defendido por Abraham G. Werner.

POÇO ARTESIANO Poço que atinge um aquífero artesiano ou confinado, no qual o nível da água se eleva acima do nível do solo.

POÇO DE INSPEÇÃO Escavação vertical com até 20 m de profundidade, seção circular ou quadrada, cujas dimensões são suficientes para permitir o acesso de um observador, com o intuito de descrever as paredes, o fundo e coletar amostras.

POÇO PONTEIRA Poço tubular, pouco profundo e apresentando diâmetro pequeno, por volta de duas polegadas, formado por um tubo com terminação em ponta e com seção perfurada em vários locais, que é introduzido no subsolo por um sistema de bate-estacas. É utilizado para a exploração de aquíferos de natureza sedimentar, pouco profundos.

POÇO TUBULAR Poço perfurado por máquina-sonda ou perfuratriz, com diâmetro podendo variar entre duas e 12 polegadas, com a finalidade de recolher água de aquíferos profundos para abastecimento.

PODZOL Classe de solos formados em climas temperados úmidos sob vegetação de coníferas e caracterizados particularmente por apresentar horizonte claro eluvial (E) sobre horizonte B espódico. No Brasil, a maioria desses solos associa-se a materiais arenosos.

PORFIRÍTICA (TEXTURA) Textura de rochas ígneas caracterizada pela presença de grandes cristais (fenocristais) dispersos em uma massa fundamental de granulação fina ou vítrea.

PORFIROBLÁSTICA (TEXTURA) Textura de rochas metamórficas recristalizadas constituídas por grandes cristais (porfiroblastos) dispersos entre cristais de granulação mais fina.

PORFIROBLASTO Cristais de grandes dimensões em rochas metamórficas. Cresceram digerindo, empurrando ou englobando os cristais vizinhos e impondo sua própria forma.

POROSIDADE Relação entre o volume de vazios e o volume total de um solo ou rocha, expressa em porcentagem do volume total.

PRATA Metal nobre que cristaliza no sistema isométrico, classe hexaoctaédrica, brilho metálico, maleável e dúctil, e densidade 10,5 quando pura.

PRÉ-CAMBIANO Divisão do tempo geológico, desde a formação da Terra (cerca de 4,5 bilhões de anos atrás) até o início do Período Cambriano da Era Paleozoica (cerca de 600 milhões de anos atrás). Este intervalo de tempo representa cerca de 90 % da história da Terra. Designação dada à sucessão de rochas anteriores ao Cambriano.

PRINCÍPIO DA SUPERPOSIÇÃO (Estratigrafia) Em uma sucessão de camadas sedimentares, a camada de cima é mais jovem que aquela imediatamente abaixo, desde que não tenha ocorrido nenhuma inversão na posição das mesmas por qualquer processo.

PRISMA DE ACREÇÃO Material da placa subductada que foi incorporado à placa superior, sendo que suas dimensões dependem da duração do processo de subducção, cuja largura pode alcançar centenas de quilômetros.

PROCESSO ENDÓGENO Originado no interior da Terra ou por fatores internos. Aplicado à rocha magmática. Exemplos: metamorfismo, migmatização, alteração hidrotermal.

PROCESSO EXÓGENO Processo atuante exteriormente ou na superfície terrestre. Provocado por energias externas. Exemplos: intemperismo, erosão.

PRODELTA Uma das três províncias de sedimentação que formam os deltas oceânicos, sendo composto por silte e argila marinha, que permanecem sempre submersos e localizados embaixo dos depósitos de frente deltaica.

PROGRADAÇÃO Avanço da linha de praia em direção ao mar, resultando em sedimentação fluvial na região próxima à praia.

Q

QUALIDADE DA ÁGUA Características químicas, físicas e biológicas relacionadas com o seu uso para um fim específico. É definida por sua composição, que resulta das diferentes substâncias lançadas nos cursos superficiais ou, no caso das águas subterrâneas, é função da incorporação pelo contato com os terrenos por onde percola. Cabe ressaltar que nem sempre a água natural é de boa qualidade, sendo comuns os casos de águas naturais tóxicas.

QUARTZITO Rocha metamórfica composta essencialmente de quartzo. Produto de metamorfismo intenso de arenito.

QUARTZO Mineral do grupo da sílica, com composição SiO_2, que se apresenta sob a forma de baixa e alta temperaturas – quartzo alfa e quartzo beta. Possui acentuadas propriedades piezoelétricas e piroelétricas, e uma dureza 7 na escala de Mohs.

QUARTZO-DIORITO Rocha ígnea plutônica, granular, com composição do granodiorito, diferindo deste por uma menor quantidade de quartzo.

QUATERNÁRIO Período mais recente da Era Cenozoica, que se estende desde aproximadamente 1,75 milhão de anos até os dias atuais. É subdividido em Pleistoceno e Holoceno, esta época tendo seu início há aproximadamente 11.000 anos. Uma das características mais marcantes é a ocorrência de sucessivos períodos de glaciação.

QUILATE Unidade de medida utilizada tanto para gemas como para o ouro. No primeiro caso, é uma unidade de massa equivalente a 200 mg ou 100 pontos, enquanto para o ouro é uma medida da porcentagem deste metal em ligas. Desse modo, o ouro puro (100 %) contém 24 quilates; o ouro de 18 quilates significa uma liga com 18:24 ou 750 milésimos de ouro fino e 6:24 ou 250 milésimos de outro metal – cobre, prata, platina.

R

RADIESTESIA Arte mística de utilizar instrumentos, como uma forquilha de metal ou madeira, para localizar água no subsolo.

RECARGA DE AQUÍFEROS Volume de água que efetivamente penetra no aquífero, seja a partir das precipitações pluviométricas, da transferência de outros aquíferos, seja de águas superficiais, que irá compor as reservas de águas subterrâneas.

RECIFE Complexo organogênico de carbonato de cálcio – principalmente corais, que forma uma saliência rochosa no assoalho marinho e geralmente cresce até o limite das marés.

RECIFE DE BARREIRA Recife formado a grandes distâncias da costa, da ordem de vários quilômetros, apresentando-se como uma barreira ou quebra-mar protegendo uma laguna interior, que mostra um fundo relativamente chato e com pouca profundidade.

RECIFE DE FRANJA Recife que se apresenta como uma plataforma de coral, com largura superior a 500 m, construída na borda de uma massa de terra e que se encontra em continuidade com a costa, como pode ser observado por ocasião da maré baixa.

RED BEDS Assembleia de rochas sedimentares caracterizadas pela coloração vermelha, resultado de sua formação em um ambiente altamente oxidante. A coloração é devida mais ao ferro férrico do que ao ferro ferroso.

REG Região desértica coberta por fragmentos de rochas, geralmente heterogêneas, com as partículas menores tendo sido levadas pelo vento, restando os seixos maiores, os quais sofrem os efeitos da abrasão eólica.

REGIÃO BENTÔNICA Divisão do ambiente marinho, correspondente ao fundo oceânico em toda a sua extensão. Divide-se nas zonas litorânea, nerítica, batial, abissal e hadal.

REGIÃO PELÁGICA Divisão do ambiente marinho que compreende todo o corpo de água dos oceanos, sendo dividida de acordo com a profundidade em seis zonas: epipelágica (até a profundidade de 100 m), mesopelágica (100 m a 180 m), infrapelágica (180 m a 500 m), batipelágica (500 m a 2000 m), abissopelágica (2000 m a 6000 m) e hadopelágica, que abrange as águas situadas abaixo dos 6000 m.

REGIÃO PERIGLACIAL Região continental vizinha aos polos, ocupada permanentemente por geleiras, na qual é notada claramente a influência do gelo.

REGOLITO Camada ou manto de material rochoso incoerente, de qualquer origem (transportado ou residual), que recobre a superfície rochosa ou embasamento. Compreende materiais de alterações de rocha em geral. (Sin.: manto de intemperismo)

REJEITO DE FALHA Termo genérico aplicado ao movimento relativo dos dois lados de uma falha, medido em qualquer direção especificada.

RELEVO CÁRSTICO Topografia de regiões de rochas calcárias caracterizada pela dissolução destas rochas por águas superficiais e subterrâneas, com formação de dolinas e cavernas. (Ver carstificação)

REOLOGIA (Rheology) Ciência que estuda o comportamento plástico, elástico, viscoso e de escoamento dos materiais em geral, sob a influência de esforços e de cargas exteriores, interessando-se essencialmente pelos mecanismos de deformação e de ruptura.

REPTAÇÃO Deslocamento lento das partículas de um solo devido às variações de temperatura e umidade, sendo que esta contribui para aumentar a plasticidade do solo. Outro fator que contribui para o deslocamento é o congelamento e o posterior degelo da água contida no solo.

RESERVAS ECOLÓGICAS Considera-se os seguintes locais: (a) pousos das aves de arribação protegidos por convênio, acordos ou tratados assinados pelo Brasil com outras nações; (b) florestas e demais formas de vegetação natural situadas ao longo dos rios ou de qualquer outro corpo de água, em faixa marginal além do leito maior sazonal medida horizontalmente, cuja largura mínima será de cinco metros para rios com menos de 10 m de largura, igual à metade da largura dos corpos de água que meçam de 10 a 200 m e de 100 m para todos os cursos de água cuja largura seja superior a 200 m; (c) ao redor das lagoas, lagos ou reservatórios de água naturais ou artificiais, desde o seu nível mais alto medido horizontalmente, em faixa marginal cuja largura mínima será de 30 m para os que estejam situados em áreas urbanas e de 100 m para os que estejam em áreas rurais, exceto os corpos de água com até 20 ha de superfície, cuja faixa marginal será de 50 metros.

RESTINGA Acumulação arenosa litorânea, paralela à linha da costa, de forma geralmente alongada, produzida por sedimentos transportados pelo mar, em que se encontram associações vegetais mistas características, comumente conhecidas como vegetação de restingas (Resolução CONAMA nº 004:1985). (Ver barreira)

RETROARCO (Backarc) Posição geotectônica posterior (do oceano para o continente) ao arco magmático em zona de convergência de placas litosféricas. Diz-se da bacia ou região situada nessa posição, que, em se tratando de convergência de duas placas oceânicas, constitui-se sítio de tectônica distensiva.

RIFTE (Rift) (1) Fossa continental longa e estreita, bordejada por falhas normais. (2) Gráben de extensão regional. (3) Grande falha transcorrente paralela às estruturas regionais na crosta terrestre.

RIFTE CONTINENTAL (Rift valley) Vale tectônico limitado por falhas, que varia de 30 km a 75 km em largura e com poucas dezenas até milhares de quilômetros em comprimento. Mostra uma fina crosta, com cerca de 20-30 km de espessura, sendo tal afinamento devido à abertura do rifte, permitindo com isso o aparecimento, por vezes, de crosta oceânica em sua porção central.

RIOLITO Rocha ígnea vulcânica, geralmente porfirítica, exibindo textura fluidal, constituída de quartzo e feldspato alcalino em uma massa fundamental vítrea. É a equivalente extrusiva do granito.

RIPPLE MARKS Ondulações visíveis à superfície das camadas sedimentares, originadas por águas correntes, ondas ou ventos.

RITMITO Sedimento constituído por dois ou mais tipos litológicos, que se repetem inúmeras vezes.

ROCHA Agregado natural formado de um ou mais minerais, que constitui parte essencial da crosta terrestre e é claramente individualizado. Não é necessário que seja consolidado, como, por exemplo, areias, argilas etc., desde que representem corpos independentes. De acordo com sua origem, distinguem-se rochas magmáticas ou ígneas, rochas sedimentares e rochas metamórficas. As diversas unidades são definidas pelos seus atributos de origem, composição mineralógica e textura.

ROCHA SEDIMENTAR Rocha composta de material erodido de um terreno preexistente e transportado ao seu lugar de acumulação, onde, então, é depositado. É chamada de rocha clástica quando composta por fragmentos transportados pela água, vento e gelo (exemplos: conglomerado, arenito e folhelho); química quando formada por precipitação de soluções (exemplos: gipsita e halita); e organógena quando formada por restos e secreções de plantas e animais (exemplos: carvão e calcário de origem orgânica).

RODÍNIA Denominação aplicada ao conjunto de terras reunidas em um único continente, no decorrer do Proterozoico, e que começou a ser fragmentado por volta de 750 milhões de anos. Uma de suas porções deu origem ao continente Laurentia.

RODOLITA Denominação aplicada a uma granada de coloração púrpura ou vermelho-róseo-pálido, sendo constituída de duas partes de piropo e uma de almandina.

RUBI Variedade de coríndon (Al_2O_3) que se apresenta com cor vermelho-intenso, devido à substituição do alumínio pelo cromo.

RUDÁCEO Termo usado para indicar sedimentos de granulação grossa, superior à da areia (2,0 mm). (Sin.: psefítico)

RUDITO Rocha sedimentar consolidada, formada por clastos grosseiros, cuja granulometria é superior à da areia (> 2,0 mm). Incluem conglomerados e brechas.

RÚPTIL (*Brittle*) Comportamento pelo qual a rocha fratura a baixas taxas de deformação – menos que 5 %. (Sin.: frágil)

S

SABKHA Depressão pequena e rasa, presente em ambiente desértico, produzida por deflação. Pode conter água, formando, assim, lagos efêmeros.

SAFIRA Variedade de cor azul do coríndon (Al_2O_3) devido à presença de cobalto, cromo e titânio, cristalizando no sistema hexagonal-R, classe escalenoédrica.

SAIBRO Material proveniente da decomposição química e desagregação mecânica incompleta de rochas claras, principalmente granitos e gnaisses, conservando vestígios da estrutura original.

SAL-GEMA Denominação utilizada comumente para indicar a halita (NaCl), mineral que cristaliza no sistema isométrico, classe hexaoctaédrica, e que se apresenta em cristais ou como massas cristalinas granulares. Incolor a branca, exibe, quando impura, tonalidades de amarelo, vermelho, azul e púrpura.

SALITRE Denominação utilizada para o nitrato de potássio (KNO_3), mineral que cristaliza no sistema ortorrômbico, classe bipiramidal, apresentando-se comumente como incrustações delgadas ou sob a forma de cristais aciculares sedosos. Caracterizado por seu gosto refrescante, distinguindo-se do salitre do Chile pela reação do potássio e por não ser deliquescente.

SAMBAQUI Denominação utilizada para o acúmulo de moluscos marinhos, fluviais ou terrestres, feito pelos índios. Nesse jazigo de conchas são encontrados, normalmente, ossos humanos, objetos líticos e peças de cerâmica. Os sambaquis são monumentos arqueológicos. (Sin.: casqueiro, concheiro)

SAPROLITO Manto de alteração constituído essencialmente de uma mistura de minerais secundários e primários derivados de rochas pela ação do intemperismo químico e que mantém vestígios da estrutura original da rocha, sendo reconhecido como um produto de alteração da rocha *in situ*, denominado horizonte C.

SAPROPEL Sedimento depositado em lago, estuário ou mar, consistindo principalmente em restos orgânicos derivados de plantas ou animais aquáticos. Forma-se pela ausência de decomposição intensa e por destilação a seco de matéria graxosa, sob pressão e temperatura elevadas. Por diagênese, o sapropel passa a sapropelito.

SCHEELITA Denominação utilizada para indicar o volframato (tungstato) de cálcio ($CaWO_4$) que cristaliza no sistema tetra-gonal, classe bipiramidal, apresentando uma densidade bastante elevada (5,9-6,1) para um mineral de brilho não metálico. Mostra brilho vítreo a adamantino e cor branca, amarela, verde e castanha.

SEDIMENTAÇÃO Processo de deposição pela gravidade, de material suspenso, levado pela água, vento, água residuária ou outros líquidos. Processo de formação ou acumulação de sedimentos em camadas. Inclui-se, neste processo, a separação (desagregação) das partículas, bem como a dissolução dos elementos solúveis da rocha matriz e o transporte desses materiais até o local de deposição. (Sin.: decantação ou clarificação)

SEDIMENTO (1) Material sólido, mineral ou orgânico, transportado ou que se moveu de sua área fonte por agentes transportadores – água, vento, geleiras – e depositado sobre a superfície terrestre, acima ou abaixo do nível do mar. (2) Depósito superficial formado por materiais transportados por uma corrente de água ou ar.

SEDIMENTO FLUVIOGLACIAL Sedimento estratificado produzido pelas correntes de água de degelo. No caso das calotas glaciais, tais correntes podem fluir sobre ou sob o gelo, no interior do mesmo e das margens das geleiras para a região fronteiriça.

SEDIMENTOLOGIA Ramo das ciências geológicas dedicado ao estudo das rochas sedimentares ou sedimentitos, que se originam da consolidação de sedimentos. O estudo destas rochas permite a dedução da maioria dos detalhes relativos à história do passado geológico da Terra.

SEIXO Fragmentos arredondados de rocha e/ou mineral, com diâmetro compreendido entre 4,0 mm e 64,0 mm na escala de Wentworth. (Sin.: cascalho)

SEQUÊNCIA DEPOSICIONAL Sucessão relativamente conforme de estratos geneticamente relacionados, limitados por discordância ou suas concordâncias correlativas. Implica que a sedimentação se processa em episódios de duração variável, mas discretos no tempo, intercalados por períodos de erosão, não deposição ou sedimentação passiva.

SERICITA Mineral do grupo das micas. Variedade microcristalina da muscovita, ligeiramente mais hidratada.

SERICITIZAÇÃO Formação de sericita a partir dos minerais de uma rocha, em geral feldspatos. Pode dar-se por alteração deutérica e por meteorização.

SERPENTINA Grupo de minerais secundários formados a partir da alteração de silicatos de magnésio primários, especialmente olivina.

SIAL Camada externa da crosta terrestre de até 50 km de espessura, constituída principalmente de silício e alumínio, representada pelas rochas de constituição granítica. Sua densidade é de 2,7. O contato com o Sima subjacente varia de 50 km, sob os continentes, a praticamente zero, sob o Oceano Pacífico.

SIENITO Rocha plutônica, granular, essencialmente constituída de feldspatos alcalinos, tendo como acessórios minerais ferromagnesianos.

SÍLEX Rocha constituída principalmente por quartzo micro ou criptocristalino, contendo raras impurezas, como argila, calcita ou hematita, porém nunca ultrapassando 10 %.

SILEXITO Rocha sedimentar silicosa, compacta, de granulação muito fina, de diversas origens, principalmente química ou bioquímica.

SÍLICA Família de tectossilicatos, constituída por tetraedros de SiO_2, cujos polimorfos são distribuídos em três categorias estruturais: o quartzo, a tridimita e a cristobalita.

SILL Ocorrência de uma rocha ígnea intrusiva que se aloja paralelamente às estruturas principais da rocha encaixante ou hospedeira, possuindo geralmente o aspecto de camada. (Sin.: soleira)

SILTE Sedimento clástico inconsolidado, composto essencialmente de pequenas partículas de minerais diversos ou, parte de um solo, de granulometria entre 0,06 mm e 0,002 mm (Wentworth e Massachusetts Institute of Tecnology – MIT) e entre 0,05 mm e 0,005 mm (ABNT).

SILTITO Rocha sedimentar detrítica proveniente da litificação de sedimentos com granulometria de silte.

SILURIANO Período da Era Paleozoica situado logo após o Período Ordoviciano e abrangendo o espaço de tempo compreendido entre 435 e 410 milhões de anos. Os recifes de corais fizeram sua primeira aparição durante este período, sendo também um período importante na evolução dos peixes.

SILVITA Sal de potássio que cristaliza no sistema isométrico, classe hexaoctaédrica, apresentando composição KCl. Usualmente, ocorre em massas cristalinas, granulares e com clivagem cúbica. Solubiliza-se rapidamente na água, permanecendo em solução após a precipitação de diversos outros sais, já que é um dos últimos a se precipitar.

SIMA Camada inferida subjacente ao Sial a cerca de 50 km de profundidade, sob as massas continentais, de constituição basáltica.

SINCLINAL (*Syncline*) Estruturas de camadas dobradas nas quais as camadas de idade mais recente estão no núcleo; ou forma adquirida pela dobra quando as camadas mais jovens estão mais próximas do centro de encurvamento.

SINCLINÓRIO Sinclinal largo, regional, no qual ocorrem dobras superimpostas menores.

SINÉCLISE Estrutura deprimida ou negativa de uma plataforma, geralmente isométrica em planta, produzida por lenta subsidência durante o curso de vários períodos geológicos. Apresenta flancos pouco inclinados e bastante amplos, de extensão regional (centenas a milhares de quilômetros quadrados). Em geral, comporta espesso pacote de camadas sedimentares.

SISTEMA DEPOSICIONAL Unidade tridimensional constituída por uma associação de fácies específica, gerada por processos atuantes nos ambientes de uma mesma província fisiográfica ou geomorfológica. Um grupo de sistemas deposicionais contemporâneos é denominado trato de sistemas.

SKOLITO Denominação aplicada a escavações em forma de tubos verticais, que foram possivelmente habitados por vermes comedores de suspensão. É um icnofóssil comum em arenitos antigos depositados em águas marinhas rasas.

SLUMP Movimento ao longo de um plano de cisalhamento, no qual a deformação interna da massa é mínima. Caso o material da borda do talude seja constituído de lama, uma parte do peso das partículas é sustentada pela água que fica retida no sedimento, a qual não tem tempo de ser expulsa quando o acúmulo de sedimento é contínuo, criando um excesso de pressão fluida que pode exceder à estabilidade da massa de lama, fazendo-a liquefazer-se e deslizar pelo talude.

SODALITA Mineral da família dos feldspatoides que cristaliza no sistema isométrico, classe hexatetraédrica, apresentando comumente cor azul e composição $Na_4(AlSiO_4)_3Cl$.

SOLFATARA Emanação de gases vulcânicos, constituídos predominantemente por vapor de água e escassas quantidades de CO_2 e H_2S, com temperaturas compreendidas entre 2500 °C e 900 °C. Produz depósitos de S, FeS_2, NH_4Cl e H_3BO_3.

SOLO (1) Produto do intemperismo físico e químico das rochas, situado na parte superficial do manto de intemperismo. Constitui-se de material rochoso desintegrado e decomposto. (2) (Pedologia) Todo material natural constituído de camadas ou horizontes de compostos minerais e/ou orgânicos com variadas espessuras, diferindo do material original por propriedades morfológicas, físicas, químicas e mineralógicas e por características biológicas. (3) (Mecânica dos Solos) Todo material terroso encontrado na superfície da crosta, de origem orgânica ou inorgânica, que é escavável por meio de qualquer equipamento (pá, picareta etc.) ou de fácil desagregação pelo manuseio ou ação da água.

SOLO ORGÂNICO Solo constituído por produtos de alteração de rochas misturados com materiais vegetais decompostos. Considera-se solo orgânico quando apresenta mais de 20 % de matéria orgânica, isto é, mais de 11,5 % de carbono total.

SOLSTÍCIO Cada um dos pontos da órbita aparente do Sol, nos quais este alcança o seu máximo valor em declinação, sendo denominados solstício de verão e solstício de inverno.

SOTA-VENTO Face de qualquer elemento geográfico que se encontra voltada para o lado oposto que sopra o vento.

STOCK Massa eruptiva subjacente, de tamanho inferior ao de um batólito. Termo usado para massas com mais de 100 km².

SUBDUCÇÃO (ZONA DE) (*Subduction*) Cinturão estreito e longo, no qual a subducção ocorre. (a) Zona de subducção do tipo A – denominada em homenagem a O. Ampferer – refere-se ao processo que supostamente ocorre no flanco continental dos cinturões orogênicos (megassuturas). (b) Zona de subducção do tipo B – denominada em homenagem a H. Benioff – refere-se ao processo que supostamente ocorre no flanco oceânico da convergência de placas litosféricas – megassuturas.

SUBSEQUENTE Rio cujo curso se desenvolve ao longo de uma linha de fraqueza, que pode ser uma fratura, uma discordância, um contato entre litotipos etc., apresentando, portanto, controle estratigráfico ou estrutural.

SUBSIDÊNCIA (*Subsidence*) (1) Afundamento de uma região na crosta terrestre em relação às áreas vizinhas. (2) Deformação ou deslocamento de direção essencialmente vertical, decorrente de afundamentos de terrenos. Pode ser causada por: carstificação; acomodação de camadas do substrato; pequenas movimentações segundo planos de falhas; pela ação humana – bombeamento de águas subterrâneas, recalques por peso de estruturas, trabalhos de mineração subterrânea e explotação de depósitos petrolíferos; combustão da turfa presente no substrato; ou provocada por solos colapsíveis.

SUTURA Linha ou marca de abertura. O mesmo que superfície de ruptura.

T

TALCO Mineral que cristaliza no sistema monoclínico, classe prismática e composição $Mg_3(Si_4O_{10})(OH)_2$. Apresenta dureza

1 na escala de Mohs, mostrando brilho nacarado a gorduroso, cor verde-maçã, cinza ou branca, sendo untoso ao tato.

TALUDE Superfície inclinada do terreno na base de um morro ou de uma encosta de vale onde se encontra um depósito de detritos. O termo é topográfico e utilizado muitas vezes em geomorfologia. Quando seguido de um qualitativo, adquire uma conotação genética, tal como talude estrutural, talude de erosão, talude de acumulação etc.

TALUDE CONTINENTAL Porção integrante da margem continental, situado entre a plataforma continental e o sopé continental. Nas costas onde não se configura, o talude passa diretamente à planície abissal ou fundo oceânico. Sua inclinação é maior que a da plataforma e a do sopé.

TÁLUS Depósito inconsolidado, geralmente em forma de leque, na superfície do terreno e em sopé de elevações abruptas, constituído por fragmentos grosseiros de rocha, de diversos tamanhos e forma angulosa.

TALVEGUE Linha que passa pela parte mais profunda de um vale.

TANTALITA Mineral que cristaliza no sistema ortorrômbico, classe bipiramidal, composição $(Fe, Mn)Ta_2O_6$, cor preta do ferro e densidade 5,2 a 7,9, variando de acordo com o aumento da porcentagem de óxido de tântalo presente. Constitui uma série isomorfa contínua com a columbita, que apresenta composição $(Fe, Mn)Nb_2O_6$.

TECTOFÁCIES Soma das características tectônicas primárias de um depósito ou o aspecto tectônico de uma unidade estratigráfica.

TECTOGÊNESE Processos pelos quais as rochas são deformadas. Refere-se especificamente à formação de dobras, falhas, juntas e clivagem.

TECTÔNICA Estudo dos movimentos contínuos e descontínuos da crosta terrestre devido a esforços de tensões e deformações. O termo geotectônica normalmente se refere à tectônica de grandes áreas.

TECTÔNICA DE PLACAS (*Plate tectonics*) Teoria de tectônica global pela qual a litosfera é dividida em placas torsionalmente rígidas, cuja interação dá origem a zonas de atividade sísmica, tectônica e vulcânica. Por esta teoria, a Terra compor-se-ia de 12 placas principais e dezenas de outras menores subordinadas. Processo pelo qual a Terra dissipa o calor gerado em seu interior.

TECTONISMO Instabilidade crustal. O comportamento estrutural de um elemento na crosta durante, ou entre, os principais ciclos de sedimentação.

TECTOSSILICATOS Silicatos cujas estruturas apresentam todos os íons de oxigênio da cada tetraedro SiO_4, compartilhados com os tetraedros vizinhos.

TEMPESTITO Depósito sedimentar de tempestade, mostrando evidências de violenta perturbação dos sedimentos preexistentes, seguida de sua rápida redeposição em ambiente marinho de águas rasas.

TEMPO GEOLÓGICO Escala temporal dos eventos da história da Terra, ordenados em ordem cronológica. Baseada nos princípios de superposição das camadas litológicas (mais antigas sobrepostas pelas mais jovens) e sucessão da fauna (algumas espécies viveram em um determinado período do tempo), foi concebida uma escala de tempo relativa. Posteriormente, com o advento das técnicas de datação radiomé-

tricas, foi desenvolvida uma escala de tempo absoluta para os períodos geológicos.

TENACIDADE Resistência que um mineral oferece ao ser rompido, esmagado, curvado ou rasgado, representando sua coesão.

TERCIÁRIO Denominação atualmente em desuso e anteriormente utilizada para indicar o período mais antigo da Era Cenozoica, a qual se estende desde 65 milhões de anos até os nossos dias. Modernamente foi substituído pelos períodos Paleógeno, incluindo as épocas referidas como Paleoceno, Eoceno e Oligoceno, e Neógeno, que se encerrou há aproximadamente 1,75 milhão de anos, e constituído pelas épocas denominadas Mioceno e Plioceno.

TERREMOTO Vibração ou tremor da crosta terrestre. Pode ser registrado por meio de aparelhos denominados sismógrafos. As vibrações fracas, registráveis apenas por instrumentos sensíveis, denominam-se microssismos. A fonte das ondas vibratórias é denominada foco ou hipocentro; o ponto da superfície localizado diretamente sobre o foco denomina-se epicentro.

TETO (Geologia Estrutural) Bloco rochoso situado acima do plano de falha, quando este é inclinado. Quando a falha é vertical, esta distinção não existe. (Sin.: capa ou muro) (Mineração) Superfície limitante de uma jazida, situada entre o corpo mineralizado e a lapa.

TEXTURA AFANÍTICA Textura muito fina de uma rocha, em que os minerais não são distinguidos a olho nu. O mesmo que afanítica (textura).

TEXTURA CATACLÁSTICA Textura encontrada em rochas metamórficas nas quais os minerais foram quebrados, esmagados e planificados durante a deformação. (Sin.: textura milonítica)

TILITO Rocha sedimentar detrítica de origem glacial, caracterizada por uma matriz argilosa ou siltosa, com blocos estriados de rochas de diferentes origens.

TITANITA Mineral que cristaliza no sistema monoclínico, com cores cinza, castanha, verde, amarela e preta, e composição $CaTiO(SiO_4)$. Mostra comumente brilho intenso e cristais configurados em cunha. Usualmente, o ferro encontra-se presente em pequenas quantidades. (Sin.: esfeno)

TOPÁZIO Mineral que apresenta composição $Al_2(SiO_4)(F,OH)_2$ e cristaliza no sistema ortorrômbico, classe bipiramidal, com dureza extremamente elevada, 8 na escala de Mohs, brilho vítreo e coloração variada: incolor, amarelo-palha, rósea, amarelo-vinho, azulada e esverdeada. As faces do prisma mostram-se frequentemente estriadas. É utilizado como gema.

TOPLAP Termo utilizado em sismoestratigrafia, referindo-se ao limite superior de uma sequência deposicional, quando este se configura em terminação sucessiva de estratos – refletores sísmicos – em direção *offshore*, contra uma superfície superposta. É resultado de um hiato não deposicional refletindo uma zona de *bypass*, acompanhado ou não de pequena erosão.

TORNADO Denominação aplicada a uma coluna giratória e violenta de ar que se estende para baixo de uma nuvem cumulonimbus. Sempre começa com a nuvem em forma de funil, sendo que somente é chamado de tornado quando toca a superfície da Terra. A maioria de tornados gira em sentido ciclônico quando observados de cima, mas alguns podem girar em sentido anticiclônico. São visíveis em virtude da poeira e sujeira levantadas do solo e pelo vapor de água condensada.

TRAP Designação antiga dada na Suécia a rochas efusivas basálticas que formam, frequentemente, uma morfologia em escadas, como acontece nos derrames basálticos do Brasil Meridional.

TRAQUITO Rocha vulcânica, geralmente porfirítica, constituída por feldspato alcalino, minerais máficos e pequena quantidade de plagioclásio sódico. Equivalente extrusivo do sienito.

TRAVERTINO Calcário poroso celular, formado por fontes ricas em cálcio. Nome genérico atribuído a todas as formas de deposição ou acumulação mineral encontradas nas cavernas, como estalactites – pendentes do teto; estalagmites – assentadas no soalho; colunas, pilares, cortinas etc. (Sin.: tufo calcário)

TRIÁSSICO Período que inicia a Era Mesozoica, com duração compreendida aproximadamente entre 250 e 203 milhões de anos. É subdivido em Inferior – com os andares Induano e Olenekiano –, Médio – com os andares Anisiano e Ladiniano – e Superior – com os andares Carniano, Noriano e Rhaetiano. No início do Período Triássico, praticamente todos os continentes estavam aglomerados em um supercontinente chamado Pangea. Esse grande e único continente era circundado por um vasto oceano, denominado Panthalassa, correspondente ao atual Oceano Pacífico; por um pequeno mar a leste chamado Tethys, correspondente ao atual Mar Mediterrâneo; e por um proto-Oceano Ártico, a norte.

TRILOBITA Artrópode marinho que viveu na Era Paleozoica, extinto ao final do Permiano. O corpo apresentava-se dividido em três partes: céfalo, tórax e pigídio, sendo que as duas últimas eram constituídas de somitos trilobados, motivo da denominação do grupo. O comprimento variava, em geral, de 2 cm a 10 cm, sendo que algumas formas, contudo, chegaram a alcançar 70 cm (uralichas). Eram revestidos por uma carapaça quitinosa, mineralizada na porção dorsal (carbonato de cálcio e fosfato de cálcio).

TROPOSFERA Camada mais baixa da atmosfera que contém cerca de 75 % da massa gasosa total da atmosfera e virtualmente a totalidade do vapor de água e dos aerossóis. Portanto, é nela onde os fenômenos do tempo atmosférico e a turbulência são mais marcantes, e tem sido descrita como a camada da atmosfera que estabelece as condições do tempo. Por estas razões, torna-se de importância direta para o homem. Na troposfera, a temperatura diminui a uma taxa de 6,5 °C por quilômetro e, tendo por base o mecanismo dominante para as trocas de energia, pode ser dividida em três camadas: a laminar, a friccional e a atmosfera livre.

TSUNAMI Nome japonês para onda gigante gerada no oceano e causada por maremotos.

TUFO Rocha piroclástica proveniente da solidificação de cinzas vulcânicas.

TUFO VULCÂNICO (*Volcanic tuff*) Rocha constituída de fragmentos de tamanho médio a fino, provenientes de atividade vulcânica explosiva. Na sua constituição entram tanto material magmático (cinzas) como de pulverização de rochas preexistentes. (Sin.: rocha piroclástica)

TUNDRA Planície suave ou ondulada, desprovida de árvores, caracterizada pela presença de musgos e liquens. É típica de regiões de clima polar.

TURBIDITO Designação genérica dos sedimentos clásticos oriundos de correntes de turbidez.

TURFA Solo orgânico, com grandes porcentagens de partículas fibrosas de material carbonoso juntamente com matéria orgânica coloidal. Tem alta compressibilidade e são combustíveis. Em geral, ocorrem em pântanos e áreas alagadiças.

TURMALINA Mineral fortemente piezoelétrico e piroelétrico, podendo apresentar forte dicroísmo, que cristaliza do sistema hexagonal-R, classe piramidal ditrigonal. Sua composição é bastante complexa sendo representada por $XY_3Al_6(BO_3)_3(SiO_{18})(OH_4)$, em que $X = Na$, Ca e $Y = Al$, Fe^{+++}, Li e Mg. Apresenta as faces dos prismas estriadas e a seção basal lembra um triângulo arredondado. Mostra colorações diversas, sendo a turmalina branca ou incolor denominada acroíta; a preta, mais comum de todas, contendo elevados teores de ferro, é chamada de schorlita; a vermelha a roxa é a rubelita; e a azul-escura é a indicolita.

TURQUESA Pedra preciosa de cor azul, verde-azulada ou verde, com brilho semelhante à cera e dureza 6. Cristaliza no sistema triclínico, classe pinacoidal e composição $CuAl_6(PO_4)_4(OH)_8 2H_2O$, sendo que o ferro férrico pode substituir o alumínio, formando uma série completa que vai da turquesa à calcossiderita, quando então o ferro férrico suplanta o alumínio.

U

UNIDADE BIOESTRATIGRÁFICA Conjunto de camadas que contêm tipos específicos de fósseis, preferencialmente contemporâneos à acumulação.

UNIDADE CRONOESTRATIGRÁFICA Conjunto de estratos que constituem uma unidade, por conter as rochas formadas durante determinado intervalo de tempo geológico. As unidades cronoestratigráficas estão limitadas por superfícies isócronas. A categoria e a magnitude relativas das unidades na hierarquia cronoestratigráfica são funções da duração do intervalo de tempo representado por suas rochas e da espessura do conjunto de estratos que as formam. As unidades são Eonotema, Eratema, Sistema, Série, Andar e Cronozona.

UNIFORMITARIANISMO Teoria que se opõe à doutrina dos cataclismos ou catástrofes para explicar o aparecimento e as transformações dos diferentes acidentes de relevo. É um princípio fundamental ou doutrina, na qual os processos geológicos e as leis naturais, atuantes no presente, modificam a crosta terrestre de forma regular e, essencialmente, com a mesma intensidade que atuaram ao longo do tempo geológico, sendo que os eventos geológicos passados podem ser explicados pelos fenômenos e forças observadas no presente. (Sin.: Atualismo)

URÂNIO Elemento de número atômico 92, metálico, branco, pouco duro, denso, radioativo, fissionável, utilizado para a produção de energia nuclear.

URANITA Denominação comum aos minerais que cristalizam no sistema ortorrômbico do grupo das uranitas, os quais têm como representantes principais a autunita (fosfato de urânio e cálcio hidratado), a torbenita (fosfato de urânio e cobre hidratado) e a zeunorita (arseniato de cobre e urânio hidratado).

V

VADOSA Ver água gravitativa.

VALE SUSPENSO Vale cujo fundo encontra-se situado em um nível superior a uma depressão adjacente, que pode ser outro vale, um lago, ou até mesmo o próprio mar.

VARVITO Sedimento de origem glacial depositado em um lago, formando pares que correspondem ao verão e ao inverno.

VASA Depósito pelágico de granulação fina, contendo normalmente mais de 30 % de material de origem orgânica.

VEIO Depósito mineral tabuliforme, de origem hidrotermal, que preenche as fendas de uma rocha denominada encaixante. Distinguem-se veios discordantes, concordantes ou paralelos às camadas, normal, de contato entre duas litologias diferentes; ou, segundo a composição mineralógica – veio de quartzo, metalífero etc.

VENTIFACTO Seixo que se mostra facetado e polido devido à ação dos ventos, que provocam o choque entre os grãos, em regiões de clima desértico.

VERNIZ DO DESERTO Fina película ou crosta delgada com 0,5 mm a 5 mm de espessura, de cor parda a negro-brilhante, que recobre rochas do deserto que recebem boa iluminação solar. Consiste em óxidos de ferro e manganês depositados na superfície por soluções capilares ascendentes.

VIDRO VULCÂNICO Substância amorfa, não cristalina, resultante da rápida consolidação do magma.

VOÇOROCA Escavação mais ou menos profunda, que ocorre geralmente em terreno arenoso, originada pela erosão. É formada em decorrência da ação da erosão superficial ou, mais frequentemente, pela ação combinada da erosão superficial e da erosão subterrânea. A erosão superficial tem como ponto de partida estradas antigas, valetas, ou também pontos topográficos favoráveis. Pode alcançar profundidades de várias dezenas de metros e extensão de centenas de metros. O mesmo que boçoroca.

VULCANISMO Conjunto de processos que levam à saída de material magmático em estado sólido, líquido ou gasoso à superfície terrestre.

W

WADI Correntes de água em um ambiente de deserto, caracterizadas por atividade fluvial esporádica e abrupta e por uma relação muito baixa água/sedimentos. A deposição é muito rápida devido à súbita perda de velocidade e absorção de água pelo solo.

WILLEMITA Mineral que cristaliza no sistema hexagonal-R, classe romboédrica, com composição $Zn_2(SiO_4)$, apresentando-se em cristais hexagonais com terminações romboédricas, e cores vermelho-amarela, vermelho-carne, castanha e branca quando pura. O manganês pode substituir parte considerável do zinco, constituindo a variedade troostita, sendo que o ferro pode também estar presente.

WOLFRAMITA Mineral que cristaliza no sistema monoclínico, classe prismática, brilho metálico a resinoso e coloração escura. O ferro ferroso e o manganês bivalente substituem-se mutuamente, existindo uma série completa desde a ferberita ($FeWO_4$) até a hubnerita ($MnWO_4$).

WOLLASTONITA Mineral que cristaliza no sistema triclínico, classe pinacoidal, com composição $Ca(SiO_3)$ incolor, branca ou cinzenta e brilho vítreo a nacarado. Apresenta duas clivagens perfeitas que formam ângulos de aproximadamente 84° e 96°.

X

XENÓLITO Fragmentos de rocha alóctones, estranhos à massa da rocha ígnea na qual está englobado. Fragmento não digerido de uma rocha preexistente que se encontra no meio de uma rocha ígnea ou metamórfica.

XISTO Rocha metamórfica cristalina acentuadamente foliada, composta predominantemente por minerais micáceos orientados – biotita, muscovita, clorita, sericita etc.; e de quartzo, em menor proporção. Pode haver transições entre quartzo-xisto e quartzito-micáceo sem perfeita definição de ambos.

XISTO AZUL Metabasito foliado cuja coloração lilás-acinzentado escura se deve à presença de abundante anfibólio sódico, tipicamente o glaucofano ou a crossita. Raramente mostra-se com a cor azul, em amostra de mão.

XISTO BETUMINOSO Nome inadequadamente aplicado às rochas foliadas que são, em geral, folhelhos betuminosos.

XISTO VERDE Metabasito de cor verde, foliado, constituído predominantemente por clorita, epídoto e actinolita.

XISTOSIDADE Estrutura própria das rochas metamórficas, resultante de orientação mais ou menos paralela dos componentes minerais, principalmente lamelares – mica, clorita – e prismáticos – anfibólio etc. Em geral, a xistosidade se orienta paralelamente ao plano axial das dobras, podendo, assim, cortar a estratificação em ângulos diversos.

Z

ZEÓLITA Grupo de silicatos hidratados de alumínio, cálcio e álcalis, que constituem minerais secundários formados a partir de feldspatos ou feldspatoides, pela ação de vapores ou soluções quentes. Encontram-se geralmente em aberturas ou amígdalas de rochas ígneas efusivas.

ZIRCÃO Mineral da família dos ortossilicatos, que cristaliza no sistema tetragonal classe bipiramidal ditetragonal. Apresenta cores marrom, verde, azul, vermelha, amarela, podendo mesmo ser incolor. Tem composição $Zr(SiO_4)$, dureza 7,5 e densidade 4,68. Mostra elevada refratariedade.

ZONA ABISSAL Intervalo da região bentônica situado, *grosso modo*, entre as isóbatas de 2000 m e 6000 m, com a temperatura variando entre 4 °C e 0 °C. Caracteriza-se pela ausência total de luz e fauna pobre e escassa.

ZONA BATIAL Divisão de região bentônica compreendida entre as profundidades de 180 m e 2000 m, com a temperatura da água alcançando 4 °C. A luz é bastante escassa, podendo, contudo, alcançar até 600 m de profundidade nas regiões tropicais.

Índice

A

Ação geológica do gelo. *Veja* Gelo, ação geológica, 177-185
Água, distribuição e recursos hídricos, 155-159
    carste, 157
    fontes, 159
    nas regiões litorâneas, 159
    poços artesianos, 158
    subterrânea, 156
Ambientes costeiros, 197
    plataforma continental, 198
    praia(s), 198
        antepraia, 198
        estirâncio, 198, 200
        face de, 198, 200
        pós-, 197, 200
        região
            abissal, 197
            batial, 197
            litorânea, 197
            nerítica, 197
Ardósias, 138
Argilominerais, 55

B

Bacias
    brasileiras, 44
        intracratônicas, 45
        marginais, 38
        plataforma, 38
    classificações, 38
    continentais em áreas de movimentos
        convergentes, 40
            calhas aulacógenas (FI), 40
            fossas adjacentes (FA), 41
        divergentes, 38
            interiores
                de fratura (IF), 38
                de subsidências (IS), 38
            marginal subsidente (MS), 39
    de circulação restrita, 205
        condições de restrição em climas úmidos, 206
        sequências evaporíticas, 205
        subambiente euxínico, 205
    fraturas oceânicas (FR), 42
    oceânicas em áreas de placas convergentes, 41
        fossas oceânicas (FO), 41
    província(s)
        do bloco continental, 42
            embasamento
                instável, 42
                interior, 42
        dos arcos magmáticos, 42
        orogenéticas recicladas, 43
    sedimentares, formação, 37-50
        áreas de movimentos de placas divergentes, 42

        brasileiras, 44
            intracratônicas, 45
            marginais, 38
            plataforma, 44
    tectônica de placas e composição dos
        sedimentos, 42

C

Carbonatos, 54
Carvão, 265
    carbonificação, 265
    como matriz energética, 266
    geração termelétrica a, no Brasil, 267
    impactos socioambientais, 267
    processos de transformação dos vegetais, 265
    propriedades determinadas em análises, 265
    reservas, produção e consumo, 267
    tecnologia de aproveitamento, 267
    variedades, 266
Clima, 68-73
    considerações climáticas e paleoclimáticas, 62
    e intemperismo, 73
    mudanças climáticas, 70
    sistemas de circulação atmosférica, 69
    zonas climáticas, 72

D

Deformações estruturais nas rochas, 146-154
Depósitos
    eólicos, importância econômica, 193
    glaciais, 180
        características, 181
            depósitos
                de contato glacial, 181
                de planície de lavagem (*Outwash Plain*) e
                    fluvioglaciais, 182
                em lagos glaciais, 182
            tilitos, 181
            tipos, 180
            drift glacial, 180
            löess, 180
            till, 180
Desertos
    arenosos (*erg*), 187
    mesozoico do Sul do Brasil, 193
    pedregosos (*reg*), 187
    rochoso (*hamada*), 187
Dobramentos, 145-154
    classificação, 151
        anticlinal, 151
        anticlinório, 152
        assimétrica, 151
        de arrasto, 152
        em chevron, 152

em leque, 152
isoclinal, 152
monoclinal ou flexão, 152
recumbente ou deitada, 152
simétrica, 151
sinclinal, 151
sinclinório, 152
componentes, 151
charneira, 151
eixo, 151
flancos, 151
plano
axial, 151
de charneira, 151
medindo a atitude das camadas, 153
direção, 153
do mergulho, 153
mergulho ou inclinação, 154

E

Energia
eólica, 277
geotérmica, 277
Erosão
eólica
corrosão, 189
deflação, 189
transporte, 189
glacial(is), 178
circos, 178
estrias, 178
rocha *moutonnée*, 178
vale(s)
em forma de U, 178
suspensos, 178
Estratigrafia, 223-253
caráter episódico do registro sedimentar, 227
causas das transgressões e regressões, 229
evidências sedimentares do caráter pontuado do registro
sedimentar, 228
fatores que causam a mudança relativa do nível do mar, 230
transgressões e regressões marinhas, 229
turbiditos com evidência do caráter
pontuado, 228
classificação, 234
acrozona (*range zone*), 238
biozona, 238
camada, 237
cenozona, faunizona (*assemblage zone*), 238
estratigrafia de sequências, 241
grupo, 237
subgrupo, 236
teilzona, topozona ou zona de amplitude
local, 238
unidades
bioestratigráficas, 237
cronoestratigráficas e geocronológicas, 240
litoestratigráficas, 235
zona(s)
concorrente ou zona de amplitude
coincidente, 240
de pico, 238

correlação geológica, 247
bioestratigráfica, 248
física, 247
problema da compactação, 249
fácies, 245
geometria, 245
unidades faciológicas sísmicas, 247
interrupção de sequências (discordância), 232
exemplos de sequências deposicionais, 227
tipos, 234
organização dos estratos nas sequências, 230
alternância de calcário e margas, 232
sequências
cíclicas, 232
de origem pedológica, 231
de ritmitos, 232
transgressivas e regressivas, 230
turbidíticas, 231
varvitos, 232
processos de datação, 224
bioestratigrafia, 224
potássio – argônio, 225
urânio – chumbo, 225
sequências deposicionais, 226
exemplos, 227
limites, 226
truncamento
estrutural, 227
por erosão, 227
sucessão faunal, 223
superposição de camadas, 223
uniformitarismo, 223

F

Falhamentos, 145- 150
classificação, 147
de cavalgamento (*overthrust fault*), 148
horizontal ou transcorrente (*strike slip fault*), 148
inversa ou de empurrão (*thrust fault*), 148
normal ou de gravidade, 147
efeitos de, na topografia, 149
escarpa de falha, 149
de recuo, 149
mudança brusca de solo e vegetação, 149
sequência de morros, 149
vale de falha, 149
elementos, 147
linha de falha, 147
movimento dos blocos, 147
plano de falha, 147
rejeitos de falha, 147
teto ou capa, 147
feições geológicas decorrentes, 149
brecha de falha e milonito, 150
descontinuidade de camadas, 149
drag de falha, 150
omissão de camadas, 149
repetição de camadas, 150
sistemas, 148
graben ou fossa tectônica, 148
horst ou muralha, 149
rift-valley (vale de afundamento), 149

Feições estruturais nas rochas, 146-154
Feldspatos, 54
Filitos, 138
Formação das bacias sedimentares, 37-50
    áreas de movimentos de placas divergentes, 42
    brasileiras, 44
        intracratônicas, 45
        marginais, 38
        plataforma, 44
    classificação, 38
    continentais em áreas de movimentos
        convergentes, 40
            calhas aulacógenas (FI), 40
            fossas adjacentes (FA), 41
        divergentes, 38
            interiores de
                fratura (IF), 38
                subsidências (IS), 38
            marginal subsidente (MS), 39
    fraturas oceânicas (FR), 42
    oceânicas em áreas de placas convergentes, 41
        fossas oceânicas (FO), 41
    província(s)
        do bloco continental, 42
            embasamento
                instável, 42
                interior, 42
        dos arcos magmáticos, 42
        orogenéticas recicladas, 43
    tectônica de placas e composição dos sedimentos, 42
Formas de vida, 111
    animais de água doce, 115
    batimetria, 115
    comportamento, 112
    locomoção, 111
    organismos
        marinhos, 113
        terrestres, 111
    oxigênio, 115
    qualidade do substrato, 112
    turbulência da água, 115
Fosfatos, 55

G

Gelo, ação geológica, 177-186
    depósitos glaciais, 180
        características, 181
            de contato glacial, 188
            de planície de lavagem (*Outwash Plain*) e fluvioglaciais, 182
            em lagos glaciais, 182
            tilitos, 181
        tipos, 180
            drift glacial, 180
            löess, 180
            till, 180
    erosão glacial, 178
        circos glaciais, 178
        estrias glaciais, 178
        rocha *moutonnée*, 178
        vales
            em forma de U, 178

        suspensos, 178
    geleira(s), 177
        movimento, 185
        tipos, 177
            alpino, de montanha ou de altitude, 177
            continental ou de latitude, 177
    glaciação(ões), 182
        formação da neve, 182
        origem, 182
        pré-cambriana e paleozoica, 183
        quaternárias, 184
    neve, 177
Gema(s), 51-68
    artificial, 59
    conceito, 51
    efeitos ópticos especiais, 65
    gemologia, 59
    identificação, 65
    imitação, 59
    natural, 59
    quilate, 65
    reconstituída, 65
    sintética, 59
    tratadas, 59
    valor, 65
Geologia
    esferas de influência, 1
    histórico, 1
Gnaisses, 139

H

Hidróxidos, 55
História da Terra, principais eventos, 279

I

Ichnologia, 118
    informações sobre a batimetria, 118
    pistas de locomoção, 118
    traços
        de habitação, 118
        de nutrição, 118
Intemperismo, 69-85
    manto, 76
    movimentos de massas, 77
        tipos, 77
            avalanche, 78
            escoamentos, 77
            escorregamentos, 77
    processos
        biológicos, 76
        físicos, 73
            congelamento da água, 73
            decomposição esferoidal, 74
            destruição orgânica, 74
            esfoliação, 73
            variação de temperatura, 73
        químicos, 74
            dissolução simples, 74
            hidratação, 75
            hidrólise, 76

328 Índice

L

Lagoas, 207
   costeiras, 207
Lagunas, 205, 207
   correntes lacustres, 208
   morfologia, 207

M

Mapas de atributos, 256-264
   de biofácies, 261
   de contorno estrutural, 256
   de isópacas, 256
   de litofácies, 256
Mármores, 139
Metamorfismo, 136
Mineral(is), 51-68
   conceito, 51
   descrição dos, mais comuns, 53
      argilominerais, 55
      carbonatos, 54
      feldspatos, 54
      fosfatos, 55
      hidróxidos, 55
      óxidos, 55
      quartzo, 53
      sulfatos, 55
      sulfetos, 55
   elementos e os cristais, 51
   forma cristalina, 51
   prática de identificação macroscópica, 58
   propriedade(s)
      elétrica(s), 53
      física(s), 52
         brilho, 53
         clivagem, 52
         cor, 53
         dureza, 53
         fratura, 52
         magnetismo, 53
         peso específico, 52
         risco, 53
      química(s), 53
   reconhecimento, 58
   sistemas cristalinos, 51
      cúbico (isométrico), 51
      hexagonal, 51
      monoclínico, 52
      ortorrômbico, 52
      tetragonal, 51
      triclínico, 52
Movimentos das placas e a formação das bacias sedimentares.
   Veja Formação das bacias sedimentares, 36-50
Mudanças climáticas, 70

O

Oceanos, 195-222
   ação erosiva do mar nas costas, 196
   agentes marinhos, 195
      correntes
         de marés, 196

         de turbidez, 196
         marinhas, 196
      marés, 195
      ondas, 195
   ambientes costeiros, 197
      plataforma continental, 198
      praias, 198
         antepraia, 198
         estirâncio, 198, 200
         face, 198, 200
         pós-, 198, 200
      região
         abissal, 218
         batial, 197
         litorânea, 197
         nerítica, 197
   bacias de circulação restrita, 205
      condições de restrição em climas úmidos, 206
      sequências evaporíticas, 205
      subambiente euxínico, 205
   dinâmica, 195
   lagoas, 207
      costeiras, 207
   lagunas, 205, 207
      correntes lacustres, 208
      morfologia, 207
   plataforma continental, 208
      brasileira, 209
         depósitos marinhos, 210
      fácies de plataforma carbonática, 209
      plataforma marinha rasa, 208
      zona de transição, 208
   praias, 198
      ação biológica, 200
      ambientes de planícies de maré, 202
      barreiras transgressivas, 201
      características das zonas de supramaré, 205, 209
      cordões litorâneos, barras e barreiras, 201
      cúspides, 200
      de areia, 198
      de cascalho, 198
      estruturas sedimentares, 199
      formação das ilhas-barreiras, 201
      geometria, 200
      relações faciológicas, 200
      tempestades e rebentação forte, 198
   propriedades físicas e químicas da água
   do mar, 195
   recifes, 212
      condições para o desenvolvimento, 212
      formas, 212
         circular ou atol, 212
         costeiros ou franjeantes, 212
         de barreira, 212
      subambientes recifais, 213
         beach-rocks, 214
         flanco do recife, 213
         inter-recife, 213
         núcleo do recife, 213
   região abissal, 218
      classificação dos sedimentos das profundidades
         oceânicas, 219
         biógenos, 220

Índice **329**

cósmicos, 220
hidrógenos, 220
litógenos, 220
pelágicos, 219
terrígenos, 220
vulcânicos, 220
distribuição dos sedimentos, 219
icnofácies de águas profundas, 220
talude, 214
canhões submarinos, 214
correntes de turbidez, 216
fácies de talude identificadas por métodos
sismoestratigráficos, 215
leques submarinos, 215
sequências turbidíticas, 217
turbiditos, 220
características, 217
Óxidos, 55

P

Petróleo, 269
fonte de energia e suas perspectivas
futuras, 270
no Brasil, 271
Plataforma continental, 198
brasileira, 209
depósitos marinhos, 210
fácies de plataforma carbonática, 209
marinha rasa, 208
zona de transição, 208
Praias, 198
ação biológica, 200
ambientes de planícies de maré, 202
barreiras transgressivas, 201
características das zonas de supramaré, 204
cordões litorâneos, barras e barreiras, 201
cúspides, 200
de areia, 198
de cascalho, 198
estruturas sedimentares, 199
formação das ilhas-barreiras, 201
geometria, 200
relações faciológicas, 200
tempestades e rebentação forte, 198
Principais eventos da história da Terra, 279
Processos de datação, 224
bioestratigrafia, 224
potássio – argônio, 225
urânio – chumbo, 225
Propriedade(s)
elétrica(s) dos minerais, 53
física(s) dos minerais, 52
brilho, 53
clivagem, 52
cor, 53
dureza, 53
fratura, 52
magnetismo, 53
peso específico, 52
risco, 53
química(s) dos minerais, 53

Q

Quartzitos, 139
Quartzo, 53

R

Recifes, 212
condições para o desenvolvimento, 212
formas, 212
beach-rocks, 214
circular ou atol, 212
costeiros ou franjeantes, 212
de barreira, 212
flanco do recife, 213
inter-recife, 213
núcleo do recife, 213
subambientes recifais, 213
Recursos
energéticos, 265-278
carvão, 265
carbonificação, 265
como matriz energética, 266
geração termelétrica a carvão no Brasil, 267
impactos socioambientais, 267
processos de transformação dos vegetais, 265
propriedades determinadas em análises, 265
reservas, produção e consumo, 267
tecnologia de aproveitamento, 267
variedades, 266
energia
eólica, 277
geotérmica, 277
petróleo, 269
fonte de energia e suas perspectivas
futuras, 270
no Brasil, 271
urânio e a energia nuclear, 276
xisto betuminoso, 268
Formação Irati, 268
ocorrências no Brasil, 268
hídricos. *Veja* Água, distribuição e recursos
hídricos, 155-159
Região(ões)
abissal, 197
classificação dos sedimentos das
profundidades oceânicas, 219
biógenos, 220
cósmicos, 220
hidrógenos, 220
litógenos, 220
pelágicos, 219
terrígenos, 220
vulcânicos, 220
distribuição dos sedimentos, 219
icnofácies de águas profundas, 220
desérticas, 187-194
áridas e semiáridas, 187
caracteres dos depósitos e ambientes
sedimentares, 189
critérios para distinguir
depósitos eólicos de subaquosos, 190
sedimentos eólicos, 190

330 Índice

descrição e classificação dos estratos
cruzados, 191
estruturas sedimentares, 191
textura, 190
depósito(s)
de *hamada*, 189
de *sabkhas*, 190
de *wadi*, 189
dunas, 190
eólicos, importância econômica, 193
erosão eólica
corrosão, 189
deflação, 189
transporte, 189
lagos desérticos (*playa lake*), 188
mudança(s) pós-deposicionais na morfologia estrutural e
textura dos sedimentos de dunas, 192
vento, 187
Restos e vestígios fósseis, 111-126
Rios, 160-176
deltas, 168
antigos brasileiros, 170
complexo deltaico
do Rio Bonito (permiano da Bacia do Paraná), 171
do Rio Doce, 171
caracteres das litofácies, 169
classificação, 169
construtivos, 170
destrutivos, 170
sequência deltaica, 169
subsistemas, 169
frente deltaica, 169
planície deltaica, 169
pró-delta, 170
leques
aluviais, 172
características, 173
fácies
distal, 173
média, 173
proximais, 173
deltaicos, 173
inunditos, 173
meandrantes, 165
fácies
de bacias de inundação, 167
de barras
de canais, 166
de meandros ou de pontal, 166
de canal, 166
de diques marginais, 167
de preenchimento de canais, 166
de rompimento de diques marginais, 167
de transbordamento, 167
diagnósticas para identificação de rios meandrantes em
subsuperfície, 167
processos de sedimentação e fácies, 165
padrões de drenagem e depósitos, 161
acreção por barras, 164
estruturas no leito das camadas, 163
fácies
de arenitos, 164
de ruditos, 164

identificação em subsuperfície de rios
entrelaçados, 164
modelos de sedimentação, 163
rios entrelaçados, 162
transporte de materiais, 161
por saltos, 161
por solução, 161
por suspensão, 161
Rochas
cataclásticas, 139
ígneas ou magmáticas, 127-135
classificação, 131
composição mineralógica e química, 132
estruturas, 131
modo de ocorrência, 131
textura, 131
origens e tipos de magmas, 127
principais, 133
andesito, 134
basalto, 135
diabásio, 135
diorito, 134
gabro, 134
granito, 133
riolito, 134
sienito, 134
ultramáficas, 135
tipos de atividades magmáticas, 128
metamórficas, 136-145
conceito, 136
estrutura e textura, 138
importância das rochas e minerais, 139
metamorfismo, 138
graus, 138
tipos, 138
cataclástico, 137
de contato, 137
de soterramento, 137
hidrotermal, 135
regional, 138
principais tipos, 138
ardósias, 138
filitos, 138
gnaisses, 139
mármores, 139
quartzitos, 139
rochas cataclásticas, 139
xistos, 138
sedimentares, 99-110
carbonáticas, 104
classificação, calcários, 103
bioacumulados, 103
bioconstruídos, 103
metassomáticos, 103
clásticas, 100
arenitos (psamitos), 102
conglomerados (psefitos), 100
diamictitos, 101
pelitos, 102
tilitos, 101
tiloides, 101
de origem química, 103

origem, 99
    consolidação dos sedimentos, 100
        cimentação, 100
        compactação, 100
        recristalização, 100
    litificação, 99

S

Sedimentos, 86-98
    clásticos e os precipitados químicos, 90
        arenitos, 92
        calcários
            algais, 91
            oolíticos, 91
        carbonatos, 90
        conglomerados
            extraformacionais, 92
            intraformacionais, 92
        coquinas, 91
        esparita, 91
        gutolitas, 91
        micríticos, 91
        pelitos, 92
        ruditos, 92
        travertino, 91
        tufa, 91
    disposição das partículas, formação das
     estruturas sedimentares e seu significado, 92
        camadas, 94
            lenticulares, 94
        canais fluviais e canais de maré, 94
        estratificação gradacional, 93
        estrutura(s)
            convolutas, 96
            flaser, 95
            maciça, 97
        formação dos estratos, 93
        gretas de contração, 97
        imbricação dos seixos, 93
        laminação
            cruzada
                acanalada, 95
                tabular, 95
            ou estratificação
                cruzada oblíqua ou cuneiforme, 95
                horizontal, 95
        lâminas, 95
        lineação por partição, 93
        marcas de ondas, 96
    meio e, 89
        importância da cor do sedimento, 90
            azul, 90
            branca, 90
            chocolate, 90
            cinza e preto, 90
            cinza-esverdeado ou esverdeada, 90
            púrpura, 90
            vermelho, amarelo, laranja e castanho, 90
        papel da diagênese, 90
        parâmetros químicos, 89
        salinidade, 89

moldes ou estruturas de recalques (*flute casts*), 97
    nascimento, 86
        área-fonte, 86
        clima, 86
        orientação dos seixos, 93
        valor das estruturas para determinação
        de paleocorrentes, 97
    textura dos grãos, 87
        aspectos da superfície dos grãos, forma e
        arredondamento, 88
        granulometria, 88
        morfologia, 87
    transporte das partículas sedimentares, 86
        movimentos dos fluidos, 87
            arraste e erosão, 87
            camada-limite, 87
            fluxo
                laminar, 87
                turbulento, 87
            regime de fluxo(s)
                e estruturas sedimentares, 87
                e formas de leito, 87
            separação de fluxos, 87
        processos, 86
Sistema(s)
    cristalino(s), 51
        cúbico (isométrico), 51
        hexagonal, 51
        monoclínico, 52
        ortorrômbico, 52
        tetragonal, 51
        triclínico, 52
    de circulação atmosférica, 69
    geológicos, estabelecimento, 121
        arqueozoico, 124
        cambriano, 121
        carbonífero, 123
        cretáceo, 124
        devoniano, 123
        eras geológicas, 124
        jurássico, 124
        ordoviciano, 123
        permiano, 123
        proterozoico, 124
        quaternário, 124
        siluriano, 123
        terciário, 124
        triássico, 123
Solos, 79-84
    classificação, 81
    clima e, 81
    formação, 80
    intemperismo, geomorfologia e tipos, 81
    regiões
        frias e temperadas úmidas, 84
        mediterrâneas, 82
        subtropicais, 82
        tropicais, 82
            secas, 84
            úmidas, 84
Sulfatos, 55
Sulfetos, 55

T

Talude, 214
    canhões submarinos, 214
    correntes de turbidez, 216
    fácies de talude identificadas por métodos
      sismoestratigráficos, 215
    leques submarinos, 215
    sequências turbidíticas, 217
    turbiditos, 216
      características, 217
Tectônica global, 17-25
    deriva continental, 18
    magnetismo e calor, 17
    mosaico de placas, 19
    orogênese e cráton, 24
    teoria da tectônica de placas, 16
Terra
    breve história da, 279
    composição, 12
    crosta terrestre, 15
    densidade, 12
    estudo, 3-8
    forma, 5
    história, 279-291
      éon fanerozoico, 281
      era cenozoica, 288
      era mesozoica, 285
      era paleozoica, 281
      pré-cambriano, 280
    peso, 12
    relevo atual, 14
    tamanho, 13
Terremotos. *Veja* Vulcanismo e terremotos, 26-36

U

Uniformitarismo, 223
Urânio e a energia nuclear, 276

V

Vida e o meio, 111-126
    coleta de informações e as formas de
      representação, 124
    formas de vida, 111
      animais de água doce, 115
      batimetria, 115
      comportamento, 112
      locomoção, 111
      organismos
        marinhos, 113
        terrestres, 111
      oxigênio, 115
      qualidade do substrato, 112
      turbulência da água, 115
    ichnologia, 118
      informações sobre a batimetria, 118
      pistas de locomoção, 118

    traços
      de habitação, 118
      de nutrição, 118
    sistemas geológicos, estabelecimento, 121
      arqueozoico, 124
      cambriano, 121
      carbonífero, 123
      cretáceo, 124
      devoniano, 123
      eras geológicas, 124
      jurássico, 124
      ordoviciano, 123
      permiano, 123
      proterozoico, 124
      quaternário, 124
      siluriano, 123
      terciário, 124
      triássico, 123
    utilização dos registros das atividades de vidas do passado, 115
      evidências de atividades reprodutoras, 115
      excrementos, 117
Vulcanismo e terremotos, 26- 36
    atividades vulcânicas, 27
    cones vulcânicos, 29
      compostos, 29
      de escória, 29
      de lava, 29
    distribuição mundial dos vulcões, 32
    estrutura vulcânica, 26
      caldeiras, 27
    gêiseres, 22
    montanhas
      origens, 35
      tipos, 35
        cordilheiras, 36
        origem vulcânica, 35
        resultantes de erosão, 36
    produtos vulcânicos, 27
      bombas, 28
      fumarolas, 27
      gases vulcânicos, 27
      lavas, 28
      mofetas, 28
      piroclastos, 28
      solfataras, 27
    terremotos, 33
      distribuição, 35
    vulcanismo, 26
      no Brasil, 31
    vulcões submarinos, 30

X

Xisto(s), 138, 268
    betuminoso, 268
      Formação Irati, 268
      ocorrências no Brasil, 268

Z

Zonas climáticas, 72